AF231544

ŒUVRES

COMPLÈTES

DE LAPLACE,

PUBLIÉES SOUS LES AUSPICES

DE L'ACADÉMIE DES SCIENCES,

PAR

MM. LES SECRÉTAIRES PERPÉTUELS.

TOME ONZIÈME.

PARIS,

GAUTHIER-VILLARS ET FILS, IMPRIMEURS-LIBRAIRES

DE L'ÉCOLE POLYTECHNIQUE, DU BUREAU DES LONGITUDES,

Quai des Grands-Augustins, 55.

M DCCC XCV

ŒUVRES

COMPLÈTES

DE LAPLACE.

ŒUVRES

COMPLÈTES

DE LAPLACE,

PUBLIÉES SOUS LES AUSPICES

DE L'ACADÉMIE DES SCIENCES

PAR

MM. LES SECRÉTAIRES PERPÉTUELS.

TOME ONZIÈME.

PARIS,

GAUTHIER-VILLARS ET FILS, IMPRIMEURS-LIBRAIRES

DE L'ÉCOLE POLYTECHNIQUE, DU BUREAU DES LONGITUDES.

Quai des Grands-Augustins, 55.

M DCCC XCV

MÉMOIRES

EXTRAITS DES

RECUEILS DE L'ACADÉMIE DES SCIENCES DE PARIS

ET DE

LA CLASSE DES SCIENCES MATHÉMATIQUES ET PHYSIQUES
DE L'INSTITUT DE FRANCE.

TABLE DES MATIÈRES

CONTENUES DANS LE ONZIÈME VOLUME.

	Pages
Mémoire sur la figure de la Terre	3
Sur les naissances, les mariages et les morts à Paris, depuis 1771 jusqu'en 1784, et dans toute l'étendue de la France, pendant les années 1781 et 1782	35
Mémoire sur les inégalités séculaires des planètes et des satellites	49
Théorie de Jupiter et de Saturne	95
Sur l'équation séculaire de la Lune	243
Mémoire sur la théorie de l'anneau de Saturne	275
Mémoire sur les variations séculaires des orbites des planètes	295
Théorie des satellites de Jupiter	309
Sur quelques points du système du monde	477

ERRATA.

Page 113, formule (9); le facteur $\dfrac{1}{\sqrt{1-e^2}}$ doit multiplier tout le second membre.

» 117, dans l'expression de V, le facteur $\sin i(n't - nt + \varepsilon' - \varepsilon)$ doit être en dehors du crochet.

» 126, 127, 129 et 130; dans toutes les dérivées par rapport à x, la caractéristique ∂ doit être remplacée par d.

» 134, au bas de la page, *il faut* $\dfrac{dl}{di}, \dfrac{dh}{di}, \dfrac{dl'}{di}, \dfrac{dh'}{di}$, *au lieu de* $\dfrac{\partial l}{\partial i}, \dfrac{\partial h}{\partial i}, \dfrac{\partial l'}{\partial i}, \dfrac{\partial h}{\partial i}$.

MÉMOIRE

SUR

LA FIGURE DE LA TERRE.

MÉMOIRE

SUR

LA FIGURE DE LA TERRE.

Mémoires de l'Académie royale des Sciences de Paris, année 1783; 1786.

I.

Les mouvements du centre de gravité de la Terre autour du Soleil
et de la Terre elle-même autour de son centre de gravité ont été déterminés avec beaucoup de précision, et, s'il reste quelque incertitude à
cet égard, elle n'a pour objet que des inégalités périodiques dont la
petitesse échappe aux observations, ou des inégalités séculaires que
la suite des temps peut seule rendre sensibles; mais nous sommes
bien loin de connaître avec la même exactitude la constitution du
globe terrestre, c'est-à-dire sa figure, celle de ses couches et la loi
suivant laquelle leur densité varie du centre à la surface. La nature
oppose à nos recherches sur ce point des obstacles qu'il nous sera
toujours impossible de surmonter : nous sommes ainsi réduits à tirer
des phénomènes qui dépendent de la constitution de la Terre et que
nous pouvons observer à sa surface, sinon les vrais éléments de la
théorie physique de cette planète, du moins les limites entre lesquelles ils sont compris. Ces recherches, intéressantes par elles-
mêmes, sont encore d'une grande utilité en Astronomie; les mouvements du Soleil et de la Lune donnés par les Tables sont rapportés
au centre de gravité de la Terre. C'est ce point que l'on regarde
comme immobile dans la théorie de la Lune et d'où l'on suppose

émaner la force principale qui retient cet astre dans son orbite; ainsi, pour comparer la théorie aux observations, il faut les réduire au centre de gravité de la Terre, ce qui suppose une connaissance au moins fort approchée de la longueur des rayons menés de ce point à sa surface. La Terre étant à très peu près sphérique, la variation des parallaxes, dépendante de sa figure, est inappréciable par rapport au Soleil et aux planètes; mais elle est sensible relativement à la Lune : elle serait de plus de 20 secondes si l'aplatissement de la Terre était $\frac{1}{178}$, comme plusieurs astronomes le supposent. Cette quantité n'est point à négliger et demande à être déterminée avec soin, dans l'état actuel de l'Astronomie, où les observations sont susceptibles d'une grande précision, et dans un temps où la théorie de la Lune est devenue si importante pour la Navigation et pour la Géographie. Je me propose d'exposer dans ce Mémoire ce que les observations et la théorie nous apprennent sur la constitution de la Terre et de déterminer aussi exactement qu'il est possible la figure que l'on doit supposer à cette planète dans le calcul des principaux phénomènes qui en dépendent, tels que la variation de la pesanteur de l'équateur aux pôles, les parallaxes, les éclipses, la précession des équinoxes et la nutation de l'axe terrestre.

II.

Des mesures très multipliées des degrés du méridien et des perpendiculaires à la méridienne donneraient la loi des rayons osculateurs de la surface de la Terre et, par conséquent, la nature de cette surface; mais ce moyen est impraticable par la multiplicité des mesures qu'il exige : d'ailleurs, on n'aurait ainsi que les rayons osculateurs des continents et des îles, dont la surface n'est qu'une petite partie de celle du globe terrestre. Les observations seules ne peuvent donc pas nous conduire à la vraie figure de la Terre, et, pour y parvenir, il est nécessaire de les combiner avec le principe de la pesanteur universelle.

La Terre étant recouverte en grande partie des eaux de la mer, les conditions de leur équilibre sont les données les plus générales que nous ayons sur la figure de cette planète; or les géomètres ont fait voir que, en lui supposant la figure d'un ellipsoïde de révolution très peu différent de la sphère, cet équilibre peut subsister en vertu de toutes les forces dont elle est animée; il suffit alors de la mesure de deux degrés pour déterminer la figure de la Terre, et c'est dans cette vue que les voyages célèbres des astronomes français, vers le pôle et à l'équateur, ont été entrepris. A l'observation de la mesure des degrés ils ont joint l'observation non moins importante de la longueur du pendule à secondes. Des mesures semblables ont été faites avec un grand soin dans plusieurs parties du globe, et cela était indispensable pour vérifier l'hypothèse de l'ellipticité de la Terre qui n'est une suite nécessaire de l'équilibre de la mer que dans le cas où cette planète est homogène. La théorie elliptique offre encore un moyen de vérifier cette hypothèse; car alors les lois de la variation de la pesanteur et de celle des degrés sont liées entre elles de manière que, en ajoutant l'ellipticité de la Terre au rapport de la variation totale de la pesanteur à la pesanteur moyenne, la somme est égale à cinq fois la moitié du rapport de la force centrifuge à la pesanteur, rapport qui, comme l'on sait, est $\frac{1}{289}$. Voyons maintenant ce que l'observation nous a fait connaître.

III.

Parmi toutes les mesures des degrés du méridien, nous ne considérerons que celles qui ont été faites au Nord, en France, à l'équateur et au cap de Bonne-Espérance, et qui, par les soins et les noms des observateurs, méritent une entière confiance. Ces mesures sont comprises dans la Table suivante (*Cosmographie de M. l'abbé Fersi*, t. II. p. 87) :

	Latitudes.	Degrés mesurés.
	o '	toises
Équateur...................	0. 0	56753
Cap de Bonne-Espérance.......	33.18	57037
France.....................	49.23	57071
Nord......................	66.20	57405

Supposons que les erreurs de ces mesures soient exprimées respectivement par les nombres de toises x, x', x'', x'''; si l'on nomme θ la latitude et $\frac{\frac{1}{2}y}{56753}$ l'ellipticité de la Terre ou, ce qui revient au même, la différence de ses axes, celui du pôle étant pris pour l'unité, l'expression générale en toises du degré du méridien sera, à très peu près, dans l'hypothèse elliptique,

$$56753 + x + y \sin^2 \theta.$$

Si l'on compare la première des quatre mesures précédentes successivement avec la seconde, la troisième et la quatrième, on aura les trois expressions suivantes de y :

$$y = 942,19 + (x' - x)\, 3,3176,$$
$$y = 557,09 + (x'' - x)\, 1,7355,$$
$$y = 777,24 + (x''' - x)\, 1,1921.$$

S'il n'y avait point d'erreur sensible dans les mesures, les grandes différences de ces trois valeurs de y indiqueraient évidemment que la Terre n'est point un ellipsoïde de révolution; mais, avant que de rejeter cette figure, il faut examiner si les erreurs que l'on doit supposer aux observations sont au-dessus de celles que comportent ces observations, ce qui se réduit à déterminer le système des valeurs de x, x', x'', x''', qui, satisfaisant aux trois équations précédentes, donne, abstraction faite du signe, la plus petite valeur possible à la plus grande de ces quantités. C'est une question *de minimis* d'un genre particulier et dont la solution est utile dans toutes les circonstances où il s'agit de voir si les résultats d'une hypothèse sont dans les limites des erreurs dont les observations sont susceptibles; on peut la résoudre par la méthode suivante.

Les trois équations précédentes donnent, en retranchant la seconde successivement de la première et de la troisième,

$$0 = 385,10 - x''.\, 1,7355 + x'.\, 3,3176 - x.\, 1,5821,$$
$$0 = 220,15 + x'''.\, 1,1921 - x''.\, 1,7355 + x.\, 0,5434.$$

Supposons d'abord que l'on n'ait entre un nombre quelconque

d'indéterminées x, x', x'', x''', ... qu'une seule équation du premier
degré que nous représenterons par celle-ci

$$a = mx + nx' + px'' + \ldots,$$

a étant positif.

On aura le système des valeurs de x, x', x'', x''', ... qui donne,
abstraction faite du signe, la plus petite valeur possible à la plus
grande de ces quantités, en les supposant, au signe près, toutes
égales entre elles et au quotient de a divisé par la somme des coefficients m, n, p, ... pris positivement; quant au signe que chaque
quantité doit avoir, il doit être le même que celui du coefficient de
cette quantité dans l'équation proposée.

Si l'on a deux équations entre ces indéterminées, le système qui
donnera la plus petite valeur possible à la plus grande sera tel que,
abstraction faite du signe, toutes ces indéterminées seront égales
entre elles, à l'exception d'une seule qui sera plus petite que les
autres, ou du moins qui ne les surpassera pas. En supposant donc
que x soit cette quantité, on la déterminera en fonction de x', x'', ...
au moyen de l'une des équations proposées; en substituant ensuite
cette valeur de x dans l'autre équation, on en formera une entre x',
x'', ... Représentons-la par la suivante

$$a = nx' + px'' + \ldots,$$

a étant positif; on en tirera, comme ci-dessus, les valeurs de x',
x'', ... en divisant a par la somme des coefficients n, p, ... pris
positivement et en donnant successivement au quotient les signes
de n, p, ... Ces valeurs, substituées dans l'expression de x en x',
x'', ..., donneront la valeur de x; et si cette valeur, abstraction faite
du signe, n'est pas plus grande que celles de x', x'', ..., ce système
de valeurs sera celui qu'il faut adopter; mais, si elle est plus grande,
il faudra opérer successivement sur x', x'', ... comme on vient de le
prescrire relativement à x, et l'on arrivera infailliblement au système
cherché. Il est facile d'étendre cette méthode au cas où l'on aurait

trois ou un plus grand nombre d'équations entre les indéterminées x, x', x'', ...

En l'appliquant aux équations précédentes, on trouve

$$x = 2^{\text{toises}},04, \qquad x' = -75^{\text{toises}},57,$$
$$x'' = 75^{\text{toises}},57, \qquad x''' = -75^{\text{toises}},57,$$

d'où l'on tire $y = 684^{\text{toises}},4$; c'est la différence des deux degrés du pôle et de l'équateur. Suivant cette valeur de y, les deux axes du pôle et de l'équateur sont à très peu près dans le rapport de 249 à 250, et l'on est assuré que tout autre rapport donnerait dans quelques-unes des quatre mesures précédentes une erreur au-dessus de $75^{\text{toises}}\frac{1}{2}$.

Une erreur de $75^{\text{toises}}\frac{1}{2}$ est peu vraisemblable : il est moins vraisemblable encore qu'elle se rencontre à la fois dans les trois mesures du Nord, de France et du cap de Bonne-Espérance; d'ailleurs, le cas qui ne donne que $75^{\text{toises}}\frac{1}{2}$ d'erreur étant une limite, il est infiniment peu probable. Enfin, on trouverait de plus grandes erreurs si l'on faisait usage des autres mesures des degrés terrestres; car, en adoptant les valeurs précédentes de x et de y, le degré correspondant à la latitude de $39°12'$, et calculé d'après l'expression du degré terrestre

$$56753 + x + y\sin^2 \theta,$$

serait de $57028^{\text{toises}},55$: le degré mesuré à cette altitude en Pensylvanie a été trouvé de 56888 toises, moindre que le précédent de $140^{\text{toises}},55$, et il est visible que l'on ne peut diminuer cette erreur qu'en augmentant celles des autres mesures.

De là nous pouvons conclure que l'hypothèse d'une figure elliptique ne peut pas se concilier avec les observations de la mesure des degrés terrestres et que la Terre s'écarte sensiblement de cette figure; de plus, il est fort probable qu'elle n'est pas formée de deux parties semblables de chaque côté de l'équateur, car le degré mesuré au cap de Bonne-Espérance est presque égal au degré de Paris, quoique les latitudes de ces deux lieux soient différentes, et il surpasse de 140^{toises} le degré de Pensylvanie, qui cependant est plus voisin du pôle d'environ 6 degrés, ce qui semble indiquer que la Terre est plus aplatie vers le pôle austral que vers le pôle boréal. On peut même soupçonner, d'après ces mesures, que la Terre n'est pas un solide de révolution ; mais les erreurs dont elles sont susceptibles ne permettent pas de prononcer sur cet objet.

IV.

Les variations observées dans la longueur du pendule à secondes suivent une marche bien plus régulière que les variations des degrés des méridiens ; elles s'éloignent fort peu de la loi du carré du sinus de la latitude, et la formule suivante les représente à $\frac{1}{10}$ de ligne près, c'est-à-dire avec toute l'exactitude qu'elles comportent :

$$\text{Longueur du pendule à secondes} = 439^{\text{lignes}},30 + 2^{\text{lignes}},438 \sin^2 \theta.$$

On peut facilement s'en convaincre par l'inspection de la Table suivante :

Latitude	Longueur		Erreur de la formule.
	observée du pendule à secondes.	calculée par la formule précédente.	
° ,	lignes	lignes	lignes
0. 0	439,21	439,30	0,09
9.31	439,30	439,37	0,07
18.27	439,47	439,54	0,07
33.18	440,14	440,04	— 0,10
41.54	440,38	440,39	0,01
48.12	440,56	440,65	0,09
48.50	440,67	440,68	0,01
51.31	440,75	440,79	0,04
59.56	441,23	441,13	— 0,10
66.48	441,27	441,36	0,09

V.

La longueur moyenne du pendule à secondes est, suivant la formule précédente, de $440^{\text{lignes}},52$, et la variation totale de la pesanteur est de $2^{\text{lignes}},438$: les longueurs du pendule étant proportionnelles aux pesanteurs, le rapport de la variation totale de la pesanteur à la

pesanteur moyenne sera $\dfrac{2,438}{440,52}$ ou 0,0055344. Nous avons observé
(art. II) que, si la Terre est elliptique, le rapport précédent ajouté à
l'ellipticité de la Terre est égal à $\dfrac{1}{289}$ ou à 0,0086505; en retranchant
donc 0,0055344 de ce dernier nombre, on aura 0,0031161 pour l'ellipticité de la Terre tirée de la variation de la pesanteur, ce qui donne
les deux axes de la Terre dans le rapport de 320 à 321. Ce rapport
diffère trop de celui de 249 à 250 qui, par l'article III, approche le
plus de satisfaire aux mesures des degrés, pour que cette différence
puisse être attribuée aux erreurs des observations; ainsi les deux
moyens qui doivent servir à vérifier l'hypothèse elliptique, savoir la
mesure de plusieurs degrés et la variation observée de la pesanteur, se
réunissent pour exclure cette hypothèse; mais il est très remarquable
que, tandis que les variations des degrés s'écartent sensiblement de
la loi du carré du sinus de la latitude, cette loi représente à très peu
près les variations de la pesanteur. Ce phénomène est un des points
les plus importants de la théorie de la Terre; en le combinant avec les
conditions de l'équilibre de la mer, nous allons en voir naitre la loi
de la variation des rayons terrestres.

VI.

Pour cela, il est nécessaire de considérer la figure de la Terre avec
la plus grande généralité, sans s'astreindre à aucune hypothèse sur
la figure et sur la densité de ses couches, en supposant uniquement
qu'elle est peu différente d'une sphère et que le fluide qui la recouvre
est en équilibre : c'est ainsi que j'ai envisagé la figure des planètes
dans l'Ouvrage que j'ai publié sur cette matière dans le Volume de
nos *Mémoires* pour l'année 1782 (¹). J'y suis parvenu à des formules
générales et simples sur les attractions des sphéroïdes quelconques
peu différents de la sphère, et j'en ai tiré les lois de la variation des
rayons et de la pesanteur à la surface qui résultent de l'équilibre du

____

(¹) *OEuvres de Laplace*, T. X, p. 341.

fluide dont on les suppose recouvertes, quelles que soient d'ailleurs les forces qui l'animent : ces formules, appliquées à la Terre, donnent les résultats suivants.

Soit θ l'angle que forme un rayon quelconque d'une couche du sphéroïde terrestre avec l'axe de rotation ; ϖ l'angle que forme le plan qui passe par ces deux lignes avec un plan invariable passant par l'axe de rotation ; soit $a(1 + \alpha y)$ le rayon mené du centre de gravité de la Terre à la surface de cette couche, α étant un très petit coefficient et y étant une fonction de μ et de ϖ ; supposons que cette fonction soit mise sous la forme suivante

$$y = Y^{(0)} + Y^{(1)} + Y^{(2)} + Y^{(3)} + \ldots,$$

$Y^{(0)}$, $Y^{(1)}$, $Y^{(2)}$, … étant des fonctions rationnelles et entières de μ, $\sqrt{1 - \mu^2}\cos\varpi$, $\sqrt{1 - \mu^2}\sin\varpi$, d'un ordre égal à l'indice de ces fonctions, et qui soient telles que la fonction $Y^{(i)}$ satisfasse, quel que soit i, à l'équation aux différences partielles

$$0 = \frac{\partial\left[(1 - \mu^2)\dfrac{\partial Y^{(i)}}{\partial\mu}\right]}{\partial\mu} + \frac{\dfrac{\partial^2 Y^{(i)}}{\partial\varpi^2}}{1 - \mu^2} + i(i+1)Y^{(i)}.$$

Soit enfin ρ la densité de la couche, ρ étant fonction de a, et nommons $\alpha\varphi$ le rapport de la force centrifuge à la pesanteur ; les conditions de l'équilibre donnent à la surface les équations suivantes :

$$0 = Y^{(0)}\int \rho\, da^3 - 3\int \rho\, d(a^3 Y^{(0)}) - \tfrac{1}{3}\varphi\int \rho\, da^3,$$

$$0 = Y^{(1)}\int \rho\, da^3 - \int \rho\, d(a^4 Y^{(1)}),$$

$$0 = Y^{(2)}\int \rho\, da^3 - \tfrac{3}{5}\int \rho\, d(a^5 Y^{(2)}) + \tfrac{1}{3}\varphi(\mu^2 - \tfrac{1}{3})\int \rho\, da^3,$$

$$\ldots\ldots\ldots\ldots\ldots\ldots\ldots\ldots\ldots\ldots\ldots\ldots\ldots,$$

$$0 = Y^{(i)}\int \rho\, da^3 - \frac{3}{2i+1}\int \rho\, d(a^{i+3} Y^{(i)}),$$

les différentielles et les intégrales étant relatives à la variable a, et les intégrales étant prises depuis $a = 0$ jusqu'à la valeur de a à la surface, valeur que nous désignerons par l'unité.

La propriété du centre de gravité où nous fixons l'origine des rayons donne les trois équations suivantes, en négligeant les quantités de l'ordre α^2,

$$o = \iiint \rho\mu \, d\mu \, d\varpi \, d[a^3(1 + 4\alpha y)],$$

$$o = \iiint \rho\sqrt{1-\mu^2} \cos\varpi \, d\mu \, d\varpi \, d[a^3(1 + 4\alpha y)],$$

$$o = \iiint \rho\sqrt{1-\mu^2} \sin\varpi \, d\mu \, d\varpi \, d[a^3(1 + 4\alpha y)],$$

les troisièmes différentielles étant relatives à la variable a, et les intégrales étant prises depuis $a = o$ jusqu'à $a = 1$, depuis $\mu = 1$ jusqu'à $\mu = -1$, et depuis $\varpi = o$ jusqu'à $\varpi = 360°$; ces trois équations donneront ainsi, en y substituant au lieu de y sa valeur $Y^{(0)} + Y^{(1)} + Y^{(2)} + \ldots$,

$$o = \iiint \rho\mu \, d\mu \, d\varpi \, d(a^4 Y^{(0)} + a^5 Y^{(1)} + a^6 Y^{(2)} + \ldots),$$

$$o = \iiint \rho\sqrt{1-\mu^2} \cos\varpi \, d\mu \, d\varpi \, d(a^4 Y^{(0)} + a^5 Y^{(1)} + a^6 Y^{(2)} + \ldots),$$

$$o = \iiint \rho\sqrt{1-\mu^2} \sin\varpi \, d\mu \, d\varpi \, d(a^4 Y^{(0)} + a^5 Y^{(1)} + a^6 Y^{(2)} + \ldots).$$

Pour exécuter ces intégrations, je vais rappeler ici un théorème général que j'ai démontré dans l'Ouvrage cité.

Si $Y^{(i)}$ et $U^{(i')}$ sont deux fonctions rationnelles et entières de μ, $\sqrt{1-\mu^2}\cos\varpi$ et $\sqrt{1-\mu^2}\sin\varpi$, qui satisfont aux équations à différences partielles

$$o = \frac{\partial\left[(1-\mu^2)\dfrac{\partial Y^{(i)}}{\partial\mu}\right]}{\partial\mu} + \frac{\dfrac{\partial^2 Y^{(i)}}{\partial\varpi^2}}{1-\mu^2} + i(i+1)Y^{(i)},$$

$$o = \frac{\partial\left[(1-\mu^2)\dfrac{\partial U^{(i')}}{\partial\mu}\right]}{\partial\mu} + \frac{\dfrac{\partial^2 U^{(i')}}{\partial\varpi^2}}{1-\mu^2} + i'(i'+1)U^{(i')},$$

on aura, lorsque les nombres i et i' sont différents,

$$o = \iint Y^{(i)}U^{(i')} \, d\mu \, d\varpi,$$

les intégrales étant prises depuis $\mu = 1$ jusqu'à $\mu = -1$, et depuis $\varpi = o$ jusqu'à $\varpi = 360°$.

Il suit de là que, μ, $\sqrt{1-\mu^2}\cos\varpi$ et $\sqrt{1-\mu^2}\sin\varpi$ étant de la forme $U^{(i)}$, les trois équations précédentes deviennent

$$o = \int\int\int \rho\, d\mu\, d\varpi\, d(a^i Y^{(i)}),$$

$$o = \int\int\int \rho\sqrt{1-\mu^i}\cos\varpi\, d\mu\, d\varpi\, d(a^i Y^{(i)}),$$

$$o = \int\int\int \rho\sqrt{1-\mu^i}\sin\varpi\, d\mu\, d\varpi\, d(a^i Y^{(i)}).$$

Ces intégrales paraissent supposer la connaissance de $Y^{(i)}$ dans l'intérieur du sphéroïde ; mais on peut, au moyen des équations précédentes de l'équilibre, les ramener à ne dépendre que de la valeur de $Y^{(i)}$ à la surface extérieure ; en effet, la seconde de ces équations donne

$$\int \rho\, d(a^i Y^{(i)}) = Y^{(i)} \int \rho\, da^3,$$

la valeur de $Y^{(i)}$, dans ce second membre, étant relative à la surface extérieure. On aura donc

$$o = \int\int Y^{(i)} d\mu\, d\varpi,$$

$$o = \int\int Y^{(i)} \sqrt{1-\mu^i}\cos\varpi\, d\mu\, d\varpi,$$

$$o = \int\int Y^{(i)} \sqrt{1-\mu^i}\sin\varpi\, d\mu\, d\varpi.$$

$Y^{(i)}$ est de cette forme

$$H\mu + H'\sqrt{1-\mu^i}\cos\varpi + H''\sqrt{1-\mu^i}\sin\varpi;$$

en substituant cette valeur dans ces trois équations, on aura $H = o$, $H' = o$, $H'' = o$, partant $Y^{(i)} = o$. On voit ainsi que, si l'origine des rayons est au centre de gravité du sphéroïde, le rayon à la surface extérieure sera

$$1 + \alpha(Y^{(0)} + Y^{(1)} + Y^{(2)} + \ldots),$$

et, comme $\alpha Y^{(0)}$ est une constante, on pourra la supposer comprise dans la constante a que nous avons prise pour l'unité, ce qui donne à l'expression du rayon à la surface cette forme plus simple

$$1 + \alpha(Y^{(1)} + Y^{(2)} + Y^{(3)} + \ldots).$$

VII.

L'équilibre permanent du globe terrestre peut nous éclairer encore sur la nature des rayons menés de son centre de gravité à sa surface. Si cette planète ne tournait pas exactement, ou du moins à très peu près, autour d'un de ses trois axes principaux, il en résulterait, dans la position de son axe de rotation, des oscillations qui deviendraient sensibles par les changements de la hauteur du pôle, et, comme les observations les plus précises n'en font apercevoir aucun, nous devons en conclure que, depuis longtemps, toutes les parties de la Terre, et principalement les parties fluides de sa surface, se sont disposées de manière à rendre stable l'axe de la Terre, et par conséquent leur état d'équilibre. Il est en effet très naturel de penser qu'après un grand nombre d'oscillations elles ont dû se fixer à cet état, en vertu des résistances en tout genre qu'elles éprouvent; voyons maintenant la condition qui en résulte dans l'expression du rayon terrestre.

Si l'on nomme x', y', z' les coordonnées d'une molécule $d\mathrm{M}$ de la Terre, ses trois axes principaux étant ceux mêmes des coordonnées dont nous fixons l'origine à son centre de gravité, on aura, par la propriété de ces axes,

$$o = \int x'y'\, d\mathrm{M}, \qquad o = \int x'z'\, d\mathrm{M}, \qquad o = \int y'z'\, d\mathrm{M};$$

mais, $a(1 + \alpha y)$ étant le rayon d'une couche terrestre, on a

$$x' = a(1 + \alpha y)\mu,$$
$$y' = a(1 + \alpha y)\sqrt{1 - \mu^2}\cos\varpi,$$
$$z' = a(1 + \alpha y)\sqrt{1 - \mu^2}\sin\varpi.$$

D'ailleurs

$$d\mathrm{M} = -\tfrac{1}{3}\rho\, d\mu\, d\varpi\, d[a^3(1 + \alpha y)^3];$$

on aura donc

$$o = \int\!\!\int\!\!\int \rho\mu\sqrt{1 - \mu^2}\cos\varpi\, d\mu\, d\varpi\, d[a^4(1 + 5\alpha y)],$$
$$o = \int\!\!\int\!\!\int \rho\mu\sqrt{1 - \mu^2}\sin\varpi\, d\mu\, d\varpi\, d[a^4(1 + 5\alpha y)],$$
$$o = \int\!\!\int\!\!\int \rho(1 - \mu^2)\sin 2\varpi\, d\mu\, d\varpi\, d[a^4(1 + 5\alpha y)],$$

les dernières différentielles étant relatives à la variable a, et les intégrales étant prises depuis $a = o$ jusqu'à $a = 1$, depuis $\mu = 1$ jusqu'à $\mu = -1$, et depuis $\varpi = o$ jusqu'à $\varpi = 360°$.

Les quantités

$$\mu\sqrt{1-\mu^2}\cos\varpi, \quad \mu\sqrt{1-\mu^2}\sin\varpi, \quad (1-\mu^2)\sin 2\varpi$$

sont comprises dans la forme $U^{(2)}$; en substituant donc au lieu de y sa valeur $Y^{(2)} + Y^{(3)} + Y^{(4)} + \dots$, les trois équations précédentes se réduiront aux suivantes, en vertu du théorème énoncé ci-dessus :

$$o = \iiint \rho\mu\sqrt{1-\mu^2}\cos\varpi \, d\mu \, d\varpi \, d(a^3 Y^{(1)}),$$

$$o = \iiint \rho\mu\sqrt{1-\mu^2}\sin\varpi \, d\mu \, d\varpi \, d(a^3 Y^{(1)}),$$

$$o = \iiint \rho(1-\mu^2)\sin 2\varpi \, d\mu \, d\varpi \, d(a^3 Y^{(2)}).$$

On peut exécuter les intégrations relatives à la variable a au moyen des équations précédentes de l'équilibre, qui donnent

$$\int \rho \, d(a^3 Y^{(2)}) = \tfrac{3}{5} Y^{(2)} \int \rho \, da^3 + \tfrac{1}{5}\varphi(\mu^2 - \tfrac{1}{3}) \int \rho \, da^5,$$

la valeur de $Y^{(2)}$ du second membre de cette équation étant relative à la surface ; on aura ainsi

$$o = \iint Y^{(2)}\mu\sqrt{1-\mu^2}\cos\varpi \, d\mu \, d\varpi,$$

$$o = \iint Y^{(2)}\mu\sqrt{1-\mu^2}\sin\varpi \, d\mu \, d\varpi,$$

$$o = \iint Y^{(2)}(1-\mu^2)\sin 2\varpi \, d\mu \, d\varpi.$$

Ces équations sont indépendantes de la constitution intérieure de la Terre et se rapportent uniquement à sa surface. La valeur de $Y^{(2)}$ est de cette forme

$$H(\mu^2 - \tfrac{1}{3}) + H'\mu\sqrt{1-\mu^2}\sin\varpi + H''\mu\sqrt{1-\mu^2}\cos\varpi$$
$$+ H'''(1-\mu^2)\sin 2\varpi + H^{IV}(1-\mu^2)\cos 2\varpi :$$

en la substituant dans les équations précédentes, on aura

$$H' = 0, \qquad H'' = 0, \qquad H''' = 0,$$

ce qui réduit $Y^{(2)}$ à cette forme

$$H(\mu^2 - \tfrac{1}{3}) + H^{IV}(1 - \mu^2)\cos 2\varpi.$$

Telle est la condition qui résulte de la supposition que la Terre tourne autour d'un de ses axes principaux; mais les constantes H, H'' et les fonctions $Y^{(3)}$, $Y^{(4)}$, ... restent indéterminées. Voyons ce que les autres phénomènes dépendants de la figure de la Terre nous apprennent sur leur nature.

VIII.

J'ai fait voir, dans l'Ouvrage cité, que les trois expressions du rayon terrestre, de la longueur du pendule à secondes et du degré du méridien étaient liées entre elles de la manière suivante.

$1 + \alpha(Y^{(2)} + Y^{(3)} + Y^{(4)} + \ldots + Y^{(i)} + \ldots)$ étant l'expression du rayon mené du centre de gravité de la Terre à sa surface, si l'on nomme l la longueur du pendule à secondes, on aura

$$l = L + \alpha L[Y^{(2)} + 2Y^{(3)} + 3Y^{(4)} + \ldots + (i-1)Y^{(i)} + \ldots] + \tfrac{2}{3}\alpha L \varphi(\mu^2 - \tfrac{1}{3}),$$

L étant une constante que l'on déterminera par l'observation.

Si l'on nomme ensuite c le degré d'un cercle dont le rayon est ce que nous avons pris pour l'unité, l'expression générale du degré du méridien sera

$$c - 6\alpha c Y^{(2)} - 12\alpha c Y^{(3)} - \ldots - i(i+1)\alpha c Y^{(i)} - \ldots$$
$$+ \alpha c \frac{\partial}{\partial \mu}(\mu Y^{(2)} + \mu Y^{(3)} + \ldots + \mu Y^{(i)} + \ldots)$$
$$- \alpha c \frac{\dfrac{\partial^2}{\partial \varpi^2}(Y^{(2)} + Y^{(3)} + \ldots + Y^{(i)})}{1 - \mu^2}.$$

Nous avons vu, dans l'article IV, que les observations sur la longueur du pendule à secondes donnent à très peu près

$$l = 439^{\text{lignes}},30 + 2^{\text{lignes}},438\,\mu^2$$

ou, ce qui revient au même,

$$l = 440^{\text{lignes}},113 + 2^{\text{lignes}},438\left(\mu^2 - \tfrac{1}{3}\right).$$

En comparant cette expression de l à la précédente, on voit : 1° que la quantité

$$\alpha\mathrm{L}\left[2\,\mathrm{Y}^{(3)} + 3\,\mathrm{Y}^{(4)} + \ldots + (i-1)\,\mathrm{Y}^{(i)} + \ldots\right]$$

est insensible relativement à la quantité

$$\alpha\mathrm{L}\mathrm{Y}^{(2)} + \tfrac{1}{3}\alpha\mathrm{L}\,\varphi\left(\mu^2 - \tfrac{1}{3}\right),$$

d'où il suit qu'à plus forte raison, dans l'expression du rayon terrestre, la quantité

$$\alpha\left(\mathrm{Y}^{(3)} + \mathrm{Y}^{(4)} + \ldots + \mathrm{Y}^{(i)} + \ldots\right)$$

est insensible relativement au terme $\alpha\,\mathrm{Y}^{(2)}$; 2° que l'on a à très peu près

$$\mathrm{L} = 440^{\text{lignes}},113,$$
$$\alpha\mathrm{L}\mathrm{Y}^{(2)} + \tfrac{1}{3}\alpha\mathrm{L}\,\varphi\left(\mu^2 - \tfrac{1}{3}\right) = 2^{\text{lignes}},438\left(\mu^2 - \tfrac{1}{3}\right).$$

L'observation donne $\alpha\varphi = \frac{1}{289}$ et, par conséquent, $\tfrac{1}{3}\alpha\varphi = 0,0086505$; on aura donc

$$\alpha\mathrm{Y}^{(2)} = -0,003111\left(\mu^2 - \tfrac{1}{3}\right),$$

en sorte que le rayon du sphéroïde terrestre est à très peu près

$$1 - 0,003111\left(\mu^2 - \tfrac{1}{3}\right).$$

Ce rayon est celui de l'ellipsoïde de révolution, dans lequel les deux axes sont dans le rapport de 320 à 321; on peut ainsi calculer les variations des rayons terrestres et de la pesanteur, dans la supposition où la figure de la Terre serait celle d'un semblable ellipsoïde.

Les observations de la longueur du pendule répandent, comme l'on voit, un grand jour sur la nature des rayons terrestres : elles font voir non seulement que, dans la fonction $\mathrm{Y}^{(2)}$ qui, par l'article précédent, se réduit à cette forme $\mathrm{H}\left(\mu^2 - \tfrac{1}{3}\right) + \mathrm{H}''\left(1 - \mu^2\right)\cos 2\varpi$, le coefficient H'' est très petit relativement à H, mais encore que les termes $Y^{(3)}$, $Y^{(4)}$, ... sont insensibles relativement à $Y^{(2)}$, en les multipliant même par leurs indices respectifs 3, 4, ...

IX.

Si ces termes étaient nuls, la variation des degrés du méridien suivrait, comme celle de la pesanteur, la loi du carré du sinus de la latitude; mais, puisque cette loi ne peut (article III) se concilier avec les observations, il en faut conclure que les fonctions $Y^{(3)}$, $Y^{(4)}$, ..., qui sont insensibles dans les expressions du rayon terrestre et de la pesanteur, ne sont cependant pas nulles, et qu'elles deviennent sensibles dans l'expression des degrés des méridiens. Cela peut avoir lieu d'une infinité de manières; si l'on suppose, par exemple, que

$$1 + \alpha H\left(\mu^2 - \tfrac{1}{3}\right) + \alpha Y^{(i)}$$

soit l'expression du rayon terrestre, l'expression de la longueur l du pendule à secondes sera, par l'article précédent,

$$l = L\left[1 + \alpha(H + \tfrac{5}{2}\varphi)\left(\mu^2 - \tfrac{1}{3}\right) + (i - 1)\alpha Y^{(i)}\right],$$

et l'expression du degré du méridien sera

$$c - \tfrac{1}{2}\alpha cH - 3\alpha cH\left(\mu^2 - \tfrac{1}{3}\right) - i(i+1)\alpha c Y^{(i)} + \alpha c \frac{\partial(\mu Y^{(i)})}{\partial\mu} - \alpha c \frac{\dfrac{\partial^2 Y^{(i)}}{\partial\varpi^2}}{1 - \mu^2}.$$

Nommons λ le rapport du terme $\alpha Y^{(i)}$, qui écarte l'expression du rayon terrestre de la loi du carré du sinus de la latitude, au terme $\alpha H\left(\mu^2 - \tfrac{1}{3}\right)$; il est aisé de voir, par l'article précédent, que $H + \tfrac{5}{2}\varphi$ est à très peu près $-\tfrac{3}{2}H$, et qu'ainsi le rapport du terme $(i - 1)\alpha L Y^{(i)}$ au terme $\alpha L(H + \tfrac{5}{2}\varphi)\left(\mu^2 - \tfrac{1}{3}\right)$, dans l'expression de la longueur du pendule, est à très peu près $-\tfrac{2}{3}(i - 1)\lambda$.

Le rapport du terme $- i(i+1)\alpha c Y^{(i)}$ de l'expression du degré du méridien au terme $- 3\alpha cH\left(\mu^2 - \tfrac{1}{3}\right)$ est $\dfrac{i(i+1)}{3}\lambda$, et il est possible, par la manière dont la longitude ϖ entre dans la fonction $Y^{(i)}$, que la quantité entière

$$-i(i+1)\alpha c\, Y^{(i)} + \alpha c\, \frac{\partial(\mu Y^{(i)})}{\partial\mu} - \alpha c\, \frac{\dfrac{\partial^2 Y^{(i)}}{\partial\varpi^2}}{1-\mu^2},$$

qui écarte la variation des degrés de la loi du carré du sinus de la latitude, ait un plus grand rapport au terme $-3\alpha c H(\mu^2 - \frac{1}{3})$.

Maintenant, si l'on suppose que les nombres λ, $-\frac{1}{7}(i-1)\lambda$ et $\frac{i(i+1)}{3}\lambda$ expriment les rapports des quantités qui éloignent les expressions du rayon, de la longueur du pendule et du degré du méridien de la loi du carré du sinus de la latitude, aux termes qui suivent cette loi dans ces expressions, il est visible que, pour rendre λ et $-\frac{1}{7}(i-1)\lambda$ peu sensibles relativement à $\frac{i(i+1)}{3}\lambda$, il suffit de prendre i égal ou plus grand que 6; car, en le supposant, par exemple, égal à 6, les trois nombres précédents deviendront λ, $-\frac{20}{7}\lambda$, 14λ, c'est-à-dire que les variations des degrés s'écarteront environ cinq fois plus de la loi du carré du sinus de la latitude que celles de la pesanteur, ce qui est plus que suffisant pour satisfaire aux observations.

Il faudrait un grand nombre de mesures des degrés, faites avec beaucoup de précision, pour déterminer la nature des fonctions $Y^{(i)}$, $Y^{(i+1)}$, ...; mais il nous suffit ici d'avoir expliqué pourquoi les variations de la pesanteur suivent à très peu près la loi du carré du sinus de la latitude, tandis que les variations des degrés s'en écartent d'une manière sensible : ce phénomène remarquable tient à ce que les termes de l'expression du rayon qui s'écartent de cette loi sont différentiés une seule fois dans l'expression de la pesanteur et subissent deux différentiations dans l'expression du degré du méridien; et il arrive que ces termes, peu sensibles en eux-mêmes et par une première différentiation, deviennent sensibles par une seconde différentiation.

Nous voilà donc conduits à ce résultat intéressant : savoir que, dans toutes les recherches où l'on ne fait usage que des rayons terrestres et de leurs premières différences, on peut, sans erreur sensible, supposer

que la Terre est un ellipsoïde de révolution dont les axes sont dans le
rapport de 3 20 à 3 21; que cette hypothèse est fort approchée relativement aux rayons terrestres; qu'elle l'est un peu moins, relativement
à leurs premières différences; que cependant l'erreur est presque insensible; mais que leurs secondes différences s'écartent sensiblement
de celles qui résultent de cette hypothèse, et que c'est la raison pour
laquelle les degrés du méridien, qui sont donnés par les secondes différences des rayons terrestres, s'éloignent de la loi du carré du sinus
de la latitude.

X.

La théorie des parallaxes ne dépend que des rayons terrestres et de
leurs premières différences; si l'on nomme v la hauteur d'un astre au-
dessus de l'horizon, s sa distance au centre de gravité de la Terre,
$1 + \alpha y$ le rayon mené de ce centre à l'observateur, α étant un très
petit coefficient et y étant une fonction quelconque de la longitude et
de la latitude; si l'on représente ensuite par γ la parallaxe, et par dq
l'élément de la courbe que forme l'intersection de la surface du sphéroïde terrestre par le vertical de l'astre, il est facile de s'assurer que,
en négligeant les quantités de l'ordre α^2, on aura

$$\sin \gamma = \frac{1 + \alpha y}{s} \cos v - \alpha \frac{\frac{dy}{dq} \sin v}{s},$$

dy étant la différence des valeurs de y correspondantes aux extrémités de l'arc dq.

Si la parallaxe est horizontale, $v = 0°$, et, dans ce cas,

$$\sin \gamma = \frac{1 + \alpha y}{s};$$

les parallaxes horizontales ne dépendent donc que des rayons terrestres; mais les autres parallaxes dépendent encore des premières
différences de ces rayons.

De là et de l'article précédent, il suit que l'on peut calculer, sans erreur sensible, les éclipses et tous les phénomènes dépendants des parallaxes, dans la supposition où la Terre est un ellipsoïde de révolution dont les axes sont dans le rapport de 320 à 321; quant à la manière de faire entrer l'ellipticité de la Terre dans le calcul de ces phénomènes, la méthode dont M. du Séjour a fait usage dans ses savants Mémoires sur les éclipses me paraît être la plus directe, la plus générale et la plus simple que l'on puisse désirer.

XI.

Le phénomène le plus remarquable qui dépende de la figure et de la constitution de la Terre est celui de la précession des équinoxes et de la nutation de l'axe terrestre; il est d'autant plus important d'examiner comment il se lie avec les déterminations précédentes, qu'il est incompatible avec l'ellipticité $\frac{1}{178}$ que l'on a supposée à la Terre, d'après les mesures des degrés de France et du Nord. Dans son bel Ouvrage sur la précession des équinoxes, M. d'Alembert a observé que, quelques hypothèses que l'on fasse sur la densité des couches terrestres supposées elliptiques, il est impossible de concilier l'ellipticité $\frac{1}{178}$ à la surface avec les quantités observées de la précession et de la nutation. Ce grand géomètre n'a pas cru cependant devoir abandonner l'hypothèse de l'ellipticité de la Terre; mais il pense que, cette planète étant recouverte en grande partie par la mer, ce fluide ne peut pas, à raison de sa mobilité, influer sur la précession et la nutation, et qu'ainsi, dans le calcul de ces phénomènes, on ne doit tenir compte que de l'action du Soleil et de la Lune sur le noyau solide que la mer recouvre. On peut former alors, sur l'aplatissement de ce noyau, une infinité d'hypothèses qui concilient les quantités observées de la précession et de la nutation avec l'ellipticité $\frac{1}{178}$ à la surface de la mer; mais, ayant déterminé avec soin les oscillations de la mer et sa réaction sur le noyau terrestre, j'ai fait voir qu'il ne fallait pas la négliger dans la théorie de la précession et de la nutation, que les quantités de ces deux mouvements sont exactement les mêmes que si la mer formait une masse solide avec la Terre, et que cela est généralement vrai, quelles que soient la figure de la Terre et la loi de la profondeur de la mer. On voit ainsi que la difficulté élevée par M. d'Alembert contre l'ellipticité de la Terre subsiste en entier, et que, pour la résoudre, il faut nécessairement rejeter l'hypothèse elliptique dans le calcul des degrés des méridiens, ce qui vient à l'appui de ce que nous avons dit sur cet objet dans l'article III. Voyons maintenant si l'expression du rayon terrestre

$$1 - 0,003111\left(\mu^2 - \tfrac{1}{3}\right) + \alpha Y^{(3)} + \alpha Y^{(4)} + \ldots,$$

qui, par l'article VIII, résulte des observations de la longueur du pendule, satisfait aux phénomènes de la précession et de la nutation. Sans se donner la peine de les calculer de nouveau, on peut aisément parvenir aux résultats que donne cette expression par les considérations suivantes.

<h2 style="text-align:center">XII.</h2>

Le mouvement de l'axe d'une planète autour de son centre de gravité dépend, comme l'on sait, des moments d'inertie de la planète par rapport aux plans de ses trois axes principaux et des moments des forces perturbatrices. Considérons d'abord les moments d'inertie de la planète par rapport aux plans de ses axes principaux.

$a(1 + \alpha y)$ étant le rayon d'une couche de la planète, l'expression d'une molécule élémentaire sera

$$- \tfrac{1}{3}\rho \, d\mu \, d\varpi \, d[\,a^3(1 + \alpha y)^3\,],$$

la dernière différentielle étant relative à la variable a. On aura les moments d'inertie de cette molécule par rapport aux plans de ses trois axes principaux en multipliant son expression par les carrés de ses distances à ces plans, c'est-à-dire par

$$a^3(1 + \alpha y)^3\mu^2, \quad a^3(1 + \alpha y)^3(1 - \mu^2)\cos^2\varpi, \quad a^3(1 + \alpha y)^3(1 - \mu^2)\sin^2\varpi;$$

d'où il est facile de conclure que les moments d'inertie de la planète entière sont, en négligeant les quantités de l'ordre α^2,

$$- \tfrac{1}{6} \int\int\int \rho\, \mu^2\, d\mu\, d\varpi\, d[a^3(1 + 5\alpha y)],$$

$$- \tfrac{1}{6} \int\int\int \rho(1 - \mu^2)\cos^2\varpi\, d\mu\, d\varpi\, d[a^3(1 + 5\alpha y)],$$

$$- \tfrac{1}{6} \int\int\int \rho(1 - \mu^2)\sin^2\varpi\, d\mu\, d\varpi\, d[a^3(1 + 5\alpha y)].$$

Les quantités $\mu^2(1 - \mu^2)\cos^2\varpi$, $(1 - \mu^2)\sin^2\varpi$ sont réductibles à des quantités de cette forme $U^{(0)} + U^{(2)}$; il faut donc, par le théorème de l'article VI, ne considérer dans y que les termes $Y^{(0)}$ et $Y^{(2)}$; mais le terme $Y^{(0)}$ étant constant, il peut être censé compris dans la constante a. Les moments précédents deviendront ainsi

$$- \tfrac{1}{6} \int\int\int \rho\, \mu^2\, d\mu\, d\varpi\, d[a^3(1 + 5\alpha Y^{(2)})],$$

$$- \tfrac{1}{6} \int\int\int \rho(1 - \mu^2)\cos^2\varpi\, d\mu\, d\varpi\, d[a^3(1 + 5\alpha Y^{(2)})],$$

$$- \tfrac{1}{6} \int\int\int \rho(1 - \mu^2)\sin^2\varpi\, d\mu\, d\varpi\, d[a^3(1 + 5\alpha Y^{(2)})].$$

On a, par l'article VI,

$$- \alpha \int \rho\, d(a^3 Y^{(2)}) = - \left[\tfrac{3}{6}\alpha\varphi(\mu^2 - \tfrac{1}{3}) + \tfrac{3}{3}\alpha Y^{(2)} \right] \int \rho\, da^3.$$

la valeur de $\alpha Y^{(2)}$ du second membre de cette équation étant relative à la surface; cette valeur pour la Terre est, par l'article VIII, égale à $- 0{,}003111(\mu^2 - \tfrac{1}{3})$. En désignant donc par A la constante

$$(0{,}005185 - \tfrac{5}{6}\alpha\varphi) \int \rho\, da^3,$$

on aura, pour les moments d'inertie de la Terre par rapport aux plans de ses axes principaux,

$$\frac{4\pi}{15} \int \rho\, da^5 - \frac{16\pi}{45} A,$$

$$\frac{4\pi}{15} \int \rho\, da^5 + \frac{8\pi}{45} A,$$

$$\frac{4\pi}{15} \int \rho\, da^5 + \frac{8\pi}{45} A.$$

On peut facilement, au moyen de l'analyse précédente, déterminer

la nature des solides homogènes, dont tous les axes passant par leur
centre de gravité sont des axes principaux de rotation; pour cela,
soit R le rayon mené de ce centre à une molécule quelconque dM du
solide; on aura

$$dM = - \, \mathrm{R}^{\scriptscriptstyle 1}\, d\mathrm{R}\, d\mu\, d\varpi,$$

d'où il est aisé de conclure que les moments d'inertie du solide, relativement aux plans de ses trois axes principaux, sont

$$- \int\!\!\int\!\!\int \mathrm{R}^{\scriptscriptstyle 4}\, d\mathrm{R}\, \mu^{\scriptscriptstyle 3}\, d\mu\, d\varpi,$$

$$- \int\!\!\int\!\!\int \mathrm{R}^{\scriptscriptstyle 4}\, d\mathrm{R}\,(1 - \mu^{\scriptscriptstyle 3})\cos^{\scriptscriptstyle 3}\varpi\, d\mu\, d\varpi,$$

$$- \int\!\!\int\!\!\int \mathrm{R}^{\scriptscriptstyle 4}\, d\mathrm{R}\,(1 - \mu^{\scriptscriptstyle 3})\sin^{\scriptscriptstyle 3}\varpi\, d\mu\, d\varpi.$$

Si l'on exécute les intégrations relatives à R et que l'on nomme R′ le
rayon R prolongé jusqu'à la surface, ces trois moments deviendront

$$- \tfrac{1}{5} \int\!\!\int \mathrm{R}'^{\scriptscriptstyle 5}\mu^{\scriptscriptstyle 3}\, d\mu\, d\varpi,$$

$$- \tfrac{1}{5} \int\!\!\int \mathrm{R}'^{\scriptscriptstyle 5}(1 - \mu^{\scriptscriptstyle 3})\cos^{\scriptscriptstyle 3}\varpi\, d\mu\, d\varpi,$$

$$- \tfrac{1}{5} \int\!\!\int \mathrm{R}'^{\scriptscriptstyle 5}(1 - \mu^{\scriptscriptstyle 3})\sin^{\scriptscriptstyle 3}\varpi\, d\mu\, d\varpi.$$

Maintenant, on sait que, si ces moments sont égaux entre eux, tous les
axes du corps qui passent par son centre de gravité seront des axes
principaux de rotation; or il est clair, par ce qui précède, que cette
égalité aura lieu si la valeur de $\mathrm{R}'^{\scriptscriptstyle 5}$ peut être mise sous cette forme

$$\mathrm{R}'^{\scriptscriptstyle 5} = \mathrm{Y}^{(0)} + \mathrm{Y}^{(1)} + \mathrm{Y}^{(3)} + \mathrm{Y}^{(4)} + \dots,$$

c'est-à-dire si la fonction $\mathrm{Y}^{(2)}$ disparaît de l'expression de $\mathrm{R}'^{\scriptscriptstyle 5}$. Telle est
donc l'équation générale des sphéroïdes homogènes dont tous les axes
passant par le centre de gravité sont des axes principaux de rotation,
et l'on voit que la sphère n'est pas le seul solide qui jouisse de cette
propriété.

XIII.

Considérons présentement les moments des forces perturbatrices. Si l'on nomme S la masse d'un astre quelconque éloigné de la planète; s la distance des centres de gravité de ces deux corps, que nous supposerons très grande relativement à a; v l'angle que forme s avec l'axe des x, et ψ l'angle que forme le plan de s et des x avec celui des x et des y. Si l'on décompose ensuite l'action de S sur une molécule de la planète, parallèlement aux trois axes des x, des y et des z, et que l'on en retranche les forces parallèles aux mêmes axes qui sollicitent le centre de gravité de la planète, on aura les trois forces suivantes :

$$a(1+\alpha y)\frac{S}{s^3}\left[(3\cos^2 v - 1)\mu + 3\sin v \cos v \sqrt{1-\mu^2}\cos(\varpi - \psi)\right],$$

$$a(1+\alpha y)\frac{S}{s^3}\left[(3\sin v \cos v \cos\psi - \sqrt{1-\mu^2}\cos\varpi\right.$$
$$\left. + 3\sqrt{1-\mu^2}\sin^2 v \cos\psi \cos(\varpi - \psi)\right],$$

$$a(1+\alpha y)\frac{S}{s^3}\left[3\mu \sin v \cos v \sin\psi - \sqrt{1-\mu^2}\sin\varpi\right.$$
$$\left. + 3\sqrt{1-\mu^2}\sin^2 v \sin\psi \cos(\varpi - \psi)\right].$$

Pour avoir les moments de ces forces, il faut les multiplier par la masse de la molécule, qui est égale à

$$-\tfrac{1}{3}\rho\, d\mu\, d\varpi\, d[a^3(1+\alpha y)^3].$$

Il faut multiplier ensuite respectivement ces produits par les distances de chaque force aux plans qui lui sont parallèles. Ces distances sont

$$a(1+\alpha y)\mu, \quad a(1+\alpha y)\sqrt{1-\mu^2}\cos\varpi,$$
$$a(1+\alpha y)\sqrt{1-\mu^2}\sin\varpi;$$

les moments des forces seront par conséquent de cette forme

$$R\rho\, d\mu\, d\varpi\, d[a^4(1+\alpha y)^4],$$

R étant une fonction de

$$\mu, \quad \sqrt{1-\mu^2}\cos\varpi, \quad \sqrt{1-\mu^2}\sin\varpi,$$

comprise dans la forme $U^{(0)} + U^{(2)}$. Il faut ainsi, par le théorème de l'article V, ne considérer dans l'expression de y que le terme $Y^{(2)}$; or on a, par l'article précédent,

$$\int \rho\, d(a^3 Y^{(2)}) = \left[\tfrac{3}{5} \varphi(\mu^2 - \tfrac{1}{3}) + \tfrac{2}{3} Y^{(2)} \right] \int \rho\, da^3,$$

$Y^{(2)}$ dans le second membre de cette équation étant relatif à la surface; on réduira donc les moments précédents à ne dépendre que de cette valeur de $Y^{(2)}$ et des intégrales $\int \rho\, da^3$ et $\int \rho\, da^5$, prises depuis $a = o$ jusqu'à $a = 1$. Ce résultat est conforme à celui auquel nous sommes parvenu dans l'article précédent sur les moments d'inertie; d'où il suit que, relativement à la Terre, tous ces moments sont les mêmes que ceux d'un ellipsoïde de révolution, dans lequel les densités des couches suivent la même loi que les densités des couches terrestres, et dont le rayon de la surface extérieure est

$$1 - 0,003111(\mu^2 - \tfrac{1}{3}).$$

Ainsi les quantités de la précession et de la nutation doivent être exactement les mêmes que celles que l'on obtient en supposant à cette planète la figure d'un semblable ellipsoïde.

XIV.

J'ai déterminé ailleurs, dans cette hypothèse, les phénomènes de la précession et de la nutation [*Mémoires de l'Académie*, année 1776, p. 250 et suiv. ([1])], et je suis parvenu aux résultats suivants.

Si l'on nomme q l'ellipticité de la Terre à sa surface extérieure et que l'on suppose

$$E = \frac{(2q - \alpha\varphi) \int \rho a^3\, da}{\int \rho a^4\, da};$$

si, de plus, on nomme S la masse du Soleil; s sa moyenne distance à la Terre; L la masse de la Lune; et l sa moyenne distance à la Terre. Si l'on prend ensuite pour unité de temps un jour sidéral et que l'on

---

([1]) *Œuvres de Laplace*, T. IX, p. 262 et suivantes.

nomme n et m les temps des révolutions du Soleil et du nœud de l'orbite lunaire; enfin, si l'on nomme ε l'obliquité de l'écliptique, et c la tangente de l'inclinaison moyenne de l'orbite lunaire, la précession moyenne annuelle des équinoxes sera

$$\tfrac{1}{2}\, n\, \mathrm{E}\cos\varepsilon \left(\frac{\mathrm{S}}{s^3} + \frac{\mathrm{L}}{l^3}\right) 360^\circ,$$

et l'étendue entière de la nutation de l'axe terrestre sera

$$\frac{3\,mc\,\mathrm{E}}{2\pi}\cos\varepsilon\,\frac{\mathrm{L}}{l^3}\,180^\circ.$$

Les observations donnent

$$\varepsilon = 23^\circ 28' 10'',$$
$$c = \tan 5^\circ 9' 8'',$$
$$\operatorname{Log} n = 2,5637679,$$
$$\operatorname{Log} m = 3,8335817.$$

La précession annuelle des équinoxes est de $50''\tfrac{1}{7}$, et, si cette détermination est fautive, ce ne peut être que d'une petite fraction de seconde, parce que l'accroissement à très peu près uniforme de la précession permet de répartir sur un grand intervalle les erreurs inévitables des observations. Suivant M. Bradley, l'étendue entière de la nutation est de $18''$; mais, comme une petite erreur peut s'être glissée dans cette détermination, nous supposerons la nutation de $18''(1+\gamma)$; nous aurons, cela posé, les deux équations suivantes

$$\mathrm{E}\left(\frac{\mathrm{S}}{s^3} + \frac{\mathrm{L}}{l^3}\right) = 0,0000001541\dot43,$$

$$\mathrm{E}\frac{\mathrm{L}}{l^3} = 0,0000001031 89(1+\gamma),$$

d'où l'on tire

$$\frac{\mathrm{S}}{s^3} = \frac{0,4938 - \gamma}{1+\gamma}\,\frac{\mathrm{L}}{l^3}.$$

Si la nutation était exactement de $18''$, on aurait $\gamma = 0$ et, par conséquent,

$$\frac{\mathrm{S}}{s^3} = 0,4938\,\frac{\mathrm{L}}{l^3};$$

l'effet de l'action du Soleil sur la précession serait donc à peu près la moitié de celui de la Lune. M. Daniel Bernoulli suppose ces deux effets dans le rapport de 2 à 5, d'après les observations des marées : cette supposition donne environ $\gamma = \frac{1}{18}$; la nutation serait ainsi de 19″,2, c'est-à-dire de 1″,2 plus grande que suivant M. Bradley. Une aussi petite différence est très difficile à connaître par l'observation, et, si l'on considère l'incertitude des observations sur les marées, il doit paraître surprenant que la quantité de la nutation tirée de ce phénomène s'éloigne aussi peu du résultat de l'observation directe.

Les équations précédentes donnent

$$q = \tfrac{1}{3}\alpha\varphi + 0,000000154143 \, \frac{0,4938 - \gamma}{2,9876 \, \frac{S}{s^3}} \, \frac{\int \rho a^4 \, da}{\int \rho a^2 \, da} ;$$

mais on a, par la théorie des forces centrales,

$$\frac{S}{s^3} = \frac{1}{n^2}, \qquad \tfrac{1}{3}\alpha\varphi = \tfrac{1}{578},$$

partant

$$q = 0,0017301 + (0,0034173 - \gamma.0,0069205) \, \frac{\int \rho a^4 \, da}{\int \rho a^2 \, da}.$$

La valeur de q dépend de celle de γ et de la loi de densité des couches du sphéroïde terrestre ; mais, quelle que soit cette loi, il est visible que, a étant moindre que l'unité, $\rho a^4 \, da$ est moindre que $\rho a^2 \, da$ et qu'ainsi la fraction $\dfrac{\int \rho a^4 \, da}{\int \rho a^2 \, da}$ est au-dessous de l'unité. Elle serait égale à l'unité si, la Terre étant creuse à son intérieur, toute sa masse était à sa surface ; elle serait nulle si la masse de la Terre était réunie à son centre de gravité. Les deux limites de q sont, par conséquent,

$$0,0017301, \quad 0,0051474 - \gamma.0,0069205.$$

Nous avons vu dans l'article VIII que la valeur de q donnée par les observations de la longueur du pendule est égale à 0,003111 ; elle est donc entre les limites précédentes ; d'où il suit que les phénomènes de la précession, de la nutation, de la variation de la pesanteur et du flux et reflux de la mer sont parfaitement d'accord entre eux.

XV.

Si la densité de la Terre était constante du centre à la surface, on aurait

$$\frac{\int \rho a^4 \, da}{\int \rho a^2 \, da} = \frac{3}{5},$$

partant

$$q = 0,0037805 - \gamma.0,0041523.$$

Cette quantité est plus grande que 0,003111, en employant même la valeur de γ donnée par les observations des marées; ainsi la Terre est plus dense à son centre qu'à la surface.

La comparaison des deux valeurs de q, tirées des observations du pendule et des mouvements de l'axe terrestre, donne la limite de la plus petite densité moyenne que l'on puisse supposer à la Terre; car, ces valeurs étant

$$q = 0,003111,$$
$$q = 0,0017301 + (0,0034173 - \gamma.0,0069205)\frac{\int \rho a^4 \, da}{\int \rho a^2 \, da},$$

il est aisé d'en conclure

$$\int \rho a^2 \, da = (2,4747 - \gamma.5,0116)\int \rho a^4 \, da.$$

Or, si l'on nomme ρ' la densité d'une couche du sphéroïde terrestre vers la surface, le rapport de la densité moyenne de ce sphéroïde à la densité de cette couche sera $\dfrac{\int \rho a^2 \, da}{\int \rho' a^2 \, da}$; il sera donc égal à

$$(2,4747 - \gamma.5,0116)\frac{\int \rho a^4 \, da}{\int \rho' a^2 \, da}.$$

Maintenant, la supposition la plus naturelle que l'on puisse faire sur la loi des densités des couches terrestres est celle d'une densité croissante de la surface au centre. Dans ce cas, ρ est toujours plus grand que ρ', ce qui donne

$$\frac{\int \rho\, a^2\, da}{\int \rho'\, a^2\, da} > \frac{3}{5};$$

la moyenne densité de la Terre est, par conséquent, au-dessus de

$$(1,52482 - \gamma.3,00696)\rho'.$$

Si $\gamma = 0$, cette quantité surpasse $\frac{3}{2}\rho'$; ainsi la moyenne densité du globe terrestre est, dans ce cas, au moins $\frac{3}{2}$ de la densité des couches dans laquelle nous pouvons pénétrer, et il est vraisemblable qu'elle est beaucoup plus grande.

XVI.

Pour mieux saisir l'ensemble des phénomènes qui tiennent à la figure de la Terre et leur accord avec le principe de la pesanteur universelle, rappelons en peu de mots les résultats auxquels nous sommes parvenu, dans ce Mémoire, sur la nature des rayons terrestres.

L'expression du rayon d'un sphéroïde quelconque, très peu différent d'une sphère, peut être mise sous cette forme

$$1 + \alpha(\mathbf{Y}^{(1)} + \mathbf{Y}^{(2)} + \mathbf{Y}^{(3)} + \mathbf{Y}^{(4)} + \ldots).$$

Si l'on fixe, relativement à la Terre, l'origine de ce rayon au centre de gravité de cette planète, les conditions de l'équilibre de la mer donneront $\mathbf{Y}^{(1)} = 0$ et réduiront, par conséquent, l'expression du rayon terrestre à cette forme ·

$$1 + \alpha(\mathbf{Y}^{(2)} + \mathbf{Y}^{(3)} + \mathbf{Y}^{(4)} + \ldots).$$

L'état permanent de l'équilibre de la mer exige que l'axe de rotation de la Terre soit un de ses axes principaux, et pour cela il faut que $\mathbf{Y}^{(1)}$ soit de cette forme

$$H(\mu^2 - \tfrac{1}{3}) + H'(1 - \mu^2)\cos 2\varpi,$$

H et H' étant deux constantes que l'observation seule peut déterminer et qui dépendent de la constitution du globe terrestre.

Ces résultats sont les seuls que fournit l'état permanent de l'équilibre de la Terre; ils sont communs à tous les corps célestes que recouvre un fluide en équilibre. Les observations sur la longueur du pendule à secondes ont porté plus loin nos connaissances sur la nature du rayon terrestre : elles nous ont appris que la constante H est à très peu près égale à $-$ o,oo3111; que la constante H' est nulle ou du moins insensible relativement à H; que la quantité $Y^{(3)} + Y^{(4)} + \ldots$ est pareillement très petite relativement à $Y^{(2)}$; qu'il en est de même des premières différences de cette quantité par rapport à celles de $Y^{(2)}$; et qu'ainsi l'on peut, dans le calcul du rayon terrestre et de ses premières différences, lui supposer sans erreur sensible cette forme

$$1 - 0,003111\left(\mu^2 - \tfrac{1}{3}\right).$$

Les mesures des degrés des méridiens ont fait voir que cette supposition ne peut pas s'étendre aux secondes différences du rayon terrestre et que la fonction $Y^{(3)} + Y^{(4)} + \ldots$ devient sensible par une seconde différentiation; mais elles sont encore insuffisantes pour déterminer cette fonction.

Le phénomène de la précession des équinoxes et de la nutation de l'axe terrestre ne dépend que de $Y^{(2)}$; il ne détermine pas la valeur de H, mais il donne les limites entre lesquelles cette valeur doit être comprise : la valeur que l'on trouve par la loi des variations de la pesanteur tombe entre ces limites; elle indique de plus une diminution dans la densité des couches terrestres, depuis le centre jusqu'à la surface, sans nous instruire cependant de la véritable loi de cette diminution, dont l'existence est prouvée d'ailleurs, soit par la stabilité de l'équilibre de la mer, soit par le peu d'action des montagnes sur le fil à plomb, soit enfin par les principes d'Hydrostatique qui exigent que, si la Terre a été primitivement fluide, les parties voisines du centre soient en même temps les plus denses.

On voit ainsi que chaque phénomène dépendant de la figure de la

Terre fournit de nouvelles lumières sur la nature du rayon terrestre
et qu'ils sont tous parfaitement d'accord entre eux. Ils ne suffisent
pas, à la vérité, pour nous faire connaître la constitution de la Terre,
mais ils indiquent l'hypothèse la plus vraisemblable, celle d'une densité décroissante du centre à la surface. La loi de la pesanteur universelle est donc la vraie cause de ces phénomènes, et, si elle ne s'y
manifeste pas d'une manière aussi précise que dans les mouvements
célestes, cela vient de ce que les inégalités de la force attractive des
planètes, qui tiennent à leur constitution intérieure, disparaissent à
de grandes distances et ne laissent apercevoir que le simple phénomène de la tendance mutuelle de ces corps vers leurs centres de gravité.

SUR

LES NAISSANCES, LES MARIAGES

ET

LES MORTS

A PARIS, DEPUIS 1771 JUSQU'EN 1784, ET DANS TOUTE L'ÉTENDUE DE LA FRANCE,
PENDANT LES ANNÉES 1781 ET 1782.

LES NAISSANCES, LES MARIAGES

ET

LES MORTS

A PARIS, DEPUIS 1771 JUSQU'EN 1784, ET DANS TOUTE L'ÉTENDUE DE LA FRANCE,
PENDANT LES ANNÉES 1781 ET 1782.

Mémoires de l'Académie royale des Sciences de Paris, année 1783; 1786.

La population est un des plus sûrs moyens de juger de la prospérité
d'un empire, et les variations qu'elle éprouve, comparées aux événements qui les précèdent, sont la plus juste mesure de l'influence des
causes physiques et morales sur le bonheur ou sur le malheur de l'espèce humaine. Il est donc intéressant, à tous égards, de connaître la
population de la France, d'en suivre les progrès et d'avoir la loi suivant laquelle les hommes sont répandus sur la surface de ce grand
royaume. Ces recherches tiennent de trop près à l'histoire naturelle
de l'homme pour être étrangères à l'Académie; elles sont trop utiles
pour ne pas mériter son attention. L'Académie s'est déterminée, par
ces considérations, à insérer chaque année dans ses *Mémoires* la liste
des naissances, des mariages et des morts dans toute l'étendue de la
France. Un magistrat respectable par ses lumières et par son zèle pour
le bien public, et qui depuis longtemps s'occupe avec succès des
recherches sur la population, a bien voulu lui procurer tous les renseignements qu'elle pouvait désirer sur cette matière; c'est à lui que
nous sommes redevable des listes suivantes. La première embrasse
les naissances, les mariages et les morts à Paris, depuis 1771 jusqu'en 1784; elle sert de suite à celle que M. Morand a publiée dans
nos *Mémoires* de 1771. Les deux autres listes présentent les nais-

sances, les mariages et les morts, dans toute l'étendue du royaume, pendant les années 1781 et 1782 ; il serait à désirer que les sexes y fussent distingués, comme ils le sont à Paris depuis 1745 ; mais on doit espérer que le gouvernement, convaincu de l'importance de ces résultats, leur donnera toute la perfection dont ils sont susceptibles.

Quoique les naissances soient la source de la population, elles ne suffisent pas cependant pour la déterminer : il faut connaître encore la durée moyenne de l'existence des hommes dans le lieu de leur naissance, quelles que soient les causes qui les en font disparaître ; car il est visible qu'à égalité de naissances un pays sera d'autant plus peuplé que les hommes y vivront plus longtemps : ainsi, dans les contrées où, le nombre des morts étant sensiblement égal à celui des naissances, la population est à peu près constante, le nombre d'années qui exprime la durée moyenne de la vie est le vrai rapport de la population aux naissances annuelles ; c'est le facteur par lequel on doit multiplier celle-ci pour avoir la population. La détermination de ce facteur est le point le plus délicat et le plus intéressant de ces recherches ; voyons comment on peut y parvenir.

Les événements d'un même genre ont des causes uniformes et constantes, mais dont l'action peut être augmentée ou diminuée par mille causes variables qui produisent les irrégularités que nous attribuons au hasard dans la succession des événements. Ces irrégularités, en se compensant les unes par les autres, disparaîtraient dans une suite infinie d'observations qui ne laisseraient ainsi apercevoir que le résultat des causes constantes ; mais, dans un nombre fini d'observations, elles peuvent éloigner de ce résultat, d'autant plus que ce nombre est moins considérable. C'est à ces écarts qu'il faut attribuer les différences observées dans le rapport de la population aux naissances, et il en résulte la nécessité d'employer de grands dénombrements pour déterminer ce rapport. On choisira donc un grand nombre de paroisses dans toutes les provinces du royaume pour avoir un milieu entre les petites différences que les causes locales peuvent apporter dans les résultats ; on fera ensuite un dénombrement exact

de leurs habitants à une époque donnée, et, par le relevé des naissances durant les dix années qui précèdent cette époque, on déterminera le nombre correspondant des naissances annuelles. En divisant
par ce nombre celui des habitants, on aura le rapport de la population
aux naissances, d'une manière d'autant plus précise que le dénombrement sera plus considérable. Comme le nombre des naissances
annuelles en France excède celui des morts, il est nécessaire, pour
établir une exacte parité entre la population entière de la France et
celle de ces paroisses, de les choisir de manière que le nombre total
des morts soit à celui des naissances dans le rapport qu'ont entre eux
ces deux nombres, relativement à tout le royaume. Si l'on a soin de
distinguer les sexes, on aura séparément la population des hommes,
celle des femmes et la durée de la vie moyenne de chacun des deux
sexes, ce qui est intéressant à connaître. Un dénombrement semblable,
fait avec soin dans les divers pays, et renouvelé dans différents siècles,
donnerait les différences que le climat, le temps et les gouvernements
peuvent produire dans la durée moyenne de la vie des hommes.

Le rapport de la population aux naissances, déterminé par la méthode précédente, ne peut jamais être rigoureusement exact; en lui
supposant même une précision rigoureuse, il resterait encore sur la
population de la France l'incertitude qui naît de l'action des causes
variables. La population de la France, tirée des naissances annuelles,
n'est donc qu'un résultat probable, et par conséquent susceptible
d'erreurs. C'est à l'analyse des hasards à déterminer la probabilité de
ces erreurs et jusqu'à quel point on doit porter le dénombrement pour
qu'il soit très probable qu'elles seront renfermées dans d'étroites
limites. Ces recherches dépendent d'une théorie nouvelle et encore
peu connue, celle de la probabilité des événements futurs prise des
événements observés; elles conduisent à des formules dont le calcul
numérique est impraticable, à cause des grands nombres que l'on y
considère; mais, ayant donné dans ce Volume et dans le précédent (¹)
les principes nécessaires pour résoudre ce genre de questions, et une

(¹) *OEuvres de Laplace*, T. X.

méthode générale pour avoir en séries très convergentes les fonctions de grands nombres, j'en ai fait l'application à la théorie de la population déduite des naissances. Les dénombrements déjà faits en France et comparés aux naissances donnent à peu près 26 pour le rapport de la population aux naissances annuelles; or, si l'on prend un milieu entre les naissances des années 1781 et 1782, on a $973\,054\frac{1}{2}$ pour le nombre des naissances annuelles dans toute l'étendue de ce royaume, en y comprenant la Corse; en multipliant donc ce nombre par 26, la population de la France entière sera de $25\,299\,417$ habitants. Maintenant je trouve par mon analyse que, pour avoir une probabilité de 1000 contre 1, de ne pas se tromper d'un demi-million dans cette évaluation de la population de la France, il faudrait que le dénombrement qui a servi à déterminer le facteur 26 eût été de $771\,469$ habitants. Si l'on prenait $26\frac{1}{2}$ pour le rapport de la population aux naissances, le nombre des habitants de la France serait $25\,785\,944$, et, pour avoir la même probabilité de ne pas se tromper d'un demi-million sur ce résultat, le facteur $26\frac{1}{2}$ devrait être déterminé d'après un dénombrement de $817\,219$ habitants. Il suit de là que, si l'on veut avoir sur cet objet la précision qu'exige son importance, il faut porter ce dénombrement à $1\,000\,000$ ou $1\,200\,000$ habitants. Voici l'analyse qui m'a conduit à ce résultat.

Considérons une urne qui renferme une infinité de boules blanches et noires dans un rapport inconnu, et supposons que, dans un premier tirage, on ait amené p boules blanches et q boules noires; supposons ensuite que, dans un second tirage, on ait amené q' boules noires, mais que l'on ignore le nombre des boules blanches sorties dans ce tirage; le moyen qui se présente naturellement pour déterminer ce nombre d'une manière approchée est de le supposer avec q' dans le rapport de p à q, ce qui donne $\frac{pq'}{q}$ pour ce nombre. Déterminons présentement la probabilité que le vrai nombre inconnu sera compris dans les limites $\frac{pq'}{q}(1-\varpi)$ et $\frac{pq'}{q}(1+\varpi)$, ou, ce qui revient au même, que l'erreur du résultat $\frac{pq'}{q}$ ne surpassera pas $\frac{pq'\varpi}{q}$.

Pour cela, nommons x le rapport inconnu du nombre des boules blanches au nombre total des boules renfermées dans l'urne, et désignons par p' le nombre inconnu des boules blanches amenées au second tirage : la probabilité de ce tirage sera, par la théorie connue des hasards,

$$\frac{1.2.3\ldots(p'+q')}{1.2.3\ldots p'.1.2.3\ldots q'}\, x^{p'}(1-x)^{q'}.$$

Mais, p' étant inconnu, il est susceptible de toutes les valeurs depuis $p'=0$ jusqu'à $p'=\infty$; ces valeurs sont plus ou moins probables, suivant qu'elles rendent le second tirage plus ou moins probable. On aura donc la probabilité de p' en divisant la quantité précédente par la somme de toutes les valeurs de cette quantité, depuis $p'=0$ jusqu'à $p'=\infty$, c'est-à-dire par la suite infinie

$$(1-x)^{q'}\left[1+(q'+1)x+\frac{(q'+1)(q'+2)}{1.2}\,x^2+\ldots\right]$$

[*voir* les pages 428 et 429 de ce Volume [1]]. Cette suite est égale à $\dfrac{1}{1-x}$; la probabilité de p' est donc égale à

$$\frac{1.2.3\ldots(p'+q')}{1.2.3\ldots p'.1.2.3\ldots q'}\, x^{p'}(1-x)^{q'-1}.$$

Cette probabilité suppose que x est le rapport des boules blanches à toutes les boules renfermées dans l'urne; mais, ce rapport étant inconnu, on peut le faire varier depuis $x=0$ jusqu'à $x=1$. Ces différentes valeurs de x sont plus ou moins probables, suivant qu'elles rendent le premier tirage plus ou moins probable : or la probabilité de ce tirage est

$$\frac{1.2.3\ldots(p+q)}{1.2.3\ldots p.1.2.3\ldots q}\, x^{p}(1-x)^{q};$$

la probabilité de x sera donc égale à $\dfrac{x^p\,dx(1-x)^q}{\int x^p\,dx(1-x)^q}$, l'intégrale du dénominateur étant prise depuis $x=0$ jusqu'à $x=1$ [*voir* la page 430 de ce Volume [2]]. En multipliant cette probabilité par celle de p', on aura la probabilité de p', correspondante au rapport x, d'où il suit

[1] *OEuvres de Laplace*, T. X, p. 300 et 301.
[2] *Ibid.*, p. 302.

que la probabilité entière de p' est égale à

$$\frac{1.2.3\ldots(p'+q')\int x^{p+p'}\,dx(1-x)^{q+q'+1}}{1.2.3\ldots p'.1.2.3\ldots q'\int x^p\,dx(1-x)^q},$$

les intégrales du numérateur et du dénominateur étant prises depuis $x=0$ jusqu'à $x=1$.

La probabilité que p' est compris depuis $p'=0$ jusqu'à $p'=s$ sera, en vertu de la formule précédente,

$$\frac{\int x^p\,dx(1-x)^{q+q'+1}\left[1+(q'+1)x+\ldots+\frac{(q'+1)(q'+2)\ldots(q'+s)}{1.2.3\ldots s}x^s\right]}{\int x^p\,dx(1-x)^q};$$

or, q' et s étant supposés de très grands nombres, on trouvera, par l'analyse que j'ai donnée dans le Volume de 1782, page 60 ([1]),

$$1+(q'+1)x+\ldots+\frac{(q'+1)\ldots(q'+s)}{1.2.3\ldots s}x^s=\frac{1}{(1-x)^{q'+1}}\frac{\int x'^s\,dx'(1-x')^{q'}}{\int x'^s\,dx'(1-x')^{q'}},$$

l'intégrale du numérateur étant prise depuis $x'=x$ jusqu'à $x'=1$, et celle du dénominateur étant prise depuis $x'=0$ jusqu'à $x'=1$; donc la probabilité que p' est compris depuis $p'=0$ jusqu'à $p'=s$ est

$$\frac{\iint x^p\,dx(1-x)^q x'^s\,dx'(1-x')^{q'}}{\iint x^p\,dx(1-x)^q x'^s\,dx'(1-x')^{q'}},$$

les intégrales du numérateur étant prises depuis $x'=x$ jusqu'à $x'=1$, et depuis $x=0$ jusqu'à $x=1$; celles du dénominateur étant prises depuis x et x' nuls jusqu'à x et x' égaux à l'unité. Si l'on applique à cette formule l'analyse que nous avons donnée pages 439 et suivantes de ce Volume ([2]), on trouvera que, si s est moindre et très peu différent de $\frac{pq'}{q}$, la fraction précédente sera à très peu près égale à $\frac{\int dt\,e^{-t}}{\sqrt{\pi}}$, e étant le nombre dont le logarithme hyperbolique est l'unité, π étant le rapport de la demi-circonférence au rayon, et l'intégrale relative à t

<hr>

[1] *OEuvres de Laplace*, t. X, p. 264 à 267.
[2] *Ibid.*, p. 310 et suivantes.

étant prise depuis $t = \mathrm{T}$ jusqu'à $t = \infty$, T étant donné par l'équation

$$\mathrm{T}^2 = \frac{\left(\dfrac{p}{p+q} - \dfrac{s}{s+q'}\right)^2 (p+q)^3 (s+q')^3}{2\,sq'(p+q)^3 + 2pq(s+q')^3}.$$

On trouvera pareillement que, si s est plus grand que $\dfrac{pq'}{q}$ et qu'il en diffère très peu, la fraction précédente sera à très peu près égale à $1 - \dfrac{\int dt\, e^{-t^2}}{\sqrt{\pi}}$, l'intégrale étant prise depuis $t = \mathrm{T}$ jusqu'à $t = \infty$. Il suit de là que la probabilité que p' est compris entre les deux nombres s et s', dont le premier est moindre et le second plus grand que $\dfrac{pq'}{q}$, est égale à

$$1 - \frac{\int dt\, e^{-t^2}}{\sqrt{\pi}} - \frac{\int dt\, e^{-t^2}}{\sqrt{\pi}},$$

la première intégrale étant prise depuis $t = \mathrm{T}$ jusqu'à $t = \infty$, et la seconde intégrale étant prise depuis $t = \mathrm{T}'$ jusqu'à $t = \infty$, T et T' étant donnés par les deux équations

$$\mathrm{T}^2 = \frac{\left(\dfrac{p}{p+q} - \dfrac{s}{s+q}\right)^2 (p+q)^3 (s+q')^3}{2\,sq'(p+q)^3 + 2pq(s+q')^3},$$

$$\mathrm{T}'^2 = \frac{\left(\dfrac{p}{p+q} - \dfrac{s'}{s'+q'}\right)^2 (p+q)^3 (s'+q')^3}{2\,s'q'(p+q)^3 + 2pq(s'+q')^3}.$$

Supposons

$$s = \frac{pq'}{q}(1 - \varpi) \qquad \text{et} \qquad s' = \frac{pq'}{q}(1 + \varpi),$$

ϖ étant une très petite fraction; si l'on néglige les quantités de l'ordre ϖ^3, les deux valeurs de T^2 et de T'^2 deviendront égales entre elles et à $\dfrac{pqq'\varpi^2}{2(p+q)(q+q')}$: ainsi, en nommant V^2 cette dernière quantité et en désignant par P la probabilité que le nombre p' sera compris dans les limites $\dfrac{pq'}{q}(1 - \varpi)$ et $\dfrac{pq'}{q}(1 + \varpi)$, on aura

$$\mathrm{P} = 1 - \frac{2\int dt\, e^{-t^2}}{\sqrt{\pi}},$$

l'intégrale étant prise depuis $t = \mathrm{V}$ jusqu'à $t = \infty$. Cette expression
fort simple de P a l'avantage d'être exacte jusqu'aux quantités de
l'ordre ϖ^4, car les termes de l'ordre ϖ^3, que nous avons négligés, se
détruisent d'eux-mêmes dans la quantité

$$1 - \frac{\int dt\, e^{-t^2}}{\sqrt{\pi}} - \frac{\int dt\, e^{-t^2}}{\sqrt{\pi}},$$

que nous avons trouvée ci-dessus pour l'expression de P.

Il est facile d'appliquer ces résultats à la théorie de la population
déduite des naissances, car on peut considérer chaque naissance
annuelle comme étant représentée par une boule noire, et chaque
individu existant comme étant représenté par une boule blanche ; le
premier tirage sera le dénombrement dans lequel on a observé que
sur q naissances le nombre des habitants est p, et le second tirage sera
la population de la France entière dont le nombre q' des naissances
annuelles est connu, tandis que la population correspondante p' est
inconnue ; P sera dans ce cas la probabilité que la population p' de la
France est comprise dans les limites $\frac{pq'}{q}(1 - \varpi)$ et $\frac{pq'}{q}(1 + \varpi)$; on aura
ainsi cette probabilité par une formule très simple.

Il est facile d'en conclure le nombre auquel p doit être porté pour
avoir une grande probabilité que l'erreur sur la population p' de la
France entière sera peu considérable. La recherche de ce nombre
devient nécessaire si l'on veut faire un nouveau dénombrement pour
déterminer le vrai facteur par lequel on doit multiplier les naissances
annuelles ; ainsi nous allons entrer dans quelques détails sur cet
objet.

Pour cela, nous supposerons

$$p = iq, \qquad \frac{pq'}{q}\varpi = a ;$$

nous aurons, par conséquent, $\varpi = \dfrac{a}{iq'}$, et l'équation

$$\mathrm{V}^2 = \frac{pqq'\varpi^2}{2(p + q)(q + q')}$$

donnera

$$p = \frac{2\,i^2(i+1)q'^2 V^2}{a^2 - 2i(i+1)q'V^2}.$$

Cette valeur de p suppose que l'on connaît a, q', V et i. La valeur de a dépend des limites entre lesquelles on suppose que l'erreur du résultat $\frac{pq'}{q}$ est comprise ; nous ferons ici $a = 500\,000$. La valeur de q' est donnée par les naissances annuelles dans toute l'étendue du royaume, et nous avons vu que $q' = 973054,5$. La valeur de V dépend de la probabilité P que la population de la France sera comprise dans les limites $\frac{pq'}{q} - a$ et $\frac{pq'}{q} + a$; nous supposerons ici que cette probabilité est de 1000 contre 1, en sorte que $P = \frac{1000}{1001}$: nous aurons ainsi

$$\frac{2\int dt\, e^{-t}}{\sqrt{\pi}} = \frac{1}{1001}. \qquad \text{ou} \qquad \int dt\, e^{-t} = \frac{\sqrt{\pi}}{2002}.$$

L'intégrale devant être prise depuis $t = V$ jusqu'à $t = \infty$, il est clair que cette équation détermine V, et l'on trouve $V^2 = 5,415$. Quant au nombre i, il dépend du rapport de p à q qui résulte du dénombrement ; mais, s'il s'agit d'un dénombrement à faire, ce rapport est inconnu. Cependant les dénombrements déjà faits donnent à peu près $i = 26$; ainsi l'on est assuré que le facteur i s'éloigne peu de ce nombre. Nous supposerons donc successivement $i = 25\frac{1}{2}$, $i = 26$, $i = 26\frac{1}{2}$, et nous aurons, pour les valeurs correspondantes de p,

$$p = 727\,510, \qquad p = 771\,469, \qquad p = 817\,219,$$

c'est-à-dire que, pour avoir une probabilité de 1000 contre 1 de ne pas se tromper d'un demi-million dans l'évaluation de la population de la France, il faut que le dénombrement p, dans le cas où il donne le premier facteur, soit de 727\,510 habitants ; qu'il soit de 771\,469 habitants dans le cas du second facteur, et de 817\,217 habitants s'il conduit au troisième facteur.

De là je conclus que, si l'on veut avoir sur cet objet la probabilité qu'exige son importance, il faut porter à 1\,000\,000 ou 1\,200\,000 habitants le dénombrement p qui doit déterminer le facteur i.

État des naissances, des mariages et des morts de la ville et faubourgs de Paris, depuis 1771 jusqu'en 1784.

ANNÉES.	NAISSANCES.		TOTAL.	MARIAGES.	MORTS.		TOTAL.	ENFANTS TROUVÉS.		TOTAL.
	Mâles.	Femelles.			Mâles.	Femelles.		Mâles.	Femelles.	
1771	9604	9337	18941	4452	10947	9738	20685	3581	3575	7156
1772	9557	9156	18713	4611	11126	9248	20374	3899	3777	7676
1773	9751	9096	18847	4810	9752	8766	18518	3037	2952	5989
1774	9892	9461	19353	5114	8470	7591	16061	3152	3181	6333
1775	10247	9403	19650	5016	9765	8897	18662	3379	3126	6505
1776	9716	9203	18919	5432	11000	9016	20016	3226	3193	6419
1777	11445	10821	22266	5442	9191	8100	17291	3411	3294	6705
1778	11037	10651	21688	5250	9586	8210	17796	3449	3239	6688
1779	10506	10108	20614	5208	10142	9154	19296	3421	3223	6644
1780	10071	9546	19617	5143	11567	9764	21331	2850	2718	5568
1781	10397	9835	20232	4970	10828	9352	20180	2799	2809	5608
1782	9851	9536	19387	4878	10746	8207	18953	2708	2736	5444
1783	9952	9736	19688	5213	11146	8864	20010	2799	2916	5715
1784	9833	9721	19554	5039	12016	9762	21778	2794	2815	5609
Total	151859	145159	297018	75353	156204	133466	289670	48036	46941	94977
Année commune	10121	9677	19788	5023	10413	8890	19303	3202	3129	6331

Population du Royaume, l'île de Corse comprise, suivant l'ordre des généralités, pendant l'année 1781.

NUMÉROS qui consistent l'ordre des généralités et provinces.	DÉNOMINATION des généralités du Royaume, l'île de Corse comprise, distinguées en pays d'Élections et en pays d'États, la ville de Paris étant distinguée de la généralité, comme capitale du Royaume	NAISSANCES.	MARIAGES.	PROFESSIONS en religion.	MORTS dans la société civile.	MORTS en religion.	Total des morts.	EXCÉDENT des naissances sur les morts.
	Paris (ville)	20232	4970	87	20057	123	20180	+ 52
	Généralités en pays d'Élections.							
1	Paris	44451	10210	52	42994	87	43081	+ 1370
2	Orléans	26294	6641	25	28870	58	28928	— 2634
3	Tours	49334	11593	59	53243	95	53338	— 4004
4	Poitiers	27377	7523	21	27468	38	27506	— 29
5	Bourges	20440	4920	29	20867	25	20892	— 452
6	Limoges	26181	7433	30	22840	24	22864	+ 3317
7	La Rochelle	17027	4612	22	21211	22	21233	— 4206
8	Bordeaux	54802	14924	48	44732	65	44797	+10005
9	Auch	34527	8469	27	27037	24	27061	+ 7466
10	Montauban	21569	5296	13	19971	24	19995	+ 1574
11	Grenoble	27338	6250	31	20848	39	20887	+ 6451
12	Lyon	24624	5823	30	19983	59	20042	+ 4582
13	Riom	27761	6815	44	18693	58	18751	+ 9010
14	Moulins	25067	6996	36	23168	27	23195	— 1872
15	Châlons	30925	7238	23	29965	12	29977	— 948
16	Le Clermontois	1459	317	»	1212	»	1212	+ 247
17	Soissons	16580	3889	15	16699	28	16727	— 147
18	Amiens	20598	5044	14	20761	40	20801	— 203
19	Rouen	27801	7765	51	27297	87	27384	+ 417
20	Caen	24719	6067	47	22495	62	22557	+ 2162
21	Alençon	18799	4954	33	19117	26	19143	— 344
	Généralités en pays d'États.							
22	Rennes	91330	22920	100	88537	171	88708	+ 2622
23	Perpignan	7514	1727	1	7050	6	7056	+ 458
24	Montpellier	71099	15849	78	51824	93	51917	+19182
25	Aix	27846	5698	33	21961	68	22029	+ 5817
26	Dijon	42488	10216	72	41148	98	41246	+ 1242
27	Besançon	27614	6110	31	21760	54	21814	+ 5800
28	Strasbourg	25312	5613	31	19068	50	19118	+ 6194
29	Metz	13129	2597	25	11948	55	12003	+ 1126
30	Nancy	32052	6647	84	28277	89	28366	+ 3686
31	Valenciennes	10798	2506	43	7694	51	7745	+ 3053
32	Lille	28898	6886	147	26435	189	26624	+ 1774
33	Île de Corse	4921	985	18	3940	21	3961	+ 960
	Résultats du Royaume, l'île de Corse comprise	970406	236503	1400	879170	968	881138	+89268

OBSERVATIONS. — Dans la colonne de l'excédent des naissances sur les morts, le signe + indique que le nombre des naissances surpasse celui des morts, et le signe — indique que le nombre des morts surpasse celui des naissances.

Les généralités d'Orléans, de Tours, de Poitiers, de Bourges, de la Rochelle, de Soissons, d'Amiens et d'Alençon ont été affligées d'épidémies et de maladies qui y ont occasionné une mortalité considérable, puisque le nombre des décès surpasse celui des naissances ; mais cependant le résultat de toutes les généralités présente un Tableau satisfaisant, puisque le nombre total des naissances surpasse celui des morts de 89268.

Population du Royaume, l'île de Corse comprise, suivant l'ordre des généralités, pendant l'année 1782.

NUMÉROS qui constatent l'ordre des généralités et provinces.	DÉNOMINATION des généralités du Royaume, l'île de Corse comprise, distinguées en pays d'Élections et en pays d'États, la ville de Paris étant distinguée de la généralité, comme capitale du Royaume.	NAISSANCES.	MARIAGES.	PROFESSIONS en religion.	MORTS dans la société civile.	MORTS en religion.	MORTS Total des morts.	EXCÉDENT des naissances sur les morts.
	Paris (ville).	19 387	4 878	117	18 827	126	18 953	+ 434
	Généralités en pays d'Élections.							
1	Paris.	45 806	10 285	71	43 158	102	43 260	+ 2 546
2	Orléans.	28 393	7 105	26	31 803	45	31 848	— 3 455
3	Tours.	49 517	12 121	47	61 156	96	61 252	—11 735
4	Poitiers.	26 816	6 496	45	30 512	48	30 560	— 3 744
5	Bourges.	22 981	4 423	17	25 687	40	25 727	— 2 746
6	Limoges.	26 516	6 408	26	26 289	30	26 319	+ 197
7	La Rochelle.	17 756	4 383	18	22 641	24	22 665	— 4 909
8	Bordeaux.	55 114	18 585	183	49 237	77	49 314	+ 5 800
9	Auch.	30 289	6 352	31	26 379	25	26 404	+ 3 885
10	Montauban.	22 240	4 980	30	19 679	34	19 713	+ 2 527
11	Grenoble.	26 848	5 436	34	21 982	42	22 024	+ 4 824
12	Lyon.	24 218	5 405	26	20 856	60	20 916	+ 3 302
13	Riom.	27 610	5 751	33	23 265	54	23 319	+ 4 291
14	Moulins.	26 188	5 899	15	27 493	37	27 530	— 1 342
15	Châlons.	32 101	6 856	15	28 526	27	28 553	+ 3 548
16	Le Clermontois.	1 523	286	"	1 175	"	1 175	+ 348
17	Soissons.	17 863	3 907	11	14 976	31	15 007	+ 2 856
18	Amiens.	20 872	5 318	19	19 410	31	19 441	+ 1 431
19	Rouen.	28 507	7 266	46	25 989	72	26 061	+ 2 446
20	Caen.	23 990	5 705	29	25 814	47	25 861	— 1 871
21	Alençon.	19 122	5 010	36	21 749	42	21 791	— 2 669
	Généralités en pays d'États.							
22	Rennes.	88 401	20 298	86	103 647	178	103 825	—15 424
23	Perpignan.	7 090	1 346	3	8 033	9	8 042	— 952
24	Montpellier.	68 627	13 976	75	59 396	145	59 541	+ 9 086
25	Aix.	28 445	5 925	27	24 816	65	24 881	+ 3 564
26	Dijon.	42 750	9 763	48	43 855	122	43 977	— 1 227
27	Besançon.	28 388	5 708	31	22 090	69	22 159	+ 6 229
28	Strasbourg.	26 142	5 445	23	20 361	44	20 405	+ 5 737
29	Metz.	14 063	2 587	19	11 521	19	11 540	+ 2 523
30	Nancy.	33 870	6 603	113	28 050	96	28 146	+ 5 724
31	Valenciennes.	10 732	2 527	51	7 817	48	7 865	+ 2 867
32	Lille.	28 189	6 789	130	25 898	171	26 069	+ 2 120
33	Île de Corse.	5 349	1 068	20	4 334	25	4 359	+ 990
	Résultats du Royaume, l'île de Corse comprise.	975 703	224 890	1 491	946 421	2 081	948 502	+27 201

OBSERVATIONS. — Les maladies épidémiques dont les généralités de Soissons et d'Amiens ont été affligées pendant l'année 1781 n'ont pas continué en 1782; mais il n'en a pas été de même dans les généralités d'Orléans, de Tours, de Poitiers, de Bourges, de la Rochelle et d'Alençon, où ce fléau a redoublé ses ravages en 1782. La contagion a même gagné dans les généralités de Caen et de Moulins; à l'égard de celle de Bretagne, on ne peut pas attribuer aux seules maladies épidémiques la mortalité de 1782, et elle a dû être accrue par le passage et le séjour successif et continuel des troupes, tant de terre que de mer, qui y ont été employées; la ville de Brest ayant toujours été, pendant la dernière guerre, le point de réunion de presque toutes les forces maritimes opposées aux Anglais.

Observations sur le premier Tableau relatif à la population de Paris. — Dans ce premier Tableau, qui représente les naissances, les mariages et les morts, à Paris, depuis 1771 jusqu'en 1784, la colonne horizontale du total comprend, non seulement les naissances, les mariages, les morts et les enfants trouvés dans cet intervalle, mais encore ceux de l'année 1770, et que l'on trouve à la page 848 de nos *Mémoires* pour l'année 1771; ainsi, cette colonne du total est relative aux quinze années, depuis 1770 inclusivement jusqu'en 1784 exclusivement.

MÉMOIRE

SUR LES

INÉGALITÉS SÉCULAIRES DES PLANÈTES

ET

DES SATELLITES.

MÉMOIRE

SUR LES

INÉGALITÉS SÉCULAIRES DES PLANÈTES

ET

DES SATELLITES.

Mémoires de l'Académie royale des Sciences de Paris, année 1784; 1787.

I.

Les planètes sont assujetties, en vertu de leur action mutuelle, à des inégalités qui troublent l'ellipticité de leurs orbites. Les unes sont périodiques et dépendent de la position de ces corps, soit entre eux, soit à l'égard de leurs aphélies; elles sont peu considérables relativement à l'équation du centre, et se rétablissent d'elles-mêmes après un petit nombre d'années; les autres altèrent les éléments des orbites par des nuances presque insensibles à chaque révolution des planètes; mais ces altérations, en s'accumulant sans cesse, finissent par changer entièrement la nature et la position des orbites; comme la suite des siècles les rend très remarquables, on les a nommées *inégalités séculaires*.

On peut considérer les inégalités périodiques comme autant d'oscillations très petites que fait chaque planète autour d'un point en mouvement sur l'ellipse qu'elle décrirait par l'action seule du Soleil; et si l'on imagine que les éléments de cette ellipse subissent en même temps des variations très lentes et dont les périodes embrassent un grand nombre de siècles, on aura une juste idée des inégalités séculaires.

Parmi ces inégalités, la plus intéressante est celle qui peut altérer
les moyens mouvements des planètes. La plupart des astronomes ont
admis une équation séculaire proportionnelle aux carrés des temps
dans les moyens mouvements de Jupiter et de Saturne. Les géomètres
qui se sont occupés avec le plus de succès de la théorie de ces planètes, MM. Euler et de la Grange, avaient cru en trouver la cause dans
l'action mutuelle de ces deux corps; mais leurs résultats différaient
tellement entre eux, qu'il y avait lieu d'y soupçonner quelque erreur;
c'est ce qui me détermina à reprendre cette matière et à la traiter avec
tout le soin que mérite son importance. En portant la précision jusqu'aux troisièmes puissances inclusivement des excentricités et des
inclinaisons des orbites, je trouvai que la théorie ne donne aucune
inégalité séculaire dans les moyens mouvements et dans les moyennes
distances des planètes au Soleil; d'où je conclus que ces inégalités
sont nulles ou du moins insensibles depuis l'époque des observations
les plus anciennes jusqu'à nos jours.

Ce résultat suffit aux besoins de l'Astronomie, dont les plus anciennes observations qui nous soient parvenues avec quelque vraisemblance ne remontent pas au delà de cinq mille ans. M. de la Grange
l'a étendu depuis à un temps illimité, en faisant voir par une analyse
ingénieuse et simple que les moyennes distances des planètes au Soleil
sont immuables et leurs moyens mouvements uniformes, ce qui est
également vrai pour les satellites, puisqu'ils forment autour de leurs
planètes principales des systèmes semblables à celui des planètes
autour du Soleil. Ainsi les planètes et les satellites conservent toujours les mêmes distances moyennes aux foyers des forces principales
qui les animent, du moins lorsque l'on n'a égard qu'à leur action
mutuelle et lorsque l'on suppose leurs moyens mouvements incommensurables entre eux, comme cela existe pour les planètes de notre
système.

Il est cependant impossible de ne pas reconnaître des variations
très sensibles dans les révolutions de Jupiter et de Saturne. Si l'on
compare entre elles les observations de ces deux planètes, faites depuis

le renouvellement de l'Astronomie, on trouve constamment le mouvement de Jupiter plus rapide et celui de Saturne plus lent que par la comparaison des observations modernes avec les anciennes. Halley, dans les Tables de Jupiter, emploie une équation séculaire, additive au moyen mouvement, proportionnelle au carré du temps, et de $3°49'$ en deux mille ans. Cela suppose qu'en comparant les observations modernes entre elles, il a trouvé le mouvement annuel de Jupiter plus grand de $6'',9$ que par leur comparaison avec les anciennes observations. Ce grand astronome emploie pareillement, dans ses Tables de Saturne, une équation séculaire, soustractive du moyen mouvement de $9°16'$ en deux mille ans, ce qui indique que la comparaison des observations modernes entre elles lui a donné le mouvement annuel de Saturne moindre de $16'',7$ que celui qui résulte de leur comparaison avec les anciennes. En effet, les oppositions de Saturne de 1594, 1595, 1596 et 1597, comparées à celles de 1713, 1714, 1715, 1716 et 1717, donnent un mouvement annuel plus petit de $16''$ que les oppositions de 1714 et de 1715, comparées à celle de l'an 228 avant notre ère.

Dans l'impossibilité d'expliquer ces variations par l'action seule des planètes, je soupçonnai d'abord que l'action des comètes en était la cause; mais, en les considérant ensuite avec attention, leur marche me parut s'accorder si bien avec le résultat de l'action des planètes, que j'abandonnai cette hypothèse. Une propriété générale de l'action des planètes entre elles est que, si l'on n'a égard qu'aux quantités qui ont de très longues périodes, la somme des masses de chaque planète, divisées respectivement par les grands axes de leurs orbites, reste toujours à très peu près constante, d'où il suit que les carrés des moyens mouvements étant réciproques aux cubes de ces axes, si le mouvement de Saturne se ralentit par l'action de Jupiter, celui de Jupiter doit s'accélérer par l'action de Saturne, ce qui est conforme à ce que l'on observe. De plus, en supposant, avec M. de la Grange, que, la masse du Soleil étant l'unité, celle de Jupiter est $\dfrac{1}{1067,195}$ et celle de Saturne est $\frac{1}{3358,40}$, on trouve que le retardement de Saturne doit être à l'accélération de Jupiter, à très peu près, comme 7 est à 3; ainsi l'équation séculaire de Saturne étant supposée de 9°16', celle de Jupiter doit être de 3°58', ce qui ne diffère que de 9 minutes du résultat de Halley. Il est donc fort probable que les variations observées dans les mouvements de Jupiter et de Saturne sont un effet de leur action mutuelle, et puisqu'il est constant que cette action ne peut y produire aucune inégalité, soit constamment croissante, soit périodique, mais d'une période très longue et indépendante de la situation de ces planètes, et qu'elle n'y cause que des inégalités dépendantes de leur configuration entre elles, il est naturel de penser qu'il existe dans leur théorie une inégalité considérable de ce genre, dont la période est fort longue et d'où résultent ces variations.

En examinant les circonstances du mouvement de Jupiter et de Saturne, on aperçoit aisément que leurs moyens mouvements approchent beaucoup d'être commensurables, et que cinq fois le moyen mouvement de Saturne est à très peu près égal à deux fois celui de Jupiter; d'où j'ai conclu que les termes qui, dans les équations différentielles du mouvement de ces planètes, ont pour argument cinq fois la longitude moyenne de Saturne, moins deux fois celle de Jupiter, pouvaient devenir sensibles par les intégrations, quoique multipliés par les cubes et les produits de trois dimensions des excentricités et des inclinaisons des orbites. J'ai regardé conséquemment ces inégalités comme une cause très vraisemblable des variations observées dans les mouvements de Jupiter et de Saturne. La probabilité de cette cause et l'importance de cet objet m'ont déterminé à entreprendre le calcul long et pénible nécessaire pour m'en assurer. Le résultat de ce calcul a pleinement confirmé ma conjecture en me faisant voir : 1° qu'il existe dans la théorie de Saturne une grande équation d'environ 47', dont la période est à peu près de huit cent soixante-dix-sept ans, et dépend de cinq fois le moyen mouvement de Saturne, moins deux fois celui de Jupiter; 2° que dans la théorie de Jupiter il existe une équation d'un signe contraire, d'environ 20', et dont la période est la même.

Si l'on nomme nt le moyen mouvement sidéral de Jupiter depuis 1700, $n't$ celui de Saturne, je trouve qu'en n'ayant égard qu'aux inégalités précédentes, la longitude, comptée de l'équinoxe de 1700, est pour Jupiter

$$nt + \varepsilon + 20' \sin(3n't - 2nt + 49°8'40''),$$

et que pour Saturne elle est

$$n't + \varepsilon' - 46'50'' \sin(3n't - 2nt + 49°8'40''),$$

ε et ε' étant deux constantes qui dépendent de la longitude des deux planètes au commencement de 1700.

J'ai déterminé ces valeurs d'après les éléments des Tables de Halley, et en adoptant les déterminations précédentes des masses de Jupiter et de Saturne; j'ai seulement augmenté le mouvement annuel de Saturne, donné par ces Tables, de 16'',7, et j'ai diminué celui de Jupiter de 6'',9 pour ramener ces mouvements à ceux que Halley aurait trouvés par la comparaison des observations modernes avec les anciennes. Les coefficients numériques de ces valeurs cessent d'avoir lieu après un temps considérable, à cause de la variabilité des éléments des orbites; mais ils peuvent servir sans erreur sensible depuis Tycho jusqu'à nous, ce qui suffit pour la comparaison des observations modernes; il est facile d'ailleurs de les étendre à un temps quelconque. On peut observer que le coefficient relatif au mouvement de Jupiter a un signe contraire à celui du coefficient de Saturne, et qu'il est à ce dernier, à très peu près, dans le rapport de 3 à 7.

Si l'on compare les formules précédentes aux observations, on trouve entre les unes et les autres un accord très satisfaisant, et qui fournit une nouvelle preuve de l'admirable théorie de la pesanteur universelle. Ainsi, par exemple, l'opposition de Saturne de l'an 228 avant notre ère, comparée à celles de 1714 et de 1715, doit donner, à peu près, le moyen mouvement de Saturne, parce que l'inégalité précédente est peu sensible dans le grand intervalle qui sépare ces oppo-

sitions; mais, en comparant l'opposition de 1595 avec celle de 1715,
le mouvement annuel de Saturne doit, suivant nos formules, paraître
plus petit que le véritable de 16″,8; les observations donnent 16″;
l'imperfection des observations du xvi⁰ siècle ne permet pas un plus
parfait accord. Le mouvement annuel de Saturne doit donc paraître
maintenant se ralentir de 16″ à 17″, et comme, par les formules précédentes, l'accélération apparente de Jupiter est au ralentissement
apparent de Saturne dans le rapport de 3 à 7, le mouvement annuel
de Jupiter doit paraître s'accélérer d'environ 7″, ce qui est entièrement conforme aux déterminations de Halley. Ces deux phénomènes
ont été à leur maximum vers 1580; depuis cette époque, les moyens
mouvements apparents se sont rapprochés sans cesse des véritables
moyens mouvements.

M. Lambert a publié dans les *Mémoires de Berlin* pour l'année 1773
un travail intéressant sur les inégalités de Jupiter et de Saturne. Il a
cherché à déterminer empiriquement la loi des erreurs des Tables
de Halley, et il a trouvé qu'il fallait corriger les moyens mouvements
des Tables de Saturne en leur ajoutant, à partir de 1640, une équation
séculaire proportionnelle au carré des temps, et de 6′,5 pour le premier siècle; et, comme Halley emploie pour cette planète une équation
séculaire soustractive du moyen mouvement, et de 1′,4 pour le premier siècle, il est clair que la correction de M. Lambert revient à
ajouter, depuis 1640, au moyen mouvement de Saturne supposé uniforme, une équation séculaire de 5′,1 pour le premier siècle. Cet
illustre géomètre applique pareillement aux mouvements des Tables
de Jupiter une équation séculaire soustractive et de 3′,2 pour le premier siècle, à partir de 1657. Ces corrections ont été publiées dans le
second Volume du *Recueil des Tables astronomiques de l'Académie de
Berlin*; elles ont une marche contraire à celle des équations séculaires
de Halley, et d'ailleurs elles sont incompatibles avec les observations
anciennes; mais les savants éditeurs de ces Tables observent « que,
selon toute apparence, l'équation empirique de M. Lambert n'augmente pas toujours dans le rapport des carrés des temps, car il semble

qu'elle varie, que ces variations sont périodiques et qu'il faudra une longue suite d'années pour en découvrir la loi; par conséquent cette équation ne servira, pour les temps à venir, que jusqu'à ce qu'on puisse déterminer, par les observations qu'on fera dans la suite, quelle est sa propriété ».

Si l'on transporte à l'époque de 1640 la formule précédente relative à Saturne, et que l'on en réduise le sinus dans une suite ordonnée par rapport aux puissances du temps écoulé depuis cette époque, on trouve que le terme proportionnel au carré du temps est positif et de 5′,0 pour le premier siècle, ce qui s'accorde, quant au signe, avec le résultat de M. Lambert, et ce qui n'en diffère que de 0′,1 pour la quantité. La formule relative à Jupiter, transportée à l'époque de 1657 et réduite en série, donne pour le terme proportionnel au carré du temps une quantité négative et de 2′,7 pour le premier siècle, ce qui s'accorde, quant au signe, avec le résultat de M. Lambert et ce qui n'en diffère que de 0′,5 pour la quantité. Il n'est donc pas douteux que la vraie loi de l'équation empirique de cet auteur ne soit renfermée dans nos formules, et il est assez remarquable qu'il ait approché aussi près des résultats de la théorie par la comparaison seule de cent douze ans d'observations. Au reste, la réduction des sinus en série, en rejetant les puissances du temps supérieures au carré, ne peut être employée que dans un intervalle de soixante ans.

Les expressions de la longitude de Jupiter et de Saturne renferment encore des termes très sensibles qui coïncideraient avec les termes dus au mouvement elliptique, si l'on avait exactement $5n' = 2n$.

Ces termes sont pour Jupiter

$$2'39'' \sin(3nt - 5n't - 41''56') + 58'' \sin(5n't - nt - 34°31'33''),$$

et pour Saturne

$$-13'16'' \sin(2nt - 4n't - 2°27'4'') - 2'40' \sin(6n't - 2nt - 60°30'16'').$$

On peut les considérer comme le résultat de variations dans les excentricités des orbites et dans la position des absides, et dont la période est de huit cent soixante-dix-sept ans. Ils expliquent pourquoi, dans le dernier siècle et dans celui-ci, l'accroissement de l'équation du centre de Jupiter, la diminution de celle de Saturne et les mouvements de leurs aphélies ont paru plus grands qu'ils n'ont dû l'être en vertu des seules inégalités séculaires.

Pour avoir la longitude vraie de Jupiter et de Saturne, il faut ajouter aux termes précédents ceux qui appartiennent au mouvement elliptique et ceux que produisent les perturbations, en ayant égard aux premières puissances des excentricités des orbites. Les géomètres ont déjà considéré ces derniers termes; mais les différences que présentent leurs résultats en rend la vérification indispensable. J'ai rempli cet objet dans une nouvelle théorie de ces deux planètes qui paraîtra dans le Volume suivant de ces Mémoires. Il résulte de cette théorie que toutes les oppositions anciennes et modernes de Jupiter et de Saturne peuvent être représentées avec la précision dont elles sont susceptibles, au moyen des inégalités précédentes auxquelles il faut, par conséquent, attribuer les dérangements singuliers observés dans le mouvement de Saturne et dont on ignorait les lois et la cause. Il aurait fallu plusieurs siècles d'observations suivies pour déterminer empiriquement ces inégalités, à cause de la longueur de leur période; ainsi, sur ce point, la théorie de la pesanteur a devancé l'observation.

Je reviens présentement à la loi générale de l'uniformité des moyens mouvements célestes. Ceux des trois premiers satellites de Jupiter offrent un rapport remarquable et qui peut donner lieu de craindre que cette loi ne soit pas observée à leur égard. La discussion de ce rapport, de la cause qui le produit et de son influence sur les mouvements des satellites m'a paru mériter l'attention des géomètres et des astronomes.

Les observations nous apprennent que le moyen mouvement du premier satellite de Jupiter est environ deux fois plus grand que celui du second qui, lui-même, est à peu près le double de celui du troisième satellite, et la théorie de la pesanteur universelle fait voir que ces rapports sont la source des principales inégalités de ces astres. Il suit de là que la différence des moyens mouvements du premier et du second satellite est égale à deux fois la différence des moyens mouvements du second et du troisième; mais ce rapport est incomparablement plus exact que les précédents, et les moyens mouvements des Tables en approchent tellement qu'il faut un très long intervalle pour que la petite quantité dont elles s'en éloignent puisse devenir sensible. De là naissent plusieurs phénomènes constants dans la configuration des trois premiers satellites : telle est, entre autres, l'impossibilité de les voir s'éclipser à la fois, d'ici à un grand nombre de siècles, et, si l'on part des moyens mouvements et des époques que M. Wargentin a employées dans ses Tables, on trouve que cela ne peut arriver qu'après 1 317 900 ans (*Mémoires d'Upsal*, année 1743, p. 41). Une différence de six tierces dans le mouvement annuel du second satellite suffirait pour rendre ce phénomène à jamais impossible, et M. Wargentin ne répond qu'à une ou deux secondes près des mouvements annuels dont il a fait usage.

Maintenant on peut établir comme une règle générale que, si le résultat d'une longue suite d'observations précises approche d'un rapport simple de manière que la différence soit inappréciable par les observations et puisse être attribuée aux erreurs dont elles sont susceptibles, ce rapport est probablement celui de la nature. Ainsi les observations n'ayant fait apercevoir aucune différence entre les moyens mouvements de révolution de la Lune sur elle-même et autour de la Terre, on est fondé à supposer que ces deux mouvements sont rigoureusement les mêmes. En appliquant cette règle aux mouvements des trois premiers satellites de Jupiter, nous pouvons en conclure, avec une grande probabilité, que la différence des moyens mouvements du premier et du second est exactement égale au double de la différence des moyens mouvements du second et du troisième. Cette égalité n'est pas l'effet du hasard, et il est contre toute vraisemblance de supposer que ces trois corps ont été placés primitivement aux distances qu'elle exige; il est donc naturel de penser que leur attraction mutuelle en est la véritable cause. C'est ainsi que l'action de la Terre sur la Lune établit entre les moyens mouvements de rotation et de révolution de ce satellite une égalité rigoureuse, quoiqu'à l'origine ces deux mouvements aient pu différer entre eux. Je me propose dans ce Mémoire de discuter ce point important du système du monde et d'examiner si le rapport que présentent les moyens mouvements des trois premiers satellites de Jupiter doit se maintenir sans cesse en vertu des lois de la pesanteur universelle. Cette recherche est très intéressante pour la théorie du second satellite; les principales inégalités qu'il éprouve dépendent des actions du premier et du troisième; mais le rapport précédent donne à ces inégalités la même période et les fond en une seule qui, dans les Tables, forme la grande équation de ce satellite. Si ce rapport n'était pas rigoureux, ces deux inégalités se sépareraient dans la suite des siècles et les Tables du second satellite cesseraient de représenter son mouvement. Voici maintenant ce qui résulte de mon analyse.

J'observe d'abord que les termes proportionnels aux premières puissances des masses perturbatrices ne pouvant pas donner l'explication du rapport dont je viens de parler, il faut la chercher dans les termes qui dépendent des carrés et des produits de ces masses; je discute, en conséquence, les termes de cet ordre qui peuvent produire ce rapport. En nommant t le temps, nt, $n't$, $n''t$ les moyens mouvements du premier, du second et du troisième satellite; en désignant par s la quantité $n - 3n' + 2n''$, et par V la longitude moyenne du premier satellite, comptée d'un point fixe sur l'orbite de Jupiter, moins trois fois celle du second, plus deux fois celle du troisième, je trouve que les termes multipliés par les produits deux à deux des masses de ces satellites introduisent dans les valeurs de s et de V des quantités proportionnelles au temps. En les faisant ensuite disparaître par la méthode que j'ai donnée ailleurs pour cet objet, je parviens à deux équations différentielles du premier ordre entre s, V et t. Leurs intégrales comparées aux observations donnent une explication complète du phénomène dont il s'agit, et présentent en même temps plusieurs conséquences intéressantes.

La première est que s et V sont des quantités périodiques, et qu'ainsi, en faisant abstraction des quantités de cette nature, on a rigoureusement $n + 2n'' = 3n'$. On est donc assuré par là que la différence des moyens mouvements du premier et du second satellite est rigoureusement égale à deux fois la différence des moyens mouvements du second et du troisième. C'est une condition à laquelle les moyens mouvements des Tables doivent satisfaire, et, comme ceux dont M. Wargentin a fait usage la remplissent à très peu près, on doit en conclure qu'ils sont fort approchés et qu'ils n'ont besoin que de très légères corrections.

La seconde conséquence est que la condition précédente n'exige point qu'à l'origine les trois satellites aient été exactement placés aux distances respectives, qui, par les lois de Képler, donnent l'équation $n + 2n'' = 3n'$; il suffit qu'ils en aient été peu éloignés, et alors leur attraction mutuelle établit entre leurs moyens mouvements cette égalité rigoureuse.

Une troisième conséquence est que l'on ne doit point craindre que, dans la suite des siècles, les Tables du second satellite cessent d'être exactes, du moins relativement à leur équation principale.

Enfin, la quatrième conséquence que je tire de mon analyse est que, si l'on fait abstraction des quantités périodiques, l'angle V est de six signes, c'est-à-dire que la longitude moyenne du premier satellite, moins trois fois celle du second, plus deux fois celle du troisième, est égale à $180°$; c'est une nouvelle condition que les Tables doivent remplir exactement. Celles de M. Wargentin donnent, au commencement de 1760, $V = 180° + 3o'$, ce qui s'éloigne peu de $180°$; suivant les Tables de M. Bailly, la valeur moyenne de V ne s'en éloignait que de $12'$ à la même époque. Ces écarts sont une imperfection des Tables et doivent être comptés parmi les causes des erreurs dont elles sont encore susceptibles.

L'angle V est soumis à une inégalité périodique analogue aux oscillations d'un pendule; elle affecte inégalement les mouvements des trois satellites, suivant des rapports dépendant de leurs masses et de

leurs distances au centre de Jupiter ; la durée de sa période dépend
des mêmes quantités. La masse du second satellite est assez bien déterminée par les inégalités qu'elle produit dans le mouvement du premier ; mais les masses du premier et du troisième satellite sont encore
inconnues : il existe seulement entre elles un rapport que donnent
les inégalités du second satellite, et c'est par son moyen que j'ai
trouvé que le temps de la libration de V est compris entre 4 ans $\frac{1}{2}$ et
11 ans $\frac{1}{3}$. L'instant où cette libration est nulle et son étendue sont des
arbitraires que l'observation peut seule déterminer. Si l'on ne considère que l'action des trois premiers satellites de Jupiter, leur mouvement dépend de neuf équations différentielles du second ordre, dont
les intégrales finies renferment dix-huit constantes arbitraires. Les
excentricités et les inclinaisons des orbites, les positions des nœuds
et des aphélies déterminent douze de ces constantes ; les moyens mouvements et leurs époques formeraient les six autres, sans les deux
conditions auxquelles ces six arbitraires sont assujetties, et qui les
réduisent à quatre : c'est pour y suppléer que l'expression de V renferme deux arbitraires.

Puisque les Tables représentent assez bien les observations, sans
avoir égard à l'inégalité précédente, elle doit être peu considérable ;
mais l'incertitude qui règne encore sur la plupart des éléments de la
théorie des satellites de Jupiter rend sa détermination très difficile.
C'est un point que je laisse à discuter aux astronomes ; il me suffit ici
de leur indiquer cette inégalité comme un objet digne de leur attention, et d'établir que les moyens mouvements et les époques des
Tables doivent remplir exactement les deux conditions suivantes :

1° Le moyen mouvement du premier satellite, plus deux fois celui
du troisième, est égal à trois fois celui du second.

2° La longitude moyenne du premier satellite, moins trois fois celle du
second, plus deux fois celle du troisième, est constamment égale à 180°.

Ces conditions subsisteraient encore, en supposant dans les moyens
mouvements des satellites des accélérations semblables à celle que
les observations paraissent indiquer dans le moyen mouvement de la

Lune. L'action mutuelle des trois premiers satellites les maintiendrait sans cesse, en sorte que le système de ces corps, en descendant insensiblement vers Jupiter, en vertu de ces accélérations, conserverait toujours les rapports nécessaires à l'existence des conditions précédentes. Ainsi l'action de la Terre sur la Lune maintient l'égalité rigoureuse des deux mouvements de rotation et de révolution de ce satellite, malgré l'accélération continuelle du second de ces deux mouvements, parce que le premier devient en même raison plus rapide. De là résulte cette conséquence, savoir que, si, pour mieux représenter les observations, on admet une équation séculaire dans le moyen mouvement de l'un des trois premiers satellites de Jupiter, ainsi que M. Bailly l'a fait dans ses Tables du premier satellite, il faut en supposer de semblables dans les moyens mouvements des deux autres, et les ordonner de manière que l'équation du premier, plus deux fois celle du troisième, soit égale à trois fois l'équation du second satellite.

On voit, par ce que nous venons de dire, que l'action mutuelle des satellites de Jupiter ne produit dans leurs mouvements que des inégalités périodiques; et nous pouvons généralement en conclure que, si l'on n'a égard qu'aux lois de la gravitation universelle, les moyennes distances des corps célestes aux foyers de leurs forces principales sont immuables. Il n'en est pas ainsi des autres éléments de leurs orbites : on sait que leurs excentricités, leurs inclinaisons, les positions de leurs nœuds et de leurs aphélies varient sans cesse; et il existe des méthodes fort simples pour déterminer ces variations, en supposant les orbites peu excentriques et peu inclinées les unes aux autres. Mais les excentricités et les inclinaisons sont-elles renfermées constamment dans d'étroites limites? C'est un point important du système du monde qui reste encore à éclaircir, et dont la discussion est la seule chose que laisse maintenant à désirer la théorie des inégalités séculaires. J'ai prouvé, dans la seconde Partie de nos *Mémoires* pour l'année 1772 (¹), que, si l'on ne considère que l'action de deux planètes, les excentricités et les inclinaisons de leurs orbites sont toujours très

____

(¹) *OEuvres de Laplace*, T. VIII, p. 419 et suiv.

petites; et M. de la Grange a fait voir, dans les *Mémoires de Berlin* pour l'année 1782, que cela est également vrai pour les orbites des planètes de notre système, en partant des suppositions les plus vraisemblables sur leurs masses. Cependant l'incertitude où l'on est encore à l'égard de plusieurs de ces masses peut laisser quelques doutes sur ce résultat, et il est nécessaire de s'assurer par une méthode indépendante de toute hypothèse, que, en vertu de l'action mutuelle des planètes, les excentricités et les inclinaisons de leurs orbites sont toujours peu considérables. Je me propose encore de remplir cet objet dans ce Mémoire, en établissant d'une manière générale que les inégalités séculaires des excentricités et des inclinaisons des orbites des planètes ne renferment ni arcs de cercle, ni exponentielles; d'où il suit que, en vertu de l'action de ces corps, leurs orbites s'aplatissent plus ou moins, mais en ne s'écartant que très peu de la forme circulaire et en conservant toujours les mêmes grands axes. Les positions respectives de leurs plans et de leurs aphélies varient sans cesse; elles s'inclinent plus ou moins les unes aux autres, mais elles sont toujours renfermées dans une zone d'un petit nombre de degrés.

II.

Équations génerales du mouvement d'un système de corps qui s'attirent mutuellement.

Considérons le mouvement d'un système de corps m, m', m'', ... autour d'un corps M dont nous prendrons la masse pour unité de masse. Soient x, y, z les trois coordonnées rectangles de m et r sa distance à M ou son rayon vecteur, l'origine des coordonnées étant au centre de M.

Marquons d'un trait, de deux traits, ... les mêmes lettres relatives m', m'', ... et nommons λ la fonction

$$\frac{mm'}{\sqrt{(x'-x)^2+(y'-y)^2+(z'-z)^2}} + \frac{mm''}{\sqrt{(x''-x)^2+(y''-y)^2+(z''-z)^2}}$$
$$+ \frac{m'm''}{\sqrt{(x''-x')^2+(y''-y')^2+(z''-z')^2}}$$
$$+\dots\dots\dots\dots\dots\dots\dots\dots\dots\dots,$$

cette fonction étant la somme des produits des masses m, m', m'', ...
prises deux à deux, divisés par les distances mutuelles de ces masses.

Cela posé, si l'on transporte en sens contraire au corps m la force
dont M est animé par l'action du système, on trouvera facilement que,
dans son mouvement relatif autour de M, il sera animé parallèlement
aux axes des x, des y et des z par les trois forces suivantes :

$$- \frac{(1+m)x}{r^3} - \frac{m'x'}{r'^3} - \frac{m''x''}{r''^3} - \ldots + \frac{1}{m}\frac{\partial \lambda}{\partial x},$$

$$- \frac{(1+m)y}{r^3} - \frac{m'y'}{r'^3} - \frac{m''y''}{r''^3} - \ldots + \frac{1}{m}\frac{\partial \lambda}{\partial y},$$

$$- \frac{(1+m)z}{r^3} - \frac{m'z'}{r'^3} - \frac{m''z''}{r''^3} - \ldots + \frac{1}{m}\frac{\partial \lambda}{\partial z}.$$

Ces trois forces tendent à augmenter les coordonnées x, y, z; en désignant donc par dt l'élément du temps supposé constant, on aura, par
les principes connus de Dynamique, les trois équations différentielles

$$(1) \qquad 0 = \frac{d^2x}{dt^2} + \frac{(1+m)x}{r^3} + \frac{m'x'}{r'^3} + \ldots - \frac{1}{m}\frac{\partial \lambda}{\partial x},$$

$$(2) \qquad 0 = \frac{d^2y}{dt^2} + \frac{(1+m)y}{r^3} + \frac{m'y'}{r'^3} + \ldots - \frac{1}{m}\frac{\partial \lambda}{\partial y},$$

$$(3) \qquad 0 = \frac{d^2z}{dt^2} + \frac{(1+m)z}{r^3} + \frac{m'z'}{r'^3} + \ldots - \frac{1}{m}\frac{\partial \lambda}{\partial z}.$$

En changeant successivement dans ces équations m, x, y, z, r dans
m', x', y', z', r', m'', x'', y'', z'', r'', ... et réciproquement, on aura les
équations différentielles relatives à m', m'', etc.

III.

Si l'on multiplie l'équation (1) par

$$2\,m\,dx - \frac{2m(m\,dx + m'\,dx' + \ldots)}{1 + m + m' + \ldots},$$

l'équation (2) par

$$2\,m\,dy - \frac{2m(m\,dy + m'\,dy' + \ldots)}{1 + m + m' + \ldots},$$

et l'équation (3) par

$$2\,m\,dz - \frac{2\,m\,(m\,dz + m'\,dz' + \ldots)}{1 + m + m' + \ldots};$$

si l'on multiplie pareillement la première des équations différentielles relatives à m' par

$$2\,m'\,dx' - \frac{2\,m'\,(m\,dx + m'\,dx' + \ldots)}{1 + m + m' + \ldots},$$

la seconde par

$$2\,m'\,dy' - \frac{2\,m'\,(m\,dy + m'\,dy' + \ldots)}{1 + m + m' + \ldots},$$

et la troisième par

$$2\,m'\,dz' - \frac{2\,m'\,(m\,dz + m'\,dz' + \ldots)}{1 + m + m' + \ldots},$$

et ainsi du reste ; si l'on ajoute ensuite toutes ces équations et si l'on observe que

$$0 = \frac{\partial\lambda}{\partial x} + \frac{\partial\lambda}{\partial x'} + \frac{\partial\lambda}{\partial x''} + \ldots,$$

$$0 = \frac{\partial\lambda}{\partial y} + \frac{\partial\lambda}{\partial y'} + \frac{\partial\lambda}{\partial y''} + \ldots,$$

$$0 = \frac{\partial\lambda}{\partial z} + \frac{\partial\lambda}{\partial z'} + \frac{\partial\lambda}{\partial z''} + \ldots,$$

$$r = \sqrt{x^2 + y^2 + z^2},$$

$$r' = \sqrt{x'^2 + y'^2 + z'^2},$$

$$\ldots\ldots\ldots\ldots\ldots\ldots,$$

on formera l'équation suivante :

$$0 = 2\,m\,\frac{dx\,d^2x + dy\,d^2y + dz\,d^2z}{dt^2} + 2\,m'\,\frac{dx'\,d^2x' + dy'\,d^2y' + dz'\,d^2z'}{dt^2} + \ldots$$

$$- 2\,\frac{m\,dx + m'\,dx' + \ldots}{1 + m + m' + \ldots}\,\frac{m\,d^2x + m'\,d^2x' + \ldots}{dt^2}$$

$$- 2\,\frac{m\,dy + m'\,dy' + \ldots}{1 + m + m' + \ldots}\,\frac{m\,d^2y + m'\,d^2y' + \ldots}{dt^2}$$

$$- 2\,\frac{m\,dz + m'\,dz' + \ldots}{1 + m + m' + \ldots}\,\frac{m\,d^2z + m'\,d^2z' + \ldots}{dt^2}$$

$$+ 2\left(\frac{m\,dr}{r^2} + \frac{m'\,dr'}{r'^2} + \ldots\right) - 2\,d\lambda.$$

Cette équation donne, en l'intégrant,

$$(4) \quad \begin{cases} 0 = f + m\,\dfrac{dx^2 + dy^2 + dz^2}{dt^2} + m'\,\dfrac{dx'^2 + dy'^2 + dz'^2}{dt^2} + \dots \\[2ex] \quad - \dfrac{(m\,dx + m'\,dx' + \dots)^2}{(1 + m + m' + \dots)\,dt^2} - \dfrac{(m\,dy + m'\,dy' + \dots)^2}{(1 + m + m' + \dots)\,dt^2} \\[2ex] \quad - \dfrac{(m\,dz + m'\,dz' + \dots)^2}{(1 + m + m' + \dots)\,dt^2} - 2\left(\dfrac{m}{r} + \dfrac{m'}{r'} + \dots\right) - 2\lambda, \end{cases}$$

f étant une constante arbitraire.

On peut encore obtenir trois intégrales des équations différentielles du mouvement du système, de la manière suivante.

Si l'on multiplie l'équation (1) par

$$- m\,y + \frac{m(m\,y + m'\,y' + \dots)}{1 + m + m' + \dots},$$

et l'équation (2) par

$$m\,x - \frac{m(m\,x + m'\,x' + \dots)}{1 + m + m' + \dots};$$

si l'on multiplie pareillement la première des équations relatives à m' par

$$- m'\,y' + \frac{m'(m\,y + m'\,y' + \dots)}{1 + m + m' + \dots},$$

et la seconde par

$$m'\,x' - \frac{m'(m\,x + m'\,x' + \dots)}{1 + m + m' + \dots},$$

et ainsi du reste; si l'on ajoute ensuite toutes ces équations, en observant que

$$0 = x\,\frac{\partial\lambda}{\partial y} - y\,\frac{\partial\lambda}{\partial x} + x'\,\frac{\partial\lambda}{\partial y'} - y'\,\frac{\partial\lambda}{\partial x'} + \dots,$$

$$0 = \frac{\partial\lambda}{\partial x} + \frac{\partial\lambda}{\partial x'} + \dots, \qquad 0 = \frac{\partial\lambda}{\partial y} + \frac{\partial\lambda}{\partial y'} + \dots,$$

on aura

$$0 = m\frac{x\,d^2y - y\,d^2x}{dt^2} + m'\frac{x'\,d^2y' - y'\,d^2x'}{dt^2} + \dots$$
$$-\frac{mx + m'x' + \dots}{1 + m + m' + \dots}\cdot\frac{m\,d^2y + m'\,d^2y' + \dots}{dt^2}$$
$$+\frac{my + m'y' + \dots}{1 + m + m' + \dots}\cdot\frac{m\,d^2x + m'\,d^2x' + \dots}{dt^2},$$

équation dont l'intégrale est

$$(5) \quad \left\{ \begin{aligned} c &= m\frac{x\,dy - y\,dx}{dt} + m'\frac{x'\,dy' - y'\,dx'}{dt} + \dots \\ &\quad -\frac{mx + m'x' + \dots}{1 + m + m' + \dots}\cdot\frac{m\,dy + m'\,dy' + \dots}{dt} \\ &\quad +\frac{my + m'y' + \dots}{1 + m + m' + \dots}\cdot\frac{m\,dx + m'\,dx' + \dots}{dt}, \end{aligned} \right.$$

c étant une constante arbitraire.

On parviendra de la même manière aux deux intégrales suivantes

$$(6) \quad \left\{ \begin{aligned} c' &= m\frac{x\,dz - z\,dx}{dt} + m'\frac{x'\,dz' - z'\,dx'}{dt} + \dots \\ &\quad -\frac{mx + m'x' + \dots}{1 + m + m' + \dots}\cdot\frac{m\,dz + m'\,dz' + \dots}{dt} \\ &\quad +\frac{mz + m'z' + \dots}{1 + m + m' + \dots}\cdot\frac{m\,dx + m'\,dx' + \dots}{dt}, \end{aligned} \right.$$

$$(7) \quad \left\{ \begin{aligned} c'' &= m\frac{y\,dz - z\,dy}{dt} + m'\frac{y'\,dz' - z'\,dy'}{dt} + \dots \\ &\quad -\frac{my + m'y' + \dots}{1 + m + m' + \dots}\cdot\frac{m\,dz + m'\,dz' + \dots}{dt} \\ &\quad +\frac{mz + m'z' + \dots}{1 + m + m' + \dots}\cdot\frac{m\,dy + m'\,dy' + \dots}{dt}, \end{aligned} \right.$$

c' et c'' étant deux arbitraires. Ces quatre intégrales sont les seules que l'on peut obtenir dans l'état actuel de l'Analyse.

IV.

Si l'on suppose les masses m, m', ... extrêmement petites, chacune d'elles décrira à très peu près à chaque révolution une ellipse autour de M. En vertu des inégalités séculaires, les éléments de ces ellipses varieront par des nuances imperceptibles; mais la suite des siècles rendra ces variations très sensibles. Les intégrales précédentes établissent entre elles des rapports constants que nous allons déterminer.

Soit a le demi grand axe de l'ellipse que m décrirait autour de M, si l'on ne considérait que l'action de ces deux corps; on aura, comme l'on sait,

$$\frac{dx^2 + dy^2 + dz^2}{dt^2} = \frac{2(1+m)}{r} - \frac{1+m}{a},$$

Cette équation n'aura plus lieu, si l'on a égard à l'action des autres corps m', m'', ...; cependant, si l'on observe que l'orbite de m peut toujours être considérée à chaque révolution comme une ellipse, aux quantités périodiques près qui troublent le mouvement de ce corps, on verra que cette équation est encore à très peu près exacte après un temps quelconque; mais le demi grand axe a pourra n'être plus le même qu'à l'origine.

Il suit de là que, en ayant égard à l'action de tous les corps du système, on a

$$\frac{dx^2 + dy^2 + dz^2}{dt^2} = \frac{2(1+m)}{r} - \frac{1+m}{a} + \psi,$$

ψ étant une fonction périodique de l'ordre des masses perturbatrices.

Si l'on nomme pareillement a', a'', ... les demi grands axes des orbites que m', m'', ... décriraient à chaque révolution, sans les perturbations qu'ils éprouvent, on aura

$$\frac{dx'^2 + dy'^2 + dz'^2}{dt^2} = \frac{2(1+m')}{r'} - \frac{1+m'}{a'} + \psi',$$

$$\frac{dx''^2 + dy''^2 + dz''^2}{dt^2} = \frac{2(1+m'')}{r''} - \frac{1+m''}{a''} + \psi'',$$

$$\dotfill$$

ψ', ψ'', ... étant des quantités périodiques de l'ordre m. En substituant ces valeurs dans l'équation (4) de l'article précédent, elle deviendra

$$f = \frac{m}{a} + \frac{m'}{a'} + \frac{m''}{a''} + \dots$$
$$- \frac{m^2(m' + m'' + \dots)}{1 + m + m' + \dots}\left(\frac{2}{r} - \frac{1}{a}\right)$$
$$- \frac{m'^2(m + m'' + \dots)}{1 + m + m' + \dots}\left(\frac{2}{r'} - \frac{1}{a'}\right)$$
$$- \dots\dots\dots\dots\dots\dots\dots\dots\dots\dots\dots$$
$$\dots \frac{(2mm'\,dx\,dx' + 2mm''\,dx\,dx'' + 2m'm''\,dx'\,dx'' + \dots)}{(1 + m + m' + \dots)dt^2}$$
$$+ \frac{(2mm'\,dy\,dy' + 2mm''\,dy\,dy'' + 2m'm''\,dy'\,dy'' + \dots)}{(1 + m + m' + \dots)dt^2}$$
$$+ \frac{(2mm'\,dz\,dz' + 2mm''\,dz\,dz'' + 2m'm''\,dz'\,dz'' + \dots)}{(1 + m + m' + \dots)dt^2}$$
$$+ 2\lambda - \frac{m(1 + m' + m'' + \dots)}{1 + m + m' + \dots}\psi - \frac{m'(1 + m + m'' + \dots)}{1 + m + m' + \dots}\psi' \dots$$

Les quantités

$$\frac{mm'\,dx\,dx'}{dt^2}, \quad \frac{mm''\,dx\,dx''}{dt^2}, \quad \frac{mm'\,dy\,dy'}{dt^2}, \quad \dots$$

sont périodiques, dans la supposition du mouvement elliptique, et les termes que les perturbations y introduiraient seraient de l'ordre m^3; en négligeant donc les quantités de cet ordre et celles de l'ordre m^2, qui ne sont que périodiques ou constantes, l'équation précédente prendra cette forme très simple

$$(8) \qquad\qquad f = \frac{m}{a} + \frac{m'}{a'} + \frac{m''}{a''} + \dots$$

Ainsi, en supposant que la suite des siècles amène des changements remarquables dans les demi grands axes a, a', ... des orbites, ils doivent toujours satisfaire à l'équation précédente dans laquelle la constante f est invariable.

On voit par là que, pour avoir entre les éléments des orbites supposées elliptiques les relations que donnent les intégrales précédentes des équations différentielles du mouvement du système, il suffit de substituer dans ces intégrales les valeurs des coordonnées relatives au mouvement elliptique; en négligeant ensuite les quantités constantes ou périodiques de l'ordre m^2, on aura entre les éléments des ellipses autant d'équations qu'il y a d'intégrales.

Déterminons d'après ce principe les relations entre les éléments qui résultent des intégrales (5), (6) et (7) de l'article précédent. Si l'on nomme ea l'excentricité de l'orbite de m, et si l'on néglige m vis-à-vis de l'unité, l'aire que son rayon vecteur trace autour de M, durant l'instant dt, sera, par la théorie du mouvement elliptique, $\frac{1}{2} dt \sqrt{a(1-e^2)}$. Cette aire projetée sur le plan des x et des y est diminuée dans le rapport du cosinus de l'inclinaison de l'orbite de m sur ce plan au rayon. Soit θ la tangente de cette inclinaison; l'aire projetée sera

$$\tfrac{1}{2} dt \sqrt{\frac{a(1-e^2)}{1+\theta^2}};$$

ce sera, dans l'hypothèse elliptique, la valeur de $\frac{1}{2}(x\,dy - y\,dx)$.

Si l'on nomme pareillement e', a', e'', a'', ... les excentricités des orbites de m', m'', ..., θ, θ', θ'', ... les tangentes des inclinaisons de leurs orbites,

$$\tfrac{1}{2} dt \sqrt{\frac{a'(1-e'^2)}{1+\theta'^2}}, \quad \tfrac{1}{2} dt \sqrt{\frac{a''(1-e''^2)}{1+\theta''^2}}, \quad \dots$$

seront, dans l'hypothèse elliptique, les valeurs de

$$\tfrac{1}{2}(x'\,dy' - y'\,dx'), \quad \tfrac{1}{2}(x''\,dy'' - y''\,dx''), \quad \dots.$$

En substituant ces valeurs dans l'équation (5) de l'article précédent, et en négligeant les quantités constantes ou périodiques de l'ordre m^2, on aura

$$(9) \qquad c = m \sqrt{\frac{a(1-e^2)}{1+\theta^2}} + m' \sqrt{\frac{a'(1-e'^2)}{1+\theta'^2}} + m'' \sqrt{\frac{a''(1-e''^2)}{1+\theta''^2}} + \dots;$$

en supposant donc que, après un temps considérable, les excentricités et les inclinaisons des orbites subissent des changements remarquables, elles doivent toujours satisfaire à l'équation précédente dans laquelle la constante c est invariable.

Les équations (6) et (7) de l'article précédent fournissent encore
deux relations entre les éléments des orbites; mais il est plus facile de
les tirer immédiatement de l'équation (9). en y substituant successivement, au lieu de $\theta, \theta', \ldots$, les tangentes des inclinaisons des orbites
sur le plan des x et des z et sur celui des y et des z. Nommons I
l'angle que forme avec l'axe des x l'intersection du plan de l'orbite
de m et du plan des x et des y. Il est aisé de voir, par la Trigonométrie
sphérique, que la tangente de l'inclinaison de cette orbite sur le plan
des x et des z sera $\sqrt{\dfrac{1 + \theta^2 \sin^2 I}{\theta^2 \cos^2 I}}$, et que la tangente de l'inclinaison
de la même orbite sur le plan des y et des z sera $\sqrt{\dfrac{1 + \theta^2 \cos^2 I}{\theta^2 \sin^2 I}}$; soit
donc

$$\theta \sin I = p, \qquad \theta \cos I = q;$$

ces tangentes seront $\dfrac{1}{q}\sqrt{1 + p^2}$, $\dfrac{1}{p}\sqrt{1 + q^2}$. En marquant d'un trait,
de deux traits, etc. les lettres I, p, q relatives à m', m'', $\ldots$, on aura
les tangentes des inclinaisons des orbites de ces corps sur le plan des
x et des z et sur celui des v et des z. En substituant ensuite ces
tangentes, au lieu de $\theta, \theta', \ldots$, dans l'équation (9), on aura les deux
équations suivantes

$$(10) \quad c' = mq\sqrt{\frac{a(1 - e^2)}{1 + \theta^2}} + m'q'\sqrt{\frac{a'(1 - e'^2)}{1 + \theta'^2}} + m''q''\sqrt{\frac{a'(1 - e''^2)}{1 + \theta''^2}} + \ldots,$$

$$(11) \quad c' = mp\sqrt{\frac{a(1 - e^2)}{1 + \theta^2}} + m'p'\sqrt{\frac{a''(1 - e'^2)}{1 + e'^2}} + m''p''\sqrt{\frac{a''(1 - e''^2)}{1 + \theta''^2}} + \ldots,$$

dans lesquelles les constantes c' et c'' sont invariables.

V.

Sur les moyens mouvements des trois premiers satellites de Jupiter.

Considérons présentement les mouvements des trois premiers satellites de Jupiter. Nous observerons d'abord que, le mouvement du quatrième n'offrant aucun rapport de commensurabilité avec ceux des
trois autres, on peut négliger ici son action. On peut par la même

raison négliger l'action du Soleil; enfin, on peut faire abstraction de la figure de Jupiter, dont l'influence sur les variations des grands axes est nulle. Soient donc m, m', m'' les masses du premier, du second et du troisième satellite de Jupiter, dont nous prendrons la masse M pour unité de masse. Supposons que, après un temps considérable, les demi grands axes a, a', a'', ... se changent dans

$$a + \delta a, \quad a' + \delta a', \quad a'' + \delta a'';$$

si l'on prend pour le plan des x et des y celui de l'orbite de Jupiter, et que l'on néglige les carrés des excentricités et des inclinaisons des orbites et ceux de δa, $\delta a'$, $\delta a''$, les équations (8) et (9) de l'article précédent donneront, en les différentiant par rapport à la caractéristique δ,

$$0 = \frac{m\,\delta a}{a^3} + \frac{m'\,\delta a'}{a'^3} + \frac{m''\,\delta a''}{a''^3},$$

$$0 = \frac{m\,\delta a}{\sqrt{a}} + \frac{m'\,\delta a'}{\sqrt{a'}} + \frac{m''\,\delta a''}{\sqrt{a''}};$$

d'où l'on tire

$$\delta a' = -\frac{m\,\delta a}{m'}\,\frac{a'^3}{a^3}\,\frac{a^{\frac{3}{2}} - a''^{\frac{3}{2}}}{a'^{\frac{3}{2}} - a''^{\frac{3}{2}}},$$

$$\delta a'' = -\frac{m\,\delta a}{m''}\,\frac{a''^3}{a^3}\,\frac{a^{\frac{3}{2}} - a'^{\frac{3}{2}}}{a'^{\frac{3}{2}} - a''^{\frac{3}{2}}}.$$

Soient nt, $n't$, $n''t$ les moyens mouvements des satellites m, m', m''; on aura, comme l'on sait,

$$n^2 = \frac{1}{a^3}, \qquad n'^2 = \frac{1}{a'^3}, \qquad n''^2 = \frac{1}{a''^3};$$

partant

$$\delta n = -\frac{3}{2}\,n\,\frac{\delta a}{a},$$

$$\delta n' = -\frac{m}{m'}\,\delta n\,\frac{n'^{\frac{4}{3}}(n - n'')}{n^{\frac{4}{3}}(n' - n'')},$$

$$\delta n'' = -\frac{m}{m''}\,\delta n\,\frac{n''^{\frac{4}{3}}(n - n')}{n^{\frac{4}{3}}(n' - n'')};$$

ainsi, pour avoir les variations séculaires des moyens mouvements des trois satellites, il ne s'agit que de déterminer δa, ou, ce qui revient au même, le terme proportionnel au temps qui entre dans l'expression du demi grand axe a du premier satellite.

VI.

Si l'on ajoute ensemble les équations (1), (2) et (3) de l'article II, après avoir multiplié la première par dx, la seconde par dy, et la troisième par dz, et que, pour abréger, on suppose

$$\mathrm{R} = \frac{m'(xx' + yy' + zz')}{r'^3} + \frac{m''(xx'' + yy'' + zz'')}{r''^3} - \frac{\lambda}{m};$$

enfin, si l'on désigne par la caractéristique d les différences prises en ne faisant varier que les coordonnées relatives au satellite m, on aura

$$0 = \frac{dx\, d^2x + dy\, d^2y + dz\, d^2z}{dt^2} \div (1 + m)\frac{dr}{r^2} + d\mathrm{R};$$

d'où l'on tire, en intégrant,

$$0 = \frac{dx^2 + dy^2 + dz^2}{dt^2} - \frac{2(1 + m)}{r} + \frac{1 + m}{a} + 2\int d\mathrm{R}.$$

Si la différentielle $2\,d\mathrm{R}$ renferme un terme constant $k\,dt$, l'intégrale $2\int d\mathrm{R}$ renfermera le terme kt proportionnel au temps; on aura donc après le temps t, en négligeant les quantités périodiques de l'ordre m,

$$0 = \frac{dx^2 + dy^2 + dz^2}{dt^2} - \frac{2(1 + m)}{r} + \frac{1 + m}{a} + kt;$$

mais, si l'on nomme $a + \delta a$ ce que devient le demi grand axe a après ce temps, on a

$$0 = \frac{dx^2 + dy^2 + dz^2}{dt^2} - \frac{2(1 + m)}{r} + \frac{1 + m}{a + \delta a},$$

partant

$$\frac{1 + m}{a + \delta a} = \frac{1 + m}{a} + kt,$$

ce qui donne, en négligeant le carré de δa et m vis-à-vis de l'unité,

$$\delta a = - a^2 kt;$$

la question se réduit ainsi à déterminer k.

Pour y parvenir, nous observerons que, si l'on n'a égard qu'aux quantités de l'ordre des masses perturbatrices, la différentielle dR ne renferme aucun terme constant (*voir*, sur cela, les *Mémoires de Berlin* pour l'année 1776, page 210). Il faut conséquemment, pour y trouver des termes semblables, avoir égard aux produits de ces masses. Si l'on nomme v, v', v'' les angles formés par l'axe des x et par les projections des rayons vecteurs r, r', r'' sur le plan de l'orbite de Jupiter; si l'on nomme, de plus, $nt + \epsilon$, $n't + \epsilon'$, $n''t + \epsilon''$ les longitudes moyennes des trois satellites, rapportées au même plan et comptées de l'axe des x, l'angle

$$(2n'' - 3n' + n)t + 2\epsilon'' - 3\epsilon' + \epsilon$$

sera à très peu près constant, suivant les observations, en vertu du rapport qu'elles indiquent entre les moyens mouvements des trois premiers satellites, comme on l'a vu dans l'article I. Soit V cet angle; on doit donc chercher les termes constants de dR parmi ceux qui sont multipliés par les sinus de V et de ses multiples; et il est clair que, l'angle V étant composé des mouvements des trois satellites, il ne peut se rencontrer que parmi les termes de dR affectés du produit m', m''.

Nous négligerons les excentricités et les inclinaisons des orbites; nous aurons ainsi

$$x = r \cos v, \qquad y = r \sin v, \qquad z = 0,$$
$$x' = r' \cos v', \qquad y' = r' \sin v', \qquad z' = 0,$$
$$x'' = r'' \cos v'', \qquad y'' = r'' \sin v'', \qquad z'' = 0,$$

et, par conséquent,

$$R = \frac{m' r \cos(v' - v)}{r'^2} + \frac{m'' r \cos(v' - v)}{r''^2}$$
$$- \frac{m'}{\sqrt{r^2 - 2rr' \cos(v' - v) + r'^2}} - \frac{m''}{\sqrt{r^2 - 2rr'' \cos(v' - v) + r''^2}}.$$

Supposons que, en réduisant R dans une suite ordonnée par rapport aux cosinus de $v' - v$, $v'' - v$ et de leurs multiples, on ait

$$R = m' \left[A^{(0)} + A^{(1)} \cos(v' - v) + A^{(2)} \cos 2(v' - v) + \ldots \right]$$
$$+ m'' \left[B^{(0)} + B^{(1)} \cos(v'' - v) + B^{(2)} \cos 2(v'' - v) + \ldots \right];$$

on aura dR en différentiant R uniquement par rapport à r et v, ce qui donne

$$dR = m' \, dv \left[A^{(1)} \sin(v' - v) + 2 A^{(2)} \sin 2(v' - v) + \ldots \right]$$
$$+ m' \, dr \left[\frac{\partial A^{(0)}}{\partial r} + \frac{\partial A^{(1)}}{\partial r} \cos(v' - v) + \frac{\partial A^{(2)}}{\partial r} \cos 2(v' - v) + \ldots \right]$$
$$+ m'' \, dv \left[B^{(1)} \sin(v'' - v) + 2 B^{(2)} \sin 2(v'' - v) + \ldots \right]$$
$$+ m'' \, dr \left[\frac{\partial B^{(0)}}{\partial r} + \frac{\partial B^{(1)}}{\partial r} \sin(v'' - v) + \frac{\partial B^{(2)}}{\partial r} \sin 2(v'' - v) + \ldots \right].$$

Il faut maintenant substituer, dans cette expression de dR, au lieu de r, r', r'', v, v', v'', leurs valeurs approchées jusqu'aux premières puissances inclusivement de m, m', m'', en distinguant avec soin les termes constants de ceux qui ne sont que périodiques.

VII.

Pour cela, nous allons rappeler ici quelques résultats de la théorie des perturbations des satellites de Jupiter; nous les tirerons de l'excellente pièce de M. de la Grange, qui a remporté le prix de l'Académie pour l'année 1766, et qui est imprimée dans le tome IX du recueil des Prix de l'Académie.

Si l'on désigne par l'unité le demi-diamètre de Jupiter, on aura, en n'ayant égard qu'à l'action des trois premiers satellites,

$$r = 5,67 + m' \left[4,19 \cos(n't - nt + \varepsilon' - \varepsilon) - 1014,93 \cos 2(n't - nt + \varepsilon' - \varepsilon) \right.$$
$$\left. - 3,87 \cos 3(n't - nt + \varepsilon' - \varepsilon) - 1,02 \cos 4(n't - nt + \varepsilon' - \varepsilon) - \ldots \right]$$
$$+ m'' \left[0,75 \cos(n''t - nt + \varepsilon'' - \varepsilon) - 1,06 \cos 2(n''t - nt + \varepsilon'' - \varepsilon) \right.$$
$$\left. - 0,13 \cos 3(n''t - nt + \varepsilon'' - \varepsilon) - 0,02 \cos 4(n''t - nt + \varepsilon'' - \varepsilon) - \ldots \right],$$

$$r' = 9,00 + m\,[518,78\cos(n't - nt + \varepsilon' - \varepsilon) + 5,73\cos 2(n't - nt + \varepsilon' - \varepsilon)$$
$$+ 1,36\cos 3(n't - nt + \varepsilon' - \varepsilon) + 0,49\cos 4(n't - nt + \varepsilon' - \varepsilon) + \ldots]$$
$$+ m''\,[7,16\cos(n''t - n't + \varepsilon'' - \varepsilon') - 824,07\cos 2(n''t - n't + \varepsilon'' - \varepsilon)$$
$$- 6,29\cos 3(n''t - nt + \varepsilon'' - \varepsilon') - 1,66\cos 4(n''t - n't + \varepsilon'' - \varepsilon') - \ldots],$$

$$r'' = 14,38 + m\,[5,88\cos(n''t - nt + \varepsilon'' - \varepsilon) + 0,19\cos 2(n''t - nt + \varepsilon'' - \varepsilon)$$
$$+ 0,03\cos 3(n''t - nt + \varepsilon'' - \varepsilon) + 0,00\cos 4(n''t - nt + \varepsilon'' - \varepsilon') + \ldots]$$
$$+ m'\,[452,98\cos(n''t - n't + \varepsilon'' - \varepsilon') + 9,13\cos 2(n''t - n't + \varepsilon'' - \varepsilon')$$
$$+ 2,16\cos 3(n''t - n't + \varepsilon'' - \varepsilon') + 0,59\cos 4(n''t - n't + \varepsilon'' - \varepsilon') + \ldots],$$

$$v = nt + \varepsilon + m'\,[9300'\sin(n't - nt + \varepsilon' - \varepsilon) - 1\,227\,214'\sin 2(n't - nt + \varepsilon' - \varepsilon)$$
$$- 3526'\sin 3(n't - nt + \varepsilon' - \varepsilon) - 705'\sin 4(n't - nt + \varepsilon' - \varepsilon) - \ldots]$$
$$+ m''\,[1158'\sin(n''t - nt + \varepsilon'' - \varepsilon) - 1007'\sin 2(n''t - nt + \varepsilon'' - \varepsilon)$$
$$- 101'\sin 3(n''t - nt + \varepsilon'' - \varepsilon) - 18'\sin 4(n''t - nt + \varepsilon'' - \varepsilon) - \ldots],$$

$$v' = n't + \varepsilon' + m\,[387482'\sin(n't - nt + \varepsilon' - \varepsilon) + 2727'\sin 2(n't - nt + \varepsilon' - \varepsilon)$$
$$+ 509'\sin 3(n't - nt + \varepsilon' - \varepsilon) + 12'\sin 4(n't - nt + \varepsilon' - \varepsilon) + \ldots]$$
$$+ m''\,[10\,067'\sin(n''t - n't + \varepsilon'' - \varepsilon') - 626\,246'\sin 2(n''t - n't + \varepsilon'' - \varepsilon')$$
$$- 3717'\sin 3(n''t - n't + \varepsilon'' - \varepsilon') - 825'\sin 4(n''t - n't + \varepsilon'' - \varepsilon') - \ldots],$$

$$v'' = n''t + \varepsilon'' + m\,[-1306'\sin(n''t - nt + \varepsilon'' - \varepsilon) + 38'\sin 2(n''t - nt + \varepsilon'' - \varepsilon)$$
$$+ 8'\sin 3(n''t - n't + \varepsilon'' - \varepsilon) + 1'\sin 4(n''t - nt + \varepsilon'' - \varepsilon) + \ldots]$$
$$+ m'\,[207375'\sin(n''t - n't + \varepsilon'' - \varepsilon') + 2760'\sin 2(n''t - n't + \varepsilon'' - \varepsilon')$$
$$+ 559'\sin 3(n''t - n't + \varepsilon'' - \varepsilon') + 142'\sin 4(n''t - nt + \varepsilon'' - \varepsilon') + \ldots].$$

(*Voir* la pièce citée, p. 63 et suivantes.)

Cela posé, considérons d'abord le terme $m'\,dv\,\mathrm{A}^{(1)}\sin(v' - v)$ de l'expression de dR. Si l'on y substitue au lieu de v sa valeur précédente, il est aisé de voir qu'il n'en peut résulter aucun terme constant ou proportionnel à $\sin V$. Il n'en est pas ainsi de la substitution de la valeur de v', et l'on voit facilement que le terme

$$- m''\,626\,246'\sin 2(n''t - n't + \varepsilon'' - \varepsilon)$$

de cette valeur produira dans $m'\,dv\,\mathrm{A}^{(1)}\sin(v' - v)$ le suivant

$$- m'\,m''\,626\,246'\,\mathrm{A}^{(1)}\,n\,dt\cos(n't - nt + \varepsilon' - \varepsilon)\sin 2(n''t - n't + \varepsilon'' - \varepsilon')$$

et, par conséquent, celui-ci

$$- \frac{m'm''}{2}\, 626\,246'\, A^{(1)}\, n\, dt\, \sin V.$$

Pour réduire en parties du rayon le coefficient $626\,246'$, il faut le diviser par $57°17'44''$; en désignant donc par h le quotient de cette division, le terme précédent deviendra

$$- \frac{m'm''}{2}\, h\, A^{(1)}\, n\, dt\, \sin V,$$

et il produira dans $2\,dR$ le terme constant

$$- m'm''h\, A^{(1)}\, n\, dt\, \sin V.$$

$A^{(1)}$ étant une fonction de r et de r', la substitution de leurs valeurs peut produire encore des termes constants dans $m'\, dv\, A^{(1)}\, \sin(v'-v)$; or il est facile de s'assurer que la valeur de r ne produira aucun terme semblable, et que la valeur de r' produira le terme

$$- m'm''n\, dt\, \frac{\partial A^{(1)}}{\partial r'}\, 824,07 \cos 2(n''t - n't + \iota'' - \iota')\, \sin(n't - nt + \iota' - \iota),$$

ce qui donne le terme constant

$$\frac{m'm''}{2}\, n\, dt\, \frac{\partial A^{(1)}}{\partial r'}\, 824,07 \sin V;$$

en désignant donc par l le coefficient numérique $824,07$, il en résultera dans $2\,dR$ le terme constant

$$m'm''n\, dt\, \frac{\partial A^{(1)}}{\partial r'}\, l \sin V.$$

On voit ainsi que le terme $m'\, dv\, A^{(1)}\, \sin(v'-v)$, de l'expression de dR, produit dans $2\,dR$ la quantité constante

$$m'm''n\, dt\, \sin V \left(l\, \frac{\partial A^{(1)}}{\partial r'} - h\, A^{(1)} \right).$$

Si l'on analyse de la même manière les autres termes de l'expression de dR, on verra que les termes constants qui en résultent sont insensibles par rapport à la quantité précédente, à cause de la grandeur des coefficients numériques h et l, qui multiplient ses deux termes. On peut donc supposer que la partie constante de $2\,dR$ se réduit à cette quantité, et qu'ainsi l'on a

$$k = m'm''n \sin V \left(l \frac{\partial A^{(1)}}{\partial r''} - h A^{(1)} \right);$$

d'où l'on tire, par l'article précédent,

$$\delta a = - m'm''a^2 nt \sin V \left(l \frac{\partial A^{(1)}}{\partial r'} - h A^{(1)} \right)$$

et, par conséquent,

$$\delta n = \tfrac{3}{2} m'm'' an^2 t \sin V \left(l \frac{\partial A^{(1)}}{\partial r'} - h A^{(1)} \right).$$

De là il est aisé de conclure, par l'article V,

$$2\,\delta n'' - 3\,\delta n' + \delta n$$
$$= \tfrac{3}{2} an^2 t \sin V \left(l \frac{\partial A^{(1)}}{\partial r'} - h A^{(1)} \right) \left[m'm'' + 3\,mm'' \frac{n'^{\frac{1}{2}}(n - n'')}{n^{\frac{1}{3}}(n - n'')} + 2\,mm' \frac{n''^{\frac{1}{3}}(n - n')}{n^{\frac{1}{3}}(n' - n'')} \right].$$

Soit α la fonction qui, dans le second membre de cette équation, multiplie $n^2 t \sin V$, et que l'on désigne par s la quantité $2n'' - 3n' + n$, on aura

$$\delta s = \alpha n^2 t \sin V.$$

VIII.

L'équation précédente donne la variation δs, correspondante au temps t; mais elle ne peut servir que pour un intervalle dans lequel $\alpha n^2 t \sin V$ est peu considérable; on peut cependant en tirer la valeur de s, pour un temps illimité, au moyen de la méthode que j'ai donnée dans la seconde Partie de nos *Mémoires* pour l'année 1772 ([1]). Suivant cette méthode, on doit considérer s comme une fonction de αt, qui,

([1]) *Œuvres de Laplace*, t. VIII, p. 369 et suiv.

réduite dans une série ordonnée par rapport aux puissances de αt, est de cette forme

$$s + \alpha t \frac{ds}{\alpha\, dt} + \frac{\alpha^2 t^2}{1.2} \frac{d^2 s}{\alpha^2\, dt^2} + \cdots,$$

les quantités s, $\dfrac{ds}{\alpha\, dt}$, $\dfrac{d^2 s}{\alpha^2\, dt^2}$, $\cdots$ étant relatives à l'instant que l'on choisit pour époque. Le second terme de cette série exprime la variation δs lorsque αt est très petit ; en comparant donc cette variation à celle-ci, $\alpha n^2 t \sin V$, on aura

$$\frac{ds}{dt} = \alpha n^2 \sin V,$$

et, comme l'instant de l'époque est arbitraire, cette équation différentielle a lieu pour un instant quelconque.

Maintenant, V étant, par l'article VI, égal à

$$2 n'' t - 3 n' t + n t + 2 \varepsilon'' - 3 \varepsilon' + \varepsilon,$$

on a

$$dV = dt (2 n'' - 3 n' + n) = s\, dt ;$$

on aura ainsi, entre s, V et t, deux équations différentielles du premier ordre, dont les intégrales donneront les valeurs de s et V pour un temps quelconque.

De ces équations, on tire la suivante

$$\frac{d^2 V}{dt^2} = \alpha n^2 \sin V ;$$

en la multipliant par dV et en l'intégrant, on aura

$$(a) \qquad \frac{\pm\, dV}{\sqrt{\lambda - 2\alpha n^2 \cos V}} = dt,$$

λ étant une constante arbitraire. Les différentes valeurs que l'on peut supposer à cette constante donnent lieu aux trois cas suivants :

Premier cas. — Si λ est positif et plus grand que $\pm 2\alpha n^2$, il est visible que l'angle $\pm V$ croîtra sans cesse, et cela doit arriver si l'origine du mouvement, $2 n'' - 3 n' + n$, est positive ou négative et d'un ordre supérieur à $n \sqrt{\pm \alpha}$.

Deuxième cas. — Si α est positif et λ moindre que $2\alpha n^2$, le radical

$$\sqrt{\lambda - 2\alpha n^2}\cos V$$

devient imaginaire dans la supposition de $V = 0$; l'angle V sera donc alors périodique et ne pourra jamais être nul; il ne fera qu'osciller de part et d'autre de $180°$, en sorte que sa valeur moyenne sera de six signes.

Troisième cas. — Si α est négatif et λ moindre que $- 2\alpha n^2$, le radical

$$\sqrt{\lambda - 2\alpha n^2}\cos V$$

devient imaginaire dans la supposition de $V = 180°$; l'angle V ne peut donc jamais, dans ce cas, atteindre $180°$; il ne fera qu'osciller de part et d'autre de zéro, en devenant alternativement positif et négatif, et sa valeur moyenne sera nulle.

Voyons lequel de ces trois cas a lieu dans la nature.

IX.

En prenant pour unité le demi-diamètre de Jupiter, les observations donnent

$$a = 5,67, \qquad a' = 9,00, \qquad a'' = 14,38.$$

De là j'ai conclu

$$A^{(1)} = - \frac{0,0952}{a'}, \qquad \frac{\partial A^{(1)}}{\partial r'} = \frac{0,594}{a'^2}.$$

Mais on a, par l'article VII,

$$h = \frac{626246'}{57°\,17'\,44''}, \qquad l = 824,07;$$

on aura, par conséquent,

$$l\frac{\partial A^{(1)}}{\partial r'} - h A^{(1)} = \frac{71,731}{a'},$$

ce qui donne

$$\alpha = 67,786\left[m'm'' + 3mm'' \frac{n'^{\frac{4}{3}}(n - n'')}{n^{\frac{4}{3}}(n' - n'')} + 2mm' \frac{n''^{\frac{4}{3}}(n - n')}{n^{\frac{4}{3}}(n' - n'')} \right].$$

Nous sommes ainsi assurés que α est positif; d'où il suit que le dernier des trois cas précédents ne peut pas exister. Il faut donc ou que l'angle $\pm V$ croisse sans cesse, ou, si sa valeur est périodique, qu'il ne puisse qu'osciller de part et d'autre de 180°.

X.

Si l'angle $\pm V$ croit indéfiniment, λ est positif et plus grand que $2\alpha n^2$; or, si l'on suppose $V = 180° \pm \varpi$, le signe de ϖ étant le même que celui de dV dans l'équation différentielle (a) de l'article VIII, cette équation donnera

$$d\varpi = dt\sqrt{\lambda + 2\alpha n^2 \cos\varpi}.$$

On aura donc, dans l'intervalle compris depuis $\varpi = 0$ jusqu'à $\varpi = 90°$,

$$\varpi > t\sqrt{\lambda} \qquad \text{et, par conséquent,} \qquad \varpi > nt\sqrt{2\alpha};$$

ainsi le temps t que ϖ emploiera à parvenir de 0° à 90° sera moindre que $\dfrac{90°}{n\sqrt{2\alpha}}$. Si l'on nomme T le temps de la révolution du premier satellite, on aura $nT = 360°$, ce qui donne $n = \dfrac{360°}{T}$; donc le temps t que ϖ emploiera à parvenir de 0° à 90° sera moindre que $\dfrac{T}{4\sqrt{2\alpha}}$.

La valeur de α dépend des masses des trois premiers satellites de Jupiter; la masse m' du second parait assez bien déterminée par l'inégalité du premier satellite, et, si l'on prend pour unité la masse de Jupiter, on a

$$m' = 0,00002417.$$

Quant aux masses m et m'' du premier et du troisième satellite, la théorie des inégalités du second est insuffisante pour les déterminer, mais elle donne entre elles la relation suivante

$$91810\,m + 148383\,m' = 16,5$$

(*voir* la pièce citée de M. de la Grange, p. 74 et 78). En supposant donc $m = \mu m'$, on aura

$$m'' = 0,000111199 - 0,000014955\,\mu.$$

Les temps des révolutions des trois premiers satellites sont

$$1^{\text{j}}\,18^{\text{h}}\,28^{\text{m}}\,36^{\text{s}},\quad 3^{\text{j}}\,13^{\text{h}}\,17^{\text{m}}\,54^{\text{s}},\quad 7^{\text{j}}\,3^{\text{h}}\,59^{\text{m}}\,36^{\text{s}},$$

et il est clair que les valeurs de n, n', n'' sont réciproques à ces temps, d'où il suit que ces valeurs sont entre elles comme les nombres

$$1,\quad 0,497978,\quad 0,246967;$$

on aura ainsi

$$\frac{3n'^{\frac{1}{3}}(n - n'')}{n^{\frac{1}{3}}(n' - n'')} = 3,55242,$$

$$\frac{2n''^{\frac{1}{3}}(n - n')}{n^{\frac{1}{3}}(n' - n'')} = 0,619791,$$

d'où l'on tire

$$\alpha = 0,000000182187(1 + 3,55263\,\mu - 0,477756\,\mu^2).$$

La valeur de μ est comprise entre les deux limites $\mu = 0$ et $\mu = \frac{111199}{14955}$, dont la première répond à $m = 0$ et dont la seconde répond à $m'' = 0$; or il est aisé de voir que la plus petite valeur dont α est susceptible répond à $\mu = 0$; ainsi le temps t que l'angle ϖ doit employer dans le cas que nous discutons ici à parvenir de $0°$ à $90°$ est nécessairement moindre que

$$\frac{T}{4\sqrt{0,000000364374}},$$

et comme T, réduit en décimales de jours, est égal à $1^{\text{j}},76986$, il en résulte que t est moindre que $733^{\text{j}},002$ ou au-dessous de deux ans.

Maintenant, si l'on compare ce résultat aux observations, on verra qu'il leur est entièrement contraire, car les Tables des trois premiers satellites, qui satisfont assez bien aux observations depuis plus d'un siècle, donnent, à toutes les époques, V peu différent de $180°$, et par conséquent ϖ peu considérable. Suivant celles que M. Bailly a insérées à la fin de son Ouvrage sur les satellites de Jupiter, les quantités dont V surpassait $180°$, aux époques de 1671 et 1763, étaient de $9'31''$ et de $12'31''$; dans toutes les époques intermédiaires, elles étaient comprises entre ces limites. Il est donc certain que, depuis la découverte des satellites de Jupiter, ϖ ne s'est jamais élevé à 90°; ainsi la supposition de l'angle ϖ croissant sans cesse est entièrement contraire aux observations. Le second des trois cas de l'article VIII est donc le seul qui puisse avoir lieu dans la nature, c'est-à-dire que l'angle V est nécessairement périodique et ne fait qu'osciller de part et d'autre de 180°, en sorte que sa valeur moyenne est de six signes.

XI.

Reprenons l'équation différentielle de l'article précédent

$$\frac{d\varpi}{\sqrt{\lambda + 2\alpha n^1 \cos\varpi}} = dt.$$

Si l'on nomme g l'espace que la pesanteur terrestre fait parcourir dans la première seconde; si l'on imagine ensuite un pendule dont la longueur soit $\frac{2g}{\alpha i^1}$, i étant le nombre de secondes que renferme le temps de la révolution du premier satellite; enfin si l'on suppose à l'origine du mouvement ce pendule éloigné de la verticale d'un angle dont le cosinus soit $\frac{-\lambda}{2\alpha i^1}$, ses oscillations représenteront les variations de l'angle ϖ.

Puisque les Tables des satellites satisfont assez bien aux observations, sans avoir égard aux variations de cet angle, il doit être peu considérable; on peut donc supposer

$$\cos\varpi = 1 - \frac{\varpi^2}{2};$$

ainsi, en faisant

$$\frac{\lambda + 2\alpha n^1}{\alpha n^1} = 6,$$

on aura

$$\frac{d\varpi}{\sqrt{6^2 - \varpi^2}} = n\,dt\sqrt{\alpha}.$$

Cette équation donne, en l'intégrant,

$$\varpi = 6\sin(nt\sqrt{\alpha} + \gamma),$$

δ et γ étant deux constantes arbitraires que l'observation peut seule déterminer. L'équation $\frac{dV}{dt} = ds$ donne

$$s = \pm n\delta\sqrt{\alpha}\cos(nt\sqrt{\alpha} + \gamma),$$

d'où l'on voit que s est, ainsi que ϖ, une quantité périodique ; en faisant donc abstraction de ces quantités, c'est-à-dire en supposant que nt, $n't$, $n''t$ représentent les vrais moyens mouvements des satellites, on a rigoureusement $s = 0$, ou

$$n + 2n'' = 3n'.$$

On voit encore que cette équation n'exige point qu'à l'origine du mouvement s ou $n + 2n'' - 3n'$ ait été rigoureusement nul : il suffit qu'il ait été compris dans les limites $-n\delta\sqrt{\alpha}$ et $+n\delta\sqrt{\alpha}$.

On aura le temps t de la période des variations de s et de ϖ, au moyen de l'équation $nt\sqrt{\alpha} = 360°$, ce qui donne

$$t = \frac{360°}{n\sqrt{\alpha}};$$

mais, T étant le temps de la révolution du premier satellite, on a $nT = 360°$. On aura donc

$$t = \frac{T}{\sqrt{\alpha}};$$

les deux limites de t répondent conséquemment aux deux limites de α. Or la plus petite valeur de α est

$$\alpha = 0,000000182187,$$

et sa plus grande valeur est

$$\alpha = 0,0000013854_2;$$

ainsi les deux limites de t sont

$$1503^{\text{jours}},5 \quad \text{et} \quad 4146^{\text{jours}},5,$$

c'est-à-dire que le temps de la période des valeurs de s et de θ est compris entre 4 ans $\frac{1}{8}$ et 11 ans $\frac{1}{2}$.

Les mouvements des trois satellites ont des variations analogues à celles de l'angle ϖ; ces variations sont dans le rapport des quantités δn, $\delta n'$, $\delta n''$, qui, par l'article V, sont entre elles comme les quantités

$$1, \quad -\frac{m}{m'}\,\frac{n'^{\frac{4}{3}}(n-n'')}{n^{\frac{4}{3}}(n'-n'')}, \quad \frac{m}{m''}\,\frac{n''^{\frac{4}{3}}(n-n')}{n^{\frac{4}{3}}(n'-n'')}.$$

En nommant donc $k\sin(nt\sqrt{\alpha}+\gamma)$ l'équation qui en résulte dans le mouvement du premier satellite, les équations correspondantes du second et du troisième satellite seront

$$-1,18414\;\frac{m}{m'}\,k\sin(nt\sqrt{\alpha}+\gamma),$$

$$0,309895\,\frac{m}{m''}\,k\sin(nt\sqrt{\alpha}+\gamma),$$

et l'on aura

$$6 = \left(1 + 3,55242\,\frac{m}{m'} + 0,619791\,\frac{m}{m''}\right)k.$$

Il est impossible, dans l'état actuel de la théorie des satellites de Jupiter, de prononcer sur la véritable valeur de 6; on voit seulement, par l'inspection des erreurs des meilleures Tables, qu'il n'est pas impossible que cette valeur excède $40'$; mais c'est un point que je laisse à discuter aux astronomes qui cherchent à perfectionner cette théorie.

XII.

Il suit de ce qui précède que, si l'on néglige les quantités périodiques et que l'on n'ait égard qu'aux moyens mouvements et à leurs époques, on a les deux équations suivantes :

$$\varepsilon - 3\varepsilon' + 2\varepsilon'' = 0, \qquad n - 3n' + 2n'' = 0.$$

Ces équations subsisteraient encore dans le cas où, par des causes inconnues, telles que la résistance d'un milieu, les moyens mouvements des satellites de Jupiter seraient assujettis à des équations séculaires. En vertu de ces causes, les expressions des grands axes des orbites et, par conséquent, les valeurs de n, n', n'' renfermeraient des termes proportionnels au temps. Soient it, $i't$, $i''t$ ces termes, i, i', i'' étant des coefficients constants ou, du moins, que l'on peut traiter comme tels pendant un très long intervalle. Si l'on nomme, pour abréger, q la quantité

$$\tfrac{3}{2}\, m' m'' a \left(l\, \frac{\partial \mathrm{A}^{(1)}}{\partial r'} - h\, \mathrm{A}^{(1)} \right),$$

on aura, par les articles V et VI,

$$\delta n = q n^2 t \sin V + it,$$

$$\delta n' = - \frac{m}{m'} \frac{n'^{\frac{4}{3}}(n - n'')}{n^{\frac{4}{3}}(n' - n'')} q n^2 t \sin V + i't,$$

$$\delta n'' = \frac{m}{m''} \frac{n''^{\frac{4}{3}}(n - n')}{n^{\frac{4}{3}}(n' - n'')} q n^2 t \sin V + i''t;$$

d'où l'on tire, par l'article VIII, les équations

$$\frac{dn}{dt} = q n^2 \sin V + i,$$

$$\frac{dn'}{dt} = - \frac{m}{m'} \frac{n'^{\frac{4}{3}}(n - n'')}{n^{\frac{4}{3}}(n' - n'')} q n^2 \sin V + i',$$

$$\frac{dn''}{dt} = \frac{m}{m''} \frac{n''^{\frac{4}{3}}(n - n')}{n^{\frac{4}{3}}(n' - n'')} q n^2 \sin V + i''.$$

En supposant donc, comme dans l'article VII,

$$s = n - 3n' + 2n'',$$

$$\alpha = q \left[1 + \frac{3m}{m'} \frac{n'^{\frac{4}{3}}(n - n'')}{n^{\frac{4}{3}}(n' - n'')} + \frac{2m}{m''} \frac{n''^{\frac{4}{3}}(n - n')}{n^{\frac{4}{3}}(n' - n'')} \right],$$

on aura

$$\frac{ds}{dt} = \alpha n^2 \sin V + i - 3i' + 2i'';$$

on a ensuite $\dfrac{dV}{dt} = s$, partant

$$\frac{d^2 V}{dt^2} = \alpha n^2 \sin V + i - 3i' + 2i''.$$

Supposons $V = 180° + \varpi$, ϖ étant peu considérable; l'équation précédente donnera

$$\frac{d^2\varpi}{dt^2} + \alpha n^2 \varpi = i - 3i' + 2i'';$$

d'où l'on tire, en intégrant,

$$\varpi = 6\sin\left(nt\sqrt{\alpha} + \gamma\right) + \frac{i - 3i' + 2i''}{\alpha n^2},$$

6 et γ étant deux constantes arbitraires, et, comme on a $s = \dfrac{dV}{dt} = \dfrac{d\varpi}{dt}$, on aura

$$n - 3n' + 2n'' = n6\cos\left(nt\sqrt{\alpha} + \gamma\right);$$

ainsi, en négligeant les quantités périodiques, on aura

$$n - 3n' + 2n'' = o.$$

On voit par là que les causes qui peuvent altérer les moyens mouvements des trois premiers satellites de Jupiter ne troublent point le rapport précédent entre ces mouvements; d'où il suit que, si ces corps sont assujettis à des équations séculaires, celle du premier, plus deux fois celle du troisième, doit être égale à trois fois l'équation séculaire du second.

Pour déterminer ces équations, nous observerons que l'on a, par ce qui précède,

$$qn^2\sin V = \frac{q}{\alpha}\frac{ds}{dt} - \frac{q}{\alpha}(i - 3i' + 2i'');$$

on aura donc, en rejetant la quantité périodique $\dfrac{ds}{dt}$,

$$\frac{dn}{dt} = i - \frac{q}{\alpha}\ (i - 3i' + 2i''),$$

$$\frac{dn'}{dt} = i' + \frac{qm}{\alpha m'}(i - 3i' + 2i'')\frac{n'^{\frac{4}{3}}(n - n'')}{n^{\frac{4}{3}}(n' - n'')},$$

$$\frac{dn''}{dt} = i'' - \frac{qm}{\alpha m''}(i - 3i' + 2i'')\frac{n''^{\frac{4}{3}}(n - n')}{n'^{\frac{4}{3}}(n' - n'')}.$$

Si l'on intègre deux fois de suite ces valeurs de dn, dn', dn'', les termes proportionnels au carré du temps t seront les équations sécu-

laires des satellites ; les valeurs de ces équations seront, par conséquent,

$$\tfrac{1}{2} t^2 \left[i - \frac{q}{\alpha} \, (i - 3i' + 2i'') \right],$$

$$\tfrac{1}{2} t^2 \left[i' + \frac{qm}{\alpha m'} (i - 3i' + 2i'') \frac{n'^{\frac{4}{3}}(n - n'')}{n^{\frac{4}{3}}(n' - n'')} \right],$$

$$\tfrac{1}{2} t^2 \left[i'' - \frac{qm}{\alpha m''} (i - 3i' + 2i'') \frac{n''^{\frac{4}{3}}(n - n')}{n^{\frac{4}{3}}(n' - n'')} \right].$$

La valeur moyenne de V est $180° + \dfrac{i - 3i' + 2i''}{\alpha n^2}$; ainsi, en supposant
$i - 3i' + 2i''$ positif, V serait plus grand que $180°$, et l'on pourrait
expliquer par là pourquoi toutes les Tables des satellites de Jupiter
donnent $V > 180°$; mais on doit observer que les quantités i, i', i''
doivent être insensibles relativement à αn^2, puisque, autrement, elles
produiraient, dans les moyens mouvements des satellites, des équations
séculaires que l'intervalle de temps écoulé depuis leur découverte jusqu'à nos jours aurait rendues très sensibles. On pourrait, à la vérité,
diminuer ces équations par différentes suppositions sur les valeurs de
m, m', m'', i, i', i''. Supposons, par exemple, le satellite m extrêmement
petit relativement à m' et à m'', et qu'il se meuve dans un milieu résistant qui ne s'étende pas jusqu'à l'orbite du second satellite ; on aura
$q = \alpha$, $i' = o$, $i'' = o$. Les équations séculaires des trois satellites seront
nulles, et V sera égal à $180° + \dfrac{i}{\alpha n^2}$. On pourra donc supposer $\dfrac{i}{\alpha n^2}$
égal à plusieurs minutes, sans qu'il en résulte aucune équation sécu-
laire sensible dans les mouvements des satellites ; car, si, d'un côté, le
milieu dans lequel se meut le premier satellite tend à accélérer son
mouvement en l'approchant de Jupiter, d'un autre côté, l'action des
deux autres satellites détruit l'effet de ce milieu et conserve au premier satellite son moyen mouvement et sa moyenne distance. Mais ces
hypothèses et toutes celles du même genre sont trop peu vraisemblables pour être admises ; on doit donc regarder l'équation

$$i - 3i' + 2i'' = 0$$

comme une condition à laquelle les époques des Tables doivent nécessairement satisfaire.

XIII.

Sur les excentricités et les inclinaisons des orbites des planètes.

Considérons présentement le second objet que nous nous sommes proposé de traiter dans ce Mémoire, et cherchons à établir d'une manière générale que les excentricités et les inclinaisons des orbites des planètes sont constamment renfermées dans d'étroites limites; pour cela, nous allons rappeler ici les principaux résultats de la théorie connue des inégalités séculaires.

Si l'on prend pour plan fixe celui de l'écliptique à une époque donnée, et que l'on compte les longitudes de l'équinoxe correspondant supposé invariable; si l'on nomme ensuite m, m', m'', ... les masses des planètes, celle du Soleil étant prise pour l'unité; a, a', a'' les demi grands axes de leurs orbites; ea, $e'a'$, $e''a''$, ... leurs excentricités; V, V', V'', ... les longitudes de leurs aphélies; θ, θ', θ'', ... les tangentes des inclinaisons de leurs orbites sur le plan fixe; enfin I, I', I'', ... les longitudes de leurs nœuds ascendants; les quantités $e \sin V$, $e \cos V$, $e' \sin V'$, $e' \cos V'$, ..., $\theta \sin I$, $\theta \cos I$, $\theta' \sin I'$, $\theta' \cos I'$, ... seront données par des équations différentielles linéaires du premier ordre, dont les coefficients sont constants. Les excentricités et les inclinaisons étant fort petites, le système des équations relatives aux excentricités est indépendant du système des équations relatives aux inclinaisons; en sorte que le premier système est le même que si les orbites étaient dans le même plan, et le second est le même que si les orbites étaient circulaires.

En intégrant le premier système, chacune des quantités $e \sin V$, $e \cos V$, $e' \sin V'$, $e' \cos V'$, ... est exprimée par la somme d'un nombre fini de sinus et de cosinus d'angles proportionnels au temps t; les nombres par lesquels il faut multiplier ce temps, pour former ces angles, étant les racines d'une équation algébrique d'un degré égal au nombre des planètes, nous représenterons cette équation par (k). La même chose a lieu relativement aux équations du second système; mais l'équation dont dépend la formation des angles n'est pas la même que pour le premier système; nous la représenterons par (k'). On peut consulter, sur cet objet, les *Mémoires* de cette Académie pour l'année 1772, deuxième Partie, page 361 (¹), et les *Mémoires de l'Académie de Berlin* pour l'année 1782, pages 243 et 262.

Si toutes les racines des équations (k) et (k') sont réelles et inégales, les valeurs des quantités précédentes ne renfermeront ni arcs de cercle ni exponentielles, et par conséquent elles resteront toujours fort petites; il n'en sera pas de même si quelques-unes de ces racines sont égales ou imaginaires, car on sait qu'alors les sinus et les cosinus se changent en arcs de cercle ou en exponentielles; mais, quelle que soit la nature des racines de ces équations, les valeurs de $e\sin V$, $e\cos V$, $e'\sin V'$, $e'\cos V'$, ... seront toujours comprises dans les formes suivantes :

$$e \sin V = \alpha f^{it} + \beta f^{i't} + \ldots + \gamma t^{r} + \lambda t^{r-1} + \ldots + h,$$
$$e \cos V = \mu f^{it} + \varepsilon f^{i't} + \ldots + \Phi t^{r} + \psi t^{r-1} + \ldots + l,$$
$$e' \sin V' = \alpha' f^{it} + \beta' f^{i't} + \ldots + \gamma' t^{r} + \lambda' t^{r-1} + \ldots + h',$$
$$e' \cos V' = \mu' f^{it} + \varepsilon' f^{i't} + \ldots + \Phi' t^{r} + \psi' t^{r-1} + \ldots + l',$$

f étant le nombre dont le logarithme hyperbolique est l'unité. Les coefficients α, β, μ, ε, ..., α', β', μ', ε', ... des exponentielles sont des quantités réelles sans exponentielles, mais qui peuvent être fonctions de l'arc t et de sinus et de cosinus d'angles proportionnels à cet arc; les quantités γ, λ, Φ, ψ, ..., h, l, γ', λ', Φ', ψ', ..., h', l', ... sont réelles, sans arcs de cercle ni exponentielles, et par conséquent constantes ou périodiques.

Supposons que, abstraction faite du signe, on ait $i > i'$, $i' > i''$, ... e étant égal à $(e\sin V)^2 + (e\cos V)^2$; on aura

$$e^2 = (\alpha^2 + \mu^2) f^{it} + \ldots + (\gamma^2 + \Phi^2) t^{2r} + \ldots + h^2 + l^2.$$

<hr>

(¹) *Œuvres de Laplace*, t. VIII, p. 406.

On aura pareillement

$$c'^2 = (\varkappa'^2 + \mu'^2) f^{3u} + \ldots + (\gamma'^2 + \Phi'^2) f^{3r} + \ldots + h'^2 + l'^2,$$

et ainsi de suite; on aura donc ainsi les valeurs des excentricités des orbites.

Ces valeurs ne peuvent servir que pour un temps limité, après lequel, les excentricités devenant fort grandes, la supposition qu'elles sont peu considérables et d'après laquelle elles ont été trouvées cesse d'être exacte; on ne peut donc étendre à un temps quelconque les résultats obtenus dans cette supposition, qu'autant que l'on est assuré que les racines de l'équation (k) sont toutes réelles et inégales; mais il serait très difficile d'y parvenir par la considération directe de cette équation. Voici un moyen fort simple de prouver que ni les exponentielles $f'', f''', \ldots$, ni l'arc t et ses puissances ne se rencontrent point dans les valeurs de $e \sin V$, $e \cos V$; $e' \sin V'$, $e' \cos V'$, $\ldots$.

XIV.

Reprenons l'équation (9) de l'article IV; si l'on suppose e et θ très petits et que l'on néglige les quantités des ordres e^4, $e^2\theta^2$ et θ^4, elle donnera

$$c = m \sqrt{a} + m' \sqrt{a'} + \ldots - \tfrac{1}{2} m (e^2 + \theta^2) \sqrt{a} - \tfrac{1}{2} m' (e'^2 + \theta'^2) \sqrt{a'} - \ldots;$$

mais les moyennes distances des planètes au Soleil ne sont point troublées par leur action mutuelle; on aura donc

$$m (e^2 + \theta^2) \sqrt{a} + m' (e'^2 + \theta'^2) \sqrt{a'} + \ldots = \text{const.}$$

Nous avons observé, dans l'article précédent, que les valeurs de e, e', e'', $\ldots$ sont données par des équations indépendantes de celles qui donnent les valeurs de θ, θ', θ'', $\ldots$, en sorte qu'elles sont les mêmes que si θ, θ', θ'', $\ldots$ étaient nuls; mais l'équation précédente devient, dans cette hypothèse,

$$\text{const.} = m e^2 \sqrt{a} + m' e'^2 \sqrt{a'} + \ldots$$

Les valeurs de e, e', ... doivent donc satisfaire à cette équation, après un temps quelconque.

Si l'on y substitue les expressions générales de ces quantités, que nous avons données dans l'article précédent, on aura

$$(b) \quad \begin{cases} \text{const.} = \left[m\sqrt{a}\,(\alpha^2 + \mu^2) + m'\sqrt{a'}\,(\alpha'^2 + \mu'^2) + \ldots \right] f^{2it} + \ldots \\[4pt] \quad + \left[m\sqrt{a}\,(\gamma^2 + \varphi^2) + m'\sqrt{a'}\,(\gamma'^2 + \varphi'^2) + \ldots \right] t^{2r} + \ldots \\[4pt] \quad + m\sqrt{a}\,(h^2 + l^2) + m'\sqrt{a'}\,(h'^2 + l'^2) + \ldots; \end{cases}$$

cette équation devant avoir lieu quel que soit t, il est nécessaire que les coefficients des exponentielles et des puissances semblables de t disparaissent d'eux-mêmes; en égalant donc à zéro le coefficient de f^{2it}, on aura

$$0 = m\sqrt{a}\,(\alpha^2 + \mu^2) + m'\sqrt{a'}\,(\alpha'^2 + \mu'^2) + \ldots;$$

mais $m\sqrt{a}$, $m'\sqrt{a'}$, ... sont des quantités positives, et α, μ, α', μ', ... sont des quantités réelles; l'équation précédente ne peut conséquemment subsister qu'en supposant $\alpha = 0$, $\mu = 0$, $\alpha' = 0$, $\mu' = 0$, ..., d'où il suit que les exponentielles ne se rencontrent point dans les valeurs de e, e', ...

L'équation (b) donne encore, en égalant à zéro le coefficient de t^{2r},

$$0 = m\sqrt{a}\,(\gamma^2 + \varphi^2) + m'\sqrt{a'}\,(\gamma'^2 + \varphi'^2) + \ldots,$$

d'où l'on tire

$$\gamma = 0, \qquad \varphi = 0, \qquad \gamma' = 0, \qquad \varphi' = 0, \qquad \ldots$$

Ainsi, les valeurs de e, e', ... ne renferment point d'arcs de cercle; elles se réduisent par conséquent aux quantités périodiques

$$\sqrt{h^2 + l^2}, \quad \sqrt{h'^2 + l'^2}, \quad \ldots,$$

et ces quantités ont entre elles, en vertu de l'équation (b), la relation suivante

$$\text{const.} = m\sqrt{a}\,(h^2 + l^2) + m'\sqrt{a'}\,(h'^2 + l'^2) + \ldots,$$

de manière que, dans le développement du second membre de cette équation en sinus et en cosinus, les coefficients de chaque sinus et de chaque cosinus doivent disparaître d'eux-mêmes.

Si l'on applique les mêmes raisonnements aux expressions de θ, θ', θ'', ..., on s'assurera qu'elles ne renferment ni exponentielles ni arcs de cercle, et qu'elles se réduisent à des quantités périodiques. En supposant, comme dans l'article IV,

$$\theta \sin I = p, \qquad \theta \cos I = q,$$
$$\theta' \sin I' = p', \qquad \theta' \cos I' = q',$$
$$\ldots\ldots\ldots\ldots, \qquad \ldots\ldots\ldots\ldots,$$

on trouvera que les quantités p, q, p', q', ... ont entre elles la relation

$$\text{const.} = m\sqrt{a}\,(p^2 + q^2) + m'\sqrt{a'}\,(p'^2 + q'^2) + \ldots;$$

les équations (10) et (11) de l'article IV donnent encore, dans la supposition de p, q, p', q', ... très petits, les relations suivantes entre ces quantités

$$\text{const.} = mq\sqrt{a} + m'q'\sqrt{a'} + \ldots,$$
$$\text{const.} = mp\sqrt{a} + m'p'\sqrt{a'} + \ldots.$$

De là nous pouvons généralement conclure que les expressions des excentricités et des inclinaisons des orbites des planètes ne renferment ni arcs de cercle ni exponentielles, et qu'ainsi le système des planètes est renfermé dans des limites invariables, du moins lorsque l'on n'a égard qu'à leur action mutuelle.

THÉORIE

DE JUPITER ET DE SATURNE.

THÉORIE
DE JUPITER ET DE SATURNE.

Mémoires de l'Académie royale des Sciences de Paris, année 1785: 1788.

Les observations ont fait apercevoir dans les mouvements de Jupiter et de Saturne des variations considérables dont on ignore les lois et la cause. La comparaison des observations modernes aux anciennes parait indiquer une accélération dans le mouvement de Jupiter et un ralentissement dans celui de Saturne; mais les observations modernes comparées entre elles offrent un résultat contraire, et M. Lambert a remarqué que, depuis Hevelius jusqu'à nous, le mouvement de Jupiter s'est ralenti et que celui de Saturne s'est accéléré d'une manière sensible. M. de la Lande a, de plus, observé que le moyen mouvement de Saturne, conclu des oppositions de cette planète, vers l'équinoxe du printemps, est depuis un siècle plus rapide que celui qui résulte des oppositions observées vers l'équinoxe d'automne, et, pour prouver que cette différence ne dépend point de l'attraction de Jupiter, il l'a établie sur des oppositions dans lesquelles les circonstances des mouvements de Jupiter et de Saturne étaient à peu près semblables.

Jusqu'à présent la théorie de la pesanteur universelle n'a pu rendre raison de ces phénomènes; on ne voit même rien dans les résultats analytiques auxquels les géomètres sont parvenus sur ce sujet qui puisse conduire à les expliquer. Je me propose ici de faire voir que, loin d'être une exception au principe de la pesanteur, ils en sont une suite nécessaire, et qu'ils présentent une nouvelle confirmation de ce principe admirable.

Cet Ouvrage est divisé en trois Sections; j'expose dans la première une théorie analytique des inégalités périodiques et séculaires de Jupiter et de Saturne qui naissent de leur action mutuelle. Je me suis surtout attaché à donner à mes résultats une forme simple et commode pour le calcul, et, comme je les ai vérifiés avec beaucoup de soin et par différentes méthodes, je crois pouvoir répondre de leur exactitude. Ce qui distingue principalement cette théorie de celles qui l'ont précédée est la considération des inégalités dépendantes des carrés et des puissances supérieures des excentricités et des inclinaisons des orbites. Les géomètres n'avaient eu égard, dans ces recherches, qu'aux premières puissances de ces quantités; mais j'ai reconnu que cette approximation est insuffisante dans la théorie de Jupiter et de Saturne, et que leurs principales inégalités sont données par les approximations suivantes, qu'il faut étendre jusqu'aux quatrièmes puissances des excentricités. Les moyens mouvements de ces deux planètes sont tels que cinq fois celui de Saturne est à fort peu près égal à deux fois celui de Jupiter, et ce rapport produit dans les éléments de leurs orbites des variations considérables dont les périodes embrassent plus de neuf siècles et qui sont la source des grands dérangements observés par les astronomes. Les méthodes ordinaires conduiraient pour les déterminer à des calculs d'une excessive longueur; heureusement, la même considération qui force de recourir à ces inégalités simplifie leur détermination : je donne, pour y parvenir, une méthode facile et très approchée.

La seconde Section a pour objet la théorie de Saturne. Pour avoir ses inégalités, il suffit de substituer ses éléments et ceux de Jupiter dans les formules analytiques de la première Section; mais les éléments des Tables astronomiques n'ont pas la précision nécessaire dans une recherche aussi délicate, parce que, dans la formation de ces Tables, on n'a point fait entrer les différentes inégalités de Jupiter et de Saturne. Une première approximation m'a fait connaître à fort peu près les changements qu'ils doivent subir, et ces éléments ainsi rectifiés m'ont donné les valeurs exactes des inégalités de Saturne.

La plus considérable de toutes ces inégalités dépend de cinq fois le
moyen mouvement de Saturne moins deux fois celui de Jupiter; sa
période est d'environ neuf cent dix-neuf ans, et sa valeur, qui diminue
par des degrés insensibles, était au milieu de ce siècle de 48′44″. Le
mouvement de Jupiter est soumis à une inégalité correspondante dont
la période est exactement la même, mais dont la valeur affectée d'un
signe contraire est plus petite dans la raison de 3 à 7. On doit rapporter à ces deux grandes inégalités, jusqu'à présent inconnues, le
ralentissement apparent de Saturne et l'accélération apparente de
Jupiter. Ces phénomènes ont atteint leur maximum vers 1560; depuis
cette époque, les moyens mouvements apparents des deux planètes se
sont rapprochés sans cesse de leurs véritables moyens mouvements.
Voilà pourquoi, lorsque l'on a comparé les observations modernes
aux anciennes, le moyen mouvement de Saturne a paru plus lent et
celui de Jupiter plus rapide que par la comparaison des observations
modernes entre elles, tandis que ces dernières ont indiqué une accélération dans le mouvement de Saturne et un ralentissement dans
celui de Jupiter : si l'Astronomie eût été renouvelée trois siècles plus
tard, les observations auraient présenté des phénomènes contraires.
Les mouvements que l'astronomie d'un peuple assigne à Jupiter et à
Saturne peuvent donc nous éclairer sur le temps où elle a été fondée ;
je trouve ainsi, par mon analyse, que les Indiens ont déterminé les
moyens mouvements de ces deux planètes dans la partie de la période
des deux inégalités précédentes où le moyen mouvement apparent de
Saturne était fort lent et celui de Jupiter très rapide. Deux de leurs
principales époques astronomiques, dont l'une remonte à l'an 3102
avant notre ère et dont l'autre se rapporte à l'an 1491, remplissent à
peu près cette condition.

La théorie de Saturne renferme encore une inégalité remarquable
dont la valeur est à peu près de 10 minutes et qui coïnciderait avec
les inégalités du mouvement elliptique si le double du moyen mouvement de Jupiter était parfaitement égal à cinq fois celui de Saturne.
C'est d'elle que vient, en grande partie, le dérangement observé

par M. de la Lande dans le mouvement de Saturne et le peu d'accord
des variations de l'aphélie de cette planète avec la théorie de ses inégalités séculaires.

La réunion des inégalités produites par l'action de Jupiter avec celles
du mouvement elliptique forme la théorie complète de Saturne, mais
les éléments de son orbite, quoique fort approchés, avaient encore
besoin de légères corrections. J'ai choisi, pour cet objet, vingt-quatre
observations disposées d'une manière avantageuse, et je suis parvenu
aux véritables expressions du rayon vecteur de Saturne et de son
mouvement en longitude et en latitude. On peut, sans erreur sensible, étendre ces formules à plus de deux mille ans dans le passé et
à mille ou douze cents ans dans l'avenir. Leur accord avec un grand
nombre d'oppositions modernes et avec les observations anciennes
prouve à la fois la justesse et la nécessité des grandes équations que
j'ai introduites dans la théorie de Saturne, et que les siècles suivants
rendront de plus en plus sensibles; il fait voir encore le peu d'influence des comètes sur notre système planétaire, puisque Saturne,
à raison de son éloignement du Soleil, en aurait éprouvé des dérangements remarquables si leurs masses étaient comparables à celles
des planètes.

Un résultat intéressant de ces recherches est la détermination du
moyen mouvement sidéral de Saturne et son uniformité. Vingt-quatre
oppositions modernes, comparées deux à deux et respectivement éloignées de deux, de quatre et de six révolutions de Saturne, m'ont donné
ce mouvement égal à $12°12'46'',6$ dans l'intervalle de 365 jours. L'observation la plus ancienne et la meilleure de Saturne que Ptolémée
nous ait transmise et que les Chaldéens firent le 1er mars de l'an 228
avant notre ère conduit, à $\frac{1}{70}$ de seconde près, au même résultat; ainsi
les observations se réunissent avec la théorie de la pesanteur pour
bannir l'équation séculaire de Saturne qui, de toutes les planètes,
avait paru aux astronomes exiger la plus grande équation séculaire.

La théorie de Jupiter, exposée dans la troisième Section et comparée aux observations anciennes et modernes, présente des résultats

semblables et le même accord; la pesanteur universelle est donc la véritable cause des variations observées dans les mouvements de Jupiter et de Saturne. La précision avec laquelle ces deux planètes ont obéi dans tous les temps aux lois que la Géométrie leur assigne en vertu de leur action mutuelle est un des objets les plus curieux du système du monde. Il aurait fallu plusieurs siècles d'observations suivies pour déterminer empiriquement ces inégalités à cause de la longueur de leurs périodes; ainsi, sur ce point, la théorie de la pesanteur a devancé l'observation. Cette confirmation nouvelle d'une loi qui s'accorde admirablement avec tous les phénomènes célestes, et à laquelle les seuls dérangements de Jupiter et de Saturne semblaient faire exception, ne laisse aucun doute sur son existence et sur ses avantages, en sorte que ses résultats doivent obtenir la même confiance que les observations les plus précises.

Il restait cependant encore un phénomène céleste, l'accélération du moyen mouvement de la Lune que l'on n'avait pu, jusqu'ici, ramener aux lois de la pesanteur : les géomètres qui s'en étaient occupés avaient conclu de leurs recherches qu'il ne peut être produit par la gravitation universelle, et, pour l'expliquer, on avait eu recours à différentes hypothèses, telles que la résistance de l'éther, la transmission successive de la gravité, l'action des comètes, etc. Mais, après diverses tentatives, je suis enfin parvenu à découvrir la véritable cause de ce phénomène. J'ai trouvé que l'équation séculaire de la Lune résulte de l'action du Soleil sur ce satellite, combinée avec la variation de l'excentricité de l'orbite terrestre. Elle est périodique et dépend des mêmes arguments que le carré de cette excentricité : quand celle-ci diminue, comme cela a lieu constamment depuis les observations les plus anciennes jusqu'à nous, cette équation accélère le moyen mouvement de la Lune; elle le ralentit quand l'excentricité vient à croître. Cette théorie s'accorde aussi exactement qu'on peut le désirer avec les observations les plus anciennes, et, par là, elle complète le système de la pesanteur universelle dont tous les phénomènes célestes, sans exception, concourent maintenant à démontrer la vérité.

SECTION PREMIÈRE.

THÉORIE ANALYTIQUE DES PERTURBATIONS DE JUPITER ET DE SATURNE.

1.

Équations générales des mouvements de Jupiter et de Saturne.

Soient x, y, z les coordonnées rectangles de Jupiter, rapportées au centre du Soleil; soit m la masse de cette planète, celle du Soleil étant prise pour unité; soient x', y', z' les coordonnées de Saturne et m' sa masse; soit de plus

$$r = \sqrt{x^2 + y^2 + z^2},$$

$$r' = \sqrt{x'^2 + y'^2 + z'^2},$$

$$\lambda = \frac{1}{\sqrt{(x'-x)^2 + (y'-y)^2 + (z'-z)^2}}.$$

L'action du Soleil sur Jupiter, décomposée parallèlement à l'axe des x et dirigée vers l'origine sera $\frac{x}{r^3}$; l'action de Saturne sur Jupiter, décomposée parallèlement au même axe et dirigée dans le même sens que la première, sera $m'(x-x')\lambda^3$ ou $-m'\frac{\partial\lambda}{\partial x}$. Ces deux actions réunies solliciteront donc Jupiter parallèlement à l'axe des x et vers l'origine des coordonnées avec une force égale à $\frac{x}{r^3} - m'\frac{\partial\lambda}{\partial x}$. Mais, comme dans la théorie des planètes on suppose le Soleil immobile, il faut transporter en sens contraire à chacune d'elles les forces dont il est animé; or, cet astre, en vertu des actions réunies de Jupiter et de Saturne, est sollicité parallèlement à l'axe des x et en sens contraire de leur origine par une force égale à $\frac{m\,x}{r^3} + \frac{m'x'}{r'^3}$; ainsi Jupiter, dans son mouvement relatif autour du Soleil, est sollicité vers cet astre par une force parallèle à l'axe des x et égale à

$$\frac{(1+m)x}{r^3} + \frac{m'x'}{r'^3} - m'\frac{\partial\lambda}{\partial x}.$$

Si l'on change successivement, dans cette expression, x et x' dans y et y', et dans z et z', on aura les forces qui sollicitent Jupiter parallèlement aux axes des y et des z, et vers l'origine des coordonnées; en nommant donc dt l'élément du temps et en le supposant constant, les principes connus de Dynamique donneront les trois équations différentielles suivantes :

$$(\text{A})\quad\begin{cases} 0 = \dfrac{d^2 x}{dt^2} + \dfrac{(1+m)x}{r^3} - \dfrac{m'x'}{r'^3} - m'\dfrac{\partial\lambda}{\partial x}, \\[2mm] 0 = \dfrac{d^2 y}{dt^2} + \dfrac{(1+m)y}{r^3} + \dfrac{m'y'}{r'^3} - m'\dfrac{\partial\lambda}{\partial y}, \\[2mm] 0 = \dfrac{d^2 z}{dt^2} + \dfrac{(1+m)z}{r^3} + \dfrac{m'z'}{r'^3} - m'\dfrac{\partial\lambda}{\partial z}. \end{cases}$$

La considération du mouvement de Saturne autour du Soleil donnera pareillement les trois équations suivantes :

$$(\text{B})\quad\begin{cases} 0 = \dfrac{d^2 x'}{dt^2} + \dfrac{(1+m')x'}{r'^3} + \dfrac{mx}{r^3} - m\dfrac{\partial\lambda}{\partial x'}, \\[2mm] 0 = \dfrac{d^2 y'}{dt^2} + \dfrac{(1+m')y'}{r'^3} + \dfrac{my}{r^3} - m\dfrac{\partial\lambda}{\partial y'}, \\[2mm] 0 = \dfrac{d^2 z'}{dt^2} + \dfrac{(1+m')z'}{r'^3} + \dfrac{mz}{r^3} - m\dfrac{\partial\lambda}{\partial z'}. \end{cases}$$

C'est de l'intégration de ces six équations différentielles que dépend toute la théorie des mouvements de Jupiter et de Saturne.

II.

On peut facilement en obtenir quatre intégrales premières de la manière suivante.

On multipliera la première de ces équations par

$$2m\,dx - \frac{2m(m\,dx + m'\,dx')}{1+m+m'},$$

la deuxième par

$$2m\,dy - \frac{2m(m\,dy + m'\,dy')}{1+m+m'},$$

la troisième par

$$2\,m\,dz - \frac{2\,m\,(m\,dz + m'\,dz')}{1 + m + m'},$$

la quatrième par

$$2\,m'\,dx' - \frac{2\,m'\,(m\,dx + m'\,dx')}{1 + m + m'},$$

la cinquième par

$$2\,m'\,dy' - \frac{2\,m'\,(m\,dy + m'\,dy')}{1 + m + m'},$$

enfin la sixième par

$$2\,m'\,dz' - \frac{2\,m'\,(m\,dz + m'\,dz')}{1 + m + m'};$$

en ajoutant ensuite toutes ces équations et en observant que l'on a

$$0 = \frac{\partial\lambda}{\partial x} + \frac{\partial\lambda}{\partial x'},$$

$$0 = \frac{\partial\lambda}{\partial y} + \frac{\partial\lambda}{\partial y'},$$

$$0 = \frac{\partial\lambda}{\partial z} + \frac{\partial\lambda}{\partial z'},$$

on formera l'équation suivante :

$$0 = \frac{2\,m\,(dx\,d^2x + dy\,d^2y + dz\,d^2z)}{dt^2}$$

$$+ \frac{2\,m'\,(dx'\,d^2x' + dy'\,d^2y' + dz'\,d^2z')}{dt^2}$$

$$- \frac{2\,(m\,dx + m'\,dx')}{1 + m + m'}\;\frac{m\,d^2x + m'\,d^2x'}{dt^2}$$

$$- \frac{2\,(m\,dy + m'\,dy')}{1 + m + m'}\;\frac{m\,d^2y + m'\,d^2y'}{dt^2}$$

$$- \frac{2\,(m\,dz + m'\,dz')}{1 + m + m'}\;\frac{m\,d^2z + m'\,d^2z'}{dt^2}$$

$$+ 2\left(\frac{m\,dr}{r^2} + \frac{m'\,dr'}{r'^2}\right) - 2\,mm'\,d\lambda.$$

Cette équation donne, en l'intégrant,

$$(1)\quad\left\{\begin{array}{l} 0 = f + \dfrac{m(dx^2 + dy^2 + dz^2)}{dt^2} + \dfrac{m'(dx'^2 + dy'^2 + dz'^2)}{dt^2} \\[2ex] \quad - \dfrac{(m\,dx + m'\,dx')^2 + (m\,dy + m'\,dy')^2 + (m\,dz + m'\,dz')^2}{(1 + m + m')\,dt^2} \\[2ex] \quad - 2\left(\dfrac{m}{r} + \dfrac{m'}{r'}\right) - 2mm'\lambda, \end{array}\right.$$

f étant une constante arbitraire.

Si l'on multiplie encore la première des équations différentielles de l'article précédent par

$$- my + \frac{m(my + m'y')}{1 + m + m'},$$

la seconde par

$$mx - \frac{m(mx + m'x')}{1 + m + m'},$$

la quatrième par

$$- m'y' + \frac{m'(my + m'y')}{1 + m + m'},$$

et la cinquième par

$$m'x' - \frac{m'(mx + m'x')}{1 + m + m'},$$

si l'on ajoute ensuite ces équations, en observant que l'on a

$$0 = x\frac{\partial\lambda}{\partial y} - y\frac{\partial\lambda}{\partial x} + x'\frac{\partial\lambda}{\partial y'} - y'\frac{\partial\lambda}{\partial x'},$$

$$0 = \frac{\partial\lambda}{\partial x} + \frac{\partial\lambda}{\partial x'}, \qquad 0 = \frac{\partial\lambda}{\partial y} + \frac{\partial\lambda'}{\partial y'},$$

on aura

$$0 = \frac{m(x\,d^2y - y\,d^2x)}{dt^2} + \frac{m'(x'\,d^2y' - y'\,d^2x')}{dt^2}$$

$$- \frac{mx + m'x'}{1 + m + m'}\,\frac{m\,d^2y + m'\,d^2y'}{dt^2}$$

$$+ \frac{my + m'y'}{1 + m + m'}\,\frac{m\,d^2x + m'\,d^2x'}{dt^2},$$

équation dont l'intégrale est

$$
(2)\quad
\left\{
\begin{aligned}
c ={}& \frac{m(x\,dy - y\,dx)}{dt} + \frac{m'(x'\,dy' - y'\,dx')}{dt}\\[4pt]
&- \frac{mx + m'x'}{1 + m + m'}\,\frac{m\,dy + m'\,dy'}{dt}\\[4pt]
&+ \frac{my + m'y'}{1 + m + m'}\,\frac{m\,dx + m'\,dx'}{dt},
\end{aligned}
\right.
$$

c étant une constante arbitraire.

Si l'on change dans cette intégrale y en z, on aura

$$
(3)\quad
\left\{
\begin{aligned}
c' ={}& \frac{m(x\,dz - z\,dx)}{dt} + \frac{m'(x'\,dz' - z'\,dx')}{dt}\\[4pt]
&- \frac{mx + m'x'}{1 + m + m'}\,\frac{m\,dz + m'\,dz'}{dt}\\[4pt]
&+ \frac{mz + m'z'}{1 + m + m'}\,\frac{m\,dx + m'\,dx'}{dt},
\end{aligned}
\right.
$$

c' étant une nouvelle arbitraire.

Enfin si, dans cette dernière intégrale, on change x en y, on aura

$$
(4)\quad
\left\{
\begin{aligned}
c'' ={}& \frac{m(y\,dz - z\,dy)}{dt} + \frac{m'(y'\,dz' - z'\,dy')}{dt}\\[4pt]
&- \frac{my + m'y'}{1 + m + m'}\,\frac{m\,dz + m'\,dz'}{dt}\\[4pt]
&+ \frac{mz + m'z'}{1 + m + m'}\,\frac{m\,dy + m'\,dy'}{dt},
\end{aligned}
\right.
$$

c'' étant une arbitraire.

III.

Les quatre intégrales précédentes sont les seules que l'on peut obtenir dans l'état actuel de l'Analyse; elles sont insuffisantes pour déterminer le mouvement des deux planètes m et m', mais elles donnent, entre les variations séculaires des éléments de leurs orbites, des rapports intéressants que nous allons déterminer.

Pour cela, nous observerons que les masses m et m' étant fort petites, on peut, à chaque révolution, considérer les orbites de Jupiter et de Saturne comme étant à très peu près elliptiques; mais l'action mutuelle de ces deux planètes change la nature et la position de leurs ellipses, par des nuances insensibles dans un court intervalle, et que la suite des temps rend très remarquables. Ces ellipses, dans leurs variations, conservent entre elles des rapports constants qui résultent des intégrales précédentes. Soient a le demi grand axe de l'ellipse de m; ea son excentricité; θ la tangente de l'inclinaison du plan de cette ellipse sur le plan des x et des y; I l'angle que fait l'intersection de ces deux plans avec l'axe des x. Soient, de plus,

$$\theta \sin I = p, \qquad \theta \cos I = q;$$

on aura, par la nature du mouvement elliptique et en négligeant m vis-à-vis de l'unité,

$$\frac{dx^2 + dy^2 + dz^2}{dt^2} - \frac{2}{r} = -\frac{1}{a},$$

$$\frac{x\,dy - y\,dx}{dt} = \sqrt{\frac{a(1 - e^2)}{1 + \theta^2}},$$

$$\frac{x\,dz - z\,dx}{dt} = q\sqrt{\frac{a(1 - e^2)}{1 + \theta^2}},$$

$$\frac{y\,dz - z\,dy}{dt} = p\sqrt{\frac{a(1 - e^2)}{1 + \theta^2}}.$$

Si l'on marque d'un trait les lettres a, e, θ, p, q, pour avoir celles qui sont relatives à m', ces équations subsisteront encore en accentuant les lettres qu'elles renferment. Cela posé, si l'on substitue les valeurs de leurs premiers membres dans les intégrales (1), (2), (3) et (4); si l'on néglige ensuite les quantités constantes ou périodiques de l'ordre m^2, on aura, entre les éléments des ellipses des deux planètes, les quatre équations suivantes :

$$(\text{C}) \quad \begin{cases} f = \dfrac{m}{a} + \dfrac{m'}{a'}, \\[2ex] c = m\sqrt{\dfrac{a(1-e^2)}{1+\theta^2}} + m'\sqrt{\dfrac{a'(1-e'^2)}{1+\theta'^2}}, \\[2ex] c' = mq\sqrt{\dfrac{a(1-e^2)}{1+\theta^2}} + m'q'\sqrt{\dfrac{a'(1-e'^2)}{1+\theta'^2}}, \\[2ex] c'' = mp\sqrt{\dfrac{a(1-e^2)}{1+\theta^2}} + m'p'\sqrt{\dfrac{a'(1-e'^2)}{1+\theta'^2}}. \end{cases}$$

Ainsi, en supposant que, par l'action mutuelle des deux planètes, les éléments a, a', e, e', θ, θ', p, p', q, q' subissent des variations très sensibles dans la suite des siècles, ces éléments doivent toujours satisfaire aux quatre équations précédentes, dans lesquelles les constantes f, c, c', c'' sont invariables.

Dans le cas où le système renfermerait encore les planètes m'', m''', ..., il est aisé de voir que ces équations subsisteraient toujours en ajoutant à leurs seconds membres des termes semblables à ceux qu'ils renferment et relatifs à chaque nouvelle planète.

IV.

Reprenons les équations (A) de l'article I. Si l'on multiplie la première par dx, la seconde par dy, la troisième par dz, et qu'on les ajoute ; si l'on fait ensuite

$$\mathrm{R} = \frac{xx' + yy' + zz'}{r'^3} - \lambda,$$

on aura

$$0 = \frac{dx\,d^2x + dy\,d^2y + dz\,d^2z}{dt^2} + (1+m)\frac{dr}{r^2} + m'\,d\mathrm{R},$$

la caractéristique différentielle d ne se rapportant qu'aux coordonnées x, y, z de la planète m. On aura donc, en intégrant,

$$(a) \qquad 0 = \frac{dx^2 + dy^2 + dz^2}{dt^2} - \frac{2(1+m)}{r} + \frac{1+m}{a} + 2m'\int d\mathrm{R}.$$

Si l'on multiplie pareillement la première des équations (A) par x, la seconde par y, la troisième par z, et que l'on ajoute leur somme à l'équation (a), on aura

$$0 = \frac{x\,d^2x + y\,d^2y + z\,d^2z + dx^2 + dy^2 + dz^2}{dt^2} - \frac{1+m}{r} + \frac{1+m}{a}$$
$$+ 2m'\int dR + m'\left(x\frac{\partial R}{\partial x} + y\frac{\partial R}{\partial y} + z\frac{\partial R}{\partial z}\right)$$

ou, ce qui revient au même,

$$0 = \frac{d^2r^2}{dt^2} - \frac{2(1+m)}{r} + \frac{2(1+m)}{a} + 4m'\int dR + 2m'\left(x\frac{\partial R}{\partial x} + y\frac{\partial R}{\partial y} + z\frac{\partial R}{\partial z}\right).$$

L'intégrale de cette équation donnera la valeur de r, dans la supposition du mouvement elliptique, en y faisant $m' = 0$. Supposons que l'action de m' augmente cette valeur de la quantité $m'\delta r$, on changera dans l'équation précédente r dans $r+m'\delta r$, r étant ici le rayon vecteur dans l'hypothèse du mouvement elliptique; en développant ensuite les différents termes de cette équation par rapport aux puissances de m', les termes indépendants de m' se détruiront d'eux-mêmes par la nature du mouvement elliptique; et, si l'on néglige, comme nous le ferons toujours dans la suite, les carrés et les produits des masses perturbatrices, on aura, pour déterminer δr, l'équation différentielle

$$(b) \qquad 0 = \frac{d^2(r\,\delta r)}{dt^2} + \frac{r\,\delta r}{r^3} + 2\int dR + x\frac{\partial R}{\partial x} + y\frac{\partial R}{\partial y} + z\frac{\partial R}{\partial z},$$

les valeurs de r, x, y, z, r', x', y', z' étant relatives au mouvement elliptique des planètes m et m'.

Maintenant, les équations (A) de l'article I donnent, en y supposant m et m' nuls,

$$0 = \frac{d^2x}{dt^2} + \frac{x}{r^3}, \qquad 0 = \frac{d^2y}{dt^2} + \frac{y}{r^3};$$

si l'on multiplie la première de ces deux équations par $r\,\delta r$, et qu'on l'ajoute à l'équation différentielle en δr, multipliée par $-x$, on aura

$$0 = \frac{r\,\delta r\,d^2 x - x\,d^2(r\,\delta r)}{dt^2} - 2x\int dR - x\left(x\frac{\partial R}{\partial x} + y\frac{\partial R}{\partial y} + z\frac{\partial R}{\partial z}\right);$$

d'où l'on tire, en intégrant,

$$0 = \frac{r\,\delta r\,dx - x\,d(r\,\delta r)}{dt} - 2\int x\,dt\int dR - \int x\,dt\left(x\frac{\partial R}{\partial x} + y\frac{\partial R}{\partial y} + z\frac{\partial R}{\partial z}\right).$$

En changeant x en y, et réciproquement, dans cette intégrale, on aura la suivante :

$$0 = \frac{r\,\delta r\,dy - y\,d(r\,\delta r)}{dt} - 2\int y\,dt\int dR - \int y\,dt\left(x\frac{\partial R}{\partial x} + y\frac{\partial R}{\partial y} + z\frac{\partial R}{\partial z}\right).$$

En ajoutant la première de ces intégrales, multipliée par y, à la seconde, multipliée par $-x$, on aura

$$r\,\delta r\frac{x\,dy - y\,dx}{dt} = 2x\int y\,dt\int dR + x\int y\,dt\left(x\frac{\partial R}{\partial x} + y\frac{\partial R}{\partial y} + z\frac{\partial R}{\partial z}\right)$$
$$- 2y\int x\,dt\int dR - y\int x\,dt\left(x\frac{\partial R}{\partial x} + y\frac{\partial R}{\partial y} + z\frac{\partial R}{\partial z}\right);$$

mais on a, dans l'hypothèse elliptique,

$$\frac{x\,dy - y\,dx}{dt} = \sqrt{\frac{a(1 - e^2)}{1 + \theta^2}};$$

et, si l'on nomme nt le moyen mouvement sidéral de m, on a

$$n^2 = \frac{1}{a^3}.$$

On aura donc

$$(5)\quad \frac{\delta r}{a} = \frac{\left\{\begin{array}{l} 2x\int n\,dt\,y\int dR + x\int n\,dt\,y\left(x\dfrac{\partial R}{\partial x} + y\dfrac{\partial R}{\partial y} + z\dfrac{\partial R}{\partial z}\right) \\[2mm] -2y\int n\,dt\,x\int dR - y\int n\,dt\,x\left(x\dfrac{\partial R}{\partial x} + y\dfrac{\partial R}{\partial y} + z\dfrac{\partial R}{\partial z}\right) \end{array}\right\}}{r\sqrt{\dfrac{1 - e^2}{1 + \theta^2}}}.$$

Cette expression de $\dfrac{\delta r}{a}$ ne dépend que des quadratures des courbes, puisque les quantités r, x, y, z, r', x', y', z' qu'elle renferme étant relatives au mouvement elliptique de m et de m', elles sont données par la nature de ce mouvement en fonctions du temps t.

V.

Les équations (A) de l'article I, multipliées respectivement par x, y, z et ajoutées ensemble, donnent

$$0 = \frac{x\,d^2x + y\,d^2y + z\,d^2z}{dt^2} + \frac{1+m}{r} + m'\left(x\frac{\partial R}{\partial x} + y\frac{\partial R}{\partial y} + z\frac{\partial R}{\partial z}\right);$$

or on a

$$x\,d^2x + y\,d^2y + z\,d^2z = \tfrac{1}{2}\,d^2r^2 - (dx^2 + dy^2 + dz^2);$$

et, si l'on nomme dv l'angle infiniment petit intercepté entre les deux rayons vecteurs r et $r + dr$, on aura

$$dx^2 + dy^2 + dz^2 = dr^2 + r^2\,dv^2.$$

On aura donc

$$x\,d^2x + y\,d^2y + z\,d^2z = r\,d^2r - r^2\,dv^2,$$

partant

$$0 = \frac{r\,d^2r - r^2\,dv^2}{dt^2} + \frac{1+m}{r} + m'\left(x\frac{\partial R}{\partial x} + y\frac{\partial R}{\partial y} + z\frac{\partial R}{\partial z}\right).$$

Supposons que l'action de m' augmente la valeur de v de la quantité $m'\,\delta v$, en sorte que l'on ait $v = v + m'\,\delta v$, la quantité v dans le second membre de cette équation étant relative au mouvement elliptique; si, dans l'équation différentielle en r, on substitue cette valeur de v, et au lieu de r, $r + m'\,\delta r$, les termes indépendants de m' se détruiront d'eux-mêmes par la nature du mouvement elliptique, et la comparaison des termes multipliés par m' donnera

$$0 = \frac{r\,d^2\delta r + \delta r\,d^2r - 2r\,\delta r\,dv^2 - 2r^2\,dv\,d\delta v}{dt^2} - \frac{\delta r}{r^2} + x\frac{\partial R}{\partial x} + y\frac{\partial R}{\partial y} + z\frac{\partial R}{\partial z};$$

or on a, par la théorie du mouvement elliptique,

$$r^2\,dv = dt\sqrt{a(1 - e^2)},$$

et l'équation différentielle précédente en r donne, dans la supposition de m et de m' nuls,

$$\frac{r\,dv^2}{dt^2} = \frac{d^2 r}{dt^2} + \frac{1}{r^2}.$$

On aura donc

$$0 = \frac{r\,d^2\delta r - \delta r\,d^2 r}{dt^2} - \frac{3\,\delta r}{r^3} - \frac{2\,d\delta v}{dt}\sqrt{a(1-e^2)} + x\frac{\partial R}{\partial x} + y\frac{\partial R}{\partial y} + z\frac{\partial R}{\partial z}.$$

Si l'on substitue dans cette équation, au lieu de $r\,\delta r$, sa valeur tirée de l'équation (b) de l'article précédent, on aura

$$\frac{2\,d\delta v}{dt}\sqrt{a(1-e^2)}$$
$$= \frac{d(r\,d\delta r - \delta r\,dr)}{dt^2} + \frac{3\,d^2(r\,\delta r)}{dt^2} + 6\int dR + 4\left(x\frac{\partial R}{\partial x} + y\frac{\partial R}{\partial y} + z\frac{\partial R}{\partial z}\right);$$

d'où l'on tire, en intégrant et en substituant $\frac{1}{n}$ au lieu de $a^{\frac{3}{2}}$,

$$(6)\qquad \delta v = \frac{\dfrac{2\,r\,d\delta r + \delta r\,dr}{a^2 n\,dt} + 3a\int n\,dt\int dR + 2a\int n\,dt\left(x\dfrac{\partial R}{\partial x} + y\dfrac{\partial R}{\partial y} + z\dfrac{\partial R}{\partial z}\right)}{\sqrt{1-e^2}}.$$

VI.

Si l'on multiplie la première des équations (A) de l'article I par $-y$, et qu'on l'ajoute à la seconde multipliée par x, on aura

$$0 = \frac{x\,d^2 y - y\,d^2 x}{dt^2} + m'\left(x\frac{\partial R}{\partial y} - y\frac{\partial R}{\partial x}\right),$$

ce qui donne, en intégrant,

$$\frac{x\,dy - y\,dx}{dt} = c + m'\int dt\left(y\frac{\partial R}{\partial x} - x\frac{\partial R}{\partial y}\right),$$

c étant une constante arbitraire. On aura pareillement les deux intégrales

$$\frac{x\,dz - z\,dx}{dt} = c' + m'\int dt\left(z\frac{\partial R}{\partial x} - x\frac{\partial R}{\partial z}\right),$$
$$\frac{y\,dz - z\,dy}{dt} = c'' + m'\int dt\left(z\frac{\partial R}{\partial y} - y\frac{\partial R}{\partial z}\right),$$

c' et c'' étant deux arbitraires. En multipliant la première de ces deux intégrales par y, et en l'ajoutant à la seconde multipliée par $- x$, on aura

$$z\frac{x\,dy - y\,dx}{dt} = c'y - c''x + m'y \int dt \left(z\frac{\partial \mathrm{R}}{\partial x} - x\frac{\partial \mathrm{R}}{\partial z} \right)$$
$$- m'x \int dt \left(z\frac{\partial \mathrm{R}}{\partial y} - y\frac{\partial \mathrm{R}}{\partial z} \right);$$

on aura donc, en substituant au lieu de $\dfrac{x\,dy - y\,dx}{dt}$ sa valeur, et en négligeant les quantités de l'ordre m^2,

$$z = \frac{c'y - c''x}{c} - \frac{m'(c'y - c''x)}{c^2} \int dt \left(y\frac{\partial \mathrm{R}}{\partial x} - x\frac{\partial \mathrm{R}}{\partial y} \right)$$
$$+ \frac{m'y}{c} \int dt \left(z\frac{\partial \mathrm{R}}{\partial x} - x\frac{\partial \mathrm{R}}{\partial z} \right)$$
$$- \frac{m'x}{c} \int dt \left(z\frac{\partial \mathrm{R}}{\partial y} - y\frac{\partial \mathrm{R}}{\partial z} \right).$$

L'équation $z = \dfrac{c'y - c''x}{c}$ est celle d'un plan fixe que nous pouvons considérer comme le plan de l'orbite primitive de m; en supposant donc que la planète ne quitte point ce plan, on aura

$$z = \frac{c'y - c''x}{c};$$

mais, comme le plan de l'orbite est variable, nous ferons

$$z = \frac{c'y - c''x}{c} + m'\delta z.$$

La tangente de la latitude de m sera $\dfrac{z + m'\delta z}{\sqrt{x^2 + y^2}}$, et par conséquent l'accroissement de cette tangente, dû à ce que la planète quitte le plan de l'orbite primitive, sera $\dfrac{m'\delta z}{\sqrt{x^2 + y^2}}$. Si l'on nomme s le sinus de la latitude de m, dans la supposition où cette planète resterait sur le plan de l'orbite primitive, et $m'\delta s$ l'accroissement de s, dû à ce qu'elle quitte ce plan, on aura

$$\frac{m'\,\delta z}{\sqrt{x^2+y^2}} = \frac{m'\,\delta s}{(1-s^2)^{\frac{3}{2}}};$$

mais on a

$$\sqrt{x^2+y^2} = r\sqrt{1-s^2},$$

partant

$$m'\,\delta z = \frac{m'\,r\,\delta s}{1-s^2}.$$

Cela posé, si dans l'expression précédente de z on substitue, au lieu de z,

$$\frac{c'y - c''x}{c} + m'\,\delta z \quad \text{ou} \quad \frac{c'y - c''x}{c} + \frac{m'\,r\,\delta s}{1-s^2};$$

si l'on observe ensuite que l'on a, par l'article III,

$$c = \frac{\sqrt{a(1-e^2)}}{\sqrt{1+b^2}},$$

on trouvera

$$(7)\quad
\left\{
\begin{aligned}
\delta s ={}& \frac{as(1-s^2)\sqrt{1+b^2}}{\sqrt{1-e^2}} \int n\,dt \left(x\frac{\partial R}{\partial y} - y\frac{\partial R}{\partial x} \right) \\
&+ \frac{ay(1-s^2)\sqrt{1+b^2}}{r\sqrt{1-e^2}} \int n\,dt \left(z\frac{\partial R}{\partial x} - x\frac{\partial R}{\partial z} \right) \\
&- \frac{ax(1-s^2)\sqrt{1+b^2}}{r\sqrt{1-e^2}} \int n\,dt \left(z\frac{\partial R}{\partial y} - y\frac{\partial R}{\partial z} \right),
\end{aligned}
\right.$$

les valeurs de r, x, y, z, x', y', z' étant relatives au mouvement elliptique des planètes m et m'.

VII.

Des perturbations de Jupiter et de Saturne, en portant l'approximation jusqu'aux premières puissances des excentricités et des inclinaisons des orbites.

Les formules (5), (6), (7) suffisent pour déterminer le mouvement de la planète m. Elles peuvent être employées avec avantage dans la recherche des perturbations des comètes par l'action des planètes.

Le calcul des altérations qu'éprouvent leurs rayons vecteurs et leurs mouvements en longitude et en latitude se trouve ainsi réduit à des quadratures que l'on peut toujours obtenir par les méthodes connues d'interpolation ; mais, dans la théorie des planètes, la considération des orbites peu excentriques et peu inclinées les unes aux autres peut conduire à des expressions analytiques de ces perturbations et faire connaître la nature des orbites qu'elles décrivent, par des équations fort approchées qui embrassent les siècles passés et à venir.

Pour avoir ces équations, nous reprendrons les formules (5) et (6) des articles IV et V. Si l'on prend pour le plan fixe des x et des y celui de l'orbite primitive de m, et que l'on nomme v l'angle formé par le rayon r et par l'axe des x, on aura

$$x = r \cos v, \qquad y = r \sin v, \qquad z = 0, \qquad \theta = 0.$$

Si l'on nomme ensuite v' l'angle que la projection de r' sur le plan fixe fait avec l'axe des x, et s' le sinus de la latitude héliocentrique de m au-dessus de ce plan, on aura

$$x' = r' \sqrt{1 - s'^2} \cos v',$$
$$y' = r' \sqrt{1 - s'^2} \sin v',$$
$$z' = r' s';$$

on aura ainsi

$$R = \frac{r \sqrt{1 - s'^2}}{r'^2} \cos(v' - v) - \frac{1}{\sqrt{r^2 - 2 r r' \sqrt{1 - s'^2} \cos(v' - v) + r'^2}},$$

$$x \frac{\partial R}{\partial x} + y \frac{\partial R}{\partial y} + z \frac{\partial R}{\partial z} = r \frac{\partial R}{\partial r},$$

et les formules (5) et (6) deviendront

$$(8) \qquad \frac{\partial r}{a} = \frac{\left\{ \begin{array}{l} 2 \cos v \int n\, dt\, r \sin v \int dR + \cos v \int n\, dt\, r^2 \sin v \frac{\partial R}{\partial r} \\[6pt] - 2 \sin v \int n\, dt\, r \cos v \int dR - \sin v \int n\, dt\, r^2 \cos v \frac{\partial R}{\partial r} \end{array} \right\}}{\sqrt{1 - e^2}},$$

$$(9) \qquad \partial v = \frac{1}{\sqrt{1 - e^2}} \cdot \frac{2 r\, d\partial r + \partial r\, dr}{a^2 n\, dt} + 3a \int n\, dt \int dR - 2a \int n\, dt\, r \frac{\partial R}{\partial r}.$$

Le calcul de la valeur approchée de δr sera plus simple si, au lieu de la formule (8), on emploie l'équation différentielle (b) de l'article IV, qui, à cause de $n^2 a^3 = 1$, peut être mise sous cette forme

$$(10) \qquad 0 = \frac{d^2(r\,\delta r)}{dt^2} + \frac{n^2 a^3}{r^3}\, r\, \delta r + 2\int dR + r\frac{dR}{dr}.$$

Nous considérerons ainsi les équations (9) et (10), et nous négligerons d'abord les carrés et les puissances supérieures des excentricités et des inclinaisons des orbites.

VIII.

Dans ce cas, la valeur de R devient

$$R = \frac{r\cos(v'-v)}{r'^2} - \frac{1}{\sqrt{r^2 - 2\,rr'\cos(v'-v) + r'^2}}.$$

Pour développer cette fonction en série, nous observerons que, si l'on nomme $nt + \varepsilon$ la longitude moyenne de m comptée de l'axe des x; $n't + \varepsilon'$ celle de m'; ϖ la longitude de l'aphélie de m, et ϖ' celle de l'aphélie de m', on a, par la nature du mouvement elliptique,

$$r = a[1 + e\cos(nt + \varepsilon - \varpi)],$$
$$v = nt + \varepsilon - 2e\sin(nt + \varepsilon - \varpi),$$
$$r' = a'[1 + e'\cos(n't + \varepsilon' - \varpi')],$$
$$v' = n't + \varepsilon' - 2e'\sin(n't + \varepsilon' - \varpi').$$

Soient

$$h = e\sin\varpi, \qquad l = e\cos\varpi,$$
$$h' = e'\sin\varpi', \qquad l' = e'\cos\varpi'.$$

On aura

$$r = a[1 + h\sin(nt + \varepsilon) + l\cos(nt + \varepsilon)],$$
$$v = nt + \varepsilon + 2h\cos(nt + \varepsilon) - 2l\sin(nt + \varepsilon),$$
$$r' = a'[1 + h'\sin(n't + \varepsilon') + l'\cos(n't + \varepsilon')],$$
$$v' = n't + \varepsilon' + 2h'\cos(n't + \varepsilon') - 2l'\sin(n't + \varepsilon').$$

Maintenant on a, par la théorie des suites,

$$R = S + a\,[h\,\sin(nt+\varepsilon) + l\,\cos(nt+\varepsilon)]\frac{\partial R}{\partial r}$$

$$+ a'[h'\sin(n't+\varepsilon') + l'\cos(n't+\varepsilon')]\frac{\partial R}{\partial r'}$$

$$+ [2h\,\cos(nt+\varepsilon) - 2l\,\sin(nt+\varepsilon)]\frac{\partial R}{\partial v}$$

$$+ [2h'\cos(n't+\varepsilon') - 2l'\sin(n't+\varepsilon')]\frac{\partial R}{\partial v'},$$

en ayant soin de changer, dans le second membre de cette équation, r en a, r' en a', v dans $nt+\varepsilon$, et v' dans $n't+\varepsilon'$, l'expression S étant ce que devient R dans ces suppositions, en sorte que l'on a

$$S = \frac{a}{a'^2}\cos(n't - nt + \varepsilon' - \varepsilon) - \frac{1}{\sqrt{a^2 - 2aa'\cos(n't - nt + \varepsilon' - \varepsilon) + a'^2}}.$$

Supposons que, en développant cette fonction dans une suite ordonnée par rapport aux cosinus de l'angle $n't - nt + \varepsilon' - \varepsilon$ et de ses multiples, on ait

$$S = \tfrac{1}{2}A^{(0)} + A^{(1)}\cos(n't - nt + \varepsilon' - \varepsilon) + A^{(2)}\cos 2(n't - nt + \varepsilon' - \varepsilon) + \ldots$$

On pourra mettre cette expression sous la forme suivante :

$$S = \tfrac{1}{2}\Sigma A^{(i)}\cos i(n't - nt + \varepsilon' - \varepsilon),$$

dans laquelle Σ est le signe intégral des différences finies qui, dans ce cas, se rapporte à la variable i, et qui embrasse toutes ses valeurs entières, depuis $i = -\infty$ jusqu'à $i = \infty$. On doit observer que $A^{(-i)}$ est égal à $A^{(i)}$, et qu'il suffit, par conséquent, de connaître les valeurs de $A^{(i)}$ relatives à i positif.

Il est visible, par la nature de R, que l'on a

$$r\frac{\partial R}{\partial r} = a\frac{\partial R}{\partial a};$$

de plus, cette quantité étant une fonction homogène en r et r' de la dimension -1, on a

$$r\frac{\partial R}{\partial r} + r'\frac{\partial R}{\partial r'} = -R;$$

d'ailleurs, R étant fonction de $v' - v$, on a

$$\frac{\partial R}{\partial v'} = - \frac{\partial R}{\partial v};$$

et si dans $\frac{\partial R}{\partial v}$ on change r en a, r' en a', v dans $nt + \varepsilon$, et v' dans $n't + \varepsilon'$, on aura

$$\frac{\partial R}{\partial v} = \frac{1}{n - n'} \frac{\partial S}{\partial t}.$$

On aura, cela posé,

$$R = S + a\frac{\partial S}{\partial a}[h\sin(nt + \varepsilon) + l\cos(nt + \varepsilon)]$$
$$- \left(S + a\frac{\partial S}{\partial a}\right)[h'\sin(n't + \varepsilon') + l'\cos(n't + \varepsilon')]$$
$$+ \frac{1}{n - n'} \frac{\partial S}{\partial t}[h\cos(nt + \varepsilon) - l\sin(nt + \varepsilon)$$
$$- h'\cos(n't + \varepsilon') + l'\sin(n't + \varepsilon')].$$

IX.

Supposons maintenant, dans les équations (9) et (10) de l'article VII,

$$\frac{\partial r}{a} = u + u_1, \qquad \partial v = V + V_1,$$

u et V étant les parties de $\frac{\partial r}{a}$ et de ∂v indépendantes des excentricités des orbites, et u_1 et V_1 étant les parties de ces mêmes quantités qui en dépendent. Si, dans ces équations, on compare les termes indépendants des excentricités, on formera les deux suivantes, en observant que $n^2 = \frac{1}{a^3}$,

$$0 = \frac{d^2 u}{dt^2} + n^2 u + 3n^2 g + \frac{1}{2}n^2 a^2 \frac{\partial A^{(0)}}{\partial a}$$
$$+ \frac{n^2}{2}\sum\left(a^2\frac{\partial A^{(i)}}{\partial a} + \frac{2na A^{(i)}}{n - n'}\right)\cos i(n't - nt + \varepsilon' - \varepsilon),$$
$$V = 3gnt + a^2\frac{\partial A^{(0)}}{\partial a}nt + \frac{3\,du}{n\,dt}$$
$$- \frac{n}{2(n - n')}\sum\left(\frac{3n}{n - n'}aA^{(i)} + 2a^2\frac{\partial A^{(i)}}{\partial a}\right)\frac{1}{i}\sin i(n't - nt + \varepsilon' - \varepsilon).$$

Dans ces équations : 1° le signe intégral Σ s'étend à toutes les valeurs entières de i, la seule valeur $i = o$ étant exceptée, parce que nous avons fait sortir hors de ce signe les termes dans lesquels $i = o$; 2° la constante g est une arbitraire ajoutée à l'intégrale $a \int d\mathrm{R}$.

Pour déterminer cette constante, nous supposerons que nt représente le moyen mouvement sidéral de m. Dans ce cas, le terme proportionnel au temps de l'expression de V doit disparaître. Cette condition donne

$$g = - \tfrac{1}{2} a^2 \frac{\partial \mathrm{A}^{(0)}}{\partial a}.$$

Si l'on substitue cette valeur dans l'équation différentielle de u, on aura, après les intégrations,

$$u = \tfrac{1}{2} a^2 \frac{\partial \mathrm{A}^{(0)}}{\partial a} + \frac{n^2}{3} \Sigma \left[\frac{a^2 \dfrac{\partial \mathrm{A}^{(i)}}{\partial a} + \dfrac{2 n a \mathrm{A}^{(i)}}{n - n'}}{i^2 (n - n')^2 - n^2} \cos i(n't - nt + \varepsilon' - \varepsilon) \right];$$

l'expression de V devient ainsi

$$\mathrm{V} = \tfrac{1}{3} \Sigma \left[\frac{n^2}{i(n - n')^2} a \mathrm{A}^{(i)} + \frac{2 n^3 \left(a^2 \dfrac{\partial \mathrm{A}^{(i)}}{\partial a} + \dfrac{2 n a \mathrm{A}^{(i)}}{n - n'} \right)}{i(n - n')[i^2(n - n')^2 - n^2]} \sin i(n't - nt + \varepsilon' - \varepsilon) \right].$$

Le signe Σ s'étend, dans ces expressions, à toutes les valeurs entières, positives et négatives de i, la seule valeur $i = o$ étant exceptée ; on peut ne l'étendre qu'aux seules valeurs positives de i, mais alors il faut doubler les coefficients des sinus et des cosinus renfermés sous ce signe. Je n'ai point ajouté de constantes aux expressions de u et de V, parce que toutes les arbitraires du problème peuvent être censées renfermées dans les parties de r et de v qui dépendent du mouvement elliptique.

Ces valeurs fort simples de u et de V renferment la théorie des inégalités du mouvement des planètes, lorsque l'on n'a égard qu'aux termes indépendants des excentricités et des inclinaisons des orbites, ce qui suffit dans plusieurs cas.

Nous observerons ici que, quand même la série représentée par l'intégrale $\Sigma A^{(i)} \cos i (n't - nt + \varepsilon' - \varepsilon)$ serait peu convergente, les expressions de u et de V le deviendraient par les diviseurs qu'elles acquièrent au moyen des intégrations successives. Cette remarque, due à M. Euler, est d'autant plus importante que, sans cette convergence, il eût été impossible d'exprimer *analytiquement les perturbations réciproques des planètes* dont les rapports des distances au Soleil ne diffèrent pas beaucoup de l'unité.

X.

Considérons présentement les valeurs de u_1 et de V_1. Si l'on fait

$$X = \frac{a}{n - n'} [h \sin(nt + \varepsilon) + l \cos(nt + \varepsilon)] \left(a \frac{\partial^2 S}{\partial a\, \partial t} - 2 \frac{\partial S}{\partial t} \right)$$
$$+ [h \cos(nt + \varepsilon) - l \sin(nt + \varepsilon)] \left(a^2 \frac{\partial S}{\partial a} + \frac{2a}{(n - n')^2} \frac{\partial^2 S}{\partial t^2} \right)$$
$$- \frac{a}{n - n'} [h' \sin(n't + \varepsilon') + l' \cos(n't + \varepsilon')] \left(\frac{\partial S}{\partial t} + a \frac{\partial^2 S}{\partial a\, \partial t} \right)$$
$$- \frac{2a}{(n - n')^2} [h' \cos(n't + \varepsilon') - l' \sin(n't + \varepsilon')] \frac{\partial^2 S}{\partial t^2},$$

$$Y = [h \sin(nt + \varepsilon) + l \cos(nt + \varepsilon)] \left(a^2 \frac{\partial S}{\partial a} + a^3 \frac{\partial^2 S}{\partial a^2} \right)$$
$$- [h' \sin(n't + \varepsilon') + l' \cos(n't + \varepsilon')] \left(2 a^2 \frac{\partial S}{\partial a} + a^3 \frac{\partial^2 S}{\partial a^2} \right)$$
$$+ \frac{2 a^2}{n - n'} \frac{\partial^2 S}{\partial a\, \partial t} [h \cos(nt + \varepsilon) - l \sin(nt + \varepsilon)$$
$$- h' \cos(n't + \varepsilon') + l' \sin(n't + \varepsilon')],$$

la comparaison des termes dépendants des excentricités, dans les équations différentielles (9) et (10) de l'article VII, donnera les deux suivantes :

$$0 = \frac{d^2 u_1}{dt^2} + n^2 u_1 + \left(\frac{d^2 u}{dt^2} - 3 n^2 u \right) [h \sin(nt + \varepsilon) + l \cos(nt + \varepsilon)]$$
$$+ 2 n \frac{du}{dt} [h \cos(nt + \varepsilon) - l \sin(nt + \varepsilon)] + 2 n^2 \int X n\, dt + n^2 Y,$$

$$V_1 = \frac{2 du_1}{n\, dt} + 2 \frac{du}{n\, dt} [h \sin(nt + \varepsilon) + l \cos(nt + \varepsilon)]$$
$$+ u [h \cos(nt + \varepsilon) - l \sin(nt + \varepsilon)] + 3 \iint X n^2\, dt^2 + 2 \int Y n\, dt.$$

Si, dans l'équation différentielle en u, on substitue au lieu de u sa valeur et que, pour simplifier, on fasse

$$B = a^2 \frac{\partial A^{(0)}}{\partial a} + \tfrac{1}{2} a^3 \frac{\partial^2 A^{(0)}}{\partial a^2},$$

$$C = a A^{(1)} - a^2 \frac{\partial A^{(1)}}{\partial a} - \tfrac{1}{2} a^3 \frac{\partial^2 A^{(1)}}{\partial a^2},$$

$$D^{(i)} = - \frac{3n}{n-n'} a A^{(i)} + \frac{i^2(n-n')[n+i(n-n')] - 3n^2}{i^2(n-n')^2 - n^2} \left(\frac{2na A^{(i)}}{n-n'} + a^2 \frac{\partial A^{(i)}}{\partial a} \right)$$
$$+ \tfrac{1}{2} a^3 \frac{\partial^2 A^{(i)}}{\partial a^2},$$

$$E^{(i)} = \frac{(i-1)(2i-1)n}{n - i(n-n')} a A^{(i-1)} + \frac{i^2(n-n') - n}{n - i(n-n')} a^2 \frac{\partial A^{(i-1)}}{\partial a} - \tfrac{1}{2} a^3 \frac{\partial^2 A^{(i-1)}}{\partial a^2},$$

cette équation différentielle donnera, après l'avoir intégrée,

$$u_1 = f \sin(nt + \varepsilon) + f' \cos(nt + \varepsilon)$$
$$+ \tfrac{1}{2}(hB + h'C)nt \cos(nt + \varepsilon) - \tfrac{1}{2}(lB + l'C)nt \sin(nt + \varepsilon)$$
$$+ n^2 \sum \left\{ \frac{hD^{(i)} + h'E^{(i)}}{[n - i(n-n')]^2 - n^2} \sin[i(n't - nt + \varepsilon' - \varepsilon) + nt + \varepsilon] \right.$$
$$\left. + \frac{lD^{(i)} + l'E^{(i)}}{[n - i(n-n')]^2 - n^2} \cos[i(n't - nt + \varepsilon' - \varepsilon) + nt + \varepsilon] \right\}.$$

Le signe intégral Σ s'étend, comme dans les expressions de u et de V, à toutes les valeurs entières positives et négatives de i, la seule valeur $i = 0$ étant exceptée, parce que nous avons fait sortir hors de ce signe les sinus et les cosinus de l'angle dans lequel $i = 0$; f et f' sont deux constantes arbitraires introduites par les intégrations.

Si l'on substitue dans l'expression de V_1, au lieu de u et de u_1, leurs valeurs et que l'on fasse

$$f = h\left(\tfrac{2}{3} a^2 \frac{\partial A^{(0)}}{\partial a} + \tfrac{1}{4} a^3 \frac{\partial^2 A^{(0)}}{\partial a^2} \right) + \frac{h'}{4} \left(a A^{(1)} - a^2 \frac{\partial A^{(1)}}{\partial a} - a^3 \frac{\partial^2 A^{(1)}}{\partial a^2} \right),$$

$$f' = l\left(\tfrac{2}{3} a^2 \frac{\partial A^{(0)}}{\partial a} + \tfrac{1}{4} a^2 \frac{\partial^2 A^{(0)}}{\partial a^2} \right) + \frac{l'}{4} \left(a A^{(1)} - a^2 \frac{\partial A^{(1)}}{\partial a} - a^3 \frac{\partial^2 A^{(1)}}{\partial a^2} \right),$$

$$\mathrm{F}^{(i)} = \frac{(i-1)na\,\mathrm{A}^{(i)}}{n-n'} + \frac{3n^2 - \frac{in}{2}[n + i(n-n')]}{i^2(n-n')^2 - n^2}\left(\frac{2na\,\mathrm{A}^{(i)}}{n-n'} + a^2\frac{\partial\mathrm{A}^{(i)}}{\partial a}\right)$$
$$- \frac{2n^2\mathrm{D}^{(i)}}{[n - i(n-n')]^2 - n^3},$$

$$\mathrm{G}^{(i)} = \frac{(i-1)(2i-1)na\,\mathrm{A}^{(i-1)} - (i-1)na^2\dfrac{\partial\mathrm{A}^{(i-1)}}{\partial a}}{3[n - i(n-n')]} - \frac{2n^2\mathrm{E}^{(i)}}{[n - i(n-n')]^2 - n^2},$$

on aura

$$\mathrm{V}_{\!\prime} = -(h\mathrm{B} + h'\mathrm{C})nt\sin(nt+\varepsilon) - (l\mathrm{B} + l'\mathrm{C})nt\cos(nt+\varepsilon)$$
$$+ n\sum\left\{\frac{l\mathrm{F}^{(i)} + l'\mathrm{G}^{(i)}}{n - i(n-n')}\ \sin[i(n't - nt + \varepsilon' - \varepsilon) + nt + \varepsilon]\right.$$
$$\left. - \frac{h\mathrm{F}^{(i)} + h'\mathrm{G}^{(i)}}{n - i(n-n')}\ \cos[i(n't - nt + \varepsilon' - \varepsilon) + nt + \varepsilon]\right\}.$$

Le signe intégral Σ s'étend encore à toutes les valeurs entières positives et négatives de i, la seule valeur $i = 0$ étant exceptée. En déterminant, comme nous venons de le faire, les arbitraires f et f', la valeur de $\mathrm{V}_{\!\prime}$ ne renferme le sinus et le cosinus de $nt + \varepsilon$ qu'autant qu'ils sont multipliés par l'arc nt; et, par ce moyen, $2e$ et ϖ expriment dans la formule de la longitude de la planète m son équation du centre et la longitude de son aphélie à l'instant où l'on fixe l'origine du temps t.

<h2 style="text-align:center">XI.</h2>

Reprenons maintenant l'équation (7) de l'article VI et supposons d'abord, pour plus de simplicité, que le plan fixe des x et des y soit celui de l'orbite primitive de m; on aura, dans ce cas,

$$s = 0 \qquad \text{et} \qquad z = 0,$$

Si l'on néglige les carrés des excentricités et des inclinaisons des orbites et leurs produits, on pourra supposer

$$z' = a'[\mathrm{Q}'\sin(n't + \varepsilon') - \mathrm{P}'\cos(n't + \varepsilon')],$$

P' et Q' étant deux arbitraires qui dépendent de l'inclinaison et de la position des nœuds de l'orbite de m', relativement au plan de l'orbite primitive de m. Si l'on fait ensuite

$$T = \frac{1}{[a^2 - 2aa'\cos(n't - nt + \varepsilon' - \varepsilon) + a'^2]^{\frac{3}{2}}} - \frac{1}{a'^3},$$

l'équation (7) deviendra celle-ci

$$0 = \delta s - a^2 a' \sin(nt + \varepsilon) \int n\,dt\,T\cos(nt + \varepsilon)[Q'\sin(n't + \varepsilon') - P'\cos(n't + \varepsilon')]$$
$$+ a^2 a' \cos(nt + \varepsilon) \int n\,dt\,T\sin(nt + \varepsilon)[Q'\sin(n't + \varepsilon') - P'\cos(n't + \varepsilon')],$$

que l'on peut mettre sous cette forme différentielle

$$0 = \frac{d^2\delta s}{dt^2} + n^2\delta s - n^2 a^2 a' T[Q'\sin(n't + \varepsilon') - P'\cos(n't + \varepsilon')].$$

δs est à très peu près la latitude de m au-dessus du plan de l'orbite primitive; mais si, au lieu de ce plan, on prend pour celui des x et des y un autre plan quelconque qui lui soit très peu incliné, il est visible que δs sera encore ce qu'il faut ajouter à la latitude de m, calculée dans l'hypothèse où le mouvement de cette planète aurait lieu sur le plan de son orbite primitive. Maintenant, s et s' étant à fort peu près les tangentes des latitudes de m et de m' au-dessus du plan fixe, dans le cas des orbites invariables, on peut supposer

$$s = q \sin(nt + \varepsilon) - p \cos(nt + \varepsilon),$$
$$s' = q'\sin(n't + \varepsilon') - p'\cos(n't + \varepsilon'),$$

p, q, p', q' étant des constantes qui dépendent de la position des nœuds et de l'inclinaison des orbites et qui sont telles que, en nommant θ et θ' les tangentes de ces inclinaisons et I, I' les longitudes des nœuds, on a

$$p = \theta \sin I, \qquad q = \theta \cos I,$$
$$p' = \theta'\sin I', \qquad q' = \theta'\cos I'.$$

Il est facile d'ailleurs de s'assurer que l'on a

$$P' = p' - p, \qquad Q' = q' - q.$$

Supposons que, en réduisant T en série, on ait

$$T = \tfrac{1}{2}\, \Sigma L^{(i)} \cos i(n't - nt + \epsilon' - \epsilon),$$

le signe intégral Σ se rapportant à toutes les valeurs entières positives et négatives de i, sans en excepter la valeur $i = 0$; on aura

$$L^{(-i)} = L^{(i)}.$$

Cela posé, l'équation différentielle précédente deviendra

$$0 = \frac{d^2 \delta s}{dt^2} + n^2 \delta s + \tfrac{1}{2}a^2 a' n^2 \Sigma \Big| \ (p' - p)L^{(i)} \cos[i(n't - nt + \epsilon' - \epsilon) + nt + \epsilon]$$
$$+ (q - q')L^{(i)} \sin[i(n't - nt + \epsilon' - \epsilon) + nt + \epsilon]\Big|,$$

d'où l'on tire, en intégrant,

$$\delta s = \tfrac{1}{4}a^2 a'(p - p')L^{(1)} nt \sin(nt + \epsilon) + \tfrac{1}{4}a^2 a'(q - q')L^{(1)} nt \cos(nt + \epsilon)$$
$$+ \tfrac{1}{2}a^2 a' n^2 \sum \Big\{ \frac{(p' - p)L^{(i-1)}}{[n - i(n - n')]^2 - n^2} \cos[i(n't - nt + \epsilon' - \epsilon) + nt + \epsilon]$$
$$+ \frac{(q - q')L^{(i-1)}}{[n - i(n - n')]^2 - n^2} \sin[i(n't - nt + \epsilon' - \epsilon) + nt + \epsilon]\Big\}.$$

On doit observer que, dans cette valeur de δs ainsi que dans les valeurs précédentes de u, $u_{,}$, V, $V_{,}$, le signe intégral Σ s'étend à toutes les valeurs entières positives et négatives de i, la seule valeur $i = 0$ étant exceptée.

XII.

Rassemblons maintenant les résultats que nous venons de trouver. Nommons (r) et (v) les parties du rayon vecteur r et de la longitude v sur l'orbite qui dépendent du mouvement elliptique; nommons ensuite (s) la partie de la latitude s que l'on trouve en supposant que la planète m se meut sur le plan de son orbite primitive; on aura

$$r = (r) + m'a(u + u_{,}),$$
$$v = (v) + m' \ (V + V_{,}),$$
$$s = (s) + m' \delta s.$$

Ces expressions renferment toute la théorie des planètes, lorsqu'on néglige les carrés et les produits des masses perturbatrices, ainsi que

les carrés et les produits des excentricités et des inclinaisons des
orbites, ce qui est presque toujours permis; elles ont, d'ailleurs,
l'avantage d'être sous une forme très simple qui laisse facilement
apercevoir la loi de leurs différents termes. Pour les transporter à la
planète m', il suffit d'y changer a, n, h, l, ι, p, q et m' dans a', n', h',
l', ι', p', q' et m, et réciproquement.

Les approximations dans lesquelles on aurait égard aux carrés et
aux puissances supérieures des excentricités et des inclinaisons des
orbites introduiraient de nouveaux termes qui dépendraient de nouveaux arguments; elles reproduiraient encore les arguments que donnent les approximations précédentes, mais avec des coefficients de
plus en plus petits, suivant cette loi : si l'on nomme *quantités du premier ordre* les excentricités et les inclinaisons des orbites, *quantités
du second ordre* leurs carrés et leurs produits deux à deux, et ainsi
de suite, un argument qui, dans les approximations successives, se
trouve pour la première fois parmi les quantités de l'ordre r, ne sera
reproduit que par les quantités des ordres $r + 2$, $r + 4$, ...

Il suit de là que les coefficients des termes de la forme

$$t \, {}^{\sin}_{\cos} (nt + \varepsilon)$$

qui entrent dans les expressions de r, v et s sont approchés jusqu'aux
quantités du troisième ordre, c'est-à-dire que l'approximation dans
laquelle on aurait égard aux carrés et aux produits des excentricités
et des inclinaisons des orbites ne changerait point leurs valeurs. On
voit ainsi qu'ils ont toute la précision que l'on peut désirer, ce qu'il
est d'autant plus essentiel d'observer, que de ces coefficients dépendent
les variations séculaires des orbites.

Les différents termes des expressions de r, v et s sont compris dans
la forme

$$K \, {}^{\sin}_{\cos} [i(n't - nt + \varepsilon' - \varepsilon) + rnt + r\varepsilon],$$

i étant un nombre entier positif ou négatif ou zéro, et r étant un nombre entier positif ou zéro; K est une fonction des excentricités et des inclinaisons des orbites, de l'ordre r. On peut juger par là de quel ordre est un terme qui dépend d'un angle donné : pour savoir, par exemple, dans la théorie de Jupiter et de Saturne, de quel ordre est le terme qui dépend de l'angle $5n't - 2nt + 5\varepsilon' - 2\varepsilon$, on mettra cet angle sous cette forme

$$5(n't - nt + \varepsilon' - \varepsilon) + 3nt + 3\varepsilon;$$

et, comme alors $r = 3$, il en résulte que le terme dont il s'agit dépend des cubes et des produits de trois dimensions des excentricités et des inclinaisons des orbites.

XIII.

Pour réduire en nombres les résultats analytiques que nous venons de présenter, il faut déterminer numériquement les valeurs des quantités $A^{(0)}$, $A^{(1)}$, $A^{(2)}$, ..., $L^{(0)}$, $L^{(1)}$, ... et de leurs différences. La principale difficulté que présente leur formation tient au développement en série des radicaux

$$[a^2 - 2aa'\cos(n't - nt + \varepsilon' - \varepsilon) + a'^2]^{-\frac{1}{2}}$$

et

$$[a^2 - 2aa'\cos(n't - nt + \varepsilon' - \varepsilon) + a'^2]^{-\frac{3}{2}}.$$

Soit

$$\frac{a}{a'} = \alpha, \qquad n't - nt + \varepsilon' - \varepsilon = \theta,$$

et considérons généralement la fonction $(1 - 2\alpha\cos\theta + \alpha^2)^{-s}$. En la développant dans une suite de cosinus de l'angle θ et de ses multiples, on aura une expression de cette forme

$$(1 - 2\alpha\cos\theta + \alpha^2)^{-s} = \tfrac{1}{2}b_s^{(0)} + b_s^{(1)}\cos\theta + b_s^{(2)}\cos 2\theta + \dots,$$

$b_s^{(0)}$, $b_s^{(1)}$, ... étant des fonctions de s et de α. Si l'on prend les différences logarithmiques des deux membres de cette équation, par rapport à la variable θ, on aura

$$\frac{-2s\alpha\sin\theta}{1 - 2\alpha\cos\theta + \alpha^2} = \frac{-b_s^{(1)}\sin\theta - 2b_s^{(2)}\sin 2\theta - \dots}{\tfrac{1}{2}b_s^{(0)} + b_s^{(1)}\cos\theta + b_s^{(2)}\cos 2\theta + \dots}.$$

En multipliant en croix et en comparant les cosinus semblables, on trouve

$$(a) \qquad b_s^{(i)} = \frac{(i-1)(1+\alpha^2)b_s^{(i-1)} - (i+s-2)\alpha b_s^{(i-2)}}{(i-s)\alpha};$$

on aura ainsi $b_s^{(2)}$, $b_s^{(3)}$, ... lorsque l'on connaîtra $b_s^{(0)}$ et $b_s^{(1)}$.

Si l'on change s en $s+1$ dans l'expression précédente de

$$(1 - 2\alpha\cos\theta + \alpha^2)^{-s}$$

on aura

$$(1 - 2\alpha\cos\theta + \alpha^2)^{-s-1} = \tfrac{1}{2}b_{s+1}^{(0)} + b_{s+1}^{(1)}\cos\theta + b_{s+1}^{(2)}\cos 2\theta + \ldots$$

En multipliant les deux membres de cette équation par

$$1 - 2\alpha\cos\theta + \alpha^2$$

et en substituant ensuite, au lieu de $(1 - 2\alpha\cos\theta + \alpha^2)^{-s}$, sa valeur en série, on aura

$$\tfrac{1}{2}b_s^{(0)} + b_s^{(1)}\cos\theta + b_s^{(2)}\cos 2\theta + \ldots$$
$$= (1 - 2\alpha\cos\theta + \alpha^2)\left(\tfrac{1}{2}b_{s+1}^{(0)} + b_{s+1}^{(1)}\cos\theta + \ldots\right),$$

d'où l'on tire, en comparant les cosinus semblables,

$$b_s^{(i)} = (1+\alpha^2)b_{s+1}^{(i)} - \alpha b_{s+1}^{(i-1)} - \alpha b_{s+1}^{(i+1)}.$$

La formule (a) donne

$$\alpha b_{s+1}^{(i+1)} = \frac{i(1+\alpha^2)b_{s+1}^{(i)} - (i+s)\alpha b_{s+1}^{(i-1)}}{i-s};$$

l'équation précédente deviendra ainsi

$$b_s^{(i)} = \frac{2s\alpha b_{s+1}^{(i-1)} - s(1+\alpha^2)b_{s+1}^{(i)}}{i-s}.$$

En changeant i dans $i+1$, on aura

$$b_s^{(i+1)} = \frac{2s\alpha b_{s+1}^{(i)} - s(1+\alpha^2)b_{s+1}^{(i+1)}}{i-s+1},$$

et, si l'on substitue au lieu de $b_{s+1}^{(i+1)}$ sa valeur, on aura

$$b_s^{(i+1)} = \frac{s(i+s)\alpha(1+\alpha^2)b_{s+1}^{(i-1)} + s[2(i-s)\alpha^2 - i(1+\alpha^2)^2]b_{s+1}^{(i)}}{(i-s)(i-s+1)\alpha}.$$

Ces deux expressions de $b_s^{(i)}$ et de $b_s^{(i+1)}$ donnent

$$(b) \qquad b_{s+1}^{(i)} = \frac{\dfrac{i+s}{s}(1+\alpha^2)\,b_s^{(i)} - 2\dfrac{i-s+1}{s}\alpha\,b_s^{(i+1)}}{(1-\alpha^2)^2};$$

on aura donc, au moyen de cette formule, les valeurs de $b_{s+1}^{(0)}$, $b_{s+1}^{(1)}$, $b_{s+1}^{(2)}$, ... lorsque celles de $b_s^{(0)}$, $b_s^{(1)}$, $b_s^{(2)}$, ... seront connues.

Nommons, pour abréger, λ la fonction $1 - 2\alpha\cos\theta + \alpha^2$; si l'on différentie par rapport à α l'équation

$$\lambda^{-s} = \tfrac{1}{2}b_s^{(0)} + b_s^{(1)}\cos\theta + b_s^{(2)}\cos 2\theta + \ldots,$$

on aura

$$2s(\cos\theta - \alpha)\lambda^{-s-1} = \frac{1}{2}\frac{\partial b_s^{(0)}}{\partial\alpha} + \frac{\partial b_s^{(1)}}{\partial\alpha}\cos\theta + \frac{\partial b_s^{(2)}}{\partial\alpha}\cos 2\theta + \ldots;$$

mais on a

$$-\alpha + \cos\theta = \frac{1-\alpha^2-\lambda}{2\alpha}.$$

On aura donc

$$\frac{s(1-\alpha^2)}{\alpha}\lambda^{-s-1} - \frac{s\lambda^{-s}}{\alpha} = \frac{1}{2}\frac{\partial b_s^{(0)}}{\partial\alpha} + \frac{\partial b_s^{(1)}}{\partial\alpha}\cos\theta + \ldots,$$

d'où l'on tire généralement

$$\frac{\partial b_s^{(i)}}{\partial\alpha} = \frac{s(1-\alpha^2)}{\alpha}b_{s+1}^{(i)} - \frac{sb_s^{(i)}}{\alpha}.$$

En substituant, au lieu de $b_{s+1}^{(i)}$, sa valeur, on aura

$$\frac{\partial b_s^{(i)}}{\partial\alpha} = \frac{i+(i+2s)\alpha^2}{\alpha(1-\alpha^2)}b_s^{(i)} - \frac{2(i-s+1)}{1-\alpha^2}b_s^{(i+1)}.$$

Si l'on différentie cette équation, on aura

$$\begin{aligned}
\frac{\partial^2 b_s^{(i)}}{\partial\alpha^2} ={}& \frac{i+(i+2s)\alpha^2}{\alpha(1-\alpha^2)}\frac{\partial b_s^{(i)}}{\partial\alpha} + \left[\frac{i+2s}{\alpha^2} - \frac{2(i+s)(1-3\alpha^2)}{\alpha^2(1-\alpha^2)^2}\right]b_s^{(i)}\\
&- \frac{2(i-s+1)}{1-\alpha^2}\frac{\partial b_s^{(i+1)}}{\partial\alpha} - \frac{4(i-s+1)\alpha}{(1-\alpha^2)^2}b_s^{(i+1)};
\end{aligned}$$

en différentiant encore, on aura

$$\frac{\partial^3 b_s^{(i)}}{\partial x^3} = \frac{i + (i + 2s)x^2}{x(1 - x^2)} \frac{\partial^2 b_s^{(i)}}{\partial x^2} + 2\left[\frac{i + 2s}{x^2} - \frac{2(i + s)(1 - 3x^2)}{x^2(1 - x^2)^2}\right] \frac{\partial b_s^{(i)}}{\partial x}$$

$$+ \left[\frac{4(i + s)(1 - 3x^2 + 6x^4)}{x^3(1 - x^2)^2} - \frac{2(i + 2s)}{x^3}\right] b_s^{(i)}$$

$$- \frac{2(i - s + 1)}{1 - x^2} \frac{\partial^2 b_s^{(i+1)}}{\partial x^2} - \frac{8(i - s + 1)x}{(1 - x^2)^2} \frac{\partial b_s^{(i+1)}}{\partial x}$$

$$- \frac{4(i - s + 1)(1 + 3x^2)}{(1 - x^2)^3} b_s^{(i+1)}.$$

On voit ainsi que, pour connaître les valeurs de $b_s^{(i)}$ et de ses différences successives, il suffit de connaître les deux quantités $b_s^{(0)}$ et $b_s^{(1)}$. On déterminera facilement ces deux quantités de la manière suivante.

XIV.

Si l'on nomme c le nombre dont le logarithme hyperbolique est l'unité, on pourra mettre l'expression de λ^{-s} sous cette forme

$$\lambda^{-s} = \left(1 - \alpha\, c^{\theta\sqrt{-1}}\right)^{-s} \left(1 - x\, c^{-\theta\sqrt{-1}}\right)^{-s}.$$

En développant le second membre de cette équation par rapport aux puissances de $c^{\theta\sqrt{-1}}$ et de $c^{-\theta\sqrt{-1}}$, les deux exponentielles $c^{i\theta\sqrt{-1}}$ et $c^{-i\theta\sqrt{-1}}$ auront le même coefficient que nous désignerons par μ. La somme des deux termes $\mu c^{i\theta\sqrt{-1}}$ et $\mu c^{-i\theta\sqrt{-1}}$ est $2\mu\cos i\theta$; ce sera la valeur de $b_s^{(i)} \cos i\theta$: on aura donc $b_s^{(i)} = 2\mu$.

Maintenant l'expression précédente de λ^{-s} est égale au produit des deux séries

$$1 + s\alpha c^{\theta\sqrt{-1}} + \frac{s(s + 1)}{1 \cdot 2}\alpha^2 c^{2\theta\sqrt{-1}} + \dots,$$

$$1 + s x c^{-\theta\sqrt{-1}} + \frac{s(s + 1)}{1 \cdot 2}\alpha^2 c^{-2\theta\sqrt{-1}} + \dots.$$

En multipliant donc ces deux séries l'une par l'autre, on aura, dans le cas de $i = 0$,

$$\mu = 1 + s^2\alpha^2 + \left[\frac{s(s + 1)}{1 \cdot 2}\right]^2 \alpha^4 + \dots,$$

et, dans le cas de $i = 1$,

$$\mu = \alpha\left[s + \frac{s}{1}\,\frac{s(s+1)}{1.2}\,\alpha^2 + \frac{s(s+1)}{1.2}\,\frac{s(s+1)(s+2)}{1.2.3}\,\alpha^4 + \ldots\right],$$

partant

$$b_s^{(0)} = 2\left\{1 + s^2\alpha^2 + \left[\frac{s(s+1)}{1.2}\right]^2\alpha^4 + \left[\frac{s(s+1)(s+2)}{1.2.3}\right]^2\alpha^6 + \ldots\right\},$$

$$b_s^{(1)} = 2\alpha\left[s + \frac{s}{1}\,\frac{s(s+1)}{1.2}\,\alpha^2 + \frac{s(s+1)}{1.2}\,\frac{s(s+1)(s+2)}{1.2.3}\,\alpha^4 + \ldots\right].$$

Dans la théorie des planètes $s = \frac{1}{2}$; en substituant donc cette valeur dans les expressions précédentes de $b_s^{(0)}$ et de $b_s^{(1)}$, on aura les valeurs relatives à cette théorie; mais ces valeurs ne seront pas fort convergentes si α n'est pas une petite fraction : elles convergent davantage dans le cas de $s = -\frac{1}{2}$, et l'on a

$$b_{-\frac{1}{2}}^{(0)} = 2\left[1 + \left(\frac{1}{2}\right)^2\alpha^2 + \left(\frac{1.1}{2.4}\right)^2\alpha^4 + \left(\frac{1.1.3}{2.4.6}\right)^2\alpha^6 + \ldots\right],$$

$$b_{-\frac{1}{2}}^{(1)} = -2\alpha\left(\frac{1}{2} - \frac{1}{2}\,\frac{1.1}{2.4}\,\alpha^2 - \frac{1.1}{2.4}\,\frac{1.1.3}{2.4.6}\,\alpha^4 - \frac{1.1.3}{2.4.6}\,\frac{1.1.3.5}{2.4.6.8}\,\alpha^6 - \ldots\right).$$

Ces deux suites seront très convergentes si α^2 est moindre que $\frac{1}{2}$; or, dans la théorie de Jupiter et de Saturne, α^2 est au-dessous de $\frac{1}{3}$; il suffira, par conséquent, de prendre la somme de leurs dix premiers termes, en négligeant les termes suivants, ou, plus exactement, en les sommant comme une progression géométrique dont la raison est $1 - \alpha^2$.

Lorsqu'on aura déterminé $b_{-\frac{1}{2}}^{(0)}$ et $b_{-\frac{1}{2}}^{(1)}$, on aura $b_{\frac{1}{2}}^{(0)}$ en faisant $s = -\frac{1}{2}$ et $i = 0$ dans la formule (b) de l'article précédent, et l'on trouvera

$$b_{\frac{1}{2}}^{(0)} = \frac{(1 + \alpha^2)\,b_{-\frac{1}{2}}^{(0)} + 6\alpha\,b_{-\frac{1}{2}}^{(1)}}{(1 - \alpha^2)^2}.$$

Si, dans la même formule, on suppose $i = 1$ et $s = -\frac{1}{2}$, on aura

$$b_{\frac{1}{2}}^{(1)} = \frac{10\alpha\,b_{-\frac{1}{2}}^{(1)} - (1 + \alpha^2)\,b_{-\frac{1}{2}}^{(1)}}{(1 - \alpha^2)^2};$$

mais la formule (a) de l'article précédent donne, en y faisant $i = 2$ et $s = -\frac{1}{2}$,

$$10\alpha\, b^{(2)}_{-\frac{1}{2}} = 2\alpha\, b^{(0)}_{-\frac{1}{2}} + 4(1 + \alpha^2)\, b^{(1)}_{-\frac{1}{2}};$$

on aura donc

$$b^{(1)}_{\frac{1}{2}} = \frac{2\alpha\, b^{(0)}_{-\frac{1}{2}} + 3(1 + \alpha^2)\, b^{(1)}_{-\frac{1}{2}}}{(1 - \alpha^2)^2}.$$

XV.

Pour déterminer présentement les quantités $A^{(0)}$, $A^{(1)}$, $A^{(2)}$, ... et leurs différences, on observera que la suite

$$\tfrac{1}{2} A^{(0)} + A^{(1)} \cos\theta + A^{(2)} \cos 2\theta + \dots$$

résulte, par l'article VIII, du développement en série de la fonction

$$\frac{a\cos\theta}{a'^2} - \frac{1}{(a^2 - 2aa'\cos\theta + a'^2)^{\frac{1}{2}}};$$

en faisant donc $\frac{a}{a'} = \alpha$, on aura

$$\frac{a\cos\theta}{a'^2} - \frac{1}{a'(1 - 2\alpha\cos\theta + \alpha^2)^{\frac{1}{2}}} = \tfrac{1}{2} A^{(0)} + A^{(1)} \cos\theta + \dots,$$

ce qui donne généralement

$$A^{(i)} = -\frac{1}{a'}\, b^{(i)}_{\frac{1}{2}}.$$

Cette équation a lieu depuis $i = 0$ jusqu'à $i = \infty$, excepté dans le cas de $i = 1$, où l'on a

$$A^{(1)} = \frac{a}{a'^2} - \frac{1}{a'}\, b^{(1)}_{\frac{1}{2}}.$$

On aura ensuite

$$\frac{\partial A^{(i)}}{\partial a} = -\frac{1}{a'} \frac{\partial b^{(i)}_{\frac{1}{2}}}{\partial \alpha} \frac{d\alpha}{da};$$

mais on a

$$\frac{d\alpha}{da} = \frac{1}{a'},$$

partant

$$\frac{\partial \mathrm{A}^{(i)}}{\partial a} = -\frac{1}{a'^3}\frac{\partial b^{(i)}_{\frac{1}{2}}}{\partial x},$$

et, dans le cas de $i = 1$, on aura

$$\frac{\partial \mathrm{A}^{(1)}}{\partial a} = \frac{1}{a'^3}\left(1 - \frac{\partial b^{(1)}_{\frac{1}{2}}}{\partial x}\right).$$

Enfin on aura

$$\frac{\partial^2 \mathrm{A}^{(i)}}{\partial a^2} = -\frac{1}{a'^3}\frac{\partial^2 b^{(i)}_{\frac{1}{2}}}{\partial x^2},$$

$$\frac{\partial^3 \mathrm{A}^{(i)}}{\partial a^3} = -\frac{1}{a'^4}\frac{\partial^3 b^{(i)}_{\frac{1}{2}}}{\partial x^3},$$

$$\dots\dots\dots\dots\dots\dots,$$

et ces équations auront lieu dans le cas même de $i = 1$.

Pour déterminer les quantités $\mathrm{L}^{(0)}$, $\mathrm{L}^{(1)}$, $\mathrm{L}^{(2)}$, ..., on observera que, par l'article XI, on a

$$\frac{1}{a'^3(1 - 2\alpha\cos\theta + \alpha^2)^{\frac{1}{2}}} - \frac{1}{a'^3} = \tfrac{1}{2}\mathrm{L}^{(0)} + \mathrm{L}^{(1)}\cos\theta + \mathrm{L}^{(2)}\cos 2\theta + \dots,$$

d'où l'on tire

$$\mathrm{L}^{(i)} = \frac{1}{a'^3}b^{(i)}_{\frac{1}{2}}.$$

Cette équation a lieu depuis $i = 1$ jusqu'à $i = \infty$; mais, dans le cas de $i = 0$, on a

$$\mathrm{L}^{(0)} = \frac{1}{a'^3}\left(b^{(0)}_{\frac{1}{2}} - 2\right).$$

Quant à la valeur de $b^{(i)}_{\frac{1}{2}}$, on la déterminera en faisant, dans la formule (b) de l'article XIII, $s = \frac{1}{2}$.

Le calcul des perturbations de m par l'action de m' facilitera celui des perturbations de m' par l'action de m. En effet, il est visible que les valeurs de $\mathrm{A}^{(i)}$ et de $\mathrm{L}^{(i)}$ sont les mêmes dans ces deux calculs, à l'exception des valeurs de $\mathrm{A}^{(0)}$ et de $\mathrm{L}^{(0)}$, qui sont différentes et qui, dans la théorie des perturbations de m' par l'action de m, deviennent

$$A^{(1)} = \frac{a'}{a^3} - \frac{1}{a'} b^{(1)}_{\frac{1}{2}},$$

$$L^{(0)} = \frac{1}{a'^3} b^{(0)'}_{\frac{1}{2}} - \frac{2}{a^3}.$$

Dans cette dernière théorie, les différences de $A^{(i)}$, au lieu d'être prises relativement à la quantité a, le sont par rapport à a'; mais on peut ramener ces différences les unes aux autres, en observant que $A^{(i)}$ étant une fonction homogène en a et a' de la dimension -1, on a, par la nature de ce genre de fonctions,

$$a' \frac{\partial A^{(i)}}{\partial a'} = - A^{(i)} - a \frac{\partial A^{(i)}}{\partial a},$$

d'où l'on tire

$$a' \frac{\partial^2 A^{(i)}}{\partial a' \partial a} = - 2 \frac{\partial A^{(i)}}{\partial a} - a \frac{\partial^2 A^{(i)}}{\partial a^2},$$

$$a'^2 \frac{\partial^2 A^{(i)}}{\partial a'^2} = 2 A^{(i)} + 4a \frac{\partial A^{(i)}}{\partial a} + a^2 \frac{\partial^2 A^{(i)}}{\partial a^2},$$

$$a'^2 \frac{\partial^3 A^{(i)}}{\partial a'^2 \partial a} = 6 \frac{\partial A^{(i)}}{\partial a} + 6a \frac{\partial^2 A^{(i)}}{\partial a^2} + a^2 \frac{\partial^3 A^{(i)}}{\partial a^3},$$

$$a'^3 \frac{\partial^3 A^{(i)}}{\partial a'^3} = - 6 A^{(i)} - 18 a \frac{\partial A^{(i)}}{\partial a} - 9 a^2 \frac{\partial^2 A^{(i)}}{\partial a^2} - a^3 \frac{\partial^3 A^{(i)}}{\partial a^3},$$

$$\dots\dots\dots\dots\dots\dots\dots\dots\dots\dots\dots\dots\dots\dots;$$

ainsi $A^{(i)}$ et ses différences relatives à a ayant été déterminées dans le calcul des perturbations de m par l'action de m', on aura facilement ses différences relatives, soit à la seule quantité a, soit aux deux quantités a et a'.

XVI.

Des inégalités séculaires de Jupiter et de Saturne.

Un des objets les plus importants de la théorie des planètes est celui de leurs inégalités séculaires. On a vu, dans les articles précédents, que les intégrations introduisent, dans l'expression des coordonnées des planètes, des arcs de cercle qui doivent, à la longue, en altérer d'une manière sensible les éléments; ils rendraient même, après un temps considérable, les orbites fort excentriques et, par conséquent, les suppositions dont nous sommes partis très défectueuses, s'ils existaient dans les expressions rigoureuses des coordonnées; mais, comme ils ne sont donnés que par des approximations, il est naturel de penser que la forme sous laquelle ils se présentent est due à ces approximations successives, et qu'ils ne sont que le développement en séries de fonctions périodiques qui croissent avec beaucoup de lenteur. La détermination de ces fonctions est le point le plus délicat de cette analyse; j'ai donné autrefois, pour y parvenir, une méthode nouvelle fondée sur la variation des constantes arbitraires; je vais la rappeler ici en peu de mots.

Si, dans l'expression de la longitude v de la planète m, on ne conserve que la longitude moyenne et les termes multipliés par les sinus et les cosinus de $nt + \varepsilon$, on aura, par les articles VIII, X et XII,

$$v = nt + \varepsilon - 2l\sin(nt + \varepsilon) + 2h\cos(nt + \varepsilon)$$
$$- m'(h\mathrm{B} + h'\mathrm{C})nt\sin(nt + \varepsilon)$$
$$- m'(l\mathrm{B} + l'\mathrm{C})nt\cos(nt + \varepsilon).$$

Si l'on considère les arcs de cercle de cette expression comme résultant du développement de l et de h en séries, et que l'on nomme δl et δh les variations de l et de h correspondantes au temps t, on aura

$$\delta l = \frac{m'}{2}(h\mathrm{B} + h'\mathrm{C})nt,$$

$$\delta h = -\frac{m'}{2}(l\mathrm{B} + l'\mathrm{C})nt;$$

or on a, par la théorie des suites,

$$\delta l = t\frac{dl}{dt} + \frac{t^2}{1.2}\frac{d^2l}{dt^2} + \dots,$$

$$\delta h = t\frac{dh}{dt} + \frac{t^2}{1.2}\frac{d^2h}{dt^2} + \dots.$$

En comparant donc les termes affectés de la première puissance du temps, et qui sont les seuls auxquels nous ayons eu égard dans l'expression de v, on aura

$$\frac{dl}{n\,dt} = \frac{m'}{2}(h\mathrm{B} + h'\mathrm{C}),$$

$$\frac{dh}{n\,dt} = -\frac{m'}{2}(l\mathrm{B} + l'\mathrm{C}).$$

L'instant de l'époque où l'on fixe l'origine de t étant arbitraire, il est clair que ces équations ont lieu pour un instant quelconque; ainsi, en les intégrant, on aura les fonctions transcendantes qui, par leur développement en séries, ont introduit les arcs de cercle que renferme l'expression de v; mais, pour intégrer ces équations, il faut les réunir aux deux équations différentielles entre les mêmes variables, qui résultent des variations de h' et de l', et qu'il est facile de tirer des précédentes, en y changeant les quantités relatives à m dans celles qui sont relatives à m', et réciproquement.

On peut simplifier les valeurs de B et de C en observant que l'on a, par l'article X,

$$\mathrm{B} = a^2 \frac{\partial \mathrm{A}^{(0)}}{\partial a} + \frac{a^3}{2} \frac{\partial^2 \mathrm{A}^{(0)}}{\partial a^2},$$

ce qui donne, par l'article précédent,

$$\mathrm{B} = -\alpha^2 \frac{\partial b_{\frac{1}{2}}^{(0)}}{\partial \alpha} - \tfrac{1}{2}\alpha^3 \frac{\partial^2 b_{\frac{1}{2}}^{(0)}}{\partial \alpha^2}.$$

En substituant, au lieu de $\dfrac{\partial b_{\frac{1}{2}}^{(0)}}{\partial \alpha}$ et de $\dfrac{\partial^2 b_{\frac{1}{2}}^{(0)}}{\partial \alpha^2}$, leurs valeurs en $b_{\frac{1}{2}}^{(0)}$ et $b_{\frac{1}{2}}^{(1)}$, que l'on trouvera par l'article XIII, on aura

$$\mathrm{B} = -\frac{\alpha^2}{(1-\alpha^2)^2}\left[\alpha\, b_{\frac{1}{2}}^{(0)} - \tfrac{1}{2}(1+\alpha^2)\, b_{\frac{1}{2}}^{(1)}\right].$$

Or on a, par le même article,

$$b_{\frac{3}{2}}^{(1)} = \frac{2\alpha\, b_{\frac{1}{2}}^{(0)} - (1+\alpha^2)\, b_{\frac{1}{2}}^{(1)}}{(1-\alpha^2)^2},$$

partant

$$\mathrm{B} = -\tfrac{1}{2}\alpha^2\, b_{\frac{3}{2}}^{(1)}.$$

Il suit de là que, si l'on suppose

$$\frac{1}{(a^2 - 2aa'\cos\theta + a'^2)^{\frac{3}{2}}} = (a, a') + (a, a')'\cos\theta + \ldots,$$

on aura

$$\mathrm{B} = -\tfrac{1}{4}a^2 a'(a, a')'.$$

On trouvera, de la même manière,

$$\mathrm{C} = a(a^2 + a'^2)(a, a')' - 3a^2 a'(a, a').$$

Si l'on change dans ces expressions a en a', et réciproquement, on aura les valeurs de B et de C, relatives aux perturbations de m', par l'action de m, et l'on doit observer que les fonctions (a, a') et $(a, a')'$ ne changent point en vertu de ces permutations.

Cela posé, soit i le nombre des années juliennes écoulées depuis l'époque où l'on fixe l'origine du temps t; soit T la durée d'une année julienne; nT sera le moyen mouvement de m dans cet intervalle; nous le supposerons réduit en secondes de degré. Soient encore

$$\frac{m'n\mathrm{T}}{4}\,a^2 a'(a, a')' = (0, 1),$$

$$\frac{m'n\mathrm{T}}{2}\,a\,[(a^2 + a'^2)\,(a, a')' - 3aa'(a, a')] = \boxed{0,1},$$

$$\frac{mn'\mathrm{T}}{4}\,a'^2 a\,(a, a')' = (1, 0),$$

$$\frac{mn'\mathrm{T}}{2}\,a'\,[(a^2 + a'^2)\,(a, a')' - 3aa'(a, a')] = \boxed{1,0};$$

on aura, par ce qui précède, entre les quatre variables l, h, l' et h', les quatre équations suivantes :

$$0 = \frac{\partial l}{\partial i} + (0,1)h - \boxed{0,1}\,h',$$

$$0 = \frac{\partial h}{\partial i} - (0,1)l + \boxed{0,1}\,l',$$

$$0 = \frac{\partial l'}{\partial i} + (1,0)h' - \boxed{1,0}\,h,$$

$$0 = \frac{\partial h'}{\partial i} - (1,0)l' + \boxed{1,0}\,l.$$

XVII.

Ces quatre équations différentielles renferment toute la théorie des variations séculaires des excentricités et des aphélies des deux orbites. Pour les intégrer, on supposera

$$h = \mathrm{M}\,\sin(fi + 6), \qquad l = \mathrm{M}\cos(fi + 6),$$
$$h' = \mathrm{M}'\sin(fi + 6), \qquad l' = \mathrm{M}'\cos(fi + 6).$$

En substituant ces valeurs dans les équations différentielles précédentes, on aura celles-ci

$$o = \mathrm{M}f - (0,1)\mathrm{M} + \boxed{0,1}\,\mathrm{M}',$$
$$o = \mathrm{M}'f - (1,0)\mathrm{M}' + \boxed{1,0}\,\mathrm{M},$$

d'où l'on tire

$$\frac{\mathrm{M}'}{\mathrm{M}} = \frac{(0,1) - f}{\boxed{0,1}} = \frac{\boxed{1,0}}{(1,0) - f}$$

et, par conséquent,

$$f = \frac{(1,0) + (0,1) \pm \sqrt{[(1,0) + (0,1)]^2 + 4\,\boxed{1,0}\,\boxed{0,1}}}{2}.$$

On voit ainsi que les deux valeurs de f sont réelles, puisque le produit $\boxed{1,0}\,\boxed{1,0}$ est nécessairement positif; les quantités h, h', l, l' ne renferment donc ni arcs de cercle ni exponentielles, du moins lorsque n et n' ont le même signe, c'est-à-dire lorsque les planètes tournent dans le même sens, ce qui est le cas de notre système planétaire.

Soient f et f' les deux valeurs de f; on aura, par la nature des équations linéaires,

$$h = \mathrm{M}\sin(fi + 6) + \mathrm{N}\sin(f'i + 6'),$$
$$l = \mathrm{M}\cos(fi + 6) + \mathrm{N}\cos(f'i + 6'),$$
$$h' = \mathrm{M}'\sin(fi + 6) + \mathrm{N}'\sin(f'i + 6'),$$
$$l' = \mathrm{M}'\cos(fi + 6) + \mathrm{N}'\cos(f'i + 6').$$

Les quatre arbitraires M, N, M', N' auront entre elles les deux relations suivantes :

$$\frac{M'}{M} = \frac{(o,\imath) - f}{\boxed{o,\imath}}, \qquad \frac{N'}{N} = \frac{(o,\imath) - f'}{\boxed{o,\imath}};$$

elles n'équivaudront, par conséquent, qu'à deux arbitraires; mais, en y joignant les deux constantes $\mathfrak{b}$ et $\mathfrak{b}'$, on aura les quatre arbitraires que doivent renfermer les expressions de h, h', l, l'. On déterminera facilement ces constantes au moyen des excentricités e et e' des orbites et des longitudes ϖ et ϖ' de leurs aphélies à une époque donnée, en observant que

$$h = e \sin\varpi, \qquad l = e \cos\varpi, \qquad h' = e' \sin\varpi', \qquad l' = e' \cos\varpi'.$$

On aura ensuite les excentricités et la position des aphélies pour un temps quelconque, au moyen des formules

$$e = \sqrt{h^2 + l^2}, \qquad e' = \sqrt{h'^2 + l'^2},$$
$$\tang\varpi = \frac{h}{l}, \qquad \tang\varpi' = \frac{h'}{l'}.$$

XVIII.

Il est beaucoup plus simple, pour les usages astronomiques, de considérer les variations différentielles des excentricités et de la position des aphélies. Pour cela, nommons δe et $\delta\varpi$ les variations correspondantes à δl et δh; les expressions finies de h et de l donneront

$$\delta h = \delta e \sin\varpi + e\,\delta\varpi \cos\varpi,$$
$$\delta l = \delta e \cos\varpi - e\,\delta\varpi \sin\varpi,$$

d'où l'on tire

$$\delta e = \delta h \sin\varpi + \delta l \cos\varpi,$$
$$e\,\delta\varpi = \delta h \cos\varpi - \delta l \sin\varpi;$$

mais on a, par les articles précédents,

$$\delta h = \quad (o,\imath)il - \boxed{o,\imath}\,il',$$
$$\delta l = -(o,\imath)ih + \boxed{o,\imath}\,ih'.$$

On aura donc

$$\delta e = \boxed{0,1}\, i e' \sin(\varpi' - \varpi),$$

$$\delta\varpi = i\left[(0,1) - \boxed{0,1}\, \frac{e'}{e} \cos(\varpi' - \varpi)\right].$$

On trouvera de la même manière

$$\delta e' = \boxed{1,0}\, i e \sin(\varpi - \varpi'),$$

$$\delta\varpi' = i\left[(1,0) - \boxed{1,0}\, \frac{e}{e'} \cos(\varpi - \varpi')\right].$$

Ces formules peuvent être étendues, sans erreur sensible, à deux ou trois siècles avant et après l'époque où l'on fixe l'origine des i. Pour les étendre à de plus grands intervalles, on observera que les coefficients de i, dans les expressions de δe, $\delta\varpi$, $\delta e'$ et $\delta\varpi'$, sont les variations annuelles de ces quantités, variations qui, par conséquent, sont égales à $\frac{de}{di}$, $\frac{d\varpi}{di}$, $\frac{de'}{di}$, $\frac{d\varpi'}{di}$. On déterminera donc, par les formules précédentes, les valeurs de e, ϖ, e', ϖ', relatives à mille ans avant l'époque que l'on a choisie, et l'on en conclura leurs variations annuelles correspondantes à cette seconde époque. Soient $\frac{de}{di}$, $\frac{d\varpi}{di}$, $\frac{de'}{di}$, $\frac{d\varpi'}{di}$ les variations annuelles de e, ϖ, e', ϖ' à la première époque; $\frac{de_1}{di}$, $\frac{d\varpi_1}{di}$, $\frac{de'_1}{di}$, $\frac{d\varpi'_1}{di}$ les variations annuelles des mêmes quantités à la seconde époque; on aura, par la théorie des suites,

$$\frac{de_1}{di} = \frac{de}{di} - 1000\,\frac{d^2 e}{di^2};$$

mais on a, par la même théorie,

$$\delta e = i\,\frac{de}{di} + \frac{i^2}{2}\,\frac{d^2 e}{di^2} + \dots;$$

on aura donc, à très peu près,

$$\delta e = i\,\frac{de}{di} + \frac{i^2}{2000}\left(\frac{de}{di} - \frac{de_1}{di}\right).$$

On trouvera, de la même manière,

$$\partial\varpi = i\frac{d\varpi}{di} + \frac{i^3}{2000}\left(\frac{d\varpi}{di} - \frac{d\varpi_1}{di}\right),$$

$$\partial e' = i\frac{de'}{di} + \frac{i^3}{2000}\left(\frac{de'}{di} - \frac{de'_1}{di}\right),$$

$$\partial\varpi' = i\frac{d\varpi'}{di} + \frac{i^3}{2000}\left(\frac{d\varpi'}{di} - \frac{d\varpi'_1}{di}\right).$$

Ces formules peuvent s'étendre à plus de deux mille ans avant, et à mille ou douze cents ans après l'époque où l'on fixe l'origine des i.

XIX.

Considérons présentement les inégalités séculaires des nœuds et des inclinaisons des orbites. Pour cela, nous observerons que si, dans l'expression de la latitude s de m, on n'a égard qu'aux termes multipliés par le sinus et le cosinus de $nt + \varepsilon$, on aura, par l'article XI,

$$s = q\sin(nt + \varepsilon) - p\cos(nt + \varepsilon)$$
$$+ \tfrac{1}{4}a^2a'm'\mathrm{L}^{(1)}nt(p - p')\sin(nt + \varepsilon)$$
$$+ \tfrac{1}{4}a^2a'm'\mathrm{L}^{(1)}nt(q - q')\cos(nt + \varepsilon).$$

Il est visible, par le même article, que $\mathrm{L}^{(1)}$ est égal à $(a, a')'$, en sorte que l'on a, par ce qui précède,

$$\tfrac{1}{4}a^2a'm'\mathrm{L}^{(1)}nt = (0,1)i;$$

on aura donc

$$s = q\sin(nt + \varepsilon) - p\cos(nt + \varepsilon)$$
$$+ (0,1)i(p - p')\sin(nt + \varepsilon)$$
$$+ (0,1)i(q - q')\cos(nt + \varepsilon).$$

Soient ∂p et ∂q les variations de p et de q correspondantes au nombre i d'années juliennes, on aura

$$\partial p = (0,1)i(q' - q),$$
$$\partial q = (0,1)i(p - p'),$$

d'où l'on tire, comme dans l'article XVI,

$$o = \frac{dp}{di} - (0, 1)(q' - q),$$

$$o = \frac{dq}{di} + (0, 1)(p' - p).$$

On aura pareillement

$$o = \frac{dp'}{di} + (1, 0)(q' - q),$$

$$o = \frac{dq'}{di} - (1, 0)(p' - p).$$

Si l'on suppose

$$p = P \sin(gi + \gamma) + Q,$$
$$q = P \cos(gi + \gamma) + Q',$$
$$p' = P' \sin(gi + \gamma) + Q,$$
$$q' = P' \cos(gi + \gamma) + Q',$$

on trouvera, en substituant ces valeurs dans les équations différentielles précédentes,

$$g = -(0, 1) - (1, 0),$$
$$\frac{P'}{P} = -\frac{(1, 0)}{(0, 1)};$$

on aura ainsi, entre les cinq arbitraires P, P', Q, Q' et γ, une relation qui les réduit aux quatre constantes arbitraires que doivent renfermer les valeurs de p, q, p', q'. On déterminera ces constantes au moyen des inclinaisons des orbites et des positions de leurs nœuds à une époque donnée, en observant que

$$p = \theta \sin I, \qquad q = \theta \cos I, \qquad p' = \theta' \sin I', \qquad q' = \theta' \cos I'.$$

On aura ensuite les tangentes des inclinaisons et les positions des nœuds, relatives à un temps quelconque, au moyen des formules

$$\theta = \sqrt{p^2 + q^2}, \qquad \theta' = \sqrt{p'^2 + q'^2},$$
$$\operatorname{tang} I = \frac{p}{q}, \qquad \operatorname{tang} I' = \frac{p'}{q'}.$$

Soit γ la tangente de l'inclinaison de l'orbite de m sur l'orbite m'; il est aisé de voir que l'on a

$$\gamma = \sqrt{(p'-p)^2 + (q'-q)^2};$$

ce qui donne, en substituant, au lieu de p, p', q, q', leurs valeurs précédentes

$$\gamma = \mathrm{P}' - \mathrm{P},$$

d'où il suit que, dans tous les changements qu'éprouve la position des orbites, leur inclinaison respective est constante.

Si l'on nomme $\delta\theta$, $\delta\mathrm{I}$, $\delta\theta'$, $\delta\mathrm{I}'$ les variations des inclinaisons et des nœuds, correspondantes à δp, δq, $\delta p'$, $\delta q'$, on trouvera, comme dans l'article XVIII,

$$\delta\theta = -(0,1)\,i\,\theta'\sin(\mathrm{I}'-\mathrm{I}),$$

$$\delta\mathrm{I} = (0,1)\,i\left[1 - \frac{\theta'}{\theta}\cos(\mathrm{I}'-\mathrm{I})\right],$$

$$\delta\theta' = -(1,0)\,i\,\theta\sin(\mathrm{I}-\mathrm{I}'),$$

$$\delta\mathrm{I}' = (1,0)\,i\left[1 - \frac{\theta}{\theta'}\cos(\mathrm{I}-\mathrm{I}')\right].$$

Soient $\dfrac{d\theta}{di}$, $\dfrac{d\mathrm{I}}{di}$, $\dfrac{d\theta'}{di}$, $\dfrac{d\mathrm{I}'}{di}$ les variations annuelles de θ, I, θ', I' à l'époque où l'on fixe l'origine des i, et $\dfrac{d\theta_1}{di}$, $\dfrac{d\mathrm{I}_1}{di}$, $\dfrac{d\theta'_1}{di}$, $\dfrac{d\mathrm{I}'_1}{di}$ ces mêmes variations, mille ans avant cette époque, on aura

$$\delta\theta = i\frac{d\theta}{di} + \frac{i^2}{2000}\left(\frac{d\theta}{di} - \frac{d\theta_1}{di}\right),$$

$$\delta\mathrm{I} = i\frac{d\mathrm{I}}{di} + \frac{i^2}{2000}\left(\frac{d\mathrm{I}}{di} - \frac{d\mathrm{I}_1}{di}\right),$$

$$\delta\theta' = i\frac{d\theta'}{di} + \frac{i^2}{2000}\left(\frac{d\theta'}{di} - \frac{d\theta'_1}{di}\right),$$

$$\delta\mathrm{I}' = i\frac{d\mathrm{I}'}{di} + \frac{i^2}{2000}\left(\frac{d\mathrm{I}'}{di} - \frac{d\mathrm{I}'_1}{di}\right),$$

et ces valeurs pourront s'étendre à plus de deux mille ans auparavant et à mille ou douze cents ans après l'époque choisie.

XX.

Reprenons les équations (C) de l'article III, auxquelles les éléments des orbites doivent satisfaire après un temps quelconque. Les deux premières donnent, en les différentiant et en négligeant les quatrièmes puissances des excentricités et des inclinaisons des orbites,

$$0 = \frac{m\,da}{a^2} + \frac{m'\,da'}{a'^2},$$

$$0 = \frac{m\,da}{\sqrt{a}}\left(1 - \tfrac{1}{2}e^2 - \tfrac{1}{2}\theta^2\right) + \frac{m'\,da'}{\sqrt{a'}}\left(1 - \tfrac{1}{2}e'^2 - \tfrac{1}{2}\theta'^2\right)$$
$$- 2m\sqrt{a}\,(e\,de + \theta\,d\theta) - 2m'\sqrt{a'}\,(e'\,de' + \theta'\,d\theta');$$

or on a, par les articles précédents,

$$\frac{de}{di} = \boxed{0,\,1}\,e'\sin(\varpi' - \varpi),$$

$$\frac{d\theta}{di} = -(0,\,1)\,\theta'\sin(I' - I),$$

$$\frac{de'}{di} = \boxed{1,\,0}\,e\,\sin(\varpi - \varpi'),$$

$$\frac{d\theta'}{di} = -(1,\,0)\,\theta\,\sin(I - I');$$

on aura donc

$$m\sqrt{a}\left(e\,\frac{de}{di} + \theta\,\frac{d\theta}{di}\right) + m'\sqrt{a'}\left(e'\,\frac{de'}{di} + \theta'\,\frac{d\theta'}{di}\right)$$
$$= \left(m\sqrt{a}\,\boxed{0,\,1} - m'\sqrt{a'}\,\boxed{1,\,0}\right)ee'\sin(\varpi' - \varpi)$$
$$- \left[m\sqrt{a}\,(0,\,1) - m'\sqrt{a'}\,(1,\,0)\right]\theta\theta'\sin(I' - I).$$

On a, par l'article XVI,

$$(0,\,1) = \frac{m'\,n\,\mathrm{T}}{4}\,a^2 a'\,(a,\,a')' = \frac{m'\,\mathrm{T}}{4\sqrt{a}}\,aa'\,(a,\,a')',$$

à cause de $n^2 = \frac{1}{a^3}$; on aura pareillement

$$(1,\,0) = \frac{m\,\mathrm{T}}{4\sqrt{a'}}\,aa'\,(a,\,a')'$$

et, par conséquent,

$$m\sqrt{a}\,(0,1) = m'\sqrt{\tilde{a}'}\,(1,0).$$

On trouvera de la même manière

$$m\sqrt{\bar{a}}\,\boxed{0,1} = m'\sqrt{a'}\,\boxed{1,0}\,;$$

on aura ainsi

$$m\sqrt{a}\,(e\,de + \vartheta\,d\vartheta) + m'\sqrt{a'}\,(e'\,de' + \vartheta'\,d\vartheta') = 0,$$

ce qui réduit les deux premières équations différentielles de cet article
aux suivantes :

$$0 = \frac{m\,da}{a^2} + \frac{m'\,da'}{a'^2}\cdots,$$

$$0 = \frac{m\,da}{\sqrt{a}}\left(1 - \tfrac{1}{4}e^2 - \tfrac{1}{4}\vartheta^2\right) + \frac{m'\,da'}{\sqrt{a'}}\left(1 - \tfrac{1}{4}e'^2 \cdots \tfrac{1}{4}\vartheta'^2\right).$$

Ces équations donnent $da = 0$, $da' = 0$, d'où il résulte que les grands
axes des orbites sont constants, du moins lorsque l'on néglige les
quatrièmes puissances et les produits de quatre dimensions, des
excentricités et des inclinaisons des orbites; car les équations diffé-
rentielles qui déterminent $e\,de$, $\vartheta\,d\vartheta$, $e'\,de'$, $\vartheta'\,d\vartheta'$ sont, par l'article XII,
exactes aux quantités près de cet ordre.

Les carrés des moyens mouvements des planètes étant réciproques
aux cubes des grands axes de leurs orbites, la constance de ces axes
entraîne avec elle l'uniformité des moyens mouvements; ils ne sont
donc, en vertu de l'action mutuelle des planètes, assujettis à aucune
équation séculaire sensible depuis l'époque des observations les plus
anciennes jusqu'à nos jours. C'est à peu près de cette manière que j'ai
reconnu, le premier, l'uniformité des moyens mouvements célestes.
M. de la Grange a fait voir depuis, par une analyse fort ingénieuse,
qu'ils sont uniformes, même en ayant égard aux quantités du quatrième ordre et des ordres supérieurs. Il ne doit donc maintenant
rester aucun doute sur cet objet, et nous verrons dans la suite que ce
résultat de la théorie est entièrement d'accord avec les observations

anciennes et modernes de Saturne, celle de toutes les planètes dont
l'équation séculaire a paru la plus considérable aux astronomes.

Les deux dernières des équations (C) de l'article III donnent encore

$$c' = mq\sqrt{a} + m'q'\sqrt{a'},$$
$$c'' = mp\sqrt{a} + m'p'\sqrt{a'}.$$

Si l'on substitue dans ces équations les valeurs précédentes de p, q,
p' et q', on verra facilement qu'elles seront satisfaites.

XXI.

*Des perturbations de Jupiter et de Saturne qui dépendent des carrés
et des puissances supérieures des excentricités et des inclinaisons des
orbites.*

Les rapports des moyens mouvements de Jupiter et de Saturne
rendent les approximations précédentes insuffisantes et forcent de
les étendre aux carrés et aux puissances supérieures des excentricités et des inclinaisons des orbites. Il se rencontre dans cette théorie
des inégalités dépendantes de ces puissances et qui, par les intégrations, acquièrent de grands diviseurs et deviennent par là très sensibles. Mais si l'on voulait suivre, pour déterminer ces inégalités,
l'analyse dont nous avons fait usage pour avoir les inégalités proportionnelles aux puissances simples des excentricités et des inclinaisons
des orbites, on tomberait dans des calculs d'une excessive longueur.
Heureusement, la raison qui nous oblige de recourir à ces inégalités
simplifie leur détermination, en permettant de négliger des quantités qui deviennent insensibles. Je vais exposer ici une méthode
fort simple pour déterminer les inégalités dont il s'agit.

Reprenons les équations (8) et (9) de l'article VII et supposons
que dR renferme ou un terme constant, ou le sinus d'un angle proportionnel au temps et croissant avec une grande lenteur, en sorte
que, en exprimant cet angle par $\alpha t + \epsilon$, α soit un très petit coefficient;

la double intégrale $\int n\,dt \int dR$ renfermera un terme proportionnel au carré du temps ou un terme dépendant de l'angle $\alpha t + 6$ et qui aura α^2 pour diviseur ; il est clair que, en faisant $\alpha = 0$, ce second cas rentrera dans le premier : ainsi nous considérerons, pour plus de généralité, le cas dans lequel α est quelconque, mais très petit, et nous chercherons les termes de δr et de δv qui dépendent de l'angle $\alpha t + 6$ et qui ont α^2 pour diviseur.

Si l'on fixe l'origine de l'angle v à l'aphélie de la planète m, on a, par la nature du mouvement elliptique,

$$n\,dt = \frac{r^2\,dv}{a^2\sqrt{1-e^2}},$$

$$r = \frac{a(1-e^2)}{1-e\cos v}.$$

Cette dernière équation donne

$$r\cos v = \frac{r-a(1-e^2)}{e};$$

la fonction $\int n\,dt\,r\cos v \int dR$ devient ainsi

$$\int n\,dt\,\frac{r-a(1-e^2)}{e}\int dR.$$

Or on a, par la théorie du mouvement elliptique,

$$r = a(1+\tfrac{1}{2}e^2+e\chi),$$

χ étant une suite infinie de cosinus de l'angle $n+\varepsilon+\varpi$ et de ses multiples ; on aura donc

$$\int n\,dt\,r\cos v \int dR = a\int n\,dt(\tfrac{1}{2}e+\chi)\int dR.$$

Si l'on nomme χ' l'intégrale $\int n\chi\,dt$, on aura

$$\int n\chi\,dt\int dR = \chi'\int dR - \int \chi'\,dR,$$

et il est visible qu'aucun de ces deux derniers termes ne peut avoir α^2

pour diviseur. En ne considérant donc que les termes qui ont ce diviseur, on aura

$$\int n\, dt\, r\cos v \int dR = \tfrac{3}{2} ae \int n\, dt \int dR.$$

L'expression précédente de r donne, par la différentiation,

$$dr = -\frac{ae(1-e^2)\,dv\sin v}{(1-e\cos v)^2} = -\frac{er^2\,dv\sin v}{a(1-e^2)};$$

en substituant, au lieu de $r^2\,dv$, sa valeur $a^2 n\, dt(1-e^2)$, on aura

$$dr = -\frac{aen\, dt\sin v}{\sqrt{1-e^2}},$$

ce qui donne

$$n\, dt\, r\sin v = -\frac{r\, dr\sqrt{1-e^2}}{ae},$$

La fonction $\int n\, dt\, r\sin v \int dR$ devient ainsi

$$-\frac{\sqrt{1-e^2}}{ae} \int r\, dr \int dR;$$

or on a

$$\int r\, dr \int dR = \tfrac{1}{2} r^2 \int dR - \tfrac{1}{2}\int r^2\, dR,$$

et il est clair qu'aucun de ces deux derniers termes ne peut avoir α^2 pour diviseur; en n'ayant donc égard qu'aux termes qui ont ce diviseur, la formule (8) de l'article VII deviendra

$$\frac{\partial r}{a} = -\frac{3\, ae\sin v}{\sqrt{1-e^2}} \int n\, dt \int dR.$$

Si l'on substitue, au lieu de $\dfrac{ae\sin v}{\sqrt{1-e^2}}$, sa valeur $-\dfrac{dr}{n\, dt}$, on aura

$$\frac{\partial r}{a} = \frac{3\, dr}{n\, dt} \int n\, dt \int dR.$$

Il suit de là que, si l'on n'a égard qu'aux termes qui ont α^2 pour diviseur, le rayon vecteur r de la planète m devient

$$(r) + \left(\frac{dr}{n\, dt}\right) 3\, am' \int n\, dt \int dR,$$

(r) et $\left(\dfrac{dr}{n\,dt}\right)$ étant les expressions de r et de $\dfrac{dr}{n\,dt}$ relatives au mouvement elliptique. Ainsi, pour avoir égard, dans l'expression du rayon vecteur, à la partie des perturbations qui est divisée par α^2, il suffit d'augmenter de la quantité $3am'\!\int n\,dt \int d\mathrm{R}$ la longitude moyenne $nt + \varepsilon$ de l'expression du rayon vecteur dans l'hypothèse elliptique. Voyons maintenant comment on doit avoir égard à cette partie des perturbations, dans l'expression de la longitude v.

La formule (9) de l'article VII donnera, en n'ayant égard qu'aux termes divisés par α^2 et en y substituant, au lieu de δr, sa valeur précédente,

$$\delta v = \left[\frac{1}{\sqrt{1-e^2}} - \frac{2e\,dv\cos v}{n\,dt(1-e\cos v)} + \frac{e^2\,dv\,\sin^2 v}{n\,dt(1-e\cos v)^2} \right] 3a \int n\,dt \int d\mathrm{R};$$

or on a, par la nature du mouvement elliptique,

$$\frac{1}{\sqrt{1-e^2}} = \frac{r^2\,dv}{a^2(1-e^2)n\,dt} = \frac{dv(1-e^2)}{n\,dt(1-e\cos v)^2};$$

on aura donc

$$\delta v = \frac{dv}{n\,dt}\,3a \int n\,dt \int d\mathrm{R};$$

d'où il suit que, en n'ayant égard qu'aux termes divisés par α^2, la longitude v de la planète m devient

$$(v) + \left(\frac{dv}{n\,dt}\right) 3am' \int n\,dt \int d\mathrm{R},$$

(v) et $\left(\dfrac{dv}{n\,dt}\right)$ étant les valeurs de v et de $\dfrac{dv}{n\,dt}$ relatives au mouvement elliptique. On doit donc suivre, pour avoir égard à cette partie des perturbations dans l'expression de la longitude, la même règle que nous venons de donner pour y avoir égard dans l'expression du rayon vecteur, c'est-à-dire qu'il faut augmenter dans l'expression elliptique de v la longitude $nt + \varepsilon$ de la quantité $3am' \int n\,dt \int d\mathrm{R}$.

La partie constante de l'expression de $\left(\dfrac{dv}{n\,dt}\right)$ développée en série de cosinus de l'angle $nt + \varepsilon - \varpi$ et de ses multiples se réduisant, comme l'on sait, à l'unité, il en résulte dans l'expression de la longitude le terme $3am'\int n\,dt\int dR$. Ce terme est très important à considérer, en ce qu'il exprimerait l'équation séculaire de la planète m si dR renfermait un terme constant tel que $kn\,dt$, et, dans ce cas, l'équation séculaire serait exactement égale à $\frac{1}{2}am'kn^2t^2$.

XXII.

On peut parvenir très simplement au même résultat par la considération de l'équation (a) de l'article IV; en effet, si l'on néglige les quantités périodiques de l'intégrale $\int dR$, cette équation deviendra

$$0 = \frac{dx^2 + dy^2 + dz^2}{dt^2} - \frac{2(1+m)}{r} + \frac{1+m}{a} + 2m'knt;$$

mais, si l'on considère après le temps t l'orbite de m comme une ellipse dont le demi grand axe est $a + \delta a$, on aura, après ce temps,

$$0 = \frac{dx^2 + dy^2 + dz^2}{dt^2} - \frac{2(1+m)}{r} + \frac{1+m}{a+\delta a} \cdot$$

En comparant donc cette équation à la précédente, on aura

$$\frac{1+m}{a+\delta a} = \frac{1+m}{a} + 2m'knt,$$

d'où l'on tire, en négligeant m vis-à-vis de l'unité et le carré de δa,

$$\frac{-\delta a}{a} = 2m'aknt.$$

Maintenant, si l'on nomme δn la variation de n correspondante à δa, l'équation $n^2 = \frac{1}{a^3}$ donnera $-\frac{\delta a}{a} = \frac{2\delta n}{3n}$, partant

$$\delta n = 3m'akn^2t;$$

or le moyen mouvement de m étant égal à $\int n\,dt$, l'équation séculaire de ce mouvement est $\int \delta n\,dt$; cette équation sera donc égale à $\frac{3}{2}m'akn^2t^2$, ce qui est conforme à ce qui précède.

La recherche des équations séculaires se réduit ainsi à voir si dR

renferme un terme constant. Lorsque les orbites sont peu excentriques et peu inclinées les unes aux autres, on a vu ci-dessus que R peut toujours se réduire dans une suite infinie de sinus et de cosinus d'angles croissant proportionnellement au temps; on peut les représenter généralement par ce terme $k \frac{\sin}{\cos}(int + i'n't + A)$, i et i' étant des nombres entiers positifs ou négatifs, ou zéro. La différentielle de ce terme, prise uniquement par rapport au moyen mouvement nt de la planète m, donnera la partie de dR qui lui est relative, et cette partie sera $\pm ikn\,dt \frac{\cos}{\sin}(int + i'n't + A)$; or elle ne peut être constante, à moins que l'on n'ait $in + i'n' = 0$, ce qui suppose les moyens mouvements de m et de m' commensurables entre eux; et, comme cela n'a point lieu dans notre système, on doit en conclure qu'il n'existe point d'équation séculaire dans les moyens mouvements des planètes, en vertu de leur action mutuelle. Le résultat auquel nous sommes parvenus dans l'article **XX** est donc non seulement approché, mais même rigoureux, du moins lorsque l'on néglige les carrés et les produits des masses perturbatrices.

XXIII.

Si les moyens mouvements de deux planètes, sans être exactement commensurables, approchent cependant beaucoup de l'être, il existera dans la théorie de leurs mouvements des inégalités d'une longue période, et qui, si elles ne sont pas connues, pourront donner lieu de penser que les mouvements de ces planètes sont assujettis à des équations séculaires. C'est ce qui a eu lieu relativement à Jupiter et à Saturne; leurs moyens mouvements sont tels, que cinq fois celui de Saturne est, à fort peu près, égal à deux fois celui de Jupiter, ce qui produit deux grandes inégalités dont la période est d'environ neuf cent dix-neuf ans, et qui, n'ayant pas été connues jusqu'à ce moment, ont fait croire aux astronomes que le mouvement de Jupiter s'accélérait, et que celui de Saturne se ralentissait de siècle en siècle.

Pour déterminer ces inégalités, supposons que la partie de R dépendante de l'angle $5n't - 2nt + 5\varepsilon' - 2\varepsilon$ soit exprimée par

$$k \sin(5n't - 2nt + 5\varepsilon' - 2\varepsilon) - k' \cos(5n't - 2nt + 5\varepsilon' - 2\varepsilon),$$

$5n' - 2n$ sera ce que nous avons nommé α dans l'article XXI. Ce coefficient du temps t peut être, en effet, considéré comme étant très petit, puisqu'il n'est environ que $\frac{1}{74}$ de n ou $\frac{1}{30}$ de n'. Si l'on n'a égard qu'à cette partie de R et qu'on la différentie uniquement par rapport à nt, on aura

$$dR = -2k \, n \, dt \cos(5n't - 2nt + 5\varepsilon' - 2\varepsilon)$$
$$-2k'n \, dt \sin(5n't - 2nt + 5\varepsilon' - 2\varepsilon),$$

ce qui donne

$$3am' \int n \, dt \int dR = -6am' \int\int n^2 \, dt^2 [\quad k \cos(5n't - 2nt - 5\varepsilon' - 2\varepsilon)$$
$$+ k'\sin(5n't - 2nt - 5\varepsilon' - 2\varepsilon)].$$

Les valeurs de k et de k' sont, par l'article XII, fonctions des cubes et des produits de trois dimensions des excentricités et des inclinaisons des orbites; elles dépendent encore des positions de leurs nœuds et de leurs aphélies; or toutes ces choses sont variables, et, vu la lenteur avec laquelle croit l'angle $5n't - 2nt$, il n'est pas permis de les traiter comme constantes dans la double intégrale précédente. A la vérité, leurs périodes étant beaucoup plus longues que celles de l'angle $5n't - 2nt$, on peut n'avoir égard qu'aux différences premières $\frac{\partial k}{\partial t}$ et $\frac{\partial k'}{\partial t}$, et négliger les différences supérieures; on trouvera ainsi

$$3am' \int n \, dt \int dR$$
$$= \frac{6am'n^2}{(5n' - 2n)^2} \left[\left(k' - 2\frac{\frac{\partial k}{\partial t}}{5n' - 2n} \right) \sin(5n't - 2nt + 5\varepsilon' - 2\varepsilon) \right.$$
$$\left. + \left(k + 2\frac{\frac{\partial k'}{\partial t}}{5n' - 2n} \right) \cos(5n't - 2nt + 5\varepsilon' - 2\varepsilon) \right].$$

C'est la quantité dont il faut corriger la longitude moyenne $nt + \varepsilon$, dans l'expression elliptique du rayon vecteur et de la longitude vraie, pour avoir la partie des perturbations qui dépend de l'angle $5n't - 2nt$.

Nous verrons dans l'article suivant que, dans la théorie des perturbations de Saturne par l'action de Jupiter, la partie de R dépendante de l'angle $5n't - 2nt + 5\varepsilon' - 2\varepsilon$ est la même que dans la théorie des perturbations de Jupiter par l'action de Saturne, quoique les valeurs de R soient un peu différentes dans ces deux théories. En suivant donc l'analyse précédente, on trouvera facilement que, pour avoir égard dans la théorie de Saturne aux termes qui ont pour diviseur $(5n' - 2n)^2$, il faut ajouter à la longitude moyenne $n't + \varepsilon'$ de cette planète la quantité

$$- \frac{15\,a'mn'^2}{(5n' - 2n)^2} \left[\left(k' - 2\,\frac{\frac{\partial k}{\partial t}}{5n' - 2n} \right) \sin(5n't - 2nt + 5\varepsilon' - 2\varepsilon) \right.$$
$$\left. + \left(k + 2\,\frac{\frac{\partial k'}{\partial t}}{5n' - 2n} \right) \cos(5n't - 2nt + 5\varepsilon' - 2\varepsilon) \right],$$

et calculer son mouvement et son rayon vecteur elliptique avec cette longitude moyenne ainsi corrigée.

Le diviseur $(5n' - 2n)^2$ rend les inégalités précédentes très sensibles, quoique leurs valeurs dépendent des cubes et des produits de trois dimensions des excentricités et des inclinaisons des orbites. Ces valeurs ne sont pas rigoureuses, parce que nous avons négligé les termes qui ont $5n' - 2n$ pour diviseur; mais, à cause de la petitesse de $5n' - 2n$, on peut, sans erreur sensible, négliger $\frac{1}{5n' - 2n}$ vis-à-vis de $\frac{1}{(5n' - 2n)^2}$. Au reste, nous donnerons dans la suite un moyen d'apprécier le degré de précision des valeurs précédentes, et nous ferons voir qu'elles sont très approchées.

On peut observer que ces deux grandes inégalités de Jupiter et de Saturne ont la même période et qu'elles ont un signe contraire; d'où il suit que, si la première fait paraître le mouvement de Saturne de plus en plus lent, la seconde fera paraître celui de Jupiter de plus en plus rapide. Ces deux inégalités sont d'ailleurs dans le rapport constant de $2n^2am'$ à $5n'^2a'm$, rapport qui, comme on le verra ci-après, est environ celui de 3 à 7. Ainsi le ralentissement apparent de Saturne est plus grand que l'accélération apparente de Jupiter dans la raison de 7 à 3.

XXIV.

Déterminons présentement les valeurs de k, k' et de leurs différences; pour cela, nous reprendrons la valeur de R de l'article VII

$$R = \frac{r\sqrt{1-s'^2}}{r'^2}\cos(v'-v) - \frac{1}{[r^2 - 2rr'\sqrt{1-s'^2}\cos(v'-v) + r'^2]^{\frac{1}{2}}}.$$

Si l'on nomme Π la distance du nœud de Saturne à la ligne fixe d'où l'on compte les v; γ la tangente de l'inclinaison de l'orbite de Saturne sur celle de Jupiter, et v'_1 la longitude de Saturne comptée sur son orbite, on aura, aux quantités près de l'ordre γ^3,

$$s' = \gamma\sin(v'_1 - \Pi)$$

et, aux quantités près de l'ordre γ^4,

$$v' = v'_1 - \tfrac{1}{4}\gamma^2\sin 2\Pi - \tfrac{1}{4}\gamma^2\sin 2(v'_1 - \Pi);$$

d'où l'on tire, en négligeant les quantités de l'ordre γ^3,

$$R = \frac{r\sqrt{1-s'^2}}{r'^2}\cos(v'-v) - \frac{1}{[r^2 - 2rr'\cos(v'_1 - v) + r'^2]^{\frac{1}{2}}}$$
$$- \tfrac{1}{4}rr'\frac{\gamma^2[\cos(v'_1 + v - 2\Pi) + \sin 2\Pi\sin(v'_1 - v) - \cos(v'_1 - v)]}{[r^2 - 2rr'\cos(v'_1 - v) + r'^2]^{\frac{3}{2}}}.$$

Il est facile de s'assurer que les parties

$$\frac{r\sqrt{1-s'^2}}{r'^2}\cos(v'-v)$$

et

$$-\tfrac{1}{4}rr'\gamma^2[\sin 2\Pi\sin(v'_1 - v) - \cos(v'_1 - v)]$$

de cette expression de R ne produisent aucun terme de la forme

$$\begin{matrix}\sin\\\cos\end{matrix}(5n't - 2nt + 5\varepsilon' - 2\varepsilon)$$

lorsque l'on n'a égard qu'aux cubes et aux produits de trois dimensions des excentricités et des inclinaisons des orbites; en sorte que la seule partie de R que nous devons considérer est

$$\ldots\frac{1}{[r^2 - 2rr'\cos(v'_1 - v) + r'^2]^{\frac{1}{2}}} - \frac{\frac{1}{4}rr'\gamma^2\cos(v'_1 + v - 2\Pi)}{[r^2 - 2rr'\cos(v'_1 - v) + r'^2]^{\frac{3}{2}}}.$$

Cette partie ne change point en y changeant r et v dans r' et v'_1, et réciproquement; or cette permutation donne la partie de R qui, dans la théorie des perturbations de Saturne par l'action de Jupiter, produit les termes dépendants de l'angle $5n't - 2nt + 5\varepsilon' - 2\varepsilon$; ces deux parties de R sont donc exactement les mêmes dans les deux théories de Jupiter et de Saturne, comme nous l'avons annoncé dans l'article précédent.

Maintenant on a, par la théorie du mouvement elliptique,

$$r = a\left[1 + \tfrac{1}{2}e^2 + (e - \tfrac{3}{8}e^3)\cos(nt + \varepsilon - \varpi)\right.$$
$$\left. - \tfrac{1}{2}e^2\cos 2(nt + \varepsilon - \varpi) + \tfrac{3}{8}e^3\cos 3(nt + \varepsilon - \varpi) + \ldots\right],$$
$$v = nt + \varepsilon - (2e - \tfrac{1}{4}e^3)\sin(nt + \varepsilon - \varpi)$$
$$+ \tfrac{5}{4}e^2\sin 2(nt + \varepsilon - \varpi) - \tfrac{13}{12}e^3\sin 3(nt + \varepsilon - \varpi) + \ldots.$$

On aura les valeurs de r' et de v'_1 en marquant d'un trait, dans celles de r et de v, les lettres a, n, e, ε et ϖ. Cela posé, l'expression de R sera de cette forme

$$\begin{aligned}
R = \quad & M^{(0)}e'^3 \quad \cos(5n't - 2nt + 5\varepsilon' - 2\varepsilon - 3\varpi')\\
& + M^{(1)}e'^2 e \cos(5n't - 2nt + 5\varepsilon' - 2\varepsilon - 2\varpi' - \varpi)\\
& + M^{(2)}e' e^2 \cos(5n't - 2nt + 5\varepsilon' - 2\varepsilon - \varpi' - 2\varpi)\\
& + M^{(3)}e^3 \quad \cos(5n't - 2nt + 5\varepsilon' - 2\varepsilon - 3\varpi)\\
& + M^{(4)}e' \gamma^2 \cos(5n't - 2nt + 5\varepsilon' - 2\varepsilon - 2\Pi - \varpi')\\
& + M^{(5)}e \gamma^2 \cos(5n't - 2nt + 5\varepsilon' - 2\varepsilon - 2\Pi - \varpi),
\end{aligned}$$

et l'on trouvera

$$M^{(0)} = \tfrac{1}{16}\left(-236\,A^{(3)} + 111\,a'\frac{\partial A^{(3)}}{\partial a'} - 18\,a'^2\frac{\partial^2 A^{(3)}}{\partial a'^2} + a'^3\frac{\partial^3 A^{(3)}}{\partial a'^3}\right),$$

$$M^{(1)} = \tfrac{1}{16}\left(306\,A^{(3)} + 51\,a\frac{\partial A^{(3)}}{\partial a} - 84\,a'\frac{\partial A^{(3)}}{\partial a'} - 14\,aa'\frac{\partial^2 A^{(3)}}{\partial a\,\partial a'} + 6\,a'^2\frac{\partial^2 A^{(3)}}{\partial a'^2} + aa'^2\frac{\partial^3 A^{(3)}}{\partial a\,\partial a'^2}\right),$$

$$M^{(2)} = \tfrac{1}{16}\left(-352\,A^{(4)} - 113\,a\frac{\partial A^{(4)}}{\partial a} + 44\,a'\frac{\partial A^{(4)}}{\partial a'} - 8\,a^2\frac{\partial^2 A^{(4)}}{\partial a^2} + 14\,aa'\frac{\partial^2 A^{(4)}}{\partial a\,\partial a'} + a^2 a'\frac{\partial^3 A^{(4)}}{\partial a^2\,\partial a'}\right),$$

$$M^{(3)} = \tfrac{1}{16}\left(380\,A^{(5)} + 174\,a\frac{\partial A^{(5)}}{\partial a} + 24\,a^2\frac{\partial^2 A^{(5)}}{\partial a^2} + a^3\frac{\partial^3 A^{(5)}}{\partial a^3}\right),$$

$$M^{(4)} = \frac{aa'}{16}\left(7\,L^{(3)} - a'\frac{\partial L^{(3)}}{\partial a'}\right),$$

$$M^{(5)} = \frac{aa'}{16}\left(7\,L^{(4)} + a\frac{\partial L^{(4)}}{\partial a}\right).$$

De là on tire, par l'article XV,

$$a'M^{(0)} = \tfrac{1}{16}\left(389\,b_{\frac{1}{2}}^{(3)} + 201\,\alpha\frac{db_{\frac{1}{2}}^{(3)}}{d\alpha} + 27\,\alpha^2\frac{d^2 b_{\frac{1}{2}}^{(3)}}{d\alpha^2} + \alpha^3\frac{d^3 b_{\frac{1}{2}}^{(3)}}{d\alpha^3}\right),$$

$$a'M^{(1)} = -\tfrac{1}{16}\left(402\,b_{\frac{1}{2}}^{(3)} + 193\,\alpha\frac{db_{\frac{1}{2}}^{(3)}}{d\alpha} + 26\,\alpha^2\frac{d^2 b_{\frac{1}{2}}^{(3)}}{d\alpha^2} + \alpha^3\frac{d^3 b_{\frac{1}{2}}^{(3)}}{d\alpha^3}\right),$$

$$a'M^{(2)} = \tfrac{1}{16}\left(396\,b_{\frac{1}{2}}^{(4)} + 184\,\alpha\frac{db_{\frac{1}{2}}^{(4)}}{d\alpha} + 25\,\alpha^2\frac{d^2 b_{\frac{1}{2}}^{(4)}}{d\alpha^2} + \alpha^3\frac{d^3 b_{\frac{1}{2}}^{(4)}}{d\alpha^3}\right),$$

$$a'M^{(3)} = -\tfrac{1}{16}\left(380\,b_{\frac{1}{2}}^{(5)} + 174\,\alpha\frac{db_{\frac{1}{2}}^{(5)}}{d\alpha} + 24\,\alpha^2\frac{d^2 b_{\frac{1}{2}}^{(5)}}{d\alpha^2} + \alpha^3\frac{d^3 b_{\frac{1}{2}}^{(5)}}{d\alpha^3}\right),$$

$$a'M^{(4)} = \frac{\alpha}{16}\left(10\,b_{\frac{3}{2}}^{(3)} + \alpha\frac{db_{\frac{3}{2}}^{(3)}}{d\alpha}\right),$$

$$a'M^{(5)} = -\frac{\alpha}{16}\left(7\,b_{\frac{3}{2}}^{(4)} + \alpha\frac{db_{\frac{3}{2}}^{(4)}}{d\alpha}\right).$$

On aura ensuite

$$\begin{aligned}
k = {}& M^{(0)}e'^3\sin 3\varpi' + M^{(1)}e'^2 e\sin(2\varpi'+\varpi) + M^{(2)}e'e^2\sin(\varpi'+2\varpi)\\
& + M^{(3)}e^3\sin 3\varpi + M^{(4)}e'\gamma^2\sin(2\Pi+\varpi') + M^{(5)}e\gamma^2\sin(2\Pi+\varpi),
\end{aligned}$$

$$\begin{aligned}
k' = {}& -M^{(0)}e'^3\cos 3\varpi' - M^{(1)}e'^2 e\cos(2\varpi'+\varpi) - M^{(2)}e'e^2\cos(\varpi'+2\varpi)\\
& - M^{(3)}e^3\cos 3\varpi - M^{(4)}e'\gamma^2\cos(2\Pi+\varpi') - M^{(5)}e\gamma^2\cos(2\Pi+\varpi).
\end{aligned}$$

En différentiant ces valeurs de k et de k' par rapport à e, e', ϖ, ϖ' et Π, et en substituant, au lieu des différences de ces dernières quantités, les valeurs qui résultent des articles XVI et suivants, on aura les expressions de $\dfrac{\partial k}{\partial t}$ et de $\dfrac{\partial k'}{\partial t}$.

XXV.

Il existe encore dans la théorie des perturbations de Jupiter et de Saturne des inégalités sensibles, dépendantes du rapport approché de commensurabilité qui a lieu entre les mouvements de ces deux planètes. Supposons, en effet, que, dans l'équation différentielle (10) de l'article VII, l'approximation étendue jusqu'aux carrés et aux produits deux à deux des excentricités et des inclinaisons des orbites introduise un terme de la forme $A\,\genfrac{}{}{0pt}{}{\sin}{\cos}(3nt - 5n't + 3\varepsilon - 5\varepsilon')$, il est visible qu'il en résultera dans la valeur de $r\,\delta r$ le terme

$$\frac{-A}{n^2 - (3n - 5n')^2}\,\genfrac{}{}{0pt}{}{\sin}{\cos}(3nt - 5n't + 3\varepsilon - 5\varepsilon');$$

or on a

$$n^2 - (3n - 5n')^2 = (5n' - 2n)(4n - 5n').$$

Ainsi l'intégration donne au terme dont il s'agit le très petit diviseur $5n' - 2n$, et, comme ce terme n'est que de l'ordre des carrés des excentricités, on voit qu'il peut en résulter des inégalités sensibles dans les valeurs de $\dfrac{\delta r}{a}$ et de δv. Ces inégalités sont liées à celle qui dépend de l'angle $5n't - 2nt + 5\varepsilon' - 2\varepsilon$ par un rapport assez remarquable qui les donne fort simplement au moyen des valeurs de k et de k' de l'article précédent.

Pour cela, soit p la partie de $r\,\delta r$ qui, dépendante de l'angle $5n't - 2nt + 5\varepsilon' - 2\varepsilon$, a pour diviseur $5n' - 2n$; représentons ensuite par

$$P \sin(3nt - 5n't + 3\varepsilon - 5\varepsilon') + Q \cos(3nt - 5n't + 3\varepsilon - 5\varepsilon')$$

la partie de $\dfrac{\delta r}{a}$ qui dépend de l'angle $3nt - 5n't + 3\varepsilon - 5\varepsilon'$, P et Q

ayant, comme on vient de le voir, $5n' - 2n$ pour diviseur. Si, dans l'équation (10) de l'article **VII**, on n'a égard qu'aux termes dépendants de l'angle $5n't - 2nt + 5\varepsilon' - 2\varepsilon$, et qui ont en même temps $5n' - 2n$ pour diviseur, on aura

$$0 = \frac{\rho}{a^2} + eP \sin(5n't - 2nt + 5\varepsilon' - 2\varepsilon - \varpi)$$
$$- eQ \cos(5n't - 2nt + 5\varepsilon' - 2\varepsilon - \varpi) + 2a \int dR,$$

pourvu que, dans l'intégrale $\int dR$, on ne conserve que les termes qui dépendent de l'angle $5n't - 2nt + 5\varepsilon' - 2\varepsilon$. Cette équation ne suffit pas pour déterminer les quantités ρ, P et Q; mais on peut en avoir une seconde entre les mêmes quantités, de cette manière.

Si l'on multiplie la première des équations (A) de l'article I par y, la seconde par $-x$, et qu'ensuite on les ajoute, l'intégrale de leur somme sera

$$\frac{x\,dy - y\,dx}{dt} = c + m' \int dt \left(\frac{x'y - y'x}{r'^3} - y\frac{\partial\lambda}{\partial x} + x\frac{\partial\lambda}{\partial y} \right);$$

or on a

$$\frac{x\,dy - y\,dx}{dt} = r^2 \frac{dv}{dt},$$

et si, comme nous l'avons fait précédemment, on prend pour le plan fixe des x et des y celui de l'orbite primitive de m, on aura

$$\frac{x'y - y'x}{r'^3} - y\frac{\partial\lambda}{\partial x} + x\frac{\partial\lambda}{\partial y} = - \frac{r\sqrt{1 - s'^2}}{r'^3} \sin(v' - v)$$
$$+ \frac{rr'\sqrt{1 - s'^2} \sin(v' - v)}{[r^2 - 2rr'\sqrt{1 - s'^2} \cos(v' - v) + r'^2]^{\frac{3}{2}}} = - \frac{\partial R}{\partial v};$$

la différence partielle $\dfrac{\partial R}{\partial v}$ étant prise en ne faisant varier que v dans l'expression de R de l'article **VII** et en regardant r, r', v' et s' comme constants. On aura donc

$$\frac{dv}{dt} = \frac{c - m' \int dt \frac{\partial R}{\partial v}}{r^2},$$

d'où l'on tire

$$\frac{d\delta v}{dt} = -\frac{2c\,\delta r}{r^3} - \frac{\int dt\,\frac{\partial \mathrm{R}}{\partial v}}{r^3};$$

or on a

$$c = \sqrt{a(1 - e^2)},$$

et, si l'on ne considère que les termes dépendants de l'angle $5n't - 2nt + 5\varepsilon' - 2\varepsilon$, qui ont pour diviseur $5n' - 2n$, on a, par l'article **XXI**,

$$\frac{d\delta v}{dt} = 3an \int d\mathrm{R};$$

on aura donc, à très peu près, en ne considérant que les termes qui dépendent du même angle et qui ont le même diviseur,

$$3a \int d\mathrm{R} = -\frac{2\rho}{a^2} - 3e\mathrm{P}\sin(5n't - 2nt + 5\varepsilon' - 2\varepsilon - \varpi)$$
$$+ 3e\mathrm{Q}\cos(5n't - 2nt + 5\varepsilon' - 2\varepsilon - \varpi) - a\int n\,dt\,\frac{\partial \mathrm{R}}{\partial v}.$$

Cette équation, comparée à celle que nous avons trouvée ci-dessus entre les mêmes quantités ρ, P et Q, donne

$$e\mathrm{P}\sin(5n't - 2nt + 5\varepsilon' - 2\varepsilon - \varpi)$$
$$- e\mathrm{Q}\cos(5n't - 2nt + 5\varepsilon' - 2\varepsilon - \varpi) = a\int\left(d\mathrm{R} - n\,dt\,\frac{\partial \mathrm{R}}{\partial v}\right).$$

Pour avoir $\frac{\partial \mathrm{R}}{\partial v}$, nous observerons que R est fonction de $v' - v$, r, r' et s', et, comme dans la supposition de l'orbite circulaire de Jupiter r est constant et $v = nt + \varepsilon$, on aura, dans cette supposition,

$$\frac{\partial \mathrm{R}}{\partial v} = \frac{\partial \mathrm{R}}{\partial \varepsilon}.$$

Cette équation n'a plus lieu lorsque l'orbite de Jupiter est elliptique, parce que l'ellipticité introduit l'angle ε dans r et dans v; mais on voit par les expressions elliptiques de r et de v, données dans l'article précédent, que ε est toujours accompagné de $-\varpi$ dans ce qui a rapport à l'ellipticité, d'où il suit que, pourvu que l'on suppose $\varepsilon - \varpi$ constant, on aura encore, dans le cas où l'orbite de Jupiter est elliptique,

$$\frac{\partial \mathrm{R}}{\partial v} = \frac{\partial \mathrm{R}}{\partial \varepsilon}.$$

En substituant donc, au lieu de R, la partie de sa valeur qui dépend de l'angle $5n't - 2nt + 5\varepsilon' - 2\varepsilon$, et dont nous avons donné l'expression dans l'article précédent, on aura

$$\begin{aligned}
\frac{\partial \mathrm{R}}{\partial v} = \;\; & 2\mathrm{M}^{(0)} e'^3 \;\; \sin(5n't - 2nt + 5\varepsilon' - 2\varepsilon - 3\varpi') \\
& + 3\mathrm{M}^{(1)} e'^2 e \sin(5n't - 2nt + 5\varepsilon' - 2\varepsilon - 2\varpi' - \varpi) \\
& + 4\mathrm{M}^{(2)} e' e^2 \sin(5n't - 2nt + 5\varepsilon' - 2\varepsilon - \varpi' - 2\varpi) \\
& + 5\mathrm{M}^{(3)} e^3 \;\; \sin(5n't - 2nt + 5\varepsilon' - 2\varepsilon - 3\varpi) \\
& + 2\mathrm{M}^{(4)} e' \gamma^2 \sin(5n't - 2nt + 5\varepsilon' - 2\varepsilon - 2\Pi - \varpi') \\
& + 3\mathrm{M}^{(5)} e \, \gamma^2 \sin(5n't - 2nt + 5\varepsilon' - 2\varepsilon - 2\Pi - \varpi)
\end{aligned}$$

et, par conséquent,

$$\begin{aligned}
a \int' \left(d\mathrm{R} - n\, dt\, \frac{\partial \mathrm{R}}{\partial v} \right) &= \frac{nea}{5n' - 2n} \frac{\partial \mathrm{R}}{\partial e} \\
&= \frac{nea}{5n' - 2n} \left[\;\; \frac{\partial k}{\partial e} \sin(5n't - 2nt + 5\varepsilon' - 2\varepsilon) \right. \\
&\qquad\qquad \left. - \frac{\partial k'}{\partial e} \cos(5n't - 2nt + 5\varepsilon' - 2\varepsilon) \right].
\end{aligned}$$

De là, il est aisé de conclure

$$\mathrm{P} = \frac{na}{5n' - 2n} \left(\frac{\partial k}{\partial e} \cos\varpi + \frac{\partial k'}{\partial e} \sin\varpi \right),$$

$$\mathrm{Q} = \frac{na}{5n' - 2n} \left(\frac{\partial k'}{\partial e} \cos\varpi - \frac{\partial k}{\partial e} \sin\varpi \right).$$

On aura la partie de δv qui dépend de l'angle $3nt - 5n't + 3\varepsilon - 5\varepsilon'$ au moyen de la formule (9) de l'article VII; en observant que, si l'on n'a égard qu'aux termes du second ordre dépendants de cet angle et qui ont en même temps $5n' - 2n$ pour diviseur, cette formule donne à très peu près

$$\delta v = \frac{2\, r d\, \delta r}{a^2 n\, dt};$$

d'où l'on tire, en négligeant $5n' - 2n$ vis-à-vis de n,

$$\delta v = \quad 2\,\mathrm{P}\cos(3nt - 5n't + 3\varepsilon - 5\varepsilon')$$
$$- 2\,\mathrm{Q}\sin(3nt - 5n't + 3\varepsilon - 5\varepsilon').$$

XXVI.

La même raison qui nous oblige d'avoir égard, dans les expressions de $\frac{\partial r}{a}$ et de δv aux termes dépendants de l'angle $3nt - 5n't + 3\varepsilon - 5\varepsilon'$, rend également nécessaire la considération des termes dépendants de l'angle $2nt - 4n't + 2\varepsilon - 4\varepsilon'$ dans les expressions de $\frac{\partial r'}{a'}$ et de $\delta v'_{,}$ $v'_{,}$ étant la longitude de Saturne comptée sur son orbite. Il est aisé de voir, en effet, qu'en intégrant l'équation différentielle du second ordre, qui donne $r'\,\delta r'$, les termes dépendants de l'angle dont il s'agit acquièrent le diviseur

$$n'^2 - (2n - 4n')^2 \quad \text{ou} \quad (2n - 3n')(5n' - 2n),$$

et deviennent très sensibles par la petitesse de $5n' - 2n$. Soit donc

$$\mathrm{P}'\sin(2nt - 4n't + 2\varepsilon - 4\varepsilon')$$
$$+ \mathrm{Q}'\cos(2nt - 4n't + 2\varepsilon - 4\varepsilon')$$

la partie de $\frac{\partial r'}{a'}$ qui dépend de l'angle $2nt - 4n't + 2\varepsilon - 4\varepsilon'$; on trouvera, par une analyse entièrement semblable à celle de l'article précédent,

$$\mathrm{P}' = \frac{n'a'}{5n' - 2n}\left(\frac{\partial k}{\partial e'}\cos\varpi' + \frac{\partial k'}{\partial e'}\sin\varpi'\right),$$
$$\mathrm{Q}' = \frac{n'a'}{5n' - 2n}\left(\frac{\partial k'}{\partial e'}\cos\varpi' - \frac{\partial k}{\partial e'}\sin\varpi'\right).$$

On aura ensuite, en n'ayant égard qu'aux termes dépendants du même angle,

$$\delta v'_{1} = \quad 2\,\mathrm{P}'\cos(2nt - 4n't + 2\varepsilon - 4\varepsilon')$$
$$- 2\,\mathrm{Q}'\sin(2nt - 4n't + 2\varepsilon - 4\varepsilon').$$

XXVII.

Il nous reste présentement à considérer les parties de δs et de $\delta s'$, qui dépendent des carrés et des produits de deux dimensions des excentricités et des inclinaisons des orbites. Pour cela, nous reprendrons la formule (7) de l'article VI, et nous supposerons d'abord, comme dans l'article XI, que le plan des x et des y est celui de l'orbite primitive de m, ce qui donne $z = 0$ et $s = 0$. Cette formule devient alors, en négligeant les quantités du troisième ordre,

$$\delta s = \frac{ax}{r} \int n\,dt\,y \frac{\partial R}{\partial z} - \frac{ay}{r} \int n\,dt\,x \frac{\partial R}{\partial z}.$$

Considérons les termes de cette valeur de δs, qui, n'étant que du second ordre, ont pour diviseur $5n' - 2n$. Il est visible que ces termes ne peuvent être produits que par l'intégration des fonctions différentielles

$$n\,dt\,y \frac{\partial R}{\partial z} \quad \text{et} \quad n\,dt\,x \frac{\partial R}{\partial z};$$

or, l'intégration de ces formules ne peut introduire $5n' - 2n$ en diviseur qu'au moyen des termes de la forme $\frac{\sin}{\cos}(5n't - 2nt + 5\varepsilon' - 2\varepsilon)$ qu'elles renferment; voyons donc les termes de cette forme, qui peuvent exister parmi les quantités du second ordre, renfermées dans les fonctions différentielles précédentes.

Si l'on substitue, au lieu de R, sa valeur donnée dans l'article IV, on aura

$$y \frac{\partial R}{\partial z} = \frac{y z'}{r'^3} - \frac{y z'}{[(x' - x)^2 + (y' - y)^2 + (z' - z)^2]^{\frac{3}{2}}}.$$

En négligeant les quantités du troisième ordre et en substituant au lieu de x, y, z, x', y', z' leurs valeurs, on trouvera

$$y \frac{\partial R}{\partial z} = \frac{r\gamma}{2r'^3}[\cos(v'_1 - v - \Pi) - \cos(v'_1 + v - \Pi)]$$
$$+ \frac{\frac{1}{2} rr'\gamma [\cos(v'_1 + v - \Pi) - \cos(v'_1 - v - \Pi)]}{[r^2 - 2rr'\cos(v'_1 - v) + r'^2]^{\frac{3}{2}}}.$$

Il est facile de s'assurer que les quantités

$$\frac{r\gamma}{2\,r'^2}\left[\cos(v'_1 - v - \Pi) - \cos(v'_1 + v - \Pi)\right]$$

et

$$-\frac{\frac{1}{2}rr'\gamma\cos(v'_1 - v - \Pi)}{\left[r^2 - 2rr'\cos(v'_1 - v) + r'^2\right]^{\frac{3}{2}}}$$

ne produisent aucun terme du second ordre dépendant de l'angle $5n't - 2nt + 5\varepsilon' - 2\varepsilon$. La quantité

$$\frac{\frac{1}{2}rr'\gamma\cos(v'_1 + v - \Pi)}{\left[r^2 - 2rr'\cos(v'_1 - v) + r'^2\right]^{\frac{3}{2}}}$$

en produit de semblables, et il est aisé de voir, par l'article XXIV, que, pour les obtenir, il suffit : 1° de changer 2Π en Π dans les termes de l'expression de R, multipliés par γ^2; 2° de multiplier ensuite ces termes par $-\frac{2}{\gamma}$. La partie de la quantité précédente qui dépend de l'angle $5n't - 2nt + 5\varepsilon' - 2\varepsilon$ sera conséquemment

$$-2M^{(4)}e'\gamma\cos(5n't - 2nt + 5\varepsilon' - 2\varepsilon - \Pi - \varpi'),$$
$$-2M^{(5)}e\,\gamma\cos(5n't - 2nt + 5\varepsilon' - 2\varepsilon - \Pi - \varpi),$$

ce qui donne

$$\int n\,dt\,y\,\frac{\partial R}{\partial z} = -\frac{2\gamma n}{5n' - 2n}\left[\begin{array}{l} e'M^{(4)}\sin(5n't - 2nt + 5\varepsilon' - 2\varepsilon - \Pi - \varpi') \\ + e\,M^{(5)}\sin(5n't - 2nt + 5\varepsilon' - 2\varepsilon - \Pi - \varpi)\end{array}\right].$$

On trouvera, par une analyse semblable,

$$\int n\,dt\,x\,\frac{\partial R}{\partial z} = -\frac{2\gamma n}{5n' - 2n}\left[\begin{array}{l} e'M^{(4)}\cos(5n't - 2nt + 5\varepsilon' - 2\varepsilon - \Pi - \varpi') \\ + e\,M^{(5)}\cos(5n't - 2nt + 5\varepsilon' - 2\varepsilon - \Pi - \varpi)\end{array}\right].$$

La valeur précédente de δs deviendra donc, en n'ayant égard qu'aux termes du second ordre, qui ont pour diviseur $5n' - 2n$,

$$\delta s = \frac{2a\gamma n}{5n' - 2n}\left[\begin{array}{l} e'M^{(4)}\sin(3nt - 5n't + 3\varepsilon - 5\varepsilon' + \Pi + \varpi') \\ + e\,M^{(5)}\sin(3nt - 5n't + 3\varepsilon - 5\varepsilon' + \Pi + \varpi)\end{array}\right].$$

Supposons maintenant que le plan fixe des x et des y, au lieu d'être celui de l'orbite primitive de m, soit un plan fixe quelconque, qui lui soit très peu incliné; l'expression que nous venons de trouver pour $m'\delta s$ sera encore la partie des perturbations de m en latitude, qui a pour diviseur $5n' - 2n$, et qu'il faut ajouter à la latitude de m, calculée dans l'hypothèse où son mouvement a lieu sur le plan de l'orbite primitive.

Une analyse semblable donnera

$$\delta s' = -\frac{2a'\gamma n'}{5n' - 2n}\left[\begin{array}{l} e'\mathrm{M}^{(1)}\sin(2nt - 4n't + 2\varepsilon - 4\varepsilon' + \Pi + \varpi') \\ + e\,\mathrm{M}^{(1)}\sin(2nt - 4n't + 2\varepsilon - 4\varepsilon' + \Pi + \varpi) \end{array}\right].$$

XXVIII.

Il suit de ce qui précède que les inégalités un peu considérables, dépendantes des carrés et des puissances supérieures des excentricités et des inclinaisons des orbites, sont liées entre elles par des rapports qui les déterminent au moyen des valeurs de k et de k'. Ces inégalités ont pour arguments les angles $5n't - 2nt + 5\varepsilon' - 2\varepsilon$, $3nt - 5n't + 3\varepsilon - 5\varepsilon'$, $2nt - 4n't + 2\varepsilon - 4\varepsilon'$, $5n't - nt + 5\varepsilon' - \varepsilon$, $6n't - 2nt + 6\varepsilon' - 2\varepsilon$. Les inégalités relatives à ces deux derniers arguments résultent de la substitution de la longitude moyenne corrigée par l'article XXIII dans les expressions du mouvement elliptique de Jupiter et de Saturne; elles dépendent des quatrièmes puissances et des produits de quatre dimensions, des excentricités et des inclinaisons des orbites; et, comme elles sont fort sensibles, on voit la nécessité de porter dans la théorie de Jupiter et de Saturne l'approximation jusqu'aux quantités du quatrième ordre.

Toutes ces inégalités peuvent être considérées comme le résultat de variations dans les éléments des orbites elliptiques, dépendantes de l'angle $5n't - 2nt + 5\varepsilon' - 2\varepsilon$. On a déjà vu, dans l'article XXIII, qu'il faut corriger les longitudes moyennes de Jupiter et de Saturne par des inégalités dépendantes de cet angle; il est facile, d'ailleurs, de s'assurer que les inégalités déterminées dans les articles XXV et XXVI représentent des variations dans les équations du centre de

Jupiter et de Saturne et dans la position de leurs aphélies, dépendantes du même angle, et que, les inégalités déterminées dans l'article précédent, représentent des variations dans les nœuds et les inclinaisons des orbites qui dépendent encore de cet angle.

Les coefficients de ces inégalités, étant fonctions des éléments des orbites, varient avec ces éléments; il faut donc, à la rigueur, substituer dans les expressions analytiques de ces coefficients leurs valeurs déterminées par les articles XVI et suivants; mais il est beaucoup plus commode, pour les usages astronomiques, de déterminer les valeurs de ces coefficients à différentes époques, et d'avoir ainsi la loi de leurs variations, comme nous l'avons proposé, relativement aux inégalités séculaires des éléments des orbites.

SECTION SECONDE.

THÉORIE DE SATURNE.

XXIX.

Détermination numérique des inégalités de Saturne.

Pour réduire en nombres les inégalités auxquelles nous sommes parvenus dans la Section précédente, il faut connaitre les constantes arbitraires qui entrent dans leurs expressions analytiques. Ces constantes relatives au mouvement elliptique de Jupiter et de Saturne sont leurs moyennes distances au Soleil, leurs longitudes moyennes à une époque donnée, leurs excentricités et les positions de leurs aphélies, les inclinaisons de leurs orbites et les positions de leurs nœuds. Les observations ne donnent que les mouvements vrais des planètes; pour en conclure les éléments précédents, il faudrait connaitre d'avance l'effet des perturbations et le retrancher du résultat des observations pour avoir la partie due au mouvement elliptique; ainsi, la détermination des inégalités de Jupiter et de Saturne et celle des éléments

de leurs orbites dépendent réciproquement l'une de l'autre, et l'on
ne peut parvenir à les bien connaître que par des approximations successives. C'est dans cette vue que j'ai commencé par tirer de l'analyse
précédente une formule de correction des Tables de Saturne, de
Halley. En comparant ensuite cette formule à un grand nombre d'oppositions, je suis parvenu à les représenter avec exactitude, et j'ai
reconnu en même temps que les éléments des Tables de Halley avaient
besoin de corrections considérables. J'ai suivi une autre méthode relativement à Jupiter; les Tables de cette planète, publiées par M. Var-
gentin, représentaient assez bien, à l'époque où elles ont paru, les
observations faites depuis un siècle; ce savant astronome a eu égard,
dans ces Tables, aux inégalités de Jupiter indépendantes des excentricités des orbites, et à celles qui ne dépendent que de leurs premières
puissances; mais les grandes inégalités qui altèrent le moyen mouvement de cette planète, son excentricité et la position de son aphélie,
lui étant inconnues, il a dû les comprendre dans les éléments elliptiques de ses Tables. Ainsi, pour corriger ces éléments, il suffit d'en
retrancher l'effet de ces inégalités.

Les éléments suivants de Jupiter et de Saturne sont le résultat de
ces calculs. Ils auront encore besoin d'être corrigés, surtout quand on
comparera la théorie aux oppositions de Jupiter et de Saturne, discutées avec plus de soin et de précision qu'elles ne l'ont été jusqu'ici;
mais ces corrections doivent être peu considérables et ne peuvent
avoir qu'une très petite influence sur les inégalités de ces deux planètes.

L'époque à laquelle je rapporterai mes calculs est le milieu de ce
siècle ou le commencement de 1750, à Paris, temps moyen. Je l'ai
choisie parce qu'elle est à peu près moyenne entre les intervalles des
bonnes observations modernes et que d'ailleurs les principaux éléments de l'Astronomie ont été déterminés vers cette époque par les
travaux de plusieurs observateurs célèbres.

Éléments de Jupiter et de Saturne au commencement de 1750.

Longitude moyenne ϵ' de Saturne.................... $7^s 21°17'20''$
Longitude moyenne ϖ' de son aphélie.................. $8^s 28°\ 7'24''$
Excentricité e'................................... $0,056263$
Longitude moyenne l' do son nœud ascendant.......... $3^s 21°31'17''$
Inclinaison de son orbite à l'écliptique, ou ang. tang θ'.. $\quad 2°30'20''$
Moyen mouvement sidéral pendant une année commune
    de 365 jours.. $12°12'46'',5 = 43966'',5$
Moyenne distance au Soleil........................... $9,54007$
    celle de la Terre au Soleil étant prise pour unité.

Quant à la masse m' de Saturne, j'adopterai celle que M. de la Grange a donnée dans les *Mémoires de Berlin* de 1782, page 186; en discutant avec soin les observations des satellites de cette planète, cet illustre géomètre a trouvé qu'il fallait un peu diminuer la masse de Saturne, déterminée par Newton, et ce qui ajoute à la probabilité de son résultat, c'est qu'il rapproche de l'observation, d'environ 10 jours, le calcul des perturbations de la comète de 1759; il réduit à 13 jours la différence de 23 jours que M. Clairaut a trouvée entre l'instant calculé et l'instant observé du passage de cette comète par son périhélie en 1759. En prenant donc pour unité la masse du Soleil, je supposerai

$$m' = \frac{1}{3358,40}.$$

Relativement à Jupiter,

$$\epsilon\ =\ \quad 3°44'30'',$$
$$\varpi = 6^s 10°\ 2'49'',$$
$$e\ = 0,048151,$$
$$l\ = 3^s\ \ 8°16'\ 0'',$$
$$\text{Ang. tang.}\ \theta\ =\ \quad 1°19'10''.$$

Le moyen mouvement sidéral de Jupiter, dans l'intervalle de 365 jours, est égal à $30°19'42'' = 109182''$.

$$a\ = 5,20098,$$
$$m = \frac{1}{1067,195}.$$

XXX.

Les valeurs précédentes de a et de a' donnent

$$\frac{a}{a'} = \alpha = 0,545172;$$

d'où j'ai conclu, par les formules de l'article XIV,

$$b_{-\frac{1}{2}}^{(0)} = 2,151600, \qquad b_{-\frac{1}{2}}^{(1)} = -0,524084.$$

Ces valeurs m'ont donné les suivantes :

$$b_{\frac{1}{2}}^{(0)} = 2,180130, \qquad b_{\frac{1}{2}}^{(1)} = 0,620436,$$
$$b_{\frac{3}{2}}^{(2)} = 0,257489, \qquad b_{\frac{3}{2}}^{(3)} = 0,117886,$$
$$b_{\frac{5}{2}}^{(4)} = 0,0565116, \qquad b_{\frac{5}{2}}^{(5)} = 0,0278371,$$
$$b_{\frac{7}{2}}^{(6)} = 0,0139787, \qquad b_{\frac{7}{2}}^{(7)} = 0,00714873,$$
$$b_{\frac{9}{2}}^{(8)} = 0,00376118;$$

$$\frac{db_{\frac{1}{2}}^{(0)}}{dx} = 0,808367, \qquad \frac{db_{\frac{1}{2}}^{(1)}}{dx} = 1,482776,$$
$$\frac{db_{\frac{1}{2}}^{(2)}}{dx} = 1,104622, \qquad \frac{db_{\frac{1}{2}}^{(3)}}{dx} = 0,725968,$$
$$\frac{db_{\frac{1}{2}}^{(4)}}{dx} = 0,452687, \qquad \frac{db_{\frac{1}{2}}^{(5)}}{dx} = 0,274045,$$
$$\frac{db_{\frac{1}{2}}^{(6)}}{dx} = 0,162578, \qquad \frac{db_{\frac{1}{2}}^{(7)}}{d\alpha} = 0,0946947;$$

$$\frac{d^2 b_{\frac{1}{2}}^{(0)}}{d\alpha^2} = 2,873503, \qquad \frac{d^2 b_{\frac{1}{2}}^{(1)}}{d\alpha^2} = 2,550988,$$
$$\frac{d^2 b_{\frac{1}{2}}^{(2)}}{d\alpha^2} = 3,519366, \qquad \frac{d^2 b_{\frac{1}{2}}^{(3)}}{d\alpha^2} = 3,532195,$$
$$\frac{d^2 b_{\frac{1}{2}}^{(4)}}{d\alpha^2} = 2,994607, \qquad \frac{d^2 b_{\frac{1}{2}}^{(5)}}{d\alpha^2} = 2,303625,$$
$$\frac{d^2 b_{\frac{1}{2}}^{(6)}}{d\alpha^2} = 1,667085; \, .$$

$$\frac{d^2 b_{\frac{1}{2}}^{(2)}}{da^2} = 12,817153, \qquad \frac{d^2 b_{\frac{1}{2}}^{(3)}}{da^2} = 15,437940,$$

$$\frac{d^2 b_{\frac{1}{2}}^{(4)}}{da^2} = 17,032088, \qquad \frac{d^2 b_{\frac{1}{2}}^{(5)}}{da^2} = 16,622999;$$

$$b_{\frac{3}{2}}^{(0)} = 4,381341, \qquad b_{\frac{3}{2}}^{(1)} = 3,183288,$$

$$b_{\frac{3}{2}}^{(2)} = 2,080158, \qquad b_{\frac{3}{2}}^{(3)} = 1,294049,$$

$$b_{\frac{3}{2}}^{(4)} = 0,782736, \qquad b_{\frac{3}{2}}^{(5)} = 0,464779;$$

$$\frac{d b_{\frac{1}{2}}^{(3)}}{da} = 6,351452, \qquad \frac{d b_{\frac{1}{2}}^{(4)}}{da} = 5,255727.$$

XXXI.

Nous allons, d'après ces résultats, déterminer numériquement les inégalités séculaires des orbites de Jupiter et de Saturne. Nous commençons par ces inégalités, parce qu'elles influent sur les autres, et principalement sur celles qui dépendent de l'angle

$$5n't - 2nt + 5\varepsilon' - 2\varepsilon,$$

comme on l'a vu dans l'article XXIII.

Reprenons les formules de l'article XVIII

$$\delta e' = \boxed{1,0}\, ie \sin(\varpi - \varpi'),$$

$$\delta \varpi' = (1,0)\, i - \boxed{1,0}\, \frac{ie}{e'} \cos(\varpi - \varpi'),$$

$$\delta e = \boxed{0,1}\, ie' \sin(\varpi' - \varpi),$$

$$\delta \varpi = (0,1)\, i - \boxed{0,1}\, \frac{ie'}{e} \cos(\varpi' - \varpi).$$

On a, par l'article XVI,

$$(1,0) = \frac{mn'\,\mathrm{T}}{4}\, a'^2\, a(a, a')';$$

mais

$$(a, a')' = \frac{b_{\frac{3}{2}}^{(1)}}{a'^{3}},$$

partant

$$(1,0) = \frac{mn'\mathrm{T}}{4}\,\alpha\, b_{\frac{3}{2}}^{(1)}.$$

On aura de la même manière

$$\boxed{1,0} = \frac{mn'\mathrm{T}}{2}\left[(1 + \alpha^{2})\, b_{\frac{3}{2}}^{(1)} - 3\,\alpha\, b_{\frac{3}{2}}^{(0)}\right].$$

Le moyen mouvement sidéral de Saturne, dans l'intervalle de 365 jours, est, par l'article **XXIX**, égal à $43\,966'',5$; en y ajoutant le mouvement de Saturne dans l'intervalle de six heures, on aura $43\,996'',5$ pour le mouvement de cette planète pendant une année julienne; ce sera la valeur de $n'\mathrm{T}$, et l'on trouvera

$$(1,0) = 17'',88644,$$
$$\boxed{1,0} = 11'',68819.$$

On trouvera pareillement

$$(0,1) = 7'',69481,$$
$$\boxed{0,1} = 5'',02829.$$

On aura ainsi, en désignant par i le nombre des années juliennes écoulées depuis 1750,

$$\delta e' = - i.\ 0,55065,$$
$$\delta \varpi' = \ \ i.15,81975,$$
$$\delta e = \ \ i.\ 0,27681,$$
$$\delta \varpi = \ \ i.\ 6,48092.$$

Mais, comme il est nécessaire d'avoir ces valeurs avec beaucoup de précision pour le calcul des observations anciennes, nous allons en donner de plus approchées. Pour cela, nous observerons que les valeurs précédentes donnent, en 750,

$$e' = 0,056264 + 550',65,$$

et, en réduisant les secondes en parties du rayon,

$$e' = 0,058934.$$

On avait, à la même époque,

$$\varpi' = 8^s 23^\circ 43' 45''$$

et, relativement à Jupiter,

$$e = 0,046810,$$
$$\varpi = 6^s 8^\circ 14' 48''.$$

De là il est aisé de conclure, par l'article XVIII,

$$\frac{de'_1}{di} = -\ 0,52964,$$

$$\frac{d\varpi'_1}{di} = \ \ 15,55926,$$

$$\frac{de'_1}{di} = \ \ 0,28687,$$

$$\frac{d\varpi'_1}{di} = \ \ 6,10787,$$

ce qui donne, par l'article cité, ces valeurs plus approchées que les précédentes,

$$\delta e' = -\ i.\ 0,55065 - i^2.0,0000105,$$
$$\delta \varpi' = \ \ i.15,81975 + i^2.0,00013024,$$
$$\delta e = \ \ i.\ 0,27681 - i^2.0,00000503,$$
$$\delta \varpi = \ \ i.\ 6,48092 + i^2.0,00018652.$$

On déterminera les inégalités séculaires des nœuds et des inclinaisons des orbites au moyen des valeurs de $\delta\theta'$, $\delta I'$, $\delta\theta$ et δI de l'article XIX, et l'on trouvera, en les réduisant en nombres,

$$\delta\theta' = \ \ i.0,094726,$$
$$\delta I' = -\ i.8,72696,$$
$$\delta\theta = -\ i.0,77443,$$
$$\delta I = \ \ i.6,53570.$$

On pourra, sans erreur sensible, étendre ces valeurs aux observations les plus anciennes; leur peu d'influence sur les inégalités de Saturne rendrait une plus grande précision tout à fait inutile.

XXXII.

Considérons présentement les inégalités périodiques du mouvement de Saturne, et d'abord celles qui sont indépendantes des excentricités et des inclinaisons des orbites. Pour cela, nous reprendrons les valeurs de u et de V de l'article IX, en y changeant a et n dans a' et n', et réciproquement; nous y supposerons ensuite i positif, ce qui revient à doubler les termes compris sous le signe Σ.

Cela posé, on aura, en n'ayant égard qu'au terme constant de l'expression de u,

$$\frac{\delta r'}{a'} = \tfrac{1}{6} a'^2 \cdot \frac{\partial A^{(0)}}{\partial a'};$$

mais on a, par l'article XV,

$$a' \frac{\partial A^{(0)}}{\partial a'} = - A^{(0)} - a \frac{\partial A^{(0)}}{\partial a} = \frac{1}{a'} \left(b_{\frac{1}{2}}^{(0)} + \alpha \frac{db_{\frac{1}{2}}^{(0)}}{d\alpha} \right),$$

partant

$$\frac{\delta r'}{a'} = \frac{1}{6} \left(b_{\frac{1}{2}}^{(0)} + \alpha \frac{db_{\frac{1}{2}}^{(0)}}{d\alpha} \right).$$

En substituant, au lieu de α, $b_{\frac{1}{2}}^{(0)}$ et $\dfrac{db_{\frac{1}{2}}^{(0)}}{d\alpha}$, leurs valeurs données dans l'article XXX, on aura

$$\frac{\delta r'}{a'} = 0,436805.$$

Si l'on n'a égard qu'à l'angle $nt - n't + \varepsilon - \varepsilon'$, l'expression de u donnera

$$\frac{\delta r'}{a'} = \frac{n'^2}{(n - n')^2 - n'^2} \left[a'^2 \frac{\partial A^{(1)}}{\partial a'} + \frac{2 n' a' A^{(1)}}{n' - n} \right] \cos(nt - n't + \varepsilon - \varepsilon');$$

or on a, par l'article XV,

$$A^{(1)} = \frac{a'}{a^2} - \frac{1}{a'} b^{(1)}_{\frac{1}{2}},$$

$$\frac{\partial A^{(1)}}{\partial a'} = \frac{1}{a^2} + \frac{1}{a'^2}\left(b^{(1)}_{\frac{1}{2}} + \alpha \frac{db^{(1)}_{\frac{1}{2}}}{d\alpha}\right);$$

on aura donc

$$\frac{\delta r'}{a'} = -\frac{n'^2}{n(n-2n')}\left[\frac{n-3n'}{(n-n')\alpha^2} + \frac{n+n'}{n-n'} b^{(1)}_{\frac{1}{2}} + \alpha \frac{db^{(1)}_{\frac{1}{2}}}{d\alpha}\right]\cos(nt - n't + \varepsilon - \varepsilon').$$

L'article XXIX donne

$$\frac{n'}{n} = \frac{12^{\circ}12'46'',5}{30^{\circ}19'42''} = 0{,}402690;$$

on aura ainsi

$$\frac{\delta r'}{a'} = 0{,}910968 \cos(nt - n't + \varepsilon - \varepsilon').$$

Si, dans l'expression de V, on change a et n dans a' et n', et réciproquement, le coefficient de $\sin(nt - n't + \varepsilon - \varepsilon')$ sera égal à $\frac{n'^2 a' A^{(1)}}{(n-n')^2}$, moins le produit de $\frac{2n'}{n-n'}$ par le coefficient de $\cos(nt - n't + \varepsilon - \varepsilon')$ dans l'expression de $\frac{\delta r'}{a'}$, ce qui donne, en n'ayant égard qu'à ce sinus,

$$\delta v'_1 = 0{,}018942 \sin(nt - n't + \varepsilon - \varepsilon').$$

On trouvera de cette manière, en ne considérant que les inégalités indépendantes des excentricités et des inclinaisons des orbites,

$$\begin{aligned}
\frac{\delta r'}{a'} = {} & 0{,}436805 \\
& + 0{,}910968 \cos(nt - n't + \varepsilon - \varepsilon') \\
& + 0{,}154714 \cos 2(nt - n't + \varepsilon - \varepsilon') \\
& + 0{,}035774 \cos 3(nt - n't + \varepsilon - \varepsilon') \\
& + \ldots\ldots\ldots\ldots\ldots\ldots, \\
\delta v'_1 = {} & 0{,}018942 \sin(nt - n't + \varepsilon - \varepsilon') \\
& - 0{,}162820 \sin 2(nt - n't + \varepsilon - \varepsilon') \\
& - 0{,}033939 \sin 3(nt - n't + \varepsilon - \varepsilon') \\
& - \ldots\ldots\ldots\ldots\ldots\ldots
\end{aligned}$$

XXXIII.

Pour avoir les inégalités dépendantes des excentricités des orbites, nous reprendrons les valeurs de u_i et de V_i de l'article X, en y changeant a et n dans a' et n', et réciproquement, et en y supposant successivement $i = -1$, $i = -2$, $i = -3$, ..., $i = 1$, $i = 2$, ... On trouvera d'abord, par l'article cité,

$$
\begin{aligned}
D^{(-1)} &= \frac{3n'}{n-n'} a' A^{(1)} - \left[3 + \frac{(n-n')n}{n'^2} \right] Q + \tfrac{1}{4} a'^3 \frac{d^2 A^{(1)}}{da'^2} \\
&= \frac{3n'}{(n-n')\alpha^2} - \frac{3n'}{n-n'} b^{(1)}_{\frac{1}{2}} - \left[3 + \frac{(n-n')n}{n'^2} \right] Q \\
&\quad - b^{(1)}_{\frac{1}{2}} - 3\alpha \frac{db^{(1)}_{\frac{1}{2}}}{d\alpha} - \tfrac{1}{4}\alpha^2 \frac{d^2 b^{(1)}_{\frac{1}{2}}}{d\alpha^2},
\end{aligned}
$$

Q étant le coefficient de $\cos(nt - n't + \epsilon - \epsilon')$ dans la partie de l'expression de $\frac{\delta r'}{a}$ qui est indépendante des excentricités. En réduisant en nombres cette valeur de $D^{(-1)}$, on aura

$$ D^{(-1)} = -3,154598. $$

On trouvera ensuite

$$
\begin{aligned}
E^{(-1)} &= \frac{2n'}{(n-n')\alpha^2} + \frac{2n'}{n-n'} b^{(1)}_{\frac{1}{2}} + \left(3 + \frac{n}{2n'} \right) Q \\
&\quad + \frac{2n'^2 D^{(-1)}}{(n-n')(3n'-n)} = -8,068078.
\end{aligned}
$$

En ne considérant donc, dans les expressions de u_i et de V_i, que les termes dépendants de l'angle $nt - 2n't + \epsilon - 2\epsilon'$ et multipliés par h' et l', et en substituant, au lieu de h' et de l', leurs valeurs $e'\sin\varpi'$ et $e'\cos\varpi'$, on aura

$$
\begin{aligned}
\frac{\delta r'}{a'} &= 4,116009 e' \cos(nt - 2n't + \epsilon - 2\epsilon' + \varpi'), \\
\delta v'_i &= -16,69373\, e' \sin(nt - 2n't + \epsilon - 2\epsilon' + \varpi').
\end{aligned}
$$

La supposition de $i = -1$ donne encore

$$\frac{\partial r'}{a'} = -12,524257\,e \cos(nt - 2n't + \varepsilon - 2\varepsilon' + \varpi),$$

$$\delta v'_1 = 44,84166\ e \sin(nt - 2n't + \varepsilon - 2\varepsilon' + \varpi).$$

En réunissant ces termes, on aura pour les parties de $\frac{\partial r'}{a'}$ et de $\delta v'$ relatives à la supposition de $i = -1$ et dépendantes des excentricités des orbites

$$\frac{\partial r'}{a'} = 4,116009\,e' \cos(nt - 2n't + \varepsilon - 2\varepsilon' + \varpi')$$
$$- 12,524257\,e \cos(nt - 2n't + \varepsilon - 2\varepsilon' + \varpi),$$

$$\delta v'_1 = -16,69373\ e' \sin(nt - 2n't + \varepsilon - 2\varepsilon' + \varpi')$$
$$+ 44,84166\ e \sin(nt - 2n't + \varepsilon - 2\varepsilon' + \varpi).$$

La supposition de $i = -2$ donne

$$\frac{\partial r'}{a'} = -2,305467\,e' \cos(2nt - 3n't + 2\varepsilon - 3\varepsilon' + \varpi')$$
$$+ 1,445302\,e \cos(2nt - 3n't + 2\varepsilon - 3\varepsilon' + \varpi),$$

$$\delta v'_1 = 3,157500\,e' \sin(2nt - 3n't + 2\varepsilon - 3\varepsilon' + \varpi')$$
$$- 1,89768\ e \sin(2nt - 3n't + 2\varepsilon - 3\varepsilon' + \varpi).$$

La supposition de $i = -3$ donne

$$\frac{\partial r'}{a'} = -0,402029\,e' \cos(3nt - 4n't + 3\varepsilon - 4\varepsilon' + \varpi')$$
$$+ 0,249073\,e \cos(3nt - 4n't + 3\varepsilon - 4\varepsilon' + \varpi)$$

$$\delta v'_1 = 0,441095\,e' \sin(3nt - 4n't + 3\varepsilon - 4\varepsilon' + \varpi')$$
$$- 0,261836\,e \sin(3nt - 4n't + 3\varepsilon - 4\varepsilon' + \varpi).$$

La diminution de ces valeurs successives de $\frac{\partial r'}{a'}$ et de $\delta v'_1$ fait voir qu'il est inutile de pousser plus loin les approximations relatives aux valeurs négatives de i. Les valeurs positives de i m'ont donné les résultats suivants :

Dans la supposition de $i = 1$,

$$\frac{\delta r'}{a'} = \quad 0,165284\, e' \cos(nt + \varepsilon - \varpi')$$
$$+ 0,167942\, e \cos(nt + \varepsilon - \varpi),$$
$$\delta v'_1 = \quad 1,056044\, e' \sin(nt + \varepsilon - \varpi')$$
$$- 0,135257\, e \sin(nt + \varepsilon - \varpi).$$

Dans la supposition de $i = 2$,

$$\frac{\delta r'}{a'} = -0,079041\, e' \cos(2nt - n't + 2\varepsilon - \varepsilon' - \varpi')$$
$$- 0,250215\, e \cos(2nt - n't + 2\varepsilon - \varepsilon' - \varpi),$$
$$\delta v'_1 = \quad 0,092949\, e' \sin(2nt - n't + 2\varepsilon - \varepsilon' - \varpi')$$
$$- 0,287781\, e \sin(2nt - n't + 2\varepsilon - \varepsilon' - \varpi).$$

Je n'ai pas poussé plus loin l'approximation, à cause de la petitesse des termes que fournit déjà la supposition de $i = 2$, et qui donne lieu de croire que les termes suivants sont insensibles.

XXXIV.

On peut réduire dans un seul les deux termes que chaque supposition sur i fournit dans les valeurs de $\frac{\delta r'}{a'}$ et de $\delta v'_1$. Si l'on réunit ensuite ces différents termes et qu'on leur ajoute ceux de l'article XXXII, on aura les valeurs de $\frac{\delta r'}{a'}$ et de $\delta v'_1$ approchées jusqu'aux premières puissances des excentricités des orbites, en faisant abstraction des termes qui renferment des arcs de cercle. Quant à ces termes, comme ils sont dus aux variations de l'excentricité et de l'aphélie de Saturne, on y aura égard en faisant varier ces quantités, conformément à l'article XXXI, dans le calcul du mouvement elliptique de Saturne.

Si l'on multiplie les termes de $\frac{\delta r'}{a'}$ par ma' et ceux de $\delta v'_1$ par m, on aura les perturbations du rayon vecteur r' et de la longitude v', comptée sur l'orbite; mais on peut négliger dans ces perturbations celles dont l'effet est insensible : or la moyenne distance de Saturne au Soleil étant près de dix fois plus grande que celle du Soleil à la Terre, sa

parallaxe annuelle n'est que d'un petit nombre de degrés; il n'y a
donc que les inégalités un peu considérables du rayon vecteur de
cette planète qui puissent produire un effet sensible sur son lieu géocentrique. Nous négligerons celles dont l'effet est au-dessous de 8″;
nous négligerons pareillement les inégalités de $m\,\delta v'_{,}$ qui sont au-dessous de ce même nombre de secondes. Nous aurons ainsi, après avoir
réduit en secondes de degré les termes de $m\,\delta v'_{,}$,

$$
\begin{aligned}
m\,\delta r' =\ & 0,0039047 \\
& + 0,0081435 \cos(nt - n't + \varepsilon - \varepsilon') \\
& + 0,0053605 \sin(nt - 2n't + \varepsilon - 2\varepsilon' + 77°50'46″),
\end{aligned}
$$

$$
\begin{aligned}
m\,\delta v'_{,} =\ & - 31″ \ \sin(2nt - 2n't + 2\varepsilon - 2\varepsilon') \\
& + 6'59″,3 \sin(2n't - nt + 2\varepsilon' - \varepsilon + 15°0'57″) \\
& - 35″ \ \cos(2nt - 3n't + 2\varepsilon - 3\varepsilon' + 27°30') \\
& + 11″ \ \cos(nt + \varepsilon).
\end{aligned}
$$

Les termes de $m\,\delta v'_{,}$ sont peu considérables, à l'exception de celui qui
dépend de l'angle $2n't - nt + 2\varepsilon' - \varepsilon$, et qui est à très peu près de
$7'$ dans ce siècle; mais les changements que la suite des siècles amène
dans les excentricités et dans la position des aphélies altèrent sensiblement sa valeur après un long intervalle. Pour avoir une expression
de cette valeur qui puisse s'étendre à un grand nombre de siècles, j'ai
déterminé ce terme pour l'an 750, en substituant dans son expression
analytique les valeurs des excentricités et des longitudes des aphélies
qui avaient lieu à cette époque, et que l'on a par l'article XXXI. J'ai
trouvé ainsi que ce terme était alors égal à

$$6'42″,5 \sin(2n't - nt + 2\varepsilon' - \varepsilon + 18°57'52″),$$

en sorte que, dans l'espace de mille ans, son coefficient a augmenté
de 16″,8, et l'angle indépendant de t, sous le signe sin, a diminué
de 14215″. On peut donc représenter le terme dont il s'agit par

$$(6'59″,3 + i.0″,0168)\sin(2n't - nt + 2\varepsilon' - \varepsilon + 15°0'57″ - i.14″,215),$$

et, sous cette forme, il peut s'étendre à deux mille ans avant et à mille
ou douze cents ans après l'époque de 1750, d'où les i sont comptés.

XXXV.

Déterminons maintenant les inégalités qui dépendent des carrés et des puissances supérieures des excentricités et des inclinaisons des orbites. Pour cela nous reprendrons les formules des articles XXIII et suivants. En réduisant en nombres les valeurs de $a'M^{(0)}$, $a'M^{(1)}$, ... de l'expression de $a'R$ de l'article XXIV, j'ai trouvé

$$a'M^{(0)} = 5,240129, \qquad a'M^{(1)} = -9,598241,$$
$$a'M^{(2)} = 5,799939, \qquad a'M^{(3)} = -1,160405,$$
$$a'M^{(4)} = 0,558908, \qquad a'M^{(5)} = -0,284322.$$

De là j'ai conclu pour 1750

$$a'k = 0,0001136160,$$
$$a'k' = 0,0010292990.$$

En substituant ensuite dans les expressions de $a\,k$ et de $a'k'$, au lieu de e, ϖ, e', ϖ', γ et Π, leurs valeurs relatives au commencement de 1950, j'ai trouvé à cette seconde époque

$$a'k = 0,0000492466,$$
$$a'k' = 0,0010261342.$$

Si l'on nomme T l'intervalle de deux cents ans compris entre ces deux époques, la différence des deux valeurs de $a'k$, relatives à ces époques, sera

$$(5n' - 2n)\,T\,\frac{a'\frac{\partial k}{\partial t}}{5n' - 2n};$$

on aura donc

$$(5n' - 2n)\,\frac{Ta'\frac{\partial k}{\partial t}}{5n' - 2n} = -0,0000643694.$$

$(5n' - 2n)\,T$ est égal à cinq fois le moyen mouvement de Saturne, moins deux fois celui de Jupiter, dans l'intervalle de deux cents ans; d'où l'on tire

$$(5n' - 2n)\,T = 81°38'20'';$$

en réduisant ces degrés en parties de rayon, on trouvera

$$\frac{2a'\dfrac{\partial k}{\partial t}}{5n'-2n} = -0,000090351.$$

On trouvera de la même manière

$$\frac{2a'\dfrac{\partial k'}{\partial t}}{5n'-2n} = -0,0000044422;$$

on aura donc ainsi, à l'époque de 1750, les valeurs de $\dfrac{\partial k}{\partial t}$ et de $\dfrac{\partial k'}{\partial t}$ qui pourront servir encore pour l'époque de 1950. Cette manière de les déterminer est beaucoup plus simple que la différentiation des valeurs de k et de k'. Cela posé, j'ai trouvé que la grande inégalité de l'article XXIII, avec laquelle il faut corriger la longitude moyenne de Saturne, était à l'époque de 1750

$$-\frac{15n'^2m}{(5n'-2n)^2}\left[\begin{array}{l}0,00111965\sin(5n't-2nt+5\varepsilon'-2\varepsilon)\\+0,00010917\cos(5n't-2nt+5\varepsilon'-2\varepsilon)\end{array}\right],$$

et par conséquent égale à

$$-48'44''\sin(5n't-2nt+5\varepsilon'-2\varepsilon+5°34'8'').$$

J'ai calculé de la même manière cette grande inégalité pour trois autres époques dont les deux premières se rapportent aux observations anciennes de Saturne que Ptolémée nous a transmises. Ces époques sont l'an 228 avant notre ère, l'an 132 de notre ère et l'année 1950; j'ai trouvé les valeurs suivantes de cette grande inégalité :

Pour l'année 228 avant notre ère,

$$-52'20''\sin(5n't-2nt+5\varepsilon'-2\varepsilon+40°29'37'');$$

Pour l'année 132 de notre ère,

$$-51'47''\sin(5n't-2nt+5\varepsilon'-2\varepsilon+34°39'2'');$$

Pour l'année 1950,

$$-48'24''\sin(5n't-2nt+5\varepsilon'-2\varepsilon+2°17'52'').$$

En considérant la loi des coefficients des sinus de ces valeurs et celle des angles constants qui s'ajoutent à l'angle $5n't - 2nt + 5\varepsilon' - 2\varepsilon$, on voit que les uns et les autres vont en décroissant et que l'on peut représenter à peu près toutes ces valeurs par la suivante :

$$-(48'44'' - i.0'',10836)\sin(5n't - 2nt + 5\varepsilon' - 2\varepsilon + 5°40' - i.63'',134).$$

Cette valeur peut être étendue, sans erreur sensible, à deux mille ans avant et à mille ou douze cents ans après 1750; mais, dans le calcul des observations modernes, nous préférerons employer la valeur suivante que donne la comparaison des deux valeurs relatives aux années 1750 et 1950 :

$$-(48'44'' - i.0'',1)\sin(5n't - 2nt + 5\varepsilon' - 2\varepsilon + 5°34'8'' - i.58'',88).$$

XXXVI.

On a vu dans l'article XXIII qu'il faut corriger la longitude moyenne de Jupiter avec une inégalité semblable à la précédente, mais affectée d'un signe contraire et plus petite dans la raison de $2n^2am'$ à $5n'^2a'm$; en sorte que, pour avoir l'inégalité relative à Jupiter, il faut multiplier la quantité $48'44'' - i.0'',1$ par $\dfrac{2n^2am'}{5n'^2a'm}$. On aura ainsi pour cette inégalité

$$(20'49'',5 - i.0'',042733)\sin(5n't - 2nt + 5\varepsilon' - 2\varepsilon + 5°34'8'' - i.58'',88).$$

Ces deux inégalités de Jupiter et de Saturne sont entre elles, à très peu près, dans le rapport de 3 à 7; le temps de leur période est déterminé par l'équation

$$5n't - 2nt + 5\varepsilon' - 2\varepsilon - i.58'',88 = 360°.$$

Pendant une année julienne, l'accroissement de l'angle

$$5n't - 2nt - i.58'',88$$

est de $1410'',6$, ce qui donne 918 ans $\frac{3}{4}$ pour la durée de cette période.

Les inégalités précédentes font paraître les moyens mouvements de

Jupiter et de Saturne différents des véritables moyens mouvements. On aura le moyen mouvement apparent de Saturne durant une année commune de 365 jours en ajoutant à son moyen mouvement annuel la quantité dont la grande inégalité de Saturne varie dans cet intervalle, et cette quantité est, à fort peu près, égale à

$$- (48'44' - i.0'',1)\sin 23'31''\cos(5n't - 2nt + 5t' - 2t + 5°34'8' - i.58'',88).$$

On aura le moyen mouvement annuel apparent de Jupiter en ajoutant à son moyen mouvement annuel la quantité précédente affectée d'un signe contraire et diminuée dans le rapport de 3 à 7.

Cette quantité était à son maximum en 1560, où l'on a eu

$$5n't - 2nt + 5t' - 2t + 5°34'8'' - i.58'',88 = 0;$$

à cette époque, le moyen mouvement annuel apparent de Saturne était plus petit que le véritable de 20'',1, et le moyen mouvement annuel apparent de Jupiter surpassait le véritable de 8'',6. Depuis ce temps, les moyens mouvements apparents des deux planètes se sont rapprochés sans cesse des véritables moyens mouvements, et, en 1789, ils leur seront égaux.

Ces résultats expliquent pourquoi la comparaison des observations modernes aux anciennes semble indiquer un ralentissement dans le moyen mouvement de Saturne et une accélération dans celui de Jupiter, tandis que la comparaison des observations modernes indique, au contraire, une accélération dans le mouvement moyen de Saturne, et un ralentissement dans celui de Jupiter. Ces deux phénomènes, opposés en apparence, dérivent également des inégalités précédentes, dont les observations futures feront de plus en plus reconnaître l'existence.

Il est fort remarquable que ce soit vers l'époque du renouvellement de l'Astronomie que les moyens mouvements apparents des deux planètes ont le plus différé des véritables, ce qui a donné lieu aux astronomes de croire que le mouvement de Saturne se ralentissait et que celui de Jupiter s'accélérait sans cesse; trois siècles plus tard, les

observations auraient fait naître une opinion contraire. Les mouvements que l'Astronomie d'un peuple assigne à Jupiter et à Saturne
peuvent donc nous éclairer sur le temps où elle a été fondée. Suivant
les Tables indiennes de Chrisnaburam, le moyen mouvement sidéral
de Saturne, dans l'intervalle de 365 jours, est de $12°12'23''$, et celui
de Jupiter est de $30°19'52''$. Le premier de ces mouvements est en
défaut de $23''\frac{1}{2}$, et le second est en excès de $10''$; ces deux nombres
sont à fort peu près dans le rapport de 7 à 3, comme cela doit être si
l'erreur vient de ce que les moyens mouvements apparents de ces deux
planètes ont été pris pour leurs véritables moyens mouvements. Les
Indiens paraissent donc avoir bien déterminé ces moyens mouvements
apparents; mais on voit, en même temps, qu'ils les ont déterminés
dans une partie de la période des inégalités précédentes, dans laquelle
le mouvement moyen apparent de Saturne était fort lent et celui de
Jupiter très rapide. Ces peuples ont deux principales époques astronomiques qui paraissent liées entre elles par les moyens mouvements
des corps célestes, de manière que l'une des deux est nécessairement
dérivée de l'autre. La première de ces époques remonte à l'an 3102
avant notre ère; et je trouve qu'alors le moyen mouvement annuel
apparent de Saturne était de $12°12'25''$, et celui de Jupiter de
$30°19'51''$, ce qui s'éloigne très peu des déterminations indiennes.
Leur seconde époque est dans l'année 1491 de notre ère, et le moyen
mouvement annuel apparent de Saturne était alors de $12°12'28''\frac{1}{2}$;
celui de Jupiter était de $30°19'50''$. Ces mouvements s'accordent
moins exactement que les précédents avec les déterminations indiennes; mais les quantités dont ils s'en éloignent sont dans les
limites des erreurs dont ces déterminations sont susceptibles, en
sorte qu'il est impossible, par cela seul, de reconnaître laquelle des
deux époques est réelle ou fictive.

XXXVII.

Pour réduire en nombres l'inégalité de Saturne, qui dépend de
l'angle $2nt - 4n't + 2\varepsilon - 4\varepsilon'$, et que nous avons considérée dans

l'article **XXVI**, il faut déterminer les valeurs de $a'\dfrac{\partial k}{\partial e'}$ et de $a'\dfrac{\partial k'}{\partial e'}$; or j'ai trouvé, pour le commencement de 1750,

$$e'a'\frac{\partial k}{\partial e'} = 0,0017522818,$$

$$e'a'\frac{\partial k'}{\partial e'} = 0,0024113809,$$

d'où j'ai conclu

$$P' = \frac{-n'}{(5n'-2n)e'}\,0,00246747,$$

$$Q' = \frac{n'}{(5n'-2n)e'}\,0,00167237,$$

ce qui donne, par l'article cité, en n'ayant égard qu'à la partie de $m\,\delta v'_1$ qui dépend de l'angle $2nt - 4n't + 2\varepsilon - 4\varepsilon'$,

$$m\,\delta v'_1 = -10'13''\sin(2nt - 4n't + 2\varepsilon - 4\varepsilon' + 55°52'19'').$$

J'ai trouvé de la même manière, aux époques suivantes :

228 ans avant notre ère :

$$m\,\delta v'_1 = -10'45''\sin(2nt - 4n't + 2\varepsilon - 4\varepsilon' + 32°19'29'').$$

En 132 :

$$m\,\delta v'_1 = -10'39''\sin(2nt - 4n't + 2\varepsilon - 4\varepsilon' + 36°35'9').$$

En 1950 :

$$m\,\delta v'_1 = -10'10''\sin(2nt - 4n't + 2\varepsilon - 4\varepsilon' + 58°16'9'').$$

Ces quatre valeurs de $m\,\delta v'_1$ sont à très peu près représentées par la suivante :

$$m\,\delta v'_1 = -(10'13'' - i.0'',0160698)\sin(2nt - 4n't + 2\varepsilon - 4\varepsilon' + 55°52'19'' + i.42'',8834);$$

et cette formule peut s'étendre à plus de 2000 ans auparavant, et à 1000 ou 1200 ans après 1750.

XXXVIII.

Si l'on prend la moitié du coefficient de la valeur précédente de $m\,\partial v'_1$ avec un signe contraire, et que l'on change le sinus en cosinus, on aura, par l'article XXVI, la partie de $\dfrac{m\,\partial r'}{a'}$ qui dépend de l'angle $2nt - 4n't + 2\varepsilon - 4\varepsilon'$. En réduisant ensuite les minutes et les secondes en parties du rayon, on trouvera à très peu près

$$m\,\partial r' = 0{,}0141527 \cos(2nt - 4n't + 2\varepsilon - 4\varepsilon' + 55°52'19'' + i.42'',8834).$$

Il existe encore dans l'expression du rayon vecteur r' un terme dépendant de l'angle $5n't - 2nt + 5\varepsilon' - 2\varepsilon$, et qui résulte de l'analyse de l'article XXV. En désignant ce terme par $\dfrac{m\rho'}{a'}$, on aura, par l'article cité,

$$\begin{aligned}
\frac{m\rho'}{a'} = {}& - c'\,a'\,m\,\mathrm{P}' \sin(5n't - 2nt + 5\varepsilon' - 2\varepsilon - \varpi') \\
& + e'\,a'\,m\,\mathrm{Q}' \cos(5n't - 2nt + 5\varepsilon' - 2\varepsilon - \varpi') \\
& - \frac{10\,mn'a'^2}{5n' - 2n}\left[k\sin(5n't - 2nt + 5\varepsilon' - 2\varepsilon) - k'\cos(5n't - 2nt + 5\varepsilon' - 2\varepsilon)\right].
\end{aligned}$$

En substituant au lieu de P', Q', k et k' leurs valeurs, on verra que cette inégalité du rayon vecteur est trop peu considérable pour y avoir égard.

XXXIX.

Nous sommes présentement en état d'apprécier le degré d'approximation qui nous a donné la grande inégalité de Saturne, dépendante de l'angle $5n't - 2nt + 5\varepsilon' - 2\varepsilon$. Pour cela, reprenons la formule (9) de l'article VII; en y changeant les coordonnées de Jupiter dans celles de Saturne, et réciproquement, nous aurons

$$m\,\partial v'_1 = \frac{\dfrac{m\,d(r'\partial r') + mr'd\partial r'}{a'^2 n' dt} + 3a'm\displaystyle\int n'dt \int d'\mathrm{R} + 2a'm\displaystyle\int n'dt\, r'\dfrac{\partial\mathrm{R}}{\partial r'}}{\sqrt{1 - e'^2}};$$

la différentielle d'R se rapportant uniquement au mouvement de

Saturne. L'approximation dont nous avons fait usage pour déterminer l'inégalité dont il s'agit consiste à n'employer dans $m\,\delta r'$ et dans $m\,\delta v'$, que les termes qui ont pour diviseur $(5n'-2n)^2$; mais, vu la grandeur de ces termes, il pourrait arriver que ceux qui n'ont que $5n'-2n$ pour diviseur fussent encore sensibles; il importe donc d'apprécier ces derniers termes. Si l'on néglige le carré de e', on voit que la question se réduit à examiner dans la formule précédente les termes de

$$\frac{m\,d(r'\,\delta r')}{a'^2 n'\,dt}, \quad \frac{m r'\,d\,\delta r'}{a'^2 n'\,dt} \quad \text{et} \quad 2a'm\int n'\,dt\,r'\,\frac{\partial R}{\partial r'},$$

qui, dépendant de l'angle $5n't - 2nt + 5\varepsilon' - 2\varepsilon$, ont pour diviseur $5n'-2n$. Il est visible d'abord, par l'article précédent, que le terme de l'expression de $m r'\,\delta r'$ qui dépend de cet angle est peu considérable, et qu'ainsi sa différentielle est insensible, puisqu'elle est multipliée par le très petit coefficient $5n'-2n$; on voit donc que la quantité $\frac{m\,d(r'\,\delta r')}{a'^2 n'\,dt}$ ne peut avoir aucune influence sensible sur l'inégalité de Saturne dépendante de l'angle $5n't - 2nt + 5\varepsilon' - 2\varepsilon$.

Si, dans le terme $\frac{m r'\,d\,\delta r'}{a'^2 n'\,dt}$, on substitue au lieu de $\frac{m\,\delta r'}{a'}$ la partie de cette expression qui dépend de l'angle $2nt - 4n't + 2\varepsilon - 4\varepsilon'$, et qui, par l'article précédent, est à fort peu près égale à

$$5'6''\cos(2nt - 4n't + 2\varepsilon - 4\varepsilon' + 55°52'19''),$$

si l'on substitue encore, au lieu de $\frac{r'}{a'}$, sa valeur approchée

$$1 + e'\cos(n't + \varepsilon' - \varpi'),$$

il en résultera le terme

$$2'33''.e'\cos(5n't - 2nt + 5\varepsilon' - 2\varepsilon - \varpi' - 55°52'19'');$$

mais on a

$$e' = 0,056263,$$

ce qui donne

$$2'33''.e' = 8'',608.$$

Cette dernière quantité est presque insensible; ainsi le terme $\dfrac{mr'd\,\delta r'}{a'^3n'dt}$ n'influe qu'insensiblement sur la grande inégalité du mouvement de Saturne.

Examinons le terme $2a'm\int n'dt\,r'\dfrac{\partial R}{\partial r'}$. Si l'on ne considère dans R que la partie qui dépend de l'angle $5n't - 2nt + 5\varepsilon' - 2\varepsilon$, et qu'on la représente par $6\cos(5n't - 2nt + A)$, on aura

$$3\int d'R + 2r'\frac{\partial R}{\partial r'} = \frac{15n'}{5n' - 2n}\left[6 + \frac{2a'(5n' - 2n)}{15n'}\frac{\partial 6}{\partial a'}\right]\cos(5n't - 2nt + A);$$

or on a

$$\frac{2(5n' - 2n)}{15n'} = \frac{1}{225};$$

on aura donc à très peu près

$$6 + \frac{2a'(5n' - 2n)}{15n'}\frac{\partial 6}{\partial a'},$$

en augmentant dans 6 la constante a' de sa 225e partie; ainsi, pour avoir égard dans l'expression de la grande inégalité de Saturne au terme $2ma'\int n'dt\,r'\dfrac{\partial R}{\partial r'}$, il suffit, dans le calcul de $3ma'\int n'dt\int d'R$, d'augmenter a' de sa 225e partie, ce qui fait voir que ce terme ne peut avoir qu'une influence très petite et du même ordre que les carrés des excentricités.

Il suit de là que l'approximation dont nous avons fait usage donne avec beaucoup de précision la grande inégalité de Saturne dépendante de l'angle $5n't - 2nt + 5\varepsilon' - 2\varepsilon$, et nous verrons dans la suite que cette inégalité ainsi déterminée répond parfaitement aux observations.

XL.

Si l'on rassemble les résultats précédents, et que l'on se rappelle les formules connues pour avoir l'anomalie vraie dans l'ellipse au moyen de l'anomalie excentrique, et celle-ci par l'anomalie moyenne, on en tirera les formules suivantes pour déterminer la longitude héliocentrique de Saturne rapportée à son orbite, et son rayon vecteur à un instant quelconque.

On calculera d'abord les longitudes moyennes $nt + \varepsilon$ et $n't + \varepsilon'$ de Jupiter et de Saturne pour cet instant, ces longitudes étant comptées de l'équinoxe fixe de 1750; en ajoutant ensuite à $n't + \varepsilon'$ le terme

$$- (48'44'' - i.0'',10836)\sin(5n't - 2nt + 5\varepsilon' - 2\varepsilon + 5°40' - i.63'',134),$$

on formera un angle que je désignerai par φ'.

On calculera ϖ' en ajoutant à la longitude moyenne de l'aphélie de Saturne, pour 1750, la quantité $i.15'',81975$; on calculera pareillement l'excentricité e', en ajoutant à sa valeur relative à 1750, et réduite en secondes de degré, la quantité $- i.0'',55065$.

Cela posé, on déterminera l'angle X' au moyen de l'équation

$$\varphi' - \varpi' = X' + e'\sin X',$$

et l'angle Y' au moyen de l'équation

$$\tan\tfrac{1}{2}Y' = \sqrt{\frac{1-e'}{1+e'}}\,\tan\tfrac{1}{2}X',$$

e' étant ici réduit en parties du rayon. La longitude héliocentrique v'_1 de Saturne, rapportée à son orbite et comptée de l'équinoxe fixe de 1750, sera

$$
\begin{aligned}
v'_1 = {}& Y' + \varpi' - 31''\sin 2(nt - n't + \varepsilon' - \varepsilon) \\
& + (6'59'',3 + i.0'',0168)\sin(2n't - nt + 2\varepsilon' - \varepsilon + 15°0'57'' - i.14'',215) \\
& - 35''\cos(2nt - 3n't + 2\varepsilon - 3\varepsilon' + 27°30') + 11''\cos(nt + \varepsilon) \\
& - (10'13'' - i.0'',0160698)\sin(2nt - 4n't + 2\varepsilon - 4\varepsilon' \\
& \qquad\qquad\qquad\qquad\qquad + 55°52'19'' + i.42'',8834);
\end{aligned}
$$

le rayon vecteur r' sera

$$
\begin{aligned}
r' = {}& a'(1 + e'\cos X') + 0,0039047 \\
& + 0,0081435\cos(\ nt - \ n't + \ \varepsilon - \ \varepsilon') \\
& + 0,0053605\sin(\ nt - 2n't + \ \varepsilon - 2\varepsilon' + 77°50'46'') \\
& + 0,0141527\cos(2nt - 4n't + 2\varepsilon - 4\varepsilon' + 55°52'19'' + i.42'',8834)
\end{aligned}
$$

a' est une constante que l'on peut déterminer par des observations de Saturne faites dans ses quadratures, et dont nous avons donné une valeur fort approchée dans l'article XXIX; mais la théorie ne doit point emprunter cet élément de l'observation directe : il doit résulter de la durée de la révolution de Saturne comparée à celle de la Terre.

On a, par ce qui précède,

$$n'^2 = \frac{1 + m'}{a'^3}.$$

Si l'on nomme R, N et M pour la Terre ce que nous avons nommé a', n' et m' pour Saturne, on aura

$$N^2 = \frac{1 + M}{R^3},$$

Si l'on désigne ensuite par B ce que devient A[0] lorsque l'on considère l'action réciproque de Jupiter et de la Terre, et par C ce que devient cette même quantité lorsque l'on considère l'action réciproque de Vénus et de la Terre, on aura, par l'article IX, pour la partie constante du rayon vecteur terrestre, qui est indépendante de l'excentricité de son orbite,

$$R + \frac{m}{6} R^3 \frac{\partial B}{\partial R} + \frac{m''}{6} R^3 \frac{\partial C}{\partial R},$$

m'' étant la masse de Vénus; c'est cette quantité que l'on prend pour unité de distance dans la théorie des planètes. En la supposant donc égale à l'unité, on aura

$$\frac{a'}{R} = a'\left(1 + \frac{m}{6} \frac{\partial B}{\partial R} + \frac{m'}{6} \frac{\partial C}{\partial R}\right).$$

Il est aisé de voir que, à cause de la distance de Jupiter au Soleil, $\frac{a'm}{6} \frac{\partial B}{\partial R}$ est une quantité très petite et inférieure à celles que nous nous sommes permis de négliger dans l'expression de r'; la petitesse de m'' permet encore de négliger $\frac{a'm''}{6} \frac{\partial C}{\partial R}$. On aura ainsi, à fort peu près,

$$\frac{a'}{R} = a';$$

mais on a, par ce qui précède,

$$\frac{a'}{R} = \frac{N^{\frac{2}{3}}}{n'^{\frac{2}{3}}}\left(1 + \tfrac{1}{3}m' - \tfrac{1}{3}M\right);$$

en négligeant donc la masse M de la Terre, vis-à-vis de la masse m' de Saturne, on aura

$$a' = \left(\frac{N}{n'}\right)^{\frac{2}{3}}\left(1 + \tfrac{1}{3}m'\right).$$

Les observations donnent le moyen mouvement sidéral de la Terre dans l'intervalle de 365 jours égal à 1 295 090″,25 ; partant

$$\frac{N}{n} = \frac{1295090,25}{43966,5},$$

d'où l'on tire

$$a' = 9,540725;$$

et, comme le moyen mouvement sidéral de Saturne, dont nous venons de faire usage, diffère très peu de la vérité, cette valeur de a' a toute la précision que l'on peut désirer.

XLI.

Il nous reste présentement à considérer le mouvement de Saturne en latitude. Pour cela, il faut reprendre la valeur de δs de l'article XI, en y changeant δs en $\delta s'$, et a, n, ε, p, q dans a', n', ε', p', q', et réciproquement. Les arcs de cercle que renferme l'expression de $m\,\delta s'$ étant dus aux variations séculaires du plan de l'orbite, il est clair que, pour y avoir égard, il suffit de faire varier la position des nœuds et l'inclinaison de l'orbite de Saturne, suivant les formules de l'article XXXI. Quant aux autres termes de l'expression de $m\,\delta s'$, il est aisé de voir que le plus considérable est celui qui dépend de l'angle $nt - 2n't + \varepsilon - 2\varepsilon'$, à cause de la petitesse de son diviseur ; or, en calculant ce terme, on trouve qu'il n'excède pas $4''$: on peut donc le négliger. On trouve pareillement que la partie de $m\,\delta s'$, qui dépend de l'angle $2nt - 4n't + 2\varepsilon - 4\varepsilon'$, et dont nous avons donné l'expression analytique dans l'article XXVII, n'est que d'un petit nombre de secondes; ainsi, dans le calcul de la latitude de Saturne, il suffit d'avoir égard aux inégalités séculaires de la position de son orbite.

On calculera donc la longitude I' du nœud ascendant de Saturne, en ajoutant à sa valeur relative, au commencement de 1750, la quantité $-i.8'',72696$, et l'on aura l'inclinaison θ' de son orbite, en ajoutant à sa valeur, pour 1750, la quantité $i.0'',094726$. On aura ainsi la position de l'orbite de Saturne relativement à l'équinoxe de 1750 et au plan de l'écliptique à cette époque.

Si l'on voulait rapporter le mouvement de Saturne à l'écliptique vraie, il faudrait ajouter à la longitude de son nœud la quantité $-i.18'',7$, et à l'inclinaison de son orbite la quantité $-i.0'',16$. Cela suppose que la diminution séculaire de l'obliquité de l'écliptique est d'environ $50''$; mais il ne peut résulter de cette supposition aucune erreur sensible sur les mouvements de Saturne, et principalement sur son mouvement en longitude, le plus important à considérer, à cause des irrégularités qu'il présente.

Lorsque l'on aura déterminé, par ce qui précède, le lieu héliocentrique de Saturne et son rayon vecteur, il sera facile d'en conclure son lieu géocentrique. Pour rapporter à l'équinoxe mobile les longitudes héliocentriques et géocentriques de Saturne, il suffit de leur ajouter la quantité $i.50'',25$, le mouvement annuel des équinoxes dans ce siècle ayant été trouvé à très peu près égal à $50''\frac{1}{4}$. Mais, dans le calcul des observations anciennes, il faut avoir égard à l'inégalité de la précession des équinoxes dans les différents siècles.

Les formules précédentes supposent que l'on connaît exactement les éléments de l'orbite de Saturne pour le commencement de 1750; nous en avons déjà donné des valeurs fort approchées dans l'article XXIX; nous allons les rectifier encore par la comparaison de la théorie précédente avec les observations modernes.

XLII.

Comparaison de la théorie de Saturne avec les observations modernes.

Les oppositions de Saturne ayant l'avantage de donner immédiatement sa longitude héliocentrique, et les astronomes les ayant observées par cette raison avec un soin particulier, nous comparerons avec elles la théorie précédente ; nous ne considérerons que les observations en longitude, parce que le mouvement de Saturne en latitude est assez bien déterminé par les Tables, et que le principal objet de nos recherches est de voir si la théorie de la pesanteur universelle représente les inégalités du mouvement de cette planète en longitude.

Dans le calcul des observations modernes, on peut simplifier la règle générale que nous avons donnée dans l'article XL, pour déterminer le lieu héliocentrique de Saturne, et l'on peut y substituer la règle suivante qui s'étend à toutes les oppositions de cette planète observées depuis Tycho jusqu'à nous.

On calculera d'abord le moyen mouvement sidéral $n't$ de Saturne, depuis le commencement de 1750, en supposant ce mouvement égal à 43966″,5 dans l'intervalle de 365 jours ; en ajoutant ensuite à ce mouvement $7^s21°17'20''$, on aura la valeur de $n't + \varepsilon'$ relative à l'instant pour lequel on calcule.

On déterminera ensuite le moyen mouvement sidéral nt de Jupiter, depuis 1750, en supposant ce mouvement égal à 109182″ dans l'intervalle de 365 jours ; en lui ajoutant ensuite $3°44'30''$, on aura la valeur de $nt + \varepsilon$ relative à l'instant pour lequel on calcule.

On peut, dans la détermination des angles $nt + \varepsilon$ et $n't + \varepsilon'$, faire usage des Tables de Halley, calculées pour le méridien de Paris. Suivant ces Tables, le moyen mouvement de Saturne en longitude, par rapport à l'équinoxe mobile, est de 44001″,46 dans l'intervalle de 365 jours ; ainsi l'excès de ce mouvement sur le précédent est de 34″,96 : il est par conséquent de 34″,98 durant une année julienne.

D'ailleurs, en 1750, la longitude de Saturne était, par ces Tables, plus petite de $50'56''$ que $7^s21°17'20''$; on aura donc la longitude moyenne $n't + \varepsilon'$ en ajoutant à la longitude déterminée par ces Tables la quantité $50'56'' - i.34'',98$.

On aura pareillement la valeur de $nt + \varepsilon$ en ajoutant à la longitude de Jupiter, déterminée par les mêmes Tables, la quantité

$$- 20'47'' - i.56'',13.$$

On retranchera de $n't + \varepsilon'$ le terme

$$(48'44'' - i.0'',1)\sin(5n't - 2nt + 5\varepsilon' - 2\varepsilon + 5°34'8'' - i.58'',88);$$

soit φ' la différence.

On calculera l'angle ϖ' d'après la formule

$$\varpi' = 8^s28°7'24'' + i.15'',81975.$$

Cela posé, la longitude vraie v'_1 de Saturne, comptée sur son orbite et rapportée à l'équinoxe fixe de 1750, sera donnée par la formule

$$
\begin{aligned}
v'_1 = \varphi' &- (23201'' - i.1'',1)\sin(\varphi' - \varpi')\\
&+ 815''\sin 2(\varphi' - \varpi')\\
&- 40''\sin 3(\varphi' - \varpi')\\
&- 613''\sin(2nt - 4n't + 2\varepsilon - 4\varepsilon' + 55°52'19'' + i.42'',8834)\\
&+ 419''\sin(2n't - nt + 2\varepsilon' - \varepsilon + 15° 0'57'' - i.14'',215)\\
&- 35''\cos(2nt - 3n't + 2\varepsilon' - 3\varepsilon' + 27°30')\\
&- 31''\sin(2nt - 2n't + 2\varepsilon - 2\varepsilon')\\
&+ 11''\cos(nt + \varepsilon)\\
&+ \delta\varepsilon' + i\,\delta n' - 2\delta e'\sin(\varphi' - \varpi')\\
&+ 2e'(\delta\varpi' - \delta\varepsilon')\ \cos(\varphi' - \varpi'),
\end{aligned}
$$

$\delta\varepsilon'$, $\delta n'$, $\delta e'$ et $\delta\varpi'$ étant les corrections que doivent subir la longitude moyenne de Saturne au commencement de 1750, son moyen mouvement annuel, son excentricité et la position de son aphélie.

La réduction à l'écliptique sera, à fort peu près,

$$- 99''\cos(2v'_1 + 46°58'),$$

v'_1 étant ici la valeur précédente de v'_1 lorsqu'on néglige les corrections des éléments. On rapportera ensuite la longitude précédente de Saturne à l'équinoxe mobile, en lui ajoutant $i.50'',25$, i exprimant, dans tout ce qui précède, le nombre des années juliennes écoulées depuis 1750.

XLIII.

Pour déterminer les corrections $\delta\iota'$, $\delta n'$, $\delta e'$ et $\delta\varpi'$, j'ai choisi vingt-quatre oppositions de Saturne, disposées d'une manière avantageuse pour cet objet, et que la loi des erreurs des Tables de Halley, auxquelles on a comparé toutes les oppositions de cette planète, m'a fait reconnaitre comme étant assez précises. Je supposerai que les longitudes données par ces oppositions sont des longitudes vraies, ce qui n'est pas parfaitement exact, puisque les oppositions calculées par Halley, sur les observations de Flamsteed, sont affectées de l'aberration et de la nutation, qui n'étaient pas encore découvertes. Il serait très utile de reprendre les observations originales qui ont servi à déterminer les oppositions de Jupiter et de Saturne, et d'y appliquer l'aberration, la nutation et les positions mieux connues des étoiles; mais, en attendant que ce travail important soit exécuté, j'emploierai les oppositions telles que les astronomes les ont données, et je suppléerai par leur nombre à la précision qu'elles laissent encore à désirer.

La comparaison des oppositions calculées avec les oppositions observées donne des équations de conditions, qui servent à déterminer les corrections des éléments de Saturne. Prenons pour exemple l'opposition de cette planète en 1700. Cette opposition a eu lieu le 3 septembre à 3^h2^m, temps moyen, à Paris. On tire de là, pour cet instant,

$$i = -49,33,$$
$$n't + \varepsilon' = 11^s 18°28'36'',8,$$
$$nt + \varepsilon = 10^s 6°46'44''.$$

Le terme

$$(48'44'' - i.0'',1)\sin(5n't - 2nt + 5\iota' - 2\varepsilon + 5°34'8'' - i.58'',88)$$

devient $40'5'',1$; en le retranchant de $n't + \varepsilon'$, on a

$$\varphi' = 11^s 17^\circ 48' 31'',7.$$

On trouve ensuite

$$\varpi' = 8^s 27^\circ 54' 24'';$$

on aura ainsi

$$\varphi' - \varpi' = 79^\circ 54' 8'',$$

d'où l'on tire

$$- (23201' - i.1'',1) \sin (\varphi' - \varpi') = - 22894'',8,$$
$$+ 815'' \sin 2 (\varphi' - \varpi') = + 281'',3,$$
$$- 40'' \sin 3 (\varphi' - \varpi') = + 34'',5.$$

On a, de plus,

$$- 613'' \sin(2nt - 4n't + 2\varepsilon - 4\varepsilon' + 55^\circ 52' 19'' + i.42'',8834) = + 54'',1,$$
$$+ 419'' \sin(2n't - nt + 2\varepsilon' - \varepsilon + 15^\circ 0' 57'' - i.14'',215) = + 298'',3,$$
$$- 35'' \cos(2nt - 3n't + 2\varepsilon - 3\varepsilon' + 27^\circ 30') = - 24'',5,$$
$$- 31'' \sin(2nt - 2n't + 2\varepsilon - 2\varepsilon') = + 30'',8,$$
$$+ 11'' \cos(nt + \varepsilon) = + 6'',6.$$

En réunissant tous ces termes, on aura $-6^\circ 12' 2'',3$; cette somme ajoutée à φ' donnera $11^s 11^\circ 38' 18'',0$: ce sera la valeur de v'_1 ou la longitude de Saturne comptée sur son orbite de l'équinoxe fixe de 1750, lorsqu'on fait abstraction des corrections des éléments. Cette valeur de v'_1 donne $-97'',4$ pour la réduction à l'écliptique; d'ailleurs, $i.50'',25$ est, dans ce cas, égal à $-41'18'',8$. En ajoutant ces deux quantités à la valeur de v'_1, on aura, abstraction faite des corrections des éléments, $11^s 10^\circ 55' 21'',8$ pour la longitude de Saturne sur l'écliptique et rapportée à l'équinoxe mobile.

Maintenant on a

$$\sin(\varphi' - \varpi') = 0,98451, \qquad \cos(\varphi' - \varpi') = 0,17532;$$

la vraie longitude de Saturne sera donc

$$11^s 10^\circ 55' 21'',8 + \delta\varepsilon' - 49,33\,\delta n' - 2\delta v'.0,98451 + 2v'(\delta\varpi' - \delta\varepsilon').0,17532.$$

La longitude calculée par Halley, sur les observations de Flamsteed, était au même instant égale à $11^s10°58'0''$; en retranchant cette longitude de la précédente, on aura l'équation de condition

$$o = -2'38'',2 + \delta\varepsilon' - 49,33.\partial n'$$
$$- 2\partial e'.0,98451 + 2e'(\partial\varpi' - \partial\varepsilon').0,17532.$$

C'est ainsi que j'ai formé les vingt-quatre équations de condition suivantes; le temps des oppositions est compté en temps moyen à Paris, suivant le nouveau style :

1591. — 30 décembre, 22^h14^m.

Longitude héliocentrique observée. . $3^s9°23'14''$

$$(1) \quad \begin{cases} o = -1'11'',9 + \partial\varepsilon' - 158\,\partial n' \\ + 2\,\partial e'.0,22041 - 2e'(\partial\varpi' - \partial\varepsilon').0,97541, \end{cases}$$

1598. — 20 mars, 23^h0^m.

Longitude observée. . . . . $6^s0°33'35''$

$$(2) \quad \begin{cases} o = -3'32'',7 + \partial\varepsilon' - 151,78\,\partial n' \\ + 2\,\partial e'.0,99974 - 2e'(\partial\varpi' - \partial\varepsilon').0,02278. \end{cases}$$

1660. — 27 avril, 22^h0^m.

Longitude observée. . . . . $7^s8°40'56''$

$$(3) \quad \begin{cases} o = -5'12'',0 + \partial\varepsilon' - 89,67\,\partial n' \\ + 2\,\partial e'.0,79735 + 2e'(\partial\varpi' - \partial\varepsilon').0,60352. \end{cases}$$

1664. — 14 juin, 15^h26^m.

Longitude observée. . . . . $8^s24°31'10''$

$$(4) \quad \begin{cases} o = -3'56'',7 + \partial\varepsilon' - 85,54\,\partial n' \\ + 2\,\partial e'.0,04241 + 2e'(\partial\varpi' - \partial\varepsilon').0,99910. \end{cases}$$

1667. — 21 juillet, 0^h34^m.

Longitude observée. . . . . $3^s28°31'10''$

$$(5) \quad \begin{cases} o = -3'31'',7 + \partial\varepsilon' - 82,45\,\partial n' \\ - 2\,\partial e'.0,57924 + 2e'(\partial\varpi' - \partial\varepsilon').0,81516. \end{cases}$$

1672. — 20 septembre, 12^h16^m.

Longitude observée............... $11^s28°41'47''$

$$(6) \quad \left\{ \begin{aligned} 0 =& - 3'32'',8 + \delta\varepsilon' - 77,28\,\delta n' \\ & - 2\,\delta e'.0,98890 - 2\,e'(\delta\varpi' - \delta\varepsilon').0,14858. \end{aligned} \right.$$

1679. — 25 décembre, 22^h39^m.

Longitude observée............... $3^s4°54'0''$

$$(7) \quad \left\{ \begin{aligned} 0 =& - 3'9'',9 + \delta\varepsilon' - 70,01\,\delta n' \\ & + 2\,\delta e'.0,12591 - 2\,e'(\delta\varpi' - \delta\varepsilon').0,99204. \end{aligned} \right.$$

1687. — 29 mars, 11^h22^m.

Longitude observée............... $6^s9°24'40''$

$$(8) \quad \left\{ \begin{aligned} 0 =& - 4'49'',2 + \delta\varepsilon' - 62,79\,\delta n' \\ & + 2\,\delta e'.0,99476 + 2\,e'(\delta\varpi' - \delta\varepsilon').0,10222. \end{aligned} \right.$$

1690. — 5 mai, 6^h46^m.

Longitude observée............... $7^s15°33'15''$

$$(9) \quad \left\{ \begin{aligned} 0 =& - 3'26'',8 + \delta\varepsilon' - 59,66\,\delta n' \\ & + 2\,\delta e'.0,72246 + 2\,e'(\delta\varpi' - \delta\varepsilon').0,69141. \end{aligned} \right.$$

1694. — 21 juin, 21^h18^m.

Longitude observée............... $9^s1°11'10''$

$$(10) \quad \left\{ \begin{aligned} 0 =& - 2'4'',9 + \delta\varepsilon' - 55,52\,\delta n' \\ & - 2\,\delta e'.0,07303 + 2\,e'(\delta\varpi' - \delta\varepsilon').0,99733. \end{aligned} \right.$$

1697. — 27 juillet, 9^h31^m.

Longitude observée............... $10^s5°19'30''$

$$(11) \quad \left\{ \begin{aligned} 0 =& - 2'37'',4 + \delta\varepsilon' - 52,43\,\delta n' \\ & - 2\,\delta e'.0,66945 + 2\,e'(\delta\varpi' - \delta\varepsilon').0,74285. \end{aligned} \right.$$

1701. — 16 septembre, 2^h51^m.

Longitude observée............... $11^s23°23'30''$

$$(12) \quad \left\{ \begin{aligned} 0 =& - 2'41'',2 + \delta\varepsilon' - 48,29\,\delta n' \\ & - 2\,\delta e'.0,99902 - 2\,e'(\delta\varpi' - \delta\varepsilon').0,04435. \end{aligned} \right.$$

1731. — 23 septembre, 15ʰ44ᵐ.

Longitude observée .... 0ˢ0°30'30"

$$(13)\quad \begin{cases} 0 = -3'31",4 + \delta\varepsilon' - 18,27\,\delta n' \\ \qquad - 2\,\delta e'.0,98712 - 2e'(\delta\varpi' - \delta\varepsilon').0,15998. \end{cases}$$

1738. — 28 décembre, 1ʰ7ᵐ.

Longitude observée .... 3ˢ6°42'55"

$$(14)\quad \begin{cases} 0 = -4'9",5 + \delta\varepsilon' - 11,01\,\delta n' \\ \qquad + 2\,\delta e'.0,13759 - 2e'(\delta\varpi' - \delta\varepsilon').0,99049. \end{cases}$$

1746. — 31 mars, 10ʰ51ᵐ.

Longitude observée .... 6ˢ11°3'44"

$$(15)\quad \begin{cases} 0 = -4'58",3 + \delta\varepsilon' - 3,75\,\delta n' \\ \qquad + 2\,\delta e'.0,99348 + 2e'(\delta\varpi' - \delta\varepsilon').0,11401. \end{cases}$$

1749. — 7 mai, 6ʰ10ᵐ.

Longitude observée .... 7ˢ17°12'31"

$$(16)\quad \begin{cases} 0 = -4'3",8 + \delta\varepsilon' - 0,65\,\delta n' \\ \qquad + 2\,\delta e'.0,71410 + 2e'(\delta\varpi' - \delta\varepsilon').0,70004. \end{cases}$$

1753. — 23 juin, 22ʰ6ᵐ.

Longitude observée .... 3ˢ2°53'49"

$$(17)\quad \begin{cases} 0 = -1'58",2 + \delta\varepsilon' + 3,48\,\delta n' \\ \qquad - 2\,\delta e'.0,08518 + 2e'(\delta\varpi' - \delta\varepsilon').0,99637. \end{cases}$$

1756. — 29 juillet, 12ʰ10ᵐ.

Longitude observée .... 10ˢ7°5'59"

$$(18)\quad \begin{cases} 0 = -1'35",2 + \delta\varepsilon' + 6,58\,\delta n' \\ \qquad - 2\,\delta e'.0,67859 + 2e'(\delta\varpi' - \delta\varepsilon').0,73452. \end{cases}$$

1760. — 17 septembre, 8ʰ11ᵐ.

Longitude observée .... 11ˢ25°18'24"

$$(19)\quad \begin{cases} 0 = -3'14",0 + \delta\varepsilon' + 10,72\,\delta n' \\ \qquad - 2\,\delta e'.8,99838 - 2e'(\delta\varpi' - \delta\varepsilon').0,05691. \end{cases}$$

$$1767. - 22 \text{ décembre}, 0^h 52^m.$$

Longitude observée................ $3^s 0° 32' 45'$

$$(20) \quad \left\{ \begin{aligned} 0 = &- 1'40'',2 + \delta \varepsilon' + 17,98 \, \delta n' \\ &+ 2 \, \delta c'.0,03403 - 2 e'(\delta \varpi' - \delta \varepsilon').0,99942. \end{aligned} \right.$$

$$1775. - 25 \text{ mars}, 20^h 41^m.$$

Longitude observée................ $6^s 5° 31' 3'$

$$(21) \quad \left\{ \begin{aligned} 0 = &- 3'46'',0 + \delta \varepsilon' + 25,23 \, \delta n' \\ &+ 2 \, \delta e'.0,99994 + 2 e'(\delta \varpi' - \delta \varepsilon').0,01065. \end{aligned} \right.$$

$$1778. - 1^{er} \text{ mai}, 21^h 27^m.$$

Longitude observée.............. $7^s 12° 0' 7'',5$

$$(22) \quad \left\{ \begin{aligned} 0 = &- 4'32'',9 + \delta \varepsilon' + 28,33 \, \delta n' \\ &+ 2 \, \delta e'.0,78255 + 2 e'(\delta \varpi' - \delta \varepsilon').0,62559. \end{aligned} \right.$$

$$1782. - 18 \text{ juin}, 17^h 33^m.$$

Longitude observée.............. $8^s 27° 55' 45'$

$$(23) \quad \left\{ \begin{aligned} 0 = &- 4'4'',4 + \delta \varepsilon' + 32,46 \, \delta n' \\ &+ 2 \, \delta e'.0,01794 + 2 e'(\delta \varpi' - \delta \varepsilon').0,99984. \end{aligned} \right.$$

$$1785. - 24 \text{ juillet}, 6^h 2^m.$$

Longitude observée.............. $10^s 2° 3' 57''$

$$(24) \quad \left\{ \begin{aligned} 0 = &- 4'17'',6 + \delta \varepsilon' + 35,56 \, \delta n' \\ &- 2 \, \delta e'.0,59930 + 2 e'(\delta \varpi' - \delta \varepsilon').0,80053. \end{aligned} \right.$$

XLIV.

Si l'on ajoute ensemble les vingt-quatre équations précédentes, on aura

$$(a) \quad \left\{ \begin{aligned} 0 = &- 4898'',7 + 24 \, \delta \varepsilon' - 866,76 \, \delta n' \\ &+ 2 \, \delta e'.0,92446 + 2 e'(\delta \varpi' - \delta \varepsilon').5,54318. \end{aligned} \right.$$

En retranchant la somme des douze premières de la somme des douze dernières, on aura

$$(b) \quad \begin{cases} 0 = -124'',3 + 1120,08\,\delta n' \\ \qquad - 2\,\delta e'.0,26234 + 2\,e'(\delta\varpi' - \delta\varepsilon').0,00632. \end{cases}$$

Le système des équations $-(1)+(3)+(4)-(7)+(10)+(11)$ $-(14)+(17)+(18)-(20)+(23)+(24)$ donne

$$(c) \quad \begin{cases} 0 = -15'34'',9 + 4\,\delta\varepsilon' + 15,96\,\delta n' \\ \qquad - 2\,\delta e'.1,76579 + 2\,e'(\delta\varpi' - \delta\varepsilon').10,83142. \end{cases}$$

Enfin, le système des équations $+(2)-(5)-(6)+(8)+(9)$ $-(12)-(13)+(15)+(16)-(19)+(21)+(22)$ donne

$$(d) \quad \begin{cases} 0 = -12'38'',6 + 2\,\delta\varepsilon' - 9,50\,\delta n' \\ \qquad + 2\,\delta e'.10,75969 + 2\,e'(\delta\varpi' - \delta\varepsilon').1,81580. \end{cases}$$

De ces quatre équations (a), (b), (c), (d) on tire

$$\begin{aligned} \delta\varepsilon' &= 3'23'',544, \\ \delta n' &= \quad 0'',11793, \\ 2\,\delta e' &= \quad 30'',094, \\ \delta\varpi' &= 5'45''. \end{aligned}$$

Si l'on rectifie, d'après ces résultats, les éléments de Saturne donnés dans l'article XXIX, on aura au commencement de 1750

$$\begin{aligned} \varepsilon' &= 7^{s}21°20'44'', \\ \varpi' &= 8^{s}28°13'\ 9'', \\ e' &= 0,056336. \end{aligned}$$

La valeur de $\delta n'$ indique qu'il faut augmenter de $\frac{1}{9}$ de seconde environ le moyen mouvement sidéral de Saturne; ainsi, au lieu de le supposer, comme nous l'avons fait, de $43\,966'',5$, nous le supposerons égal à $43\,966'',6$. La correction $\delta n'$ est donnée par l'équation (b), qui résulte de la comparaison de vingt-quatre observations prises deux à deux et respectivement éloignées de deux, de quatre et de six révolutions de Saturne. J'ai choisi ces distances respectives, parce que les petites inégalités que j'ai négligées, et qui peuvent avoir quelque influence sur le mouvement de Saturne, se rétablissent à fort peu près dans l'intervalle de deux révolutions de cette planète, en sorte qu'elles ne produisent aucun effet sensible sur la détermination précédente de son mouvement sidéral.

XLV.

Les éléments que nous venons de trouver, substitués dans les formules de l'article XL, donneront, à fort peu près, le lieu de Saturne pour un instant quelconque; mais, dans le calcul des observations modernes, il sera plus simple de faire usage des formules suivantes.

On déterminera le moyen mouvement sidéral $n't$ de Saturne depuis 1750 en supposant ce mouvement de $43966'',6$ dans l'intervalle de trois cent soixante-cinq jours; en ajoutant ensuite à ce mouvement $7^s 21^\circ 20' 44''$, on aura la valeur de $n't + \varepsilon'$ relative à l'instant pour lequel on calcule.

On déterminera pareillement le moyen mouvement sidéral nt de Jupiter, depuis 1750, en supposant ce mouvement de $109182''$ dans l'intervalle de trois cent soixante-cinq jours; en ajoutant ensuite à ce mouvement $3^\circ 44' 30''$, on aura la valeur de $nt + \varepsilon$ relative à l'instant proposé.

On pourra, dans la détermination de ces angles, faire usage des Tables de Halley, de cette manière. Soit i le nombre des années juliennes écoulées depuis 1750 jusqu'à l'instant pour lequel on calcule; on déterminera, par ces Tables, la longitude de Saturne relative à cet instant, et, en lui ajoutant $54' 20'' - i.34,88$, on aura la valeur de $n't + \varepsilon'$. On déterminera pareillement, par ces Tables, la longitude de Jupiter relative au même instant, et, en lui ajoutant $- 20' 47'' - i.56'',13$, on aura $nt + \varepsilon$.

On retranchera de $n't + \varepsilon'$ la quantité

$$(48'44'' - i.0'',1) \sin(5n't - 2nt + 5\varepsilon' - 2\varepsilon + 5^\circ 34' 8'' - i.58'',88),$$

soit φ' la différence.

On calculera l'angle ϖ' d'après la formule

$$\varpi' = 8^s 28° 13' 9'' + i.15'',81975.$$

Cela posé, la longitude vraie v'_1 de Saturne, comptée sur son orbite, de l'équinoxe fixe de 1750, sera

$$\begin{aligned}
v'_1 = \varphi' &- (23231 - i.1'',1)\sin(\varphi' - \varpi')\\
&+ 817''\sin 2(\varphi' - \varpi')\\
&- 40''\sin 3(\varphi' - \varpi')\\
&- 613''\sin(2nt - 4n't + 2\varepsilon - 4\varepsilon' + 55°52'19'' + i.42'',8834)\\
&+ 419''\sin(2n't - nt + 2\varepsilon' - \varepsilon + 15°0'57'' - i.14'',215)\\
&- 35''\cos(2nt - 3n't + 2\varepsilon - 3\varepsilon' + 27°30')\\
&- 31''\sin(2nt - 2n't + 2\varepsilon - 2\varepsilon')\\
&+ 11''\cos(nt + \varepsilon).
\end{aligned}$$

La longitude I' du nœud ascendant de Saturne, relativement à l'équinoxe fixe de 1750, sera

$$3^s 21°31'17'' - i.18'',7;$$

l'inclinaison de son orbite sur le plan de l'écliptique vraie sera

$$2°30'20' - i.0'',16.$$

On aura, à très peu près, la longitude héliocentrique de Saturne, rapportée à l'écliptique vraie et comptée de l'équinoxe mobile, en ajoutant à v'_1 la quantité

$$i.50'',25 - 99''\cos(2v'_1 + 46°58'),$$

et l'on aura la tangente de sa latitude héliocentrique, rapportée au même plan, en multipliant la tangente de l'inclinaison de son orbite sur ce plan par $\sin(v'_1 - I)$.

Enfin, le rayon vecteur r' de Saturne sera donné par la formule

$$\begin{aligned}
r' = 9{,}559770 &+ (0{,}536846 - i.0{,}0000247)\cos(\varphi' - \varpi')\\
&- 0{,}015108 \ \cos 2(\varphi' - \varpi')\\
&+ 0{,}000640 \ \cos 3(\varphi' - \varpi')\\
&+ 0{,}0081435 \cos(nt - n't + \varepsilon - \varepsilon')\\
&+ 0{,}0053605 \sin(nt - 2n't + \varepsilon - 2\varepsilon' + 77°50'46'')\\
&+ 0{,}0141527 \cos(2nt - 4n't + 2\varepsilon - 4\varepsilon' + 55°52'19'' + i.42'',8834).
\end{aligned}$$

Il sera facile, au moyen de ces expressions, d'avoir la longitude et la latitude géocentrique de Saturne pour un instant quelconque.

XLVI.

Il faut maintenant examiner jusqu'à quel point les formules précédentes satisfont aux observations de Saturne. La Table suivante présente le résultat de la comparaison de quarante-trois oppositions de cette planète avec ces formules et avec les Tables de Halley.

TEMPS MOYEN, à Paris, nouveau style.	LONGITUDE héliocentrique de Saturne, observée.	EXCÈS	
		de la longitude héliocentrique calculée par les formules précédentes sur la longitude observée.	de la longitude calculée par les Tables de Halley, sur la longitude observée.
années.	s. o. ′. ″	′. ″	′. ″
1582. 3o août. 23.12,.....	11. 7.27.47	+ 1.36	+ 1.56
1591. 3o décembre. 22.14.....	3. 9.23.14	+ 1.33	— 0.54
1598. 20 mars. 23. 0.....	6. 0.33.35	— 0. 7	+ 0.37
1660. 27 avril. 22. 0.....	7. 8.40.56	— 1.36	+ 2.58
1664. 14 juin. 15.26.....	8.24.31.10	— 0.35	+ 3.20
1667. 21 juillet. 0.34.....	3 28.31.10	— 0.21	+ 3.5o
1672. 20 septembre. 12.16.....	11.28.41.47	— 0.58	+ 3.25
1676. 13 novembre. 7.56.....	1.22.20.20	— 0. 8	+ 1.31
1679. 25 décembre. 22.39.....	3. 4.54. 0	— 0.14	— 1.57
1684. 18 février. 18. 8.....	5. 0.34.35	— 1.40	— 3.21
1686. 16 mars. 10.52.....	5.26.46.20	— 0.51	— 3.28
1687. 29 mars. 11.22.....	6. 9.24.20	— 1. 9	— 4.54
1690. 5 mai. 6.46.....	7.15.33.15	+ 0.25	— 7.59
1694. 21 juin. 21.18.....	9. 1.11.10	+ 1.29	— 9. 0
1697. 27 juillet. 9.31.....	10. 5.19.30	+ 0.25	— 9.35
1700. 3 septembre. 3. 2.....	11.10.58. 0	+ 0. 8	— 8.44
1701. 16 septembre. 2.51.....	11.23.23.30	+ 0. 1	— 8. 0
1705. 8 novembre. 9.19.....	1.16.18.30	+ 1.38	— 2.42
1712. 31 janvier. 0.28.....	4.10.50.25	+ 1.17	+ 4.11
1719. 3o avril. 20.3o.....	7.10.17.20	— 0.53	+ 5.16
1722. 5 juin. 13. 9.....	8.14.52. 3	— 0.3o	+ 2.25
1727. 4 août. 9.54.....	10.11.48. 7	— 0. 1	— 1.13

TEMPS MOYEN, à Paris, nouveau style.	LONGITUDE héliocentrique de Saturne observée.	EXCÈS	
		de la longitude héliocentrique, calculée par les formules précédentes, sur la longitude observée.	de la longitude, calculée par les Tables de Halley, sur la longitude observée
années.	s $°$ $'$ $''$	$'$ $''$	$'$ $''$
1731. 23 septembre. $15^h.44'$.....	0. 0.30.50	· 0.47	·· 4.50
1735. 16 novembre. 12. 6.....	1.24.10.53	· 0. 7	· 6.10
1738. 28 décembre. 1. 7.....	3. 6.42.55	-- 1. 2	·· 7.49
1742. 7 février. 3. 3.....	4.18.44.22	· 1. 0	··· 5.10
1746. 31 mars. 10.51.....	6.11. 3.44	· 1. 7	-- 4.21
1749. 7 mai. 6.10.....	7.17.12.31	-- 0.12	·· 8.38
1753. 23 juin. 22. 6.....	3. 2.53.49	--- 1.54	··13.39
1756. 29 juillet. 12.10.....	10. 7. 5.59	+ 1.37	--17.27
1758. 23 août. 12.25.....	11. 0.40.44	·+ 1. 9	--20.10
1760. 17 septembre. 8.11.....	11.25.18.24	-- 0.23	--22.17
1763. 27 octobre. 18.14.....	1. 4.34.53	+ 0.44	-- 19.54
1765. 23 novembre. 17. 6.....	2. 2.14.17	-+ 0.44	··17.14
1767. 22 décembre. 0.52.....	3. 0.32.45	-+ 1.29	--13.12
1769. 4 janvier. 4.34.....	3.14.43.39	+ 1.47	-- 10.39
1772. 14 février. 22. 8.....	4.26.21.12	-+ 1.52	·· 3.16
1775. 25 mars. 20.41.....	6. 5.31. 3	-+ 0.19	-+ 2.12
1778. 1ᵉʳ mai. 11.27.....	7.12. 0. 7	-- 0.34	-+ 1.21
1780. 25 mai. 11.24.....	8. 5.11.33	-+ 0.12	·-- 0.59
1782. 18 juin. 17.33.....	8.27.55.45	-- 0.23	-- 5.18
1785. 24 juillet. 6. 2.....	10. 2. 3.57	-- 0.56	·12. 7
1786. 5 août. 14.39.....	10.13.40.19	-- 1. 9	--14.35

Les trois premières oppositions observées par Tycho ont été données par M. de Cassini dans ses *Éléments d'Astronomie*. Les oppositions suivantes, jusqu'en 1772, sont tirées du second Volume du *Recueil des Tables astronomiques* publiées par l'Académie de Berlin; mais, comme les oppositions rapportées dans ce Recueil et surtout celles du dernier siècle et du commencement de celui-ci ne sont pas très exactes et qu'il y a quelquefois des différences de plus de deux minutes de degré entre les oppositions observées à Paris et à Londres, j'ai choisi les oppositions qui, par leur accord avec celles qui ont été observées dans d'autres lieux, m'ont paru mériter le plus de confiance. Les oppositions de 1775 et de 1778 ont été calculées par M. Méchain, et je suis redevable des quatre dernières à M. de Cassini.

On voit que nos formules font presque entièrement disparaître les grandes erreurs des Tables et les réduisent à moins de deux minutes. Une partie des erreurs qu'elles laissent encore subsister doit être attribuée aux observations elles-mêmes et au peu de précision que l'on a mis dans leur calcul. J'ai lieu de croire cependant qu'il existe dans la théorie de Saturne de petites équations négligées dont la somme peut surpasser une minute, et que, parmi les inégalités du second et du troisième ordre, celles qui dépendent des angles $nt - n't + \varepsilon - \varepsilon'$, $3n't - nt + 3\varepsilon' - \varepsilon$ et $2nt - 3n't + 2\varepsilon - 3\varepsilon'$ sont assez sensibles pour y avoir égard. Il sera facile de les déterminer par l'analyse de la première Section, lorsque de nouvelles observations très précises ou un calcul plus exact des oppositions déjà observées permettront de comparer sur ce point la théorie avec la nature. Il ne s'agit plus maintenant que de légères différences, qui, pour être constatées, exigent des observations délicates; le travail intéressant que M. de Cassini publie chaque année nous mettra bientôt en état de faire cette comparaison.

Les oppositions précédentes embrassent un intervalle de plus de deux siècles; elles sont toutes comprises dans le premier quart de la période actuelle de la grande inégalité de Saturne, qui, comme on l'a vu dans l'article XXXVI, était nulle en 1560 et sera à son maximum en 1789. Il serait à désirer que nous eussions de bonnes observations relatives aux différentes parties de la période antérieure, pour y comparer notre théorie. Les observations de Saturne, faites dans les premiers temps du renouvellement de l'Astronomie, sont trop imparfaites et ne sont pas assez éloignées pour cet objet; celles des Arabes nous sont inconnues : elles sont peut-être consignées dans les manuscrits qui nous restent sur l'Astronomie arabe. Ces observations, d'autant plus intéressantes qu'elles rempliraient le grand intervalle qui sépare les observations modernes des anciennes, méritent l'attention des savants dans les langues orientales. Dans l'état actuel de nos connaissances, il ne nous reste plus qu'à comparer nos formules aux anciennes observations.

XLVII.

Comparaison de la théorie de Saturne avec les observations anciennes.

La plus ancienne et la meilleure observation de Saturne que Ptolémée nous ait transmise a été faite par les Chaldéens. Le 1ᵉʳ mars de l'an 228 avant notre ère, à $4^h 23^m$, temps moyen à Paris, Saturne fut aperçu deux doigts au-dessous de γ de la Vierge. Il peut y avoir une ou deux heures d'incertitude sur l'instant de l'observation; mais, vu la lenteur du mouvement de Saturne, cette erreur est insensible. La longitude de γ de la Vierge, au commencement de 1750, était, suivant le Catalogue de M. de la Caille, égale à $6^s 6° 41' 10''$. On n'a point reconnu de mouvement dans cette étoile, et, si l'on fait au Catalogue d'Hipparque les réductions convenables, on trouve qu'elle a maintenant la même position qu'au temps de cet astronome. Nous pouvons donc supposer, sans erreur sensible, que le 1ᵉʳ mars de l'an 228 avant notre ère, à $4^h 23^m$, la longitude géocentrique de Saturne, rapportée à l'équinoxe de 1750, était $6^s 6° 41' 10''$.

Voyons ce qu'elle devait être suivant notre théorie.

Pour cela, il faut reprendre les formules de l'article XL. J'ai trouvé d'abord pour le 1ᵉʳ mars de l'an 228 avant notre ère, à $4^h 23^m$,

$$n't + \varepsilon' = 5^s 29° 59' 27'',4, \qquad nt + \varepsilon = 3^s 9° 10' 6'',$$

ce qui donne — $19'41'',8$ pour la grande inégalité de Saturne et, par conséquent,

$$\varphi' = 5^s 29^o 39' 45'', 6.$$

On avait à la même époque

$$\varpi' = 8^s 19^o 40' 17'',$$
$$e' = 0,061415,$$

d'où l'on tire

$$\Upsilon' + \varpi' = 6^s 6^o 29' 9''.$$

On trouve ensuite $+ 1'47'',5$ pour la somme de tous les autres termes de v'_1; partant

$$v'_1 = 6^s 6^o 30' 56'', 5.$$

La longitude du nœud de Saturne par rapport au plan de l'écliptique de 1750 était alors $3^s 26^o 18' 57''$, et l'inclinaison de l'orbite était $2^o 27' 13''$; ainsi la réduction à ce plan était — $1'2''$. La longitude héliocentrique de Saturne, rapportée au même plan et à l'équinoxe fixe de 1750, était donc égale à $6^s 6^o 29' 54'', 5$.

Le rayon vecteur r' de Saturne était égal à $9,67315$; la longitude de la Terre au même instant, et rapportée à l'équinoxe fixe de 1750, était $6^s 5^o 3' 35''$, et son rayon vecteur était $1,00113$, d'où il est facile de conclure que la longitude géocentrique de Saturne était égale à $6^s 6^o 40' 14'', 5$. La longitude observée était $6^s 6^o 41' 10''$; ainsi l'excès de nos formules sur l'observation est — $55'', 5$.

La précision avec laquelle l'observation chaldéenne est représentée par la théorie donne lieu à plusieurs conséquences intéressantes.

La première est qu'il faut bannir les équations séculaires de la théorie des planètes. La comparaison de vingt-quatre observations modernes combinées deux à deux, et respectivement éloignées de deux, de quatre et de six révolutions de Saturne, nous a donné, dans l'article XLIV, le moyen mouvement sidéral de Saturne égal à $43996,6179$ dans l'intervalle de trois cent soixante-cinq jours; l'observation chaldéenne donne ce mouvement égal à $43996'', 5719$. Ces deux résultats ne diffèrent pas de $\frac{1}{20}$ de seconde. En fixant donc, par un milieu, ce mouvement à $43996'', 6$, on ne doit pas craindre une erreur de $\frac{1}{7}$ de seconde; d'où il suit que ce mouvement est un des mieux connus de notre système planétaire, et, comme il représente sans le secours d'une équation séculaire les observations anciennes et modernes de Saturne, on voit que cette équation, dont j'ai fait voir autrefois l'impossibilité par la théorie, est pareillement exclue par les observations.

La seconde conséquence est que les comètes n'ont point d'influence sensible sur notre système planétaire. Saturne, à raison de son éloignement du Soleil, en aurait éprouvé des dérangements très sensibles si leurs masses étaient comparables à celles des planètes; et, puisque la seule action de Jupiter suffit pour rendre raison de toutes ses inégalités, l'action des comètes est nécessairement très petite. Elle pourrait, cependant, avoir altéré de plusieurs minutes les mouvements de Jupiter et de Saturne, depuis Hipparque jusqu'à nous, sans que nous puissions nous en apercevoir, à cause du peu d'exactitude des observations anciennes et des mouvements particuliers des étoiles auxquelles elles se rapportent et qui ne sont pas encore connus. Ainsi, l'influence des comètes sur notre système planétaire est un de ces phénomènes astronomiques dont la détermination est réservée aux générations futures; les observations anciennes nous prouvent seulement qu'elle est très petite.

Enfin, la troisième conséquence est que la grande équation que nous avons introduite dans la théorie de Saturne est fort exacte; car, pour peu que nous nous fussions trompés sur sa valeur, cette erreur aurait sensiblement influé sur le moyen mouvement de cette planète, conclu des observations modernes, et nous n'aurions pas trouvé un aussi parfait accord entre ce mouvement et celui qui résulte de l'observation chaldéenne.

XLVIII.

Considérons présentement les observations de Saturne faites par Ptolémée. M. de Cassini a rapporté dans ses *Éléments d'Astronomie* trois oppositions de cette planète observées par cet astronome; mais

il s'est trompé d'un jour sur la date de ces observations. M. de la Lande,
qui les a réduites avec soin au méridien de Paris, en a conclu que les
longitudes géocentriques de Saturne étaient, suivant Ptolémée,

$$
\begin{array}{llll}
\text{L'an 127. 26 mars.} & 4^h.14^m, \text{ temps moyen à Paris} \ldots\ldots\ldots & 6^s. \ 1^o.13' \\
\text{» 133. 3 juin.} & 2. \ 8, \qquad\qquad\text{»} \qquad\qquad \ldots\ldots\ldots & 8. \ 9.40 \\
\text{» 136. 7 juillet.} & 22. \ 9, \qquad\qquad\text{»} \qquad\qquad \ldots\ldots\ldots & 9.14.14 \\
\end{array}
$$

Dans ces observations, Saturne a été comparé aux étoiles; mais les
positions que Ptolémée attribuait aux étoiles sont défectueuses : le
catalogue des fixes de cet astronome n'est que celui d'Hipparque
réduit au temps de Ptolémée au moyen d'une précession des équinoxes de 36″ par année. Or on suppose que le Catalogue d'Hipparque
se rapporte au 26 septembre de l'année 128 avant notre ère. Ainsi,
pour rapporter les longitudes précédentes à l'équinoxe d'Hipparque,
il faut en retrancher le produit de 36″ par le nombre des années
juliennes écoulées depuis le 26 septembre de l'an 228 avant notre
ère jusqu'à l'instant de chaque observation. Ces longitudes deviendront ainsi

$$
\begin{array}{l}
5^s.28^o.40'.17'' \\
8. \ 7. \ 3.34 \\
9.11.35.40 \\
\end{array}
$$

Pour les rapporter à l'équinoxe de 1750, il faut connaître la quantité
de la précession depuis Hipparque jusqu'à nous; or, en prenant un
milieu entre les positions des étoiles observées par Hipparque et comparées à celles du Catalogue de M. de la Caille, M. de la Lande trouve
que la précession moyenne depuis cet ancien astronome jusqu'à nous
est de $1^o23'36''$ par siècle, d'où il suit que, pour rapporter les longitudes précédentes à l'équinoxe de 1750, il faut leur ajouter $26^o9'25''$,
ce qui donne pour ces longitudes ainsi réduites à l'équinoxe de 1750

$$
\begin{array}{l}
6^s.24^o.49'.42'' \\
9. \ 3.12.59 \\
10. \ 7.45. \ 7 \\
\end{array}
$$

En calculant, d'après les formules de l'article XL, les longitudes géocentriques de Saturne pour les instants des trois observations précédentes, j'ai trouvé les trois longitudes suivantes :

$$6.24.35.12$$
$$9.\ 3.14.22$$
$$10.\ 7.34.\ 2$$

Les erreurs de nos formules, si les observations étaient exactes, seraient donc — 14′30″, + 1′23″, — 11′5″. Si l'on considère l'incertitude des déterminations des étoiles par Hipparque et celles des observations de Ptolémée, on voit que celles-ci sont représentées par la loi de la pesanteur avec toute la précision que l'on peut désirer. Cette précision avec laquelle les deux plus grosses planètes de notre système ont obéi, depuis les temps les plus reculés jusqu'à nos jours, aux lois de leur action mutuelle, les grandes inégalités qui naissent de cette action, la longueur de leurs périodes et la manière simple dont elles expliquent les dérangements singuliers observés dans les mouvements de Saturne, et dont on n'avait pu découvrir ni les lois, ni la cause, sont un des objets les plus intéressants du système du monde. Ainsi ces dérangements, qui semblaient faire une exception à la loi de la pesanteur, en deviennent une confirmation frappante et ne doivent plus laisser aucun doute sur son existence.

THÉORIE

DE JUPITER ET DE SATURNE

(SUITE).

THÉORIE

DE JUPITER ET DE SATURNE

(SUITE).

Mémoires de l'Académie royale des Sciences de Paris, année 1786; 1788.

Ce Mémoire étant une suite de celui que j'ai publié dans le Volume précédent (¹), je conserverai l'ordre des articles. Dans la première Section de ces recherches, j'ai donné la théorie analytique des perturbations de Jupiter et de Saturne; dans la seconde Section, j'ai appliqué cette théorie aux mouvements de Saturne, et j'en ai tiré des formules qui, comparées aux observations, les ont représentées avec la précision dont elles sont susceptibles. J'ai observé cependant, dans l'article XLVI, que la théorie de Saturne renferme encore trois petites inégalités sensibles, dont la somme peut surpasser une minute, et auxquelles il sera nécessaire d'avoir égard lorsque l'on aura des observations très exactes et calculées avec rigueur. Il était à désirer qu'un astronome, exercé dans ce genre de calculs, reprît toutes les oppositions de Jupiter et de Saturne observées dans le dernier siècle et dans celui-ci, et qu'il les discutât de nouveau, en y appliquant les corrections dues aux mouvements des étoiles et à leurs positions aujourd'hui mieux connues. M. de Lambre a bien voulu entreprendre cette discussion pénible et délicate; il l'a faite avec tout le soin qu'exige l'importance de ce travail, et je reconnais avec plaisir que, si

(¹) *OEuvres de Laplace*, t. XI, p. 95.

mes recherches sont utiles aux astronomes, c'est principalement à lui qu'elles devront cet avantage. De mon côté, j'ai déterminé les petites inégalités de Saturne, que j'avais d'abord négligées, et j'ai calculé avec précision celles de Jupiter. En comparant ensuite mes formules à un grand nombre d'observations, M. de Lambre en a conclu les éléments elliptiques des orbites de ces deux planètes, et il a dressé sur ces formules des Tables de leurs mouvements. Ces Tables sont uniquement fondées sur la loi de la pesanteur; je n'ai emprunté de l'observation que ce qui est nécessaire pour déterminer les constantes arbitraires introduites par l'intégration des équations différentielles. Je me suis astreint à cette condition, parce qu'un des objets les plus intéressants de l'Astronomie est de constater de plus en plus l'accord de la théorie avec les observations, et de voir si des causes étrangères à notre système ne viennent point en troubler les mouvements. M. de Lambre a comparé ces Tables à toutes les bonnes observations qu'il a pu rassembler; il a trouvé le plus souvent l'erreur au-dessous de trente secondes, et, lorsqu'elle a surpassé quarante secondes, la discussion de l'observation a fait voir qu'on pouvait lui en attribuer une partie; une plus grande précision entraînerait des calculs immenses.

Ces Tables de Jupiter et de Saturne auront besoin d'être retouchées dans la suite, à cause de quelques inégalités sensibles dépendantes des carrés des forces perturbatrices, et auxquelles je n'ai point eu égard; telle est, entre autres, une petite inégalité qui a pour argument le double de celui de la grande inégalité de Saturne; son coefficient est $+ 3o''$ pour Saturne et $- 13''$ pour Jupiter. J'ai reconnu pareillement que les quantités de l'ordre des carrés des masses des deux planètes produisaient des variations sensibles dans leurs équations du centre et dans la position de leurs aphélies; mais j'ai cru pouvoir les omettre, parce que l'erreur qui en résulte est, jusqu'à présent, insensible et plus petite que l'incertitude qui reste encore sur la masse de Saturne et sur le coefficient de sa grande inégalité. J'ai trouvé (article XXXV) ce coefficient de $48'44''$ pour le milieu de ce siècle, mais, comme je n'y suis parvenu que par approximation, en négligeant les cinquièmes puissances des excentricités, je ne puis pas répondre, à une demi-minute près, de sa valeur. Au reste, il sera facile de déterminer, par l'analyse de la première Section, les inégalités sensibles qui dépendent des carrés et des produits des masses perturbatrices, lorsque les observations en auront fait sentir la nécessité.

M. de Lambre se propose de publier, à la suite des nouvelles Tables de Jupiter et de Saturne, la discussion des observations modernes de ces deux planètes et leur comparaison avec ces Tables; je me contente d'y renvoyer ceux qui désirent de voir jusqu'à quel point la théorie de Jupiter satisfait aux observations modernes; mais je la compare ici avec les observations anciennes, et je fais voir qu'elle les représente aussi exactement qu'on peut le désirer. Trente-deux oppositions modernes de Jupiter, comparées deux à deux, et respectivement éloignées de cinq, de dix et de quinze révolutions de cette planète, m'ont donné son moyen mouvement sidéral égal à $30°19'41'',5$, dans l'intervalle de 365 jours. L'observation de Jupiter, la plus ancienne et la meilleure que Ptolémée nous ait transmise, et qui se rapporte à l'an 240 avant notre ère, conduit exactement au même résultat. Le moyen mouvement de Jupiter est donc uniforme comme celui de Saturne, et les équations séculaires doivent être bannies de la théorie de ces deux planètes.

XLIX.

Addition à la théorie de Saturne.

Les trois inégalités dont j'ai parlé dans l'article XLVI dépendent des angles

$$3n't - nt + 3\varepsilon' - \varepsilon, \quad 2nt - 3n't + 2\varepsilon - 3\varepsilon' \quad \text{et} \quad nt - n't + \varepsilon - \varepsilon'.$$

Je vais donner ici le calcul de ces inégalités; je commence par celle qui a pour argument l'angle $3n't - nt + 3\varepsilon' - \varepsilon$.

Pour cela, je reprends l'équation (10) de l'article VII, en y changeant les coordonnées de Jupiter dans celles de Saturne, et réciproquement; si l'on représente par $Q\cos(3n't - nt + 3\varepsilon' - \varepsilon + A)$ un terme de R dépendant de l'angle dont il s'agit, l'équation (10) deviendra, relativement à ce terme,

$$0 = \frac{d^2(r'\,\delta r')}{a'^2\,dt^2} + \frac{n'^2 r'\,\delta r'}{a'^2}$$

$$- \frac{n'^2 \delta r'}{a'}\left[2e'\cos(n't + \varepsilon' - \varpi') - \tfrac{3}{4}e'^2\cos 2(n't + \varepsilon' - \varpi')\right]$$

$$+ n'^2\left(\frac{6n'}{3n' - n}a'Q + a'^2\frac{\partial Q}{\partial a'}\right)\cos(3n't - nt + 3\varepsilon' - \varepsilon + A).$$

En substituant, au lieu de $m\,\delta r'$, sa valeur trouvée dans l'article XXXIV, et en ne conservant que les termes dépendants de l'angle

$$3n't - nt + \varepsilon' - \varepsilon,$$

on aura

$$0 = \frac{m\,d^2(r'\,\delta r')}{a'^2\,dt^2} + \frac{mn'^2 r'\,\delta r'}{a'^2}$$

$$+ \frac{n'^2 e'}{a'}0,0053605\,\sin(3n't - nt + 3\varepsilon' - \varepsilon - \varpi' - 77°50'46'')$$

$$- \frac{5}{4}n'^2\frac{e'^2}{a'}0,0081435\,\cos(3n't - nt + 3\varepsilon' - \varepsilon - 2\varpi')$$

$$+ n'^2 m\left(\frac{6n'}{3n' - n}a'Q + a'^2\frac{\partial Q'}{\partial a'}\right)\cos(3n't - nt + 3\varepsilon' - \varepsilon + A),$$

d'où l'on tire

$$\frac{mr'\,\delta r'}{a'^2} = \frac{-n'^2}{(n - 2n')(4n' - n)}\frac{e'}{a'}0,0053605\,\sin(3n't - nt + 3\varepsilon' - \varepsilon - \varpi' - 77°50'46'')$$

$$\times \frac{-5n'^2}{4(n - 2n')(4n' - n)}\frac{e'^2}{a'}0,00081435\,\cos(3n't - nt + 3\varepsilon' - \varepsilon - 2\varpi')$$

$$\times \frac{-mn'^2}{(n - 2n')(4n' - n)}\left(\frac{6n'}{3n' - n}a'Q + a'^2\frac{\partial Q}{\partial a'}\right)\cos(3n't - nt + 3\varepsilon' - \varepsilon + A).$$

La formule (9) de l'article VII, transportée à Saturne, donnera ainsi

$$m\,\delta v'_1 = \left[\frac{1}{2} - \frac{2n'(3n'-n)}{(n-2n')(4n'-n)}\right]\frac{e'}{a'}\,0,0053605\cos(3n't-nt+3\varepsilon'-\varepsilon-\varpi'-77°50'46'')$$
$$+ \left[\frac{5n'(3n'-n)}{2(n-2n')(4n'-n)} - \frac{1}{2}\right]\frac{e'^2}{a'}\,0,0081435\sin(3n't-nt+3\varepsilon'-\varepsilon-2\varpi')$$
$$+ m\left\{a'Q\left[\frac{9n'^2}{(3n'-n)^2} + \frac{12n'^2}{(n-2n')(4n'-n)}\right]\right.$$
$$\left.+ 2a'^2\frac{\partial Q}{\partial a'}\left[\frac{n'}{3n'-n} + \frac{n'(3n'-n)}{(n-2n')(4n'-n)}\right]\right\}\sin(3n't-nt+3\varepsilon'-\varepsilon+A),$$

d'où l'on tire, en négligeant les termes insensibles,

$$m\,\delta v'_1 = -5'',9\cos(3n't-nt+3\varepsilon'-\varepsilon-\varpi'-77°50'46'')$$
$$+ m\left(50,0811\,a'Q + 5,2805\,a'^2\frac{\partial Q}{\partial a'}\right)\sin(3n't-nt+3\varepsilon'-\varepsilon+A).$$

Il ne s'agit plus que de déterminer Q et A. Pour cela, j'observe que la partie de R qui dépend de l'angle

$$3n't-nt+3\varepsilon'-\varepsilon$$

peut être mise sous cette forme

$$R = N^{(0)}e'^2\cos(3n't-nt+3\varepsilon'-\varepsilon-2\varpi')$$
$$+ N^{(1)}ee'\cos(3n't-nt+3\varepsilon'-\varepsilon-\varpi-\varpi')$$
$$+ N^{(2)}e^2\cos(3n't-nt+3\varepsilon'-\varepsilon-2\varpi)$$
$$+ N^{(3)}\gamma^2\cos(3n't-nt+3\varepsilon'-\varepsilon-2\Pi),$$

et l'on trouve

$$a'N^{(0)} = \frac{3}{8\alpha^2} - \frac{17}{8}b^{(1)}_{\frac{1}{2}} - \frac{5}{4}\alpha\frac{db^{(1)}_{\frac{1}{2}}}{d\alpha} - \frac{1}{8}\alpha^2\frac{d^2b^{(1)}_{\frac{1}{2}}}{d\alpha^2},$$
$$a'N^{(1)} = 5\,b^{(2)}_{\frac{1}{2}} + \frac{5}{2}\alpha\frac{db^{(2)}_{\frac{1}{2}}}{d\alpha} + \frac{1}{4}\alpha^2\frac{d^2b^{(2)}_{\frac{1}{2}}}{d\alpha^2},$$
$$a'N^{(2)} = -\frac{21}{8}b^{(3)}_{\frac{1}{2}} - \frac{5}{4}\alpha\frac{db^{(3)}_{\frac{1}{2}}}{d\alpha} - \frac{1}{8}\alpha^2\frac{d^2b^{(3)}_{\frac{1}{2}}}{d\alpha^2},$$
$$a'N^{(3)} = -\frac{1}{8}\alpha\,b^{(3)}_{\frac{1}{2}}.$$

On a ensuite généralement, Q étant une fonction homogène de a et de a' de la dimension -1,

$$a'^1 \frac{\partial Q}{\partial a'} = -a'Q - \alpha \frac{d(a'Q)}{d\alpha}.$$

Au moyen de ces équations et des valeurs de $b_{\frac{1}{2}}^{(1)}$, $b_{\frac{1}{2}}^{(2)}$, ... et de leurs différences, données dans l'article XXX, j'ai trouvé

$$a'N^{(0)} = -1,161936,$$
$$a'N^{(1)} = 3,054469,$$
$$a'N^{(2)} = -0,935400,$$
$$a'^1 \frac{\partial N^{(0)}}{\partial a'} = -a'N^{(0)} + 5,376964,$$
$$a'^1 \frac{\partial N^{(1)}}{\partial a'} = -a'N^{(1)} + 8,173767,$$
$$a'^1 \frac{\partial N^{(2)}}{\partial a'} = -a'N^{(2)} + 3,421042;$$

en négligeant donc les termes multipliés par γ^3 et qui sont insensibles, on aura

$$m\,\delta v'_1 = -14'',479 \sin(3n't - nt + 3\varepsilon' - \varepsilon - 2\varpi')$$
$$+ 49'',057 \sin(3n't - nt + 3\varepsilon' - \varepsilon - \varpi - \varpi')$$
$$- 10'',685 \sin(3n't - nt + 3\varepsilon' - \varepsilon - 2\varpi)$$
$$- 5'',9 \cos(3n't - nt + 3\varepsilon' - \varepsilon - \varpi' - 77°50'46'').$$

En substituant, au lieu de ϖ et de ϖ', leurs valeurs, et en réduisant ces différents termes dans un seul, on aura

$$m\,\delta v'_1 = -49'',579 \sin(3n't - nt + 3\varepsilon' - \varepsilon + 88°20'19'').$$

L.

Considérons présentement l'inégalité dépendante de l'angle

$$2nt - 3n't + 2\varepsilon - 3\varepsilon'.$$

Les quantités du premier ordre nous ont déjà donné une inégalité de cette nature, et, pour en retrouver une semblable, il faut avoir égard aux quantités du troisième ordre, c'est-à-dire aux cubes et aux produits de trois dimensions, des excentricités et des inclinaisons des orbites. Ces quantités sont très petites par elles-mêmes ; mais on a vu, dans l'article XXVI, que les termes du second ordre qui dépendent de l'angle $2nt - 4n't + 2\varepsilon - 4\varepsilon'$, étaient fort sensibles dans les expressions du rayon vecteur et de la longitude de Saturne, à cause du très petit diviseur $5n' - 2n$ qu'ils acquièrent par les intégrations. Ces termes peuvent donner, par leurs combinaisons avec l'équation du centre de cette planète, une inégalité sensible du troisième ordre, dépendante de l'angle $2nt - 3n't + 2\varepsilon - 3\varepsilon'$; c'est cette inégalité que nous allons déterminer.

Soit $\mathrm{H}\cos(2nt - 4n't + 2\varepsilon - 4\varepsilon' + \mathrm{B})$ la partie de $\dfrac{\delta r'}{a'}$ qui dépend de l'angle $2nt - 4n't + 2\varepsilon - 4\varepsilon'$, le coefficient H renfermant le diviseur $5n' - 2n$. Si l'on n'a égard qu'aux termes du troisième ordre qui ont ce diviseur et qui dépendent de l'angle $2nt - 3n't + 2\varepsilon - 3\varepsilon'$, l'équation (10) de l'article VII donnera, en y changeant les coordonnées de Jupiter dans celles de Saturne, et réciproquement,

$$0 = \frac{d^2(r'\,\delta r')}{a'^2\,dt^2} + \frac{n'^2 r'\,\delta r'}{a'^2} - \tfrac{3}{2}n'^2 e'\,\mathrm{H}\cos(2nt - 3n't + 2\varepsilon - 3\varepsilon' - \varpi' + \mathrm{B}),$$

partant

$$\frac{r'\,\delta r'}{a'^2} = \frac{-\tfrac{3}{2}n'^2 e'\,\mathrm{H}}{(2n - 3n')^2 - n'^2}\cos(2nt - 3n't + 2\varepsilon - 3\varepsilon' - \varpi' + \mathrm{B}).$$

La formule (9) du même article, transportée à Saturne, donne, en n'ayant égard qu'aux termes du même genre,

$$\delta v'_1 = \left[\frac{1}{2} + \frac{3n'(2n - 3n')}{(2n - 3n')^2 - n'^2}\right] e'\,\mathrm{H}\sin(2nt - 3n't + 2\varepsilon - 3\varepsilon' - \varpi' + \mathrm{B});$$

or on a, à très peu près, $2n = 5n'$. On aura donc

$$m\,\delta v_1 = 2m\mathrm{H}\,\tfrac{3}{2}e'\sin(2nt - 3n't + 2\varepsilon - 3\varepsilon' - \varpi' + \mathrm{B});$$

mais on a, par l'article XXXVII,

$$2m\mathrm{H} = 10'13'', \qquad \mathrm{B} = 1^{\mathrm{s}}25^{\circ}52'19'.$$

On a d'ailleurs, par l'article **XXIX**,

$$\varpi' = 8^s 28°7'24'', \qquad c' = 0,056263;$$

on aura donc

$$m\,\delta v'_1 = 43'' \cos(2nt - 3n't + 2\varepsilon - 3\varepsilon' + 57°44'55'').$$

Cette inégalité résulte des variations de l'excentricité et de l'aphélie de Saturne, qui dépendent de l'angle

$$5n't - 2nt + 5\varepsilon' - 2\varepsilon;$$

en effet, nous avons vu, dans l'article **XXVIII**, que les inégalités du rayon vecteur et de la longitude de Saturne, qui ont pour argument l'angle

$$2nt - 4n't + 2\varepsilon - 4\varepsilon',$$

pouvaient être considérées comme étant dues à ces variations ; en sorte que, si l'on nomme $\delta e'$ et $\delta\varpi'$ ces variations de l'excentricité et de l'aphélie de Saturne, la variation

$$- 2\delta e' \sin(n't + \varepsilon' - \varpi') + 2e'\,\delta\varpi' \cos(n't + \varepsilon' - \varpi')$$

du terme

$$- 2e' \sin(n't + \varepsilon' - \varpi'),$$

qui exprime l'équation du centre de Saturne, est représentée par le terme

$$- 10'13'' \sin(2nt - 4n't + 2\varepsilon - 4\varepsilon' + 55°52'19''),$$

que renferme la valeur de $m\,\delta v'$.

La comparaison de ces deux quantités donne

$$2\delta e' = 10'13'' \cos(2nt - 5n't + 2\varepsilon - 5\varepsilon' + \varpi' + 55°52'19),$$
$$- 2e'\,\delta\varpi' = 10'13'' \sin(2nt - 5n't + 2\varepsilon - 5\varepsilon' + \varpi' + 55°52'19).$$

Maintenant, l'expression du mouvement elliptique renferme le terme

$$+ \tfrac{3}{4}e'^2 \sin(2n't + 2\varepsilon' - 2\varpi'),$$

et la variation de ce terme est

$$\tfrac{3}{2}e'\,\delta e' \sin(2n't + 2\varepsilon' - 2\varpi') - \tfrac{3}{2}e'^2\,\delta\varpi' \cos(2n't + 2\varepsilon' - 2\varpi');$$

en substituant au lieu de $\delta e'$ et de $e'\delta\varpi'$ leurs valeurs, cette variation deviendra

$$\tfrac{1}{4}e'\,\text{10}'\text{13}''\sin(2nt - 3n't + 2\varepsilon - 3\varepsilon' - \varpi' + 55°52'19'')$$

ou

$$43''\cos(2nt - 3n't + 2\varepsilon - 3\varepsilon' + 57°44'55''),$$

ce qui est l'inégalité que nous venons de déterminer.

Si l'on réunit cette inégalité à celle-ci

$$- 35''\cos(2nt - 3n't + 2\varepsilon - 3\varepsilon' + 27°30'),$$

que nous avons trouvée dans l'article **XXXIV**, on aura, pour la partie de $m\,\delta v'_{\text{,}}$ qui dépend de l'angle $2nt - 3n't + 2\varepsilon - 3\varepsilon'$,

$$m\,\delta v'_{\text{,}} = - 21'',8 \sin(2nt - 3n't + 2\varepsilon - 3\varepsilon' + 21°50'35'').$$

LI.

Considérons enfin l'inégalité qui dépend de l'angle

$$nt - n't + \varepsilon - \varepsilon'.$$

Nous avons vu, dans l'article **XXXII**, que les quantités indépendantes des excentricités des orbites donnent, dans l'expression de $m\,\delta v'_{\text{,}}$, une inégalité de cette nature, qui, réduite en secondes, est égale à

$$+ 3'',5 \sin(nt - n't + \varepsilon - \varepsilon').$$

Pour en retrouver une semblable, il faut recourir aux quantités du second ordre. Ces quantités sont très petites par elles-mêmes; mais, comme le rayon vecteur de Saturne renferme une inégalité considérable du premier ordre qui dépend de l'angle $nt - 2n't + \varepsilon - 2\varepsilon'$, cette inégalité peut, en se combinant avec l'équation du centre de cette planète, donner un terme sensible dépendant de l'angle $nt - n't + \varepsilon - \varepsilon'$; c'est d'après cette considération que nous allons le déterminer.

Reprenons pour cela l'équation (10) de l'article **VII**, en y changeant les coordonnées de Jupiter dans celles de Saturne, et réciproquement; si l'on n'a égard qu'à la considération précédente, on pourra négliger, dans cette équation, les termes $2\int d'R$ et $r'\frac{\partial R}{\partial r'}$, ce qui la réduit à celle-ci

$$0 = \frac{d^2(r'\,\partial r')}{dt^2} + \frac{n'^2 a'^2}{r'^3} r'\,\partial r'.$$

Si l'on ne considère dans $m\,\partial r'$ que la partie qui dépend de l'angle $nt - 2n't + \varepsilon - \varepsilon'$, et qui, par l'article XXXIV, est égale à

$$0,0053605 \sin(nt - 2n't + \varepsilon - 2\varepsilon' + 77°50'46''),$$

on aura, en ne conservant que le terme qui dépend de l'angle $nt - n't + \varepsilon - \varepsilon'$,

$$0 = \frac{m\,d^2(r'\,\partial r')}{a'^2\,dt^2} + \frac{n'^2 m r'\,\partial r'}{a'^3}$$
$$- \frac{n'^2 e'}{a'} \, 0,0053605 \sin(nt - n't + \varepsilon - \varepsilon' - \varpi' + 77°50'46''),$$

d'où l'on tire

$$\frac{m r'\,\partial r'}{a'^2} = \frac{-n'^2}{n(n - 2n')} \frac{e'}{a'} \, 0,0053605 \sin(nt - n't + \varepsilon - \varepsilon' - \varpi' + 77°50'46'').$$

Si l'on substitue cette valeur dans la formule (9) de l'article VII, rapportée à Saturne, et que l'on néglige les quantités

$$3a'\int n\,dt\int d'R \quad \text{et} \quad 2a'\int n'\,dt\, r'\frac{\partial R}{\partial r'},$$

pour n'avoir égard qu'à ce qui dépend de la considération que nous venons de faire, on aura

$$m\,\partial v'_1 = -\left[\frac{1}{2} + \frac{2n'(n - n')}{n(n - 2n')}\right] \frac{e'}{a'} \, 0,0053605 \cos(nt - n't + \varepsilon - \varepsilon' - \varpi' + 77°50'46'');$$

or, on a, à fort peu près, $n = \frac{5}{2}n'$, partant

$$m\,\partial v'_1 = -18'',9 \cos(nt - n't + \varepsilon - \varepsilon' - \varpi' + 77°50'46'').$$

En réunissant cette inégalité à celle-ci

$$+ 3'',5 \sin(nt - n't + \varepsilon - \varepsilon'),$$

on aura, pour la partie entière de $m\,\delta v'_i$, qui dépend de l'angle $nt - n't + \varepsilon - \varepsilon'$,

$$m\,\delta v'_i = 20''\sin(nt - n't + \varepsilon - \varepsilon' + 69°38'40'').$$

LII.

Nous allons maintenant reprendre les inégalités que nous avons déterminées, pour leur donner plus de précision. Nous avions d'abord négligé le terme de $\delta v'$, qui dépend de l'angle $3nt - 3n't + 3\varepsilon - 3\varepsilon'$, quoique nous l'eussions déterminé dans l'article XXXII; en y ayant égard, il en résulte dans $m\,\delta v'_i$ l'inégalité

$$- 6'',6\sin 3(nt - n't + \varepsilon - \varepsilon').$$

On peut ensuite rendre plus exacte l'inégalité dépendante de l'angle $2nt - 4n't + 2\varepsilon - 4\varepsilon'$, par les considérations suivantes. Par la méthode qui nous a conduit à cette inégalité, nous n'avons déterminé que les termes qui ont $5n' - 2n$ pour diviseur. Pour avoir égard aux autres, désignons par

$$Q\cos(2nt - 4n't + 2\varepsilon - 4\varepsilon' + B)$$

la partie de R qui dépend de l'angle $2nt - 4n't + 2\varepsilon - 4\varepsilon'$; la formule (10) de l'article VII transportée à Saturne donnera, en n'ayant égard qu'aux termes dépendants de cet angle,

$$0 = \frac{d^2(r'\,\delta r')}{a'^2\,dt^2} + \frac{n'^2 r'\,\delta r'}{a'^2} - n'^2 \frac{\delta r'}{a'}\left[2e'\cos(n't + \varepsilon' - \varpi') - \tfrac{5}{2}e'^2\cos(2n't + 2\varepsilon' - 2\varpi')\right]$$
$$+ n'^2\left(a'^2\frac{\partial Q}{\partial a'} - \frac{4n'}{n - 2n'}a'Q\right)\cos(2nt - 4n't + 2\varepsilon - 4\varepsilon' + B).$$

La valeur de $\frac{\delta r'}{a'}$, dans les deux termes qui sont multipliés par l'excentricité et par son carré, ne doit renfermer que les quantités indépendantes des excentricités et celles qui ne dépendent que de leurs premières puissances, puisque nous n'avons égard ici qu'aux carrés et aux produits deux à deux des excentricités; on trouvera, cela posé, que la partie de l'équation différentielle précédente qui est multipliée par $\frac{e'\,\delta r'}{a'}$ est insensible relativement à celle qui dépend de Q; en la négligeant donc, on aura

$$\frac{r'\,\delta r'}{a'^2} = \frac{n'^2}{(5n'-2n)(2n-3n')}\left(-\frac{4n'}{n-2n'}\,a'Q - a'^2\frac{\partial Q}{\partial a'}\right)\cos(2nt - 4n't + 2\varepsilon - 4\varepsilon' + B)$$

et, par conséquent,

$$m\,\delta v'_1 = -2m\left[\frac{n'(2n-4n')}{(5n'-2n)(2n-3n')}\left(\frac{4n'}{n-2n'}\,a'Q - a'^2\frac{\partial Q}{\partial a'}\right)\right.$$
$$\left. + \frac{6n'^2}{(2n-4n')^2}\,a'Q + \frac{n}{2n-4n'}\,a'^2\frac{\partial Q}{\partial a'}\right]\sin(2nt - 4n't + 2\varepsilon - 4\varepsilon' + B).$$

Or on a

$$2n = 5n' - \frac{n'}{30},$$

ce qui donne, à fort peu près,

$$m\,\delta v'_1 = -2m\left[\frac{n'}{5n'-2n}\left(8a'Q - a'^2\frac{\partial Q}{\partial a'}\right)\right.$$
$$\left. + \frac{n'}{30(5n'-2n)}\left(8a'Q - \tfrac{1}{4}a'^2\frac{\partial Q}{\partial a'}\right)\right]\sin(2nt - 4n't + 2\varepsilon - 4\varepsilon' + B).$$

La valeur de $m\,\delta v'_1$, que donne la méthode de l'article **XXVI**, est

$$\frac{-2n'm}{5n'-2n}\left(8a'Q - a'^2\frac{\partial Q}{\partial a'}\right)\sin(2nt - 4n't + 2\varepsilon - 4\varepsilon' + B).$$

On voit ainsi qu'il faut augmenter cette valeur de $\frac{1}{30}$, à fort peu près. Il faut l'augmenter encore parce que B n'est pas rigoureusement constant; on a vu, dans l'article **XXXVII**, qu'il est égal à $55°52'19'' + i.42'',8834$; le diviseur $5n' - 2n$ se trouve, par là, diminué d'environ $\frac{1}{35}$, et par conséquent l'inégalité est augmentée de sa 35e partie. L'accroissement total de cette inégalité est donc à peu près de $\frac{1}{16}$, ce qui la rend égale à

$$-(10'51'' - i.0'',0160698)\sin(2nt - 4n't + 2\varepsilon - 4\varepsilon' + 55°52'19'' + i.42'',8834).$$

Le coefficient de la même inégalité, dans l'expression du rayon vecteur, doit être augmenté à peu près dans le même rapport, ce qui donne, pour l'expression de cette partie de $m\,\delta r'$,

$$+\,0{,}0150372\cos(2\,nt - 4\,n't + 2\varepsilon - 4\varepsilon' + 55°52'19'' + i.42'',8834).$$

Quant à la grande inégalité de Saturne, elle répond si bien aux observations que nous ne croyons pas devoir y toucher. Peut-être, après plusieurs siècles d'observations précises, on sera forcé de revenir sur cet objet et de pousser l'approximation plus loin, en ayant même égard aux carrés et au produit des masses perturbatrices; mais, ces termes étant presque insensibles dans l'espace d'un siècle et se confondant avec les éléments elliptiques du mouvement de Saturne, nous nous dispenserons de les considérer. Nous observerons seulement qu'il sera facile de les déterminer d'après cette considération, qu'ils ne peuvent devenir sensibles qu'au moyen des grandes inégalités déjà déterminées, et qui, en se combinant avec les termes dépendants des masses perturbatrices, peuvent en produire de sensibles parmi les termes dépendants des carrés et des produits de ces masses. Au reste, on donnera plus de précision aux inégalités de Saturne, si, au lieu d'employer dans leurs arguments les longitudes moyennes de Jupiter et de Saturne, on fait usage de ces longitudes corrigées par les deux grandes inégalités de ces planètes.

Cela posé, M. de Lambre ayant rectifié les éléments elliptiques de Jupiter et de Saturne par la comparaison de cent trente-deux oppositions discutées avec le plus grand soin, j'en ai conclu les formules suivantes pour déterminer le lieu de Saturne.

LIII.

Formules pour déterminer le lieu de Saturne.

On déterminera la longitude moyenne $n't + \varepsilon'$ de Saturne, rapportée à l'équinoxe fixe de 1750, en ajoutant à $7^s21°20'22''$ le moyen mouvement sidéral de Saturne depuis le commencement de 1750, à raison de $12°12'46'',6$ pour un intervalle de 365 jours. On pourra, dans la détermination de cette longitude, faire usage des Tables de

Halley, réduites au méridien de Paris, en déterminant par ces Tables la longitude moyenne de Saturne et en lui ajoutant la quantité

$$53'58'' - i.34'',88,$$

i étant le nombre des années juliennes écoulées depuis le commencement de 1750.

On déterminera pareillement la longitude moyenne $nt + \varepsilon$ de Jupiter, rapportée à l'équinoxe fixe de 1750, en ajoutant à $0^s 3° 42' 29''$ le moyen mouvement sidéral de Jupiter depuis le commencement de 1750, à raison de $30° 19' 41'',5$ pour un intervalle de 365 jours. On pourra faire usage des Tables de Halley pour déterminer cette longitude, en calculant par ces Tables la longitude moyenne de Jupiter et en lui ajoutant la quantité

$$- 22'48'' - i.56',63.$$

On déterminera ensuite φ' et φ au moyen des équations

$$\varphi' = n't + \varepsilon' - (48'44'' - i.0'',1) \sin(5n't - 2nt + 5\varepsilon' - 2\varepsilon + 5°34'8'' - i.58'',88),$$
$$\varphi = nt + \varepsilon + (20'49'',5 - i.0'',042733) \sin(5n't - 2nt + 5\varepsilon' - 2\varepsilon + 5°34'8'' - i.58'',88);$$

enfin on déterminera l'angle ϖ' par la formule

$$\varpi' = 8^s 28° 9' 7'' + i.15'',81975.$$

Cela posé, la longitude de Saturne comptée sur son orbite de l'équinoxe mobile sera

$$\begin{aligned}
i.50'',25 + \varphi' &- (23184'',3 - i.1'',1) \sin(\varphi' - \varpi')\\
&+ (814'',1 - i.0'',077) \sin 2(\varphi' - \varpi')\\
&- 39'',7 \sin 3(\varphi' - \varpi')\\
&+ 2'',2 \sin 4(\varphi' - \varpi')\\
&+ 20'' \sin(\varphi - \varphi' + 69°38'40'')\\
&- 31'',5 \sin 2(\varphi - \varphi')\\
&- 6'',6 \sin 3(\varphi - \varphi')\\
&+ 6'59'',3 \sin(2\varphi' - \varphi + 15° 0'57'' - i.14'',215)\\
&- 21'',8 \sin(2\varphi - 3\varphi' + 21°50'35'')\\
&+ 11'' \cos\varphi\\
&- 49'',6 \sin(3\varphi' - \varphi + 88°20'19'')\\
&- 10'51'' \sin(2\varphi - 4\varphi' + 55°52'19'' + i.42'',88534).
\end{aligned}$$

Le rayon vecteur de Saturne sera

$$
\begin{aligned}
9,559709 &+ (0,535768 - i.0,00002547)\cos(\varphi' - \varpi') \\
&- 0,015047 \quad \cos 2(\varphi' - \varpi') \\
&+ 0,000636 \quad \cos 3(\varphi' - \varpi') \\
&- 0,000032 \quad \cos 4(\varphi' - \varpi') \\
&+ 0,0081435 \cos \ (\varphi - \varphi') \\
&+ 0,0013830 \cos 2(\varphi - \varphi') \\
&+ 0,0053605 \sin (\ \varphi - 2\varphi' + 77°50'46'') \\
&+ 0,0150372 \cos(2\varphi - 4\varphi' + 55°52'19'' + i.42'',8834).
\end{aligned}
$$

La longitude du nœud ascendant de Saturne, rapportée à l'écliptique vraie et à l'équinoxe mobile, sera

$$3^s 21°30'22'' + i.31'',6;$$

enfin l'inclinaison de son orbite sur l'écliptique vraie sera

$$2°29'55'' - i.0'',16.$$

Il sera facile, au moyen de ces formules, d'avoir la longitude et la latitude géocentrique de Saturne pour un instant quelconque; elles servent de fondement aux nouvelles Tables de cette planète que M. de Lambre a construites : j'ai seulement changé, pour la commodité du calcul, le terme du rayon vecteur

$$+ 0,0053605 \sin(\varphi - 2\varphi' + 77°50'46'')$$

dans celui-ci, qui en diffère peu,

$$+ 0,0053605 \cos(2\varphi' - \varphi + 15°0'57'' - i.14'',215).$$

Par ce léger changement, les arguments du rayon vecteur deviennent les mêmes que ceux de la longitude. Les formules précédentes pourront être employées sans erreur sensible dans l'intervalle d'un siècle, soit avant, soit après 1750. Pour des siècles éloignés, on fera usage de la méthode que nous avons donnée dans l'article XL, en observant que l'excentricité de Saturne était, en 1750, égale à 0,0562226.

SECTION TROISIÈME.

THÉORIE DE JUPITER.

LIV.

Nous suivrons, pour déterminer les inégalités de Jupiter, le même
procédé qui nous a servi pour avoir les inégalités de Saturne. En substituant donc dans les expressions analytiques de u et de V de l'article IX les valeurs numériques des éléments de Jupiter et de Saturne
que nous avons données dans l'article XXIX, on trouve d'abord, en
n'ayant égard qu'aux inégalités indépendantes des excentricités des
orbites,

$$\frac{\delta r}{a} = -0,040043$$
$$+ 0,436670 \cos (nt - n't + \varepsilon - \varepsilon')$$
$$- 1,869125 \cos 2(nt - n't + \varepsilon - \varepsilon')$$
$$- 0,194915 \cos 3(nt - n't + \varepsilon - \varepsilon')$$
$$- 0,050484 \cos 4(nt - n't + \varepsilon - \varepsilon')$$
$$- \ldots\ldots\ldots\ldots\ldots\ldots\ldots\ldots\ldots,$$

$$\delta v = -1,347117 \sin (nt - n't + \varepsilon - \varepsilon')$$
$$+ 3,325964 \sin 2(nt - n't + \varepsilon - \varepsilon')$$
$$+ 0,277593 \sin 3(nt - n't + \varepsilon - \varepsilon')$$
$$+ 0,063847 \sin 4(nt - n't + \varepsilon - \varepsilon')$$
$$+ \ldots\ldots\ldots\ldots\ldots\ldots\ldots\ldots\ldots$$

Pour avoir égard aux inégalités dépendantes des excentricités des
orbites, on fera i successivement égal à 1, 2, 3, ..., -1, -2, ...
dans les valeurs de u, et de V, de l'article X, et l'on trouvera, dans la
supposition de $i = 1$,

$$\frac{\delta r}{a} = 1,067001 e \cos(n't + \varepsilon' - \varpi)$$
$$- 0,564614 e' \cos(n't + \varepsilon' - \varpi'),$$

$$\delta v = -2,912268 e \sin (n't + \varepsilon' - \varpi)$$
$$+ 2,804214 e' \sin (n't + \varepsilon' - \varpi');$$

dans la supposition de $i = 2$,

$$\frac{\delta r}{a} = \quad 3,921972\,e\,\cos(2n't - nt + 2\varepsilon' - \varepsilon - \varpi)$$
$$- 1,936758\,e'\cos(2n't - nt + 2\varepsilon' - \varepsilon - \varpi'),$$
$$\delta v = \quad 46,831183\,e\,\sin(2n't - nt + 2\varepsilon' - \varepsilon - \varpi)$$
$$- 16,383921\,e'\sin(2n't - nt + 2\varepsilon' - \varepsilon - \varpi');$$

dans la supposition de $i = 3$,

$$\frac{\delta r}{a} = \quad 6,179689\,e\,\cos(3n't - 2nt + 3\varepsilon' - 2\varepsilon - \varpi)$$
$$- 10,384318\,e'\cos(3n't - 2nt + 3\varepsilon' - 2\varepsilon - \varpi'),$$
$$\delta v = \quad 15,042550\,e\,\sin(3n't - 2nt + 3\varepsilon' - 2\varepsilon - \varpi)$$
$$- 24,582706\,e'\sin(3n't - 2nt + 3\varepsilon' - 2\varepsilon - \varpi');$$

dans la supposition de $i = 4$,

$$\frac{\delta r}{a} = - 1,689958\,e\,\cos(4n't - 3nt + 4\varepsilon' - 3\varepsilon - \varpi)$$
$$+ 2,781392\,e'\cos(4n't - 3nt + 4\varepsilon' - 3\varepsilon - \varpi'),$$
$$\delta v = - 2,681615\,e\,\sin(4n't - 3nt + 4\varepsilon' - 3\varepsilon - \varpi)$$
$$+ 4,521536\,e'\sin(4n't - 3nt + 4\varepsilon' - 3\varepsilon - \varpi').$$

Je n'ai pas poussé plus loin les approximations relatives aux valeurs positives de i, parce que les termes suivants sont presque insensibles.

En faisant successivement $i = - 1$, $i = - 2$, ..., on trouve, dans la supposition de $i = - 1$,

$$\frac{\delta r}{a} = - 0,777084\,e\,\cos(2nt - n't + 2\varepsilon - \varepsilon' - \varpi)$$
$$- 0,102748\,e'\cos(2nt - n't + 2\varepsilon - \varepsilon' - \varpi'),$$
$$\delta v = \quad 1,762156\,e\,\sin(2nt - n't + 2\varepsilon - \varepsilon' - \varpi)$$
$$+ 0,165032\,e'\sin(2nt - n't + 2\varepsilon - \varepsilon' - \varpi');$$

dans la supposition de $i = - 2$,

$$\frac{\delta r}{a} = \quad 1,807069\,e\,\cos(3nt - 2n't + 3\varepsilon - 2\varepsilon' - \varpi)$$
$$- 0,075906\,e'\cos(3nt - 2n't + 3\varepsilon - 2\varepsilon' - \varpi'),$$
$$\delta v = - 4,357375\,e\,\sin(3nt - 2n't + 3\varepsilon - 2\varepsilon' - \varpi)$$
$$+ 0,102055\,e'\sin(3nt - 2n't + 3\varepsilon - 2\varepsilon' - \varpi').$$

Les suppositions suivantes donnent des résultats insensibles.

LV.

Si l'on multiplie par m' chaque valeur de δv, que l'on réduise en un
seul les deux termes de δv correspondants à une même supposition
sur i; enfin si l'on évalue les coefficients de chaque terme en secondes
de degré, on trouvera, en rassemblant tous ces termes,

$$
\begin{aligned}
m'\delta v = -\ & 82'',737 \sin\ (nt - n't + \varepsilon - \varepsilon') \\
+\ & 204'',272 \sin 2(nt - n't + \varepsilon - \varepsilon') \\
+\ & 17'',049 \sin 3(nt - n't + \varepsilon - \varepsilon') \\
+\ & 3'',921 \sin 4(nt - n't + \varepsilon - \varepsilon') \\
-\ & 11'',558 \sin(n't + \varepsilon' + 45°4') \\
-\ & 138'',369 \sin(2n't - nt + 2\varepsilon' - \varepsilon + 13°33'\ 7'') \\
-\ & 87'',369 \sin(3n't - 2nt + 3\varepsilon' - 2\varepsilon + 61°59'48'') \\
+\ & 15'',994 \sin(4n't - 3nt + 4\varepsilon' - 3\varepsilon + 62°51'19'') \\
-\ & 5'',358 \sin(2nt - n't + 2\varepsilon - \varepsilon' + 16°\ 1'27'') \\
-\ & 12'',818 \sin(2n't - 3nt + 2\varepsilon' - 3\varepsilon +\ 8°30'15').
\end{aligned}
$$

Ces différentes inégalités ne sont pas les mêmes dans tous les
siècles : leurs coefficients et les angles constants renfermés sous le
signe sin varient à raison de la variabilité des éléments des orbites
de Jupiter et de Saturne. Les inégalités qui dépendent de l'angle
$nt - n't + \varepsilon - \varepsilon'$ et de ses multiples sont toujours les mêmes; nous
n'aurons égard, parmi les autres inégalités, qu'aux variations des
deux plus considérables. Pour cela, j'ai calculé les valeurs de ces
deux inégalités pour le commencement de l'an 1750, et j'ai trouvé
d'abord que l'inégalité qui dépend de l'angle $2n't - nt + 2\varepsilon' - \varepsilon$
était alors

$$
- 132'',816 \sin(2n't - nt + 2\varepsilon' - \varepsilon + 17°21'46');
$$

ainsi, dans l'intervalle de mille ans, le coefficient de cette inégalité a
augmenté de $0'',00555$, et l'angle constant sous le signe sin a diminué

de $3°48'39''$; on peut donc représenter cette inégalité de cette manière

$$- (138'',369 + i.0'',00555) \sin(2n't - nt + 2\varepsilon' - \varepsilon + 13°33'7'' - i.13'',7),$$

et, sous cette forme, elle peut s'étendre à deux mille ans auparavant et à mille ou douze cents ans après 1750.

J'ai trouvé de la même manière que l'inégalité dépendante de l'angle $3n't - 2nt + 3\varepsilon' - 2\varepsilon$ pouvait être représentée ainsi

$$- (87'',369 - i.0'',00128) \sin(3n't - 2nt + 3\varepsilon' - 2\varepsilon + 61°59'48'' - i.21'',9).$$

LVI.

Considérons maintenant les inégalités de Jupiter dépendantes des carrés et des puissances supérieures des excentricités et des inclinaisons des orbites. On a vu d'abord, dans l'article XXXVI, qu'il faut corriger la longitude moyenne de Jupiter au moyen de l'inégalité

$$(20'49'',5 - i.0'',042733) \sin(5n't - 3nt + 5\varepsilon' - 3\varepsilon + 5°34'8'' - i.58''88);$$

et, comme nous avons donné, dans l'article XXXV, la valeur de cette inégalité pour Saturne, aux quatre époques de l'an 228 avant notre ère et des années 132, 1750 et 1950, on aura la même inégalité pour Jupiter en diminuant celle de Saturne dans le rapport de 3 à 7 et en la prenant avec un signe contraire.

Si l'on réduit en nombres l'inégalité de Jupiter dépendante de l'angle $3nt - 5n't + 3\varepsilon - 5\varepsilon'$, et dont nous avons donné l'expression analytique dans l'article XXV, on trouve que cette inégalité, en 1750, était

$$+ 160'',29 \sin(3nt - 5n't + 3\varepsilon - 5\varepsilon' + 55°19'21'');$$

en calculant cette même inégalité pour l'an 750, j'en ai conclu l'expression suivante

$$+ (160'',29 - i.0,0044) \sin(3nt - 5n't + 3\varepsilon - 5\varepsilon' + 55°19'21'' + i.43''),$$

et, sous cette forme, elle peut s'étendre à plus de deux mille ans auparavant et à mille ou douze cents ans après 1750.

Enfin, en suivant l'analyse de l'article LII, on trouve qu'il faut augmenter de $\frac{1}{24}$ le coefficient $160''$, 29, ce qui réduit l'inégalité précédente à celle-ci

$$(166'',96 - i.0'',0044)\sin(3nt - 5n't + 3\varepsilon - 5\varepsilon' + 55''19'21'' + i.43'').$$

LVII.

Parmi les quantités du second ordre, l'inégalité dépendante de l'angle $3n't - nt + 3\varepsilon' - \varepsilon$ peut être sensible à cause de la longueur de sa période qui est d'environ soixante ans; il importe donc de la déterminer. Pour cela, je reprends l'équation (10) de l'article VII et je suppose que $Q\cos(3n't - nt + 3\varepsilon' - \varepsilon + A)$ soit un terme de R dépendant de l'angle dont il s'agit; l'équation (10) donnera

$$0 = \frac{d^2(r\,\partial r)}{a^2\,dt^2} + \frac{n^2 r\,\partial r}{a^2} - n^2\frac{\partial r}{a}\left[2e\cos(nt + \varepsilon - \varpi) - \tfrac{5}{2}e^2\cos 2(nt + \varepsilon - \varpi)\right]$$

$$- n^2\left(a^2\frac{\partial Q}{\partial a} - \frac{2na Q}{3n' - n}\right)\cos(3n't - nt + 3\varepsilon' - \varepsilon + A).$$

Il faut substituer pour $\dfrac{\partial r}{a}$ la partie de sa valeur qui, multipliée par

$$2e\cos(nt + \varepsilon - \varpi) - \tfrac{5}{4}e^2\cos 2(nt + \varepsilon - \varpi),$$

donne des quantités dépendantes de l'angle $3n't - nt + 3\varepsilon' - \varepsilon$; or, parmi les termes de $\dfrac{\partial r}{a}$ qui sont indépendants des excentricités, il n'y a que celui qui est relatif à l'angle $3n't - 3nt + 3\varepsilon' - 3\varepsilon'$ qui soit dans ce cas, et il est aisé de voir que le terme dépendant de l'angle $3n't - nt + 3\varepsilon' - \varepsilon$ qui en résulte, dans l'équation différentielle précédente, est insensible. Parmi les termes de $\dfrac{\partial r}{a}$ qui dépendent des premières puissances des excentricités, il faut avoir égard à celui qui dépend de l'angle $3n't - 2nt + 3\varepsilon' - 2\varepsilon$, et que l'on trouve égal à

$$- 0,598370\sin(3n't - 2nt + 3\varepsilon' - 2\varepsilon + 7°8'31'');$$

l'équation différentielle précédente donnera ainsi, après l'avoir intégrée,

$$\frac{r\,\partial r}{a^2} = \frac{n^2}{3n'(2n-3n')}\,e.0,598370\sin(3n't-nt+3\varepsilon'-\varepsilon-\varpi+7°8'31'')$$
$$-\frac{n^2}{3n'(2n-3n')}\left(a^2\frac{\partial Q}{\partial a}-\frac{2naQ}{3n'-n}\right)\cos(3n't-nt+3\varepsilon'-\varepsilon+A).$$

En substituant cette valeur dans la formule (9) de l'article VII, on en
tirera

$$\delta v = \left[\frac{2n(3n'-n)}{3n'(2n-3n')}-\frac{1}{2}\right]e.0,598370\cos(3n't-nt+3\varepsilon'-\varepsilon-\varpi+7°8'31'')$$
$$+\left\{2a^2\frac{\partial Q}{\partial a}\left[\frac{n(3n'-n)}{3n'(2n-3n')}+\frac{n}{3n'-n}\right]\right.$$
$$\left.-aQ\left[\frac{3n^2}{(3n'-n)^2}+\frac{4n^2}{3n'(2n-3n')}\right]\right\}\sin(3n't-nt+3\varepsilon'-\varepsilon+A),$$

et, en négligeant les quantités insensibles,

$$\delta v = \left(10,04712\,a^2\frac{\partial Q}{\partial a}-73,47607\,Q\right)\sin(3n't-nt+3\varepsilon'-\varepsilon+A).$$

J'ai donné dans l'article XLIX les valeurs de Q et de A; en les substituant dans la valeur précédente de δv, on trouve

$$m'\,\delta v = -12'',909\sin(3n't-nt+3\varepsilon'-\varepsilon-\varpi-\varpi')$$
$$+\;2'',667\sin(3n't-nt+3\varepsilon'-\varepsilon-2\varpi)$$
$$+11'',253\sin(3n't-nt+3\varepsilon'-\varepsilon-2\varpi')$$

et, par conséquent,

$$m'\,\delta v = 13'',043\sin(nt-3n't+\varepsilon-3\varepsilon'+58°31'0'').$$

Enfin, en suivant l'analyse de l'article L, on trouvera dans $m'\,\delta v$ le
terme

$$-\tfrac{2}{3}e.166'',96\sin(4nt-5n't+4\varepsilon-5\varepsilon'+55°19'21''-\varpi)$$

ou

$$10'',0\sin(4nt-5n't+4\varepsilon-5\varepsilon'+45°16'32'').$$

LVIII.

En rassemblant tous les termes de $m'\,\delta v$, on aura

$$
\begin{aligned}
m'\,\delta v = - \;\; & 82'',737 \sin\,(nt - n't + \varepsilon - \varepsilon') \\
+ \;\; & 204'',272 \sin 2(nt - n't + \varepsilon - \varepsilon') \\
+ \;\; & 17'',049 \sin 3(nt - n't + \varepsilon - \varepsilon') \\
+ \;\; & 3'',921 \sin 4(nt - n't + \varepsilon - \varepsilon') \\
+ \;\; & 11'',558 \sin(n't + \varepsilon' + 45°4') \\
- \;\; & (138'',369 + i.0'',00555)\sin(2n't - nt + 2\varepsilon' - \varepsilon + 13°33'\,7'' - i.13'',7 \\
- \;\; & (87'',369 - i.0'',00128)\sin(3n't - 2nt + 3\varepsilon' - 2\varepsilon + 61°59'48'' - i.21'',9 \\
+ \;\; & 15'',994 \sin(4n't - 3nt + 4\varepsilon' - 3\varepsilon + 62°51'19'') \\
- \;\; & 5'',358 \sin(2nt - n't + 2\varepsilon - \varepsilon' + 16°\,1'27') \\
- \;\; & 12'',818 \sin(2n't - 3nt + 2\varepsilon' - 3\varepsilon + 8°30'15'') \\
+ \;\; & (166'',96 - i.0'',0044)\sin(3nt - 5n't + 3\varepsilon - 5\varepsilon' + 55°19'21'' + i.43'') \\
+ \;\; & 13'',043 \sin(nt - 3n't + \varepsilon - 3\varepsilon' + 58°31'0'') \\
+ \;\; & 10'',0 \;\; \sin(4nt - 5n't + 4\varepsilon - 5\varepsilon' + 45°16'32'').
\end{aligned}
$$

Il sera plus exact, dans ces différents arguments, de substituer, au lieu de $nt + \varepsilon$ et de $n't + \varepsilon'$, les longitudes moyennes corrigées par les grandes inégalités de Jupiter et de Saturne, ainsi que nous l'avons proposé dans l'article LII, relativement à Saturne.

LIX.

Considérons maintenant le rayon vecteur de Jupiter. Si l'on multiplie par am' les termes de $\dfrac{\delta r}{a}$, déterminés dans les articles LIV et LV, que l'on réduise dans un seul ceux qui peuvent s'y réduire, et que l'on ne conserve que les termes dont l'effet est sensible sur le lieu géocentrique de Jupiter, on trouvera

$$
\begin{aligned}
m'\,\delta r = - \;\; & 0,00006201 \\
+ \;\; & 0,00067648 \;\; \cos\,(nt - n't + \varepsilon - \varepsilon') \\
- \;\; & 0,00289562 \;\; \cos 2(nt - n't + \varepsilon - \varepsilon') \\
- \;\; & 0,00030196o \cos 3(nt - n't + \varepsilon - \varepsilon') \\
- \;\; & 0,00007821 \;\; \cos 4(nt - n't + \varepsilon - \varepsilon') \\
- \;\; & 0,00092700 \;\; \sin(2nt - 3n't + 2\varepsilon - 3\varepsilon' + 27°14'10'').
\end{aligned}
$$

On aura ensuite, par l'article XXV, la partie de $m'\frac{\partial r}{a}$ qui dépend de l'angle $3nt - 5n't + 3\varepsilon - 5\varepsilon'$; en réduisant en parties du rayon la moitié du coefficient du terme

$$+ 166'',96\sin(3nt - 5n't + 3\varepsilon - 5\varepsilon' + 55°19'21'' + i.43'')$$

de l'expression de v, en la prenant avec le signe $-$ et en changeant le sinus en cosinus, on aura ainsi

$$- 0,00210568\cos(3nt - 5n't + 3\varepsilon - 5\varepsilon' + 55°19'21'' + i.43'')$$

pour la partie correspondante de $m'\delta r$. Il faut, pour une plus grande exactitude, substituer dans ces différents termes de l'expression de $m'\delta r$, au lieu de $nt + \varepsilon$ et de $n't + \varepsilon'$, les longitudes moyennes corrigées par les grandes inégalités.

On déterminera le demi grand axe a de l'orbite de Jupiter comme nous avons déterminé, dans l'article XL, le demi grand axe a' de l'orbite de Saturne, et l'on trouvera

$$a = 5,202790.$$

LX.

Il ne s'agit plus que d'avoir les éléments elliptiques de l'orbite de Jupiter. Le plus important à déterminer avec exactitude est son moyen mouvement sidéral ; M. de Lambre a formé, pour cet objet, trente-deux équations de condition, analogues à celles que j'ai données dans l'article XLIII pour Saturne ; elles sont relatives aux oppositions des années

$$1586, \quad 1590, \quad 1664, \quad 1666, \quad 1676, \quad 1678, \quad 1682, \quad 1690,$$
$$1694, \quad 1697, \quad 1699, \quad 1702, \quad 1708, \quad 1711, \quad 1716, \quad 1721,$$
$$1735, \quad 1738, \quad 1740, \quad 1749, \quad 1752, \quad 1756, \quad 1759, \quad 1761,$$
$$1765, \quad 1767, \quad 1768, \quad 1770, \quad 1777, \quad 1780, \quad 1782, \quad 1785.$$

Ces oppositions, combinées deux à deux et dont les seize premières sont respectivement éloignées des seize dernières, de cinq, de dix et

de quinze révolutions de Jupiter, m'ont fait voir qu'il faut diminuer
de $0'',5179$ le moyen mouvement sidéral de cette planète, donné dans
l'article **XXIX**; ainsi ce mouvement, dans l'intervalle de trois cent
soixante-cinq jours, est à très peu près de $30°19'41'',5$ ou de
$109181'',5$, et, comme il est donné par un grand nombre d'observations
éloignées entre elles, il doit être regardé comme fort exact. En corri-
geant ensuite les autres éléments de l'orbite elliptique de Jupiter, au
moyen des oppositions modernes discutées avec le plus grand soin par
M. de Lambre, je suis parvenu aux formules suivantes pour déterminer le lieu de Jupiter.

LXI.

Formules pour déterminer le lieu de Jupiter.

On déterminera d'abord les valeurs de φ et de φ' comme dans l'article **LIII**; ensuite on déterminera l'angle ϖ par la formule

$$\varpi = 6^s 10° 21' 4'' + i.6'',48092.$$

i étant toujours le nombre des années juliennes écoulées depuis 1750;
la longitude de Jupiter, comptée sur son orbite, de l'équinoxe mobile,
sera

$$
\begin{aligned}
i.30'',25 - \varphi &- (19827'',3 + i.0'',5536)\ \sin(\varphi - \varpi) \\
&- (\ 593'',4 + i.0'',033\ )\sin 2(\varphi - \varpi) \\
&- 24'',8 \sin 3(\varphi - \varpi) \\
&- 1'',2 \sin 4(\varphi - \varpi) \\
&- 82'',7\ \sin(\varphi - \varphi') \\
&- 204'',3 \sin 2(\varphi - \varphi') \\
&- 17'',0 \sin 3(\varphi - \varphi') \\
&- 3'',9 \sin 4(\varphi - \varphi') \\
&- 11'',6\ \sin(\varphi + 45°4') \\
&- 138'',4 \sin(2\varphi' - \varphi + 13°33'7'' - i.13'',7) \\
&- 87'',4 \sin(3\varphi' - 2\varphi + 61°59'48'' - i.21'',9) \\
&- 16'',0 \sin(4\varphi' - 3\varphi - 62°51'19'') \\
&- 5'',4 \sin(2\varphi - \varphi' + 16°1'27'') \\
&- 12'',8 \sin(2\varphi' - 3\varphi + 8°30'15'') \\
&- 167'',0 \sin(3\varphi - 5\varphi' + 55°19'11'' + i.43'') \\
&- 13'',0 \sin(\varphi - 3\varphi' + 58°31'0'') \\
&- 10'',0 \sin(4\varphi - 5\varphi' + 45°16'32'').
\end{aligned}
$$

Le rayon vecteur de Jupiter sera

$$5,208741 + (0,249916 + i.0,0000069\,81)\cos(\varphi - \varpi)$$
$$- 0,006004 \cos 2(\varphi - \varpi)$$
$$+ 0,000217 \cos 3(\varphi - \varpi)$$
$$- 0,000009 \cos 4(\varphi - \varpi)$$
$$+ 0,00067648 \cos(\varphi - \varphi')$$
$$- 0,00289362 \cos 2(\varphi - \varphi')$$
$$- 0,00030196 \cos 3(\varphi - \varphi')$$
$$- 0,00007821 \cos 4(\varphi - \varphi')$$
$$- 0,00092700 \sin(2\varphi - 3\varphi' + 27°14'10'')$$
$$- 0,00210368 \cos(3\varphi - 5\varphi' + 55°19'21'' + i.43'').$$

La longitude du nœud ascendant de Jupiter, rapportée à l'écliptique vraie et à l'équinoxe mobile, sera

$$317°34'22'' + i.35'',7;$$

enfin l'inclinaison de son orbite sur l'écliptique vraie sera

$$1°19'2'' - i.0'',224.$$

Il sera facile, au moyen de ces formules, d'avoir la longitude et la latitude géocentrique de Jupiter, pour un instant quelconque; elles servent de fondement aux nouvelles Tables de cette planète, que M. de Lambre a construites; j'ai seulement changé, pour la commodité du calcul, le terme du rayon vecteur

$$- 0,00092700 \sin(2\varphi - 3\varphi' + 27°14'10''),$$

dans celui-ci qui en diffère très peu

$$- 0,00092700 \cos(3\varphi' - 2\varphi + 61°59'48'' - i.21'',9);$$

par ce léger changement, les arguments du rayon vecteur deviennent les mêmes que ceux de la longitude.

LXII.

Comparaison de la théorie de Jupiter avec les observations anciennes.

Les formules de l'article précédent ne doivent s'étendre qu'à un ou deux siècles avant et après 1750. Pour comparer la théorie de

Jupiter aux observations anciennes, il faut employer la méthode que
nous avons donnée dans l'article XL, relativement à Saturne. Cette
méthode consiste : 1° à déterminer, par les formules de l'article XXXI,
les positions de l'aphélie et des nœuds de Jupiter pour l'instant de
l'observation, et rapportées à l'équinoxe fixe de 1750, ainsi que les
valeurs de l'excentricité et de l'inclinaison de son orbite, en observant
que l'excentricité e de Jupiter, en 1750, était 0,0480767 ; 2° à calculer
les longitudes moyennes de Jupiter et de Saturne, rapportées au même
équinoxe, et les deux grandes inégalités de ces planètes, ce qui donnera les valeurs de φ et de φ' ; 3° à déterminer les deux angles X et Y
au moyen des formules

$$\varphi - \varpi = X + e \sin X,$$

$$\tan{\tfrac{1}{4}}Y = \sqrt{\frac{1-e}{1+e}}\,\tan{\tfrac{1}{4}}X \,;$$

la longitude vraie de Jupiter sur son orbite sera $Y + \varpi$, plus la somme
des équations de son mouvement en longitude, et dont la loi des variations a été déterminée pour les plus considérables ; 4° à déterminer le
rayon vecteur de Jupiter, en ajoutant à la quantité $a(1 + e\cos X)$ la
somme des petites équations de ce rayon ; 5° à réduire la longitude de
Jupiter et son rayon vecteur au plan fixe de l'écliptique de 1750, et à
en conclure sa longitude géocentrique rapportée à ce plan ; 6° enfin, à
comparer au résultat de ce calcul l'observation ancienne, réduite au
même plan et à l'équinoxe de 1750.

Cela posé, considérons d'abord l'observation chaldéenne de Jupiter,
faite l'an 240 avant notre ère et rapportée dans l'*Almageste* de Ptolémée. Suivant cette observation, le 3 septembre de l'an 240 avant notre
ère, à $13^h 45^m$ temps moyen de Paris, Jupiter parut occulter l'étoile
nommée l'*âne austral*. Suivant le Catalogue de M. l'abbé de la Caille,
la longitude de cette étoile était, au commencement de 1750, de
$4^s 5° 13' 46''$; cette étoile ne paraît pas avoir varié depuis Hipparque
jusqu'à nos jours ; nous pouvons donc supposer, sans erreur sensible,
que l'an 240 avant notre ère, à $13^h 45^m$, la longitude géocentrique de

Jupiter était de $4^s 5° 13' 46''$. Voyons ce qu'elle devait être suivant notre théorie.

Je trouve d'abord, pour l'époque de l'observation,

$$nt + \varepsilon = 3^s 20° 42' 32'', 6,$$
$$n't + \varepsilon' = 1^s \ 9° 33' 59'',$$

ce qui donne $- 15' 25'', 9$ pour la grande inégalité de Saturne, et $+ 6' 36'', 6$ pour celle de Jupiter, et, par conséquent,

$$\varphi = 3^s 20° 49' 13'', 0,$$
$$\varphi' = 1^s \ 9° 18' 34'';$$

j'ai trouvé ensuite, pour la même époque,

$$\varpi = 6^s 6° 58' 29',$$
$$c = 0,0452960,$$

d'où j'ai conclu

$$Y + \varpi = 3^s 25° 47' 7''.$$

J'ai trouvé $+ 2' 6''$ pour la somme des petites équations de Jupiter ; ainsi la longitude de cette planète, rapportée à son orbite et à l'équinoxe fixe de 1750, était $3^s 25° 49' 13''$. Le rayon vecteur de Jupiter était alors $5,27341$, celui du Soleil était $0,99823$; la longitude du Soleil, rapportée à l'équinoxe de 1750, était de $6^s 4° 59' 59''$, d'où j'ai conclu la parallaxe de l'orbe annuel égale à $9° 24' 46''$. Enfin j'ai trouvé la réduction à l'écliptique de 1750 égale à $- 18''$, ce qui donne pour la longitude géocentrique de Jupiter, rapportée à l'écliptique et à l'équinoxe fixe de 1750, $4^s 5° 13' 41''$. La longitude observée était de $4^s 5° 13' 46''$; ainsi la différence de la théorie d'avec l'observation n'est que de $5''$. Cet accord remarquable établit invinciblement l'uniformité du moyen mouvement de Jupiter ; il fait voir que l'équation séculaire admise par les astronomes, dans la théorie de cette planète, en doit être rejetée.

LXIII.

Considérons maintenant les observations de Jupiter faites par Ptolémée et rapportées dans son *Almageste*. M. de Cassini en a donné le détail dans ses *Éléments d'Astronomie*. Voici ces observations, réduites au méridien de Paris :

L'an 133 de notre ère, le 17 mai, à 9ʰ8ᵐ, temps moyen à Paris, la
longitude géocentrique de Jupiter était, suivant Ptolémée, de 7.23.11
L'an 136, 31 août, à 8ʰ8ᵐ, elle était do........................   11. 7.54
L'an 137, 7 octobre, à 15ʰ8ᵐ, elle était do....................   0.14.23
Enfin, l'an 139,   10 juillet, à 15ʰ8ᵐ, elle était do...............   2.15.45

Ces observations doivent être corrigées, comme celles de Saturne l'ont été dans l'article XLVIII, en les réduisant d'abord à l'équinoxe du 16 septembre de l'an 128 avant notre ère; pour cela, il faut en retrancher le produit du nombre des années écoulées depuis cette époque, jusqu'à l'instant de chaque observation, par 36″, précession annuelle des équinoxes, suivant Ptolémée. Ces longitudes géocentriques deviendront ainsi

$$7.20.34.37$$
$$11. 5.15.39$$
$$0.11.44. 0$$
$$2.13. 4.55$$

Pour les réduire à l'équinoxe fixe de 1750, il faut leur ajouter, par l'article XLVIII, 26°9′25″, ce qui les change dans celles-ci :

$$8.16.44. 2$$
$$0. 1.25. 4$$
$$1. 7.53.25$$
$$3. 9.14.20$$

En calculant les longitudes géocentriques de Jupiter pour les mêmes instants, j'ai trouvé les suivantes :

$$8.16.50.50$$
$$0. 1.41.24$$
$$1. 8. 8.52$$
$$3. 9. 9.34$$

Ainsi les différences de la théorie d'avec les observations de Ptolémée sont respectivement

$$+6′48″, \quad +16′20″, \quad +15′27″, \quad -4′46″.$$

On ne doit point désirer un plus grand accord, si l'on considère l'imperfection de ces observations et l'incertitude des réductions dont nous avons fait usage pour les rapporter à l'équinoxe de 1750. En général, les observations anciennes, celles même d'Hipparque, comportent des erreurs de 15′, et il paraît que Ptolémée observait avec moins de précision encore, car ses observations sur les étoiles, comparées à celles d'Hipparque, lui ont donné 36″ de précession annuelle des équinoxes, ce qui suppose des erreurs considérables dans ces observations.

Nous avons encore une observation ancienne de Jupiter, que Bouillaud a tirée d'un manuscrit de la Bibliothèque du Roi. Suivant cette observation, réduite à nos époques, le 26 septembre de l'an 508 de notre ère, à 16^h, temps moyen à Paris, la longitude de Jupiter parut la même que celle de Régulus ou du Cœur du Lion.

En calculant par nos formules la longitude géocentrique de Jupiter pour le même instant, et rapportée à l'équinoxe de 1750, je l'ai trouvée égale à 4^{s}26°27′26″. Voyons quelle était la longitude de Régulus rapportée au même équinoxe.

Suivant le Catalogue de M. l'abbé de la Caille, la longitude de Régulus, au commencement de 1750, était 4^{s}26°21′12″; mais M. Maskelyne a trouvé que cette étoile a un mouvement propre de — 41″ par siècle, en ascension droite, et par conséquent de — 42″,5 environ en longitude; il faut donc ajouter à la longitude précédente le produit de 42″,5 par le nombre de siècles écoulés depuis l'instant de l'observation de Jupiter jusqu'en 1750, pour avoir la longitude de Régulus à cet instant. On aura ainsi 4^{s}26°30′0″ pour cette longitude. La théorie ne diffère donc de l'observation que de 2′37″, ce qui est d'une précision suffisante, et ce qui prouve l'exactitude des éléments dont nous avons fait usage dans la théorie de Jupiter.

L'ÉQUATION SÉCULAIRE DE LA LUNE.

L'ÉQUATION SÉCULAIRE DE LA LUNE.

Mémoires de l'Académie royale des Sciences de Paris, année 1786; 1788.

Halley s'est aperçu le premier de l'accélération du moyen mouvement de la Lune; mais ce grand astronome n'y a point eu égard dans ses Tables. MM. Dunthorne et Mayer ont examiné de nouveau ce point important de la théorie lunaire; par une discussion exacte et détaillée des observations, ils ont reconnu que le même moyen mouvement de la Lune ne peut satisfaire à la fois aux observations des Chaldéens, à celles des Arabes et aux observations modernes. Ils ont essayé de les représenter en ajoutant aux longitudes moyennes de ce satellite une quantité proportionnelle au carré du nombre des siècles écoulés depuis 1700. Cette correction, qui suppose que le mouvement de la Lune s'accélère en raison des temps, est ce que l'on nomme *équation séculaire*. M. Dunthorne l'a faite de dix secondes pour le premier siècle; Mayer ne l'a portée qu'à sept secondes dans ses premières Tables de la Lune et à neuf secondes dans les dernières; enfin M. de la Lande a repris cette matière et l'a discutée avec soin dans nos *Mémoires* pour 1757; ses recherches l'ont conduit à une équation séculaire de $9'',886$ pour le premier siècle.

Les observations arabes, dont on a principalement fait usage, sont deux éclipses de Soleil observées au Caire en 977 et 978; elles ont paru suspectes à quelques astronomes, ce qui a fait naitre des doutes sur l'équation séculaire de la Lune; mais les observations modernes, comparées aux anciennes, suffisent pour en établir l'existence. En effet, M. de Lambre a déterminé, au moyen d'un grand nombre d'observations du dernier siècle et de celui-ci, le mouvement séculaire actuel de la Lune, avec une précision qui laisse à peine une incertitude de quelques secondes; il ne l'a trouvé que de vingt-cinq secondes environ plus petit que celui de Mayer, tandis que les observations anciennes s'accordent à donner un mouvement séculaire moindre de trois ou quatre minutes. Le mouvement de la Lune s'est donc accéléré depuis les Chaldéens, et, les observations arabes faites dans l'intervalle qui nous en sépare venant à l'appui de ce résultat, il est impossible de le révoquer en doute.

Maintenant, quelle est la cause de ce phénomène? la gravitation universelle, qui nous a fait connaître si exactement les nombreuses inégalités de la Lune, rend-elle également raison de son équation séculaire? Ces questions sont d'autant plus intéressantes à résoudre que, si l'on y parvient, on aura la loi des variations séculaires du mouvement de la Lune, qui nous est encore inconnue, car on sent bien que l'hypothèse d'une accélération proportionnelle aux temps, admise par les astronomes, n'est qu'approchée et ne doit point s'étendre à un temps illimité.

Les géomètres se sont fort occupés de cet objet, et l'Académie en a fait plusieurs fois le sujet de ses prix; mais les recherches que l'on a tentées à cet égard n'ont fait découvrir, soit dans l'action du Soleil et des planètes sur la Lune, soit dans les figures non sphériques de ce satellite et de la Terre, rien qui puisse sensiblement altérer le moyen mouvement de la Lune; et, pour expliquer son équation séculaire, on a été forcé de recourir à différentes hypothèses, telles que la résistance de l'éther, la transmission successive de la gravité, l'action des comètes, etc.

Cependant, la correspondance des autres phénomènes célestes avec la théorie de la pesanteur est si parfaite et si satisfaisante que l'on ne peut voir sans regret l'équation séculaire de la Lune se refuser à cette théorie et faire seule exception à une loi générale et simple dont la découverte, par la grandeur et la variété des objets qu'elle embrasse, fait tant d'honneur à l'esprit humain. Cette réflexion m'a déterminé à considérer de nouveau ce phénomène, et, après quelques tentatives, je suis enfin parvenu à en découvrir la cause.

L'équation séculaire de la Lune est due à l'action du Soleil sur ce satellite, combinée avec la variation de l'excentricité de l'orbite terrestre. Pour se former de cette cause la plus juste idée que l'on puisse avoir sans le secours de l'Analyse, il faut observer que l'action du Soleil tend à diminuer la pesanteur de la Lune vers la Terre, et par conséquent à dilater son orbite, ce qui entraine un ralentissement dans la vitesse angulaire. Quand le Soleil est périgée, son action devenue plus puissante agrandit l'orbite lunaire; mais cette orbite se contracte lorsque le Soleil, étant vers son apogée, agit moins fortement sur la Lune. De là nait, dans le mouvement de ce satellite, l'équation annuelle dont la loi est exactement la même que celle de l'équation du centre du Soleil, à la différence près du signe, en sorte que l'une de ces équations diminue quand l'autre augmente.

L'action du Soleil sur la Lune varie encore par des nuances insensibles relatives aux altérations que l'orbite de la Terre éprouve de la part des planètes. On sait que l'attraction de ces corps change à la longue les éléments de l'ellipse que la Terre décrit autour du Soleil. Son grand axe est toujours le même, mais son excentricité, son inclinaison sur un plan fixe, la position de ses nœuds et de son aphélie varient sans cesse. Or la force moyenne du Soleil, pour dilater l'orbe de la Lune, dépend du carré de l'excentricité de l'orbite terrestre; elle augmente et diminue avec cette excentricité : il doit donc en résulter, dans le mouvement de la Lune, des variations contraires, analogues à l'équation annuelle, mais dont les périodes, incomparablement plus longues, embrassent un grand nombre de siècles. Maintenant que l'excentricité de l'orbite terrestre diminue, ces inégalités accélèrent le mouvement de la Lune; elles le ralentiront quand cette excentricité, parvenue à son minimum, cessera de diminuer pour commencer à croître.

Les mouvements des nœuds et de l'apogée de la Lune sont pareillement assujettis à des équations séculaires d'un signe opposé à celui de l'équation du moyen mouvement, et dont le rapport avec elle est de 1 à 4 pour les nœuds et de 7 à 4 pour l'apogée. Quant aux variations de la moyenne distance, elles sont insensibles et n'influent pas d'une demi-seconde sur la parallaxe de ce satellite; il n'est donc point à craindre qu'il se précipite un jour sur la Terre, comme cela aurait lieu si son équation séculaire était due à la résistance de l'éther ou à la transmission successive de la pesanteur.

L'action moyenne du Soleil sur la Lune dépend encore de l'inclinaison de l'orbite lunaire sur l'écliptique, et l'on pourrait croire que, la position de l'écliptique étant variable, il doit en résulter dans le mouvement de la Lune des inégalités semblables à celles que produit la diminution de l'excentricité de l'orbite terrestre. Mais j'ai trouvé que l'orbite lunaire est ramenée sans cesse, par l'action du Soleil, à la même inclinaison sur celle de la Terre, en sorte que les plus grandes et les plus petites déclinaisons de la Lune sont assujetties, en vertu des variations de l'écliptique, aux mêmes changements que celles du Soleil. Enfin je me suis assuré que ni l'action directe des planètes sur la Lune, ni les figures non sphériques de ce satellite et de la Terre ne peuvent altérer son moyen mouvement.

L'inégalité séculaire du mouvement de la Lune est périodique, mais il lui faut des millions d'années pour se rétablir. L'excessive lenteur avec laquelle elle varie l'aurait rendue imperceptible depuis les observations anciennes si sa valeur, en s'élevant à un grand nombre de degrés, ne produisait pas des différences considérables entre les mouvements séculaires de la Lune observés à diverses époques. Les siècles suivants développeront la loi de sa variation; on pourrait même, dès à présent, la connaitre et devancer les observations si les masses des planètes étaient bien déterminées; mais cette détermination si désirable pour la perfection des théories astronomiques nous manque encore. La postérité, à qui elle est réservée, aura l'avantage de juger des états passés et à venir du système du monde, avec la même évidence que de son état présent; elle verra sans doute avec reconnaissance que les géomètres de ce siècle ont indiqué les causes de tous les phénomènes célestes, et qu'ils en ont donné les expressions analytiques, dans lesquelles il n'y a plus qu'à substituer les valeurs de quantités que l'observation seule peut faire connaître.

Jupiter, dont nous avons exactement la masse, est heureusement celle des planètes qui a le plus d'influence sur l'inégalité séculaire de la Lune. En adoptant sur les masses des autres planètes les suppositions les plus vraisemblables et en réduisant en série l'expression de cette inégalité, le terme proportionnel au carré du temps m'a donné une équation de onze secondes pour le premier siècle, à partir de 1700. Mais j'ai reconnu que, en remontant aux observations chaldéennes, le terme proportionnel au cube du temps devenait sensible, et j'en ai déterminé la valeur. En comparant ensuite les observations avec la théorie, j'ai trouvé entre elles un accord qui paraîtra surprenant, si l'on considère l'imperfection des observations anciennes, la manière vague dont elles nous ont été transmises et l'incertitude qui reste encore sur les masses de Vénus et de Mars.

Il est assez remarquable que la diminution de l'excentricité de l'orbite solaire soit beaucoup plus sensible dans le mouvement de la Lune que par elle-même; cette diminution qui, depuis l'éclipse la plus ancienne dont nous ayons connaissance, n'a pas été de quatre minutes, a produit plus d'un degré et demi d'altération dans le mouvement de la Lune; on pouvait à peine la soupçonner d'après les observations du Soleil faites par Hipparque et Ptolémée, mais les anciennes éclipses la rendent incontestable.

Il se présente ici une question intéressante à résoudre. La Lune ne doit-elle pas, en vertu des grandes inégalités que nous venons de considérer, offrir successivement tous les points de sa surface à la Terre? L'égalité des mouvements de rotation et de révolution de ce satellite rend, comme on sait, une moitié de sa surface invisible pour nous ; les inégalités périodiques de ces mouvements nous en découvrent seulement quelques parties, en nous cachant les parties opposées de la moitié visible, ce qui produit le phénomène connu sous le nom de *libration;* l'étendue de ce phénomène dépend de la grandeur des inégalités de la Lune ; ainsi les inégalités séculaires de son mouvement s'élevant à plusieurs circonférences, elles semblent devoir nous découvrir à la longue tous les points de son équateur ; mais, en soumettant cet objet à l'analyse, il est facile de s'assurer que l'action de la Terre ramène sans cesse vers son centre le grand axe de l'équateur lunaire, et dirige constamment vers nous la même face de la Lune. C'est en vertu de cette action que les moyens mouvements de cet astre sur lui-même et dans son orbite sont devenus parfaitement égaux, quoiqu'ils aient différé à l'origine ; elle fait participer encore le mouvement de rotation de la Lune aux inégalités séculaires de son mouvement de révolution, à cause de l'excessive lenteur avec laquelle ces inégalités varient.

J'ai donné, dans un autre Ouvrage, la théorie des équations séculaires de Jupiter et de Saturne, et j'ai prouvé qu'elles dépendent de deux grandes inégalités jusqu'à présent inconnues, et dont la période est d'environ neuf cent dix-huit ans. Si l'on réunit ces recherches à celles dont je présente ici les résultats, on aura une théorie complète de toutes les équations séculaires observées par les astronomes dans les mouvements célestes. J'ose espérer que l'on verra avec plaisir ces phénomènes, qui semblaient inexplicables par la loi de la pesanteur, ramenés à cette loi dont ils fournissent une confirmation nouvelle et frappante. Maintenant que leur cause est connue, l'uniformité des moyens mouvements de rotation et de révolution des corps célestes, et la constance de leurs distances moyennes aux foyers des forces principales qui les animent deviennent des vérités d'observation et de théorie. J'ai fait voir ailleurs que, quelles que soient les masses des planètes et des satellites, par cela seul que tous ces corps tournent dans le même sens et dans des orbes peu excentriques et peu inclinés les uns aux autres, leurs inégalités séculaires sont périodiques. Ainsi le système du monde ne fait qu'osciller autour d'un état moyen dont il ne s'écarte jamais que d'une très petite quantité. Il jouit, en vertu de sa constitution et de la loi de la pesanteur, d'une stabilité qui ne peut être détruite que par des causes étrangères; et nous sommes certains que leur action est insensible depuis les observations les plus anciennes jusqu'à nos jours. Cette stabilité du système du monde, qui en assure la durée, est un des phénomènes les plus dignes d'attention, en ce qu'il nous montre dans le ciel, pour maintenir l'ordre de l'univers, les mêmes vues que la nature a si admirablement suivies sur la Terre pour conserver les individus et perpétuer les espèces.

I.

Soient x, y, z les trois coordonnées de la Lune, rapportées au centre de la Terre; x', y', z' celles du Soleil, rapportées au même point; soient de plus

$$r = \sqrt{x^2 + y^2 + z^2}, \qquad r' = \sqrt{x'^2 + y'^2 + z'^2};$$

nommons S la masse du Soleil et R la quantité

$$\frac{S(xx' + yy' + zz')}{r'^3} - \frac{S}{\sqrt{(x' - x)^2 + (y' - y)^2 + (z' - z)^2}};$$

enfin représentons par l'unité la somme des masses de la Terre et de la Lune, et par dt l'élément du temps supposé constant : nous aurons les trois équations différentielles suivantes :

$$(\text{A}) \quad \begin{cases} 0 = \dfrac{d^2 x}{dt^2} + \dfrac{x}{r^3} + \dfrac{\partial R}{dx}, \\[2mm] 0 = \dfrac{d^2 y}{dt^2} + \dfrac{y}{r^3} + \dfrac{\partial R}{\partial y}, \\[2mm] 0 = \dfrac{d^2 z}{dt^2} + \dfrac{z}{r^3} + \dfrac{\partial R}{dz}. \end{cases}$$

Si l'on multiplie la première de ces équations par dx, la seconde par dy, la troisième par dz; qu'ensuite on les ajoute et que l'on désigne par la caractéristique d la différentielle prise par rapport aux seules coordonnées x, y, z, on aura, après avoir intégré,

$$0 = \frac{dx^2 + dy^2 + dz^2}{dt^2} - \frac{2}{r} + \frac{1}{a} + 2\int dR,$$

a étant une constante arbitraire qui, comme l'on sait, est le demi grand axe de l'ellipse que la Lune décrirait sans la force perturbatrice du Soleil.

En ajoutant l'intégrale précédente à la somme des équations (A) multipliées respectivement par x, y, z, on aura l'équation différentielle

$$0 = \frac{x\,d^2x + y\,d^2y + z\,d^2z + dx^2 + dy^2 + dz^2}{dt^2} - \frac{1}{r} + \frac{1}{a}$$
$$+ 2\int dR + x\frac{\partial R}{\partial x} + y\frac{\partial R}{\partial y} + z\frac{\partial R}{\partial z};$$

mais on a

$$x\,d^2x + y\,d^2y + z\,d^2z + dx^2 + dy^2 + dz^2 = \tfrac{1}{2}d^2r^2,$$

partant

$$0 = \frac{d^2r^2}{2\,dt^2} - \frac{1}{r} + \frac{1}{a} + 2\int dR + x\frac{\partial R}{\partial x} + y\frac{\partial R}{\partial y} + z\frac{\partial R}{\partial z}.$$

Si l'on intègre cette équation dans la supposition de $R = 0$, on aura la valeur de r relative au mouvement elliptique de la Lune. Soit δr la partie de r due à l'action du Soleil; en substituant au lieu de r, dans l'équation précédente, $r + \delta r$, r étant ici la partie du rayon vecteur relative au mouvement elliptique, on aura, en négligeant le carré des forces perturbatrices,

$$(B) \qquad 0 = \frac{d^2(r\,\delta r)}{dt^2} + \frac{r\,\delta r}{r^3} + 2\int dR + x\frac{\partial R}{\partial x} + y\frac{\partial R}{\partial y} + z\frac{\partial R}{\partial z}.$$

La somme des trois équations différentielles (A), multipliées respectivement par x, y, z, donne

$$0 = \frac{x\,d^2x + y\,d^2y + z\,d^2z}{dt^2} + \frac{1}{r} + x\frac{\partial R}{\partial x} + y\frac{\partial R}{\partial y} + z\frac{\partial R}{\partial z}.$$

Soit dv l'angle infiniment petit intercepté entre les deux rayons r et $r + dr$, on aura

$$dx^2 + dy^2 + dz^2 = dr^2 + r^2\,dv^2,$$

partant

$$x\,d^2x + y\,d^2y + z\,d^2z = d(r\,dr) - dx^2 - dy^2 - dz^2 = r\,d^2r - r^2\,dv^2,$$

ce qui donne

$$(C) \qquad 0 = \frac{r\,d^2 r - r^2\,dv^2}{dt^2} + \frac{1}{r} + x\frac{\partial R}{\partial x} + y\frac{\partial R}{\partial y} + z\frac{\partial R}{\partial z}.$$

Supposons que, par l'action du Soleil, dv augmente de $d\,\delta v$; cette équation donnera, en négligeant le carré des forces perturbatrices,

$$0 = \frac{r\,d^2 \delta r + \delta r\,d^2 r - 2r\,\delta r\,dv^2 - 2r^2\,dv\,d\delta v}{dt^2} - \frac{\delta r}{r^3} + x\frac{\partial R}{\partial x} + y\frac{\partial R}{\partial y} + z\frac{\partial R}{\partial z}.$$

Mais on a, dans l'hypothèse elliptique,

$$r^2\,dv = dt\sqrt{a(1-e^2)},$$

e étant l'excentricité de l'orbite lunaire; de plus, si l'on fait $R = 0$ dans l'équation (C), elle donnera

$$\frac{r\,dv^2}{dt^2} = \frac{d^2 r}{dt^2} + \frac{1}{r^2};$$

on aura donc

$$0 = \frac{r\,d^2\delta r - \delta r\,d^2 r}{dt^2} - \frac{3r\,\delta r}{r^3} - \frac{2\,d\delta v}{dt}\sqrt{a(1-e^2)} + x\frac{\partial R}{\partial x} + y\frac{\partial R}{\partial y} + z\frac{\partial R}{\partial z}.$$

Si l'on substitue au lieu de $\dfrac{r\,\delta r}{r^3}$ sa valeur tirée de l'équation (B), on aura

$$\frac{2\,d\delta v}{dt}\sqrt{a(1-e^2)} = \frac{d(r\,d\delta r - \delta r\,dr)}{dt^2} + \frac{3\,d^2(r\,\delta r)}{dt^2}$$
$$+ 6\int dR + 4\left(x\frac{\partial R}{\partial x} + y\frac{\partial R}{\partial y} + z\frac{\partial R}{\partial z}\right).$$

Soit nt le moyen mouvement sidéral de la Lune, on aura $n^2 = \dfrac{a^3}{1}$; l'équation précédente donnera donc, en l'intégrant,

$$(D) \qquad \begin{cases} \delta v = \dfrac{d(r\,\delta r) + r\,d\delta r}{a^2\,n\,dt\,\sqrt{1-e^2}} + 3a\displaystyle\int\dfrac{n\,dt\int dR}{\sqrt{1-e^2}} \\[3ex] \quad + 2a\displaystyle\int n\,dt\cdot\dfrac{x\dfrac{\partial R}{\partial x} + y\dfrac{\partial R}{\partial y} + z\dfrac{\partial R}{\partial z}}{\sqrt{1-e^2}}. \end{cases}$$

II.

Reprenons maintenant la valeur de R; en la réduisant en série on aura

$$R = -\frac{S}{r'} + \frac{S}{2\,r'^3}\left[r^2 - \frac{3\,(xx' + yy' + zz')^2}{r'^2} + \ldots\right].$$

r' étant considérablement plus grand que r, on peut s'en tenir à ces termes de la série. Prenons pour plan fixe des x et des y un plan très peu incliné à celui de l'écliptique; soient γ la tangente de l'inclinaison de l'orbite lunaire sur ce plan, Π la longitude de son nœud ascendant; soient γ' et Π' les mêmes quantités relativement au Soleil; soit de plus v la longitude de la Lune, comptée sur son orbite en partant du rayon vecteur dont l'axe des x est la projection sur le plan des x et des y; soit v_1 cette même longitude rapportée à ce dernier plan et comptée de l'axe des x; nommons v' et v'_1 les mêmes quantités relativement au Soleil, on aura, en négligeant les quatrièmes puissances de γ et de γ'.

$$v_1 = v - \frac{\gamma^2}{4}\sin 2\Pi - \frac{\gamma^2}{4}\sin(2v - 2\Pi),$$

$$v'_1 = v' - \frac{\gamma'^2}{4}\sin 2\Pi' - \frac{\gamma'^2}{4}\sin(2v' - 2\Pi').$$

Si l'on nomme s la latitude de la Lune au-dessus du plan fixe et s' celle du Soleil, on aura à très peu près

$$s = \gamma\sin(v - \Pi), \qquad s' = \gamma'\sin(v' - \Pi');$$

on aura de plus

$$x = r\sqrt{1 - s^2}\cos v_1, \qquad y = r\sqrt{1 - s^2}\sin v_1, \qquad z = rs,$$

$$x' = r'\sqrt{1 - s'^2}\cos v'_1, \qquad y' = r'\sqrt{1 - s'^2}\sin v'_1, \qquad z' = r's',$$

partant

$$xx' + yy' + zz' = rr'\left(1 - \tfrac{1}{2}s^2 - \tfrac{1}{2}s'^2\right)\cos(v_1 - v'_1) + rr'ss';$$

on aura donc, en ne conservant parmi les termes de l'ordre γ^2 et γ'^2

que ceux qui sont constants, les seuls dont nous aurons besoin dans la suite,

$$(xx' + yy' + zz')^2 = \frac{r^2 r'^2}{2}\left[1 + \cos(2v - 2v') - \tfrac{1}{2}\gamma^2 - \tfrac{1}{2}\gamma'^2 + \gamma\gamma'\cos(\Pi - \Pi')\right].$$

Soient

$$\gamma\sin\Pi = p, \qquad \gamma\cos\Pi = q, \qquad \gamma'\sin\Pi' = p', \qquad \gamma'\cos\Pi' = q',$$

on aura

$$\gamma^2 - 2\gamma\gamma'\cos(\Pi - \Pi') + \gamma'^2 = (p - p')^2 + (q - q')^2;$$

l'expression précédente de R deviendra ainsi

$$R = -\frac{S}{r'} - \frac{Sr^2}{4r'^3}\left[1 + 3\cos(2v - 2v') - \tfrac{3}{2}(p - p')^2 - \tfrac{3}{2}(q - q')^2\right].$$

III.

Considérons maintenant les différents termes de l'expression de δv donnée par l'équation (D) de l'article I, et commençons par celui-ci

$$2a\int n\,dt\;\frac{x\dfrac{\partial R}{\partial x} + y\dfrac{\partial R}{\partial y} + z\dfrac{\partial R}{\partial z}}{\sqrt{1 - e^2}}.$$

On a

$$x\frac{\partial R}{\partial x} + y\frac{\partial R}{\partial y} + z\frac{\partial R}{\partial z}$$

$$= r\frac{\partial R}{\partial r} = -\frac{Sr^2}{2r'^3}\left[1 + 3\cos(2v - 2v') - \tfrac{3}{2}(p - p')^2 - \tfrac{3}{2}(q - q')^2\right].$$

Soient $nt + \varepsilon$ la longitude moyenne de la Lune, comptée de l'axe des x; ϖ la longitude de son aphélie, a et e étant comme ci-dessus le demi grand axe et l'excentricité de son orbite; soient $n't + \varepsilon'$, a', e' les mêmes quantités relativement au Soleil, on aura

$$r = a\left[1 + \tfrac{1}{2}e^2 + e\cos(nt + \varepsilon - \varpi) + \ldots\right],$$
$$r' = a'\left[1 + \tfrac{1}{2}e'^2 + e'\cos(n't + \varepsilon' - \varpi') + \ldots\right].$$

On aura donc, en ne conservant que les quantités à très peu près constantes,

$$x\frac{\partial R}{\partial x} + y\frac{\partial R}{\partial y} + z\frac{\partial R}{\partial z} = -\frac{S a^2}{2 a'^3}\left[1 + \tfrac{3}{2}e^2 + \tfrac{1}{4}e'^2 - \tfrac{3}{4}(p-p')^2 - \tfrac{3}{4}(q-q')^2\right];$$

or on a

$$n^2 = -\frac{1}{a^3} \qquad \text{et} \qquad n'^2 = \frac{S}{a'^3}.$$

Le terme

$$2a\int n\,dt\,\frac{x\dfrac{\partial R}{\partial x} + y\dfrac{\partial R}{\partial y} + z\dfrac{\partial R}{\partial z}}{\sqrt{1-e^2}}$$

de l'expression de δv donnera donc celui-ci

$$-\int\frac{n'^2\,dt}{n}\left[1 + 2e^2 + \tfrac{3}{2}e'^2 - \tfrac{3}{4}(p-p')^2 - \tfrac{3}{4}(q-q')^2\right].$$

On sait que, en vertu de l'action des planètes, le demi grand axe de l'orbite solaire est constant, mais son excentricité varie sans cesse, ainsi que son inclinaison et la position de ses nœuds et de son apogée; on doit donc regarder n' comme constant et supposer e', p' et q' variables. On peut encore, dans le terme précédent, supposer n constant; car, quoique cette quantité puisse être considérée ici comme variable, à raison de l'équation séculaire du mouvement de la Lune, cependant, comme sa variation est multipliée dans ce terme par la force perturbatrice du Soleil, il est visible que l'équation séculaire qui en résulte dans le mouvement de la Lune est, par rapport à l'équation séculaire de ce mouvement, de l'ordre des forces perturbatrices, et qu'ainsi elle peut être négligée. La partie $-\int\frac{n'^2\,dt}{n}$ du terme précédent se réduit ainsi à $-\frac{n'^2 t}{n}$, et par conséquent elle se confond avec le moyen mouvement de la Lune. La partie $-\frac{3}{2}\int\frac{n'^2\,dt\,e'^2}{n}$ du même terme se réduit à $-\frac{3n'}{2n}\int n'\,dt\,e'^2$, et, à cause de la variabilité de e', il doit en résulter une équation séculaire dans le mouvement de la Lune. Quant à la partie

$$-\int \frac{n'^2\,dt}{n}\left[2e^2 - \tfrac{3}{2}(p-p')^2 - \tfrac{3}{2}(q-q')^2\right],$$

pour voir si elle doit produire des inégalités séculaires dans l'expression de δv, il faut déterminer les valeurs de e, $p-p'$ et $q-q'$.

IV.

Pour cela, je reprends l'équation

$$0 = \frac{d^2 r^2}{2\,dt^2} - \frac{1}{r} + \frac{1}{a} + 2\int dR + x\frac{\partial R}{\partial x} + y\frac{\partial R}{\partial y} + z\frac{\partial R}{\partial z}$$

trouvée dans l'article I; si l'on y suppose

$$r = a\left(1 + \frac{\delta a}{a} + u\right),$$

u étant une très petite quantité périodique dont je négligerai le carré et les puissances supérieures; on aura, en ne conservant que les termes constants et ceux dans lesquels u est multiplié par des constantes, et en substituant pour R sa valeur précédente,

$$0 = \left(1 + \frac{\delta a}{a}\right)\frac{d^2 u}{dt^2} + \frac{u}{a^3}\left(1 - \frac{2\,\delta a}{a} - \frac{2S\,a^3}{a'^3}\right) + \frac{\delta a}{a^4} + \frac{2g}{a^3} - \frac{S}{a'^3},$$

$\frac{g}{a}$ étant une constante arbitraire ajoutée à l'intégrale $\int dR$.

Maintenant, si l'on différentie l'équation (D) de l'article I et que l'on ne conserve que les termes constants, on aura, en négligeant le carré des excentricités des orbites,

$$\frac{d\delta v}{dt} = 3ng - \frac{7n'^2}{4n};$$

mais nt représente, par la supposition, le moyen mouvement de la Lune; il faut donc que cette valeur de $\frac{d\,\delta v}{dt}$ soit nulle, ce qui détermine la constante arbitraire g, et ce qui donne

$$g = \frac{7\,n'^2}{12\,n^2}.$$

L'équation différentielle en u deviendra ainsi, en observant que $\frac{1}{a^3} = n^2$ et $\frac{S}{a'^3} = n'^2$,

$$o = \frac{d^2u}{dt^2} + n^2 u\left(1 - \frac{3\,\delta a}{a} - \frac{2\,n'^2}{n^2}\right) + n^2 \frac{\delta a}{a} + \frac{n'^2}{6}.$$

n étant une quantité variable, cette équation se partage dans les deux suivantes :

$$o = \frac{d^2u}{dt^2} + n^2 u\left(1 - \frac{3\,\delta a}{a} - \frac{2\,n'^2}{n^2}\right),$$

$$o = n^2 \frac{\delta a}{a} + \frac{n'^2}{6}.$$

Cette dernière équation donne

$$\frac{\delta a}{a} = - \frac{n'^2}{6\,n^2};$$

la première devient ainsi

$$o = \frac{d^2u}{dt^2} + n^2 u\left(1 - \frac{3\,n'^2}{2\,n^2}\right),$$

d'où l'on tire, en intégrant,

$$u = e \cos\left(nt\sqrt{1 - \frac{3\,n'^2}{2\,n^2}} + \lambda\right),$$

e et λ étant deux arbitraires. On voit ainsi que e est indépendant des éléments de l'orbite solaire et qu'ainsi on peut le regarder comme invariable relativement à e'.

L'expression précédente de u ne donne pas, à la vérité, le mouvement de l'apogée de la Lune; on sait, par la théorie de ce satellite, que, pour déterminer ce mouvement, il faut pousser l'approximation jusqu'au carré des forces perturbatrices; mais il est aisé de voir, par cette même théorie, que l'excentricité de l'orbite lunaire reste toujours, à très peu près, constante et ne participe point sensiblement aux variations de l'orbite du Soleil.

Considérons maintenant la variation de l'inclinaison de l'orbite de la Lune : reprenons pour cela la dernière des équations (A) de l'article I,

$$o = \frac{d^2 z}{dt^2} + \frac{z}{r^3} + \frac{\partial R}{\partial z}.$$

En substituant pour R sa valeur

$$-\frac{S}{r'} + \frac{S}{2\,r'^3}\left[r^2 - \frac{3(xx' + yy' + zz')^2}{r'^2}\right]$$

et en négligeant les cubes et les produits de trois dimensions de z et de z', on aura

$$o = \frac{d^2 z}{dt^2} + \frac{z}{r^3} + \frac{Sz}{r'^3} - \frac{3Sz'(xx' + yy')}{r'^5}.$$

Soient $z = as$, $z' = a's'$; en substituant dans l'équation précédente ces valeurs, $a + \delta a$ au lieu de r, et a' au lieu de r', elle deviendra

$$o = \frac{d^2 s}{dt^2} + \frac{s}{a^3}\left(1 - \frac{3\,\delta a}{a} + \frac{Sa^3}{a'^3}\right) - \frac{3S}{a'^3}\,s'\cos(v' - v).$$

On a, par ce qui précède,

$$\frac{\delta a}{a} = -\frac{n'^2}{6\,n^2};$$

de plus, s' étant la latitude du Soleil au-dessus du plan fixe, on a

$$s' = \gamma'\sin(v' - \Pi').$$

On aura donc, en ne conservant que le terme dépendant de l'angle $nt + \varepsilon$,

$$o = \frac{d^2 s}{dt^2} + n^2 s\left(1 + \frac{3\,n'^2}{2\,n^2}\right) - \frac{3\gamma'}{2}\,n'^2\sin(nt + \varepsilon - \Pi').$$

En intégrant cette équation et en observant que les valeurs de $\frac{d\gamma'}{dt}$ et de $\frac{d\Pi'}{dt}$ sont insensibles, et qu'ainsi on peut les négliger lorsqu'elles ne sont pas multipliées par le temps t, on aura

$$s = \mathfrak{S} \sin\left(nt + \varepsilon + \frac{3 n'^2 t}{4 n} - Q\right) + \gamma' \sin(nt + \varepsilon - \Pi'),$$

$\mathfrak{S}$ et Q étant deux constantes arbitraires.

On peut mettre cette expression de s sous cette forme

$$s = \left[q' + \mathfrak{S} \cos\left(Q - \frac{3 n'^2 t}{4 n}\right)\right] \sin(nt + \varepsilon)$$
$$- \left[p' + \mathfrak{S} \sin\left(Q - \frac{3 n'^2 t}{4 n}\right)\right] \cos(nt + \varepsilon);$$

mais, s étant la latitude de la Lune au-dessus du plan fixe, on a, par ce qui précède,

$$s = q \sin(nt + \varepsilon) - p \cos(nt + \varepsilon).$$

On aura donc

$$p = p' + \mathfrak{S} \sin\left(Q - \frac{3 n'^2 t}{4 n}\right),$$
$$q = q' + \mathfrak{S} \cos\left(Q - \frac{3 n'^2 t}{4 n}\right),$$

ce qui donne

$$(p - p')^2 + (q - q')^2 = \mathfrak{S}^2.$$

$(p - p')^2 + (q - q')^2$ étant le carré de l'inclinaison respective des orbites du Soleil et de la Lune, on voit que cette inclinaison est constante. La position de l'écliptique varie sans cesse, en vertu des actions des planètes, et son obliquité sur l'équateur a toujours diminué depuis les observations les plus anciennes jusqu'à nos jours; mais l'action du Soleil ramène l'orbite lunaire à la même inclinaison sur le plan de l'écliptique, en sorte que les plus grandes et les plus petites déclinaisons de la Lune sont assujetties aux mêmes variations que celles du Soleil.

Il suit de l'analyse précédente que la partie

$$-\int \frac{n'^2 \, dt}{n} \left[2 e^2 - \tfrac{3}{2}(p - p')^2 - \tfrac{3}{2}(q - q')^2\right]$$

du terme

$$2 a \int n \, dt \, \frac{x \dfrac{\partial R}{\partial x} + y \dfrac{\partial R}{\partial y} + z \dfrac{\partial R}{\partial z}}{\sqrt{1 - e^2}}$$

de l'expression de δv ne peut donner aucune équation séculaire dans le mouvement de la Lune; en n'ayant donc égard qu'aux équations de ce genre, ce terme se réduit à

$$- \frac{3\,n'}{2\,n} \int n'\,dt\,e'^2.$$

V.

Examinons présentement les autres termes de l'expression de δv; cette expression renferme encore le terme $3a \displaystyle\int \frac{n\,dt \int dR}{\sqrt{1-e^2}}$, qui, par son double signe intégral, paraît très propre à donner des inégalités séculaires. On a, par ce qui précède, en n'ayant égard qu'aux termes à très peu près constants,

$$dR = -\,d\,\frac{Sa^2}{4\,a'^3}\left[1 + \tfrac{3}{2}e^2 + \tfrac{3}{2}e'^2 - \tfrac{3}{2}(p-p')^2 - \tfrac{3}{2}(q-q')^2\right],$$

la caractéristique d du second membre de cette équation ne se rapportant qu'aux quantités a, e, p et q relatives à la Lune. Les deux premières de ces quantités sont constantes, mais les deux autres sont variables, ce qui donne

$$a\,dR = \frac{3\,n'^2}{4\,n^2}\left[dp(p-p') + dq(q-q')\right].$$

Si l'on substitue, au lieu de p et de q, leurs valeurs trouvées dans l'article précédent, on aura

$$a\,dR = \frac{3\,n'^2}{4\,n^2}\,6\left[dp'\sin\left(Q - \frac{3\,n'^2 t}{4\,n}\right) + dq'\cos\left(Q - \frac{3\,n'^2 t}{4\,n}\right)\right].$$

On sait que les valeurs de p' et de q' ont cette forme

$$p' = A\,\sin(ft + \lambda) + A'\sin(f't + \lambda') + \ldots,$$
$$q' = A\,\cos(ft + \lambda) + A'\cos(f't + \lambda') + \ldots,$$

f, f', ... étant des coefficients extrêmement petits; la différentielle $a\,dR$

sera donc exprimée par une suite de termes de la forme

$$\frac{3\,n'^2\,f\,\mathrm{A}\,\mathfrak{E}\,dt}{4\,n^2}\sin\left(\mathrm{Q}-\frac{3\,n'^2\,t}{4\,n}-ft-\lambda\right);$$

par conséquent $3a\displaystyle\int\frac{n\,dt\int d\mathrm{R}}{\sqrt{1-e^2}}$ sera exprimé à fort peu près par une suite de termes de la forme

$$-\frac{4\,anf\,\mathrm{A}\,\mathfrak{E}}{n'^2\sqrt{1-e^2}}\sin\left(\mathrm{Q}-\frac{3\,n'^2\,t}{4\,n}-ft-\lambda\right);$$

or ces termes sont insensibles à cause de l'extrème petitesse de f relativement à n'; ainsi la quantité $3a\displaystyle\int\frac{n\,dt\int d\mathrm{R}}{\sqrt{1-e^2}}$ ne produit aucune inégalité séculaire sensible dans le moyen mouvement de la Lune.

Il nous reste à considérer dans l'expression de δv la quantité $\dfrac{d(r\,\delta r)+r\,d\,\delta r}{a^2 n\,dt\sqrt{1-e^2}}$, mais il est aisé de voir que δr, et à plus forte raison sa différence, ne renferment point de termes sensibles de la nature de ceux que nous venons d'analyser. En n'ayant donc égard qu'à ces termes, on a

$$(\mathrm{E})\qquad\qquad \delta v=-\frac{3\,n'}{2\,n}\int n'\,dt\,e'^2.$$

VI.

Voyons maintenant si l'action directe des planètes sur la Lune produit dans l'expression de δv des termes du même ordre et du même genre que celui que nous venons de déterminer. Les planètes, ainsi que le Soleil, ne troublent le mouvement de la Lune que par la différence de leur action sur la Terre et sur ce satellite. En désignant donc par R' pour une planète ce que nous avons nommé R pour le Soleil, R' sera relativement à R du même ordre que le rapport des masses des planètes à celle du Soleil.

On peut concevoir R' développé dans une suite de sinus et de cosinus d'angles croissants proportionnellement au temps, et il est

visible que, les moyens mouvements du Soleil, de la Lune et des planètes étant incommensurables entre eux, la différentielle de ces sinus
et cosinus, prise en ne faisant varier que les moyens mouvements de
la Lune, de ses nœuds et de son apogée, est une quantité périodique.
Cette différentielle est égale à dR'; ainsi la partie

$$3a \int \frac{n\,dt \int dR'}{\sqrt{1-e^2}}$$

de l'expression de δv n'est formée que de quantités périodiques dépendantes de la configuration des planètes, du Soleil et de la Lune; il
ne peut donc point en résulter d'équation séculaire dans le mouvement de ce satellite.

Quant à la partie

$$2a \int n\,dt \frac{x\frac{\partial R'}{\partial x} + y\frac{\partial R'}{\partial y} + z\frac{\partial R'}{\partial z}}{\sqrt{1-e^2}}$$

de l'expression de δv, on voit facilement que les termes à très peu près
constants qu'elle renferme ne peuvent dépendre que des variations
séculaires des éléments des orbites des planètes, et que, par conséquent, ils sont, relativement à celui que nous avons déjà déterminé,
du même ordre que le rapport des masses des planètes à celle du
Soleil.

Il est clair que la partie $\frac{d(r\,\delta r) + r\,d\,\delta r}{a'n\,dt\sqrt{1-e^2}}$ de l'expression de δv ne produit aucun terme sensible de la nature de ceux que nous considérons.

On peut appliquer le raisonnement et les résultats précédents aux
termes provenant de la non-sphéricité de la Terre. La circonstance de
l'égalité des moyens mouvements de la Lune sur elle-même et autour
de la Terre exige une discussion particulière des termes provenant de
la non-sphéricité de la Lune; mais M. de la Grange, qui l'a faite avec
beaucoup de soin dans son excellente pièce sur la libration de la Lune,
a trouvé qu'il n'en résultait point d'équation séculaire dans son moyen
mouvement (*voir* les *Mémoires de Berlin*, année 1780).

Enfin les géomètres qui se sont occupés de la théorie de la Lune, et M. d'Alembert en particulier, se sont assurés que, de la combinaison des diverses équations du mouvement lunaire, il ne peut résulter aucune équation sensible à longue période et semblable à l'inégalité de neuf cent dix-huit ans que j'ai trouvée dans la théorie de Jupiter et de Saturne. La valeur de δv donnée par l'équation (E) de l'article précédent renferme donc tous les termes sensibles qui, par la théorie de la pesanteur universelle, peuvent produire une équation séculaire dans le moyen mouvement de la Lune. Examinons présentement les équations séculaires des autres éléments de l'orbite lunaire.

VII.

Reprenons l'équation

$$0 = \frac{d^2 r^2}{dt^2} - \frac{1}{r} + \frac{1}{a} + 2\int dR + x\frac{\partial R}{\partial x} + y\frac{\partial R}{\partial y} + z\frac{\partial R}{\partial z},$$

trouvée dans l'article I, et que nous avons discutée dans l'article IV, en négligeant les carrés des excentricités des orbites. Si, dans le coefficient de r^2 de l'expression de R, on ne conserve que les termes à très peu près constants, et que l'on néglige ceux de l'ordre des carrés des excentricités et des inclinaisons qui sont constants, on aura

$$R = -\frac{S}{r^j} - \frac{S\,r^2}{4\,a'^2}(1 + \tfrac{3}{2}e'^2),$$

partant

$$2a\int dR = 2g - \frac{1}{2}\frac{n'^2}{n^2}\frac{r^2(1+\tfrac{3}{2}e'^2)}{a^2} + \frac{3n'^2}{4n^2}\int r^2 e'\,de',$$

g étant une constante arbitraire ajoutée à l'intégrale $a\int dR$, et que nous avons trouvée, dans l'article IV, égale à $\frac{7n'^2}{12n^2}\cdot$ Soit

$$r = a\left(1 + \frac{\delta a}{a} + u\right);$$

on aura, en négligeant le carré des forces perturbatrices, et par conséquent le produit de $\frac{\delta a}{a}$ par ces forces,

$$2a\int dR = \frac{2n'^2}{3n^2} - \frac{n'^2 u}{n^2}\left(1 + \tfrac{3}{2}e'^2\right) + \frac{3n'^2}{2n^2}\int ue'de';$$

mais on a, à fort peu près,

$$u = -\frac{d^2 u}{n^2 dt^2},$$

ce qui donne, à cause de l'extrême lenteur avec laquelle e' varie,

$$\int ue'de' = -\frac{du}{n\,dt}\frac{e'de'}{n\,dt};$$

on aura donc

$$2a\int dR = \frac{2n'^2}{3n^2} - \frac{n'^2 u}{n^2}\left(1 + \tfrac{3}{2}e'^2\right) - \frac{3n'^2}{2n^2}\frac{du}{n\,dt}\frac{e'de'}{n\,dt}.$$

On trouvera pareillement

$$a\left(x\frac{\partial R}{\partial x} + y\frac{\partial R}{\partial y} + z\frac{\partial R}{\partial z}\right) = -\frac{n'^2}{2n^3} - \frac{3n'^2 e'^2}{4n^3} - \frac{n'^2 u}{n^2}\left(1 + \tfrac{3}{2}e'^2\right).$$

L'équation différentielle précédente deviendra ainsi, en y faisant $\left(1 + \frac{\delta a}{a}\right)u = u'$,

$$0 = \frac{d^2 u'}{dt^2} + n^2 u'\left(1 - \frac{3\delta a}{a} - \frac{2n'^2}{n^3} - \frac{3n'^2 e'^2}{n^3}\right)$$
$$- \frac{3n'^2}{2n^3}\frac{du'}{dt}\frac{e'de'}{dt} + n^2\frac{\delta a}{a} + \tfrac{1}{4}n'^2 - \frac{3n'^2 e'^2}{4};$$

d'où l'on tire les deux équations suivantes :

$$\frac{\delta a}{a} = -\frac{n'^2}{6n^3} + \frac{3n'^2 e'^2}{4n^2},$$

$$0 = \frac{d^2 u'}{dt^2} + n^2 u'\left(1 - \frac{3n'^2}{2n^3} - \frac{21 n'^2 e'^2}{4n^3}\right) - \frac{3n'^2}{2n^3}\frac{du'}{dt}\frac{e'de'}{dt}.$$

Cette dernière équation donne à fort peu près, en l'intégrant,

$$u' = e \cos \left(nt \sqrt{1 - \frac{3\,n'^2}{2\,n^2}} - \frac{21\,n'^2}{8\,n} \int e'^2\, dt \right),$$

e étant une constante arbitraire.

Il résulte de cette analyse : 1° que la moyenne distance a de la Lune à la Terre est assujettie à une variation séculaire représentée par $\frac{3\,n'^2 e'^2}{4\,n^2}\, a$; mais, e' ne surpassant jamais $\frac{1}{16}$, cette variation est insensible et n'influe pas d'une demi-seconde sur la parallaxe ; 2° que l'équation du centre de la Lune est à très peu près constante et qu'elle n'est assujettie tout au plus qu'à des variations du même ordre que celles de la moyenne distance ; 3° enfin, que le mouvement de l'apogée est soumis à une équation séculaire représentée par $\frac{21\,n'}{8\,n} \int n'\, dt e'^2$. Cette équation est fort sensible à cause du signe intégral qui affecte e'^2 ; elle est en sens contraire de celle du moyen mouvement de la Lune, avec laquelle elle est dans le rapport constant de 7 à 4.

Si l'on traite de la même manière la dernière des équations (A) de l'article I, que nous avons déjà discutée dans l'article IV en négligeant les carrés des excentricités des orbites, on trouvera, en nommant s_i la latitude de la Lune au-dessus de l'écliptique vraie,

$$s_i = 6 \sin \left(nt \sqrt{1 + \frac{3\,n'^2}{2\,n^2}} - \frac{3\,n'}{8\,n} \int n'\, dt e'^2 \right),$$

6 étant une constante arbitraire.

Il suit de là que l'inclinaison respective des deux orbites du Soleil et de la Lune est constante, mais que la longitude moyenne de ses nœuds est assujettie à une équation séculaire égale à $\frac{3\,n'}{8\,n} \int n'\, dt e'^2$. Cette équation est en sens contraire de l'équation séculaire du moyen mouvement de la Lune, et elle n'en est que le quart. Il nous reste maintenant à voir jusqu'à quel point les résultats précédents satisfont aux observations.

VIII.

Pour cela, il faut déterminer la valeur de e'^2, qui, comme l'on sait, est une quantité périodique dépendante des masses des planètes, et principalement de celles de Jupiter, de Vénus et de Mars. La masse de Jupiter est bien connue, mais celles de Vénus et de Mars sont inconnues; il nous est donc impossible de déterminer exactement la valeur de e'^2, et par conséquent celle de l'équation séculaire de la Lune. Cependant, comme Jupiter a sur la variation de e'^2 une plus grande influence que les autres planètes, et que d'ailleurs quelques autres phénomènes célestes nous ont fait connaître à peu près la masse de Vénus, on peut avoir cette variation d'une manière assez approchée pour reconnaître si elle est la cause de l'équation séculaire observée dans le mouvement de la Lune.

M. de la Grange, dans son excellente théorie des variations séculaires des éléments des orbites des planètes, a adopté, sur leur densité, une hypothèse qui s'accorde assez bien avec les densités connues de la Terre, de Jupiter et de Saturne. Il suppose les densités des planètes réciproques à leurs moyennes distances au Soleil; et, d'après cette supposition, il détermine pour un temps quelconque les inégalités séculaires des inclinaisons des orbites, de leurs nœuds, de leurs excentricités et de leurs aphélies (*voir* les *Mémoires de Berlin* pour l'année 1782); mais, comme dans la Physique céleste nous ne voyons point de cause d'où cette loi de densité puisse résulter, cet illustre géomètre a donné, dans les *Mémoires* cités, les expressions différentielles des inégalités séculaires, en laissant les masses des planètes sous la forme d'indéterminées, en sorte que ces expressions pourront servir à déterminer ces masses lorsque les observations auront fait connaître avec précision les variations des éléments.

L'hypothèse adoptée par M. de la Grange donne $61'',56$ pour la diminution séculaire actuelle de l'obliquité de l'écliptique; ce résultat paraît trop considérable, et la plupart des astronomes réduisent cette diminution à 5o″. J'ai diminué en conséquence la masse de Vénus et j'ai conservé d'ailleurs toutes les autres déterminations de M. de la Grange sur les masses des planètes. Cela posé, en nommant i le nombre des siècles écoulés depuis 1700, j'ai trouvé, à cette époque,

$$\frac{2\,e'\,de'}{di} = -0″,31588.$$

J'ai déterminé ensuite la valeur de $2e'\frac{de'}{di}$ pour l'an 700 de notre ère, en substituant dans l'expression analytique de cette quantité les valeurs des éléments des planètes qui avaient lieu à cette époque, et j'ai trouvé, en nommant e'_1 l'excentricité de l'orbite du Soleil à cette même époque,

$$\frac{2\,e'_1\,de'_1}{di} = -0″,27845.$$

Soit maintenant

$$e'^2 = A + Bi + Ci^2,$$

i étant compté de 1700; on aura

$$\frac{2\,e'\,de'}{di} = B = -0″,31588.$$

En faisant ensuite $i = -10$, on aura

$$\frac{2\,e'_1\,de'_1}{di} = B - 20C = -0″,27845.$$

On aura donc

$$B = -0″,31588, \qquad C = -0″,0018715.$$

Reprenons maintenant l'équation (E) de l'article V,

$$\delta v = -\frac{3\,n'}{2\,n}\int n'\,dt\,e'^2.$$

On a

$$n'\,dt = 100.360° \, di;$$

de plus

$$\frac{n'}{n} = 0,0748034.$$

En substituant donc au lieu de e'^2 sa valeur précédente, et en réduisant les valeurs de B et de C en parties du rayon, ce que l'on fera en les divisant par $57°17'44''$, on trouvera

$$\delta v = -22,44102.180° \, A\,i + 11'',135 \, i^2 + 0'',04398 \, i^3.$$

Le premier terme de cette formule se confond avec le moyen mouvement de la Lune observé en 1700; ainsi, l'équation séculaire de ce satellite est

$$+11'',135 \, i^2 + 0'',04398 \, i^3.$$

Cette valeur peut s'étendre, sans erreur sensible, aux observations les plus anciennes de la Lune et à mille ou douze cents ans dans l'avenir.

M. de Lambre a conclu, de la comparaison d'un grand nombre d'observations de la fin du dernier siècle et de celui-ci, qu'il faut diminuer d'environ $25''$ le mouvement séculaire de la Lune des nouvelles Tables de Mayer. Il faut donc ajouter $-25'',1$ au moyen mouvement de ces Tables, en partant de 1700; et, comme cet illustre astronome emploie une équation séculaire proportionnelle au carré des temps et de $9''$ pour le premier siècle, les lieux de la Lune calculés sur ces Tables doivent être corrigés par la formule

$$-25'' \, i + 2'',135 \, i^2 + 0'',04398 \, i^3.$$

Voyons si cela s'accorde avec les observations.

M. de la Grange, dans sa pièce sur l'équation séculaire de la Lune, qui a remporté le prix de l'Académie sur cet objet, et qui est imprimée dans le Volume des *Savants étrangers* pour l'année 1773, a donné, page 56, les erreurs des Tables de Mayer, comparées aux éclipses anciennes. Il assure que les calculs ont été faits avec soin, de manière à pouvoir compter sur leur exactitude. Voici ces erreurs et celles de ces mêmes Tables corrigées par la formule précédente.

LIEUX des observations.	DATES des éclipses.	ERREURS des Tables de Mayer.	ERREURS des Tables corrigées.
Babylone.....	720 ans avant notre ère, 19 mars.	— 24.55″	— 4.23″
Babylone.....	382 ans avant notre ère, 22 décembre.	— 26. 0	— 8.32
Alexandrie....	200 ans avant notre ère, 22 septembre.	— 17. 0	— 1.16
Alexandrie....	364 ans après notre ère, 16 juin.	— 12.40	— 2.30
Caire	977 ans après notre ère, 12 décembre.	— 1.12	+ 3.12
Caire	978 ans après notre ère, 8 juin.	— 0.18	+ 4.52

On voit ainsi que la formule précédente rapproche sensiblement les Tables des observations anciennes; si l'on considère l'incertitude de ces observations et celle qui reste encore sur les masses des planètes, on trouvera qu'il n'est pas possible d'espérer un plus parfait accord entre les observations et la théorie, en sorte qu'il n'y a aucun doute que l'équation séculaire de la Lune ne soit due à la cause que nous lui avons assignée.

Pour calculer avec exactitude les observations précédentes, il faudrait tenir compte des équations séculaires des mouvements des nœuds et de l'apogée de la Lune. Nous avons vu, dans l'article précédent, que l'équation séculaire du moyen mouvement des nœuds est en sens contraire de celle du moyen mouvement, et qu'elle en est le quart. Cette équation est, par conséquent,

$$- 2'',784\, i^2 - 0'',010995\, i^3;$$

elle doit être appliquée à la longitude du nœud donnée par les Tables.

L'équation séculaire du mouvement de l'apogée est pareillement en sens contraire de celle du moyen mouvement, et elle en est les $\frac{2}{4}$, ce qui donne pour cette équation

$$- 19'',488\, i^2 - 0'',07697\, i^3.$$

Il faut donc appliquer cette formule à la longitude de l'apogée déterminée par les Tables. Mais ces corrections supposent les moyens mouvements des nœuds et de l'apogée exactement connus, et comme ils ont été principalement déterminés par la comparaison des observations modernes aux anciennes, il faudra revenir sur cet objet, en ayant égard aux formules précédentes.

IX.

La formule que nous venons de donner pour corriger les moyens mouvements des Tables de Mayer ne peut servir que pour un temps limité. Pour en avoir une qui s'étende à un temps quelconque, il faudrait connaître la valeur exacte de e'^2; mais cette connaissance suppose celle des masses des planètes, que nous n'avons point encore. Nous savons seulement par la théorie que e'^2 est formé de deux parties, l'une constante, que nous désignerons par h, et l'autre variable, que nous nommerons l, ce qui donne

$$- \frac{3\,n'}{2\,n} \int n'\, dt\, e'^2 = - \frac{3\,n'^2\,ht}{2\,n} - \frac{3\,n'}{2\,n} \int n'\, l\, dt.$$

Le terme $- \frac{3\,n'^2\,ht}{2\,n}$ se confond avec le moyen mouvement de la Lune; mais celui-ci, $- \frac{3\,n'}{2\,n} \int n'\, l\, dt$, produit l'équation séculaire de ce mouvement.

La valeur de l, réduite en série, par rapport aux puissances du nombre i de siècles écoulés depuis 1700, est de cette forme

$$l = e'^2 - h + B\,i + C\,i^2 + \ldots,$$

e' étant ici l'excentricité de l'orbite terrestre en 1700; en représen-

tant donc par nt le moyen mouvement de la Lune à cette époque,
déterminé par les observations de ce siècle, on aura le véritable
moyen mouvement de la Lune en ajoutant à nt le terme

$$\frac{3}{2}\frac{n'}{n}(e'^2 - h)n't.$$

L'incertitude qui existe sur les masses des planètes ne nous permettant pas de déterminer h, on voit que le véritable moyen mouvement
de la Lune est encore inconnu.

Si l'on fait usage des formules que M. de la Grange a données dans
les *Mémoires de Berlin* pour l'année 1782, page 272, on aura

$$h = 0,001194442.$$

Mais on a

$$e'^2 = 0,000282311,$$

partant

$$e'^2 - h = -0,000912131,$$

d'où il est aisé de conclure que le véritable moyen mouvement séculaire de la Lune est plus petit que le moyen mouvement séculaire
actuel, de 3°41′.

Il résulte encore des formules citées que l'excentricité de l'orbite
terrestre ne surpasse jamais 0,07641, d'où il suit que le moyen mouvement séculaire de la Lune ne peut, à aucune époque, être au-dessous du mouvement séculaire actuel, de 22°27′.

Dans le cas de $e' = 0$, le moyen mouvement séculaire de la Lune
serait le plus grand possible; mais il ne surpasserait le mouvement
séculaire actuel que de 1°8′. Ainsi le moyen mouvement séculaire de
la Lune est toujours compris entre ces deux limites :

Le moyen mouvement séculaire actuel, plus 1°8′.
Le moyen mouvement séculaire actuel, moins 22°27′.

On voit que le mouvement séculaire dans ce siècle est plus près de la première limite que de la seconde, parce que l'excentricité de l'orbite terrestre est maintenant peu considérable.

Ces différents résultats sont, à la vérité, subordonnés à l'hypothèse employée par M. de la Grange sur les masses des planètes; mais ils suffisent pour faire voir la grande influence des variations de l'excentricité de l'orbite solaire sur les mouvements de la Lune, influence que les siècles dévoileront de plus en plus.

MÉMOIRE

sur la

THÉORIE DE L'ANNEAU DE SATURNE.

MÉMOIRE

SUR LA

THÉORIE DE L'ANNEAU DE SATURNE.

Mémoires de l'Académie royale des Sciences de Paris, année 1787; 1789.

I.

L'anneau de Saturne est un des phénomènes les plus singuliers du système du monde. Huygens donna le premier la véritable explication de ses apparences, en lui supposant la figure d'une couronne circulaire d'une très mince épaisseur, d'une largeur égale environ au tiers du diamètre de Saturne, et dont le centre est le même que celui de cette planète. M. de Cassini observa ensuite que l'anneau, dans sa largeur, est divisé en deux parties presque égales par une bande obscure d'une courbure semblable à celle de l'anneau. Enfin, M. Short, avec un fort télescope, aperçut plusieurs bandes concentriques à sa circonférence. Ces observations ne permettent pas de douter que l'anneau de Saturne ne soit formé de plusieurs anneaux situés à peu près dans le même plan; elles donnent lieu de croire que de plus forts télescopes y feront apercevoir un plus grand nombre d'anneaux.

La théorie de la pesanteur universelle, qui s'accorde si bien avec les phénomènes que présentent les mouvements et les figures des corps célestes, doit également satisfaire à ceux que nous offre l'anneau de Saturne; mais jusqu'ici personne n'a entrepris de déterminer sa figure d'après cette théorie, car l'explication que M. de Maupertuis a donnée de la formation des anneaux, dans son discours sur la figure des astres, n'étant pas fondée sur la loi de la gravitation mutuelle de

toutes les parties de la matière, mais sur la supposition d'une tendance des molécules des anneaux vers plusieurs centres d'attraction,
elle ne doit être regardée que comme une hypothèse ingénieuse,
propre tout au plus à faire entrevoir la possibilité des anneaux dans
le cas de la nature. En appliquant à cet objet les recherches que j'ai
données dans nos *Mémoires* de 1782 ([1]), sur les attractions des sphéroïdes et sur la figure des planètes, je suis parvenu aux résultats suivants, que je ne présente que comme un essai d'une théorie de l'anneau de Saturne, qui pourra être perfectionnée lorsque de nouvelles
observations faites avec de grands télescopes auront fait connaître le
nombre et les dimensions des anneaux dont il paraît formé.

Je supposerai, comme les géomètres l'ont fait dans leurs recherches
sur la figure des astres, qu'une couche infiniment mince de fluide
répandue sur la surface de l'anneau y resterait en équilibre, en vertu
des forces dont elle serait animée. Cette hypothèse est la seule admissible; il est, en effet, contre toute vraisemblance de supposer que
l'anneau ne se soutient autour de Saturne que par adhérence de ses
molécules, car alors les parties voisines de la planète, sollicitées par
l'action toujours renaissante de la pesanteur, se seraient, à la longue,
détachées de l'anneau qui, par une dégradation insensible, aurait fini
par se détruire ainsi que tous les ouvrages de la nature qui n'ont
point eu les forces suffisantes pour résister à l'action des causes
étrangères. C'est par les conditions de l'équilibre de ce fluide que
la figure de l'anneau doit être déterminée; pour cela, je vais rappeler
quelques-uns des résultats généraux sur les attractions des sphéroïdes que j'ai donnés dans les *Mémoires* cités.

II.

Considérons l'attraction d'un sphéroïde sur un point quelconque m.
Soient x, y, z les coordonnées de ce point; soit dM une molécule
du sphéroïde; x', y', z' les coordonnées de cette molécule; si l'on

([1]) *OEuvres de Laplace*, t. X.

nomme ρ sa densité, ρ étant une fonction de x', y', z' indépendante de x, y et z, on aura

$$dM = \rho \, dx' \, dy' \, dz'.$$

L'action de dM sur m, décomposée parallèlement à l'axe des x et dirigée vers leur origine, sera

$$\frac{\rho(x - x') \, dx' \, dy' \, dz'}{[(x - x')^2 + (y - y')^2 + (z - z')^2]^{\frac{3}{2}}},$$

et par conséquent elle sera égale à

$$- \frac{d}{dx} \frac{\rho \, dx' \, dy' \, dz'}{\sqrt{(x - x')^2 + (y - y')^2 + (z - z')^2}};$$

en nommant donc V l'intégrale

$$\int \frac{\rho \, dx' \, dy' \, dz'}{\sqrt{(x - x')^2 + (y - y')^2 + (z - z')^2}}$$

étendue à la masse entière du sphéroïde, on aura $- \dfrac{\partial V}{\partial x}$ pour l'action entière du sphéroïde sur le point m, décomposée parallèlement à l'axe des x et dirigée vers leur origine.

V est la somme des molécules du sphéroïde divisées par leurs distances respectives au point attiré m; pour avoir l'attraction du sphéroïde sur ce point parallèlement à une droite quelconque, il faut donc considérer V comme une fonction de trois coordonnées rectangles dont l'une soit parallèle à cette droite, et différentier cette fonction relativement à cette coordonnée : le coefficient de la différentielle de la coordonnée, pris avec un signe contraire, sera la valeur de l'attraction du sphéroïde décomposée parallèlement à la droite donnée et dirigée vers l'origine de la coordonnée qui lui est parallèle.

Si l'on représente par 6 la fonction

$$\frac{1}{\sqrt{(x - x')^2 + (y - y')^2 + (z - z')^2}},$$

on aura

$$V = \int 6\rho \, dx' \, dy' \, dz'.$$

L'intégration n'étant relative qu'aux variables x', y', z', il est clair que l'on aura

$$\frac{\partial^2 V}{\partial x^2} + \frac{\partial^2 V}{\partial y^2} + \frac{\partial^2 V}{\partial z^2} = \int \rho \, dx' \, dy' \, dz' \left(\frac{\partial^2 \theta}{\partial x^2} + \frac{\partial^2 \theta}{\partial y^2} + \frac{\partial^2 \theta}{\partial z^2} \right).$$

Mais il est facile de s'assurer, par la différentiation, que l'on a

$$0 = \frac{\partial^2 \theta}{\partial x^2} + \frac{\partial^2 \theta}{\partial y^2} + \frac{\partial^2 \theta}{\partial z^2};$$

on aura donc pareillement

$$(1) \qquad\qquad 0 = \frac{\partial^2 V}{\partial x^2} + \frac{\partial^2 V}{\partial y^2} + \frac{\partial^2 V}{\partial z^2}.$$

Cette équation, rapportée à d'autres coordonnées, est la base de la théorie que j'ai présentée dans nos *Mémoires* de 1782 sur les attractions des sphéroïdes et sur la figure des planètes.

Lorsque le sphéroïde est un solide de révolution, l'équation (1) peut se réduire à deux variables. En effet, si l'on suppose

$$r = \sqrt{x^2 + y^2}$$

ou, ce qui revient au même,

$$x = \sqrt{r^2 - y^2}$$

et que l'on substitue cette valeur de x dans V, il deviendra fonction de r, y et z; mais, si l'on conçoit que l'axe des z est l'axe même de révolution du sphéroïde, il est clair, par la nature du solide de révolution, que la distance r du point attiré à l'axe des z restant la même, ainsi que sa distance $\sqrt{r^2 + z^2}$ à l'origine de z, la valeur de V doit rester la même; V doit donc alors être fonction de r et de z sans y, et il ne renferme les variables x et y qu'autant qu'elles sont contenues dans r. On aura donc

$$\frac{\partial V}{\partial x} = \frac{\partial V}{\partial r} \frac{\partial r}{\partial x} = \frac{x}{r} \frac{\partial V}{\partial r},$$

d'où l'on tire

$$\frac{\partial^2 V}{\partial x^2} = \frac{y^2}{r^3} \frac{\partial V}{\partial r} + \frac{x^2}{r^2} \frac{\partial^2 V}{\partial r^2}.$$

On aura pareillement

$$\frac{\partial^2 V}{\partial y^2} = \frac{x^2}{r^3}\frac{\partial V}{\partial r} + \frac{y^2}{r^2}\frac{\partial^2 V}{\partial r^2}.$$

L'équation (1) deviendra donc

$$(2) \qquad o = \frac{1}{r}\frac{\partial V}{\partial r} + \frac{\partial^2 V}{\partial r^2} + \frac{\partial^2 V}{\partial z^2}.$$

Si le sphéroïde est une sphère ou une couche sphérique qui soit partout d'une égale épaisseur, l'équation (2) pourra se transformer dans une équation aux différences ordinaires entre deux variables, car en faisant

$$r' = \sqrt{r^2 + z^2},$$

ce qui donne

$$z = \sqrt{r'^2 - r^2},$$

et en substituant cette valeur dans V qui, relativement aux sphéroïdes de révolution, est fonction de r et de z, il deviendra fonction de r et de r'. Mais, relativement à une sphère ou à une couche sphérique, si l'on fixe l'origine des coordonnées à son centre, la valeur de V sera la même, quel que soit r, pourvu que la distance r' du point attiré au centre de la sphère soit la même; V sera donc alors fonction de r' seul, et il ne renfermera les variables r et z qu'autant qu'elles sont renfermées dans r'; on aura ainsi

$$\frac{\partial V}{\partial r} = \frac{r}{r'}\frac{\partial V}{\partial r'},$$

$$\frac{\partial^2 V}{\partial r^2} = \frac{z^2}{r'^3}\frac{\partial V}{\partial r'} + \frac{r^2}{r'^2}\frac{\partial^2 V}{\partial r'^2},$$

$$\frac{\partial^2 V}{\partial z^2} = \frac{r^2}{r'^3}\frac{\partial V}{\partial r'} + \frac{z^2}{r'^2}\frac{\partial^2 V}{\partial r'^2},$$

et l'équation (2) deviendra

$$o = \frac{2}{r'}\frac{\partial V}{\partial r'} + \frac{\partial^2 V}{\partial r'^2}.$$

En intégrant, on aura

$$V = \frac{F}{r'} + H,$$

F et H étant deux constantes arbitraires.

Supposons d'abord le point attiré m extérieur au sphéroïde; il est clair que, en supposant r' infini, V doit devenir nul, ce qui donne H $=$ o. Ainsi, relativement aux points extérieurs, l'expression de V se réduit à $\frac{F}{r'}$; mais, dans la supposition de r' infini, V est évidemment égal à la masse entière du sphéroïde, divisée par la distance r' de son centre au point m. En nommant donc M cette masse, on aura F $=$ M, et, par conséquent,

$$V = \frac{M}{r'}.$$

La différentielle de V, divisée par $- \partial r'$, exprime, comme on l'a vu, l'attraction du sphéroïde dirigée vers l'origine de r'; on aura donc $\frac{M}{r'^2}$ pour cette attraction, d'où il suit que l'action d'une sphère ou d'une couche sphérique sur un point extérieur est égale à sa masse divisée par le carré de la distance de son centre à ce point.

Si le point m est placé dans l'intérieur de la couche sphérique, la constante F est nulle, parce que V ne devient point infini lorsque $r' =$ o; on a donc alors V $=$ F, et par conséquent la différentielle de V prise par rapport à une droite quelconque est zéro, d'où il suit qu'un point placé dans l'intérieur d'une couche sphérique est également attiré de toutes parts. Ces résultats sont bien connus des géomètres; mais on employait, pour y parvenir, deux méthodes différentes, suivant la position du point attiré à l'extérieur ou dans l'intérieur de la couche sphérique, au lieu que l'analyse précédente renferme ces deux cas dans la même expression de V, en déterminant convenablement ses constantes arbitraires.

III.

On peut imaginer l'anneau de Saturne produit par la révolution d'une figure fermée telle que l'ellipse, mue perpendiculairement à son plan, autour du centre de Saturne, placé sur le prolongement de l'axe de cette figure. Nous supposerons que le rayon r est l'axe même de la figure génératrice, prolongé jusqu'à Saturne, et qu'il la partage en deux parties égales et semblables; nous supposerons encore que l'axe des z est l'axe de révolution du sphéroïde, et que l'origine de r et de z est au centre de Saturne; enfin, nous supposerons que l'anneau a un mouvement de rotation autour de l'axe des z, et que la force centrifuge due à ce mouvement est g, à une distance de l'axe de rotation prise pour unité de distance.

Cela posé, si l'on nomme p la force avec laquelle l'anneau attire les points de la circonférence la plus intérieure; r le rayon de cette circonférence, et S la masse de Saturne; la force avec laquelle les points de cette circonférence tendent vers le centre de cette planète sera $\frac{S}{r^2} - p - gr$; ainsi, pour qu'ils ne se détachent point de l'anneau supposé fluide, il faut que l'on ait $p > \frac{S}{r^2} - gr$.

Si l'on nomme pareillement p' la force avec laquelle l'anneau attire les points de sa circonférence la plus extérieure, et r' le rayon de cette circonférence, $gr' - p' - \frac{S}{r'^2}$ sera la force avec laquelle ils tendent à se détacher de l'anneau; ainsi, pour qu'ils soient retenus à sa surface, on doit avoir $p' > gr' - \frac{S}{r'^2}$. On aura donc

$$p + \frac{r}{r'}p' > \frac{S(r'^3 - r^3)}{r^2 r'^3}.$$

Soient q la pesanteur à la surface de Saturne et R le rayon de son globe, on aura $q = \frac{S}{R^2}$, partant

$$p + \frac{r}{r'}p' > \frac{qR^2(r'^3 - r^3)}{r^2 r'^3}.$$

La masse de l'anneau est considérablement moindre que celle de Saturne; d'ailleurs, une sphère doit plus fortement agir sur un corps placé à sa surface qu'un solide de même masse très aplati. En vertu de ces deux considérations, q est beaucoup plus grand que p et p', d'où il suit que $\dfrac{R^2(r'^2 - r^2)}{r^2 r'^3}$ doit être un très petit coefficient, ce qui suppose que r diffère très peu de r'. Or cela n'aurait point lieu relativement à l'anneau de Saturne s'il formait une masse continue, car les observations donnent $r = \frac{5}{3}R$ et $r' = \frac{7}{3}R$, d'où l'on tire

$$\frac{R^2(r'^2 - r^2)}{r^2 r'^3} = 0,228805,$$

quantité beaucoup trop grande pour pouvoir être admise ; ainsi, quand même les observations ne nous auraient pas fait connaître la division de l'anneau de Saturne dans plusieurs anneaux concentriques, la théorie de la pesanteur eût suffi pour nous en convaincre. Nous considérerons par conséquent cet anneau comme étant formé de plusieurs anneaux d'une largeur peu considérable relativement à leurs distances au centre de Saturne, et, d'après cette hypothèse, nous allons déterminer leur figure.

IV.

Reprenons l'équation (2) de l'article II. Dans le cas d'un sphéroïde très aplati, z est très petit relativement à r ; de plus, si l'on suppose la figure génératrice divisée en deux parties égales et semblables par le rayon r, la valeur de V est la même pour deux points semblablement placés au-dessus et au-dessous du plan des x et des y ; elle ne change donc point par le signe de z, d'où il suit qu'elle est fonction de r et de z^2. En la réduisant en série par rapport aux puissances de z, et en négligeant les quatrièmes puissances de cette variable, on aura

$$V = A + B z^2,$$

A et B étant des fonctions de r. Si l'on substitue cette valeur dans l'équation (2) de l'article II, la comparaison des termes indépendants de z donnera

$$B = -\frac{1}{2r}\frac{d}{dr}\left(r\frac{dA}{dr}\right),$$

partant

$$V = A - \frac{z^2}{2r}\frac{d}{dr}\left(r\frac{dA}{dr}\right).$$

Telle est l'expression générale de V relative aux sphéroïdes très aplatis. Pour l'appliquer aux anneaux, il faut supposer leur largeur fort considérable relativement à leur épaisseur, car en nommant l la valeur moyenne de r, V sera fonction de $l - r$ et de z; ainsi, pour que $A + Bz^2$ soit la valeur approchée de V, il est nécessaire que z soit fort petit par rapport à $l - r$. Cela posé, gr étant la force centrifuge du mouvement de rotation du point m, $\frac{1}{2}gr^2$ sera l'intégrale du produit de cette force par l'élément de sa direction; $\frac{S}{\sqrt{r^2 + z^2}}$ est la somme de toutes les molécules de Saturne, divisées par leurs distances respectives au point m; cette somme est l'intégrale du produit des forces attractives de ces molécules par les éléments de leurs directions, parce que, relativement à chaque molécule, cette intégrale est la molécule même divisée par sa distance au point attiré. V est pareillement l'intégrale du produit des forces attractives des molécules de l'anneau par les éléments de leurs directions. Maintenant, si le point attiré m est à la surface de l'anneau, la condition de l'équilibre exige que l'intégrale de la somme de toutes les forces dont ce point est animé, multipliées par les éléments de leurs directions, soit égale à une constante; on aura donc

$$\text{const.} = \tfrac{1}{2}gr^2 + V + \frac{S}{\sqrt{r^2 + z^2}},$$

z étant supposé très petit par rapport à r, on a

$$\frac{S}{\sqrt{r^2 + z^2}} = \frac{S}{r} - \frac{S z^2}{2 r^3};$$

l'équation précédente deviendra donc, en y substituant pour V sa valeur approchée,

$$\text{const.} = A + \tfrac{1}{2}gr^2 + \frac{S}{r} - \frac{z^2}{2r}\left[\frac{S}{r^2} + \frac{d}{dr}\left(r\frac{dA}{dr}\right)\right].$$

Soit $r = l - u$, u étant très petit par rapport à l, et nommons Q ce que devient A lorsqu'on y change r dans l; on aura, en rejetant les puissances de u supérieures au carré,

$$\text{const.} = Q + \tfrac{1}{2} g l^2 + \frac{S}{l} - u\left(g l - \frac{S}{l^2} + \frac{dQ}{dl}\right)$$
$$+ \tfrac{1}{2} u^2 \left(g + \frac{2S}{l^3} + \frac{d^2 Q}{dl^2}\right) - \frac{z^2}{2l}\left[\frac{S}{l^2} + \frac{d}{dl}\left(l\frac{dQ}{dl}\right)\right].$$

Si l'on détermine l de manière que le coefficient de u soit nul, on aura

$$\frac{dQ}{dl} = \frac{S}{l^2} - g l,$$

et si l'on fait, pour abréger,

$$\tfrac{1}{2} g + \frac{S}{l^3} + \tfrac{1}{2}\frac{d^2 Q}{dl^2} = a,$$

l'équation précédente entre u et z deviendra

$$a u^2 + (g - a) z^2 = k^2,$$

k étant une constante. C'est l'équation de la figure génératrice de l'anneau, et il en résulte que, dans les suppositions précédentes, cette figure est une ellipse fort aplatie. Ce résultat nous conduit à examiner plus particulièrement les anneaux formés par la révolution d'une ellipse mue perpendiculairement à son plan, autour du centre de Saturne, placé sur le prolongement de son axe.

V.

L'anneau étant supposé d'une très petite largeur, relativement à sa distance au centre de Saturne, son attraction sur un point quelconque m de sa surface est à fort peu près égale à celle qu'exercerait, sur un point semblablement placé à son équateur, un ellipsoïde dont le grand axe serait infini et dont l'équateur serait égal à l'ellipse génératrice de l'anneau. En effet, si l'on conçoit que l'ellipsoïde et l'anneau se pénètrent de manière que la section génératrice passant par le point m et l'équateur de l'ellipsoïde se confondent, il est visible que ces deux solides se confondront sensiblement jusqu'à une distance d'autant plus considérable que l'anneau sera plus éloigné de Saturne, en sorte qu'aux points où leur séparation commencera à être sensible l'attraction qu'exercent sur le point m leurs parties situées à cette distance et au delà sera assez petite pour être négligée. On peut d'ailleurs s'assurer facilement de l'égalité approchée des attractions de ces deux solides sur le point m, en cherchant directement ces attractions par les méthodes connues.

Pour déterminer maintenant l'attraction de l'ellipsoïde, nous observerons que son équation, rapportée à trois coordonnées rectangles u, y, z parallèles à ses trois axes et qui ont leur origine à son centre, est

$$u^2 + iy^2 + nz^2 = k^2,$$

i et n étant positifs. Si l'on suppose que l'axe des u soit sur le rayon mené du centre de Saturne à celui de l'ellipse génératrice de l'anneau, ellipse qui forme l'équateur de l'ellipsoïde, k sera le demi grand axe de l'ellipse, et par conséquent la demi-largeur de l'anneau; si l'on suppose ensuite que l'axe des z soit dans le plan de cette ellipse, $\dfrac{k}{\sqrt{n}}$ sera son demi petit axe, et par conséquent la demi-épaisseur de l'anneau; et il est clair que, si l'axe des y est infini, i doit être infiniment petit ou nul.

Soient B et C les attractions du sphéroïde elliptique, parallèlement aux axes des u et des z, sur le point m placé à son équateur, et déterminé par les coordonnées u et z, ces attractions étant dirigées vers l'origine des coordonnées; on aura, en prenant la densité de l'ellipsoïde pour unité des densités,

$$B = \frac{4\pi u}{\sqrt{in}} \int \frac{t^2\, dt}{\left(1 + \frac{1-i}{i} t^2\right)^{\frac{1}{2}} \left(1 + \frac{1-n}{n} t^2\right)^{\frac{3}{2}}},$$

$$C = \frac{4\pi z}{\sqrt{in}} \int \frac{t^2\, dt}{\left(1 + \frac{1-i}{i} t^2\right)^{\frac{1}{2}} \left(1 + \frac{1-n}{n} t^2\right)^{\frac{3}{2}}},$$

π étant le rapport de la demi-circonférence au rayon, et les intégrales étant prises depuis $t = 0$ jusqu'à $t = 1$ [*voir* sur cela nos *Mémoires pour*

l'année 1782, page 121 (¹)]. Dans la supposition de i nul, on trouvera,
en faisant $\sqrt{n} = \lambda$,

$$B = \frac{4\pi u}{1+\lambda}, \qquad C = \frac{4\pi\lambda z}{1+\lambda};$$

ces quantités seront donc les attractions de l'anneau sur le point m,
parallèlement aux axes des u et des z. En multipliant ces attractions
respectivement par les éléments $-du$ et $-dz$ de leurs directions, en
ajoutant ensuite les intégrales de ces produits, on aura

$$\frac{-2\pi}{1+\lambda}(u^2 + \lambda z^2) + \text{const.}$$

pour l'intégrale du produit des forces attractives de l'anneau, multipliées par les éléments de leurs directions, sur un point placé à sa surface ; il faut donc substituer cette quantité au lieu de V dans l'équation

$$\text{const.} = \tfrac{1}{2}gr^2 + V + \frac{S}{\sqrt{r^2 + z^2}}$$

trouvée dans l'article précédent. Si l'on suppose, de plus, dans cette
équation, $r = l - u$, on aura, en négligeant les puissances et les produits de u et de z de plus de deux dimensions,

$$\text{const.} = \left(gl - \frac{S}{l^2}\right)u + \left(\frac{2\pi}{1+\lambda} - \frac{S}{l^3} - \tfrac{1}{2}g\right)u^2 + \left(\frac{2\pi\lambda}{1+\lambda} + \frac{S}{2l^3}\right)z^2;$$

c'est l'équation de l'ellipse génératrice.

Si, dans l'équation de l'ellipsoïde

$$u^2 + iy^2 + nz^2 = k^2,$$

on suppose $y = 0$, on aura encore, pour l'équation de l'ellipse génératrice,

$$u^2 + \lambda^2 z^2 = k^2.$$

En la comparant avec la précédente, on aura les deux suivantes

$$g = \frac{S}{l^3}, \qquad \lambda^2 = \frac{\dfrac{4\pi\lambda}{1+\lambda} + \dfrac{S}{l^3}}{\dfrac{4\pi}{1+\lambda} - \dfrac{3S}{l^3}}.$$

(¹) *Œuvres de Laplace*, T. X, p. 349.

La première de ces équations détermine le mouvement de rotation de
l'anneau, et la seconde détermine l'ellipticité de sa section génératrice.

VI.

Si l'on fait $c = \dfrac{S}{4\pi l^3}$, la seconde des équations précédentes donnera

$$c = \frac{\lambda(\lambda - 1)}{(\lambda + 1)(3\lambda^2 + 1)};$$

d'où l'on voit d'abord que λ est plus grand que l'unité, puisque c est
nécessairement positif. L'axe de l'ellipse génératrice dirigé vers Saturne est égal à $2k$, et il mesure la largeur de l'anneau; le second axe,
qui lui est perpendiculaire, est égal à $\dfrac{2k}{\lambda}$, et il mesure l'épaisseur de
l'anneau; cette épaisseur est donc moindre que la largeur.

On voit ensuite que c est nul lorsque $\lambda = 1$ et lorsque $\lambda = \infty$, d'où
il suit qu'à la même valeur de c répondent deux valeurs différentes
de λ; mais on peut choisir la plus grande qui donne toujours un
anneau plus aplati. La valeur de c est susceptible d'un maximum qui
répond à fort peu près à $\lambda = 2,6$; dans ce cas, $c = 0,0543$: cette
valeur est donc la plus grande dont c soit susceptible. Il en résulte
que la densité moyenne de Saturne ne surpasse pas celle des anneaux
voisins de sa surface. En effet, si l'on nomme R le rayon du globe de
Saturne, et ρ sa moyenne densité, celle de l'anneau étant prise pour
unité, on aura

$$S = \tfrac{1}{3}\pi\rho R^3,$$

partant

$$c = \frac{\rho R^3}{3 l^3}.$$

La distance de Saturne aux points de son anneau les plus voisins de
sa surface est, suivant les observations, égale à $\frac{2}{3}$R, et la largeur de la
partie intérieure de l'anneau n'excède pas $\frac{1}{3}$R; ainsi, relativement aux
anneaux les plus voisins de Saturne, l ne surpasse pas $\frac{11}{6}$R. En donnant à l cette valeur et à c sa valeur dans le cas du maximum, on

trouve $\rho = 1,0038$; c'est l'expression de la densité de Saturne dans le cas extrême, et il en résulte que, selon toute apparence, la densité des anneaux les plus proches de Saturne surpasse celle de cette planète.

Supposons que la largeur de la partie intérieure de l'anneau ne soit que le quart du rayon de Saturne, ce qui peut être admis sans faire violence aux observations; l sera relativement à cet anneau intérieur égal à $\frac{13}{24}$R. Le demi grand axe de l'ellipse génératrice sera $\frac{1}{8}$R, et par conséquent il sera moindre que $\frac{l}{14}$, ce qui suffit pour l'exactitude des approximations précédentes. Supposons ensuite $\lambda = 10$, l'épaisseur de l'anneau sera $\frac{1}{80}$ du diamètre de Saturne, ce qui peut encore être admis. Dans ces suppositions, la densité de l'anneau intérieur serait à celle de Saturne comme 213 est à 100; sa masse serait environ $\frac{1}{16}$ de celle de cette planète, ce qui n'offre rien d'impossible. Au reste, des observations faites avec de très forts télescopes nous donneront de nouvelles lumières sur cet objet; elles feront peut être apercevoir plusieurs anneaux concentriques dans la partie intérieure de l'anneau de Saturne, qui nous a paru jusqu'ici former une masse continue. En la supposant formée de deux anneaux d'égale largeur et d'une épaisseur égale à $\frac{1}{160}$ du diamètre de Saturne, les approximations précédentes seraient plus exactes, la densité de chaque anneau se rapprocherait davantage de celle de Saturne, et la somme de leurs masses serait plus petite. Quant à la partie extérieure de l'anneau, comme elle parait formée de plusieurs anneaux concentriques, on peut satisfaire à ses apparences d'une infinité de manières.

Il est facile de déterminer la durée de la rotation de chaque anneau, d'après la distance l du centre de sa section génératrice au centre de Saturne, car la force centrifuge g due à son mouvement de rotation étant égale à $\frac{S}{l^3}$, il est clair que ce mouvement est le même que celui d'un satellite placé à la distance l du centre de Saturne; on peut en conclure que la durée de la rotation de la partie intérieure de l'anneau est environ dix heures.

VII.

La théorie précédente subsisterait encore dans le cas où l'ellipse génératrice varierait de grandeur et de position dans toute l'étendue de la circonférence génératrice de l'anneau; il suffit qu'à chaque point on puisse confondre l'attraction de l'anneau avec celle d'un ellipsoïde dont le grand axe serait infini, et dont l'équateur serait le même que la section génératrice qui passe par le point donné. L'anneau peut donc être supposé d'une largeur inégale dans ses différentes parties; on peut même lui supposer une double courbure, pourvu que toutes ces variations de grandeur et de position ne soient sensibles qu'à des distances d'un point quelconque donné, beaucoup plus grandes que le diamètre de la section génératrice passant par ce point. Ces inégalités sont indiquées par les apparitions et les disparitions de l'anneau de Saturne, dans lesquelles les deux bras de l'anneau ont présenté des phénomènes différents. J'ajoute que ces inégalités sont nécessaires pour maintenir l'anneau en équilibre autour de Saturne, car, s'il était parfaitement semblable dans toutes ses parties, son équilibre serait troublé par la force la plus légère, telle que l'attraction d'un satellite, et l'anneau finirait par se précipiter sur la surface de Saturne.

Pour le faire voir, imaginons que l'anneau soit une ligne circulaire dont r soit le rayon, et dont le centre soit à la distance z du centre de cette planète; il est clair que la résultante de l'attraction de Saturne sur cette circonférence sera dirigée suivant la droite z, qui joint les deux centres. Si l'on nomme ϖ l'angle que forme le rayon r de l'anneau avec le prolongement de z,

$$\frac{S r\, d\varpi (z + r \cos\varpi)}{(r^2 + 2 r z \cos\varpi + z^2)^{\frac{3}{2}}}$$

sera l'attraction de Saturne sur l'élément $r\, d\varpi$ de l'anneau, décomposée parallèlement à z; d'où il suit que l'attraction de cette planète sur la circonférence entière de l'anneau sera

$$S r \int \frac{d\varpi(z + r\cos\varpi)}{(r^2 + 2 r z \cos\varpi + z^2)^{\frac{3}{2}}},$$

l'intégrale étant prise depuis $\varpi = 0$ jusqu'à $\varpi = 2\pi$. Nommons A cette attraction; le centre de l'anneau sera donc mû comme si, toute sa masse étant réunie à ce point, il était sollicité par la force A dirigée vers le centre de Saturne.

On peut mettre l'expression de A sous la forme suivante

$$A = - \frac{\partial}{\partial z} \int \frac{S \, d\varpi}{(r^2 + 2 r z \cos\varpi + z^2)^{\frac{1}{2}}},$$

la différentielle étant prise relativement à z. Si l'on introduit au lieu de $\cos\varpi$ sa valeur en exponentielles imaginaires, et que l'on désigne par c le nombre dont le logarithme hyperbolique est l'unité, on aura

$$\frac{1}{(r^2 + 2 r z \cos\varpi + z^2)^{\frac{1}{2}}} = \frac{1}{r\left(1 + \frac{z}{r} c^{\varpi\sqrt{-1}}\right)^{\frac{1}{2}}\left(1 + \frac{z}{r} c^{-\varpi\sqrt{-1}}\right)^{\frac{1}{2}}};$$

soit

$$\frac{1}{\left(1 + \frac{z}{r} c^{\varpi\sqrt{-1}}\right)^{\frac{1}{2}}} = 1 + \alpha \frac{z}{r} c^{\varpi\sqrt{-1}} + \alpha' \frac{z^2}{r^2} c^{2\varpi\sqrt{-1}} + \dots,$$

on aura

$$\frac{1}{\left(1 + \frac{z}{r} c^{-\varpi\sqrt{-1}}\right)^{\frac{1}{2}}} = 1 + \alpha \frac{z}{r} c^{-\varpi\sqrt{-1}} + \alpha' \frac{z^2}{r^2} c^{-2\varpi\sqrt{-1}} + \dots.$$

Si l'on multiplie ces deux séries l'une par l'autre et que l'on intègre leur produit multiplié par $d\varpi$, depuis $\varpi = 0$ jusqu'à $\varpi = 2\pi$, on aura, en observant que

$$\int d\varpi \, c^{\pm i \varpi \sqrt{-1}} = 0,$$

lorsque i est un nombre entier,

$$\int \frac{d\varpi}{(r^2 + 2 r z \cos\varpi + z^2)^{\frac{1}{2}}} = \frac{2\pi}{r}\left(1 + \alpha^2 \frac{z^2}{r^2} + \alpha'^2 \frac{z^4}{r^4} + \dots\right),$$

d'où l'on tire

$$A = -\frac{4\pi S z}{r^{\prime 4}}\left(\alpha^2 + 2\alpha^{\prime 2}\frac{z^2}{r^{\prime 2}} + \ldots\right).$$

Cette quantité est négative, quel que soit z; ainsi le centre de Saturne repousse celui de l'anneau, et quel que soit le mouvement relatif de ce second centre autour du premier, la courbe qu'il décrit par ce mouvement est convexe vers Saturne : le centre de l'anneau doit donc finir par s'éloigner de plus en plus de celui de la planète, jusqu'à ce que sa circonférence vienne en toucher la surface.

Un anneau parfaitement semblable dans toutes ses parties serait composé d'une infinité de circonférences pareilles à celle que nous venons de considérer; le centre de l'anneau serait donc repoussé par celui de Saturne, pour peu que ces deux centres cessassent de coïncider, et, dans ce cas, l'anneau finirait par se joindre à Saturne.

Les différents anneaux qui entourent le globe de Saturne sont, par conséquent, des solides irréguliers d'une largeur inégale dans les divers points de leur circonférence, en sorte que leurs centres de gravité ne coïncident point avec leurs centres de figure. Ces centres de gravité peuvent être considérés comme autant de satellites qui se meuvent autour du centre de Saturne à des distances dépendantes de l'inégalité des parties de chaque anneau et avec des vitesses de rotation égales à celles de leurs anneaux respectifs.

VIII.

Dans la recherche de la figure des anneaux, nous avons fait abstraction de leur action mutuelle, ce qui suppose l'intervalle qui les sépare assez grand pour que cette action n'ait pas une influence sensible sur leur figure. Il serait facile cependant d'y avoir égard, et l'on peut s'assurer aisément que la figure génératrice de chaque anneau serait encore elliptique si les anneaux étaient fort aplatis; mais, la stabilité de leur équilibre exigeant que leur figure soit fort irrégulière, et ces anneaux doués de divers mouvements de rotation changeant sans cesse leur position respective, leur action réciproque doit être extrêmement variable et elle ne doit point entrer en considération dans la recherche de leur figure permanente.

On conçoit que ces anneaux, sollicités par leur action mutuelle, par celle du Soleil et des satellites de Saturne, doivent osciller autour du centre de cette planète, et l'on pourrait croire que, obéissant à des forces différentes pour chacun d'eux, ils doivent cesser d'être dans un même plan. Mais, si l'on suppose que Saturne a un mouvement de rotation et que le plan de son équateur soit le même que celui de ses anneaux et de ses quatre premiers satellites, son action pourra toujours maintenir dans ce plan le système de ces différents corps; l'action du Soleil et du cinquième satellite ne fera que changer la position du plan de l'équateur de Saturne qui, dans ce mouvement, entraînera les anneaux et les orbes des quatre premiers satellites. Il serait trop long de démontrer ici ce résultat de la pesanteur universelle; je me contenterai d'observer que, selon toute apparence, les suppositions précédentes sont dans la nature et que c'est par un mécanisme semblable que les nœuds des satellites de Jupiter s'éloignent peu des nœuds de son équateur, et que l'orbite du premier satellite est constamment dans le plan de cet équateur.

MÉMOIRE

SUR

LES VARIATIONS SÉCULAIRES

DES

ORBITES DES PLANÈTES.

MÉMOIRE

SUR

LES VARIATIONS SÉCULAIRES

DES

ORBITES DES PLANÈTES.

Mémoires de l'Académie royale des Sciences de Paris, année 1787: 1789.

I.

Les éléments des orbites des planètes éprouvent, en vertu de l'action mutuelle de ces corps, des variations qui, en se développant avec une extrême lenteur, deviennent, par la suite des temps, très considérables. Déjà les observations les ont fait connaître; mais elles n'ont pu encore en fixer la valeur, parce que les observations anciennes sont trop imparfaites et les observations faites avec précision ne remontent guère au delà d'un siècle. La théorie de la pesanteur a répandu un grand jour sur cet objet important du système du monde; elle nous a fait connaître la cause et les lois de ces variations, et maintenant elle ne laisse plus à désirer qu'une détermination exacte des masses des planètes qui n'ont point de satellites. C'est une connaissance que l'on ne peut attendre que du temps qui, en rendant très sensibles les variations séculaires des orbites, fournira les données les plus précises pour y parvenir. Alors on pourra remonter par la pensée aux changements successifs qu'a éprouvés le système solaire et prévoir tous ceux que la suite des siècles doit présenter aux observateurs. Mais, ne pouvant jouir de ces avantages réservés à la postérité, nous devons au moins tirer de l'analyse tous les résultats qu'elle peut nous offrir dans l'état actuel de nos connaissances. Il en est deux fort intéressants sur les variations séculaires des orbites et qui sont indépendants des masses des planètes : l'un est l'uniformité des moyens mouvements célestes, l'autre est la stabilité du système planétaire. Je suis parvenu autrefois, par approximation, au premier de ces résultats que M. de la Grange a depuis démontré en rigueur. Les inégalités des moyens mouvements de Jupiter et de Saturne y semblaient contraires, mais, ayant découvert la cause de ces inégalités, j'ai vu que, loin d'infirmer ce résultat, elles le confirment de la manière la plus frappante et qu'elles présentent en même temps une des plus fortes preuves du principe de la pesanteur universelle.

Quant à la stabilité du système planétaire, j'ai prouvé dans nos *Mémoires* pour l'année 1784 ([1]) que par cela seul que les planètes se meuvent toutes dans le même sens et dans des orbites presque circulaires et peu inclinées les unes aux autres, les excentricités et les inclinaisons de ces orbites sont toujours renfermées dans d'étroites limites, et qu'ainsi le système du monde ne fait qu'osciller autour d'un état moyen dont il ne s'écarte jamais que d'une très petite quantité. Comme ce résultat est d'une grande importance dans l'Astronomie physique, je vais le reprendre ici et le développer avec plus d'étendue que je ne l'ai fait dans les *Mémoires* cités.

II.

Soient m_0, m_1, m_2, ... les masses des planètes, celle du Soleil étant prise pour unité; soient $n_0 t$, $n_1 t$, $n_2 t$, ... leurs moyens mouvements, le temps étant représenté par t; soient encore a_0, a_1, a_2, ... leurs moyennes distances au Soleil; e_0, e_1, e_2, ... les rapports des excentricités de leurs orbites à leurs demi grands axes; ϖ_0, ϖ_1, ϖ_2, ... les longitudes de leurs aphélies; θ_0, θ_1, θ_2, ... les tangentes des inclinai-

([1]) *Voir*, plus haut, p. 49 et suivantes.

sons de leurs orbites sur un plan fixe qui leur soit peu incliné; I_0, I_1, I_2, ... les longitudes de leurs nœuds ascendants sur ce plan. Soient

$$c_0 \sin \varpi_0 = p_0, \qquad c_0 \cos \varpi_0 = q_0,$$
$$e_1 \sin \varpi_1 = p_1, \qquad c_1 \cos \varpi_1 = q_1,$$
$$\cdots\cdots\cdots\cdots, \qquad \cdots\cdots\cdots\cdots,$$
$$\theta_0 \sin I_0 = h_0, \qquad \theta_0 \cos I_0 = l_0,$$
$$\theta_1 \sin I_1 = h_1, \qquad \theta_1 \cos I_1 = l_1,$$
$$\cdots\cdots\cdots\cdots, \qquad \cdots\cdots\cdots\cdots,$$

Supposons ensuite qu'en développant la fonction

$$(a_i^2 - 2a_i a_r \cos V + a_r^2)^{-\frac{3}{2}},$$

suivant les cosinus de l'angle V et de ses multiples, les deux premiers termes de la série soient

$$(a_i, a_r) + (a_i, a_r)_1 \cos V,$$

i et r étant deux nombres entiers positifs, différents l'un de l'autre et susceptibles de toutes les valeurs depuis zéro jusqu'au nombre des planètes, que nous désignerons par n. Enfin soit

$$\frac{m_r n_i}{4} a_i^2 a_r (a_i, a_r)_1 = (i, r),$$

$$\frac{m_r n_i}{2} a_i [(a_i^2 + a_r^2)(a_i a_r)_1 - 3 a_i a_r (a_i, a_r)] = \boxed{i, r}.$$

Ces deux fonctions (i, r) et $\boxed{i, r}$ sont telles que l'on a

$$(A) \qquad \begin{cases} m_i \sqrt{a_i}\,(i, r) = m_r \sqrt{a_r}\,(r, i), \\ m_i \sqrt{a_i}\,\boxed{i, r} = m_r \sqrt{a_r}\,\boxed{r, i}. \end{cases}$$

En effet, il est visible que

$$(a_i, a_r) = (a_r, a_i)$$

et

$$(a_i, a_r)_1 = (a_r, a_i)_1,$$

d'où il suit que l'on a

$$\frac{m_i(i, r)}{a_i n_i} = \frac{m_r(r, i)}{a_r n_r}, \qquad \frac{m_i \boxed{i, r}}{a_i n_i} = \frac{m_r \boxed{r, i}}{a_r n_r};$$

mais on a, lorsque les planètes tournent dans le même sens,

$$n_i = \frac{1}{\sqrt{a_i^3}}, \qquad n_r = \frac{1}{\sqrt{a_r^3}};$$

en substituant ces valeurs de n_i et de n_r dans les équations précédentes, on formera les équations (A). Si les deux planètes m_i et m_r tournent dans des sens contraires, n_r sera d'un signe contraire à n_i; mais les équations (A) subsisteront toujours, pourvu que l'on donne aux radicaux $\sqrt{a_i}$ et $\sqrt{a_r}$ les signes de n_i et de n_r. Cela posé, les quantités $p_0, q_0, p_1, q_1, \ldots$ seront déterminées par les équations différentielles

$$(\text{B}) \quad \begin{cases} \dfrac{dp_i}{dt} = \quad q_i\,\Sigma(i,r) - \Sigma q_r\,\boxed{i,\,r}, \\[2mm] \dfrac{dq_i}{dt} = -p_i\,\Sigma(i,r) + \Sigma p_r\,\boxed{i,\,r}. \end{cases}$$

La caractéristique Σ des intégrales finies se rapporte à la variable r, et ces intégrales doivent être prises depuis $r = 0$ jusqu'à $r = n - 1$; mais, comme i doit être différent de r, il faut rejeter des intégrales les termes dans lesquels $i = r$, ce qui revient à supposer $(i,i) = 0$, $\boxed{i,\,i} = 0$.

On déterminera pareillement les quantités

$$h_0, \quad l_0, \quad h_1, \quad l_1, \quad \ldots$$

au moyen des équations différentielles

$$(\text{C}) \quad \begin{cases} \dfrac{dh_i}{dt} = -l_i\,\Sigma(i,r) + \Sigma l_r(i,r), \\[2mm] \dfrac{dl_i}{dt} = \quad h_i\,\Sigma(i,r) - \Sigma l_r(i,r), \end{cases}$$

équations qui rentrent évidemment dans les équations (B), en changeant dans celles-ci $\boxed{i,\,r}$ dans (i,r). [*Voir*, pour la démonstration de ces différentes équations, nos *Mémoires* pour l'année 1772 (¹).]

___

(¹) *OEuvres de Laplace*, T. VIII, p. 462.

III.

Les équations (B) et (C) présentent des rapports très remarquables que nous allons développer. Si l'on multiplie la première des équations (B) par p_i, et qu'on l'ajoute à la seconde multipliée par q_i, on aura

$$p_i \frac{dp_i}{dt} + q_i \frac{dq_i}{dt} = \Sigma (q_i p_r - p_i q_r) \overline{[i,\, r]}.$$

En multipliant les deux membres de cette équation par $m_i \sqrt{a_i}$ et en les intégrant par rapport au nombre variable i, on aura

$$\Sigma' m_i \sqrt{a_i} \left(p_i \frac{dp_i}{dt} + q_i \frac{dq_i}{dt} \right) = \Sigma' \Sigma (q_i p_r - p_i q_r) m_i \sqrt{a_i} \, \overline{[i,\, r]},$$

Σ' étant la caractéristique des intégrales finies relatives à i. Si l'on prend ces intégrales depuis $i = 0$ jusqu'à $i = n - 1$, dans la somme des termes que renferme le second membre de cette équation, un terme quelconque

$$(q_i p_r - p_i q_r) m_i \sqrt{a_i} \, \overline{[i,\, r]}$$

sera détruit par le terme

$$(q_r p_i - p_r q_i) m_r \sqrt{a_r} \, \overline{[r,\, i]}$$

qui, affecté d'un signe contraire, lui est égal en vertu de la seconde des équations (A) de l'article précédent. Ce second membre se réduira donc à zéro, ce qui donne

$$\Sigma' m_i \sqrt{a_i} \left(p_i \frac{dp_i}{dt} + q_i \frac{dq_i}{dt} \right) = 0,$$

et, en intégrant par rapport au temps t,

$$\Sigma' m_i \sqrt{a_i} (p_i^2 + q_i^2) = \text{const.},$$

ou, à cause de $e_i^2 = p_i^2 + q_i^2$,

$$\Sigma' m_i \sqrt{a_i} \, e_i^2 = \text{const.},$$

équations dans lesquelles on doit observer de donner au radical $\sqrt{\overline{a_i}}$ le même signe qu'à n_i.

Les équations (C) de l'article précédent donneront, par la même analyse,

$$\Sigma' m_i \sqrt{\overline{a_i}}(h_i^2 + l_i^2) = \text{const.}$$

ou

$$\Sigma' m_i \sqrt{\overline{a_i}}\, \theta_i^2 = \text{const.}$$

Les équations (C) offrent encore les rapports suivants : si l'on multiplie la première par $m_i \sqrt{\overline{a_i}}$ et qu'on l'intègre relativement à i, on aura

$$\Sigma' m_i \sqrt{\overline{a_i}}\frac{dh_i}{dt} = \Sigma'\Sigma(l_r - l_i) m_i \sqrt{\overline{a_i}}(i, r).$$

Dans la double intégrale du second membre de cette équation, un terme quelconque $(l_r - l_i) m_i \sqrt{\overline{a_i}}(i, r)$ est détruit par le terme $(l_i - l_r) m_r \sqrt{\overline{a_r}}(r, i)$, qui, avec un signe contraire, lui est égal, en vertu de l'équation

$$m_i \sqrt{\overline{a_i}}(i, r) = m_r \sqrt{\overline{a_r}}(r, i);$$

on aura donc

$$\Sigma' m_i \sqrt{\overline{a_i}}\frac{dh_i}{dt} = 0$$

et, en intégrant par rapport à t, on aura

$$\Sigma' m_i \sqrt{\overline{a_i}}\, h_i = \text{const.}$$

On aura pareillement

$$\Sigma' m_i \sqrt{\overline{a_i}}\, l_i = \text{const.}$$

Je suis parvenu à ces différentes équations dans nos *Mémoires* de 1784 (¹), en les déduisant d'équations plus générales, que le principe des aires donne entre les grands axes, les excentricités et les inclinaisons des orbites, et qui sont indépendantes de la petitesse des excentricités et des inclinaisons. J'ai cru que l'on verrait avec plaisir ces mêmes équations résulter directement des équations différentielles qui déterminent les variations séculaires des orbites.

(¹) *Voir* plus haut, p. 91 et 93.

S'il n'y a que deux planètes m_0 et m_1, les trois équations relatives aux nœuds et aux inclinaisons des orbites deviendront

$$\text{const.} = m_0 \sqrt{a_0}\,(h_0^2 + l_0^2) + m_1 \sqrt{a_1}\,(h_1^2 + l_1^2),$$

$$\text{const.} = m_0 \sqrt{a_0}\,h_0 + m_1 \sqrt{a_1}\,h_1,$$

$$\text{const.} = m_0 \sqrt{a_0}\,l_0 + m_1 \sqrt{a_1}\,l_1.$$

En carrant les deux dernières équations et en retranchant de leur somme la première, multipliée par le facteur

$$m_0 \sqrt{a_0} + m_1 \sqrt{a_1},$$

qui est constant, puisque les demi grands axes a_0 et a_1 sont invariables, on aura

$$\text{const.} = m_0 m_1 \sqrt{a_0} \sqrt{a_1}\,[(h_1 - h_0)^2 + (l_1 - l_0)^2].$$

Il est facile de s'assurer, par la Trigonométrie sphérique, que le cosinus de l'inclinaison respective des deux orbites est

$$\frac{1 + h_0 h_1 + l_0 l_1}{\sqrt{1 + g_0^2}\,\sqrt{1 + g_1^2}}.$$

Si l'on néglige les produits de quatre dimensions de h_0, h_1, l_0, l_1, ce cosinus devient

$$1 - \tfrac{1}{2}[(h_1 - h_0)^2 + (l_1 - l_0)^2].$$

En retranchant son carré de l'unité, on trouvera le carré du sinus de l'inclinaison respective des orbites égal à $(h_1 - h_0)^2 + (l_1 - l_0)^2$. Cette quantité est constante par ce qui précède; ainsi, en vertu de l'action mutuelle des deux planètes, l'inclinaison respective de leurs orbites reste toujours la même.

Ce théorème a généralement lieu pour deux orbites circulaires, quelle que soit leur inclinaison respective; pour le faire voir, je reprends les trois équations

$$\text{const.} = \frac{m_0\sqrt{a_0(1-e_0^2)}}{\sqrt{1+\theta_0^2}} + \frac{m_1\sqrt{a_1(1-e_1^2)}}{\sqrt{1+\theta_1^2}},$$

$$\text{const.} = \frac{m_0 h_0\sqrt{a_0(1-e_0^2)}}{\sqrt{1+\theta_0^2}} + \frac{m_1 h_1\sqrt{a_1(1-e_1^2)}}{\sqrt{1+\theta_1^2}},$$

$$\text{const.} = \frac{m_0 l_0\sqrt{a_0(1-e_0^2)}}{\sqrt{1+\theta_0^2}} + \frac{m_1 l_1\sqrt{a_1(1-e_1^2)}}{\sqrt{1+\theta_1^2}},$$

que j'ai trouvées dans les *Mémoires* cités de 1784 (') et qui ont lieu, quelles que soient les excentricités et les inclinaisons des orbites. Si l'on ajoute ensemble les carrés des seconds membres de ces équations, on aura

$$\text{const.} = m_0^2 a_0(1-e_0^2) + m_1^2 a_1(1-e_1^2)$$
$$+ 2m_0 m_1\sqrt{a_0(1-e_0^2)}\sqrt{a_1(1-e_1^2)}\,\frac{1+h_0 h_1+l_0 l_1}{\sqrt{1+\theta_0^2}\sqrt{1+\theta_1^2}};$$

mais a_0 et a_1 sont invariables, et dans la supposition des orbites circulaires e_0 et e_1 sont nuls; on aura donc, dans ce cas,

$$\frac{1+h_0 h_1+l_0 l_1}{\sqrt{1+\theta_0^2}\sqrt{1+\theta_1^2}} = \text{const.},$$

et, comme le premier membre de cette équation est le cosinus de l'inclinaison respective des deux orbites, il en résulte que cette inclinaison est constante.

IV.

Reprenons maintenant les équations (B) de l'article II. Si l'on y suppose successivement $i=0$, $i=1$, $i=2$, ..., $i=n-1$; on aura $2n$ équations différentielles linéaires du premier ordre, dont les intégrales doivent par conséquent renfermer $2n$ constantes arbitraires. Supposons

$$p_i = \mathrm{M}_i \sin(ft+\delta), \qquad q_i = \mathrm{M}_i \cos(ft+\delta).$$

En substituant ces valeurs dans les équations (B), on aura

$$f\mathrm{M}_i = \mathrm{M}_i \Sigma(i,r) - \Sigma\mathrm{M}_r \boxed{i,\,r}.$$

(') *Voir* plus haut, p. 69 et 70.

Au moyen des n équations que l'on formera par les suppositions de
$i = 0$, $i = 1$, ..., $i = n - 1$, on pourra éliminer les constantes M_0,
M_1, ..., et l'on aura une équation en f, du degré n; de plus, toutes
les constantes M_0, M_1, ... seront données au moyen de l'une d'elles,
telle que M_0, qui restera arbitraire.

Soient f, f', ... les n racines de l'équation en f, on aura, par la
théorie connue des équations différentielles linéaires,

$$p_i = M_i \sin(ft + \varepsilon) + N_i \sin(f't + \varepsilon') + \ldots,$$
$$q_i = M_i \cos(ft + \varepsilon) + N_i \cos(f't + \varepsilon') + \ldots.$$

Ces valeurs de p_i et de q_i seront complètes, puisqu'elles renfermeront les $2n$ arbitraires M_0, N_0, ..., ε, ε', ...

Maintenant, si les racines f, f', ... sont réelles et inégales, les
valeurs de p_i et de q_i resteront toujours fort petites, et, comme on a

$$e_i^2 = p_i^2 + q_i^2,$$

les excentricités des orbites seront toujours peu considérables. Mais
il n'en est pas de même si quelques-unes de ces racines sont égales
ou imaginaires, car alors les sinus et les cosinus se changent en arcs
de cercle ou en exponentielles. Les excentricités des orbites cesseront
donc, après un long intervalle de temps, d'être fort petites, ce qui, en
changeant la constitution du système solaire, détruirait sa stabilité.
Par conséquent, il importe de s'assurer que les valeurs de f ne peuvent
être ni égales ni imaginaires. Cette recherche paraît supposer la connaissance des masses des planètes qui entrent dans les coefficients de
l'équation en f; mais il est très remarquable que, quelles que soient
ces masses, pourvu qu'elles se meuvent toutes dans le même sens,
l'équation en f ne peut avoir que des racines réelles et inégales.

Pour le démontrer de la manière la plus générale, nous observerons que, dans le cas des racines imaginaires, la valeur de p_i contient
des termes de la forme $c^{gt} P_i$, c étant le nombre dont le logarithme
hyperbolique est l'unité et P_i étant une quantité réelle, puisque p_i qui
est égal à $e_i \sin \varpi_i$ est nécessairement réel. La valeur de q_i renferme

un terme correspondant de la forme $c^{gt}Q_i$, Q_i étant encore une quantité réelle; la fonction $p_i^2 + q_i^2$ renfermera donc le terme $c^{2gt}(P_i^2 + Q_i^2)$, et par conséquent le premier membre de l'équation

$$\Sigma' m_i \sqrt{a_i}(p_i^2 + q_i^2) = \text{const.}$$

renfermera le terme

$$\Sigma' m_i \sqrt{a_i}(P_i^2 + Q_i^2)c^{2gt}.$$

Si l'on suppose que l'exponentielle c^{gt} soit la plus grande de toutes celles que renferment les valeurs de p_i et de q_i, il est clair que le terme précédent ne peut être détruit par aucun autre dans le premier membre de cette équation, d'où il suit que ce membre ne peut se réduire à une constante, à moins que l'on n'ait

$$\Sigma' m_i \sqrt{a_i}(P_i^2 + Q_i^2) = 0;$$

or cela est impossible lorsque les quantités $m_0\sqrt{a_0}$, $m_1\sqrt{a_1}$, ... sont toutes de même signe ou, ce qui revient au même, lorsque toutes les planètes tournent dans le même sens; les valeurs de p_i et de q_i ne peuvent donc point renfermer d'exponentielles, et l'équation en f ne peut avoir que des racines réelles dans le cas de la nature.

Voyons présentement si cette équation peut renfermer des racines égales. Dans ce cas, la valeur de p_i contient des termes de la forme $t^g P_i$, g étant un nombre entier positif et P_i étant une quantité réelle. La valeur de q_i contient un terme correspondant de la forme $t^g Q_i$, Q_i étant encore une quantité réelle; la fonction $p_i^2 + q_i^2$ renfermera donc le terme $t^{2g}(P_i^2 + Q_i^2)$, et par conséquent le premier membre de l'équation

$$\Sigma' m_i \sqrt{a_i}(p_i^2 + q_i^2) = \text{const.}$$

renfermera le terme

$$\Sigma' m_i \sqrt{a_i}\, t^{2g}(P_i^2 + Q_i^2).$$

Si l'on suppose que t^g soit la plus haute puissance de t qui se trouve dans les valeurs de p_i et de q_i, le terme précédent ne pourra être détruit par aucun autre dans le premier membre de cette équation;

ainsi, pour que ce membre soit égal à une constante, il faut que l'on ait

$$\Sigma' m_i \sqrt{a_i}(P_i^2 + Q_i^2) = 0.$$

ce qui est impossible lorsque les planètes tournent dans le même sens; g doit donc être nul et l'équation en f ne peut avoir que des racines réelles et inégales. Les valeurs de p_i et de q_i ne renferment donc que des quantités périodiques qui sont assujetties à l'équation

$$\Sigma' m_i \sqrt{a_i}(p_i^2 + q_i^2) = \text{const.},$$

en sorte que, dans le premier membre de cette équation, les coefficients des mêmes cosinus doivent se détruire mutuellement.

Ce que nous venons de dire sur les équations (B) s'applique également aux équations (C); les valeurs de h_i et de l_i ne renferment que des quantités périodiques assujetties à l'équation

$$\Sigma' m_i \sqrt{a_i}(h_i^2 + l_i^2) = \text{const.}$$

Ces quantités sont encore assujetties aux deux équations suivantes

$$\Sigma' m_i \sqrt{a_i}\, h_i = \text{const.,}$$
$$\Sigma' m_i \sqrt{a_i}\, l_i = \text{const.}$$

Si l'on suppose, dans les équations (C).

$$h_i = M_i \sin(ft + \varepsilon), \qquad l_i = M_i \cos(ft + \varepsilon),$$

on aura

$$fM_i = - M_i \Sigma(i, r) + \Sigma M_r(i, r),$$

ce qui, en faisant successivement $i = 0, i = 1, \ldots, i = n - 1$, donnera n équations, d'où l'on tirera, par l'élimination, une fonction en f du degré n. Mais on peut observer qu'une de ses racines sera toujours nulle; car, si l'on suppose $M_0 = M_1 = M_2 = \ldots$, l'équation générale en M_i sera satisfaite, quel que soit i, pourvu que l'on fasse $f = 0$; l'équation en f s'abaissera donc au degré $n - 1$.

L'analyse précédente ne peut s'appliquer qu'à un système de planètes qui se meuvent toutes dans le même sens, comme cela a lieu dans notre système planétaire; dans ce cas, on voit que le système est stable et ne s'éloigne jamais que très peu d'un état moyen autour duquel il oscille avec une extrême lenteur. Mais cette propriété remarquable convient-elle également à un système de planètes qui se meuvent en différents sens? C'est ce qu'il serait très difficile de déterminer. Comme cette recherche n'est d'aucune utilité dans l'Astronomie, nous nous dispenserons de nous en occuper.

THÉORIE

DES

SATELLITES DE JUPITER.

THÉORIE

DES

SATELLITES DE JUPITER.

Mémoires de l'Académie royale des Sciences de Paris, année 1788; 1791.

Je me propose dans cet Ouvrage de donner une théorie complète des perturbations qu'éprouvent les satellites de Jupiter, et de présenter aux astronomes les ressources que l'Analyse peut fournir pour perfectionner les Tables du mouvement de ces astres.

PREMIÈRE PARTIE.

THÉORIE ANALYTIQUE DES MOUVEMENTS DES SATELLITES DE JUPITER.

I.

Équations générales du mouvement des satellites de Jupiter.

Soient x, y, z les trois coordonnées rectangles du premier satellite, l'origine des coordonnées étant au centre de gravité de Jupiter, que nous supposerons immobile. Soient r la distance du satellite à ce centre et m sa masse. Que l'on marque successivement d'un trait, de deux traits et de trois traits les mêmes quantités relativement au second, au troisième et au quatrième satellite. Soient de plus S la masse du Soleil; X, Y, Z ses trois coordonnées rapportées au centre de Jupiter et D sa distance à ce centre. Soit encore

$$\lambda = \frac{m'}{\sqrt{(x'-x)^2 + (y'-y)^2 + (z'-z)^2}}$$
$$+ \frac{m''}{\sqrt{(x''-x)^2 + (y''-y)^2 + (z''-z)^2}}$$
$$+ \frac{m'''}{\sqrt{(x'''-x)^2 + (y'''-y)^2 + (z'''-z)^2}}$$
$$+ \frac{S}{\sqrt{(X-x)^2 + (Y-y)^2 + (Z-z)^2}}.$$

Soit $V + \frac{1}{r}$ la somme de toutes les molécules de Jupiter divisées par leurs distances au centre du satellite, la masse de Jupiter étant prise pour l'unité. Soient enfin $V' + \frac{1}{r'}$, $V'' + \frac{1}{r''}$, $V''' + \frac{1}{r'''}$, $\ldots$, $U + \frac{1}{D}$ ces mêmes sommes relativement aux satellites m', m'', m''' et au Soleil.

Cela posé, la force dont le satellite m est animé parallèlement à l'axe des x, en vertu de l'attraction d'une molécule quelconque, se détermine en divisant la masse de cette molécule par sa distance au centre du satellite m, en différentiant ensuite ce quotient par rapport à x et divisant cette différence par ∂x. On aura donc, en observant que $r^2 = x^2 + y^2 + z^2$,

$$\frac{\partial V}{\partial x} - \frac{x}{r^3} + \frac{\partial \lambda}{\partial x}$$

pour la force parallèle à x qui résulte des attractions de Jupiter, du Soleil et des trois autres satellites. Mais, comme nous considérons le mouvement du satellite m autour du centre de Jupiter, il faut retrancher de la force précédente celle qui anime ce centre. Or, en vertu de l'égalité qui existe entre l'action et la réaction, la force accélératrice que communique au centre de gravité de Jupiter l'action de m, étant multipliée par la masse de cette planète, est égale et directement contraire à la force accélératrice dont le satellite m est animé par l'action de toutes les molécules de Jupiter, multipliée par m; cette dernière force, décomposée parallèlement à l'axe des x, est $\frac{\partial V}{\partial x} - \frac{x}{r^3}$; on aura donc

$$- m\left(\frac{\partial V}{\partial x} - \frac{x}{r^3}\right)$$

pour la force dont le centre de gravité de Jupiter est sollicité parallèlement à l'axe des x, en vertu de l'action de m. Si dans cette quantité on marque successivement d'un trait, de deux traits et de trois traits les lettres m, V, x et r, on aura les forces parallèles aux x dont ce centre est animé par les attractions de m', m'', m'''. Enfin la force parallèle aux x, dont il est animé par l'action du Soleil, est

$$- S\left(\frac{\partial U}{\partial X} - \frac{X}{D^3}\right).$$

Si l'on retranche la somme de toutes ces forces qui sollicitent le centre de Jupiter de la force

$$\frac{\partial V}{\partial x} - \frac{x}{r^3} + \frac{\partial \lambda}{\partial x},$$

on aura la force entière dont le satellite m est animé parallèlement à l'axe des x, dans son mouvement relatif autour de Jupiter. Cette force doit, par les principes de Dynamique, être égale à $\frac{d^2 x}{dt^2}$, dt étant l'élément du temps que nous supposons constant; on aura donc

$$o = \frac{d^2 x}{dt^2} + (1 + m)\left(\frac{x}{r^3} - \frac{\partial V}{\partial x}\right) + m'\left(\frac{x'}{r'^3} - \frac{\partial V'}{\partial x'}\right)$$
$$+ m''\left(\frac{x''}{r''^3} - \frac{\partial V''}{\partial x''}\right) + m'''\left(\frac{x'''}{r'''^3} - \frac{\partial V'''}{\partial x'''}\right) + S\left(\frac{X}{D^3} - \frac{\partial U}{\partial X}\right) - \frac{\partial \lambda}{\partial x}.$$

On trouvera de la même manière

$$o = \frac{d^2 y}{dt^2} + (1 + m)\left(\frac{y}{r^3} - \frac{\partial V}{\partial y}\right) + m'\left(\frac{y'}{r'^3} - \frac{\partial V'}{\partial y'}\right)$$
$$+ m''\left(\frac{y''}{r''^3} - \frac{\partial V''}{\partial y''}\right) + m'''\left(\frac{y'''}{r'''^3} - \frac{\partial V'''}{\partial y'''}\right) + S\left(\frac{Y}{D^3} - \frac{\partial U}{\partial Y}\right) - \frac{\partial \lambda}{\partial y},$$

$$o = \frac{d^2 z}{dt^2} + (1 + m)\left(\frac{z}{r^3} - \frac{\partial V}{\partial z}\right) + m'\left(\frac{z'}{r'^3} - \frac{\partial V'}{\partial z'}\right)$$
$$+ m''\left(\frac{z''}{r''^3} - \frac{\partial V''}{\partial z''}\right) + m'''\left(\frac{z'''}{r'''^3} - \frac{\partial V'''}{\partial z'''}\right) + S\left(\frac{Z}{D^3} - \frac{\partial U}{\partial Z}\right) - \frac{\partial \lambda}{\partial z}.$$

Si l'on fait, pour abréger,

$$R = m' \frac{xx' + yy' + zz'}{r'^3} + m'' \frac{xx'' + yy'' + zz''}{r''^3} + m''' \frac{xx''' + yy''' + zz'''}{r'''^3}$$
$$+ S \frac{xX + yY + zZ}{D^3} - \lambda - (1 + m)V$$
$$- m'\left(x \frac{\partial V'}{\partial x'} + y \frac{\partial V'}{\partial y'} + z \frac{\partial V'}{\partial z'} \right)$$
$$- m''\left(x \frac{\partial V''}{\partial x''} + y \frac{\partial V''}{\partial y''} + z \frac{\partial V''}{\partial z''} \right)$$
$$- m'''\left(x \frac{\partial V'''}{\partial x'''} + y \frac{\partial V'''}{\partial y'''} + z \frac{\partial V'''}{\partial z'''} \right)$$
$$- S\left(x \frac{\partial U}{\partial X} + y \frac{\partial U}{\partial Y} + z \frac{\partial U}{\partial Z} \right),$$

les trois équations différentielles précédentes deviendront

$$(A) \quad \begin{cases} 0 = \dfrac{d^2 x}{dt^2} + (1 + m)\dfrac{x}{r^3} + \dfrac{\partial R}{\partial x}, \\[2mm] 0 = \dfrac{d^2 y}{dt^2} + (1 + m)\dfrac{y}{r^3} + \dfrac{\partial R}{\partial y}, \\[2mm] 0 = \dfrac{d^2 z}{dt^2} + (1 + m)\dfrac{z}{r^3} + \dfrac{\partial R}{\partial z}. \end{cases}$$

II.

Si l'on multiplie la première des équations (A) par dx, la seconde par dy, la troisième par dz et qu'ensuite on les ajoute, on aura

$$0 = \frac{dx\,d^2 x + dy\,d^2 y + dz\,d^2 z}{dt^2} + \frac{1 + m}{r^3}(x\,dx + y\,dy + z\,dz)$$
$$+ dx \frac{\partial R}{\partial x} + dy \frac{\partial R}{\partial y} + dz \frac{\partial R}{\partial z}.$$

Or on a

$$x\,dx + y\,dy + z\,dz = r\,dr;$$

de plus, on peut mettre la quantité

$$dx \frac{\partial R}{\partial x} + dy \frac{\partial R}{\partial y} + dz \frac{\partial R}{\partial z}$$

sous cette forme dR, la caractéristique différentielle d ne se rapportant qu'aux coordonnées x, y, z du satellite m; on aura donc, en intégrant l'équation précédente,

$$o = \frac{dr^2 + dy^2 + dz^2}{dt^2} - 2\frac{1+m}{r} + \frac{1+m}{a} + 2\int dR,$$

$\frac{1+m}{a}$ étant une constante arbitraire.

Si l'on multiplie la première des équations (A) par x, la seconde par y, la troisième par z et que l'on ajoute leur somme à l'intégrale précédente; si l'on observe ensuite que

$$x\,d^2x + y\,d^2y + z\,d^2z + dx^2 + dy^2 + dz^2 = \tfrac{1}{2}\,d^2r^2,$$

on aura

$$o = \frac{d^2r^2}{dt^2} - 2\frac{1+m}{r} + 2\frac{1+m}{a} + 4\int dR + 2\left(x\frac{\partial R}{\partial x} + y\frac{\partial R}{\partial y} + z\frac{\partial R}{\partial z}\right).$$

En supposant $R = o$ dans cette équation, on aura la valeur de r lorsque l'on fait abstraction de la figure de Jupiter et de l'action du Soleil et des satellites. Dans ce cas, on sait que l'orbite est une ellipse dont a est le demi grand axe. Soit δr la variation de r due à ce que R n'est pas nul, l'équation précédente donnera, en négligeant le carré de δr,

$$o = \frac{d^2(r\,\delta r)}{dt^2} + \frac{(1+m)r\,\delta r}{r^4} + 2\int dR + x\frac{\partial R}{\partial x} + y\frac{\partial R}{\partial y} + z\frac{\partial R}{\partial z}.$$

Les équations (A) étant multipliées respectivement par x, y, z et étant ensuite ajoutées donnent

$$o = \frac{x\,d^2x + y\,d^2y + z\,d^2z}{dt^2} + \frac{1+m}{r} + x\frac{\partial R}{\partial x} + y\frac{\partial R}{\partial y} + z\frac{\partial R}{\partial z}.$$

Si l'on nomme dv l'angle infiniment petit intercepté entre les deux rayons vecteurs r et $r + dr$, on a

$$dx^2 + dy^2 + dz^2 = dr^2 + r^2\,dv^2,$$
$$x\,d^2x + y\,d^2y + z\,d^2z = r\,d^2r - r^2\,dv^2;$$

on aura donc

$$0 = \frac{r\,d^2r - r^2\,dv^2}{dt^2} + \frac{1+m}{r} + x\frac{\partial R}{\partial x} + y\frac{\partial R}{\partial y} + z\frac{\partial R}{\partial z}.$$

Dans le cas du mouvement elliptique où R est nul, cette équation devient

$$0 = \frac{r\,d^2r - r^2\,dv^2}{dt^2} + \frac{1+m}{r}.$$

Supposons que R augmente r et v des quantités δr et δv, on aura, en négligeant les carrés et les produits de δr et de δv,

$$0 = \frac{r\,d^2\delta r + \delta r\,d^2r - 2r^2\,dv\,d\delta v - 2r\,dv^2\,\delta r}{dt^2}$$

$$- \frac{(1+m)r\,\delta r}{r^3} + x\frac{\partial R}{\partial x} + y\frac{\partial R}{\partial y} + z\frac{\partial R}{\partial z}.$$

On a, dans l'hypothèse elliptique,

$$r^2\,dv = dt\sqrt{(1+m)a(1-e^2)},$$

a étant le demi grand axe de l'ellipse et ae son excentricité; on a de plus, par ce qui précède, lorsque R est nul,

$$\frac{r\,dv^2}{dt^2} = \frac{d^2r}{dt^2} + \frac{1+m}{r^2}.$$

L'équation différentielle précédente donnera ainsi

$$\frac{2\,d\delta v}{dt}\sqrt{(1+m)a(1-e^2)} = \frac{r\,d^2\delta r - \delta r\,d^2r}{dt^2}$$

$$- 3\frac{(1+m)r\,\delta r}{r^3} + x\frac{\partial R}{\partial x} + y\frac{\partial R}{\partial y} + z\frac{\partial R}{\partial z}.$$

Si l'on substitue dans cette équation, au lieu de $\frac{(1+m)r\,\delta r}{r^3}$, sa valeur donnée par l'équation différentielle trouvée ci-dessus en $r\,\delta r$, on aura

$$\frac{2\,d\,\delta v}{dt}\sqrt{(1+m)a(1-e^2)} = \frac{r\,d^2\delta r - \delta r\,d^2r}{dt^2} + 3\frac{d^2(r\,\delta r)}{dt^2}$$

$$+ 6\int dR + 4\left(x\frac{\partial R}{\partial x} + y\frac{\partial R}{\partial y} + z\frac{\partial R}{\partial z}\right).$$

Soit nt le moyen mouvement du satellite; on a, par la théorie du mouvement elliptique,

$$n^2 = \frac{1+m}{a^3},$$

d'où l'on tire

$$\sqrt{(1+m)a(1-e^2)} = na^2\sqrt{1-e^2}.$$

On a ensuite, à fort peu près, $n^2a^3 = 1$; on aura donc, en intégrant l'équation précédente,

$$\delta r = \frac{\dfrac{2r\,d\delta r - dr\,\delta r}{a^2 n\,dt} + 3a\int n\,dt\int dR + 2a\int n\,dt\left(x\,\dfrac{\partial R}{\partial x} + y\,\dfrac{\partial R}{\partial y} + z\,\dfrac{\partial R}{\partial z}\right)}{\sqrt{1-e^2}}.$$

Si l'on prend pour le plan des coordonnées x et y celui de l'orbite primitive de m, z sera de l'ordre des forces perturbatrices; ainsi, en négligeant le carré de ces forces, on pourra faire $z = 0$ dans tous les termes dépendants de R. Si l'on nomme ensuite v l'angle que fait le rayon r avec l'axe des x, on aura

$$x = r\cos v, \qquad y = r\sin v;$$

mais on a

$$dR = dx\,\frac{\partial R}{\partial x} + dy\,\frac{\partial R}{\partial y}.$$

En substituant pour x et y leurs valeurs précédentes, on aura

$$dR = \frac{dr}{r}\left(x\,\frac{\partial R}{\partial x} + y\,\frac{\partial R}{\partial y}\right) + dv\left(x\,\frac{\partial R}{\partial y} - y\,\frac{\partial R}{\partial x}\right);$$

on a ensuite

$$dR = dr\,\frac{\partial R}{\partial r} + dv\,\frac{\partial R}{\partial v};$$

on aura donc, en comparant ces deux valeurs de dR,

$$x\,\frac{\partial R}{\partial x} + y\,\frac{\partial R}{\partial y} = r\,\frac{\partial R}{\partial r}.$$

L'équation différentielle en $r\,\delta r$ et l'expression précédente de δv deviendront ainsi

$$(1) \qquad 0 = \frac{d^2(r\,\partial r)}{dt^2} + \frac{(1+m)\,r\,\partial r}{r^3} + 2\int dR + r\,\frac{\partial R}{\partial r},$$

$$(2) \qquad \partial v = \frac{\dfrac{2r\,d\,\partial r + dr\,\partial r}{a^2 n\,dt} + 3a\int n\,dt\int dR + 2a\int n\,dt\, r\,\dfrac{\partial R}{\partial r}}{\sqrt{1-e^2}}.$$

En joignant à ces deux équations l'équation différentielle en z, de l'article I,

$$(3) \qquad 0 = \frac{d^2 z}{dt^2} + \frac{(1+m)z}{r^3} + \frac{\partial R}{\partial z},$$

on aura toutes les équations nécessaires pour déterminer les perturbations que le satellite m éprouve lorsque l'on néglige les carrés et les produits des forces perturbatrices.

III.

Considérons présentement la valeur de R. On a vu, dans l'article I, que la fonction $V + \frac{1}{r}$ exprime la somme de toutes les molécules de Jupiter, divisées par leurs distances respectives au centre du satellite m. J'ai donné ailleurs l'expression générale de cette somme dans le cas où Jupiter est un sphéroïde peu différent d'une sphère ; je vais rappeler ici quelques-uns des résultats auxquels je suis parvenu sur cet objet.

Soit μ le cosinus de l'angle que le rayon r fait avec l'axe de rotation de Jupiter, axe qui, pour l'équilibre de cette planète, doit être un de ses axes principaux de rotation. Soit de plus ϖ l'angle que fait le plan qui passe par cet axe et par le rayon r avec le plan d'un méridien quelconque, que nous supposerons passer par l'un des deux axes principaux situés dans le plan de l'équateur de Jupiter. On pourra représenter le rayon mené du centre de gravité de cette planète à sa surface par la fonction

$$1 + Y^{(2)} + Y^{(3)} + Y^{(4)} + \dots,$$

$Y^{(i)}$ étant une fonction rationnelle et entière de l'ordre i, de μ,

$\sqrt{1-\mu^2}\sin\varpi$ et $\sqrt{1-\mu^2}\cos\varpi$, assujettie à l'équation aux différences partielles

$$0 = \frac{\partial}{\partial\mu}\left[(1-\mu^2)\frac{\partial Y^{(i)}}{\partial\mu}\right] + \frac{\frac{\partial^2 Y^{(i)}}{\partial\varpi^2}}{1-\mu^2} + i(i+1)Y^{(i)}$$

(*Mémoires de l'Académie* pour l'année 1783, p. 28) ([1]). On aura ensuite

$$V + \frac{1}{r} = \frac{1}{r} + \frac{Y^{(2)}+\frac{1}{2}\varphi(\mu^2-\frac{1}{3})}{r^3} + \frac{Y^{(3)}}{r^4} + \frac{Y^{(4)}}{r^5} + \dots,$$

φ étant le rapport de la force centrifuge à l'attraction de Jupiter sur l'équateur de cette planète (*Mémoires de l'Académie* pour l'année 1782, p. 153 et 181) ([2]), partant

$$V = \frac{Y^{(2)}+\frac{1}{2}\varphi(\mu^2-\frac{1}{3})}{r^3} + \frac{Y^{(3)}}{r^4} + \frac{Y^{(4)}}{r^5} + \dots.$$

Cette valeur de V se réduit à fort peu près à son premier terme, si r est un peu considérable relativement au rayon du sphéroïde de Jupiter. D'ailleurs, si cette planète est un ellipsoïde de révolution, comme il est naturel de le supposer, on a $Y^{(3)}=0$, $Y^{(4)}=0$, ..., ce qui rend exacte la réduction de V à son premier terme; on peut donc, même relativement au premier satellite, supposer

$$V = \frac{Y^{(2)}+\frac{1}{2}\varphi(\mu^2-\frac{1}{3})}{r^3}.$$

La fonction $Y^{(2)}$ se réduit par les conditions de l'équilibre à cette forme

$$-\rho(\mu^2-\tfrac{1}{3}) + H(1-\mu^2)\cos 2\varpi$$

(*Mémoires de l'Académie* pour l'année 1783, p. 30) ([3]). Si Jupiter est un solide de révolution, H est nul; mais, dans les cas où cette quantité serait comparable à ρ, il est facile de s'assurer que son influence sur les mouvements des satellites de Jupiter est insensible, à cause de la

---

([1]) Ci-dessus, p. 13.
([2]) *OEuvres de Laplace*, t. X, p. 382 et 407.
([3]) Ci-dessus, p. 16.

rapidité du mouvement de rotation de Jupiter; nous supposerons donc
H = o, ce qui donne

$$V = -\frac{(\rho - \frac{1}{3}\varphi)(\mu^2 - \frac{1}{3})}{r^3}.$$

Les orbites des satellites étant fort peu inclinées à l'équateur de
Jupiter, μ est une très petite quantité dont on peut négliger le carré ;
on pourra donc, dans les équations (1) et (2) de l'article précédent,
supposer

$$V = \frac{\rho - \frac{1}{3}\varphi}{3 r^3}.$$

Si dans l'expression de V on change r successivement dans r', r'',
r''' et D, on aura les valeurs de V', V'', V''' et U.

Si le rayon de Jupiter diffère très peu de celui d'un ellipsoïde de
révolution, comme cela a lieu pour la Terre, ainsi que je l'ai fait voir
dans les *Mémoires de l'Académie* pour l'année 1783, les quantités H,
$Y^{(2)}$, $Y^{(4)}$, ... seront insensibles par rapport à ρ, et le rayon de Jupiter
sera à très peu près égal à $1 - \rho(\mu^2 - \frac{1}{3})$. Au pôle, où $\mu = 1$, ce rayon
sera $1 - \frac{2}{3}\rho$, et à l'équateur, où $\mu = 0$, il sera égal à $1 + \frac{1}{3}\rho$, en sorte
que $\frac{\rho}{1 + \frac{1}{3}\rho}$ sera l'aplatissement de Jupiter, mesuré en partie du demi-
diamètre de son équateur. En prenant donc pour unité ce demi-dia-
mètre et en négligeant la quantité $\frac{1}{3}\rho^2$, ρ exprimera l'aplatissement de
Jupiter. Il est assez remarquable que la valeur de V soit entièrement
indépendante de la constitution intérieure de Jupiter. Comme cette
valeur a une grande influence sur les mouvements des nœuds et des
aphélies des orbites des satellites, ces mouvements doivent donner
l'aplatissement de Jupiter avec une plus grande précision que les
mesures astronomiques les plus exactes.

Représentons maintenant par v', v'', v''', Π les longitudes du second,
du troisième et du quatrième satellite et du Soleil, ces longitudes
étant comptées de l'axe des x; on aura, en négligeant les carrés des
inclinaisons de leurs orbites sur celle de m,

$$
\begin{aligned}
x' &= r'\cos v', & x'' &= r''\cos v'', & x''' &= r'''\cos v''', & X &= D\cos\Pi; \\
y' &= r'\sin v', & y'' &= r''\sin v'', & y''' &= r'''\sin v''', & Y &= D\sin\Pi.
\end{aligned}
$$

L'expression de R de l'article I deviendra ainsi, en négligeant les termes multipliés par $\dfrac{m'(\rho - \frac{1}{2}\varphi)}{r'^3}$, $\dfrac{m''(\rho - \frac{1}{2}\varphi)}{r''^3}$, $\dfrac{m'''(\rho - \frac{1}{2}\varphi)}{r'''^3}$ et $\dfrac{S r(\rho - \frac{1}{2}\varphi)}{D^4}$, comme étant insensibles à cause de la petitesse de $\rho - \frac{1}{2}\varphi$,

$$R = -\frac{(1 + m)(\rho - \frac{1}{2}\varphi)}{3r^3} + \frac{m'r}{r'^2}\cos(v' - v)$$

$$+ \frac{m''r}{r''^2}\cos(v'' - v) + \frac{m'''r}{r'''^2}\cos(v''' - v) + \frac{Sr}{D^2}\cos(\Pi - v)$$

$$- \frac{m'}{\sqrt{r^2 - 2rr'\cos(v' - v) + r'^2}} - \frac{m''}{\sqrt{r^2 - 2rr''\cos(v'' - v) + r''^2}}$$

$$- \frac{m'''}{\sqrt{r^2 - 2rr'''\cos(v''' - v) + r'''^2}} - \frac{S}{\sqrt{r^2 - 2rD\cos(\Pi - v) + D^2}}.$$

IV.

Des inégalités des mouvements des satellites, indépendantes des excentricités et des inclinaisons des orbites.

Reprenons maintenant l'équation différentielle (1) de l'article II

$$(1) \qquad 0 = \frac{d^2(r\,\delta r)}{dt^2} + \frac{(1 + m)r\,\delta r}{r^3} + 2\int dR + r\frac{\partial R}{\partial r}.$$

Son intégration introduira deux constantes arbitraires qui rentrent dans celles du mouvement elliptique et auxquelles on peut, par cette raison, se dispenser d'avoir égard. Cependant l'excentricité de l'orbite étant fort petite, on pourra faire usage de cette équation différentielle pour déterminer la partie elliptique du rayon vecteur qui en dépend; mais alors il faut conserver tous les termes dans lesquels $r\,\delta r$ est multiplié par des constantes dépendantes même des forces perturbatrices, parce que ces termes déterminent le mouvement de l'aphélie.

Si l'on néglige le carré de l'excentricité de l'orbite, la partie constante du rayon r se réduit, dans l'hypothèse elliptique, au demi grand axe a. Soit δa le terme constant que les forces perturbatrices ajoutent au rayon r, l'équation précédente deviendra ainsi

$$0 = \frac{d^2(r\,\delta r)}{dt^2} + \frac{1 + m}{a^3}\left(1 - \frac{3\,\delta a}{a}\right)r\,\delta r + 2\int dR + r\frac{\partial R}{\partial r}.$$

En ne considérant que les termes dépendants de la figure de Jupiter, on a

$$R = - \frac{(1 + m)\left(\rho - \tfrac{1}{3}\varphi\right)}{3\,r^3},$$

d'où l'on tire

$$\int dR = R, \qquad r\,\frac{\partial R}{\partial r} = -3R,$$

partant

$$2\int dR + r\,\frac{\partial R}{\partial r} = -R = \frac{(1 + m)\left(\rho - \tfrac{1}{3}\varphi\right)}{3\,r^3}.$$

En substituant $a^2 + 2r\,\delta r$ au lieu de r^2, ou, ce qui revient au même, $a + \frac{r\,\partial r}{a}$ au lieu de r, on aura

$$2\int dR + r\,\frac{\partial R}{\partial r} = \frac{(1 + m)\left(\rho - \tfrac{1}{3}\varphi\right)}{3\,a^3} - \frac{(1 + m)\left(\rho - \tfrac{1}{3}\varphi\right)}{a^5}\,r\,\delta r.$$

Si l'on ne considère que les termes dépendants de l'action du second satellite, on a

$$R = \frac{m'\,r}{r'^2}\cos(v' - v) - m'\left[r^2 - 2rr'\cos(v' - v) + r'^2\right]^{-\frac{1}{2}}.$$

Supposons que la fonction $\left[r^2 - 2rr'\cos(v' - v) + r'^2\right]^{-\frac{1}{2}}$, développée suivant le cosinus de $v' - v$ et de ses multiples, soit

$$\tfrac{1}{2}B^{(0)} + B^{(1)}\cos(v' - v) + B^{(2)}\cos 2(v' - v) + B^{(3)}\cos 3(v' - v) + \dots.$$

Nommons $nt + \varepsilon$ et $n't + \varepsilon'$ les valeurs moyennes de v et de v', c'est-à-dire les longitudes moyennes de m et de m' comptées de l'axe des x; en substituant au lieu de v et de v' ces valeurs dans l'expression de R, et en y changeant r et r' dans a et a', on aura

$$2\int dR = \frac{2K}{a} - \frac{2\,nm'}{n - n'}\left[\left(B^{(1)} - \frac{a}{a'^2}\right)\cos(n't - nt + \varepsilon' - \varepsilon)\right.$$
$$+ B^{(2)}\cos 2(n't - nt + \varepsilon' - \varepsilon)$$
$$+ B^{(3)}\cos 3(n't - nt + \varepsilon' - \varepsilon)$$
$$\left. + \dots\dots\dots\dots\dots\dots\dots\dots \right].$$

$\frac{K}{a}$ étant une constante ajoutée à l'intégrale $\int dR$. On aura ensuite

$$r\frac{\partial R}{\partial r} = -m'a\left[\frac{1}{3}\frac{\partial B^{(0)}}{\partial a} + \left(\frac{\partial B^{(1)}}{\partial a} - \frac{1}{a'^2}\right)\cos(n't - nt + \varepsilon' - \varepsilon)\right.$$
$$+\frac{\partial B^{(2)}}{\partial a}\cos 2(n't - nt + \varepsilon' - \varepsilon)$$
$$\left.+\dots\dots\dots\dots\dots\dots\dots\dots\dots\dots\dots\right],$$

$B^{(0)}$, $B^{(1)}$, $B^{(2)}$, … étant fonctions de a et de a' dans ces deux formules.

Nous étant proposé de conserver les termes dans lesquels $r\,\delta r$ est multiplié par une constante, nous devons ajouter aux seconds membres de ces formules les termes de ce genre que renferment $\int dR$ et $r\frac{\partial R}{\partial r}$. Or, si dans le terme $-\frac{m'}{2}B^{(0)}$ de R on substitue $a + \frac{r\,\delta r}{a}$ au lieu de r, il en résultera le terme $-m'\frac{r\,\delta r}{2a}\frac{\partial B^{(0)}}{\partial a}$; la fonction $2\int dR$ contient donc le terme $-m'\frac{r\,\delta r}{a}\frac{\partial B^{(0)}}{\partial a}$. En substituant pareillement $a + \frac{r\,\delta r}{a}$ au lieu de r dans la fonction $r\frac{\partial R}{\partial r}$, on voit qu'elle contient le terme $-\frac{m'r\,\delta r}{2a}\left(\frac{\partial B^{(0)}}{\partial a} + a\frac{\partial^2 B^{(0)}}{\partial a^2}\right)$. Cela posé, si l'on rassemble tous ces termes dans l'équation différentielle (1) et qu'on la divise par a^2; si l'on observe de plus que l'on a $n^2 = \frac{1 + m}{a^3}$, et si, pour abréger, on suppose

$$N^2 = n^2\left[1 - \frac{3\,\delta a}{a} - \frac{\rho - \frac{1}{4}\varphi}{a^2} - \frac{m'a^2}{2}\left(3\frac{\partial B^{(0)}}{\partial a} + a\frac{\partial^2 B^{(0)}}{\partial a^2}\right)\right],$$

on aura

$$0 = \frac{d^2(r\,\delta r)}{a^2 dt^2} + N^2\frac{r\,\delta r}{a^2} + 2n^2K + \frac{n^2(\rho - \frac{1}{2}\varphi)}{3a^2} - \frac{m'n^2a^2}{2}\frac{\partial B^{(0)}}{\partial a}$$
$$- m'n^2\left[a^2\frac{\partial B^{(1)}}{\partial a} - \frac{a^2}{a'^2} + \frac{2n}{n - n'}\left(aB^{(1)} - \frac{a^2}{a'^2}\right)\right]\cos(n't - nt + \varepsilon' - \varepsilon)$$
$$- m'n^2\left(a^2\frac{\partial B^{(2)}}{\partial a} + \frac{2n}{n - n'}aB^{(2)}\right)\cos 2(n't - nt + \varepsilon' - \varepsilon)$$
$$- m'n^2\left(a^2\frac{\partial B^{(3)}}{\partial a} + \frac{2n}{n - n'}aB^{(3)}\right)\cos 3(n't - nt + \varepsilon' - \varepsilon)$$
$$-\dots\dots\dots\dots\dots\dots\dots\dots\dots\dots\dots\dots\dots\dots$$

L'action des autres satellites et celle du Soleil ne feront qu'ajouter à cette équation et à l'expression de N^2 des termes semblables à ceux que produit l'action du satellite m'; il sera facile de les déterminer par analogie; ainsi nous en ferons abstraction ici pour simplifier le calcul.

Si l'on intègre l'équation précédente, sans y ajouter de constantes, on aura

$$
\begin{aligned}
\frac{r\,\partial r}{a^2} =&- \frac{n^2}{N^2}\left(2K + \frac{\rho - \frac{1}{2}\varphi}{3a^2} - \frac{m'a^2}{2}\frac{\partial B^{(0)}}{\partial a}\right) \\
&- \frac{m'n^2}{(n-n')^2 - N^2}\left[a^2\frac{\partial B^{(1)}}{\partial a} - \frac{a^2}{a'^2} + \frac{2n}{n-n'}\left(a B^{(1)} - \frac{a^2}{a'^2}\right)\right]\cos(n't - nt + \varepsilon' - \varepsilon) \\
&- \frac{m'n^2}{4(n-n')^2 - N^2}\left(a^2\frac{\partial B^{(2)}}{\partial a} + \frac{2n}{n-n'}a B^{(2)}\right)\cos 2(n't - nt + \varepsilon' - \varepsilon) \\
&- \frac{m'n^2}{9(n-n')^2 - N^2}\left(a^2\frac{\partial B^{(3)}}{\partial a} + \frac{2n}{n-n'}a B^{(3)}\right)\cos 3(n't - nt + \varepsilon' - \varepsilon)
\end{aligned}
$$

La partie constante de cette expression est ce que nous avons désigné ci-dessus par $\frac{\delta a}{a}$; on aura donc, en observant que N^2 diffère extrêmement peu de n^2,

$$
\frac{\delta a}{a} = - 2K - \frac{\rho - \frac{1}{2}\varphi}{3a^2} + \frac{m'a^2}{2}\frac{\partial B^{(0)}}{\partial a}.
$$

Si l'on substitue les valeurs précédentes de $\int dR$, $r\frac{\partial R}{\partial r}$ et de $\frac{r\,\partial r}{a^2}$ dans l'expression de δv, donnée par la formule (2) de l'article II; si l'on néglige les excentricités, et qu'ainsi l'on suppose $r = a$, on aura, après toutes les réductions,

$$
\begin{aligned}
\delta v =&\ nt\left[3K + \frac{(1+m)(\rho - \frac{1}{2}\varphi)}{a^2} - m'a^2\frac{\partial B^{(0)}}{\partial a}\right] \\
&- \frac{nm'}{n-n'}\left\{ \frac{n}{n-n'}\left(a B^{(1)} - \frac{a^2}{a'^2}\right) + \frac{2N^2}{(n-n')^2 - N^2}\left[a^2\frac{\partial B^{(1)}}{\partial a} - \frac{a^2}{a'^2} + \frac{2n}{n-n'}\left(a B^{(1)} - \frac{a^2}{a'^2}\right)\right]\right\}\sin(n't - nt + \varepsilon' - \varepsilon) \\
&- \frac{nm'}{2(n-n')}\left[\frac{n}{n-n'}a B^{(2)} + \frac{2N^2}{4(n-n')^2 - N^2}\left(a^2\frac{\partial B^{(2)}}{\partial a} + \frac{2n}{n-n'}a B^{(2)}\right)\right]\sin 2(n't - nt + \varepsilon' - \varepsilon) \\
&- \frac{nm'}{3(n-n')}\left[\frac{n}{n-n'}a B^{(3)} + \frac{2N^2}{9(n-n')^2 - N^2}\left(a^2\frac{\partial B^{(3)}}{\partial a} + \frac{2n}{n-n'}a B^{(3)}\right)\right]\sin 3(n't - nt + \varepsilon' - \varepsilon)
\end{aligned}
$$

Cette expression de δv sera facile à réduire en nombres lorsque l'on aura déterminé numériquement la valeur précédente de $\frac{r\,\partial r}{a^2}$.

nt étant supposé représenter le moyen mouvement du satellite m, son coefficient dans la valeur de δv doit être nul, ce qui détermine la constante K; on aura donc

$$K = - \frac{(1+m)(\rho - \tfrac{1}{2}\varphi)}{3\,a^2} + \tfrac{1}{2} m' a^2 \frac{\partial B^{(0)}}{\partial a}.$$

En substituant cette valeur de K et celle de $\frac{\delta a}{a}$ dans l'expression de N^2, elle deviendra

$$N^2 = n^2\left[1 - 2\frac{(1+m)(\rho - \tfrac{1}{2}\varphi)}{a^2} - m' a^2\left(\frac{\partial B^{(0)}}{\partial a} + \frac{a}{2}\frac{\partial^2 B^{(0)}}{\partial a^2}\right)\right].$$

On aura les expressions de $\frac{r'\,\partial r'}{a'^2}$, $\delta v'$, $\frac{r''\,\partial r''}{a''^2}$, $\delta v''$, $\frac{r'''\,\partial r'''}{a'''^2}$, $\delta v'''$, en changeant dans les valeurs précédentes de $\frac{r\,\partial r}{a^2}$ et de δv les quantités relatives au premier satellite dans les quantités semblables relatives au second, au troisième et au quatrième satellite, et réciproquement.

Les rapports qu'ont entre eux les moyens mouvements des trois premiers satellites donnent des valeurs considérables à quelques-uns des termes de ces expressions; ces termes méritent une attention particulière en ce qu'ils sont la source des principales inégalités observées dans les mouvements des deux premiers satellites.

V.

Le moyen mouvement du premier satellite de Jupiter est, à fort peu près, double de celui du second, qui lui-même est à peu près double du moyen mouvement du troisième satellite. Il suit de là que le terme de l'expression de $\frac{r\,\partial r}{a^2}$, qui dépend de l'angle $2n't - 2nt + 2\varepsilon' - 2\varepsilon$, doit devenir fort grand par son diviseur

$$4(n-n')^2 - N^2 \quad \text{ou} \quad (2n - 2n' + N)(2n - 2n' - N),$$

car N et $2n'$ étant fort peu différents de n, le facteur $2n - 2n' - N$ est très petit et donne une valeur considérable au terme dont il s'agit. On voit en même temps la nécessité de déterminer N avec précision, comme nous l'avons fait, parce que sa différence d'avec n, quoique très petite, devient sensible dans le facteur $2n - 2n' - N$. Le terme $- 2(1 + m)n^2 \frac{\rho - \frac{1}{2}\varphi}{a^2}$ de l'expression de N^2, qui dépend de la figure de Jupiter, surpasse considérablement ceux qui dépendent des actions des satellites, comme on le verra ci-après; nous pouvons donc supposer, sans erreur sensible,

$$N = n\left(1 - \frac{\rho - \frac{1}{2}\varphi}{a^2}\right)$$

dans le facteur $2n - 2n' - N$, et faire $n = N$ dans tous les autres termes.

La partie de δv, qui dépend de l'angle $2n' - 2nt + 2\epsilon' - 2\epsilon$, est pareillement fort considérable, à cause du diviseur

$$(2n - 2n' - N)(2n - 2n' + N).$$

En supposant donc

$$F = a^2 \frac{\partial B^{(1)}}{\partial a} + \frac{2n}{n - n'} a B^{(1)};$$

en faisant ensuite $N = n$ et $2n' = n$ dans le facteur $2n - 2n' + N$, on aura, en n'ayant égard qu'à la partie de $\frac{r \, \partial r}{a^2}$, qui a pour diviseur $2n - 2n' - N$,

$$\frac{r \, \partial r}{a^2} = - \frac{nm'F}{2(2n - 2n' - N)} \cos 2(nt - n't + \epsilon - \epsilon').$$

On aura, dans les mêmes suppositions,

$$\delta v = \frac{nm'F}{2n - 2n' - N} \sin 2(nt - n't + \epsilon - \epsilon').$$

Cette partie de δv est la seule inégalité sensible dans le mouvement du premier satellite, et l'observation est en cela conforme à la théorie, puisqu'elle n'indique que cette inégalité.

Si, dans la théorie du second satellite, on désigne par N' la quantité qui correspond à N dans la théorie du premier, il est aisé de voir que l'expression de $\dfrac{r'\,\partial r'}{a'^2}$ renfermera le terme

$$-\frac{m n'^2}{(n-n')^2-N'^2}\left[a'^2\frac{\partial B^{(1)}}{\partial a'}-\frac{a'^2}{a^2}+\frac{2n'}{n'-n}\left(a'B^{(1)}-\frac{a'^2}{a^3}\right)\right]\cos(nt-n't+\varepsilon-\varepsilon').$$

Le diviseur $(n-n')^2-N'^2$ est égal à

$$(n-n'-N')(n-n'+N');$$

or, N′ étant fort peu différent de n', et n étant peu différent de $2n'$, le facteur $n-n'-N'$ est très petit, ce qui donne au terme précédent une valeur considérable; en supposant donc

$$G=a'^2\frac{\partial B^{(1)}}{\partial a'}-\frac{a'^2}{a^2}-\frac{2n'}{n-n'}\left(a'B^{(1)}-\frac{a'^2}{a^3}\right);$$

en faisant ensuite $n=2n'$ et $N'=n'$ dans le facteur $n-n'+N'$, on aura, en n'ayant égard qu'à la partie de $\dfrac{r'\,\partial r'}{a'^2}$, qui a pour diviseur $n-n'-N'$ et qui dépend de l'action du premier satellite,

$$\frac{r'\,\partial r'}{a'^2}=-\frac{n'm\,G}{2(n-n'-N')}\cos(nt-n't+\varepsilon-\varepsilon');$$

on aura, dans les mêmes suppositions,

$$\delta v'=\frac{n'm\,G}{n-n'-N'}\sin(nt-n't+\varepsilon-\varepsilon').$$

Ces valeurs ne sont relatives qu'à l'action du premier satellite; l'action du troisième produit encore des termes sensibles dans les expressions de $\dfrac{r'\,\partial r'}{a'^2}$ et de $\delta v'$. En effet, le mouvement du deuxième satellite étant à fort peu près double de celui du troisième, il doit en résulter dans ces expressions des termes analogues à ceux que l'action du deuxième satellite produit dans les valeurs de $\dfrac{r\,\partial r}{a^2}$ et de δv. Nommons $B'^{(0)}$, $B'^{(1)}$, $B'^{(2)}$, ..., relativement au second et au troisième satellite, ce que nous avons désigné par $B^{(0)}$, $B^{(1)}$, $B^{(2)}$, ..., relativement au premier et au second; supposons ensuite

$$\mathrm{F}' = a'^2 \frac{\partial \mathrm{B}'^{(1)}}{\partial a'} + \frac{2n'}{n'-n''} a' \mathrm{B}'^{(1)};$$

nous aurons par l'action du troisième satellite

$$\frac{r' \, \partial r'}{a'^2} = - \frac{n' m'' \mathrm{F}'}{2(2n'-2n''-\mathrm{N}')} \cos 2(n't - n''t + \varepsilon' - \varepsilon''),$$

$$\delta v' = \frac{n' m'' \mathrm{F}'}{2n'-2n''-\mathrm{N}'} \sin 2(n't - n''t + \varepsilon' - \varepsilon'').$$

En réunissant ces valeurs aux précédentes, on aura tous les termes sensibles des expressions de $\dfrac{r' \, \partial r'}{a'^2}$ et de $\delta v'$.

Un rapport très remarquable qui existe entre les moyens mouvements des trois premiers satellites réunit en un seul terme les deux termes des expressions de $\dfrac{r' \, \partial r'}{a'^2}$ et de δv dus aux actions du premier et du troisième satellite. Nous avons observé que le moyen mouvement du premier satellite est à peu près double de celui du second, qui lui-même est double à peu près du moyen mouvement du troisième satellite. Il en résulte que le moyen mouvement du premier satellite plus deux fois celui du troisième est à peu près égal à trois fois celui du second, ou, ce qui revient au même, que l'on a à peu près $n + 2n'' = 3n'$. Cette égalité est tellement approchée, que depuis plus d'un siècle les observations n'y ont fait apercevoir aucune différence sensible, en sorte que l'on peut rejeter sur les erreurs des Tables la différence très petite qu'elles donnent à cet égard. Nous pouvons donc supposer, au moins dans l'espace d'un siècle, $n + 2n'' = 3n'$. Nous verrons dans la suite que cette égalité est rigoureuse.

Les observations donnent encore, à très peu près, depuis plus d'un siècle, la longitude moyenne du premier satellite, plus deux fois celle du troisième, moins trois fois celle du second, égale à 180°; en sorte que, dans l'intervalle d'un siècle, on peut supposer

$$nt - 3n't + 2n''t + \varepsilon - 3\varepsilon' + 2\varepsilon'' = 180°$$

et, par conséquent,

$$2n't - 2n''t + 2\varepsilon' - 2\varepsilon'' = nt - n't + \varepsilon - \varepsilon' - 180°.$$

Nous verrons encore dans la suite que ces égalités sont rigoureuses. Les termes de $\dfrac{r'\,\partial r'}{a'^2}$ et de $\partial v'$, qui dépendent de l'action du troisième satellite, deviennent ainsi

$$\frac{r'\,\partial r'}{a'^2} = \frac{n'm''\mathrm{F}'}{2(n-n'-\mathrm{N}')}\cos(nt-n't+\varepsilon-\varepsilon'),$$

$$\partial v' = -\frac{n'm''\mathrm{F}'}{n-n'-\mathrm{N}'}\sin(nt-n't+\varepsilon-\varepsilon').$$

Si l'on réunit ces valeurs à celles qui dépendent de l'action du premier satellite, on aura

$$\frac{r'\,\partial r'}{a'^2} = \frac{n'}{2(n-n'-\mathrm{N}')}(m''\mathrm{F}'-m\mathrm{G})\cos(nt-n't+\varepsilon-\varepsilon'),$$

$$\partial v' = -\frac{n'}{n-n'-\mathrm{N}'}(m''\mathrm{F}'-m\mathrm{G})\sin(nt-n't+\varepsilon-\varepsilon').$$

L'action du second satellite produit dans la théorie du troisième des termes analogues à ceux que l'action du premier produit dans la théorie du second; en faisant donc

$$\mathrm{G}' = a''^2\frac{\partial\mathrm{B}'^{(1)}}{da''} - \frac{a''^2}{a'^2} - \frac{2n''}{n'-n''}\left(a''\mathrm{B}'^{(1)} - \frac{a''^2}{a'^2}\right),$$

on aura

$$\frac{r''\,\partial r''}{a''^2} = -\frac{n''m'\mathrm{G}'}{2(n'-n''-\mathrm{N}'')}\cos(n't-n''t+\varepsilon'-\varepsilon''),$$

$$\partial v = \frac{n''m'\mathrm{G}'}{n'-n''-\mathrm{N}''}\sin(n't-n''t+\varepsilon'-\varepsilon'').$$

Les valeurs de $\dfrac{r''\,\partial r''}{a''^2}$ et de $\partial v''$ peuvent recevoir encore quelques termes sensibles de l'action du quatrième satellite; mais son moyen mouvement étant sensiblement moindre que la moitié de celui du troisième satellite, ces termes doivent être peu considérables; nous y aurons cependant égard dans la suite.

Considérons présentement la loi des inégalités précédentes dans les éclipses des satellites. Pour cela, nous donnerons aux valeurs précédentes de δv, $\delta v'$ et $\delta v''$ les formes suivantes

$$\delta v \,=\, (\text{I}) \, \sin 2(nt - n't + \varepsilon - \varepsilon'),$$
$$\delta v' = -(\text{II}) \sin (nt - n't + \varepsilon - \varepsilon'),$$
$$\delta v'' = -(\text{III}) \sin (n't - n''t + \varepsilon' - \varepsilon''),$$

les coefficients (I), (II), (III) étant positifs, comme il résulte de ce que l'on verra ci-après. Au lieu de rapporter les angles $nt + \varepsilon$, $n't + \varepsilon'$, $n''t + \varepsilon''$ à une ligne fixe, nous pouvons les rapporter à un axe mobile, parce que la position de cet axe disparait dans les angles

$$2(nt - n't + \varepsilon - \varepsilon'), \quad nt - n't + \varepsilon - \varepsilon', \quad n't - n''t + \varepsilon' - \varepsilon''.$$

Concevons que cet axe mobile soit le rayon vecteur de Jupiter supposé mû uniformément autour du Soleil; dans ce cas, les angles nt, $n't$, $n''t$ seront les moyens mouvements synodiques des trois premiers satellites. Concevons, de plus, que les angles ε et ε' soient nuls, c'est-à-dire qu'à l'origine de t les deux premiers satellites aient été en conjonction; l'équation

$$nt - 3n't + 2n''t + \varepsilon - 3\varepsilon' + 2\varepsilon'' = 180^\circ$$

donnera $\varepsilon'' = 90^\circ$. Les expressions de δv, $\delta v'$, $\delta v''$ deviendront ainsi

$$\delta v = (\text{I}) \, \sin 2(nt - n't),$$
$$\delta v' = -(\text{II}) \sin (nt - n't),$$
$$\delta v'' = (\text{III}) \cos (n't - n''t).$$

Dans les éclipses du premier satellite, au moment de la conjonction moyenne, nt est nul ou multiple de $360°$; soit donc $2n - 2n' = n + \omega$ ou $n - 2n' = \omega$, on aura

$$\delta v = (\text{I}) \sin \omega t.$$

Dans les éclipses du second satellite, à l'instant de la conjonction moyenne, $n't$ est nul ou multiple de $360°$; on aura donc alors

$$\delta v' = -(\text{II}) \sin \omega t.$$

Enfin, dans les éclipses du troisième satellite, à l'instant de la conjonction moyenne, $n''t$ est nul ou multiple de 360°; on aura donc alors, en vertu de l'équation $n - 2n' = n' - 2n''$,

$$\delta v' = (\text{III}) \cos \omega t.$$

On voit ainsi que les valeurs de δv, $\delta v'$ et $\delta v''$, dans les éclipses des satellites, dépendent du même angle ωt. La période de ces valeurs est, par conséquent, la même et égale à la durée de la révolution synodique du premier satellite, multipliée par $\dfrac{n}{n - 2n'}$, nt et $n't$ étant ici les moyens mouvements synodiques des deux premiers satellites. En substituant pour n et n' leurs valeurs, on trouve que cette période est de $437^j 15^h 12^m$. Tous ces résultats sont parfaitement conformes aux observations qui ont fait reconnaitre les inégalités précédentes, avant qu'elles aient été indiquées par la théorie.

VI.

La détermination des inégalités précédentes n'a de difficulté que celle de la formation des quantités $B^{(0)}$, $B^{(1)}$, $B^{(2)}$, ... et de leurs différences. J'ai donné des formules pour cet objet dans les *Mémoires de l'Académie* pour l'année 1785, pages 64 et suivantes ([1]); je vais rappeler ici les principales.

Soit $\dfrac{a}{a'} = \alpha$, et supposons que l'on ait

$$(1 - 2\alpha \cos\theta + \alpha^2)^{-s} = \tfrac{1}{2} b_s^{(0)} + b_s^{(1)} \cos\theta + b_s^{(2)} \cos 2\theta + b_s^{(3)} \cos 3\theta + \ldots,$$

on aura généralement

$$b_s^{(i)} = \frac{(i - 1)(1 + \alpha^2) b_s^{(i-1)} - (i + s - 2)\alpha b_s^{(i-2)}}{(i - s)\alpha},$$

$$b_{s+1}^{(i)} = \frac{\dfrac{i + s}{s}(1 + \alpha^2) b_s^{(i)} - \dfrac{2(i - s + 1)}{s}\alpha b_s^{(i+1)}}{(1 - \alpha^2)^2}.$$

On pourra, au moyen de ces formules, déterminer $b_s^{(2)}$, $b_s^{(3)}$, ...,

[1] Ci-dessus, p. 124 et suivantes.

$b_{i+1}^{(0)}, \ldots$ lorsque $b_i^{(0)}$ et $b_i^{(1)}$ seront connus. On a ensuite

$$\frac{db_i^{(1)}}{d\alpha} = \frac{i + (i + 2s)\alpha^2}{\alpha(1 - \alpha^2)} b_i^{(1)} - \frac{2(i - s + 1)}{1 - \alpha^2} b_i^{(i+1)}.$$

Cette équation différentiée donnera les différences secondes de $b_i^{(1)}$. Il ne s'agit donc que de déterminer $b_i^{(0)}$ et $b_i^{(1)}$.

Dans la théorie des satellites, $s = \frac{1}{2}$, et l'on aura de cette manière les valeurs de $b_{\frac{1}{2}}^{(0)}$ et de $b_{\frac{1}{2}}^{(1)}$. On déterminera d'abord les quantités $b_{-\frac{1}{2}}^{(0)}$ et $b_{-\frac{1}{2}}^{(1)}$ au moyen des suites

$$b_{-\frac{1}{2}}^{(0)} = 2\left[1 + \left(\frac{1}{2}\right)^2 \alpha^2 + \left(\frac{1.1}{2.4}\right)^2 \alpha^3 + \left(\frac{1.1.3}{2.4.6}\right)^2 \alpha^4 + \left(\frac{1.1.3.5}{2.4.6.8}\right)^2 \alpha^6 + \ldots \right],$$

$$b_{-\frac{1}{2}}^{(1)} = -2\alpha\left[\frac{1}{2} - \frac{1}{2}\frac{1.1}{2.4}\alpha^2 - \frac{1.1}{2.4}\frac{1.1.3}{2.4.6}\alpha^4 - \frac{1.1.3}{2.4.6}\frac{1.1.3.5}{2.4.6.8}\alpha^6 - \ldots \right].$$

Ces deux suites sont fort convergentes, et il suffit dans tous les cas d'en prendre les dix ou onze premiers termes. Lorsque l'on aura ainsi déterminé $b_{-\frac{1}{2}}^{(0)}$ et $b_{-\frac{1}{2}}^{(1)}$, on aura $b_{\frac{1}{2}}^{(0)}$ et $b_{\frac{1}{2}}^{(1)}$ au moyen des formules

$$b_{\frac{1}{2}}^{(0)} = \frac{(1 + \alpha^2) b_{-\frac{1}{2}}^{(0)} + 6\alpha b_{-\frac{1}{2}}^{(1)}}{(1 - \alpha^2)^3},$$

$$b_{\frac{1}{2}}^{(1)} = \frac{2\alpha b_{-\frac{1}{2}}^{(0)} + 3(1 + \alpha^2) b_{-\frac{1}{2}}^{(1)}}{(1 - \alpha^2)^3}.$$

Maintenant, on a généralement

$$a B^{(i)} = \alpha b_{\frac{1}{2}}^{(i)}, \qquad a^2 \frac{\partial B^{(i)}}{\partial a} = \alpha^2 \frac{db_{\frac{1}{2}}^{(i)}}{d\alpha}, \qquad a^3 \frac{\partial^2 B^{(i)}}{\partial a^2} = \alpha^3 \frac{d^2 b_{\frac{1}{2}}^{(i)}}{d\alpha^2}, \qquad \ldots$$

Quant aux différences partielles de $B^{(i)}$ prises relativement à a', on observera que $B^{(i)}$ est une fonction homogène de a et de a' de la dimension -1; or on a, par la nature de ce genre de fonctions,

$$a' \frac{\partial B^{(i)}}{\partial a'} = -B^{(i)} - a \frac{\partial B^{(i)}}{\partial a},$$

d'où il est aisé de conclure les valeurs de $aa' \frac{\partial^2 B^{(i)}}{\partial a \, \partial a'}$, $a'^2 \frac{\partial^2 B^{(i)}}{\partial a'^2}$, $\ldots$; on pourra donc ainsi déterminer les valeurs de $B^{(0)}$, $B^{(1)}$, $B^{(2)}$, ... et de leurs différences, prises soit relativement à a, soit relativement à a'.

VII.

Des inégalités du mouvement des satellites dépendantes des excentricités des orbites.

Considérons présentement les parties du rayon vecteur et de la longitude des satellites qui dépendent des excentricités des orbites. Pour cela nous reprendrons l'équation (1) de l'article II, en la mettant sous cette forme

$$0 = \frac{d^2(r\,\delta r)}{a^2\,dt^2} + \frac{(1+m)\,r\,\delta r}{a^2\,r^2} + \frac{2\int dR + r\dfrac{\partial R}{\partial r}}{a^2}.$$

Les termes dans lesquels $r\,\delta r$ est multiplié par une constante et ceux qui dépendent du sinus et du cosinus de l'angle $nt + \varepsilon$ méritent une attention particulière, en ce qu'ils déterminent les variations de l'aphélie et de l'excentricité de l'orbite; nous allons donc les discuter avec soin. Les termes dans lesquels $r\,\delta r$ est multiplié par une constante ont été déjà déterminés dans l'article IV; pour avoir ceux qui dépendent du sinus et du cosinus de l'angle $nt + \varepsilon$, considérons la partie

$$\frac{m'r\cos(v'-v)}{r'^2} - m'B^{(1)}\cos(v'-v)$$

de la fonction R; si l'on y substitue $a' + \dfrac{r'\delta r'}{a'}$, au lieu de r', $\delta r'$ étant ici la partie de r' qui dépend de l'excentricité de l'orbite du satellite m', cette substitution produira la quantité

$$-\frac{m'r'\delta r'}{a'^2}\left(\frac{2a}{a'^2} + a'\frac{\partial B^{(1)}}{\partial a'}\right)\cos(n't - nt + \varepsilon' - \varepsilon).$$

Or, en nommant e' l'excentricité de l'orbite de m', et ϖ' la longitude de son aphélie, on a, comme l'on sait, aux quantités près de l'ordre e'^2,

$$\frac{r'\delta r'}{a'^2} = e'\cos(n't + \varepsilon' - \varpi');$$

la quantité précédente donnera par conséquent un terme dépendant du cosinus de l'angle $nt + \varepsilon - \varpi'$; nous ne conserverons ici que ce terme.

Dans l'orbite elliptique, v' est égal à $n't + \varepsilon' - 2e'\sin(n't + \varepsilon' - \varpi')$, ou, ce qui revient au même, à $n't + \varepsilon' + \dfrac{2\,d(r'\delta r')}{a'^2 n'dt}$; en substituant cette valeur dans la fonction

$$\frac{m'r}{r'^2}\cos(v' - v) - m'B^{(1)}\cos(v' - v),$$

il en résultera le terme

$$-\frac{2\,m'd(r'\delta r')}{a'^2 n'dt}\left(\frac{a}{a'^2} - B^{(1)}\right)\sin(n't - nt + \varepsilon' - \varepsilon).$$

Nous ne retiendrons encore dans ce terme que la partie qui dépend de l'angle $nt + \varepsilon - \varpi'$.

On s'assurera facilement que les termes précédents sont les seuls qui, dans le développement de la fonction R, dépendent du sinus et du cosinus de l'angle $nt + \varepsilon$, du moins en n'ayant égard qu'aux premières puissances des excentricités; de plus, on a évidemment, en n'ayant égard qu'à ces termes, $\int dR = R$, partant

$$2\int dR + r\frac{\partial R}{\partial r} = -\frac{m'r'\delta r'}{a'^2}\left(\frac{6a}{a'^2} + 2a'\frac{\partial B^{(1)}}{\partial a'} + aa'\frac{\partial^2 B^{(1)}}{\partial a\,\partial a'}\right)\cos(n't - nt + \varepsilon' - \varepsilon)$$

$$-\frac{2\,m'd(r'\delta r')}{a'^2 n'dt}\left(\frac{3a}{a'^3} - 2B^{(1)} - a\frac{\partial B^{(1)}}{\partial a}\right)\sin(n't - nt + \varepsilon' - \varepsilon);$$

l'équation différentielle en $\dfrac{r\,\delta r}{a^2}$ deviendra ainsi, en n'y considérant que les termes multipliés par $r\delta r$, et par le sinus et le cosinus de l'angle $nt + \varepsilon$, et en y substituant n^2, au lieu de $\dfrac{1}{a^3}$,

$$0 = \frac{d^2(r\,\delta r)}{a^2 dt} + N^2\frac{r\,\delta r}{a^2}$$

$$- m'n^2\frac{r'\delta r'}{a'^3}\left(\frac{6a^2}{a'^2} + 2aa'\frac{\partial B^{(1)}}{\partial a'} + a^2a'\frac{\partial^2 B^{(1)}}{\partial a\,\partial a'}\right)\cos(n't - nt + \varepsilon' - \varepsilon)$$

$$- \frac{2\,m'n^2 d(r'\delta r')}{a'^2 n'dt}\left(\frac{3a^2}{a'^3} - 2aB^{(1)} - a^2\frac{\partial B^{(1)}}{\partial a}\right)\sin(n't - nt + \varepsilon' - \varepsilon).$$

Supposons

$$\frac{r\,\partial r}{a^2} = h\cos(nt + \varepsilon - gt - \Gamma),$$

$$\frac{r'\,\partial r'}{a'^2} = h'\cos(n't + \varepsilon' - gt - \Gamma),$$

g étant un très petit coefficient dépendant des forces perturbatrices. En substituant ces valeurs dans l'équation différentielle précédente et en négligeant les carrés et les produits des forces perturbatrices, la comparaison des coefficients de $\cos(nt + \varepsilon - gt - \Gamma)$ donnera, en mettant pour N^2 sa valeur trouvée dans l'article IV,

$$o = h\left[\frac{g}{n} - \frac{\rho - \frac{1}{2}\varphi}{a^2} - \frac{m'}{2}\left(a^2\,\frac{\partial B^{(0)}}{\partial a} + \frac{1}{2}a^3\,\frac{\partial^2 B^{(0)}}{\partial a^2}\right)\right]$$
$$- \frac{1}{2}m'h'\left(2aB^{(1)} + a^2\,\frac{\partial B^{(1)}}{\partial a} + aa'\,\frac{\partial B^{(1)}}{\partial a'} + \frac{1}{2}a^2 a'\,\frac{\partial^2 B^{(1)}}{\partial a\,\partial a'}\right).$$

Pour donner à cette équation la forme la plus simple dont elle est susceptible, nous observerons que l'on a, par l'article précédent,

$$a'\,\frac{\partial B^{(1)}}{\partial a'} = -B^{(1)} - a\,\frac{\partial B^{(1)}}{\partial a},$$

d'où l'on tire

$$a'\,\frac{\partial^2 B^{(1)}}{\partial a\,\partial a'} = -2\,\frac{\partial B^{(1)}}{\partial a} - a\,\frac{\partial^2 B^{(1)}}{\partial a^2}.$$

En substituant ces valeurs dans l'équation précédente et en y mettant, au lieu de $B^{(0)}$, $B^{(1)}$ et de leurs différences relatives à a, les valeurs déterminées par l'article précédent, on aura

$$o = h\left[\frac{g}{n} - \frac{\rho - \frac{1}{2}\varphi}{a^2} - \frac{m'\alpha^2}{2}\left(\frac{db^{(0)}_{\frac{1}{2}}}{d\alpha} + \frac{1}{2}\alpha\,\frac{d^2 b^{(0)}_{\frac{1}{2}}}{d\alpha^2}\right)\right]$$
$$- \frac{1}{2}m'h'\left(\alpha b^{(1)}_{\frac{1}{2}} - \alpha^2\,\frac{db^{(1)}_{\frac{1}{2}}}{\partial\alpha} - \frac{1}{2}\alpha^3\,\frac{d^2 b^{(1)}_{\frac{1}{2}}}{\partial\alpha^2}\right).$$

Si l'on substitue, au lieu de $\dfrac{db^{(0)}_{\frac{1}{2}}}{d\alpha}$, $\dfrac{d^2 b^{(0)}_{\frac{1}{2}}}{dx^2}$, $b^{(1)}_{\frac{1}{2}}$, $\dfrac{db^{(1)}_{\frac{1}{2}}}{d\alpha}$ et $\dfrac{d^2 b^{(1)}_{\frac{1}{2}}}{d\alpha^2}$, leurs valeurs en $b^{(0)}_{-\frac{1}{2}}$ et $b^{(1)}_{-\frac{1}{2}}$, qu'il est facile de conclure des formules de l'article précédent, on trouvera

$$\alpha^2 \frac{db_{\frac{1}{2}}^{(0)}}{d\alpha} + \frac{1}{2}\alpha^3 \frac{d^2 b_{\frac{1}{2}}^{(0)}}{d\alpha^2} = -\frac{3\,\alpha^3 b_{\frac{1}{2}}^{(1)}}{2(1-\alpha^2)^2},$$

$$\alpha b_{\frac{1}{2}}^{(1)} - \alpha^2 \frac{db_{\frac{1}{2}}^{(1)}}{d\alpha} - \frac{1}{2}\alpha^3 \frac{d^2 b_{\frac{1}{2}}^{(1)}}{d\alpha^2} = \frac{\frac{3}{2}\alpha^2 b_{-\frac{1}{2}}^{(0)} + 3\alpha(1+\alpha^2)b_{-\frac{1}{2}}^{(1)}}{(1-\alpha^2)^2}.$$

Soit maintenant T la durée d'une année julienne, nT sera le moyen mouvement du satellite m dans cet intervalle; multiplions l'équation précédente entre h et h' par nT, et supposons $g\mathrm{T} = f$, en sorte que f soit le mouvement de l'aphélie durant une année julienne; supposons encore

$$(\mathrm{o}) = \frac{\rho - \frac{1}{2}\varphi}{a^2}\,n\mathrm{T},$$

$$(\mathrm{o},\mathrm{1}) = -\frac{3\,m'n\mathrm{T}}{4}\,\frac{\alpha^2 b_{\frac{1}{2}}^{(1)}}{(1-\alpha^2)^2},$$

$$\boxed{\mathrm{o},\mathrm{1}} = -\frac{3\,m'n\mathrm{T}}{2}\,\frac{\frac{\alpha^2}{2} b_{-\frac{1}{2}}^{(0)} + \alpha(1+\alpha^2)b_{-\frac{1}{2}}^{(1)}}{(1-\alpha^2)^3};$$

l'équation entre h et h' prendra cette forme très simple

$$\mathrm{o} = h[f - (\mathrm{o}) - (\mathrm{o},\mathrm{1})] + \boxed{\mathrm{o},\,\mathrm{1}}\,h'.$$

Il est visible que les actions des satellites m'', m''' sur m ajoutent au second membre de cette équation des termes analogues à ceux que produit l'action de m'. Soient donc $(\mathrm{o},2)$ et $\boxed{\mathrm{o},2}$ ce que deviennent $(\mathrm{o},1)$ et $\boxed{\mathrm{o},1}$ lorsque l'on y change m' et a' dans m'' et a''; soient pareillement $(\mathrm{o},3)$ et $\boxed{\mathrm{o},3}$ ce que deviennent les mêmes quantités lorsque l'on y change m' et a' dans m''' et a'''; enfin nommons h'' et h''' ce que devient h relativement à m'' et m'''; on aura, en vertu des actions réunies de Jupiter et des satellites,

$$\mathrm{o} = h[f - (\mathrm{o}) - (\mathrm{o},\mathrm{1}) - (\mathrm{o},2) - (\mathrm{o},3)] + \boxed{\mathrm{o},\mathrm{1}}\,h' + \boxed{\mathrm{o},2}\,h'' + \boxed{\mathrm{o},3}\,h'''.$$

L'action du Soleil sur le satellite m ajoute encore un terme au second membre de cette équation. Pour le déterminer, nous considérerons le Soleil comme un satellite de Jupiter. Dans ce cas, si l'on nomme D′ la moyenne distance de Jupiter au Soleil, on aura $\alpha = \dfrac{a}{\mathrm{D}'}$, et les valeurs de $b^{(0)}_{-\frac{1}{2}}$ et $b^{(1)}_{-\frac{1}{2}}$ de l'article précédent deviendront

$$ b^{(0)}_{\frac{1}{2}} = 2\left(1 + \frac{a^2}{4\,\mathrm{D}'^2} + \cdots\right), \qquad b^{(1)}_{-\frac{1}{2}} = -\frac{a}{\mathrm{D}'}\left(1 - \frac{a^2}{8\,\mathrm{D}'^2} - \cdots\right). $$

La distance D′ étant incomparablement plus grande que a, nous pouvons négliger les termes divisés par D'^4; la fonction $(0,1)$ devient ainsi, en y changeant m' dans S et a' dans D′,

$$ (0,1) = \frac{3\,\mathrm{S}\,n\,\mathrm{T}}{4}\,\frac{a^2}{\mathrm{D}'^3}, $$

et la fonction $\boxed{0,1}$ est nulle. Soit présentement MT le moyen mouvement sidéral de Jupiter, on aura, à très peu près, $\mathrm{M}^2 = \dfrac{\mathrm{S}}{\mathrm{D}'^3}$; on a ensuite $n^2 = \dfrac{1}{a^3}$. On aura donc, relativement au Soleil,

$$ (0,1) = \frac{3\,\mathrm{M}^2\mathrm{T}}{4\,n}; $$

nous désignerons cette dernière fonction par $\boxed{0}$. On aura, cela posé, en vertu des actions réunies de Jupiter, des satellites et du Soleil,

$$ (i) \qquad \begin{cases} 0 = h\left[\,f - (0) - \boxed{0} - (0,1) - (0,2) - (0,3)\right] \\ \qquad + \boxed{0,1}\,h' + \boxed{0,2}\,h'' + \boxed{0,3}\,h'''. \end{cases} $$

Si l'on considère pareillement les perturbations du mouvement de m', il est visible qu'il en résultera une nouvelle équation semblable à la précédente, et qui s'en déduit en y changeant les quantités relatives à m dans celles qui sont relatives à m', et réciproquement. Soient (1), $\boxed{1}$, $(1,0)$, $\boxed{1,0}$, $(1,2)$, $\boxed{1,2}$, $(1,3)$, $\boxed{1,3}$ ce que deviennent (0), $\boxed{0}$, $(0,1)$, $\boxed{0,1}$, $(0,2)$, $\boxed{0,2}$, $(0,3)$, $\boxed{0,3}$, en vertu de ces changements; on aura

$$(i')\quad \left\{ \begin{aligned} 0 &= h'\left[f - (1) - \boxed{1} - (1,0) - (1,2) - (1,3)\right]\\ &\quad + \boxed{1,0}\,h + \boxed{1,2}\,h'' + \boxed{1,3}\,h'''. \end{aligned} \right.$$

Si l'on désigne semblablement par (2), $\boxed{2}$, $(2,1)$, $\boxed{2,1}$, $(2,0)$, $\boxed{2,0}$, $(2,3)$, $\boxed{2,3}$ ce que deviennent les quantités (0), $\boxed{0}$, $(0,1)$, $\boxed{0,1}$, $(0,2)$, $\boxed{0,2}$, $(0,3)$, $\boxed{0,3}$ lorsque l'on y change ce qui est relatif à m dans ce qui est relatif à m'', et réciproquement; si l'on désigne encore par (3), $\boxed{3}$, $(3,1)$, $\boxed{3,1}$, $(3,2)$, $\boxed{3,2}$, $(3,0)$, $\boxed{3,0}$ ce que deviennent les mêmes quantités lorsque l'on y change ce qui est relatif à m dans ce qui est relatif à m''', et réciproquement, on aura les deux équations

$$(i'')\quad \left\{ \begin{aligned} 0 &= h''\left[f - (2) - \boxed{2} - (2,0) - (2,1) - (2,3)\right]\\ &\quad + \boxed{2,0}\,h + \boxed{2,1}\,h' + \boxed{2,3}\,h'', \end{aligned} \right.$$

$$(i''')\quad \left\{ \begin{aligned} 0 &= h'''\left[f - (3) - \boxed{3} - (3,0) - (3,1) - (3,2)\right]\\ &\quad + \boxed{3,0}\,h + \boxed{3,1}\,h' + \boxed{3,2}\,h''. \end{aligned} \right.$$

Il existe entre les fonctions $(0,1)$ et $(1,0)$, $(0,2)$ et $(2,0)$, … des rapports remarquables qui peuvent servir à déterminer ces fonctions les unes par les autres. On a, par ce qui précède,

$$(0,1) = -\frac{3m'nT}{4}\,\frac{\alpha^2 b^{(1)}_{-\frac{1}{3}}}{(1-\alpha^2)^2}.$$

On a ensuite, par l'article précédent,

$$(a^2 - 2aa'\cos\theta + a'^2)^{\frac{1}{3}} = a'\left(\tfrac{1}{2}b^{(0)}_{-\frac{1}{3}} + b^{(1)}_{-\frac{1}{3}}\cos\theta + b^{(2)}_{-\frac{1}{3}}\cos 2\theta + \dots\right).$$

Supposons qu'en développant le premier membre de cette équation suivant les cosinus de l'angle θ et de ses multiples on ait la série

$\frac{1}{2}(a, a') + (a, a')'\cos\theta + \dots$, on aura

$$b^{(0)}_{\frac{1}{2}} = \frac{(a, a')}{a'}, \qquad b^{(1)}_{-\frac{1}{2}} = \frac{(a, a')'}{a'}, \qquad \dots,$$

partant

$$(0,1) = -\frac{3\,m'n'T}{4}\,\frac{a^2 a'(a, a')'}{(a'^2 - a^2)^4}.$$

En changeant dans cette expression de $(0,1)$ les quantités m', n, a et a', dans m, n', a' et a, on aura l'expression de $(1,0)$; mais $(a, a')'$ reste toujours le même après ce changement; on aura donc

$$(1,0) = -\frac{3\,mn'T}{4}\,\frac{a'^2 a(a, a')'}{(a'^2 - a^2)^4},$$

d'où l'on tire

$$(0,1)\,mn'a' = (1,0)\,m'na.$$

On a

$$n = \frac{1}{\sqrt{a^3}}, \qquad n' = \frac{1}{\sqrt{a'^3}},$$

partant

$$(0,1)\,m\sqrt{a} = (1,0)\,m'\sqrt{a'}.$$

On aura donc $(1,0)$ au moyen de $(0,1)$, en multipliant cette dernière quantité par $\frac{m}{m'}\sqrt{\alpha}$.

Il est clair que l'on aura pareillement les relations suivantes :

$$(0,2)\,m\sqrt{a} = (2,0)\,m''\sqrt{a''},$$
$$(0,3)\,m\sqrt{a} = (3,0)\,m'''\sqrt{a'''},$$
$$(1,2)\,m'\sqrt{a'} = (2,1)\,m''\sqrt{a''},$$
$$(1,3)\,m'\sqrt{a'} = (3,1)\,m'''\sqrt{a'''},$$
$$(2,3)\,m''\sqrt{a''} = (3,2)\,m'''\sqrt{a'''}.$$

On s'assurera d'une manière semblable que les mêmes relations subsistent entre $\boxed{0,1}$ et $\boxed{1,0}$, $\boxed{0,2}$ et $\boxed{2,0}$, …, en sorte que l'on peut, dans les relations précédentes, changer les crochets ronds en crochets carrés.

Si dans les équations (i), (i'), (i''), (i''') on élimine les arbitraires

h, h', h'', h''', on aura une équation en f du quatrième degré. On aura de plus les valeurs de h', h'', h''', au moyen de h, sous cette forme

$$h' = \mathfrak{S}'h, \qquad h'' = \mathfrak{S}''h, \qquad h''' = \mathfrak{S}'''h,$$

$\mathfrak{S}'$, $\mathfrak{S}''$, $\mathfrak{S}'''$ étant des fonctions de f, et la constante h étant arbitraire.

Soient f, f_1, f_2, f_3 les quatre racines de l'équation en f, on aura, par la nature des équations linéaires,

$$
\begin{aligned}
\frac{r\,\partial r}{a^2} = \;& h\,\cos(nt + \varepsilon - ft - \Gamma) + h_1\cos(nt + \varepsilon - f_1 t - \Gamma_1)\\
& + h_2\cos(nt + \varepsilon - f_2 t - \Gamma_2) + h_3\cos(nt + \varepsilon - f_3 t - \Gamma_3),
\end{aligned}
$$

h, h_1, h_2, h_3, Γ, Γ_1, Γ_2, Γ_3 étant des constantes arbitraires, et t désignant ici le nombre des années juliennes écoulées depuis l'époque où l'on fixe l'origine du temps.

Si l'on nomme $\mathfrak{S}'_1$, $\mathfrak{S}''_1$, $\mathfrak{S}'''_1$; $\mathfrak{S}'_2$, $\mathfrak{S}''_2$, $\mathfrak{S}'''_2$; $\mathfrak{S}'_3$, $\mathfrak{S}''_3$, $\mathfrak{S}'''_3$ ce que deviennent $\mathfrak{S}'$, $\mathfrak{S}''$, $\mathfrak{S}'''$ lorsqu'on y change successivement f dans f_1, f_2, f_3, on aura

$$
\begin{aligned}
\frac{r'\,\partial r'}{a'^2} = \;& \mathfrak{S}'h\,\cos(n't + \varepsilon' - ft - \Gamma) + \mathfrak{S}'_1 h_1\cos(n't + \varepsilon' - f_1 t - \Gamma_1)\\
& + \mathfrak{S}'_2 h_2\cos(n't + \varepsilon' - f_2 t - \Gamma_2) + \mathfrak{S}'_3 h_3\cos(n''t + \varepsilon'' - f_3 t - \Gamma_3),
\end{aligned}
$$

$$
\begin{aligned}
\frac{r''\,\partial r''}{a''^2} = \;& \mathfrak{S}''h\,\cos(n''t + \varepsilon'' - ft - \Gamma) + \mathfrak{S}''_1 h_1\cos(n''t + \varepsilon'' - f_1 t - \Gamma_1)\\
& + \mathfrak{S}''_2 h_2\cos(n''t + \varepsilon'' - f_2 t - \Gamma_2) + \mathfrak{S}''_3 h_3\cos(n''t + \varepsilon'' - f_3 t - \Gamma_3),
\end{aligned}
$$

$$
\begin{aligned}
\frac{r'''\,\partial r'''}{a'''^2} = \;& \mathfrak{S}'''h\,\cos(n'''t + \varepsilon''' - ft - \Gamma) + \mathfrak{S}'''_1 h_1\cos(n'''t + \varepsilon''' - f_1 t - \Gamma_1)\\
& + \mathfrak{S}'''_2 h_2\cos(n'''t + \varepsilon''' - f_2 t - \Gamma_2) + \mathfrak{S}'''_3 h_3\cos(n'''t + \varepsilon''' - f_3 t - \Gamma_3).
\end{aligned}
$$

Toutes ces expressions sont complètes, puisqu'elles renferment deux fois autant d'arbitraires qu'il y a d'équations différentielles du second ordre en $r\,\partial r$, $r'\,\partial r'$, $r''\,\partial r''$, $r'''\,\partial r'''$.

La formule (2) de l'article II donne, en négligeant le carré des excentricités et leur produit par les forces perturbatrices,

$$\partial v = 2\,\frac{d\dfrac{r\,\partial r}{a^2}}{n\,dt},$$

d'où il suit que, f étant très petit relativement à n, on aura l'expression de δv correspondante à l'expression précédente de $\frac{r\,\partial r}{a^2}$, en changeant dans celle-ci les cosinus en sinus et en la multipliant par -2. Les mêmes opérations sur les valeurs de $\frac{r'\,\partial r'}{a'^2}$, $\frac{r''\,\partial r''}{a''^2}$, $\frac{r'''\,\partial r'''}{a'''^2}$ donneront les valeurs correspondantes de $\delta v'$, $\delta v''$ et $\delta v'''$.

On peut considérer ces différentes valeurs comme étant relatives à des orbes elliptiques, dont les excentricités et les positions des aphélies seraient variables; en comparant les valeurs données par cette supposition à celles que nous venons de trouver, on aura facilement les variations des excentricités et des aphélies. Tout se réduit donc à former et à résoudre les équations (i), (i'), (i'') et (i'''); mais nous verrons dans la suite que ces équations sont incomplètes et que les rapports qui existent entre les moyens mouvements des trois premiers satellites leur ajoutent de nouveaux termes sensibles, quoique dépendants des carrés et des produits des forces perturbatrices.

VIII.

Le moyen mouvement du premier satellite étant, à fort peu près, double de celui du second, et le moyen mouvement du second étant, à fort peu près, double de celui du troisième, il est visible que les termes qui dépendent des angles $nt-2nt'+\varepsilon-2\varepsilon'$, $n't-2n''t+\varepsilon'-2\varepsilon''$, et qui subissent deux intégrations, doivent considérablement augmenter par ces intégrations; il est donc important de les déterminer avec soin. Si l'on considère les équations (1) et (2) de l'article II, on voit que les termes dont il s'agit résultent, dans l'expression de δv, de la double intégrale $3a\int n\,dt\int d\mathrm{R}$. Pour les obtenir, considérons d'abord la partie

$$\frac{m'\,r\cos(v'-v)}{r'^2} - m'\,\mathrm{B}^{(1)}\cos(v'-v)$$

de l'expression de R, donnée dans l'article II. Si l'on y substitue

$$a'[1 + h'\cos(n't + \varepsilon' - ft - \Gamma)]$$

au lieu de r', et

$$n't + \varepsilon' - 2h'\sin(n't + \varepsilon' - ft - \Gamma)$$

au lieu de v', il en résultera le terme

$$m'h'\left(\frac{2a}{a'^2} - B^{(1)} + \tfrac{1}{2}a'\frac{\partial B^{(1)}}{\partial a'}\right)\cos(nt - 2n't + \varepsilon - 2\varepsilon' + ft + \Gamma).$$

On a, par l'article V,

$$G = a'^2\frac{\partial B^{(1)}}{\partial a'} - \frac{2n'}{n-n'}a'B^{(1)} + \left(\frac{2n'}{n-n'} - 1\right)\frac{a'^2}{a^2};$$

or, n étant à très peu près égal à $2n'$, $4a^3$ diffère très peu de a'^3, et par conséquent $\frac{a'^2}{a^2}$ diffère peu de $\frac{4a}{a'}$; on pourra donc, sans erreur sensible, substituer $\frac{G}{2a'}$ au lieu de $\frac{2a}{a'^2} - B^{(1)} + \tfrac{1}{2}a'\frac{\partial B^{(1)}}{\partial a'}$; le terme précédent devient ainsi

$$- \frac{m'G h'}{2a'}\cos(nt - 2n't + \varepsilon - 2\varepsilon' + ft + \Gamma).$$

Considérons maintenant le terme $- m'B^{(2)}\cos 2(v' - v)$ de l'expression de R. Si l'on y substitue $a[1 + h\cos(nt + \varepsilon - ft - \Gamma)]$ au lieu de r, et $nt + \varepsilon - 2h\sin(nt + \varepsilon - ft - \Gamma)$ au lieu de v, il en résultera le terme

$$- \frac{m'h}{2}\left(a\frac{\partial B^{(2)}}{\partial a} + 4B^{(2)}\right)\cos(nt - 2n't + \varepsilon - 2\varepsilon' + ft + \Gamma).$$

On a, par l'article V,

$$F = a^2\frac{\partial B^{(2)}}{\partial a} + \frac{2n}{n-n'}aB^{(1)},$$

d'où il suit que, n étant à fort peu près égal à $2n'$, on peut substituer $\frac{F}{a}$ au lieu de $a\frac{\partial B^{(2)}}{\partial a} + 4B^{(2)}$; le terme précédent se réduit, par cette substitution, à celui-ci :

$$- \frac{m'F h}{2a}\cos(nt - 2n't + \varepsilon - 2\varepsilon' + ft + \Gamma).$$

On s'assurera facilement que, si l'on n'a égard qu'à l'action du satellite m', la fonction R ne renferme point d'autres termes dépendants de l'angle $nt - 2n't + \varepsilon - 2\varepsilon'$, et que l'action du Soleil et des autres satellites sur m n'en produit point de semblables, en ayant même égard au rapport qui existe entre les moyens mouvements des trois premiers satellites, et dont nous avons parlé dans l'article V. En ne considérant donc que les termes affectés du double signe intégral et qui dépendent de l'angle $nt - 2n't + \varepsilon - 2\varepsilon'$, et en négligeant les carrés des excentricités des orbites, l'équation (2) de l'article II donnera

$$\delta v = - \frac{3n^2 m'}{2(n - 2n' + f)^2}\left(\mathrm{F}h + \frac{a}{a'}\mathrm{G}h'\right)\sin(nt - 2n't + \varepsilon - 2\varepsilon' + ft + \Gamma).$$

Il est facile d'en conclure la partie de $\delta v'$ qui dépend du même angle. Pour cela nous observerons que si l'on réunit les deux valeurs de δv et de $\delta v'$ qui résultent de la formule (2) de l'article II, si l'on n'a égard qu'aux termes qui renferment de doubles intégrales et que l'on néglige les carrés des excentricités des orbites, on aura

$$\frac{\delta v}{anm'} + \frac{\delta v'}{a'n'm} = 3\int dt \int\left(\frac{d\mathrm{R}}{m'} + \frac{d'\mathrm{R}'}{m}\right),$$

R' étant ce que devient R relativement au second satellite et la caractéristique différentielle d' se rapportant aux seules coordonnées de ce satellite.

Si dans l'expression de R de l'article I on n'a égard qu'à l'action de Jupiter et du satellite m', on aura, en négligeant le produit de m' par V et ses différences partielles,

$$\int\frac{d\mathrm{R}}{m'} = - \frac{1 + m}{m'}\mathrm{V} + \int\frac{x'\,dx + y'\,dy + z'\,dz}{r'^3}$$
$$- \int d[(x' - x)^2 + (y' - y)^2 + (z' - z)^2]^{-\frac{1}{2}};$$

or, on a, à très peu près,

$$\frac{x'}{r'^3} = - \frac{d^2 x'}{dt^2}, \qquad \frac{y'}{r'^3} = - \frac{d^2 y'}{dt^2}, \qquad \frac{z'}{r'^3} = - \frac{d^2 z'}{dt^2},$$

partant

$$\int\frac{d\mathrm{R}}{m'} = - \frac{1 + m}{m'}\mathrm{V} - \int\frac{dx\,d^2 x' + dy\,d^2 y' + dz\,d^2 z'}{dt^2}$$
$$- \int d[(x' - x)^2 + (y' - y)^2 + (z' - z)^2]^{-\frac{1}{2}}.$$

On trouvera de la même manière, en n'ayant égard qu'à l'action de Jupiter et du satellite m sur m',

$$\int \frac{\mathrm{d}'R'}{m} = -\frac{1+m'}{m}\,V' - \int \frac{dx'\,d^2x + dy'\,d^2y + dz'\,d^2z}{dt^2}$$
$$-\int \mathrm{d}'\left[(x'-x)^2 + (y'-y)^2 + (z'-z)^2\right]^{-\frac{1}{2}},$$

partant

$$\int\left(\frac{\mathrm{d}R}{m'} + \frac{\mathrm{d}'R'}{m}\right) = -\frac{1+m}{m'}\,V - \frac{1+m'}{m}\,V' - \frac{dx\,dx' + dy\,dy' + dz\,dz'}{dt^2}$$
$$-\left[(x'-x)^2 + (y'-y)^2 + (z'-z)^2\right]^{-\frac{1}{2}}.$$

Si l'on substitue cette valeur dans l'expression précédente de

$$\frac{\delta v}{anm'} + \frac{\delta v'}{a'n'm},$$

il est visible qu'il ne peut en résulter de termes divisés par

$$(n-2n'+f)^2;$$

en n'ayant donc égard qu'aux termes qui ont ce diviseur, on aura

$$\frac{\delta v}{anm'} + \frac{\delta v'}{a'n'm} = 0$$

et, par conséquent,

$$\delta v' = -\frac{a'n'm}{anm'}\,\delta v = -\frac{a'm}{2am'}\,\delta v,$$

à cause de $n = 2n'$ à très peu près. Partant

$$\delta v' = \frac{3n'^2m}{(n-2n'+f)^2}\,\frac{a'}{a}\left(Fh + \frac{a}{a'}\,Gh'\right)\sin(nt - 2n't + \varepsilon - 2\varepsilon' + ft + \Gamma).$$

Le second satellite étant relativement au troisième ce que le premier est relativement au second, on aura la partie de $\delta v'$ qui dépend de l'angle $n't - 2n''t + \varepsilon' - 2\varepsilon'' + ft + \Gamma$ en changeant dans l'expression précédente de δv les quantités m', n, n', ε, ε', a, a', F, G, h et h' dans m'', n', n'', ε', ε'', a', a'', F', G', h' et h'', ce qui donne

$$\delta v' = -\frac{3m''n'^2}{2(n'-2n''+f)^2}\left(F'h' + \frac{a'}{a''}\,G'h''\right)\sin(n't - 2n''t + \varepsilon' - 2\varepsilon'' + ft + \Gamma).$$

On peut réunir dans un seul terme les deux parties de $\delta v'$ au moyen des relations données dans l'article V entre les moyens mouvements et les époques des longitudes moyennes des trois premiers satellites: on a, en vertu de ces relations,

$$n' - 2n'' = n - 2n', \qquad n't - 2n''t + \varepsilon' - 2\varepsilon'' = nt - 2n't + \varepsilon - 2\varepsilon' - 180°;$$

on aura ainsi, après cette réunion,

$$\delta v' = -\frac{3n'^2}{(n-2n'+f)^2}\left[\frac{ma'}{a}\left(F h + \frac{a}{a'}G h'\right) + \frac{m''}{2}\left(F'h' + \frac{a'}{a''}G'h''\right)\right]\sin(nt - 2n't + \varepsilon - 2\varepsilon' + ft + \Gamma).$$

Enfin, la partie de $\delta v'$ due à l'action du premier satellite sur le second donnera pour la valeur correspondante de $\delta v''$ due à l'action du second satellite sur le troisième,

$$\delta v'' = -\frac{3m'n''^2}{(n-2n'+f)^2}\frac{a'}{a''}\left(F'h' + \frac{a'}{a''}G'h''\right)\sin(nt - 2n't + \varepsilon' - 2\varepsilon'' + ft + \Gamma).$$

Ces valeurs de δv, $\delta v'$ et $\delta v''$ sont les seuls termes sensibles parmi ceux qui dépendent à la fois des excentricités des orbites et des forces perturbatrices. Il est clair que les racines f_1, f_2, f_3 de l'équation en f donneront des termes semblables dans les expressions de δv, $\delta v'$, $\delta v''$, et que, pour avoir les valeurs complètes de ces quantités, il faut réunir ensemble ces différents termes.

<h2 style="text-align:center">IX.</h2>

Des inégalités des satellites qui dépendent de l'action du Soleil.

Il est facile de conclure des formules que nous avons données précédemment les perturbations des satellites qui dépendent de leur élongation au Soleil; mais la lenteur du mouvement de Jupiter dans son orbite donne une valeur sensible à quelques inégalités dépendantes de l'action du Soleil, et d'une espèce différente de celles que nous avons considérées jusqu'ici. Nous allons donc examiner particulièrement les inégalités des satellites dues à l'action du Soleil en les tirant immédiatement des équations différentielles de l'article II.

Si l'on n'a égard qu'à l'action du Soleil, on a, par l'article I,

$$R = S \frac{x X + y Y + z Z}{D^3} - S[D^2 - 2(x X + y Y + z Z) + r^2]^{-\frac{1}{2}}.$$

En réduisant cette expression de R en série et en négligeant les termes de l'ordre $\frac{1}{D^4}$, on aura

$$R = \frac{S}{2 D^3}\left[r^2 - 3\frac{(x X + y Y + z Z)^2}{D^2}\right] - \frac{S}{D}.$$

Si l'on néglige les carrés des inclinaisons des orbites et qu'ainsi l'on suppose

$$X = D \cos \Pi, \qquad Y = D \sin \Pi,$$
$$x = r \cos v, \qquad y = r \sin v,$$

on aura

$$R = -\frac{S}{D} - \frac{S r^2}{4 D^3}[1 + 3 \cos 2(v - \Pi)],$$

et l'équation différentielle (1) de l'article II deviendra

$$0 = \frac{d^2(r\, \partial r)}{dt^2} + \frac{(1 + m) r\, \partial r}{r^3} - \frac{S}{2}\int d\left[\frac{r^2}{D^3} + \frac{3 r^2}{D^3}\cos 2(v - \Pi)\right]$$
$$- \frac{S r^2}{2 D^3}[1 + 3 \cos 2(v - \Pi)].$$

Si, dans cette équation, on substitue au lieu de Π la longitude moyenne du Soleil vu de Jupiter, et qui est égale à

$$180° + M t + A,$$

$M t + A$ étant la longitude moyenne de Jupiter; si l'on substitue encore

$$a[1 + h \cos(n t + \varepsilon - f t - \Gamma)]$$

au lieu de r, et

$$n t + \varepsilon - 2 h \sin(n t + \varepsilon - f t - \Gamma)$$

au lieu de v, on aura un terme dépendant de l'angle

$$n t + \varepsilon - 2 M t - 2 A + f t + \Gamma,$$

et qui, acquérant, par l'intégration, un très petit diviseur, peut

devenir sensible, quoique multiplié par h; il est donc nécessaire
d'y avoir égard. Ainsi, en négligeant M relativement à n, en nommant D' la moyenne distance de Jupiter au Soleil, et en observant
que l'on a, à très peu près, $M^2 = \frac{S}{D'^3}$, l'équation différentielle précédente deviendra

$$o = \frac{d^2(r\,\delta r)}{a^2\,dt^2} + N^2\,\frac{r\,\delta r}{a^2} - \tfrac{1}{2}M^2 - 3M^2\cos 2(nt - Mt + \varepsilon - A)$$
$$- 9M^2 h\cos(nt - 2Mt + ft + \varepsilon - 2A + \Gamma).$$

Nous n'aurons égard, dans la valeur de $\frac{r\,\delta r}{a^2}$, qu'aux termes qui dépendent des deux angles

$$2nt - 2Mt + 2\varepsilon - 2A \quad \text{et} \quad nt - 2Mt + ft + \varepsilon - 2A + \Gamma,$$

parce que nous avons déjà considéré, dans nos articles précédents, les
termes de cette valeur, qui sont constants, et ceux qui contribuent aux
variations de l'excentricité et de l'aphélie. Cela posé, on aura, en intégrant l'équation précédente et en négligeant M, f et $N - n$ vis-à-vis
de n,

$$\frac{r\,\delta r}{a^2} = -\frac{M^2}{n^2}\cos 2(nt - Mt + \varepsilon - A)$$
$$+ \frac{9M^2 h}{2n(2M + N - n - f)}\cos(nt - 2Mt + ft + \varepsilon - 2A + \Gamma).$$

Si l'on substitue cette valeur dans la formule (2) de l'article II, on
trouvera, en n'ayant égard qu'aux mêmes arguments,

$$\delta v = \frac{11}{8}\frac{M^2}{n^2}\sin(2nt - 2Mt + 2\varepsilon - 2A)$$
$$- \frac{9M^2 h}{n(2M + N - n - f)}\sin(nt - 2Mt + ft + \varepsilon - 2A + \Gamma).$$

La valeur de δv renferme encore un terme sensible dépendant de l'excentricité de l'orbite de Jupiter. En effet, si dans le terme $-\frac{S\,r^2}{4D'^3}$ de l'expression de R on substitue au lieu de D sa valeur

$$D'[1 + E\cos(Mt + A - B)],$$

E étant l'excentricité de l'orbite de Jupiter et B étant la longitude de son aphélie, ce terme deviendra

$$-\frac{M^2 r^2}{4}[1 - 3E\cos(Mt + A - B)].$$

La partie $2an\int dt\, r\frac{\partial R}{\partial r}$ de l'expression de δv de l'article II produira donc le terme

$$\frac{3M}{n}E\sin(Mt + A - B).$$

En rassemblant ces différents termes, on aura, par l'action du Soleil,

$$\delta v = \frac{11 M^2}{8 n^2}\sin(2nt - 2Mt + 2\varepsilon - 2A)$$
$$- \frac{9 M^2 h}{n(2M + N - n - f)}\sin(nt - 2Mt + ft + \varepsilon - 2A + \Gamma)$$
$$+ \frac{3M}{n}E\sin(Mt + A - B).$$

Le premier de ces termes répond à la variation dans la théorie de la Lune; le second terme répond à l'évection et le troisième terme répond à l'équation annuelle.

L'action du Soleil sur les satellites produit encore, dans leurs mouvements, des inégalités sensibles dépendantes des variations séculaires de l'orbite et de l'équateur de Jupiter; ces inégalités sont analogues à celle que j'ai reconnue dans le moyen mouvement de la Lune, et dont j'ai donné les lois et la cause dans nos *Mémoires* pour l'année 1786 (¹) : on pourra les déterminer par l'analyse dont j'ai fait usage dans les *Mémoires* cités; mais, comme dans l'intervalle de deux ou trois siècles elles se confondent avec les moyens mouvements des satellites, il est présentement inutile d'y avoir égard.

(¹) Ci-dessus, p. 243 et suivantes.

X.

Du mouvement des satellites en latitude.

Pour déterminer ce mouvement, nous reprendrons l'équation (3)
de l'article II,

$$0 = \frac{d^2 z}{dt^2} + \frac{(1 + m)z}{r^3} + \frac{\partial R}{\partial z}.$$

Si l'on néglige les produits de trois dimensions de z et de z' et celui
de V' par m', on aura par l'article I, en n'ayant égard qu'à l'action de
Jupiter et du satellite m',

$$\frac{\partial R}{\partial z} = \frac{m' z'}{r'^3} - \frac{m'(z' - z)}{[r^2 - 2rr'\cos(v' - v) + r'^2]^{\frac{3}{2}}} - (1 + m)\frac{\partial V}{\partial z}.$$

Pour déterminer $\frac{\partial V}{\partial z}$, nous observerons que l'on a, par l'article III,

$$V = - \frac{(\rho - \tfrac{1}{2}\varphi)(\mu^2 - \tfrac{1}{3})}{r^3}.$$

Supposons que z_1 soit ce que devient z, dans la supposition où le
satellite m serait mû sur le plan même de l'équateur de Jupiter; on
aura $z - z_1 = r\mu$ et, par conséquent,

$$V = - \frac{(\rho - \tfrac{1}{2}\varphi)(z - z_1)^2}{r^5} + \frac{\rho - \tfrac{1}{2}\varphi}{3r^3},$$

ce qui donne, en observant que $r^2 = x^2 + y^2 + z^2$ et en négligeant les
termes de l'ordre z^3,

$$\frac{\partial V}{\partial z} = \frac{(\rho - \tfrac{1}{2}\varphi)(2z_1 - 3z)}{r^5};$$

l'équation différentielle en z deviendra ainsi

$$0 = \frac{d^2 z}{dt^2} + \frac{(1 + m)z}{r^3}\left(1 + 3\frac{\rho - \tfrac{1}{2}\varphi}{r^2}\right) - 2\frac{(1 + m)(\rho - \tfrac{1}{2}\varphi)z_1}{r^5}$$
$$+ \frac{m' z'}{r'^3} + \frac{m'(z - z')}{[r^2 - 2rr'\cos(v' - v) + r'^2]^{\frac{3}{2}}}.$$

Nous négligerons ici les termes dépendants à la fois des excentricités
et des inclinaisons des orbites ; nous supposerons conséquemment
dans l'équation précédente

$$r = a + \delta r, \qquad r' = a', \qquad v = nt + \varepsilon, \qquad v' = n't + \varepsilon';$$

nous supposerons ensuite $z = rs$, $z_1 = rs_1$, $z' = r's'$, en sorte que s et s'
seront les sinus des latitudes des satellites m et m' au-dessus du plan
fixe, sinus que l'on pourra confondre avec les latitudes elles-mêmes,
à cause de leur petitesse ; s_1 sera la latitude de la projection du satellite m sur le plan de l'équateur. Cela posé, l'équation différentielle
précédente se changera dans la suivante, en y substituant n^2 au lieu
de $\frac{1+m}{a^3}$,

$$o = \frac{d^2 s}{dt^2} + n^2 s \left(1 - 3\frac{\delta r}{a} + 3\frac{\rho - \frac{1}{2}\varphi}{a^2} \right)$$

$$+ \frac{2\, ds\, d\delta r}{a\, dt^2} + \frac{s\, d^2 \delta r}{a\, dt^2} - \frac{2 n^2 (\rho - \frac{1}{2}\varphi)}{a^2} s_1$$

$$+ \frac{n^2 m' a^2}{a'^2} s' + \frac{n^2 m' a^2 \left(s - \frac{a's'}{a} \right)}{\left[a^2 - 2 aa' \cos(n't - nt + \varepsilon' - \varepsilon) + a'^2 \right]^{\frac{3}{2}}}.$$

Nous suivrons pour déterminer s, s_1, s' le même procédé qui nous a
servi dans l'article VII à déterminer $\frac{r\, \delta r}{a^2}$, $\frac{r'\, \delta r'}{a'^2}$, …. Ainsi nous n'aurons d'abord égard qu'aux termes qui dépendent du sinus et du
cosinus de l'angle $nt + \varepsilon$. Pour cela, il faut conserver dans l'équation
différentielle les termes dans lesquels s et s_1 sont multipliés par des
constantes ; il faut retenir encore ceux dans lesquels s' est multiplié
par $\cos(n't - nt + \varepsilon' - \varepsilon)$, parce que le produit de ces deux quantités
donne un terme dépendant de l'angle $nt + \varepsilon$.

Maintenant, si l'on suppose $\frac{a}{a'} = \alpha$, on a, par l'article VI,

$$\frac{1}{(a^2 - 2 aa' \cos(n't - nt + \varepsilon' - \varepsilon) + a'^2)^{\frac{3}{2}}}$$
$$= \frac{1}{a'^3} \left[\frac{1}{2} b_{\frac{3}{2}}^{(0)} + b_{\frac{3}{2}}^{(1)} \cos(n't - nt + \varepsilon' - \varepsilon) + b_{\frac{3}{2}}^{(2)} \cos 2(n't - nt + \varepsilon' - \varepsilon) + \dots \right];$$

l'équation différentielle en s deviendra donc

$$0 = \frac{d^2 s}{dt^2} + n^2 s\left(1 - \frac{3\,\delta a}{a} + 3\frac{\rho - \frac{1}{2}\varphi}{a^3} + \frac{m'\alpha^3}{2}b^{(0)}_{\frac{3}{2}}\right)$$
$$- 2n^2 \frac{\rho - \frac{1}{2}\varphi}{a^3}s_1 - n^2 m'\alpha^2 b^{(1)}_{\frac{3}{2}}s'\cos(n't - nt + \varepsilon' - \varepsilon).$$

Or on a, par l'article IV,

$$\frac{3\,\delta a}{a} = \frac{\rho - \frac{1}{2}\varphi}{a^3} - \frac{1}{2}m'\alpha^2 \frac{db^{(0)}_{\frac{1}{2}}}{d\alpha},$$

partant

$$0 = \frac{d^2 s}{dt^2} + n^2 s\left[1 + 2\frac{\rho - \frac{1}{2}\varphi}{a^3} + \frac{1}{2}m'\alpha^2\left(\alpha b^{(0)}_{\frac{3}{2}} + \frac{db^{(0)}_{\frac{1}{2}}}{d\alpha}\right)\right]$$
$$- 2n^2 \frac{\rho - \frac{1}{2}\varphi}{a^3}s_1 - n^2 m'\alpha^2 b^{(1)}_{\frac{3}{2}}s'\cos(n't - nt + \varepsilon' - \varepsilon).$$

Pour intégrer cette équation différentielle, supposons

$$s = l\,\sin(nt + \varepsilon + pt - \Lambda),$$
$$s' = l'\sin(n't + \varepsilon' + pt - \Lambda),$$
$$s_1 = L\,\sin(nt + \varepsilon + pt - \Lambda);$$

la comparaison des coefficients de $\sin(nt + \varepsilon + pt - \Lambda)$ donnera

$$0 = l\left[\frac{p}{n} - \frac{\rho - \frac{1}{2}\varphi}{a^3} - \frac{1}{2}m'\alpha^2\left(\alpha b^{(0)}_{\frac{3}{2}} + \frac{db^{(0)}_{\frac{1}{2}}}{d\alpha}\right)\right] + \frac{\rho - \frac{1}{2}\varphi}{a^3}L + \frac{m'\alpha^2 b^{(1)}_{\frac{3}{2}}l'}{4}.$$

On trouvera facilement, par l'article VI,

$$\alpha b^{(0)}_{\frac{3}{2}} + \frac{db^{(0)}_{\frac{1}{2}}}{d\alpha} = - \frac{3 b^{(1)}_{-\frac{1}{2}}}{(1 - \alpha^2)^2} = b^{(1)}_{\frac{3}{2}};$$

en multipliant donc par $n\mathrm{T}$ l'équation précédente entre l, l' et L, T étant la durée d'une année julienne, on aura

$$0 = l\left[p\mathrm{T} - \frac{\rho - \frac{1}{2}\varphi}{a^3}n\mathrm{T} + \frac{3m'n\mathrm{T}}{4}\frac{\alpha^2 b^{(1)}_{-\frac{1}{2}}}{(1 - \alpha^2)^2}\right] + \frac{\rho - \frac{1}{2}\varphi}{a^3}n\mathrm{TL} - \frac{3m'n\mathrm{T}}{4}\frac{\alpha^2 b^{(1)}_{-\frac{1}{2}}}{(1 - \alpha^2)^2}l'.$$

On a, par l'article VII,

$$\frac{\rho - \frac{1}{2}\varphi}{a^3}n\mathrm{T} = (0), \qquad -\frac{3m'n\mathrm{T}}{4}\frac{\alpha^2 b^{(1)}_{-\frac{1}{2}}}{(1 - \alpha^2)^2} = (0,1);$$

ainsi, en supposant $p\mathrm{T} = q$, on aura

$$0 = l[q - (\mathrm{o}) - (\mathrm{o},\mathrm{1})] + (\mathrm{o})\mathrm{L} + (\mathrm{o},\mathrm{1})l'.$$

L'action des satellites m'', m''' et celle du Soleil ajoutent à cette équation des termes analogues à ceux que produit l'action de m', et l'on trouvera, comme dans l'article VII, que, si l'on nomme l'', l''' et L', relativement aux satellites m'', m''' et au Soleil, ce que l et l' sont relativement à m et m', on aura, en vertu des actions réunies de Jupiter, des satellites et du Soleil,

$$(k) \quad \begin{cases} 0 = l\big[q - (\mathrm{o}) - \boxed{\mathrm{o}} - (\mathrm{o},\mathrm{1}) - (\mathrm{o},\mathrm{2}) - (\mathrm{o},3)\big] \\ \quad + (\mathrm{o})\mathrm{L} + (\mathrm{o},\mathrm{1})l' + (\mathrm{o},\mathrm{2})l'' + (\mathrm{o},3)l''' + \boxed{\mathrm{o}}\,\mathrm{L}'. \end{cases}$$

On trouvera de la même manière

$$(k') \quad \begin{cases} 0 = l'\big[q - (\mathrm{1}) - \boxed{\mathrm{1}} - (\mathrm{1},\mathrm{o}) - (\mathrm{1},\mathrm{2}) - (\mathrm{1},3)\big] \\ \quad + (\mathrm{1})\mathrm{L} + (\mathrm{1},\mathrm{o})l + (\mathrm{1},\mathrm{2})l'' + (\mathrm{1},3)l''' + \boxed{\mathrm{1}}\,\mathrm{L}', \end{cases}$$

$$(k'') \quad \begin{cases} 0 = l''\big[q - (\mathrm{2}) - \boxed{\mathrm{2}} - (\mathrm{2},\mathrm{o}) - (\mathrm{2},\mathrm{1}) - (\mathrm{2},3)\big] \\ \quad + (\mathrm{2})\mathrm{L} + (\mathrm{2},\mathrm{o})l + (\mathrm{2},\mathrm{1})l' + (\mathrm{2},3)l''' + \boxed{\mathrm{2}}\,\mathrm{L}', \end{cases}$$

$$(k''') \quad \begin{cases} 0 = l'''\big[q - (3) - \boxed{3} - (3,\mathrm{o}) - (3,\mathrm{1}) - (3,\mathrm{2})\big] \\ \quad + (3)\mathrm{L} + (3,\mathrm{o})l + (3,\mathrm{1})l' + (3,\mathrm{2})l'' + \boxed{3}\,\mathrm{L}'. \end{cases}$$

Il existe encore entre les quantités l, l', l'', l''', L, L' et q d'autres équations qu'il est nécessaire de considérer. La valeur de L' dépend du déplacement de l'orbite de Jupiter; or il est clair que les satellites et la figure de Jupiter ne peuvent influer que d'une manière insensible sur ce déplacement. Ainsi les équations qui déterminent L' sont indépendantes de l, l', l'', l''', et nous pouvons supposer L' = o lorsque nous déterminerons les valeurs des quantités précédentes relatives à l'action de Jupiter et des satellites.

La valeur de L dépend du déplacement de l'équateur de Jupiter; or ce plan change en vertu des actions réunies du Soleil et des satellites;

L dépend donc des quantités l, l', l'', l''' et L'. Je trouve, par une analyse qu'il serait trop long d'exposer ici, que, si l'on suppose

$$E = \frac{3\chi \int \square R^2 \, dR}{2 \int \square R^4 \, dR},$$

χ étant le rapport de la durée de la rotation de Jupiter à la durée de sa révolution sidérale, $\square$ étant la densité d'une couche de Jupiter dont le rayon est R, et les intégrales étant prises depuis R $=$ o jusqu'à R égal au rayon de l'équateur de Jupiter, que nous prendrons pour unité de distance, on a

$$(k^{\mathrm{IV}}) \quad \left\{ \begin{aligned} & 0 = qL - E(\rho - \tfrac{1}{2}\varphi)MT(L - L') \\ & \quad - \frac{na\sqrt{\bar{a}}\,E}{M}\big[m(0)\sqrt{\bar{a}}(L - l) + m'(1)\sqrt{\bar{a'}}(L - l') \\ & \qquad\qquad + m''(2)\sqrt{\bar{a''}}(L - l'') + m'''(3)\sqrt{\bar{a'''}}(L - l''') \big], \end{aligned} \right.$$

équation dans laquelle on doit observer que T est la durée d'une année julienne, que MT est le moyen mouvement sidéral de Jupiter dans cet intervalle, et que $\frac{n}{M}$ est le rapport de la durée d'une révolution sidérale de Jupiter à la durée d'une révolution sidérale du satellite m.

Considérons d'abord les valeurs de l, l', l'', l''', qui sont relatives au déplacement de l'orbite et de l'équateur de Jupiter. Pour cela, nous donnerons aux équations (k), (k'), (k''), (k''') les formes suivantes :

$$0 = (L - l)\big[q - (0) - \boxed{0} - (0,1) - (0,2) - (0,3) \big] - qL$$
$$\quad + (0,1)(L - l') + (0,2)(L - l'') + (0,3)(L - l''') + \boxed{0}(L - L'),$$

$$0 = (L - l')\big[q - (1) - \boxed{1} - (1,0) - (1,2) - (1,3) \big] - qL$$
$$\quad + (1,0)(L - l) + (1,2)(L - l'') + (1,3)(L - l''') + \boxed{1}(L - L'),$$

$$0 = (L - l'')\big[q - (2) - \boxed{2} - (2,0) - (2,1) - (2,3) \big] - qL$$
$$\quad + (2,0)(L - l) + (2,1)(L - l') + (2,3)(L - l''') + \boxed{2}(L - L'),$$

$$0 = (L - l''')\big[q - (3) - \boxed{3} - (3,0) - (3,1) - (3,2) \big] - qL$$
$$\quad + (3,0)(L - l) + (3,1)(L - l') + (3,2)(L - l'') + \boxed{3}(L - L').$$

Si l'on substitue dans ces équations, au lieu de qL, sa valeur donnée par l'équation (k^{iv}), on aura quatre équations entre les indéterminées L $- l$, L $- l'$, L $- l''$, L $- l'''$, L $-$ L′ et q.

Supposons maintenant que la valeur de q soit relative au déplacement de l'orbite de Jupiter et au mouvement moyen des équinoxes de son équateur. Cette valeur est considérablement plus petite que (0), (1), (2), (3), ($0,1$), …, parce que l'orbite et les équinoxes de Jupiter se meuvent avec beaucoup plus de lenteur que les orbites des satellites, comme on le verra ci-après. On peut donc alors négliger q vis-à-vis de (0), (1), …. On peut encore négliger, sans erreur sensible, vis-à-vis des mêmes quantités et même relativement à

$$\boxed{0}\,,\quad \boxed{1}\,,\quad \boxed{2}\quad \text{et}\quad \boxed{3}\,,$$

les quantités suivantes :

$$\text{E}(\rho - \tfrac{1}{2}\varphi)\text{MT},\quad \frac{na\sqrt{a}}{\text{M}}\,\text{E}\,m(0)\sqrt{a},\quad \frac{na\sqrt{a}}{\text{M}}\,\text{E}\,m'(1)\sqrt{a'},\ \ \dots$$

Cela posé, si l'on fait
$$\text{L} - l = \nu\,(\text{L} - \text{L}'),$$
$$\text{L} - l' = \nu'\,(\text{L} - \text{L}'),$$
$$\text{L} - l'' = \nu''\,(\text{L} - \text{L}'),$$
$$\text{L} - l''' = \nu'''\,(\text{L} - \text{L}'),$$

on aura, pour déterminer ν, ν', ν'', ν''', les quatre équations suivantes :

$$(\text{L})\ \begin{cases}
0 = \nu\left[(0) + \boxed{0} + (0,1) + (0,2) + (0,3)\right] - (0,1)\nu' - (0,2)\nu'' - (0,3)\nu''' - \boxed{0}\,,\\[4pt]
0 = \nu'\left[(1) + \boxed{1} + (1,0) + (1,2) + (1,3)\right] - (1,0)\nu - (1,2)\nu'' - (1,3)\nu''' - \boxed{1}\,,\\[4pt]
0 = \nu''\left[(2) + \boxed{2} + (2,0) + (2,1) + (2,3)\right] - (2,0)\nu - (2,1)\nu' - (2,3)\nu''' - \boxed{2}\,,\\[4pt]
0 = \nu'''\left[(3) + \boxed{3} + (3,0) + (3,1) + (3,2)\right] - (3,0)\nu - (3,1)\nu' - (3,2)\nu'' - \boxed{3}\,.
\end{cases}$$

La latitude du satellite m au-dessus de l'orbite de Jupiter est égale à $\Sigma(l - \text{L}')\sin(nt + \varepsilon + pt - \Lambda)$, la caractéristique intégrale Σ servant ici à désigner la somme de tous les termes de la forme

$$(l - \text{L}')\sin(nt + \varepsilon + pt - \Lambda)$$

qui entrent dans l'expression de la latitude du satellite au-dessus de
l'orbite de Jupiter. Si l'on n'a égard qu'aux termes qui dépendent du
déplacement de l'orbite et de l'équateur de Jupiter, on a

$$\mathbf{L} - l = v(\mathbf{L} - \mathbf{L'})$$

et, par conséquent,

$$l - \mathbf{L'} = (1 - v)(\mathbf{L} - \mathbf{L'});$$

ainsi, en n'ayant égard qu'à ces termes, on aura

$$\Sigma(l - \mathbf{L'})\sin(nt + \varepsilon + pt - \Lambda) = (1 - v)\Sigma(\mathbf{L} - \mathbf{L'})\sin(nt + \varepsilon + pt - \Lambda).$$

Si le satellite m était mû dans le plan de l'équateur de Jupiter, sa
latitude au-dessus du plan de l'orbite de Jupiter serait

$$\Sigma(\mathbf{L} - \mathbf{L'})\sin(nt + \varepsilon + pt - \Lambda);$$

l'expression

$$(1 - v)\Sigma(\mathbf{L} - \mathbf{L'})\sin(nt + \varepsilon + pt - \Lambda)$$

de la latitude du satellite au-dessus de l'orbite de Jupiter est donc la
même que si le satellite était mû sur un plan qui passerait entre les
plans de l'équateur et de l'orbite de Jupiter par la commune intersection de ces deux derniers plans, et dont l'inclinaison sur le plan de
l'orbite serait à l'inclinaison de l'équateur sur l'orbite dans le rapport
de $1 - v$ à l'unité. Soient donc Ψ l'inclinaison de l'équateur de Jupiter sur le plan de son orbite, et I la longitude de son nœud ascendant sur cette orbite, cette longitude étant rapportée à l'axe fixe
des x; la latitude du satellite m au-dessus de l'orbite de Jupiter sera,
en n'ayant égard qu'aux termes qui dépendent du déplacement de
l'équateur et de l'orbite de cette planète,

$$(1 - v)\Psi\sin(nt + \varepsilon - \mathbf{I}).$$

Considérons les valeurs de l, l', l'', l''' et q qui dépendent de l'action
de Jupiter et de ses satellites; la valeur de q est alors beaucoup plus
grande que les quantités $\mathrm{E}(\rho - \frac{1}{2}\varphi)\mathrm{MT}$, $\dfrac{na\sqrt{a}}{\mathrm{M}}\mathrm{E}m(o)\sqrt{a}$, ...; ainsi
la valeur de L est, en vertu de l'équation (k^{IV}), extrêmement petite;
d'où il suit que le mouvement de l'équateur de Jupiter dépendant du

mouvement des orbites des satellites est insensible. On peut donc, dans les équations (k), (k'), (k''), (k'''), supposer $q\mathrm{L} = 0$ et $\mathrm{L}' = 0$; si de plus on y suppose

$$l' = \lambda l, \qquad l'' = \lambda' l, \qquad l''' = \lambda'' l,$$

on aura quatre équations entre les indéterminées λ, λ', λ'' et q, d'où l'on tirera q au moyen d'une équation du quatrième degré. Soient q, q_1, q_2, q_3 les quatre racines de cette équation, et désignons par

$$\lambda_1, \quad \lambda'_1, \quad \lambda''_1, \qquad \lambda_2, \quad \lambda'_2, \quad \lambda''_2, \qquad \lambda_3, \quad \lambda'_3, \quad \lambda''_3$$

ce que deviennent λ, λ', λ'' lorsque l'on y change successivement q dans q_1, q_2 et q_3; supposons enfin que s, s', s'', s''', au lieu d'exprimer comme ci-dessus les latitudes des satellites m, m', m'', m''' au-dessus du plan fixe, expriment leurs latitudes au-dessus de l'orbite de Jupiter, latitudes qu'il nous importe de connaitre dans le calcul des éclipses; nous aurons

$$
\begin{aligned}
s = {}& (1 - \nu)\,\Psi \sin(nt + \varepsilon - \mathrm{I})\\
& + l \,\sin(nt + \varepsilon + qt - \Lambda)\\
& + l_1 \sin(nt + \varepsilon + q_1 t - \Lambda_1)\\
& + l_2 \sin(nt + \varepsilon + q_2 t - \Lambda_2)\\
& + l_3 \sin(nt + \varepsilon + q_3 t - \Lambda_3),
\end{aligned}
$$

$$
\begin{aligned}
s' = {}& (1 - \nu')\,\Psi \sin(n't + \varepsilon' - \mathrm{I})\\
& + \lambda\, l \,\sin(n't + \varepsilon' + qt - \Lambda)\\
& + \lambda_1 l_1 \sin(n't + \varepsilon' + q_1 t - \Lambda_1)\\
& + \lambda_2 l_2 \sin(n't + \varepsilon' + q_2 t - \Lambda_2)\\
& + \lambda_3 l_3 \sin(n't + \varepsilon' + q_3 t - \Lambda_3),
\end{aligned}
$$

$$
\begin{aligned}
s'' = {}& (1 - \nu'')\,\Psi \sin(n''t + \varepsilon'' - \mathrm{I})\\
& + \lambda'\, l \,\sin(n''t + \varepsilon'' + qt - \Lambda)\\
& + \lambda'_1 l_1 \sin(n''t + \varepsilon'' + q_1 t - \Lambda_1)\\
& + \lambda'_2 l_2 \sin(n''t + \varepsilon'' + q_2 t - \Lambda_2)\\
& + \lambda'_3 l_3 \sin(n''t + \varepsilon'' + q_3 t - \Lambda_3),
\end{aligned}
$$

$$
\begin{aligned}
s''' = {}& (1 - \nu''')\,\Psi \sin(n'''t + \varepsilon''' - \mathrm{I})\\
& + \lambda''\, l \,\sin(n'''t + \varepsilon''' + qt - \Lambda)\\
& + \lambda''_1 l_1 \sin(n'''t + \varepsilon''' + q_1 t - \Lambda_1)\\
& + \lambda''_2 l_2 \sin(n'''t + \varepsilon''' + q_2 t - \Lambda_2)\\
& + \lambda''_3 l_3 \sin(n'''t + \varepsilon''' + q_3 t - \Lambda_3),
\end{aligned}
$$

t étant ici le nombre des années juliennes écoulées depuis l'époque où l'on fixe l'origine du temps.

Les valeurs de l, Λ, l_1, Λ_1, l_2, Λ_2, l_3, Λ_3 sont constantes et arbitraires, mais les valeurs de Ψ et de I changent par le mouvement de l'orbite et des points équinoxiaux de Jupiter. Pour déterminer ces variations, nous observerons que l'on a, par ce qui précède,

$$\Psi \sin I = -\Sigma(L - L') \sin(qt - \Lambda),$$
$$\Psi \cos I = \Sigma(L - L') \cos(qt - \Lambda),$$

ce qui donne

$$\frac{d(\Psi \sin I)}{dt} = -\Sigma q(L - L') \cos(qt - \Lambda),$$
$$\frac{d(\Psi \cos I)}{dt} = -\Sigma q(L - L') \sin(qt - \Lambda).$$

Mais, si l'on nomme Ψ' l'inclinaison de l'orbite de Jupiter sur le plan fixe, et I' la longitude de son nœud ascendant sur ce plan, on a

$$\Psi' \sin I' = -\Sigma L' \sin(qt - \Lambda),$$
$$\Psi' \cos I' = \Sigma L' \cos(qt - \Lambda),$$

ce qui donne

$$\frac{d(\Psi' \sin I')}{dt} = -\Sigma q L' \cos(qt - \Lambda),$$
$$\frac{d(\Psi' \cos I')}{dt} = -\Sigma q L' \sin(qt - \Lambda):$$

de plus, le système des équations (k), (k'), (k''), (k''') et (k'''') donne pour qL une expression de cette forme

$$qL = 6(L - L').$$

On aura donc

$$\frac{d(\Psi \sin I)}{dt} = -6\Psi \cos I - \frac{d(\Psi' \sin I')}{dt},$$
$$\frac{d(\Psi \cos I)}{dt} = 6\Psi \sin I - \frac{d(\Psi' \cos I')}{dt},$$

d'où l'on tire

$$\frac{d\Psi}{dt} = -\frac{d\Psi'}{dt} \cos(I' - I) + \Psi' \frac{dI'}{dt} \sin(I' - I),$$
$$\Psi \frac{dI}{dt} = -6\Psi - \frac{d\Psi'}{dt} \sin(I' - I) - \Psi' \frac{dI'}{dt} \cos(I' - I),$$

t exprimant le nombre des années juliennes écoulées depuis l'origine du temps. Au moyen de ces équations, on aura les variations différentielles de Ψ et de I par celles de Ψ', I', qui sont données par la théorie de Jupiter; on pourra donc ainsi déterminer les variations séculaires du nœud et de l'inclinaison de l'équateur de Jupiter sur son orbite. Pour déterminer $\mathcal{C}$, l'équation (k^{IV}) donne

$$\mathcal{C} = E(\rho - \tfrac{1}{2}\varphi)MT$$
$$+ \frac{na\sqrt{a}}{M} E\left[m\nu(0)\sqrt{a} + m'\nu'(1)\sqrt{a'} + m''\nu''(2)\sqrt{a''} + m'''\nu'''(3)\sqrt{a'''} \right].$$

Si l'on multiplie les quatre équations (L) respectivement par $m\sqrt{a}$, $m'\sqrt{a'}$, $m''\sqrt{a''}$, $m'''\sqrt{a'''}$, et qu'ensuite on les ajoute, on aura, en vertu des relations trouvées dans l'article VII, entre les quantités $(0,1)$ et $(1,0)$, $(0,2)$ et $(2,0)$, ...,

$$m\nu(0)\sqrt{a} + m'\nu'(1)\sqrt{a'} + m''\nu''(2)\sqrt{a''} + m'''\nu'''(3)\sqrt{a'''}$$
$$= m\ \boxed{0}\ \sqrt{a}\,(1-\nu) + m'\ \boxed{1}\ \sqrt{a'}\,(1-\nu')$$
$$+ m''\ \boxed{2}\ \sqrt{a''}\,(1-\nu'') + m'''\ \boxed{3}\ \sqrt{a'''}\,(1-\nu''');$$

on a ensuite, par l'article VII,

$$\boxed{0}\ \sqrt{a} = \frac{3M^2T}{4n}\sqrt{a} = \frac{3M^2T}{4}a^2,$$

et l'on trouvera des expressions semblables pour

$$\boxed{1}\ \sqrt{a'}, \quad \boxed{2}\ \sqrt{a''}, \quad ....$$

On aura, cela posé, cette expression fort simple de $\mathcal{C}$,

$$\mathcal{C} = \frac{3EMT}{4}\left[\tfrac{1}{2}(\rho - \tfrac{1}{2}\varphi) + m(1-\nu)a^2 + m'(1-\nu')a'^2 + m''(1-\nu'')a''^2 + m'''(1-\nu''')a'''^2 \right].$$

XI.

Considérons présentement les inégalités périodiques du mouvement des satellites en latitude. Pour cela, nous reprendrons l'équation différentielle en s, de l'article précédent,

$$0 = \frac{d^2 s}{dt^2} + n^2 s \left[1 - \frac{3\partial r}{a} + \frac{3\left(\rho - \tfrac{1}{2}\varphi\right)}{a^2} \right] + \frac{2\,ds\,d\partial r}{a\,dt^2} + \frac{s\,d^2\partial r}{a\,dt^2} - 3 n^2 \frac{\rho - \tfrac{1}{2}\varphi}{a^2} s_i$$

$$+ \frac{n^2 m' a^2}{a'^3} s' + \frac{n^2 m' a^2 \left(s - \frac{a's'}{a} \right)}{\left[a^2 - 2 aa' \cos(n't - nt + \varepsilon' - \varepsilon) + a'^2 \right]^{\frac{3}{2}}}.$$

Si l'on prend pour plan fixe celui de l'orbite primitive de m, alors s sera de l'ordre des forces perturbatrices, et, en négligeant les produits de deux dimensions de ces forces, l'équation précédente deviendra

$$0 = \frac{d^2 s}{dt^2} + N^2 s - 2 n^2 \frac{\rho - \tfrac{1}{2}\varphi}{a^2} s_i$$

$$+ \frac{n^2 m' a^2}{a'^3} s' - \frac{n^2 m' a^2 a' s'}{\left[a^2 - 2 aa' \cos(n't - nt + \varepsilon' - \varepsilon) + a'^2 \right]^{\frac{3}{2}}},$$

s' étant ici la latitude de m' au-dessus de l'orbite primitive de m, et N^2 étant égal au coefficient constant de s dans l'équation différentielle en s, en sorte que nous pourrons supposer à fort peu près ici

$$N = n \left(1 + \frac{\rho - \tfrac{1}{2}\varphi}{a^2} \right).$$

Cela posé, les termes de l'équation différentielle, qui dépendent de l'angle $3nt - 4n't + 3\varepsilon - 4\varepsilon'$, acquièrent un grand diviseur par les intégrations, et peuvent par là devenir sensibles. En n'ayant égard qu'à ces termes, la fonction

$$\frac{- n^2 m' a^2 a' s'}{\left[a^2 - 2 aa' \cos(n't - nt + \varepsilon' - \varepsilon) + a'^2 \right]^{\frac{3}{2}}}$$

devient

$$- n^2 m' \frac{a^2}{a'^3} b_{\frac{3}{2}}^{(3)} s' \cos 3(nt - n't + \varepsilon - \varepsilon');$$

or on a

$$s' = (l' - l) \sin(n't + \varepsilon' + qt - \Lambda);$$

la fonction précédente donnera donc le terme

$$\frac{n^2 m' a^2}{2 a'^3} (l' - l) b_{\frac{3}{2}}^{(3)} \sin(3nt - 4n't + 3\varepsilon - 4\varepsilon' - qt + \Lambda).$$

En le substituant dans l'équation différentielle en s, on aura, après les intégrations,

$$s = -\frac{n^2 m' a^2 (l'-l) b_{\frac{3}{2}}^{(3)} \sin(3nt - 4n't + 3\varepsilon - 4\varepsilon' - qt + \Lambda)}{2a'^2 [(3n - 4n' - q)^2 - N^2]}.$$

Il est clair que les différentes valeurs de q et de $l'-l$ donneront dans l'expression de s autant de termes semblables au précédent.

Le diviseur $(3n - 4n' - q)^2$ est égal à

$$(3n - 4n' - N - q)(3n - 4n' + N - q),$$

q étant fort petit relativement à n, N étant très peu différent de n, et n étant à peu près égal à $2n'$; le facteur $3n - 4n' - N - q$ est fort petit, et le facteur $3n - 4n' + N - q$ est à peu près égal à $2n$, en sorte que le diviseur précédent se réduit à peu près à $2n(3n - 4n' - N - q)$, ce qui donne

$$s = \frac{m' a^2 n (l'-l) b_{\frac{3}{2}}^{(3)} \sin(3nt - 4n't + 3\varepsilon - 4\varepsilon' - qt + \Lambda)}{4a'^2 (3n - 4n' - N - q)}.$$

Ces inégalités de s surpassent considérablement toutes les autres qui résultent de l'action des satellites sur m, à cause de la petitesse du diviseur $3n - 4n' - N - q$; ce sont, par conséquent, les seules dues à cette action auxquelles il soit nécessaire d'avoir égard; mais l'action du Soleil produit dans la valeur de s une inégalité que la petitesse de son diviseur peut rendre sensible. Pour la déterminer, nous observerons que la fonction

$$\frac{-n^2 m' a^2 a' s'}{[a^2 - 2aa' \cos(n't - nt + \varepsilon - \varepsilon') + a'^2]^{\frac{3}{2}}}$$

devient, relativement au Soleil,

$$-\frac{n^2 S a^2 s'}{D'^2}\left[1 + \frac{3a}{D'} \cos(nt - Mt + \varepsilon - A)\right].$$

Or on a ici

$$s' = (L'-l) \sin(Mt + A + qt - \Lambda);$$

on a de plus

$$n^2 a^3 = 1 \qquad \text{et} \qquad \frac{S}{D^3} = M^1.$$

La fonction précédente donnera donc le terme

$$\tfrac{3}{2} M^1 (L' - l) \sin(nt - 2Mt + \varepsilon - 2A - qt + A);$$

en le substituant dans l'équation différentielle en s, on aura, après les intégrations,

$$s = \frac{3M^2 (L' - l) \sin(nt - 2Mt + \varepsilon - 2A - qt + A)}{2[(n - 2M - q)^2 - N^2]}.$$

Or on a

$$(n - 2M - q)^2 - N^2 = (n - 2M - N - q)(n - 2M + N - q).$$

Le facteur $n - 2M - N - q$ est très petit, et le facteur $n - 2M + N - q$ est, à fort peu près, égal à $2n$; en réunissant donc les parties périodiques de s, qui sont dues à l'action des satellites et du Soleil et qui peuvent être sensibles, on aura

$$s = \frac{m' a^3 n (l' - l) b_{\frac{3}{2}}^{(3)} \sin(3nt - 4n't + 3\varepsilon - 4\varepsilon' - qt + A)}{4 a'^3 (3n - 4n' - N - q)}$$
$$+ \frac{3M^2 (L' - l) \sin(nt - 2Mt + \varepsilon - 2A - qt + A)}{4n(n - 2M - N - q)}.$$

Cette valeur de s est la partie périodique de la latitude du satellite m au-dessus de son orbite primitive; il est clair que, en l'ajoutant à la valeur de s, déterminée dans l'article précédent, on aura l'expression complète de la latitude du premier satellite au-dessus de l'orbite de Jupiter. On déterminera la valeur de $b_{\frac{3}{2}}^{(3)}$ au moyen de la formule

$$b_{\frac{3}{2}}^{(3)} = \frac{7(1 + \alpha^2) b_{\frac{1}{2}}^{(3)} - 14 \alpha b_{\frac{1}{2}}^{(1)}}{(1 - \alpha^2)^2},$$

qu'il est aisé de conclure des formules de l'article VI.

Considérons de la même manière les inégalités périodiques du mouvement en latitude du second satellite au-dessus du plan de son orbite primitive. L'équation différentielle en s deviendra, relativement au second satellite, en n'ayant égard qu'à l'action du premier,

$$0 = \frac{d^2 s'}{dt^2} + N'^2 s' - \frac{2 n'^2 \left(\rho - \frac{1}{2}\varphi\right)}{a'^2} s'$$
$$+ \frac{n'^2 m a'^2}{a^2} s - \frac{n'^2 m a'^2 a s}{\left[a^2 - 2 a a' \cos(n' t - n t + \varepsilon' - \varepsilon) + a'^2\right]^{\frac{3}{2}}},$$

N' étant à très peu près égal à $n'\left(1 + \frac{\rho - \frac{1}{2}\varphi}{a'^2}\right)$. Les termes de cette équation différentielle, qui dépendent de l'angle $2nt - 3n't + 2\varepsilon - 3\varepsilon'$, acquièrent un grand diviseur par les intégrations et méritent, par cette raison, d'être conservés. En ne considérant que ces termes, on trouvera

$$s' = \frac{m a n'(l - l') b_{\frac{3}{2}}^{(3)}}{4 a'(2n - 3n' - N' - q)} \sin(2nt - 3n't + 2\varepsilon - 3\varepsilon' - qt + \Lambda).$$

L'action du troisième satellite ajoute encore à l'expression de s' un terme qui peut devenir sensible par son grand diviseur et qui est analogue à celui que l'action de m' sur m produit dans l'expression de s; en nommant donc $b_{\frac{3}{2}}^{\prime(3)}$ ce que devient $b_{\frac{3}{2}}^{(3)}$ relativement au second et au troisième satellite, on aura, pour la partie de s' dépendante de l'action de m'',

$$s' = \frac{m'' a'^2 n'(l'' - l') b_{\frac{3}{2}}^{\prime(3)} \sin(3n't - 4n''t + 3\varepsilon' - 4\varepsilon'' - qt + \Lambda)}{4 a'^2 (3n' - 4n'' - N' - q)}.$$

On a, par l'article IV,

$$2n - 3n' = 3n' - 4n'',$$
$$\sin(2nt - 3n't + 2\varepsilon - 3\varepsilon' - qt + \Lambda)$$
$$= \sin(3n't - 4n''t + 3\varepsilon' - 4\varepsilon'' - qt + \Lambda);$$

on pourra donc ainsi réduire dans un seul les deux termes de l'expression de s' qui dépendent de l'action du premier et du troisième satellite, et, en y joignant le terme qui dépend de l'action du Soleil, on aura pour l'expression complète des inégalités périodiques du mouvement du second satellite en latitude

$$s' = n' \frac{\left[\frac{ma}{a'}(l-l')b^{(3)}_{\frac{3}{2}} + m''\frac{a'^2}{a''^2}(l''-l')b'^{(3)}_{\frac{3}{2}}\right]}{4(2n-3n'-N'-q)}\sin(2nt-3n't+2\varepsilon-3\varepsilon'-qt+\Lambda)$$
$$+ \frac{3M^2(L'-l')\sin(n't-2Mt+\varepsilon'-2A-qt+\Lambda)}{4n'(n'-2M-N'-q)}.$$

On trouvera de la même manière, pour la partie périodique de s'' qui peut être sensible,

$$s'' = \frac{m'a'n''(l'-l'')b'^{(3)}_{\frac{3}{2}}}{4a''(2n'-3n''-N''-q)}\sin(2n't-3n''t+2\varepsilon'-3\varepsilon''-qt+\Lambda)$$
$$+ \frac{3M^2(L'-l'')\sin(n''t-2Mt+\varepsilon''-2A-qt+\Lambda)}{4n''(n''-2M-N''-q)},$$

N'' pouvant être supposé à très peu près égal à

$$n''\left(1 + \frac{\rho-\frac{1}{2}\varphi}{a''^2}\right).$$

Enfin on aura, pour la partie périodique sensible de s''',

$$s''' = \frac{3M^2(L'-l''')\sin(n'''t-2Mt+\varepsilon'''-2A-qt+\Lambda)}{4n'''(n'''-2M-N'''-q)},$$

N''' pouvant être supposé à très peu près égal à

$$n'''\left(1 + \frac{\rho-\frac{1}{2}\varphi}{a'''^2}\right).$$

XII.

De la durée des éclipses des satellites.

Nous n'observons point immédiatement le mouvement des satellites de Jupiter autour de cette planète; leur élongation, vue de la Terre, est si petite, que les plus légères erreurs dans les observations en produisent de plusieurs degrés dans leurs mouvements jovicentriques; mais leurs éclipses offrent un moyen incomparablement plus exact pour déterminer ces mouvements, et c'est à l'observation de ces phénomènes que nous devons la connaissance de leurs inégalités. Jupiter projette derrière lui, relativement au Soleil, un cône d'ombre dans lequel les satellites se plongent près de leur conjonction; les orbites des trois premiers satellites sont toujours inclinées à l'orbite de Jupiter de manière que ces satellites s'éclipsent à chaque révolution, mais le quatrième cesse souvent de s'éclipser et cela, joint à la durée de sa révolution, rend ses éclipses plus rares que celles des autres satellites.

Un satellite disparait à nos yeux avant qu'il soit entièrement plongé dans l'ombre de Jupiter. Sa lumière, affaiblie par la pénombre et parce que son disque s'enfonce de plus en plus dans l'ombre de la planète, devient insensible avant qu'il soit totalement éclipsé. Au moment où nous cessons de le voir, son centre est donc à une certaine distance du cône d'ombre de Jupiter, et, si l'on conçoit à cette distance un nouveau cône d'ombre qui ait le même axe que le cône réel, et qui s'appuie comme lui sur Jupiter, l'entrée du satellite dans ce cône fictif et sa sortie détermineront pour nous son immersion et son émersion.

Ce cône fictif n'est pas le même pour tous les satellites; il dépend de leur distance apparente à Jupiter, de l'aptitude plus ou moins grande à réfléchir la lumière dont jouissent les parties du disque que nous voyons les dernières dans l'immersion et celles que nous voyons les premières dans l'émersion; il dépend des distances de Jupiter au Soleil et à la Terre, distances qui, par leurs variations, changent l'intensité de la lumière que nous recevons des satellites; enfin, il peut dépendre des variations de l'atmosphère de Jupiter. La plus grande durée des éclipses d'un satellite ne peut donc point nous faire connaitre exactement celle des autres satellites; mais la comparaison de ces durées doit nous éclairer sur l'influence des diverses causes que nous venons d'indiquer. La force des instruments dont se sert l'observateur, l'élévation de Jupiter sur l'horizon, la pureté de l'atmosphère terrestre font varier encore les cônes d'ombre fictifs. Toutes ces causes répandent de l'incertitude sur les observations des éclipses des satellites, et principalement sur celles du troisième et du quatrième. Heureusement, on peut observer assez fréquemment l'immersion et l'émersion de ces deux satellites dans les mêmes éclipses, ce qui donne l'instant de leur conjonction d'une manière assez précise et indépendante de la plupart des causes dont nous venons de parler.

Maintenant, soit 2α la plus grande largeur du cône d'ombre fictif d'un satellite, dans la partie où il est traversé par ce satellite; soit, au moment de la conjonction, Z la hauteur du satellite au-dessus de l'orbite de Jupiter et r sa distance au centre de cette planète; si dans cet instant on fait passer par le centre du satellite un plan perpendiculaire à l'orbite de Jupiter et à l'axe du cône d'ombre, la section de ce cône par ce plan sera, à fort peu près, une ellipse semblable au méridien de Jupiter dont on peut supposer ici l'équateur confondu avec le plan de son orbite à cause du peu d'inclinaison respective de ces deux plans. Il résulte de l'article III que, le rayon de l'équateur de Jupiter étant pris pour unité, son demi petit axe est, à fort peu près, $1 - \rho$; ainsi α sera le demi grand axe de la section précédente et $(1 - \rho)\alpha$ sera son demi petit axe. Soient x, y, z les trois coordonnées du satellite au moment de son émersion, le plan des x et des y étant celui de l'orbite de Jupiter, et l'axe des x étant l'axe même du cône d'ombre; on aura, à très peu près,

$$(1 - \rho)^2 (x^2 - y^2) = z^2.$$

La valeur de α, dans cette équation, n'est pas rigoureusement la même que la plus grande largeur de la section qui passe par le satellite au moment de son émersion, mais la différence est insensible, comme nous le verrons bientôt.

Nommons v_1 l'angle décrit autour de Jupiter par le satellite depuis sa conjonction jusqu'à son émersion, en vertu de son mouvement synodique; le rayon vecteur r variant fort peu dans cet intervalle, on aura

$$y^2 + (Z - z)^2 = r^2 \sin^2 v_1;$$

mais on a, à très peu près,

$$z = Z + \sin v_1 \frac{\partial Z}{\partial v};$$

en négligeant donc les quantités de l'ordre $Z^2 \sin^2 v_1$, on aura

$$y^2 = r^2 \sin^2 v_1$$

et, par conséquent,

$$(1-\rho)^2 (x^2 - r^2 \sin^2 v_1) = Z^2 + 2Z \frac{\partial Z}{\partial v} \sin v_1,$$

d'où l'on tire

$$\sin v_1 = -\frac{Z \dfrac{\partial Z}{\partial v}}{(1-\rho)^2 r^2} \pm \sqrt{\left(\frac{\alpha}{r} + \frac{Z}{(1-\rho)r}\right)\left(\frac{\alpha}{r} - \frac{Z}{(1-\rho)r}\right)}.$$

s étant le sinus de la latitude du satellite au-dessus de l'orbite de Jupiter, à l'instant de la conjonction, on a $Z = rs$; on aura donc

$$\sin v_1 = -\frac{s \, ds}{(1-\rho)^2 \, dv} \pm \sqrt{\left(\frac{\alpha}{r} + \frac{s}{1-\rho}\right)\left(\frac{\alpha}{r} - \frac{s}{1-\rho}\right)}.$$

Cette expression, prise avec le signe +, indique le sinus de l'arc décrit par le satellite, en vertu de son mouvement synodique, depuis la conjonction jusqu'à l'émersion; avec le signe —, cette expression indique le sinus de ce même arc, depuis l'immersion jusqu'à la conjonction, pris négativement.

Soient T le temps que le satellite emploie à décrire la demi-largeur α du cône d'ombre, en vertu de son moyen mouvement synodique, et t le temps qu'il met à décrire l'angle v_1. La vitesse angulaire étant $\frac{dv}{dt}$, nous ferons

$$\frac{dv}{n \, dt} = 1 - X,$$

X étant une très petite quantité. De plus, a étant la moyenne distance du satellite de Jupiter, $\frac{\alpha}{a}$ est le sinus de l'angle sous lequel la demi-largeur α serait vue à cette distance; soit θ cet angle, on aura, à très peu près,

$$t = \frac{T v_1}{\theta}(1 + X).$$

Si l'on substitue dans cette expression, au lieu de v_1, son sinus qui en diffère très peu, au lieu de $\sin v_i$, sa valeur précédente, et θ au lieu de $\frac{x}{a}$, on aura

$$t = \mathrm{T}(1+\mathrm{X})\left\{\frac{-s\frac{ds}{dv}}{(1-\rho)^2\theta} \pm \sqrt{\left[\frac{a}{r}+\frac{s}{(1-\rho)\theta}\right]\left[\frac{a}{r}-\frac{s}{(1-\rho)\theta}\right]}\right\}.$$

Si l'on n'a égard qu'aux équations du centre des satellites, on a, comme l'on sait,

$$r = a(1+\tfrac{1}{2}\mathrm{X}).$$

Il résulte encore de l'article V que, en ayant égard aux principales inégalités des satellites, la même équation subsiste toujours; on aura donc, à très peu près,

$$t = \mathrm{T}(1+\mathrm{X})\left\{\frac{-s\frac{ds}{dv}}{(1-\rho)^2\theta} \pm \sqrt{\left[1-\tfrac{1}{2}\mathrm{X}+\frac{s}{(1-\rho)\theta}\right]\left[1-\tfrac{1}{2}\mathrm{X}+\frac{s}{(1-\rho)\theta}\right]}\right\}.$$

Si l'on nomme t' la durée entière de l'éclipse, on aura

$$t' = 2\mathrm{T}(1+\mathrm{X})\sqrt{\left[1-\tfrac{1}{2}\mathrm{X}+\frac{s}{(1-\rho)\theta}\right]\left[1-\tfrac{1}{2}\mathrm{X}-\frac{s}{(1-\rho)\theta}\right]},$$

d'où l'on tire

$$s = \frac{(1-\rho)\theta\sqrt{4\mathrm{T}^2(1+\mathrm{X})-t'^2}}{2\mathrm{T}(1+\mathrm{X})}.$$

Cette équation servira à déterminer les constantes arbitraires que renferme l'expression de s, au moyen des durées observées des éclipses.

Les durées des éclipses des satellites étant un des points les plus importants de leur théorie, nous allons discuter particulièrement les formules précédentes. La demi-largeur α du cône d'ombre, aux points où il est traversé par le satellite, doit varier avec les distances du satellite à Jupiter et de Jupiter au Soleil. Soient j le diamètre de Jupiter et S celui du Soleil; la distance du centre de Jupiter au sommet du cône d'ombre sera $\frac{j\mathrm{D}}{\mathrm{S}-j}$; le diamètre de la section de ce cône, par un plan perpendiculaire à son axe et qui passe par le centre du satellite, sera donc

$$j\left(1 - \frac{S-j}{j}\frac{r}{D}\right).$$

Soient

$$r = a + \delta r, \qquad D = D' + \delta D,$$

a et D' étant les moyennes distances du satellite à Jupiter et de Jupiter au Soleil; il est clair que la variation de 2α, due aux variations de r et de D, sera

$$(S - j)\left(\frac{a\,\delta D}{D'^2} - \frac{\delta r}{D'}\right).$$

Pour avoir la variation qui en résulte dans la durée $2T$, nous observerons que cette quantité exprimant la durée entière de l'éclipse du satellite lorsqu'il est dans ses nœuds, elle est à fort peu près proportionnelle à $j\left(1 - \frac{S-j}{j}\frac{a}{D'}\right)$; la variation de $2T$, correspondante à celle de 2α, sera donc à fort peu près

$$2T\frac{S-j}{j}\left(\frac{a\,\delta D}{D'^2} - \frac{\delta r}{D'}\right),$$

la fraction $\frac{S-j}{j}\frac{a}{D'}$ étant fort petite et pouvant être négligée vis-à-vis de l'unité. Considérons d'abord le terme

$$2T\frac{S-j}{j}\frac{a\,\delta D}{D'^2}.$$

δD est égal à D' multiplié par l'excentricité de l'orbite de Jupiter et par le cosinus de son anomalie moyenne; et, si l'on nomme A' cette anomalie, on aura

$$\delta D = 0,0480767\,D'\cos A'.$$

Le diamètre de Jupiter réduit à la moyenne distance du Soleil à la Terre est de $203''$, à fort peu près, et celui du Soleil, observé à la même distance, est de $1924''$; le terme précédent devient ainsi

$$2T.0,40759\frac{a}{D'}\cos A'.$$

Relativement au quatrième satellite

$$2T = 4^h 46^m = 17160^s.$$

La plus grande élongation du quatrième satellite, réduite à la moyenne distance de Jupiter au Soleil, a été trouvée par Pound de $8'16''$, ce qui donne

$$\frac{a}{D} = \operatorname{tang}(8'16'');$$

le terme précédent devient ainsi $16'',8\cos A'$; c'est la quantité qu'il faut ajouter à la valeur moyenne de $2T$.

Il faut corriger encore cette valeur par cette considération, que le temps employé à décrire $2z$ est proportionnel à cette quantité divisée par la vitesse angulaire synodique du satellite. Cette vitesse est $\frac{dv_{\prime}}{dt}$, et elle est égale à $\frac{dv}{dt} - \frac{d\Pi}{dt}$, $\frac{d\Pi}{dt}$ étant la vitesse angulaire de Jupiter autour du Soleil; en substituant pour $\frac{dv}{dt}$ sa valeur moyenne n, et pour $\frac{d\Pi}{dt}$ sa valeur approchée $M(1 - 2E\cos A')$, E étant l'excentricité de l'orbite de Jupiter, on aura

$$\frac{dv_{\prime}}{dt} = n - M + 2EM\cos A';$$

le terme $2T$ sera donc proportionnel à

$$\frac{2z}{n - M + 2EM\cos A'};$$

il faudra, par conséquent, ajouter à la valeur moyenne de $2T$ la quantité

$$- 2T\frac{2M}{n - M} E\cos A'.$$

Cette quantité pour le quatrième satellite est égale à $- 6'',4\cos A'$; en l'ajoutant à $+ 16'',8\cos A'$, on aura $+ 10'',4\cos A'$ pour la correction que la valeur de $2T$ doit subir à raison de l'excentricité de l'orbite de

Jupiter; mais, les erreurs des observations étant beaucoup plus grandes que cette correction, on peut se dispenser d'y avoir égard. Cette correction est insensible relativement aux autres satellites.

Quant au terme

$$2\mathrm{T}\,\frac{\mathrm{S}-j}{j}\,\frac{\delta r}{\mathrm{D}'},$$

on trouvera que, en y substituant les valeurs de δr que nous donnerons dans la suite, cette correction est insensible.

Les variations de l'angle 6 sont très sensibles vers les limites où le quatrième satellite commence et cesse de s'éclipser; mais, les observations de ces durées étant fort incertaines, il est inutile, dans l'expression de ces durées, d'avoir égard aux changements que 6 reçoit de la variation des distances de Jupiter au Soleil.

Nous avons supposé, dans ce qui précède, que la largeur de la section du cône d'ombre par un plan perpendiculaire à son axe, et qui passe par le satellite au moment de son émersion, était à peu près la même que la largeur de la section qui passe par le satellite au moment de sa conjonction. Le plan de la section est, dans le premier cas, plus rapproché de Jupiter que dans le second cas, d'une quantité égale au produit de la distance du satellite à Jupiter par le sinus verse de l'arc qu'il décrit depuis sa conjonction jusqu'à son émersion. En nommant q ce sinus, la correction de la valeur de $2\mathrm{T}$ relative à cette différence de largeur des deux sections sera

$$+\,2\mathrm{T}\,\frac{\mathrm{S}-j}{j}\,\frac{aq}{\mathrm{D}'},$$

et l'on trouve qu'elle est insensible.

Nous avons encore, dans ce qui précède, confondu l'arc v_1 avec son sinus; mais on a, à très peu près,

$$v_1 = \sin v_1 + \tfrac{1}{6}\sin^3 v_1.$$

Il en résulte que la valeur précédente de t' doit être multipliée par $1 + \tfrac{1}{6}\sin^2 v_1$. Relativement au premier satellite, v_1 est d'environ $9°$, ce qui rend sensible le produit de t' par $\frac{1}{8}\sin^2 v_i$; mais cette erreur est corrigée en grande partie par la supposition que nous avons faite de $\frac{\alpha}{a} = 6$, car $\frac{\alpha}{a} = \sin 6$; nous aurions dû, par conséquent, supposer $\frac{\alpha}{a} = 6 - \frac{1}{6}\sin^3 6$, ce qui revient à peu près à multiplier la valeur de t' par $1 - \frac{1}{6}\sin^2 6_i$, parce que le terme $\dfrac{-s^2}{(1-\rho)^2 6^2}$, compris sous le radical de l'expression de t', étant une petite fraction dans la théorie du premier satellite, on peut négliger son produit par $\frac{1}{6}\sin^2 6$. La valeur de t', déterminée par la formule précédente, doit donc être multipliée par $1 + \frac{1}{8}\sin^2 v_i - \frac{1}{8}\sin^2 6$. L'arc v_i différant toujours fort peu de 6 relativement au premier satellite, le produit de t' par $\frac{1}{8}(\sin^2 v_i - \sin^2 6)$ est insensible. On voit ainsi que les expressions précédentes de t et de t' ont la précision convenable, et peuvent être employées dans la théorie des quatre satellites sans crainte d'aucune erreur sensible, surtout si l'on prend pour s la latitude même du satellite.

XIII.

*Des inégalités des satellites dépendantes des carrés et des produits
des forces perturbatrices.*

Nous n'avons eu égard jusqu'à présent qu'aux inégalités des satellites qui dépendent de la première puissance des forces perturbatrices; mais les rapports qui existent entre les moyens mouvements des trois premiers satellites donnent une valeur sensible à plusieurs inégalités dépendantes des carrés et des produits de ces forces; c'est dans les inégalités de cet ordre qu'il faut chercher la cause des deux rapports singuliers dont nous avons fait mention dans l'article V, et qui consistent : 1° en ce que le moyen mouvement du premier satellite, plus deux fois celui du troisième, est égal à trois fois le moyen mouvement du second satellite; 2° en ce que la longitude moyenne du premier satellite, moins trois fois celle du second, plus deux fois celle du troisième, est exactement et constamment égale à 180°. Ces deux théorèmes sont donnés par les observations d'une manière si approchée, qu'il y a tout lieu de croire qu'ils sont rigoureux, et que l'on doit rejeter sur l'incertitude des Tables des satellites la différence très petite qu'elles offrent à cet égard. Il est contre toute vraisemblance de supposer qu'à l'origine les trois premiers satellites aient été placés exactement aux distances que ces théorèmes exigent : il est donc extrêmement probable qu'ils sont le résultat de l'action mutuelle des satellites; et, comme les premières puissances de leurs forces attractives ne donnent aucun terme d'où ils puissent résulter, il est naturel d'en chercher la cause dans les carrés et les produits de ces forces. Nous allons donc déterminer avec soin toutes les inégalités de cet ordre qui peuvent influer d'une manière sensible sur le mouvement des satellites.

Considérons les deux équations suivantes auxquelles nous sommes parvenu dans l'article II :

$$0 = \frac{d^2 r^2}{dt^2} - 2\,\frac{1+m}{r} + 2\,\frac{1+m}{a} + 4\int dR + 2\left(x\,\frac{\partial R}{\partial x} + y\,\frac{\partial R}{\partial y} + z\,\frac{\partial R}{\partial z}\right),$$

$$0 = \frac{r\,d^2 r - r^2\,dv^2}{dt^2} + \frac{1+m}{r} + x\,\frac{\partial R}{\partial x} + y\,\frac{\partial R}{\partial y} + z\,\frac{\partial R}{\partial z}.$$

Supposons que, en vertu des perturbations, r se change dans $r + \delta r + \delta' r$, r étant dans cette dernière quantité le rayon vecteur relatif au mouvement elliptique, δr étant la partie du rayon vecteur due à la première puissance des forces perturbatrices, et $\delta' r$ étant la partie de ce rayon due aux carrés et aux produits de ces forces. Supposons encore que dv se change dans $dv + d\delta v + d\delta' v$, dv étant dans cette dernière quantité relatif au mouvement elliptique, $d\delta v$ étant la partie de dv due à la première puissance des forces perturbatrices, et $d\delta' v$ étant la partie de dv due aux carrés et aux produits de ces forces. Si l'on substitue pour r et dv ces valeurs dans les deux équations différentielles précédentes, et si l'on observe que, par la nature du mouvement elliptique et des fonctions δr et $d\delta v$, les termes indépendants des forces perturbatrices et ceux qui ne dépendent que de la première puissance de ces forces doivent disparaitre d'eux-mêmes, on aura

$$0 = \frac{d^2\left(r\,\delta'r + \frac{1}{2}\delta r^2\right)}{dt^2} + \frac{(1+m)\,r\,\delta'r}{r^3} - \frac{(1+m)\,\delta r^2}{r^3}$$
$$+ 2\int dR + x\frac{\partial R}{\partial x} + y\frac{\partial R}{\partial y} + z\frac{\partial R}{\partial z},$$

$$0 = r\frac{d^2\delta'r}{dt^2} + \delta'r\frac{d^2r}{dt^2} + \delta r\frac{d^2\delta r}{dt^2} - 2r^2\frac{dv}{dt}\frac{d\delta'v}{dt} - 2r\,\delta'r\frac{dv^2}{dt^2}$$
$$- r^2\left(\frac{d\delta v}{dt}\right)^2 - 4r\,\delta r\frac{dv}{dt}\frac{d\delta v}{dt} - \delta r^2\left(\frac{dv}{dt}\right)^2$$
$$- \frac{(1+m)\,r\,\delta'r}{r^3} + \frac{(1+m)\,\delta r^2}{r^3} + x\frac{\partial R}{\partial x} + y\frac{\partial R}{\partial y} + z\frac{\partial R}{\partial z},$$

en observant de ne conserver dans les fonctions

$$\int dR \quad \text{et} \quad x\frac{\partial R}{\partial x} + y\frac{\partial R}{\partial y} + z\frac{\partial R}{\partial z}$$

que les termes dépendants des carrés et des produits des forces perturbatrices.

Les propriétés du mouvement elliptique donnent

$$\frac{r^2 dv}{dt} = \sqrt{(1+m)\,a(1-e^2)},$$
$$\frac{r\,dv^2}{dt^2} = \frac{d^2r}{dt^2} + \frac{1+m}{r^2};$$

en substituant ces valeurs dans la seconde des deux équations différentielles précédentes, et en y mettant, au lieu de $\frac{(1+m)\,r\,\delta r'}{r^3}$, sa valeur tirée de la première, on aura

$$\frac{2d\,\delta'v}{dt}\sqrt{(1+m)\,a(1-e^2)}$$
$$= \frac{d(r\,d\delta'r - \delta'r\,dr)}{dt^2} + 3\frac{d^2\left(r\,\delta'r + \frac{1}{2}\delta r^2\right)}{dt^2}$$
$$- \frac{2(1+m)\,\delta r^2}{r^3} + 6\int dR + 4\left(x\frac{\partial R}{\partial x} + y\frac{\partial R}{\partial y} + z\frac{\partial R}{\partial z}\right)$$
$$+ \frac{\delta r\,d^2\delta r - r^2(d\delta v)^2 - 4r\,dv\,\delta r\,d\delta v - dv^2\delta r^2}{dt^2}.$$

Considérons dans cette expression de $\frac{d\,\delta'v}{dt}$ les termes qui dépendent de l'angle $nt - 3n't + 2n''t$. Il est visible que les termes de ce genre, renfermés dans la différentielle dR, acquièrent par l'intégration le diviseur $n - 3n' + 2n''$ dans l'intégrale $\int dR$. Il en résulte dans l'expression de $\frac{d\,\delta'v}{dt}$ des termes dépendants du même angle, et qui ont le même diviseur, ce qui donne dans $\delta'v$ des termes qui, ayant pour diviseur $(n - 3n' + 2n'')^2$, peuvent devenir très considérables, et méritent une grande attention. Analysons ces différents termes.

Il est clair, par la seule inspection de l'équation différentielle en $r\,\delta'r$, que $\delta'r$ renferme des termes dépendants de l'angle

$$nt - 3n't + 2n''t,$$

et qui ont pour diviseur $n - 3n' + 2n''$; on peut s'assurer encore que, en négligeant les carrés et les produits des excentricités des orbites, $\delta'r$ ne contient point de termes qui aient pour diviseur $(n - 3n' + 2n'')^2$; en substituant les termes de son expression qui ont pour diviseur $n - 3n' + 2n''$ dans la fonction $\frac{d(r\,\delta'r - \delta'r\,dr)}{dt^2}$, ce diviseur disparaît; on peut donc négliger cette fonction dans l'expression de $\frac{d\,\delta'v}{dt}$. On peut négliger, par la même raison, la fonction $\frac{3\,d^2(r\,\delta'r + \frac{1}{2}\delta r^2)}{dt^2}$.

La fonction $4\left(x\frac{\partial R}{\partial x} + y\frac{\partial R}{\partial y} + z\frac{\partial R}{\partial z} \right)$ contient des termes dépendants de l'angle $nt - 3n't + 2n''t$; mais ces termes n'ayant point pour diviseur $n - 3n' + 2n''$, ils disparaissent devant ceux du même genre, que renferme l'intégrale $\int dR$ et qui ont ce diviseur.

La fonction

$$- \frac{2(1 + m)\,\delta r^2}{r^3} + \frac{\delta r\,d^2\,\delta r - r^2(d\,\delta v)^2 - 4r\,dv\,\delta r\,d\,\delta v - \delta r^2\,dv^2}{dt^2}$$

ne renferme aucun terme qui ait pour diviseur $n - 3n' + 2n''$, puisque les termes de ce genre ne se rencontrent point dans les expressions de δr et de δv. Dans la théorie du second satellite, cette fonction devient

$$- \frac{2(1+m')\,\delta r'^2}{r'^3} + \frac{\delta r'\,d^2\delta r' - r'^2(d\,\delta v')^2 - 4\,r'\,dv'\,\delta r'\,d\,\delta v' - \delta r'^2\,dv'^2}{dt^2}.$$

On a vu, dans l'article V, que la valeur de $\delta r'$ est composée de deux termes, dont le premier dépend du cosinus de l'angle $nt - n't + \varepsilon - \varepsilon'$ et a pour diviseur $n - n' - N'$, et dont le second dépend du cosinus de l'angle $2n't - 2n''t + 2\varepsilon' - 2\varepsilon''$, et a pour diviseur $2n' - 2n'' - N'$; il suit de là que $\delta r'^2$ contient un terme dépendant du cosinus de l'angle $nt - 3n't + 2n''t + \varepsilon - 3\varepsilon' + 2\varepsilon''$, et qui a pour diviseur $(n - n' - N')(2n' - 2n'' - N')$. Ce diviseur étant très petit, ce terme devient assez sensible pour y avoir égard. On trouvera pareillement que $\frac{(d\,\delta v')^2}{dt^2}$ renferme un terme semblable, ayant le même diviseur, et que la même chose a lieu pour les différents termes de la fonction précédente; mais on doit observer que l'on a, à très peu près, par l'article V,

$$\frac{d\,\delta v'}{dt} = - \frac{2\,n'\,\delta r'}{a'}, \qquad \frac{d^2\delta r'}{dt^2} = - n'^2\delta r'.$$

En substituant ces valeurs dans la fonction précédente et en y faisant $r' = a'$, $\frac{dv'}{dt} = n'$, $\frac{1 + m'}{a'^3} = n'^2$, on trouvera qu'elle se réduit à zéro.

On voit ainsi qu'en n'ayant égard qu'aux termes dépendants de l'angle $nt - 3n't + 2n''t$ et qui ont pour diviseur $n - 3n' + 2n''$, et en négligeant les carrés et les produits des excentricités des orbites, l'expression de $\frac{d\,\delta'v}{dt}$ se réduit à la suivante

$$\frac{d\,\delta'v}{dt} = \frac{3\int dR}{\sqrt{(1 + m)a}};$$

d'où l'on tire, en négligeant m vis-à-vis de l'unité et en observant que $n^2 = \frac{1}{a^3}$,

$$\frac{d^2\delta'v}{dt^2} = \frac{3\,an\,dR}{dt}.$$

Développons maintenant les différents termes de dR qui dépendent de l'angle $nt - 3n't + 2n''t + \varepsilon - 3\varepsilon' + 2\varepsilon''$, et, pour abréger, désignons cet angle par φ. Si l'on n'a égard qu'à l'action du second satellite sur le premier, on a, par l'article IV,

$$R = -\frac{m'}{2}B^{(0)} + m'\left(\frac{r}{r'^2} - B^{(1)}\right)\cos(v' - v) - m'B^{(2)}\cos 2(v' - v) - \ldots$$

Le terme $m'\left(\dfrac{r}{r'^2} - B^{(1)}\right)\cos(v' - v)$ de cette expression de R produit dans dR la fonction différentielle

$$m'\,dr\left(\frac{1}{r'^2} - \frac{\partial B^{(1)}}{\partial r}\right)\cos(v' - v) + m'\,dv\left(\frac{r}{r'^2} - B^{(1)}\right)\sin(v' - v).$$

Il faut substituer, dans cette fonction, au lieu de r, r', v et v', les quantités $a + \dfrac{r\,\partial r}{a}$, $a' + \dfrac{r'\,\partial r'}{a'}$, $nt + \varepsilon + \delta v$ et $n't + \varepsilon' + \delta v'$. La substitution de $a + \dfrac{r\,\partial r}{a}$ au lieu de r, et de $nt + \varepsilon + \delta v$ au lieu de v, ne donnera aucun terme dépendant de l'angle φ; il faudrait, pour cela, que $\dfrac{r\,\partial r}{a}$ et δv renfermassent des termes dépendants de l'angle $2n't - 2n''t + 2\varepsilon' - 2\varepsilon''$, parce que ces termes, en se combinant avec ceux qui dépendent de l'angle $nt - n't + \varepsilon - \varepsilon'$, dans la fonction précédente, en produiraient d'autres dépendants de l'angle φ; or, il est visible, par l'article IV, que les valeurs de $\dfrac{r\,\partial r}{a}$ et de δv ne renferment point de termes dépendants de l'angle $2n't - 2n''t + 2\varepsilon' - 2\varepsilon''$; leur substitution dans la fonction différentielle précédente ne donnera donc point de termes dépendants de l'angle φ.

Il n'en est pas de même de la substitution de $a' + \dfrac{r'\,\partial r'}{a'}$ au lieu de r', et de $n't + \varepsilon' + \delta v'$ au lieu de v'. En faisant cette substitution dans le terme $m'\,dv\left(\dfrac{r}{r'^2} - B^{(1)}\right)\sin(v' - v)$, il en résulte les deux termes suivants

$$- m'n\,dt\,\frac{r'\,\partial r'}{a'^2}\left(\frac{2a}{a'^3} + a'\frac{\partial B^{(1)}}{\partial a'}\right)\sin(n't - nt + \varepsilon' - \varepsilon),$$

$$+ m'n\,dt\,\delta v'\left(\frac{a}{a'^3} - B^{(1)}\right)\cos(n't - nt + \varepsilon' - \varepsilon).$$

On a, par l'article V, en vertu de l'action du troisième satellite,

$$\frac{r'\,\partial r'}{a'^3} = \frac{-n'm''\mathrm{F}'}{2(n-n'-\mathrm{N}')}\cos 2(n''t - n't + \varepsilon'' - \varepsilon'),$$

$$\partial v' = \frac{-n'm''\mathrm{F}'}{n-n'-\mathrm{N}'}\sin 2(n''t - n't + \varepsilon'' - \varepsilon');$$

ces valeurs, substituées dans les deux termes précédents, donnent le terme

$$\frac{-nn'm'm''\mathrm{F}'}{2(n-n'-\mathrm{N}')}\left(\frac{2a}{a'^2} - \mathrm{B}^{(1)} + \tfrac{1}{2}a'\,\frac{\partial\mathrm{B}^{(1)}}{\partial a'}\right) dt\sin\varphi.$$

On a, par l'article V,

$$\frac{\mathrm{G}}{2a'} = \frac{2a}{a'^2} - \mathrm{B}^{(1)} + \tfrac{1}{2}a'\,\frac{\partial\mathrm{B}^{(1)}}{\partial a'};$$

le terme précédent deviendra ainsi, en y substituant $2n'$ au lieu de n, qui en diffère très peu,

$$-\frac{n'^2 m'm''\mathrm{F}'\mathrm{G}\,dt\sin\varphi}{2a'(n-n'-\mathrm{N}')}.$$

Ce terme acquiert une valeur sensible par son très petit diviseur $n - n' - \mathrm{N}'$.

En discutant de la même manière les autres termes de l'expression de R qui dépendent de l'action de m', on trouvera qu'ils ne produisent aucun terme sensible dépendant de l'angle φ; on trouvera pareillement que les termes de R qui dépendent de l'action des satellites m'', m''' du Soleil et de la figure de Jupiter, ne produisent aucun terme sensible du même genre; on aura donc, en n'ayant égard qu'à ces termes et en changeant n dans $2n'$,

$$\frac{d^2\,\partial'v}{dt^2} = -\frac{3an'^3 m'm''\mathrm{F}'\mathrm{G}\sin\varphi}{a'(n-n'-\mathrm{N}')}.$$

Relativement au second satellite, on a

$$\frac{d^2\,\partial'v'}{dt^2} = \frac{3a'n'\,d'\mathrm{R}'}{dt},$$

R' étant ce que devient R par rapport à ce satellite et la caractéristique différentielle d′ se rapportant aux seules coordonnées du même satellite. Si l'on n'a égard qu'à l'action de m sur m', on a

$$\mathrm{R}' = -\frac{m}{2}\,\mathrm{B}^{(0)} + m\left(\frac{r'}{r^2} - \mathrm{B}^{(1)}\right)\cos(v'-v) - m\,\mathrm{B}^{(2)}\cos 2(v'-v) - \dots$$

Le terme $m\left(\dfrac{r'}{r^2} - \mathrm{B}^{(1)}\right)\cos(v'-v)$ de cette expression de R' produit dans $d'\mathrm{R}'$ la fonction différentielle

$$m\,dr'\left(\frac{1}{r^2} - \frac{\partial \mathrm{B}^{(1)}}{\partial r'}\right)\cos(v'-v) - m\,dv'\left(\frac{r'}{r^2} - \mathrm{B}^{(1)}\right)\sin(v'-v),$$

et cette fonction développée renferme la suivante :

$$m\,\frac{d(r'\,\delta r')}{a'^2}\left(\frac{a'}{a^2} - a'\,\frac{\partial \mathrm{B}^{(1)}}{\partial a'}\right)\cos(n't - nt + \varepsilon' - \varepsilon)$$

$$- m n'\,dt\,\frac{r'\,\delta r'}{a'^2}\left(\frac{a'}{a^2} - a'\,\frac{\partial \mathrm{B}^{(1)}}{\partial a'}\right)\sin(n't - nt + \varepsilon' - \varepsilon)$$

$$- m\,d\,\delta v'\left(\frac{a'}{a^2} - \mathrm{B}^{(1)}\right)\sin(n't - nt + \varepsilon' - \varepsilon)$$

$$- m n'\,dt\,\delta v'\left(\frac{a'}{a^2} - \mathrm{B}^{(1)}\right)\cos(n't - nt + \varepsilon' - \varepsilon).$$

En substituant pour $\dfrac{r'\,\delta r'}{a'^2}$ et $\delta v'$ leurs valeurs dues à l'action du troisième satellite et que nous avons données ci-dessus, en observant, de plus, que $2n' - 2n''$ est très peu différent de n', on trouvera que la fonction précédente renferme la quantité

$$\frac{n'^2 m m''\,\mathrm{F}'}{n - n' - \mathrm{N}'}\left(\frac{a'}{2a^2} - \mathrm{B}^{(1)} + \tfrac{1}{2}a'\,\frac{\partial \mathrm{B}^{(1)}}{\partial a'}\right)dt\sin\varphi;$$

mais on a à très peu près $n^2 = 4n'^2$ et, par conséquent, $4a^3 = a'^3$ ou $\dfrac{a'}{2a^2} = \dfrac{2a}{a'^2}$; le terme précédent deviendra ainsi

$$\frac{n'^2 m m''\,\mathrm{F}'\,\mathrm{G}\,dt\sin\varphi}{2a'(n - n' - \mathrm{N}')}.$$

On s'assurera facilement que ce terme est le seul sensible que produise la partie de $d'\mathrm{R}'$ relative à l'action du premier satellite.

La partie de R' relative à l'action du troisième satellite est

$$R' = -\tfrac{1}{2}m''B'^{(0)} + m''\left(\frac{r'}{r''_2} - B'^{(1)}\right)\cos(v'' - v') - m''B'^{(2)}\cos 2(v'' - v') - \ldots$$

Si l'on n'a égard qu'au terme $-m''B'^{(2)}\cos 2(v'' - v')$ de cette expression, on aura

$$d'R' = -m''\,dr'\,\frac{\partial B'^{(2)}}{\partial r'}\cos 2(v'' - v') - 2m''B'^{(2)}\,dv'\sin 2(v'' - v').$$

Cette fonction différentielle renferme la suivante

$$-m''\frac{d(r'\,\delta r')}{a'^2}\,a'\,\frac{\partial B'^{(2)}}{\partial a'}\cos 2(n''t - n't + \varepsilon'' - \varepsilon')$$

$$-2m''n'\,dt\,\frac{r'\,\delta r'}{a'^2}\,a'\,\frac{\partial B'^{(2)}}{\partial a'}\sin 2(n''t - n't + \varepsilon'' - \varepsilon')$$

$$-2m''B'^{(2)}\,d\,\delta v'\sin 2(n''t - n't + \varepsilon'' - \varepsilon')$$

$$+4m''B'^{(2)}n'\,dt\,\delta v'\cos 2(n''t - n't + \varepsilon'' - \varepsilon').$$

Mais, par l'article V, l'action de m sur m' donne

$$\frac{r'\,\delta r'}{a'^2} = -\frac{n'mG}{2(n - n' - N')}\cos(nt - n't + \varepsilon - \varepsilon'),$$

$$\delta v' = \frac{n'mG}{n - n' - N'}\sin(nt - n't + \varepsilon - \varepsilon');$$

la fonction différentielle précédente donnera ainsi le terme

$$\frac{n'^2 mm''G}{2(n - n' - N')}\left(2B'^{(2)} + \tfrac{1}{2}a'\frac{\partial B'^{(2)}}{\partial a'}\right)dt\sin\varphi,$$

en observant que $n - n' = n'$ à fort peu près. Or on a, par l'article V,

$$F' = a'^2\frac{\partial B'^{(2)}}{\partial a'} + \frac{2n'}{n' - n'}a'B'^{(2)};$$

on aura donc, à très peu près,

$$\frac{F'}{2a'} = 2B'^{(2)} + \tfrac{1}{2}a'\frac{\partial B'^{(2)}}{\partial a'},$$

ce qui change le terme précédent dans celui-ci

$$\frac{n'^2 mm''F'G}{4a'(n - n' - N')}\,dt\sin\varphi.$$

On s'assurera facilement que ce terme est le seul sensible que produise la partie de d'R' relative à l'action du troisième satellite. Enfin, on trouvera que ni l'action de Jupiter, ni celles du quatrième satellite et du Soleil, ne produisent aucun terme de ce genre dans la valeur de d'R', en sorte que, en réunissant les deux termes relatifs à l'action du premier et du troisième satellite, on aura

$$d'R' = \frac{3\,n'^2\,mm''F'G}{4\,a'(n - n' - N')}\,dt\,\sin\varphi,$$

d'où l'on tire

$$\frac{d^2\delta'v'}{dt^2} = \frac{9\,n'^2\,mm''F'G\,\sin\varphi}{4(n - n' - N')}.$$

Il nous reste présentement à considérer la valeur de $\dfrac{d^2\delta'v''}{dt^2}$. On a

$$\frac{d^2\delta'v''}{dt^2} = \frac{3\,a''n''d''R''}{dt},$$

R″ étant ce que devient R relativement au troisième satellite, et la caractéristique différentielle d″ étant uniquement relative aux coordonnées de ce satellite. Si l'on n'a égard qu'à l'action du second satellite sur le troisième, on a

$$R'' = -\frac{m'}{2}\,B'^{(0)} + m'\left(\frac{r''}{r'^2} - B'^{(1)}\right)\cos(v'' - v') - m'B'^{(2)}\cos 2(v'' - v') - \ldots$$

En ne considérant que le terme $- m'B'^{(2)}\cos 2(v'' - v')$ de cette expression, on aura

$$d''R'' = -m'\frac{\partial B'^{(2)}}{\partial r''}\,dr''\cos 2(v'' - v') + 2m'B'^{(2)}\,dv''\sin 2(v'' - v').$$

Cette fonction différentielle renferme celle-ci

$$2m'\frac{r'\delta r'}{a'^2}\,a'\frac{\partial B'^{(2)}}{\partial a'}\,n''\,dt\,\sin 2(n''t - n't + \varepsilon'' - \varepsilon')$$
$$- 4m'\delta v'n''\,dt\,B'^{(2)}\cos 2(n''t - n't + \varepsilon'' - \varepsilon').$$

En substituant pour $\dfrac{r'\delta r'}{a'^2}$ et $\delta v'$ les parties de ces valeurs qui sont dues à l'action de m sur m', la fonction précédente donnera cette quantité

$$\frac{-n'mm'G}{2(n-n'-N')}\left(a'\frac{\partial B'^{(1)}}{\partial a'}+4B'^{(2)}\right)n''dt\sin\varphi=\frac{-n'mm'F'G}{2a'(n-n'-N')}n''dt\sin\varphi.$$

On s'assurera aisément que ce terme est le seul sensible que produise la partie de $d''R''$ relative à l'action du second satellite, et que les actions de Jupiter, du Soleil, du premier et du quatrième satellite n'en produisent point de la même nature qui soient sensibles; on aura donc, en observant que $n'=2n''$ à fort peu près,

$$\frac{d^2\delta'v''}{dt^2}=-\frac{3a''n''^3mm'F'G\sin\varphi}{8a'(n-n'-N')}.$$

Quant à la valeur de $\frac{d^2\delta'v''}{dt^2}$, elle ne renferme point de termes semblables. Cela posé, on aura

$$\frac{d^2\delta'(v-3v'+2v'')}{dt^2}=-\frac{3n''^3F'G}{n-n'-N'}\left(\frac{a}{a'}m'm''+\tfrac{3}{2}mm''+\frac{a''}{4a'}mm'\right)\sin\varphi.$$

Dans le second membre de cette équation, φ est égal à

$$nt-3n't+2n''t+\varepsilon-3\varepsilon'+2\varepsilon'';$$

or cette dernière quantité ne diffère de $v-3v'+2v''$ que par des termes qui dépendent soit des excentricités et des inclinaisons des orbites, soit des forces perturbatrices; en négligeant donc ces termes, nous pouvons supposer $\varphi=v-3v'+2v''$; dans ce cas,

$$d^2\delta'(v-3v'+2v'')=d^2\varphi;$$

ainsi, en faisant, pour abréger,

$$k=-\frac{3n'F'G}{n-n'-N'}\left(\frac{a}{a'}m'm''+\tfrac{3}{2}mm''+\frac{a''}{4a'}mm'\right),$$

on aura

$$\frac{d^2\varphi}{dt^2}=kn''^2\sin\varphi.$$

XIV.

L'équation précédente donne, en l'intégrant,

$$dt = \frac{\pm\, d\varphi}{\sqrt{c - 2kn'^2\cos\varphi}},$$

c étant une constante arbitraire dont la valeur peut donner lieu à trois cas différents que nous allons considérer :

1° La constante c peut surpasser $2kn'^2$, abstraction faite du signe; alors elle est nécessairement positive; l'angle $\pm\varphi$ croît indéfiniment et devient successivement égal à une, deux, trois, ... circonférences.

2° La constante c peut être moindre que $2kn'^2$, k étant positif. Dans ce cas, le radical $\sqrt{c - 2kn'^2\cos\varphi}$ devient imaginaire lorsque l'angle $\pm\varphi$ est égal à zéro, à une, deux, ... circonférences; il ne peut donc alors qu'osciller autour de 180°, en sorte que sa valeur moyenne est 180°.

3° La constante c peut être moindre que $-2kn'^2$, k étant négatif. Dans ce cas, le radical $\sqrt{c - 2kn'^2\cos\varphi}$ devient imaginaire lorsque $\pm\varphi$ est égal à 180° et en général à un nombre impair de demi-circonférences; l'angle φ ne peut donc alors qu'osciller autour de zéro, en sorte que sa valeur moyenne est nulle. Voyons lequel de ces trois cas a lieu dans la nature.

Nous trouverons dans la suite que k est une quantité positive; ainsi le troisième cas n'existe point et l'angle φ doit ou croître indéfiniment ou osciller autour de 180°. Supposons $\varphi = 180° \pm \varpi$; le signe de ϖ étant le même que celui du radical $\sqrt{c - 2kn'^2\cos\varphi}$, on aura

$$dt = \frac{d\varpi}{\sqrt{c + 2kn'^2\cos\varpi}}.$$

Si les angles φ et ϖ croissent indéfiniment, c est positif et plus grand que $2 kn'^2$; on a donc, dans l'intervalle compris depuis $\varpi = 0$ jusqu'à $\varpi = 90°$,

$$dt < \frac{d\varpi}{n'\sqrt{2k}},$$

et, par conséquent,

$$t < \frac{\varpi}{n'\sqrt{2k}};$$

ainsi, le temps t que l'angle ϖ emploierait à parvenir de zéro à $90°$ serait moindre que $\dfrac{90°}{n'\sqrt{2k}}$. Nous verrons dans la suite que ce temps est au-dessous d'une année; or, depuis la découverte des satellites, cet angle a toujours paru nul ou du moins très petit; il ne croît donc point indéfiniment, il ne fait qu'osciller autour de zéro, en sorte que sa valeur moyenne est nulle. C'est ce que l'observation confirme, et en cela elle fournit une nouvelle preuve de l'action mutuelle des satellites de Jupiter.

De là résultent plusieurs conséquences intéressantes. L'équation $v - 3v' + 2v'' = 180° \pm \varpi$ donne, en égalant séparément les quantités qui ne sont pas périodiques,

$$nt - 3n't + 2n''t + \varepsilon - 3\varepsilon' + 2\varepsilon'' = 180°,$$

d'où l'on tire $n - 3n' + 2n'' = 0$; ainsi : 1° le moyen mouvement du premier satellite, plus deux fois celui du troisième, est rigoureusement égal à trois fois celui du second. 2° La longitude moyenne du premier satellite, moins trois fois celle du second, plus deux fois celle du troisième, est exactement et constamment égale à $180°$. Nous avons déjà remarqué, dans l'article V, que ces deux théorèmes sont donnés d'une manière extrêmement approchée par les observations; nous pouvons maintenant assurer qu'ils sont rigoureux.

On a vu, dans l'article V, que les inégalités du second satellite produites par l'action du premier et du troisième se réunissent, en vertu de ces théorèmes, dans un seul terme qui forme la grande inégalité que les observations ont indiquée dans le mouvement du second satellite; ces inégalités seront donc toujours réunies, et il n'est point à craindre que, dans la suite des siècles, elles se séparent.

Sans l'action mutuelle des satellites, les deux équations

$$n - 3n' + 2n'' = 0, \qquad \varepsilon - 3\varepsilon' + 2\varepsilon'' = 180°$$

n'auraient aucune liaison entre elles; d'ailleurs, il faudrait supposer qu'à l'origine les époques et les moyens mouvements des satellites ont été ordonnés de manière à satisfaire à ces équations, ce qui est infiniment peu vraisemblable et, dans ce cas même, la force la plus légère, telle que l'attraction des planètes et des comètes, aurait fini par changer ces rapports; mais l'action réciproque des satellites fait disparaitre ces invraisemblances et donne de la stabilité aux rapports précédents. En effet, on a par ce qui précède, à l'origine du mouvement,

$$\frac{dv}{n'\,dt} - \frac{3\,dv'}{n'\,dt} + \frac{2\,dv''}{n'\,dt} = \sqrt{\frac{c}{n'^2} - 2k\cos(\varepsilon - 3\varepsilon' + 2\varepsilon'')}.$$

c étant moindre que $2kn'^2$; il suffit donc, pour l'exactitude des théorèmes précédents, qu'à l'origine la fonction

$$\frac{dv}{n'\,dt} - \frac{3\,dv'}{n'\,dt} + \frac{2\,dv''}{n'\,dt}$$

ait été comprise entre les limites

$$+ 2\sqrt{k}\,\sin\tfrac{1}{2}(\varepsilon - 3\varepsilon' + 2\varepsilon'')$$
et
$$- 2\sqrt{k}\,\sin\tfrac{1}{2}(\varepsilon - 3\varepsilon' + 2\varepsilon'');$$

et, pour la stabilité de ces théorèmes, il suffit que les attractions étrangères laissent toujours la fonction précédente dans ces limites.

Les observations nous apprennent que l'angle ϖ est très petit, et qu'ainsi l'on peut, sans erreur sensible, supposer $\cos\varpi = 1 - \tfrac{1}{2}\varpi^2$; soit donc $\dfrac{c + 2kn'^2}{kn'^2} = 6^2$, 6 étant arbitraire à cause de l'arbitraire c qu'il renferme; l'équation différentielle entre ϖ et t donnera

$$\varpi = 6\sin\left(n't\sqrt{k} + A\right),$$

A étant une nouvelle arbitraire.

Le mouvement des satellites de Jupiter étant déterminé par douze équations différentielles du second ordre, leur théorie doit renfermer vingt-quatre constantes arbitraires. Quatre de ces constantes sont relatives aux moyens mouvements des satellites ou à leurs moyennes distances; quatre sont relatives aux époques des longitudes moyennes; huit dépendent des excentricités et des aphélies et huit autres dépendent des inclinaisons et des nœuds des orbites. Les théorèmes précédents établissent deux relations entre les moyens mouvements et les époques des longitudes moyennes des satellites, ce qui réduit à vingt-deux ces vingt-quatre arbitraires; c'est pour y suppléer que l'expression de ϖ renferme deux nouvelles arbitraires.

Si l'on reprend les valeurs de $\dfrac{d^2\delta'v}{dt^2}$, $\dfrac{d^2\delta'v'}{dt^2}$ et $\dfrac{d^2\delta'v''}{dt^2}$ trouvées dans l'article précédent, on voit qu'elles ont des rapports constants entre elles et avec la valeur de $\dfrac{d^2\varpi}{dt^2}$, en sorte que si l'on fait

$$\delta'v = P \sin\left(n't\sqrt{k} + A\right),$$

on aura

$$\delta'v' = -\frac{3}{4}\frac{a'm}{am'} P \sin\left(n't\sqrt{k} + A\right),$$

$$\delta'v'' = \frac{a''m}{8am''} P \sin\left(n't\sqrt{k} + A\right);$$

de plus, comme on a

$$\delta'v - 3\delta'v' + 2\delta'v'' = \pm \varpi,$$

on aura

$$6 = \pm P \left(1 + \frac{9}{4}\frac{a'm}{am'} + \frac{1}{4}\frac{a''m}{am''}\right).$$

Les trois premiers satellites de Jupiter sont donc assujettis à une inégalité dépendante de l'angle $n't\sqrt{k} + A$; les observations peuvent seules fixer sa quantité et l'instant où elle est nulle. Cette inégalité mérite une attention particulière de la part des astronomes; on peut la considérer comme une libration des mouvements des trois premiers satellites, en vertu de laquelle ces mouvements oscillent sans cesse autour des rapports précédents, et, par cette raison, nous la désignerons sous le nom de *libration des satellites de Jupiter.*

Nous avons observé, dans l'article IX, que les mouvements des satellites de Jupiter sont assujettis à des inégalités considérables dépendantes des variations séculaires de l'orbite et de l'équateur de Jupiter,
et l'on peut croire que ces inégalités peuvent à la longue changer les
rapports trouvés ci-dessus entre les époques et les longitudes moyennes
des trois premiers satellites. Nous allons faire voir que ces rapports
subsistent toujours, malgré ces inégalités séculaires qui se coordonnent sans cesse de manière à y satisfaire, en sorte que l'inégalité
séculaire du premier satellite, moins trois fois celle du second, plus
deux fois celle du troisième, est constamment égale à zéro. Pour cela,
nommons Ψ, Ψ', Ψ'' les inégalités séculaires du premier, du second
et du troisième satellite, qui auraient lieu sans leur action mutuelle,
quelle qu'en soit la cause, soit que ces inégalités dépendent des
variations séculaires de l'orbite et de l'équateur de Jupiter, soit
qu'elles viennent de la résistance d'un fluide éthéré; il en résultera
dans la fonction différentielle $d^2 v - 3 d^2 v' + 2 d^2 v''$, la quantité
$d^2 \Psi - 3 d^2 \Psi' + 2 d^2 \Psi''$, et l'équation différentielle en φ, que nous
avons trouvée dans l'article précédent, deviendra

$$\frac{d^2 \varphi}{dt^2} = kn'^2 \sin \varphi + \frac{d^2 \Psi}{dt^2} - \frac{3 d^2 \Psi'}{dt^2} + 2 \frac{d^2 \Psi''}{dt^2}.$$

Si l'on fait $\varphi = 180^0 + \varpi$, et que l'on suppose ϖ très petit, on aura

$$\frac{d^2 \varpi}{dt^2} + kn'^2 \varpi = \frac{d^2 \Psi - 3 d^2 \Psi' + 2 d^2 \Psi''}{dt^2};$$

or les quantités Ψ, Ψ', Ψ'' étant supposées varier avec une extrême
lenteur, en sorte que la période de leurs variations embrasse un grand
nombre de siècles, la partie de $\frac{d^2 \varpi}{dt^2}$ relative à ces quantités sera très
petite par rapport à $kn'^2 \varpi$, parce que la période de l'angle $n' t \sqrt{k}$ n'est,
comme on le verra ci-après, que d'un petit nombre d'années; on aura
donc, en n'ayant égard qu'à la partie de ϖ qui dépend des quantités
Ψ, Ψ' et Ψ'',

$$\varpi = \frac{d^2 \Psi - 3 d^2 \Psi' + 2 d^2 \Psi''}{kn'^2 dt^2}.$$

Cette partie de ϖ est insensible, parce que, Ψ', Ψ'', Ψ''' croissant avec une extrême lenteur, leurs différences secondes divisées par $kn'^2 dt^2$ sont à très peu près nulles; on peut donc supposer $\varpi = o$, en n'ayant égard qu'à ces quantités, et alors les théorèmes énoncés précédemment sur les moyens mouvements et sur les longitudes moyennes des trois premiers satellites subsistent en entier.

Voyons maintenant comment les inégalités séculaires des trois premiers satellites se coordonnent entre elles. Si l'on suppose

$$b = \frac{1}{1 + \dfrac{9\,a'\,m}{4\,am'} + \dfrac{a''\,m}{4\,am''}},$$

on aura, par l'article précédent,

$$\frac{d^2 v}{dt^2} = -\,bkn'^2\varpi + \frac{d^2\Psi}{dt^2}.$$

En substituant pour ϖ sa valeur précédente, on aura

$$\frac{d^2 v}{dt^2} = (1-b)\,\frac{d^2\Psi}{dt^2} + 3b\,\frac{d^2\Psi'}{dt^2} - 2b\,\frac{d^2\Psi''}{dt^2};$$

d'où l'on tire, en intégrant,

$$v = (1-b)\Psi + 3b\Psi' - 2b\Psi''.$$

On trouvera pareillement

$$v' = \frac{3\,a'\,m}{4\,am'}\,b\,\Psi + \left(1 - \frac{9\,a'\,m}{4\,am'}\,b\right)\Psi' + \frac{3\,a'\,m}{2\,am'}\,b\,\Psi'',$$

$$v'' = -\frac{a''\,m}{8\,am''}\,b\,\Psi + \frac{3\,a''\,m}{8\,am''}\,b\,\Psi' + \left(1 - \frac{a''\,m}{4\,am''}\,b\right)\Psi'';$$

d'où l'on voit que l'on a, en vertu de ces valeurs,

$$v - 3v' + 2v'' = o.$$

Ainsi les inégalités séculaires des trois premiers satellites qui, sans leur action mutuelle, seraient respectivement égales à Ψ, Ψ' et Ψ'', se changent dans les précédentes et n'altèrent point les rapports établis ci-dessus.

La libration des satellites lie donc entre eux les mouvements, les époques et les inégalités séculaires des trois premiers satellites ; elle modifie encore d'une manière très sensible celles de leurs inégalités qui croissent avec une grande lenteur. Nous avons trouvé, dans l'article IX, que l'action du Soleil produit, dans l'expression de v, le terme

$$\frac{3\,\mathrm{M}}{n}\,\mathrm{E}\sin(\mathrm{M}t + \mathrm{A} - \mathrm{B});$$

l'expression de $\frac{d^2 v}{dt^2}$ contient donc le terme

$$-\frac{3\,\mathrm{M}^3}{n}\,\mathrm{E}\sin(\mathrm{M}t + \mathrm{A} - \mathrm{B}).$$

Les expressions de $\frac{d^2 v'}{dt^2}$ et de $\frac{d^2 v''}{dt^2}$ contiennent des termes semblables qui n'en diffèrent que par le diviseur n qui se change successivement dans n' et n'' ; on aura ainsi, par l'article précédent, en n'ayant égard qu'à ces termes,

$$\frac{d^2\varphi}{dt^2} = kn'^2\sin\varphi - 3\mathrm{M}^3\mathrm{E}\left(\frac{1}{n} - \frac{3}{n'} + \frac{2}{n''}\right)\sin(\mathrm{M}t + \mathrm{A} - \mathrm{B}).$$

Or on a, en vertu de l'équation $n - 3n' + 2n'' = 0$,

$$\frac{1}{n} - \frac{3}{n'} + \frac{2}{n''} = \frac{6(n' - n'')^2}{nn'n''};$$

de plus, n étant à fort peu près égal à $2n'$, et n'' étant à peu près égal à $\frac{1}{2}n'$, on a

$$\frac{6(n' - n'')^2}{nn'n''} = \frac{3}{2n'};$$

en supposant donc $\varphi = 180° + \varpi$ et ϖ très petit, on aura

$$\frac{d^2\varpi}{dt^2} + kn'^2\varpi = -\frac{9\mathrm{M}^3\mathrm{E}}{2n'}\sin(\mathrm{M}t + \mathrm{A} - \mathrm{B}).$$

Si l'on intègre cette équation, en faisant abstraction des constantes arbitraires auxquelles nous avons eu égard dans ce qui précède, on aura

$$\varpi = \frac{9M^2E}{2n'(M^2 - kn'^2)} \sin(Ml + A - B).$$

Maintenant on a, par l'article précédent,

$$\frac{d^2v}{dt^2} = - bkn'^2\varpi - \frac{3M^2E}{n} \sin(Ml + A - B).$$

En substituant, au lieu de ϖ, sa valeur précédente, on trouvera, après avoir intégré, que l'expression de v renferme l'inégalité

$$\frac{3ME}{2n'} \left(1 + \frac{3bkn'^2}{M^2 - kn'^2} \right) \sin(Ml + A - B).$$

On trouvera de la même manière que l'expression de v' renferme l'inégalité

$$\frac{3ME}{n'} \left[1 - \frac{9a'mbkn'^2}{8am'(M^2 - kn'^2)} \right] \sin(Ml + A - B),$$

et que l'expression de v'' renferme l'inégalité

$$\frac{6ME}{n'} \left[1 + \frac{3a''mbkn'^2}{32am''(M^2 - kn'^2)} \right] \sin(Ml + A - B).$$

M^2 étant moindre que kn'^2, comme on le verra dans la suite, il en résulte que la libration des satellites a une influence sensible sur l'inégalité qui dépend de l'angle $Ml + A - B$.

J'ai déjà donné, dans les *Mémoires de l'Académie* pour l'année 1784 (¹), les résultats précédents sur la libration des trois premiers satellites de Jupiter. J'y suis parvenu par une méthode différente de celle que je viens d'exposer : l'accord de ces deux méthodes peut servir à les confirmer mutuellement.

XV.

Les inégalités de δv, $\delta v'$, $\delta v''$, qui ont pour diviseur $(n - 2n' + f)^2$, et celles des rayons vecteurs qui ont pour diviseur $n - 2n' + f$, produisent, dans les équations qui déterminent les excentricités et les

---

(¹) Ci-dessus, p. 70 et suivantes.

aphélies des orbites, des termes qui, quoique dépendants des carrés
et des produits des masses perturbatrices, sont cependant sensibles, à
cause du diviseur $(n - 2n' + f)^2$, dont ils sont affectés. Pour les
déterminer, nous allons d'abord déterminer la partie du rayon vecteur r, qui a pour diviseur $n - 2n' + f$.

Reprenons, pour cela, l'équation différentielle (1) de l'article II :

$$0 = \frac{d^2(r\,\delta r)}{dt^2} + \frac{(1 + m)\,r\,\delta r}{r^3} + 2\int dR + r\frac{\partial R}{\partial r}.$$

L'intégrale $\int dR$ produit un terme qui a pour diviseur $n - 2n' + f$, et
qui est multiplié par le cosinus de l'angle $nt - 2n't + \varepsilon - 2\varepsilon' + ft + \Gamma$.
Nous avons trouvé, dans l'article VIII, qu'il en résulte dans l'expres-
sion de δv un terme dépendant du sinus du même angle et qui est
donné par la double intégrale $3a\int n\,dt\int dR$; en nommant donc Q le
coefficient de ce sinus, coefficient dont nous avons donné la valeur
dans l'article VIII, on aura

$$\frac{2(n - 2n' + f)}{3\,an}\,Q\cos(nt - 2n't + \varepsilon - 2\varepsilon' + ft + \Gamma)$$

pour le terme de $2\int dR$ qui dépend de l'angle

$$nt - 2n't + \varepsilon - 2\varepsilon' + ft + \Gamma.$$

Nous avons vu, dans l'article V, que si l'on n'a égard qu'aux termes
indépendants des excentricités, et qui ont pour diviseur $2n - 2n' - N$,
on a

$$\frac{r\,\delta r}{a^2} = \frac{-nm'F}{2(2n - 2n' - N)}\cos 2(n't - nt + \varepsilon' - \varepsilon).$$

N étant à très peu près égal à $n - f$, on aura

$$\frac{r\,\delta r}{a^2} = \frac{-nm'F}{2(n - 2n' + f)}\cos 2(n't - nt + \varepsilon' - \varepsilon);$$

en substituant donc dans l'équation différentielle en $r\,\delta r$, au lieu de r,
la quantité $a[1 + h\cos(nt + \varepsilon - \varpi)]$; ϖ étant supposé égal à $ft + \Gamma$;
en observant d'ailleurs que l'on a à fort peu près $\frac{1}{a^3} = n^2$ et que le coefficient de $r\,\delta r$ est N^2 par l'article IV ; enfin, en ne conservant que les

termes dépendants des excentricités des orbites qui ont pour diviseur $n - 2n' + f$, on aura

$$0 = \frac{d^2(r\,\partial r)}{a^2\,dt^2} + N^2 \frac{r\,\partial r}{a^2} + \frac{3n^2 m' F h}{4(n - 2n' + f)} \cos(nt - 2n't + \varepsilon - 2\varepsilon' + \varpi)$$
$$+ \frac{2n(n - 2n' + f)}{3} Q \cos(nt - 2n't + \varepsilon - 2\varepsilon' + \varpi)$$
$$+ \frac{3n^2 m' F h}{4(n - 2n' + f)} \cos(3nt - 2n't + 3\varepsilon - 2\varepsilon' - \varpi).$$

Si, pour abréger, on fait

$$K = \frac{-3nm' F h}{4(n - 2n' + f)} - \frac{2(n - 2n' + f)}{3n} Q,$$
$$L = \frac{nm' F h}{4(n - 2n' + f)},$$

on aura, à très peu près,

$$\frac{r\,\partial r}{a^2} = K \cos(nt - 2n't + \varepsilon - 2\varepsilon' + \varpi) + L \cos(3nt - 2n't + 3\varepsilon - 2\varepsilon' - \varpi).$$

En supposant ensuite

$$H = \frac{-nm' F}{2(n - 2n' + f)},$$

on aura pour la partie entière de $\frac{r\,\partial r}{a^2}$ qui a pour diviseur $n - 2n' + f$,

$$H \cos 2(nt - n't + \varepsilon - \varepsilon') + K \cos(nt - 2n't + \varepsilon - 2\varepsilon' + \varpi)$$
$$+ L \cos(3nt - 2n't + 3\varepsilon - 2\varepsilon' - \varpi).$$

Reprenons maintenant l'équation

$$0 = \frac{d^2(r\,\partial' r)}{dt^2} + \frac{(1 + m)r\,\partial' r}{r^3} + \frac{1}{2}\frac{d^2\,\partial r^2}{dt^2}$$
$$- \frac{(1 + m)\,\partial r^2}{r^3} + 2\int dR + x\frac{\partial R}{\partial x} + y\frac{\partial R}{\partial y} + z\frac{\partial R}{\partial z},$$

que nous avons trouvée dans l'article XIII. Nous n'aurons égard, dans cette équation, qu'aux termes de l'ordre des carrés et des produits des masses perturbatrices qui sont ou constants ou multipliés

par $\cos(nt + \varepsilon - \varpi)$ et qui, de plus, sont divisés par $(n - 2n' + f)^2$.
Le terme δr^2 peut être mis sous cette forme $\dfrac{(r\,\delta r)^2}{r^2}$, et il donne la
quantité

$$\frac{a^2 H^2}{2}\left[1 - 2h\cos(nt + \varepsilon - \varpi)\right] + a^2 H(K + L)\cos(nt + \varepsilon - \varpi).$$

Le terme $\dfrac{1}{2}\dfrac{d^2\,\delta r^2}{dt^2}$ de l'équation différentielle précédente donne ainsi
la quantité

$$\tfrac{1}{2}\, n^2 a^2 H(hH - K - L)\cos(nt + \varepsilon - \varpi).$$

Le terme $-\dfrac{(1 + m)\,\delta r^2}{r^3}$ peut être mis sous cette forme $-\dfrac{(1 + m)(r\,\delta r)^2}{r^5}$,
et il donne la quantité

$$-\frac{n^2 a^2 H^2}{2} + n^2 a^2 H(\tfrac{5}{4}hH - K - L)\cos(nt + \varepsilon - \varpi).$$

Si l'on nomme $a^2 q$ la partie constante de $r\,\delta'r$, le terme $\dfrac{(1 + m)\,r\,\delta'r}{r^3}$
donnera la quantité

$$n^2 r\,\delta'r - 3a^2 n^2 qh\cos(nt + \varepsilon - \varpi);$$

l'équation différentielle en $r\,\delta'r$ deviendra donc

$$0 = \frac{d^2(r\,\delta'r)}{a^2\,dt^2} + \frac{N^2 r\,\delta'r}{a^2} - \frac{n^2 H^2}{2}$$

$$+ \tfrac{1}{4} n^2 H\left(2hH - \frac{2qh}{H} - K - L\right)\cos(nt + \varepsilon - \varpi) + 2n^2 a\int dR + n^2 ar\frac{\partial R}{\partial r}.$$

Nous donnons à $r\,\delta'r$ le coefficient N^2 par la même raison pour laquelle
nous avons donné dans l'article IV ce coefficient à $\dfrac{r\,\delta r}{a^2}$ dans l'équa-
tion-différentielle en $r\,\delta r$.

La valeur de q dépend de la constante que l'on doit ajouter à l'intégrale $\int dR$. Pour déterminer cette constante, nous reprendrons la
valeur de $\dfrac{d\delta'v}{dt}$ donnée dans l'article XIII. Cette valeur ne doit point
renfermer de termes constants, puisque nous supposons que nt repré-

sente le moyen mouvement du satellite m. Si dans la fonction

$$- \frac{2(1+m)\,\delta r^2}{r^3} + \frac{\delta r\, d^2\delta r - r^2(d\,\delta v)^2 - 4r\, dv\, \delta r\, d\delta v - dv^2\, \delta r^2}{dt^4},$$

que renferme l'expression de $\dfrac{2\,d\delta' v}{dt}\sqrt{(1+m)\,a(1-e^2)}$, on substitue, au lieu de r et de dv, leurs premières valeurs a et $n\,dt$, et, au lieu de δr et δv, leurs premières valeurs approchées

$$\delta r = a\mathrm{H}\cos 2(nt - n't + \varepsilon - \varepsilon'),$$
$$\delta v = -2\mathrm{H}\sin 2(nt - n't + \varepsilon - \varepsilon'),$$

qui résultent de l'article V; si l'on observe de plus que n est à fort peu près égal à $2n'$, on trouvera que la partie constante de la fonction précédente se réduit à zéro. D'ailleurs, la fonction

$$4\left(x\frac{\partial \mathrm{R}}{\partial x} + y\frac{\partial \mathrm{R}}{\partial y} + z\frac{\partial \mathrm{R}}{\partial z}\right) \quad \text{ou} \quad 4r\frac{\partial \mathrm{R}}{\partial r}$$

de l'expression de $\dfrac{2\,d\delta' v}{dt}\sqrt{(1+m)\,a(1-e^2)}$ ne renferme point de termes constants de l'ordre des carrés et des produits des masses perturbatrices et indépendants des excentricités qui aient en même temps $(n - 2n' + f)^2$ pour diviseur. En n'ayant donc égard qu'à ces termes, on voit qu'il ne faut point ajouter de constante à l'intégrale $\int d\mathrm{R}$; ainsi, en ne considérant que les termes constants de l'équation différentielle précédente et, par conséquent, en y substituant $a^2 q$ au lieu de $r\delta'r$, on aura

$$\mathrm{N}^2 q - \frac{n^2 \mathrm{H}^2}{2} = 0,$$

ce qui donne à très peu près $q = \frac{1}{2}\mathrm{H}^2$. Cela posé, l'équation différentielle en $r\delta'r$ donnera, en ne conservant que les termes dépendants de l'angle $nt + \varepsilon - \varpi$, et en y substituant, au lieu de H, K et L, leurs valeurs

$$0 = \frac{d^2(r\delta'r)}{a^2\,dt^2} + \frac{\mathrm{N}^2 r\delta'r}{a^2} - \frac{n^2 m'\,\mathrm{FQ}}{2}\cos(nt + \varepsilon - \varpi) + 2n^2 a\int d\mathrm{R} + n^2 ar\frac{\partial \mathrm{R}}{\partial r}.$$

Il faut maintenant déterminer les termes de $2n^2a\int dR$ et de $n^2ar\frac{\partial R}{\partial r}$ qui dépendent de l'angle $nt + \varepsilon - \varpi$ et qui ont pour diviseur

$$(n - 2n' + f)^2.$$

Si l'on n'a égard qu'à l'action du second satellite sur le premier, on a, par l'article IV,

$$R = -\frac{m'}{2}B^{(0)} + m'\left(\frac{r}{r'^2} - B^{(1)}\right)\cos(v' - v) - m'B^{(2)}\cos 2(v' - v) - \ldots$$

En ne considérant que le terme $-m'B^{(2)}\cos 2(v' - v)$ de cette expression, on a

$$dR = -m'dr\frac{\partial B^{(2)}}{\partial r}\cos 2(v' - v) - 2m'B^{(2)}dv\sin 2(v' - v).$$

Cette expression de dR contient le terme

$$-4m'B^{(2)}n\,dt(\delta v' - \delta v)\cos 2(nt - n't + \varepsilon - \varepsilon').$$

Soit Q' le coefficient de $\sin(nt - 2n't + \varepsilon - 2\varepsilon' + \varpi)$ dans l'expression de $\delta v'$, le terme précédent donnera celui-ci

$$2m'B^{(2)}n\,dt(Q' - Q)\sin(nt + \varepsilon - \varpi);$$

la fonction $2n^2a\int dR$ renferme donc le terme

$$-4n^2m'aB^{(2)}(Q' - Q)\cos(nt + \varepsilon - \varpi).$$

On trouvera pareillement que la fonction $n^2ar\frac{\partial R}{\partial r}$ contient le terme

$$-n^2m'a^2\frac{\partial B^{(2)}}{\partial a}(Q' - Q)\cos(nt + \varepsilon - \varpi),$$

et l'on s'assurera facilement que ces termes sont les seuls de ce genre que renferment ces deux fonctions. En les réunissant, la quantité $2n^2a\int dR + n^2ar\frac{\partial R}{\partial r}$ se réduira à celle-ci

$$-m'n^2\left(4aB^{(2)} + a^2\frac{\partial B^{(2)}}{\partial a}\right)(Q' - Q)\cos(nt + \varepsilon - \varpi);$$

or on a, à très peu près, par l'article V,

$$F = \tfrac{1}{4} a B^{(2)} + a^2 \frac{\partial B^{(2)}}{\partial a}.$$

La quantité précédente se réduira donc à celle-ci

$$- m' n^2 F (Q' - Q) \cos(nt + \varepsilon - \varpi),$$

et l'équation différentielle en $r \delta' r$ deviendra, en n'ayant égard qu'aux termes dépendants de l'angle $nt + \varepsilon - \varpi$,

$$o = \frac{d^2(r \delta' r)}{a^2 dt^2} + \frac{N^2 r \delta' r}{a^2} - \frac{m' n^2 F}{2} (2 Q' - Q) \cos(nt + \varepsilon - \varpi).$$

Si l'on réunit cette équation à l'équation différentielle en $\dfrac{r \, \partial r}{a^2}$ que nous avons donnée dans l'article VII, il est facile de voir qu'il suffit pour cela d'ajouter à l'équation de l'article cité le terme

$$- \frac{m' n^2 F}{2} (2 Q' - Q) \cos(nt + \varepsilon - \varpi);$$

et, en suivant l'analyse du même article, on trouvera que ce terme ajoute à l'équation (i) de l'article VII la quantité

$$- \frac{m' F n T}{4} (2 Q' - Q).$$

Considérons présentement le second satellite. Si l'on désigne par H' le coefficient de $\cos(nt - n't + \varepsilon - \varepsilon')$ dans l'expression de $\dfrac{r' \, \partial r'}{a'^2}$, et qui, par l'article V, est égal à

$$\frac{n'(m'' F' - m G)}{2(n - 2n' + f)},$$

N' étant à fort peu près égal à $n' - f$; si, de plus, on suppose

$$K' = \frac{3 h' H'}{2} - \frac{2}{3} \frac{n - 2n' + f}{n'} Q',$$

$$L' = - \frac{h' H'}{2},$$

on trouvera, en appliquant l'analyse précédente au second satellite, que la partie de $\dfrac{r'\,\partial r'}{a'^2}$ qui a pour diviseur $n - 2n' + f$ est

$$\mathrm{H}'\cos(nt - n't + \varepsilon - \varepsilon') + \mathrm{K}'\cos(nt - 2n't + \varepsilon - 2\varepsilon' + \varpi)$$
$$+ \mathrm{L}'\cos(nt + \varepsilon - \varpi).$$

L'équation différentielle en $r'\partial'r'$ est

$$0 = \frac{d^2(r'\partial'r')}{dt^2} + \frac{(1 + m')r'\partial'r'}{r'^3} + \frac{1}{2}\frac{d^2\partial r'^2}{dt^2}$$
$$- \frac{(1 + m')\partial r'^2}{r'^3} + 2\int d'\mathrm{R}' + r'\frac{\partial\mathrm{R}'}{\partial r'}.$$

En ne conservant dans cette équation que les termes dépendants de l'angle $n't + \varepsilon' - \varpi$, on trouvera, par l'analyse précédente, qu'elle se réduit à

$$0 = \frac{d^2(r'\partial'r')}{a'^2\,dt^2} + \mathrm{N}'^2\frac{r'\partial'r'}{a'^2} + \frac{1}{2}n'^2\mathrm{H}'(h'\mathrm{H}' - \mathrm{K}' - \mathrm{L}')\cos(n't + \varepsilon' - \varpi)$$
$$+ 2n'^2a'\int d'\mathrm{R}' + n'^2a'r'\frac{\partial\mathrm{R}'}{\partial r'}.$$

En substituant, au lieu de H', K' et L', leurs valeurs, on aura

$$0 = \frac{d^2(r'\partial'r')}{a'^2\,dt^2} + \mathrm{N}'^2\frac{r'\partial'r'}{a'^2} + \frac{n'^2}{2}(m''\mathrm{F}' - m\mathrm{G})\mathrm{Q}'\cos(n't + \varepsilon' - \varpi)$$
$$+ 2n'^2a'\int d'\mathrm{R}' + n'^2a'r'\frac{\partial\mathrm{R}'}{\partial r'}.$$

Déterminons maintenant les termes de $2n'^2a'\int d'\mathrm{R}' + n'^2a'r'\dfrac{\partial\mathrm{R}'}{\partial r'}$ qui dépendent de l'angle $n't + \varepsilon' - \varpi$. Si l'on n'a égard qu'à l'action du premier satellite sur le second, on aura

$$\mathrm{R}' = -\frac{m}{2}\mathrm{B}^{(0)} + m\left(\frac{r'}{r^3} - \mathrm{B}^{(1)}\right)\cos(v' - v) - m\mathrm{B}^{(1)}\cos 2(v' - v) - \ldots$$

On trouvera facilement que le terme $m\left(\dfrac{r'}{r^3} - \mathrm{B}^{(1)}\right)\cos(v' - v)$ de cette expression produit dans la fonction $2n'^2a'\int d'\mathrm{R}' + n'^2a'r'\dfrac{\partial\mathrm{R}'}{\partial r'}$ le terme suivant

$$-\frac{mn'^2}{2}\mathrm{G}(2\mathrm{Q}' - \mathrm{Q})\cos(n't + \varepsilon' - \varpi);$$

et il est aisé de se convaincre que ce terme est le seul sensible de ce
genre que produise la partie de R′ relative à l'action du premier satellite.

La partie de R′ relative à l'action du troisième satellite est

$$ -\frac{m''}{2}B'^{(0)} + m''\left(\frac{r'}{r''^2} - B'^{(1)}\right)\cos(v'' - v') - m''B'^{(2)}\cos 2(v'' - v') - \ldots $$

Si l'on désigne par Q'' le coefficient de $\sin(nt - 2n't + \varepsilon - 2\varepsilon' + \varpi)$
dans l'expression de $\delta v''$, coefficient dont nous avons donné la valeur
dans l'article VIII, et si l'on observe que l'on a

$$ 2n''t - 2n't + 2\varepsilon'' - 2\varepsilon' = 180° + n't - nt + \varepsilon' + \varepsilon, $$

on trouvera que le terme $-m''B'^{(2)}\cos 2(v'' - v')$ de l'expression de R′
produit, dans la fonction

$$ 2n'^2 a' \int d'R' + n'^2 a' r' \frac{\partial R'}{\partial r'}, $$

le terme

$$ + n'^2 m''F'(2Q'' - Q')\cos(n't + \varepsilon' - \varpi); $$

et l'on s'assurera que ce terme est le seul sensible de ce genre qui
résulte de la valeur de R′ relative à l'action du troisième satellite.
L'équation différentielle en $r'\delta'r'$ devient ainsi, en n'ayant égard qu'à
ces termes,

$$ 0 = \frac{d^2(r'\delta'r')}{a'^2 dt^2} + N'^2 \frac{r'\delta'r'}{a'^2} + \frac{n'^2 m''F'}{2}(2Q'' - Q')\cos(n't + \varepsilon' - \varpi) $$

$$ - \frac{n'^2 m G}{2}(2Q' - Q)\cos(n't + \varepsilon' - \varpi). $$

Il est aisé de voir qu'il en résultera dans l'équation (i') de l'article VII
les termes

$$ \frac{m''F'}{4}n'T(2Q'' - Q') - \frac{mG}{4}n'T(2Q' - Q). $$

Considérons enfin le troisième satellite. Il est relativement au
second ce que le second est relativement au premier; or nous venons
de voir que, Q et Q' étant les coefficients de $\sin(nt - 2n't + \varepsilon - 2\varepsilon' + \varpi)$

dans les expressions de δv et de $\delta v'$, l'action du premier satellite produit dans l'équation (i') le terme

$$-\frac{m\mathrm{G}}{4}\,n'\mathrm{T}(2\mathrm{Q}'-\mathrm{Q});$$

les coefficients de $\sin(n't-2n''t+\varepsilon-2\varepsilon'+\varpi)$ dans les expressions de $\delta v'$ et de $\delta v''$ sont $-\mathrm{Q}'$ et $-\mathrm{Q}''$; l'action du second satellite sur le troisième ajoute donc à l'équation (i'') de l'article VII le terme

$$+\frac{m'\mathrm{G}'}{4}\,n''\mathrm{T}(2\mathrm{Q}''-\mathrm{Q}').$$

Les équations (i), (i'), (i'') et (i''') du même article deviendront ainsi

$$(1)\quad\left\{\begin{aligned}
0 &= h\left[f-(0)-\boxed{0}-(0,1)-(0,2)-(0,3)\right]\\
&\quad+\boxed{0,1}\,h'+\boxed{0,2}\,h''+\boxed{0,3}\,h''-\frac{m'\mathrm{F}n\mathrm{T}}{4}(2\mathrm{Q}'-\mathrm{Q}),\\
0 &= h'\left[f-(1)-\boxed{1}-(1,0)-(1,2)-(1,3)\right]\\
&\quad+\boxed{1,0}\,h+\boxed{1,2}\,h''+\boxed{1,3}\,h''+\frac{m''\mathrm{F}'n'\mathrm{T}}{4}(2\mathrm{Q}''-\mathrm{Q}')-\frac{m\mathrm{G}n'\mathrm{T}}{4}(2\mathrm{Q}'-\mathrm{Q}),\\
0 &= h''\left[f-(2)-\boxed{2}-(2,0)-(2,1)-(2,3)\right]\\
&\quad+\boxed{2,0}\,h+\boxed{2,1}\,h'+\boxed{2,3}\,h''+\frac{m'\mathrm{G}'n''\mathrm{T}}{4}(2\mathrm{Q}''-\mathrm{Q}'),\\
0 &= h''\left[f-(3)-\boxed{3}-(3,0)-(3,1)-(3,2)\right]\\
&\quad+\boxed{3,0}\,h+\boxed{3,1}\,h'+\boxed{3,2}\,h''.
\end{aligned}\right.$$

On pourrait croire que les équations (k), (k'), (k'') et (k''') de l'article X, et qui sont relatives aux inclinaisons et aux nœuds des orbites, peuvent, en vertu des considérations précédentes, acquérir quelques termes sensibles dépendant des carrés et des produits des forces perturbatrices; mais il est facile de s'assurer que cela n'est pas, par la seule inspection de l'équation différentielle en s de l'article II.

XVI.

En considérant avec attention la valeur de $\dfrac{d\,\delta'v}{dt}$ donnée dans l'article XIII, on voit qu'elle renferme des termes dépendant des produits des excentricités et des inclinaisons des orbites, et qui ont pour arguments les différences de longitude, des aphélies et des nœuds. Ces termes augmentent considérablement par les intégrations; mais je me suis assuré qu'ils restent toujours insensibles, à cause de la petitesse des masses des satellites, des excentricités et des inclinaisons respectives de leurs orbites; je supprime par cette raison l'analyse par laquelle on peut les déterminer. La théorie précédente embrasse donc toutes les inégalités sensibles des satellites de Jupiter qui dépendent de leur action mutuelle et des actions de Jupiter et du Soleil. Quant à l'action directe des planètes sur les satellites, on conçoit aisément qu'elle doit être insensible, et que nous pouvons la négliger sans crainte. Il nous reste maintenant à réduire en nombres les formules précédentes et à les comparer ensuite aux observations.

XVII.

Valeurs numériques des inégalités des satellites.

Pour réduire en nombres les inégalités déterminées ci-dessus, il faut connaitre les temps de la révolution des satellites et leurs moyennes distances au centre de Jupiter. Suivant les Tables, les durées des révolutions périodiques des satellites réduites en secondes sont :

Premier satellite.................... 152853
Deuxième satellite................. 306822
Troisième satellite................ 618153
Quatrième satellite......... 1441928

Ces durées ont besoin de quelques corrections; mais ces corrections sont extrêmement petites et n'influent point sensiblement sur les résultats numériques suivants. Les valeurs de n, n', n'', n''' étant réciproques aux durées précédentes, on aura

$$n' = n.0,4981813, \qquad n'' = n.0,2472737, \qquad n''' = n.0,1060060.$$

Pour déterminer les moyennes distances a, a', a'' et a''', nous observerons que la plus grande élongation du quatrième satellite à Jupiter, réduite à la moyenne distance de Jupiter au Soleil, a été observée par Pound, de $8'16''$; en supposant donc de $39''$ le demi-diamètre de l'équateur de Jupiter, vu à la moyenne distance de cette planète au Soleil, et en prenant pour unité ce demi-diamètre, on aura

$$a'' = 25{,}436.$$

Il peut y avoir sur ce rapport de a'' au demi-diamètre de Jupiter quelque incertitude qui tient principalement à l'évaluation du diamètre de Jupiter, mais elle ne peut influer sensiblement sur nos calculs; il en résulte seulement que l'unité dont nous faisons usage ne représente point exactement le demi-diamètre de Jupiter.

Quant aux distances a, a' et a'', il est beaucoup plus exact de les déduire de la valeur de a'', par les lois de Kepler, que de les tirer immédiatement des observations; ainsi nous préférerons ce moyen, d'autant plus que nous voulons établir la théorie des satellites sur le principe seul de la pesanteur universelle, et n'emprunter de l'observation que ce qui est indispensable. Suivant ces lois, la moyenne distance a du premier satellite au centre de Jupiter est $a''\sqrt[3]{\dfrac{n''^2}{n^2}}$; mais cette expression n'est pas rigoureuse, parce que les forces perturbatrices du mouvement des satellites troublent un peu les lois de Kepler. En n'ayant égard qu'à la plus considérable de ces forces, qui dépend de l'ellipticité du globe de Jupiter, on trouve, par l'article III, que les forces centrales des satellites m et m'' sont $\dfrac{1}{a^3}\left(1+\dfrac{\rho-\frac{1}{2}\varphi}{a^2}\right)$ et $\dfrac{1}{a''^3}\left(1+\dfrac{\rho-\frac{1}{2}\varphi}{a''^2}\right)$. Ces forces sont entre elles comme les carrés des vitesses des satellites divisées par leurs moyennes distances à Jupiter; elles sont par conséquent dans le rapport des quantités an^2 et $a'''n''^2$, d'où l'on tire, à très peu près,

$$a = a''\sqrt[3]{\frac{n''^2}{n^2}}\left[1+\tfrac{1}{3}(\rho-\tfrac{1}{2}\varphi)\left(\frac{1}{a^2}-\frac{1}{a''^2}\right)\right].$$

On trouvera, au moyen des valeurs que nous donnerons ci-après, que la quantité $\tfrac{1}{3}(\rho-\tfrac{1}{2}\varphi)\left(\dfrac{1}{a^2}-\dfrac{1}{a''^2}\right)$ est une fraction très petite et au-dessous de $\frac{1}{3000}$; nous pouvons donc la négliger et supposer, conformément aux lois de Kepler,

$$a = a'' \sqrt[3]{\frac{n''^2}{n^2}}.$$

Ces lois sont encore plus approchées relativement au second et au troisième satellite, sur lesquels l'ellipticité de Jupiter influe moins que sur le premier. Cela posé, on trouve, en partant de ces lois,

$$a = 5,697300, \qquad a' = 9,065898, \qquad a'' = 14,461628, \qquad a''' = 25,436000.$$

En comparant ensuite les quatre satellites deux à deux, on trouvera, au moyen de ces valeurs et des formules de l'article VI, les résultats suivants :

Premier et deuxième satellites.

$$\alpha = 0,6284320;$$

$$b^{(0)}_{-\frac{1}{2}} = 2,2029114, \qquad b^{(1)}_{-\frac{1}{2}} = -0,5956469,$$

$$b^{(0)}_{\frac{1}{2}} = 2,258752, \qquad b^{(1)}_{\frac{1}{2}} = 0,754162,$$

$$b^{(2)}_{\frac{1}{2}} = 0,363089, \qquad b^{(3)}_{\frac{1}{2}} = 0,192260,$$

$$b^{(4)}_{\frac{1}{2}} = 0,106444;$$

$$\frac{db^{(0)}_{\frac{1}{2}}}{d\alpha} = 1,099553, \qquad \frac{db^{(1)}_{\frac{1}{2}}}{d\alpha} = 1,749676,$$

$$\frac{db^{(2)}_{\frac{1}{2}}}{d\alpha} = 1,452337, \qquad \frac{db^{(3)}_{\frac{1}{2}}}{d\alpha} = 1,084149.$$

Premier et troisième satellites.

$$\alpha = 0,3939598;$$

$$b^{(0)}_{-\frac{1}{2}} = 2,0783860, \qquad b^{(1)}_{-\frac{1}{2}} = -0,3861608,$$

$$b^{(0)}_{\frac{1}{2}} = 2,085204, \qquad b^{(1)}_{\frac{1}{2}} = 0,419399,$$

$$b^{(2)}_{\frac{1}{2}} = 0,124798, \qquad b^{(3)}_{\frac{1}{2}} = 0,041116,$$

$$b^{(4)}_{\frac{1}{2}} = 0,014200;$$

$$-\frac{db^{(0)}_{\frac{1}{2}}}{d\alpha} = 0,475958, \qquad -\frac{db^{(1)}_{\frac{1}{2}}}{d\alpha} = 1,208140,$$

$$\frac{db^{(2)}_{\frac{1}{2}}}{d\alpha} = 0,681198, \qquad -\frac{db^{(3)}_{\frac{1}{2}}}{d\alpha} = 0,329654.$$

Premier et quatrième satellites.

$$\alpha = 0,2239857;$$

$$b^{(0)}_{-\frac{1}{2}} = 1,02516446, \qquad b^{(1)}_{-\frac{1}{2}} = -0,2225721,$$

$$b^{(0)}_{\frac{3}{2}} = 2,025818, \qquad b^{(1)}_{\frac{3}{2}} = 0,228337,$$

$$b^{(2)}_{\frac{3}{2}} = 0,038441, \qquad b^{(3)}_{\frac{3}{2}} = 0,007184,$$

$$b^{(4)}_{\frac{3}{2}} = 0,001413;$$

$$\frac{db^{(0)}_{\frac{1}{2}}}{d\alpha} = 0,237323, \qquad \frac{db^{(1)}_{\frac{1}{2}}}{d\alpha} = 1,059549,$$

$$\frac{db^{(2)}_{\frac{1}{2}}}{d\alpha} = 0,350753, \qquad \frac{db^{(3)}_{\frac{1}{2}}}{d\alpha} = 0,097666.$$

Deuxième et troisième satellites.

$$\alpha = 0,6268933;$$

$$b^{(0)}_{-\frac{1}{2}} = 2,20188916, \qquad b^{(1)}_{-\frac{1}{2}} = -0,5943582,$$

$$b^{(0)}_{\frac{3}{2}} = 2,257063, \qquad b^{(1)}_{\frac{3}{2}} = 0,751475,$$

$$b^{(2)}_{\frac{3}{2}} = 0,360861, \qquad b^{(3)}_{\frac{3}{2}} = 0,190599,$$

$$b^{(4)}_{\frac{3}{2}} = 0,105262;$$

$$\frac{db^{(0)}_{\frac{1}{2}}}{d\alpha} = 1,093010, \qquad \frac{db^{(1)}_{\frac{1}{2}}}{d\alpha} = 1,743536,$$

$$\frac{db^{(2)}_{\frac{1}{2}}}{d\alpha} = 1,444696, \qquad \frac{db^{(3)}_{\frac{1}{2}}}{d\alpha} = 1,076135.$$

Deuxième et quatrième satellites.

$$\alpha = 0{,}3564199;$$

$$b^{(0)}_{-\frac{1}{2}} = 2{,}06403876, \qquad b^{(1)}_{-\frac{1}{2}} = -\,0{,}3506665,$$

$$b^{(0)}_{\frac{1}{2}} = 2{,}068500, \qquad b^{(1)}_{\frac{1}{2}} = 0{,}374886,$$

$$b^{(2)}_{\frac{1}{2}} = 0{,}100785, \qquad b^{(3)}_{\frac{1}{2}} = 0{,}030021,$$

$$b^{(4)}_{\frac{1}{2}} = 0{,}009380;$$

$$\frac{db^{(0)}_{\frac{1}{2}}}{d\alpha} = 0{,}415101, \qquad \frac{db^{(1)}_{\frac{1}{2}}}{d\alpha} = 1{,}164639,$$

$$\frac{db^{(2)}_{\frac{1}{2}}}{d\alpha} = 0{,}599337, \qquad \frac{db^{(3)}_{\frac{1}{2}}}{d\alpha} = 0{,}263273.$$

Troisième et quatrième satellites.

$$\alpha = 0{,}5685496;$$

$$b^{(0)}_{-\frac{1}{2}} = 2{,}16519332, \qquad b^{(1)}_{-\frac{1}{2}} = -\,0{,}5445387,$$

$$b^{(0)}_{\frac{1}{2}} = 2{,}199830, \qquad b^{(1)}_{\frac{1}{2}} = 0{,}655817,$$

$$b^{(2)}_{\frac{1}{2}} = 0{,}284293, \qquad b^{(3)}_{\frac{1}{2}} = 0{,}135844,$$

$$b^{(4)}_{\frac{1}{2}} = 0{,}067933;$$

$$\frac{db^{(0)}_{\frac{1}{2}}}{d\alpha} = 0{,}879045, \qquad \frac{db^{(1)}_{\frac{1}{2}}}{d\alpha} = 1{,}546124,$$

$$\frac{db^{(2)}_{\frac{1}{2}}}{d\alpha} = 1{,}190611, \qquad \frac{db^{(3)}_{\frac{1}{2}}}{d\alpha} = 0{,}812999.$$

XVIII.

Au moyen de ces valeurs et des formules de l'article IV, j'ai trouvé les expressions suivantes des perturbations réciproques des satellites, dans lesquelles les masses m, m', m'' et m''' sont rendues dix mille fois plus grandes.

Premier satellite.

$$\delta r = \quad 0,000465995\, m' \cos\,(nt - n't + \varepsilon - \varepsilon')$$
$$- 0,09958077\ m' \cos 2(nt - n't + \varepsilon - \varepsilon')$$
$$- 0,000408870\, m' \cos 3(nt - n't + \varepsilon - \varepsilon'),$$

$$\delta v = -\quad 60'',687 \quad m' \sin\,(nt - n't + \varepsilon - \varepsilon')$$
$$+ 7185'',05 \quad m' \sin 2(nt - n't + \varepsilon - \varepsilon')$$
$$+ \quad 22'',9407 \quad m' \sin 3(nt - n't + \varepsilon - \varepsilon').$$

Deuxième satellite.

$$\delta r' = \quad 0,05128288 \quad m \cos\,(nt - n't + \varepsilon - \varepsilon')$$
$$+ 0,0005917397\, m \cos 2(nt - n't + \varepsilon - \varepsilon')$$
$$+ 0,0001399405\, m \cos 3(nt - n't + \varepsilon - \varepsilon')$$
$$+ 0,0007321374\, m'' \cos\,(n't - n''t + \varepsilon' - \varepsilon'')$$
$$- 0,0879380 \quad m'' \cos 2(n't - n''t + \varepsilon' - \varepsilon'')$$
$$- 0,0006339091\, m'' \cos 3(n't - n''t + \varepsilon' - \varepsilon''),$$

$$\delta v' = -\, 2279'',40 \quad m \sin\,(nt - n't + \varepsilon - \varepsilon')$$
$$- \quad 17'',0497 \quad m \sin 2(nt - n't + \varepsilon - \varepsilon')$$
$$- \quad 3'',4090 \quad m \sin 3(nt - n't + \varepsilon - \varepsilon')$$
$$- \quad 59'',766 \quad m'' \sin\,(n't - n''t + \varepsilon' - \varepsilon'')$$
$$+ 3979'',83 \quad m'' \sin 2(n't - n''t + \varepsilon' - \varepsilon'')$$
$$+ \quad 22'',321 \quad m'' \sin 3(n't - n''t + \varepsilon' - \varepsilon'').$$

Troisième satellite.

$$\delta r'' = \quad 0,04114925 \quad m' \cos\,(n't - n''t + \varepsilon' - \varepsilon'')$$
$$+ 0,000917144\ m' \cos 2(n't - n''t + \varepsilon' - t'')$$
$$+ 0,000217082\ m' \cos 3(n't - n''t + \varepsilon' - \varepsilon'')$$
$$+ 0,0007521007\, m'' \cos\,(n''t - n'''t + \varepsilon'' - \varepsilon''')$$
$$- 0,00449712 \quad m'' \cos 2(n''t - n'''t + \varepsilon'' - \varepsilon''')$$
$$- 0,00039794 \quad m'' \cos 3(n''t - n'''t + \varepsilon'' - \varepsilon'''),$$

$$\delta v'' = -\, 1130'',33 \quad m' \sin\,(n't - n''t + \varepsilon' - \varepsilon'')$$
$$- \quad 16'',5039 \quad m' \sin 2(n't - n''t + \varepsilon' - \varepsilon'')$$
$$- \quad 3'',3067 \quad m' \sin 3(n't - n''t + \varepsilon' - \varepsilon'')$$
$$- \quad 34'',4108 \quad m'' \sin\,(n''t - n'''t + \varepsilon'' - \varepsilon''')$$
$$+ \quad 117'',360 \quad m'' \sin 2(n''t - n'''t + \varepsilon'' - \varepsilon''')$$
$$+ \quad 8'',24894 \quad m'' \sin 3(n''t - n'''t + \varepsilon'' - \varepsilon''').$$

Quatrième satellite.

$$\delta r'' = \quad 0,00317919 \; m'' \cos \; (n''t - n'''t + \varepsilon'' - \varepsilon''')$$
$$+ \; 0,000578364 \, m'' \cos 2(n''t - n'''t + \varepsilon'' - \varepsilon''')$$
$$+ \; 0,00013613g \, m'' \cos 3(n''t - n'''t + \varepsilon'' - \varepsilon'''),$$

$$\delta v'' = - \; 10'',375 \qquad m'' \sin \; (n''t - n'''t + \varepsilon'' - \varepsilon''')$$
$$- \; 5'',170 \qquad m'' \sin 2(n''t - n'''t + \varepsilon'' - \varepsilon''')$$
$$- \; 1'',078 \qquad m'' \sin 3(n''t - n'''t + \varepsilon'' - \varepsilon''').$$

Je ne donne ici que les inégalités produites par l'action des satellites voisins, et je néglige les inégalités produites par les actions réciproques du premier et du troisième, du premier et du quatrième, enfin du second et du quatrième. Il est facile de déterminer toutes ces inégalités par ce qui précède, mais je me suis assuré qu'elles sont insensibles et qu'elles ne feraient que compliquer les Tables, sans leur donner plus de précision.

Pour avoir les résultats précédents, il était nécessaire de connaître d'une manière approchée la valeur de $\rho - \frac{1}{2}\varphi$ qui entre dans les expressions de N, N', N'' et N'''. J'ai supposé

$$\rho - \tfrac{1}{2}\varphi = 0,0194222;$$

on verra ci-après que cette valeur est suffisamment approchée pour que l'erreur dont elle est susceptible n'ait aucune influence sensible sur les déterminations précédentes.

Les inégalités des satellites de Jupiter, dépendantes de leur élongation mutuelle, ont été déjà déterminées par plusieurs géomètres et spécialement par MM. Bailly et de la Grange. Leurs résultats diffèrent un peu des précédents, ce qui tient en partie à ce qu'ils ont employé pour a, a', a'' et a''' les valeurs que M. de Cassini a trouvées par les mesures directes des distances des satellites au centre de Jupiter et surtout à ce qu'ils n'ont point eu égard à la différence des valeurs de N, N', N'' et N''' aux quantités correspondantes n, n', n'' et n'''; cette différence est fort sensible dans les inégalités des deux premiers satellites, comme nous l'avons observé dans l'article V. En faisant aux résultats de M. Bailly les corrections dues à cette différence, ils se rapprochent beaucoup des résultats précédents, que j'ai calculés avec soin et de l'exactitude desquels je crois pouvoir répondre.

XIX.

Considérons maintenant les inégalités dépendantes des excentricités des orbites. Les termes de δv, $\delta v'$ et $\delta v''$ dépendants de l'angle

$$nt - 2n't + \epsilon - 2\epsilon' + ft + \Gamma$$

sont, par l'article XV,

$$\delta v = Q \sin(nt - 2n't + \epsilon - 2\epsilon' + ft + \Gamma),$$
$$\delta v' = Q' \sin(nt - 2n't + \epsilon - 2\epsilon' + ft + \Gamma),$$
$$\delta v'' = Q'' \sin(nt - 2n't + \epsilon - 2\epsilon' + ft + \Gamma).$$

Nous avons donné dans l'article VIII les expressions de Q, Q' et Q''; elles dépendent des valeurs de F, G, F' et G'; or on a, par l'article V,

$$F = a^2 \frac{\partial B^{(2)}}{\partial a} + \frac{2n}{n - n'} a B^{(2)},$$

$$G = a'^2 \frac{\partial B^{(1)}}{\partial a'} - \frac{a'^2}{a^2} + \frac{2n'}{n - n'} \left(a' B^{(1)} - \frac{a'^2}{a^2} \right),$$

d'où l'on tire, par l'article VI,

$$F = \quad \alpha^2 \frac{db^{(1)}_{\frac{1}{2}}}{d\alpha} - \frac{2n}{n - n'} \alpha b^{(2)}_{\frac{1}{2}},$$

$$G = - \alpha \frac{db^{(1)}_{\frac{1}{2}}}{d\alpha} - \frac{n + n'}{n - n'} b^{(1)}_{\frac{1}{2}} + \frac{3n' - n}{(n - n')\alpha^2};$$

en substituant donc pour α, $b^{(1)}_{\frac{1}{2}}$, $b^{(2)}_{\frac{1}{2}}$, $\frac{db^{(1)}_{\frac{1}{2}}}{d\alpha}$ et $\frac{db^{(2)}_{\frac{1}{2}}}{d\alpha}$ leurs valeurs numériques trouvées ci-dessus, on aura

$$F = 1,482966, \qquad G = - 0,855700.$$

On trouvera de la même manière

$$F' = 1,466091, \qquad G' = - 0,8548145.$$

Au moyen de ces valeurs et des formules de l'article VIII, on aura

$$Q = - m' \frac{16,8128\,h - 6,09662\,h'}{\left(1 + \dfrac{f}{973254''}\right)^{2}},$$

$$Q' = m \frac{13,2797\,h - 4,81543\,h'}{\left(1 + \dfrac{f}{973254''}\right)^{2}} + m'' \frac{4,12520\,h' - 1,50782\,h''}{\left(1 + \dfrac{f}{973254''}\right)^{2}},$$

$$Q'' = - m' \frac{3,24237\,h' - 1,18513\,h''}{\left(1 + \dfrac{f}{973254''}\right)^{2}}.$$

On déterminera les quantités f, h, h', h'', h''' au moyen des équations (I) de l'article XV. Pour cela, nous observerons que la plupart des astronomes supposent $\rho = \frac{1}{14}$; en faisant ensuite $\frac{1}{2}\varphi = \frac{1}{25}$, on aura

$$\rho - \tfrac{1}{2}\varphi = \tfrac{11}{350};$$

mais, vu l'incertitude qui peut exister sur cette valeur, nous supposerons

$$\rho - \tfrac{1}{2}\varphi = \frac{11\mu}{350},$$

μ étant une indéterminée que nous déterminerons dans la suite. Cela posé, on aura, par les formules de l'article VII,

$$(0) = 259072'',62\,\mu, \qquad (1) = 50971'',27\,\mu,$$
$$(2) = 9942'',67\,\mu, \qquad (3) = 1377'',82\,\mu.$$

On aura ensuite

$$\boxed{0} = 33'',46, \qquad \boxed{1} = 67'',16, \qquad \boxed{2} = 135'',31, \qquad \boxed{3} = 315'',64.$$

On trouvera encore

$$(0,1) = 12893'',96\,m', \qquad (0,2) = 1685'',25\,m'', \qquad (0,3) = 248'',38\,m'',$$
$$(1,0) = 10221'',52\,m, \qquad (1,2) = 6337'',75\,m'', \qquad (1,3) = 584'',40\,m'',$$
$$(2,0) = 1057'',77\,m, \qquad (2,1) = 5018'',01\,m', \qquad (2,3) = 1907'',14\,m'',$$
$$(3,0) = 117'',55\,m, \qquad (3,1) = 348'',89\,m', \qquad (3,2) = 1438'',02\,m''.$$

Enfin, on aura

$$[0,1] = 9554'',90\,m', \qquad [0,2] = 812'',96\,m'', \qquad [0,3] = 69'',10\,m'',$$

$$[1,0] = 7574'',52\,m, \qquad [1,2] = 4686'',58\,m'', \qquad [1,3] = 256'',06\,m'',$$

$$[2,0] = 510'',26\,m, \qquad [2,1] = 3710'',67\,m', \qquad [2,3] = 1294'',22\,m''',$$

$$[3,0] = 32'',70\,m, \qquad [3,1] = 152'',87\,m', \qquad [3,2] = 975'',87\,m''.$$

Les équations (I) de l'article XV deviendront ainsi

$$(Q)\begin{cases}
0 = h(f - 259072'',62\,\mu - 33'',46 - 12893'',96\,m' - 1685'',25\,m'' - 248'',38\,m''') \\[4pt]
\quad + 9554'',90\,m'h' + 812'',96\,m''h'' \\[4pt]
\quad + 69'',10\,m''h'' - m'h\,\dfrac{263465''\,m + 16678 1''\,m'}{\left(1 + \dfrac{f}{973254''}\right)^2} \\[10pt]
\quad + m'h'\,\dfrac{95537''\,m + 60478''\,m' - 81843''\,m''}{\left(1 + \dfrac{f}{973254''}\right)^2} + \dfrac{29915''\,m'm''h''}{\left(1 + \dfrac{f}{973254''}\right)^2}, \\[14pt]
0 = h'(f - 50971'',27\,\mu - 67'',16 - 10221'',52\,m - 6337'',75\,m'' - 584'',40\,m''') \\[4pt]
\quad + 7574'',52\,mh + 4686'',58\,m''h'' + 256'',06\,m''h'' \\[4pt]
\quad + mh\,\dfrac{75736''\,m + 47943''\,m' - 64880''\,m''}{\left(1 + \dfrac{f}{973254''}\right)^2} \\[10pt]
\quad - h'\,\dfrac{27463''\,m^2 + 17385''\,mm' - 47054''\,mm'' + 31682''\,m'm'' + 20154''\,m''^2}{\left(1 + \dfrac{f}{973254''}\right)^2} \\[10pt]
\quad + m''h''\,\dfrac{-8599'',3\,m + 11580''\,m' + 7366,7\,m''}{\left(1 + \dfrac{f}{973254''}\right)^2}, \\[14pt]
0 = h''(f - 9942'',67\,\mu - 135'',31 - 1057'',77\,m - 5018'',01\,m' - 1907'',14\,m'') \\[4pt]
\quad + 510'',26\,mh + 3710'',67\,m'h' + 1294'',22\,m''h'' \\[4pt]
\quad + \dfrac{18777''\,mm'h}{\left(1 + \dfrac{f}{973254''}\right)^2} - m'h'\,\dfrac{6808'',6\,m - 9168'',9\,m' - 5832'',7\,m''}{\left(1 + \dfrac{f}{973254''}\right)^2} \\[10pt]
\quad - m'h''\,\dfrac{3351'',4\,m' + 2131'',9\,m'}{\left(1 + \dfrac{f}{973254''}\right)^2}, \\[14pt]
0 = h''(f - 1377'',82\,\mu - 315'',64 - 117'',55\,m - 348'',89\,m' - 1438'',02\,m'') \\[4pt]
\quad + 32'',70\,mh + 152'',87\,m'h' + 975'',87\,m''h''.
\end{cases}$$

Lorsque les masses m, m', m'', m''' et la quantité μ seront connues, on aura, en résolvant ces équations, quatre valeurs de f et les rapports correspondants des indéterminées h, h', h'', h''' à l'une de ces indéterminées qui sera arbitraire. Ces quatre systèmes de f, h, h', h'', h''' donneront autant de valeurs pour Q, Q' et Q''.

XX.

Les inégalités des satellites dépendantes de l'action du Soleil ont été déterminées dans l'article IX. L'expression de δv trouvée dans cet article renferme d'abord le terme

$$\frac{11\,M^2}{8\,n^2} \sin(2\,nt - 2\,Mt + 2\epsilon - 2A).$$

La fraction $\frac{M}{n}$ est égale au quotient de la durée de la révolution sidérale du satellite, divisée par la durée de la révolution sidérale de Jupiter. Dans les *Mémoires de l'Académie* pour l'année 1786 ([1]), j'ai trouvé le moyen mouvement sidéral de Jupiter égal à 109181″,5 dans l'intervalle de 365 jours, ce qui donne 8,5732625 pour le logarithme de la durée de sa révolution sidérale, réduite en secondes. Au moyen de cette valeur et des durées des révolutions sidérales des quatre satellites, que nous avons données dans l'article XVII, on déterminera le coefficient $\frac{11\,M^2}{8\,n^2}$, que l'on réduira en secondes, en le multipliant par le rayon du cercle, réduit en arc, ou par 57°17′44″,8; on trouvera ainsi

$$\text{Premier satellite} \ldots\ldots \quad \frac{11\,M^2}{8\,n^2} = 0'',04729,$$

$$\text{Deuxième satellite} \ldots\ldots \quad \frac{11\,M^2}{8\,n'^2} = 0'',19054,$$

$$\text{Troisième satellite} \ldots\ldots \quad \frac{11\,M^2}{8\,n''^2} = 0'',77338,$$

$$\text{Quatrième satellite} \ldots\ldots \quad \frac{11\,M^2}{8\,n'''^2} = 4'',20814.$$

[1] Ci-dessus, p. 234.

L'expression de δv de l'article IX contient encore le terme

$$\frac{-9 M^2 h}{n(2M + N - n - f)} \sin(nt - 2Mt + ft + \varepsilon - 2A + \Gamma).$$

Ce terme n'est sensible que pour le troisième et le quatrième satellite, et l'on peut y supposer $n - f = N$, ce qui le réduit au suivant

$$\frac{-9M}{2n} h \sin(nt - 2Mt + ft + \varepsilon - 2A + \Gamma).$$

On a ensuite

$$\text{Premier satellite} \ldots \ldots \quad \frac{9M}{2n} = 0,0018375,$$

$$\text{Deuxième satellite} \ldots \ldots \quad \frac{9M}{2n'} = 0,0036884,$$

$$\text{Troisième satellite} \ldots \ldots \quad \frac{9M}{2n''} = 0,0074310,$$

$$\text{Quatrième satellite} \ldots \ldots \quad \frac{9M}{2n'''} = 0,017334.$$

Enfin, l'expression de δv de l'article IX contient le terme

$$\frac{3M}{n} E \sin(Mt + A - B).$$

Nous avons vu, dans l'article XIV, que, relativement aux trois premiers satellites, ce terme est modifié par leur mouvement de libration, et nous avons déterminé ce qu'il devient pour chacun d'eux. Cela posé, si l'on fait usage de la valeur de E, que j'ai trouvée, dans nos *Mémoires* pour l'année 1786 ([1]), égale à 0,0480767 pour le commencement de 1750, on aura les expressions suivantes de l'inégalité des satellites dépendante de l'angle $Mt + A - B$:

$$\text{Premier satellite} \ldots \ldots \quad 12'',148 \left(1 + \frac{3bkn'^2}{M^2 - kn'^2}\right) \sin(Mt + A - B),$$

$$\text{Deuxième satellite} \ldots \ldots \quad 24'',384 \left[1 - \frac{9a'mbkn'^2}{8am'(M^2 - kn'^2)}\right] \sin(Mt + A - B),$$

$$\text{Troisième satellite} \ldots \ldots \quad 49'',126 \left[1 + \frac{3a''mbkn'^2}{32am''(M^2 - kn'^2)}\right] \sin(Mt + A - B),$$

$$\text{Quatrième satellite} \ldots \quad 114'',594 \sin(Mt + A - B).$$

[1] Ci-dessus, p. 236.

Ces inégalités varient avec l'excentricité de l'orbite de Jupiter; mais ces variations sont insensibles dans l'intervalle d'un ou deux siècles.

XXI.

Déterminons les inégalités du mouvement des satellites en latitude. Les équations (L) de l'article X deviennent

$$
(L')
\begin{cases}
0 = (259072'',62\,\mu + 33'',46 + 12893'',96\,m' + 1685'',25\,m'' + 248'',38\,m''')\nu \\
\quad - 12893'',96\,m'\nu' - 1685'',25\,m''\nu'' - 248'',38\,m'''\nu''' - 33'',46, \\[4pt]
0 = (50971'',27\,\mu + 67'',16 + 10221'',52\,m + 6337'',75\,m'' + 584'',40\,m''')\nu' \\
\quad - 10221'',52\,m\nu - 6337'',75\,m''\nu'' - 584'',40\,m'''\nu''' - 67'',16, \\[4pt]
0 = (9942'',67\,\mu + 135'',31 + 1057'',77\,m + 5018'',01\,m' + 1907'',14\,m''')\nu'' \\
\quad - 1057'',77\,m\nu - 5018'',01\,m'\nu' - 1907'',14\,m'''\nu''' - 135'',31, \\[4pt]
0 = (1377'',82\,\mu + 315'',64 + 117'',55\,m + 348'',89\,m' + 1438'',02\,m'')\nu''' \\
\quad - 117'',55\,m\nu - 348'',89\,m'\nu' - 1438'',02\,m''\nu'' - 315'',64.
\end{cases}
$$

Les équations (k), (k'), (k'') et (k''') de l'article X deviennent

$$
(M')
\begin{cases}
0 = (q - 259072'',62\,\mu - 33'',46 - 12893'',96\,m' - 1685'',25\,m'' - 248'',38\,m''')l \\
\quad + 12893'',96\,m'l' + 1685'',25\,m''l'' + 248'',38\,m'''l''', \\[4pt]
0 = (q - 50971'',27\,\mu - 67'',16 - 10221'',52\,m - 6337'',75\,m'' - 584'',40\,m''')l' \\
\quad + 10221'',52\,ml + 6337'',75\,m''l'' + 584'',40\,m'''l''', \\[4pt]
0 = (q - 9942'',67\,\mu - 135'',31 - 1057'',77\,m - 5018'',01\,m' - 1907'',14\,m''')l'' \\
\quad + 1057'',77\,ml + 5018'',01\,m'l' + 1907'',14\,m'''l''', \\[4pt]
0 = (q - 1377'',82\,\mu - 315'',64 - 117'',55\,m - 348'',89\,m' - 1438'',02\,m'')l''' \\
\quad + 117'',55\,ml + 348'',89\,m'l' + 1438'',02\,m''l''.
\end{cases}
$$

Lorsque les masses m, m', m'' et m''' seront connues, on aura, au moyen des équations (L'), les valeurs de ν, ν', ν'' et ν'''. Si l'on ne considère que la partie de la latitude des satellites, qui dépend de l'inclinaison Ψ de l'équateur de Jupiter sur son orbite, on aura, par l'article X,

$$
\begin{aligned}
s &= (1 - \nu)\,\Psi \sin(nt + \varepsilon - \mathrm{I}), \\
s' &= (1 - \nu')\,\Psi \sin(n't + \varepsilon' - \mathrm{I}), \\
s'' &= (1 - \nu'')\,\Psi \sin(n''t + \varepsilon'' - \mathrm{I}), \\
s''' &= (1 - \nu''')\,\Psi \sin(n'''t + \varepsilon''' - \mathrm{I}),
\end{aligned}
$$

Ces valeurs de s, s', s'', s''' sont les mêmes que si les satellites m, m', m'' et m''' étaient mus sur des plans situés entre l'orbite et l'équateur de Jupiter, passant par l'intersection commune de ces deux derniers plans et respectivement inclinés à l'équateur de Jupiter des quantités $\nu\Psi$, $\nu'\Psi$, $\nu''\Psi$ et $\nu'''\Psi$. On peut donc concevoir les orbites des satellites comme étant mues sur ces plans qui, dans les variations de l'orbite et de l'équateur de Jupiter, passent constamment par leur commune intersection et dont les inclinaisons sur l'équateur sont toujours proportionnelles à l'inclinaison de l'équateur sur l'orbite de Jupiter.

Les équations (M') donnent quatre valeurs différentes pour q; de plus, elles déterminent les rapports correspondants des indéterminées l, l', l'' et l''' à l'une de ces indéterminées, qui reste arbitraire. De ces valeurs de q dépendent les mouvements des orbites des satellites sur les plans dont nous venons de parler, comme nous le verrons en discutant la théorie particulière de chaque satellite.

XXII.

Pour réduire en nombres les inégalités périodiques du mouvement des satellites en latitude, déterminées dans l'article XI, nous y supposerons

$$N + q = n,$$
$$N' + q = n',$$
$$N'' + q = n'',$$
$$N''' + q = n''',$$

ce que l'on peut faire sans craindre aucune erreur sensible ; on trouve, cela posé,

$$s = 0,0034876\, m'(l' - l) \sin(3nt - 4n't + 3\varepsilon - 4\varepsilon' - qt + \Lambda)$$
$$- 0,00015312\,(L' - l) \sin(nt - 2Mt + \varepsilon - 2\Lambda - qt + \Lambda),$$

$$s' = [0,0027648\, m\,(l - l') + 0,0017068\, m''(l'' - l')] \sin(2nt - 3n't + 2\varepsilon - 3\varepsilon' - qt + \Lambda)$$
$$- 0,00030737\,(L' - l') \sin(n't - 2Mt + \varepsilon' - 2\Lambda - qt + \Lambda),$$

$$s'' = 0,0013514\, m'(l' - l'') \sin(2n't - 3n''t + 2\varepsilon' - 3\varepsilon'' - qt + \Lambda)$$
$$- 0,00061925\,(L' - l'') \sin(n''t - 2Mt + \varepsilon'' - 2\Lambda - qt + \Lambda),$$

$$s''' = - 0,0014445\,(L' - l''') \sin(n'''t - 2Mt + \varepsilon''' - 2\Lambda - qt + \Lambda).$$

Les inégalités que nous venons de déterminer renferment les cinq inconnues μ, m, m', m'', m'''; l'évaluation de ces inconnues est un des points les plus intéressants de la théorie des satellites. Cette évaluation et celle des inégalités qui en dépendent sont l'objet de la seconde Partie de cet Ouvrage.

Les inégalités que nous venons de déterminer renferment les cinq inconnues μ, m, m', m'', m'''; l'évaluation de ces inconnues est un des points les plus intéressants de la théorie des satellites. Cette évaluation et celle des inégalités qui en dépendent sont l'objet de la seconde Partie de cet Ouvrage.

THÉORIE

DES

SATELLITES DE JUPITER

(SUITE).

THÉORIE

DES

SATELLITES DE JUPITER

(SUITE).

Mémoires de l'Académie royale des Sciences de Paris, année 1789; 1792.

SECONDE PARTIE.

THÉORIE ASTRONOMIQUE DES SATELLITES DE JUPITER.

J'ai donné, dans le Volume de l'Académie pour l'année 1788, une théorie des satellites de Jupiter. La longueur de cet Ouvrage m'a obligé d'en renvoyer la suite à l'un des Volumes suivants. Je l'avais communiquée à M. de Lambre, qui l'a prise pour base d'un immense travail sur les satellites de Jupiter, d'où sont résultées les nouvelles Tables de ces astres, imprimées dans la dernière édition de l'*Astronomie* de M. de la Lande. M. de Lambre se proposait de publier cette suite avec ses recherches qu'il voulait perfectionner encore; mais, ayant été chargé par l'Académie de mesurer, conjointement avec M. Méchain, l'arc du méridien terrestre qui doit donner la mesure universelle, il ne pourra de longtemps s'occuper de la théorie des satellites. C'est ce qui me détermine à publier ici la suite de mon travail, en y substituant aux résultats numériques que j'avais trouvés les résultats plus exacts que M. de Lambre a tirés de la discussion d'un très grand nombre d'observations, et qu'il a bien voulu me communiquer. Je conserverai toutes les dénominations et l'ordre des articles de mon premier Mémoire dont celui-ci est la suite.

XXIII.

Détermination des masses des satellites et de l'aplatissement de Jupiter.

Pour déterminer ces inconnues, il faut cinq données de l'observation. Nous prendrons pour première donnée l'inégalité principale du mouvement du premier satellite, inégalité que M. de Lambre a fixée à $3'39''$ en temps. Pour la convertir en secondes de degré, il faut la multiplier par la circonférence entière ou par $1\,296\,000''$, et la diviser par la durée de la révolution synodique du satellite, durée que M. de Lambre a trouvée de $152\,915'',9451952056$. On aura ainsi $1856'',08$. Cette inégalité, par l'article XVIII, est égale à $7185'',05\,m'$, d'où l'on tire

$$m' = 0,258325.$$

Nous prendrons pour seconde donnée l'inégalité principale du second satellite que M. de Lambre a fixée à $15'15'',3$ en temps. Pour la réduire en secondes de degré, on la multipliera par $1\,296\,000''$, et l'on divisera le produit par la durée de la révolution synodique du second satellite, durée que M. de Lambre a trouvée de

$$307\,073'',7302548007.$$

On aura ainsi $3863'',0$; mais, par l'article XVIII, cette quantité est égale à $2279'',40\,m + 3979'',83\,m''$, en réunissant, comme nous l'avons fait dans l'article V, les deux termes de $\delta v'$ qui dépendent des angles $nt - n't + \varepsilon - \varepsilon'$ et $2n't - 2n''t + 2\varepsilon' - 2\varepsilon''$. On aura donc

$$2279'',40\,m + 3979'',83\,m'' = 3863'',0,$$

ce qui donne

$$m = 1,694745 - 1,745999\,m''.$$

La troisième donnée dont nous ferons usage est le mouvement annuel et sidéral de l'abside du quatrième satellite, mouvement que les observations ont donné à M. de Lambre de $2540'',35$. Nous supposerons donc $f = 2540'',35$ dans la dernière des équations (Q) de l'article XIX, qui devient ainsi

$$(a) \quad \begin{cases} 0 = 2224'',71 - 1377'',82\,\mu - 117'',55\,m - 348'',89\,m' - 1438'',02\,m'' \\ \qquad + 32,70\,m\,\dfrac{h}{h''} + 152'',87\,m'\,\dfrac{h'}{h'''} + 975'',87\,m''\,\dfrac{h''}{h'''}. \end{cases}$$

Pour réduire cette équation à ne renfermer que les indéterminées μ, m, m'', il faut en éliminer les fractions $\dfrac{h}{h''}$, $\dfrac{h'}{h'}$, $\dfrac{h''}{h''}$. La comparaison d'un grand nombre d'éclipses du troisième satellite avec la théorie m'a fait voir que son mouvement renferme deux équations du centre, très distinctes, dont l'une se rapporte à l'abside du quatrième satellite. M. de Lambre a fixé cette équation à $309'',1$, et il a trouvé l'équation du centre du quatrième satellite égal à $3063'',2$; on a ainsi

$$\frac{h''}{h''} = \frac{309'',1}{3063'',2} = 0,1009075.$$

On déterminera $\dfrac{h}{h''}$ et $\dfrac{h'}{h'}$ au moyen des deux premières des équations (Q) de l'article XIX; mais il faut pour cela connaître d'une manière approchée les valeurs de μ, m, m'' et m'''. Or on a, à très peu près, comme on le verra bientôt,

$$\begin{aligned} \mu &= 0,692967, \\ m &= 0,184130, \\ m'' &= 0,865188, \\ m''' &= 0,560989. \end{aligned}$$

Ces valeurs ont une exactitude plus que suffisante pour la détermination des fractions $\dfrac{h}{h''}$ et $\dfrac{h'}{h''}$, qui n'ont qu'une très petite influence sur les résultats suivants. La première et la seconde des équations (Q) donnent à fort peu près, en y substituant, au lieu de f, μ, m, m'', m''' et $\dfrac{h''}{h''}$, leurs valeurs précédentes,

$$\frac{h}{h''} = 0,0030527, \qquad \frac{h'}{h'} = 0,021380.$$

En substituant ces valeurs, ainsi que celles de m' et de $\frac{h''}{h'''}$, dans l'équation (a), elle deviendra

$$0 = 1936'',37 - 1377'',82\mu - 117'',45m - 1134'',50m''.$$

En substituant ensuite pour m sa valeur trouvée ci-dessus, en m'', on aura

$$m'' = 1,706793 - 1,214473\mu.$$

Cette valeur, substituée dans l'expression de m en m'', donne

$$m = -1,285334 + 2,120469\mu.$$

La troisième des équations (Q) de l'article XIX nous fournira une quatrième équation pour déterminer les inconnues μ, m, m'' et m'''. En la divisant par h''', et en y substituant, au lieu de m', $\frac{h}{h'''}$, $\frac{h'}{h'''}$ et $\frac{h''}{h'''}$, leurs valeurs précédentes, on aura

$$0 = 122'',93 - 1003'',29\mu - 127'',85m - 23'',24m' + 1101'',87m'''.$$

Au lieu de m et de m'', mettons leurs valeurs en μ, nous aurons

$$0 = 247'',59 - 1246'',17\mu + 1101'',78m''',$$

d'où l'on tire

$$m''' = -0,2247182 + 1,131052\mu.$$

L'exactitude de cette équation dépend de la valeur $2h''$, c'est-à-dire de l'équation du centre du troisième satellite qui se rapporte à l'abside du quatrième; c'est la quatrième donnée que nous empruntons des observations qui la fixent avec assez de précision pour qu'on puisse l'employer avec avantage dans la recherche des masses des satellites.

Enfin, nous prendrons pour cinquième donnée de l'observation le mouvement annuel et sidéral du nœud de l'orbite du second satellite sur le plan de l'équateur de Jupiter, mouvement que M. de Lambre fixe à 43 250''; nous supposerons ainsi, dans la seconde des équations (M′) de l'article XXI, $q = 43\,250''$, et elle deviendra

$$(b) \begin{cases} 0 = 43182'',84 - 50971'',27\,\mu - 10221'',52\,m - 6337'',75\,m'' - 584'',40\,m''' \\ \quad + 10221'',52\,m\,\dfrac{l}{l'} + 6337'',75\,m''\,\dfrac{l'}{l'} + 584'',40\,m'''\,\dfrac{l''}{l'}. \end{cases}$$

Pour faire usage de cette équation, il faut connaître d'une manière approchée les fractions $\dfrac{l}{l'}$, $\dfrac{l'}{l'}$, $\dfrac{l''}{l'}$; or, si dans la première, la troisième et la quatrième des équations (M′) de l'article XXI, on substitue pour q, μ, m, m', m'' et m''' leurs valeurs précédentes approchées, on aura, en divisant par l', trois équations du premier degré entre les quantités $\dfrac{l}{l'}$, $\dfrac{l'}{l'}$, $\dfrac{l''}{l'}$; et, en les résolvant, on trouvera, avec une exactitude suffisante,

$$\frac{l}{l'} = 0{,}023183, \qquad \frac{l'}{l'} = -0{,}038600, \qquad \frac{l''}{l'} = -0{,}0010488.$$

L'équation (b) devient, au moyen de ces valeurs,

$$0 = 43182'',84 - 50771'',27\,\mu - 9984'',55\,m - 6582'',39\,m'' - 585'',01\,m'''.$$

En substituant pour m, m'' et m''' leurs valeurs en μ, on aura

$$0 = 44912'',69 - 64810'',75\,\mu,$$

ce qui donne

$$\mu = 0{,}692982$$

et, par conséquent,

$$m = 0{,}184113, \qquad m'' = 0{,}865185, \qquad m''' = 0{,}5590808.$$

On peut, avec ces valeurs, recommencer tous les calculs que nous venons de faire et en tirer des valeurs encore plus approchées de ces inconnues; mais le peu de différence d'avec celles que nous avons supposées rend ce calcul parfaitement inutile.

Les données les plus précises pour connaître les quantités précédentes seront les mouvements des nœuds et des absides des orbites des satellites, quand la suite des siècles les aura fait connaître avec exactitude. M. Maraldi avait trouvé, par la comparaison des éclipses du troisième satellite, que l'inclinaison de son orbite est assujettie à une variation dont la période est de 132 ans; M. de Lambre a trouvé cette période d'environ 139 ans. En adoptant les valeurs précédentes des masses, on trouve cette même période de 134 ans; le milieu entre les résultats de MM. Maraldi et de Lambre nous aurait donc conduit à peu près aux mêmes valeurs que nous venons d'obtenir pour μ, m, m' et m''; mais l'équation du centre que le troisième satellite emprunte du quatrième paraît être jusqu'ici une donnée de l'observation plus précise que la période des variations de l'inclinaison de son orbite.

La quantité μ détermine l'aplatissement de Jupiter; pour cela nous observerons que l'on a par l'article XIX

$$\rho - \tfrac{1}{2}\varphi = \frac{11\mu}{350}.$$

En substituant pour μ sa valeur précédente, on aura

$$\rho - \tfrac{1}{2}\varphi = 0,02177944.$$

Pour déterminer φ, soient t le temps de la rotation de Jupiter, T celui de la révolution périodique du quatrième satellite, on aura à très peu près

$$\varphi = \frac{T^2}{a''^3 t^2}.$$

On a, par l'article XVII,

$$a'' = 25,436$$

et, par les nouvelles déterminations de M. de Lambre,

$$T = 144193^{s}.$$

La rotation de Jupiter est, suivant M. de Cassini, de $9^h 56^m = 35760^s$; partant

$$\varphi = 0,098797,$$

ce qui donne

$$\rho = 0,07117794.$$

Le rapport des axes de Jupiter est, par l'article III, égal à $\dfrac{1 - \tfrac{2}{3}\rho}{1 + \tfrac{1}{3}\rho}$ et,

par conséquent, il est égal à 0,9305 = $\frac{67}{72}$ à peu près. Ce rapport a été
mesuré avec beaucoup de soin, en différents temps; le milieu entre
les diverses mesures est $\frac{13}{14}$ ou 0,929, ce qui ne diffère du résultat précédent que d'une quantité insensible; mais, si l'on considère l'influence de la valeur de μ sur les mouvements des nœuds et des absides
des orbites des satellites, on voit que le rapport des axes de Jupiter est
donné par les observations des éclipses avec plus d'exactitude que
par les mesures les plus précises. L'accord de ces mesures avec le
résultat de la théorie nous montre d'une manière sensible que la
pesanteur vers Jupiter se compose de toutes les pesanteurs vers chacune de ses molécules, puisque les variations dans la force attractive
de Jupiter, qui résultent de cette supposition et de l'aplatissement
observé de Jupiter, représentent exactement les mouvements des
nœuds et des absides des satellites.

Rassemblons maintenant les résultats que nous venons de trouver.
Si l'on divise les valeurs de m, m', m'', m''' par 10 000, on aura, par
l'article XVIII, les rapports des masses des satellites à celle de Jupiter,
et ces rapports seront :

Premier satellite.   0,0000184113
Deuxième satellite.   0,0000258325
Troisième satellite.   0,0000865185
Quatrième satellite.   0,0000359808

et le rapport des axes de Jupiter est celui de 67 à 72.

Après avoir ainsi déterminé l'aplatissement de Jupiter et les masses
de ses satellites, nous allons reprendre l'évaluation en nombres de
leurs inégalités séculaires et périodiques.

<h2 style="text-align:center">XXIV.</h2>

Des excentricités et des absides des satellites.

Les excentricités des orbites des satellites et les mouvements de
leurs absides dépendent de la résolution des équations (Q) de l'article XIX. Si l'on y substitue pour μ, m, m', m'' et m''' leurs valeurs

précédentes, elles deviennent

$$(Q') \begin{cases}
0 = + \left[f - 184493'',9 - \dfrac{23660'',3}{\left(1 + \dfrac{f}{973254''}\right)^2} \right] h \\[3ex]
\quad + \left[2468'',2 - \dfrac{9712'',2}{\left(1 + \dfrac{f}{973254''}\right)^2} \right] h' \\[3ex]
\quad + \left[703'',36 + \dfrac{668'',61}{\left(1 + \dfrac{f}{973254''}\right)^2} \right] h'' + 38'',633\, h''', \\[4ex]
0 = + \left[f - 43089'',40 - \dfrac{16429'',6}{\left(1 + \dfrac{f}{973254''}\right)^2} \right] h' \\[3ex]
\quad + \left[1394'',6 - \dfrac{5487'',5}{\left(1 + \dfrac{f}{973254''}\right)^2} \right] h \\[3ex]
\quad + \left[4054'',7 + \dfrac{6732'',5}{\left(1 + \dfrac{f}{973254''}\right)^2} \right] h'' + 143'',16\; h''', \\[4ex]
0 = + \left[f - 9582'',7 - \dfrac{700'',12}{\left(1 + \dfrac{f}{973254''}\right)^2} \right] h'' \\[3ex]
\quad + \left[93'',94 + \dfrac{893'',05}{\left(1 + \dfrac{f}{973254''}\right)^2} \right] h \\[3ex]
\quad + \left[958'',56 + \dfrac{1591'',64}{\left(1 + \dfrac{f}{973254''}\right)^2} \right] h' + 723'',57\; h''', \\[4ex]
0 = + (f - 2626'',4)\, h''' + 6'',0205\, h + 39'',49\, h' + 844'',31\, h''.
\end{cases}$$

Ces équations donnent une équation finale en f d'un degré fort
élevé; à chacune des valeurs de f répond un système des constantes h,
h', h'', h''' dans lequel trois de ces constantes sont données au moyen
de la quatrième, qui reste arbitraire; ainsi, comme il ne peut y avoir
que quatre arbitraires par la nature du problème, l'équation en f n'a
que quatre racines utiles. La grande influence de l'aplatissement de
Jupiter sur les mouvements des absides des satellites rend les valeurs

de f peu différentes de celles qui auraient lieu par le seul effet de cet
aplatissement; on aura ainsi une première approximation de ces valeurs, en égalant à zéro les premiers termes des seconds membres de
chacune des équations (Q'). Cette considération facilite extrêmement
la détermination des valeurs de f, que l'on peut avoir par une approximation très rapide, de cette manière.

On observera d'abord que la première des valeurs de f, dans l'ordre
des grandeurs, est peu différente de 200 000"; on supposera donc
$f = 200\,000"$ dans les trois dernières des équations (Q'), divisées
par h, pour en tirer les valeurs des fractions $\frac{h'}{h}$, $\frac{h''}{h}$, $\frac{h'''}{h}$. On substituera
ensuite ces valeurs dans la première des équations (Q'), et l'on mettra,
pour f, 200 000" dans le diviseur $\left(1 + \dfrac{f}{973254"}\right)^{2}$; on aura ainsi une valeur de f plus exacte que la valeur supposée. On fera de cette nouvelle
valeur le même usage que de la précédente, et ainsi de suite, jusqu'à
ce que l'on trouve deux valeurs consécutives qui soient à très peu près
les mêmes. Un petit nombre d'essais suffira pour cet objet, et alors on
sera certain que les équations (Q') sont satisfaites. On trouve ainsi,
après trois essais,

$$f = 200826",$$
$$h' = 0{,}0164552\,h,$$
$$h'' = -\,0{,}003888\,h,$$
$$h''' = -\,0{,}000017088\,h.$$

Les valeurs de h', h'', h''', relatives à cette valeur de f, étant plus
petites que h, on peut considérer h comme l'excentricité propre au
premier satellite, dont l'abside a un mouvement annuel et sidéral de
200 826".

La seconde valeur de f est d'environ 60 000". Pour l'avoir exactement, on supposera $f = 60\,000"$ dans la première, la troisième et la
quatrième des équations (Q'), et l'on en tirera les valeurs des frac-
tions $\frac{h}{h'}$, $\frac{h''}{h'}$, $\frac{h'''}{h'}$. On substituera ensuite ces valeurs dans la seconde
des équations (Q') divisée par h', et l'on fera $f = 60\,000"$ dans le divi-

seur $\left(1 + \dfrac{f}{973254''}\right)^2$; on aura ainsi une valeur plus approchée de f, avec laquelle on recommencera l'opération jusqu'à ce que l'on trouve deux fois de suite la même valeur de f. On trouvera ainsi

$$f = 58067'',52,$$
$$h = -0,042336 h',$$
$$h'' = -0,048858 h',$$
$$h''' = 0,00007773 h'.$$

Les valeurs de h, h'', h''' étant plus petites que h', on peut considérer h' comme l'excentricité propre au second satellite, dont l'abside a un mouvement annuel et sidéral de 58 067'',52.

On voit, par le premier terme de la troisième des équations (Q'), que la troisième valeur de f est d'environ 10 000''. On portera cette valeur dans la première, la seconde et la quatrième des équations (Q'), et l'on en tirera les valeurs des fractions $\dfrac{h}{h''}$, $\dfrac{h'}{h''}$, $\dfrac{h'''}{h''}$. On substituera ensuite ces valeurs dans la troisième des équations (Q') divisée par h'', et l'on fera $f = 10\,000''$ dans le diviseur $\left(1 + \dfrac{f}{973254''}\right)^2$; on aura ainsi une valeur plus approchée de f, avec laquelle on recommencera le calcul jusqu'à ce que l'on trouve deux fois de suite la même valeur. On trouvera ainsi

$$f = 9812'',94,$$
$$h = -0,00083442 7 h'',$$
$$h' = 0,2154558 h'',$$
$$h''' = -0,118663 h''.$$

Les valeurs de h, h', h''' étant plus petites que celle de h'', on peut considérer h'' comme l'excentricité propre au troisième satellite, dont l'abside a un mouvement annuel et sidéral de 9812'',94.

Enfin, la quatrième valeur de f est celle que les observations donnent pour le mouvement de l'abside, et qui, comme on l'a vu dans l'article précédent, est de 2540″,35. On a, dans ce cas,

$$f = 2540″,35,$$
$$h = 0,0030527 h''',$$
$$h' = 0,021380 h''',$$
$$h'' = 0,1009075 h'''.$$

Les valeurs de h, h', h'' étant plus petites que h''', on peut considérer h''' comme l'excentricité propre du quatrième satellite, dont l'abside a un mouvement annuel et sidéral de 2540″,35.

On voit par là que chaque satellite a une excentricité qui lui est propre. Cette circonstance, qui n'a pas lieu dans la théorie des planètes, est due à l'aplatissement de Jupiter, dont l'effet sur le mouvement des absides des satellites est très grand.

Il ne s'agit plus maintenant que de connaître les excentricités propres à chaque satellite et les positions de leurs absides à une époque donnée. Nous dirons, en parlant de la théorie de chaque satellite, ce que les observations ont appris sur cet objet.

XXV.

Des inclinaisons et des nœuds des orbites des satellites.

L'inclinaison et le mouvement des nœuds des orbites des satellites dépendent de la résolution des équations (L′) et (M′) de l'article XXI. En substituant dans les équations (L′) les valeurs précédentes de μ, m, m', m'' et m''', ces équations deviennent

$$0 = 184493″,91\nu - 3330″,84\nu' - 1458″,05\nu'' - 138″,86\nu''' - 33″,46,$$
$$0 = 43081″,30\nu' - 18881″,91\nu - 5483″,30\nu'' - 326″,73\nu''' - 67″,16,$$
$$0 = 9582″,69\nu'' - 194″,74\nu - 1296″,30\nu' - 1066″,25\nu''' - 135″,31,$$
$$0 = 2626″,31\nu''' - 21″,64\nu - 90″,13\nu' - 1244″,10\nu'' - 315″,64.$$

En résolvant ces équations, on trouve

$$\nu = 0{,}00063534,$$
$$\nu' = 0{,}0064232,$$
$$\nu'' = 0{,}0299801,$$
$$\nu''' = 0{,}134612.$$

Ces valeurs de ν, ν', ν'' et ν''' déterminent la partie de la latitude des satellites qui dépend de l'inclinaison de l'équateur de Jupiter sur son orbite, et qui, par l'article X, est, pour les différents satellites,

Premier satellite........	$(1 - \nu\ )\psi \sin(n\,t + \varepsilon - 1),$
Deuxième satellite......	$(1 - \nu')\psi \sin(n't + \varepsilon' - 1),$
Troisième satellite......	$(1 - \nu'')\psi \sin(n''t + \varepsilon'' - 1),$
Quatrième satellite......	$(1 - \nu''')\psi \sin(n'''t + \varepsilon''' - 1).$

L'inclinaison ψ de l'équateur de Jupiter sur son orbite et la longitude I de son nœud ascendant doivent être déterminées, par les observations, pour une époque donnée. M. de Lambre a trouvé que l'on avait, à très peu près, au commencement de 1700,

$$\psi = \qquad 3°6'0'',$$
$$I = 10^s 13°4'0''.$$

Ces valeurs de ψ et de I sont variables, et, si la caractéristique a désigne des variations annuelles, on a, par l'article X,

$$d\psi = - d\psi' \qquad \cos(I' - I) + \psi' dI' \sin(I' - I),$$
$$dI = - 6 - \frac{d\psi'}{\psi} \sin(I' - I) - \frac{\psi'}{\psi} dI' \cos(I' - I),$$

ψ' et I' étant l'inclinaison et la longitude du nœud de l'orbite de Jupiter sur un plan fixe. Si l'on prend pour ce plan celui de l'écliptique en 1700, on avait, à cette époque,

$$\psi' = \qquad 1°19'10'',$$
$$I' = 3^s 7°34'10'',$$
$$d\psi' = - 0'',0784,$$
$$dI' = \qquad 6',502,$$

d'où l'on tire

$$d\psi = 0'',0229,$$
$$dI = 3'',15 - 6.$$

Nous avons donné l'expression de 6 à la fin de l'article X. Si l'on y substitue pour $\rho - \frac{1}{2}\varphi$, m, m', m'', m''', v, v', v'', v''' leurs valeurs trouvées précédemment, on aura

$$6 = 0'',405\, \frac{\int \square\, R^3\, dR}{\int \square\, R^4\, dR}.$$

La loi de la densité des couches du sphéroïde de Jupiter étant inconnue, la valeur de la fraction $\dfrac{\int \square\, R^3\, dR}{\int \square\, R^4\, dR}$ est pareillement inconnue. Dans le cas où cette planète serait homogène, cette valeur serait égale à $\frac{5}{3}$; mais, l'aplatissement de Jupiter étant moindre que dans cette hypothèse, les densités $\square$ doivent diminuer du centre à la surface, ce qu'il est d'ailleurs très naturel d'admettre; alors on a

$$\frac{\int \square\, R^3\, dR}{\int \square\, R^4\, dR} > \frac{5}{3}.$$

Les phénomènes de la précession des équinoxes combinés avec ceux des marées donnent, pour la Terre, cette fraction à peu près égale à 2. Sa valeur doit peu s'éloigner du même nombre pour Jupiter. En l'adoptant, on a $dI = 2''$. Nous aurons égard à cette variation; quant à la variation de ψ, qui n'est de $2''$ en 100 ans, nous la négligerons.

Les équations (M′) de l'article XXI deviennent, en y substituant au lieu de μ, m, m', m'' et m''' leurs valeurs précédentes,

$$(\mathrm{M}'')\quad\begin{cases} 0 = (q - 184494'')\,l + 3330'',84\,l' + 1458'',05\,l'' + 138'',86\,l''', \\ 0 = (q - 43081'')\,l' + 1881'',91\,l + 5483'',30\,l'' + 326'',73\,l''', \\ 0 = (q - 9583'')\,l'' + 194'',74\,l + 1296'',30\,l' + 1066'',25\,l''', \\ 0 = (q - 2626'')\,l''' + 21'',64\,l + 90'',13\,l' + 1244'',10\,l''. \end{cases}$$

Ces quatre équations donnent une équation en q, du quatrième degré. Pour en déterminer les racines, on fera usage de la même méthode que nous avons employée dans l'article précédent, pour avoir les valeurs de f. On observera ainsi que la plus grande des valeurs de q est d'environ 185 000″. On supposera à q cette valeur dans les trois dernières équations (M″), et l'on en tirera les valeurs des fractions $\frac{l'}{l}$, $\frac{l''}{l}$, $\frac{l'''}{l}$. On substituera ces valeurs dans la première des équations (M″) divisée par l, et l'on aura une nouvelle valeur de q. On fera de cette valeur le même usage que de la première, et en continuant ainsi on trouvera fort exactement la valeur de q. On a de cette manière

$$q = 184539″,7,$$
$$l' = - 0,0132641\,l,$$
$$l'' = - 0,0010141 6\,l,$$
$$l''' = - 0,0001054 52\,l.$$

Les valeurs de l', l'', l''' étant ici moindres que l, on peut considérer cette quantité comme exprimant l'inclinaison propre de l'orbite du premier satellite sur un point qui, passant constamment par les nœuds de l'équateur de Jupiter entre l'équateur et l'orbite de cette planète, est incliné de l'angle $\nu\psi$ à l'équateur. Si l'on substitue pour ν et ψ leurs valeurs précédentes, on trouvera cette inclinaison de $7″,1$; q exprime alors le mouvement annuel et rétrograde des nœuds de l'orbite sur ce plan, mouvement qui, par conséquent, est de $184\,539″,7$.

La seconde valeur de q est, suivant les observations, de $43\,250″$, et nous avons trouvé ci-dessus que l'on a

$$q = 43250″,$$
$$l = 0,0231831\,l',$$
$$l'' = - 0,038600\,l',$$
$$l''' = - 0,0010488\,l'.$$

Ici, les valeurs de l, l'', l''' sont moindres que l'. Cette quantité peut donc être considérée comme exprimant l'inclinaison propre de l'orbite du second satellite sur un plan qui, passant constamment par les nœuds de l'équateur de Jupiter entre l'équateur et l'orbite de cette planète, est incliné de l'angle $v'\psi$, à l'équateur. En substituant pour v' et ψ leurs valeurs précédentes, on trouve cette inclinaison de $1'11'',7$. Le mouvement annuel et rétrograde des nœuds de l'orbite du second satellite sur ce plan est de $43\,250''$.

La troisième valeur de q est d'environ $9583''$. On fera donc $q = 9583''$ dans la première, la seconde et la quatrième des équations (M"), et l'on en tirera les valeurs des fractions $\frac{l}{l''}$, $\frac{l'}{l''}$, $\frac{l''}{l''}$. En substituant ensuite ces valeurs dans la troisième de ces équations (M") divisée par l'', on aura une nouvelle valeur de q, avec laquelle on recommencera l'opération; on trouvera ainsi

$$q = 9563'',7,$$
$$l = 0,0112840\,6\,l'',$$
$$l' = 0,1624575\,l'',$$
$$l'' = -0,1814942\,l''.$$

Les valeurs de l, l', l'' étant ici moindres que l''', cette quantité peut être considérée comme exprimant l'inclinaison propre de l'orbite du troisième satellite, sur un plan qui, passant constamment par les nœuds de l'équateur de Jupiter entre l'équateur et l'orbite de cette planète, est incliné de l'angle $v''\psi$, à l'équateur. En substituant pour v'' et ψ leurs valeurs précédentes, on trouve cette inclinaison de $5'34'',6$. Le mouvement annuel et rétrograde des nœuds de l'orbite du troisième satellite sur ce plan est de $9563'',7$.

Enfin, la quatrième valeur de q est d'environ $2380''$. Pour l'avoir exactement, on fera $q = 2380''$ dans les trois premières équations (M"), et l'on en tirera les valeurs de $\frac{l}{l'''}$, $\frac{l'}{l'''}$, $\frac{l''}{l'''}$. En substituant ces valeurs dans la quatrième des équations (M"), divisée par l''', on aura une valeur plus approchée de q, avec laquelle on recommencera l'opération; on trouvera ainsi

$$q = 2431'',3,$$
$$l = 0,0025293\,2\,l''',$$
$$l' = 0,0289830\,2\,l''',$$
$$l'' = 0,1544097\,l'''.$$

Les valeurs de l, l', l'' sont ici moindres que l'''; cette quantité peut donc être considérée comme exprimant l'inclinaison propre de l'orbite du quatrième satellite sur un plan qui, passant constamment par les nœuds de l'équateur de Jupiter entre l'équateur et l'orbite de cette planète, est incliné de l'angle $v'''\psi$ à l'équateur. En substituant pour v''' et ψ leurs valeurs précédentes, on trouve cette inclinaison de $25'2'',3$. Le mouvement annuel et rétrograde des nœuds de l'orbite du quatrième satellite sur ce plan est de $2431'',3$.

On voit par là que l'orbite de chaque satellite a une inclinaison qui lui est propre, circonstance qui est due à l'aplatissement de Jupiter, dont l'influence sur le mouvement des nœuds des orbites des satellites est très considérable.

Il reste maintenant à connaitre les inclinaisons propres à chaque orbite, et les positions des nœuds. Nous verrons bientôt ce que les observations ont appris sur cet objet.

XXVI.

De la libration des trois premiers satellites.

Nous avons vu dans l'article XIV que les trois premiers satellites de Jupiter sont assujettis à une inégalité particulière que nous avons désignée sous le nom de *libration*, et dont nous avons donné l'expression analytique. Pour l'évaluer en nombres, nous observerons que l'on a, par l'article XIX,

$$F' = 1,466091,$$
$$G = -0,855700.$$

L'expression de k de l'article XIII devient ainsi

$$k = 499,3501 \left(\frac{a}{a'} m' m'' + \frac{9}{4} m m'' + \frac{a''}{4 a'} m m' \right);$$

la valeur de k est donc positive, comme nous l'avons annoncé dans l'article XIV. Si l'on y substitue au lieu des masses m, m', m'' leurs rapports à celle de Jupiter trouvés dans l'article XXIII, on aura

$$k = 0,0000025857718.$$

Nous avons observé dans l'article XIV que l'angle désigné par ϖ dans cet article emploierait à parvenir, de zéro jusqu'à 90°, un temps moindre que $\dfrac{90°}{n'\sqrt{2k}}$; or, si l'on nomme T la durée de la révolution du second satellite, on a

$$n'\,\text{T } 360°,$$

ce qui donne

$$\frac{90°}{n'\sqrt{2k}} = \frac{\text{T}}{4\sqrt{2k}}.$$

En substituant pour T et k leurs valeurs, on aura

$$\frac{\text{T}}{4\sqrt{2k}} = 390^j,39;$$

ainsi le temps que l'angle ϖ emploierait à parvenir de zéro à 90° est au-dessous de 390 jours.

Les expressions de δv, $\delta v'$, $\delta v''$ dépendantes de la libration, et que nous avons trouvées dans l'article cité, deviennent, en y substituant pour m, m', m'' leurs valeurs précédentes,

$$\delta v = \text{P} \sin(n't\sqrt{k}+\text{A}),$$
$$\delta v' = -0,85059\,\text{P} \sin(n't\sqrt{k}+\text{A}),$$
$$\delta v'' = 0,06752\,\text{P} \sin(n't\sqrt{k}+\text{A});$$

les arbitraires P et A doivent être déterminées par les observations. La durée de la période de cette inégalité est

$$\frac{360°}{n'\sqrt{k}} \quad \text{ou} \quad \frac{\text{T}}{\sqrt{k}},$$

T étant la durée de la révolution périodique du second satellite. Cette durée est donc de 2208^j,4, c'est-à-dire d'un peu plus de six ans.

Après avoir considéré l'ensemble du système des satellites, nous allons développer la théorie particulière de chacun d'eux, en commençant par le quatrième.

XXVII.

Théorie du quatrième satellite.

M. de Lambre a trouvé par la comparaison de toutes les éclipses observées de ce satellite que son mouvement séculaire est de $2188^{\text{circ}}6^{\text{s}}24°42'20''$,88, et que sa longitude moyenne, au commencement de 1700, était de $7^{\text{s}}17°50'20''$,6; soit $0'''$ la longitude moyenne du quatrième satellite calculée sur ces données. M. de Lambre a trouvé pareillement, comme nous l'avons dit, que le plus grand terme de l'équation du centre de ce satellite est de $3063''$, 2; des recherches nouvelles lui ont fait ajouter $18''$,8 à cette équation. Il a trouvé encore que le mouvement annuel de son aphélie est de $2540''$,35 par rapport aux fixes, ou de $2590''$,6 par rapport aux équinoxes, et que la longitude de l'abside était, en 1700, de $10^{\text{s}}23°19'17''$. Soit donc

$$\varpi''' = 10^{\text{s}}23°19'17'' + 2590'',6\,i,$$

i étant le nombre des années juliennes écoulées depuis le commencement de 1700. La partie elliptique de la longitude du quatrième satellite sera

$$0''' - 3082'',0 \sin(0''' - \varpi''') + 14'',2 \sin 2(0''' - \varpi''').$$

Le quatrième satellite participe un peu à l'équation du centre du troisième satellite. M. de Lambre a trouvé cette équation égale à $555''$,8, et la longitude de l'abside égale à $11^{\text{s}}24°42'$ en 1700. Soit donc

$$\varpi'' = 11^{\text{s}}24°42' + 9863'',19\,i,$$

$9863''$,19 étant le mouvement annuel de l'abside du troisième satellite par rapport aux équinoxes; l'équation propre du centre de ce satellite sera

$$- 555'',8 \sin(0'' - \varpi''),$$

$0''$ étant la longitude moyenne du troisième satellite. On a, par l'article XXIV,

$$h''' = - 0,118663\,h'' = + 0,118663\,.\tfrac{1}{3}.555'',8;$$

d'où il suit que l'équation du centre du quatrième satellite, relative à l'abside du troisième, est

$$+ 65'',95 \sin(\theta'' - \varpi'').$$

Si l'on désigne par Π la longitude moyenne de Jupiter, rapportée à l'équinoxe mobile, on aura, par l'article XX,

$$+ 4'',2 \sin 2(\theta'' - \Pi).$$

On a encore, par le même article, l'inégalité

$$- 0,017334 h'' \sin(\theta'' + \varpi'' - 2\Pi).$$

J'observerai ici que, ayant revu l'analyse de l'article IX, dans lequel j'ai donné l'expression analytique de cette inégalité, j'ai reconnu qu'elle doit être diminuée dans le rapport de 5 à 6; en sorte que son coefficient, au lieu d'être

$$\frac{- 9 M^2 h}{n(2M + N - n - f)},$$

est égal à

$$\frac{- 15 M^2 h'}{2n(2M + N - n - f)}.$$

Il faut ainsi diminuer dans le rapport de 5 à 6 les coefficients numériques de cette inégalité donnés dans l'article XX. On peut facilement s'en assurer en suivant cette analyse. Cela posé, en substituant pour h''' sa valeur $\frac{1}{3}3082''$, cette inégalité devient

$$- 22'',259 \sin(\theta'' + \varpi'' - 2\Pi).$$

En désignant par V l'anomalie moyenne de Jupiter, on a, par l'article XX, l'inégalité

$$+ 114'',6 \sin V.$$

Enfin, l'expression de $\delta v'''$ de l'article XVIII devient, en y substituant pour m'' sa valeur trouvée précédemment,

$$\delta v''' = - 8'',976 \sin(\theta'' - \theta''')$$
$$- 4'',473 \sin 2(\theta'' - \theta''')$$
$$- 0'',933 \sin 3(\theta'' - \theta''').$$

En réunissant toutes ces inégalités, on aura pour la longitude v''' du quatrième satellite, comptée sur son orbite,

$$
\begin{aligned}
v''' =\ & \zeta''' - 3082'',0 \sin(\theta''' - \varpi''') \\
&+\quad 14'',2 \sin 2(\zeta''' - \varpi''') \\
&+\quad 66'',0 \sin(\vartheta''' - \varpi''') \\
&+\quad\ \ 4'',2 \sin 2(\vartheta''' - \Pi) \\
&-\quad 22'',3 \sin(\theta''' + \varpi''' - 2\Pi) \\
&+\ 114'',6 \sin V \\
&-\quad\ \ 9'',0 \sin(\zeta'' - \zeta''') \\
&-\quad\ \ 4'',5 \sin 2(\zeta''' - \theta''') \\
&-\quad\ \ 0'',9 \sin 3(\zeta''' - \theta''').
\end{aligned}
$$

Considérons maintenant le mouvement du satellite en latitude. Ce mouvement dépend de l'inclinaison de l'équateur de Jupiter sur son orbite et de la longitude de son nœud ascendant à une époque donnée. M. de Lambre a trouvé, par la comparaison des éclipses du troisième et du quatrième satellite, que, au commencement de 1700, l'inclinaison de l'équateur de Jupiter sur son orbite était de $3°6'$ et que la longitude I de son nœud ascendant était de $10^s 13°4'$. On a vu, dans l'article XXV, que la valeur de ψ peut être supposée constante durant deux ou trois siècles, et que la variation annuelle de I est d'environ $2''$. La partie $(1 - v''')\psi \sin(n'''t + \epsilon''' - I)$ de l'expression de la latitude qui résulte de l'article XXI devient ainsi, en substituant pour v''' sa valeur trouvée dans l'article XXV,

$$2°40'58'' \sin(n'''t + \epsilon''' - 10^s 13°4' - 2''.i).$$

Il est plus exact de substituer dans ce terme la longitude vraie v''' du satellite au lieu de la longitude moyenne; mais, comme v''' se rapporte à l'équinoxe mobile, tandis que $n'''t + \epsilon'''$ se rapporte à l'équinoxe fixe, il faut, au lieu de $n'''t + \epsilon'''$, substituer $v''' - 50'',25\,i$, i étant, comme ci-dessus, le nombre des années juliennes écoulées depuis 1700. Le terme précédent deviendra ainsi, en augmentant de 12 signes l'angle sous le signe sin,

$$2°40'58'' \sin(v''' + 46°56' - 52'',25\,i).$$

Le terme $l'' \sin(n''t + \varepsilon'' + qi - \Lambda)$, qui, par l'article X, entre dans l'expression de la latitude du quatrième satellite, devient, en y substituant pour q la quatrième des valeurs de q que nous avons trouvée dans l'article XXV, et pour $n''t + \varepsilon''$ l'angle $v'' - 50'',25 i$,

$$l'' \sin(v'' + 2381'',05 i - \Lambda).$$

M. de Lambre a trouvé, par la comparaison des observations,

$$l'' = - 14'58'', \qquad \Lambda = - 41°50',$$

ce qui réduit le terme précédent à celui-ci :

$$- 14'58'' \sin(v'' + 41°50' + 2381'',05 i).$$

En faisant usage de la troisième des valeurs q de l'article XXV, le terme $l''' \sin(n''t + \varepsilon'' + qi - \Lambda)$ devient

$$l'' \sin(v'' + 9513'',45 i - \Lambda).$$

On a de plus, par l'article XXV,

$$l'' = - 0,1814932\, l''.$$

La comparaison des éclipses du troisième satellite a donné à M. de Lambre

$$l' = - 12'7'', \qquad \Lambda = - 56°44';$$

le terme précédent devient ainsi

$$2'11'',95 \sin(v'' + 56°44' + 9513'',45 i).$$

En vertu de la seconde valeur de q, le terme $l'' \sin(n''t + \varepsilon'' + qi - \Lambda)$ devient

$$l'' \sin(v'' + 43199'',75 i - \Lambda),$$

et l'on a

$$l'' = - 0,0010483\, l';$$

les éclipses du second satellite donnent

$$l' = - 28'0'',$$

d'où l'on tire

$$l'' = 1'',7.$$

On peut donc négliger cette inégalité de la latitude du quatrième satellite, et l'on peut négliger, à plus forte raison, l'inégalité relative à la première valeur de q.

Il nous reste à considérer l'inégalité

$$-0,0014445(L'-l''')\sin(n'''t+\varepsilon'''-2Mt-2E-qi+1),$$

que nous avons déterminée dans l'article XXII. Si l'on suppose que la valeur de q soit relative au déplacement de l'équateur et de l'orbite de Jupiter, on a, par l'article X,

$$L-l''=\nu^{\sigma}(L-L'),$$

ce qui donne

$$L'-l''=(1-\nu^{\sigma})(L'-L).$$

La somme de tous les termes

$$-0,0014445(L'-l'')\sin(n''t+\varepsilon''-2Mt-2E-qi+\Lambda),$$

relatifs au déplacement de l'orbite et de l'équateur de Jupiter, deviendra, par l'article X,

$$-0,0014445(1-\nu'')\psi\sin(n''t+\varepsilon''-2Mt-2E+1).$$

En y substituant $\nu'''-50'',25i$ au lieu de $n'''t+\varepsilon'''$, $\Pi-50'',25i$ au lieu de $Mt+E$, $I-12^{\text{signes}}$ au lieu de I, et au lieu de ν'', ψ et 1 leurs valeurs précédentes, l'inégalité précédente deviendra

$$-13'',95\sin(\nu''-2\Pi-46°56'+52'',25i).$$

Les autres termes renfermés dans l'expression

$$-0,0014445(L'-l'')\sin(n''t+\varepsilon''-2Mt-2E-qi+\Lambda)$$

sont insensibles, car on a $L'=0$, par rapport aux différentes valeurs de q que nous avons déterminées dans l'article XXV, et la plus grande valeur de l'' est $14'58''$, ce qui rend le terme précédent insensible.

En rassemblant toutes les inégalités sensibles de la latitude du quatrième satellite au-dessus de l'orbite de Jupiter, on aura

$$
\begin{aligned}
s'' =\ & 2^{v}40'58'' && \sin(v'' && + 46°56'- && 52'',25\,i) \\
 -\ & 14'58'' && \sin(v'' && + 41°50'+2381'',05\,i) \\
 +\ & 2'11'',95\sin(v'' && && + 56°44'+9513'',45\,i) \\
 -\ & 13'',95\sin(v'' - 2\Pi && - 46°56'+ && 52'',25\,i).
\end{aligned}
$$

Les deux premiers termes de la valeur de s'' donnent lieu à une inégalité dont la période est d'environ 533 ans, et qui est assez sensible pour y avoir égard. J'ai parlé de ce genre d'inégalités dans l'article XVI, et je les croyais insensibles dans la théorie des satellites de Jupiter; mais un examen plus approfondi m'a fait reconnaître l'inégalité suivante. La méthode que j'ai employée pour la déterminer est celle dont j'ai fait usage dans les *Mémoires de l'Académie* pour l'année 1786 (¹), relativement à l'équation séculaire de la Lune. Si l'on nomme, comme précédemment,

S la masse du Soleil, celle de Jupiter étant prise pour unité;

D′ la distance moyenne de Jupiter au Soleil;

a'' la distance moyenne du quatrième satellite au centre de Jupiter;

$n''t$ son moyen mouvement.

Si l'on fait, comme dans l'article VII,

$$
[3] = \frac{3\,\mathrm{S\,T}}{4n''\mathrm{D}'^3},
$$

T étant la durée d'une année julienne, on trouvera facilement, par la méthode dont il s'agit, l'inégalité suivante dans l'expression de v''.

$$
-7\,\frac{[3]\,(2°40'58'')}{2433'',3}\sin 14'58''\sin(2433'',3\,i - 5°6'),
$$

i étant le nombre des années juliennes écoulées depuis 1700; on a, par l'article XIX,

$$
[3] = 315'',64;
$$

l'inégalité précédente devient ainsi

$$
-38'',2\sin(2433'',3\,i - 5°6').
$$

______
(¹) *Voir* ci-dessus, p. 243.

Cette inégalité a été jusqu'ici confondue avec le moyen mouvement du quatrième satellite; elle a diminué le mouvement séculaire de $33'',9$, et elle a augmenté la longitude, en 1700, de $3'',4$. Ainsi, pour y avoir égard, il faut, dans les Tables de M. de Lambre, augmenter de $33'',9$ le mouvement séculaire du quatrième satellite, et diminuer de $3'',4$ sa longitude en 1700.

Dans les éclipses du quatrième satellite, les expressions de v''' et de s''' se simplifient, car alors les angles θ''', v''' et Π se rapportent à l'instant de la conjonction; ainsi l'on peut supposer $\Pi = \theta'''$ dans le terme $-22'',3\sin(\theta''' - \varpi''' - 2\Pi)$ de l'expression de v''', ce qui le change dans celui-ci : $+22'',3\sin(\theta''' - \varpi''')$. Ce terme se confond avec le terme $-3082'',0\sin(\theta''' - \varpi''')$, qui devient par là

$$-3059'',7\sin(\theta''' - \varpi''').$$

Le terme $4'',2\sin 2(\theta''' - \Pi''')$ devient nul dans les éclipses; on a donc alors

$$
\begin{aligned}
v''' = \theta''' &- 3059'',7\sin\ (\theta''' - \varpi''') \\
&+ 14'',2\sin 2(\theta''' - \varpi''') \\
&+ 66'',0\sin\ (\theta''' - \varpi''') \\
&- 38'',2\sin(2433'',3\,i - 5°6') \\
&+ 114'',6\sin V \\
&- 9'',0\sin\ (\theta''' - \theta'') \\
&- 4'',5\sin 2(\theta''' - \theta'') \\
&- 0'',9\sin 3(\theta''' - \theta'').
\end{aligned}
$$

On trouvera pareillement que l'expression de la latitude devient, dans les éclipses,

$$
\begin{aligned}
s''' = \ &2°41'12''\sin(v''' + 46°56' - \ \ 52'',25\,i) \\
&- 14'58''\sin(v''' + 41°50' - 2381'',05\,i) \\
&+ 2'12''\sin(v''' + 56°44' - 9513'',45\,i).
\end{aligned}
$$

Cette expression de s''' donne l'explication d'un phénomène singulier que les observations ont présenté relativement à l'inclinaison de l'orbite du quatrième satellite et au mouvement de ses nœuds. Cette inclinaison sur l'orbite de Jupiter a paru constante depuis la fin du dernier siècle jusque vers 1760; les nœuds ont eu, dans cet intervalle, un mouvement direct d'environ 4' par année; l'inclinaison, dans ces trente dernières années, a augmenté d'une manière très sensible. On aura l'inclinaison de l'orbite et la position de ses nœuds à une époque donnée, en donnant à i, dans l'expression de s''', la valeur qui convient à cette époque, et en mettant cette expression sous la forme

$$A \sin v''' - B \cos v'''.$$

Alors $\dfrac{B}{A}$ est la tangente de la longitude du nœud, et $\sqrt{A^2 + B^2}$ est l'inclinaison de l'orbite. En faisant successivement $i = -20$, $i = 20$, $i = 60$, $i = 90$, on trouvera que, depuis 1680 jusqu'en 1760, l'inclinaison a fort peu varié, et que le nœud a eu, dans cet intervalle, un mouvement d'environ 4', conformément aux observations; on verra pareillement que, depuis 1760 jusqu'en 1790, l'inclinaison a augmenté très sensiblement.

Pour avoir la durée des éclipses du quatrième satellite, nous reprendrons la formule

$$t = T(1 + X) \left\{ \frac{- s'' \, ds''}{(1 - \rho)^2 \delta \, dv''} \pm \sqrt{\left[1 - \tfrac{1}{2} X + \frac{s''}{(1 - \rho)\delta} \right] \left[1 - \tfrac{1}{2} X - \frac{s''}{(1 - \rho)\delta} \right]} \right\}$$

trouvée dans l'article XII; T est la demi-durée moyenne des éclipses du satellite dans ses nœuds, et M. de Lambre a trouvé cette durée de 8590''. On a ensuite

$$X = 1 - \frac{dv''}{n'' \, dt},$$

ce qui donne, à fort peu près, en n'ayant égard qu'au terme le plus considérable de l'expression de v''' dans les éclipses,

$$X = 3059^g,7 \cos(\theta''' - \varpi''');$$

en réduisant cette valeur de X en parties du rayon, on aura

$$X = 0,014833 \cos(\theta''' - \varpi''').$$

L'angle δ est le mouvement synodique du satellite durant le temps T, et l'on trouve

$$6 = 7690'',9.$$

On a enfin, par l'article **XXIII**,

$$1 - \rho = 0,92882206.$$

Cela posé, on formera la quantité $\dfrac{s''}{(1-\rho)6}$ dans les éclipses, et, en la nommant ζ, on aura

$$
\begin{aligned}
\zeta = \ &1,35397 \ \sin(v'' + 46^{u}56' - \ \ 52'',25\,i) \\
&-0,12571 \ \sin(v'' + 41^{\circ}50' + 2381'',05\,i) \\
&+0,018471 \sin(v''' + 56^{\circ}44' + 9513'',45\,i).
\end{aligned}
$$

Maintenant on peut dans l'expression de t négliger, sans erreur sensible, le terme $-\dfrac{TX s'' ds''}{(1-\rho)^2 6\, dv''}$; on peut ensuite mettre le radical de cette expression sous cette forme

$$\sqrt{1 - X - \zeta^2}.$$

On aura ainsi

$$t = -320'',3 \frac{\zeta\, d\zeta}{dv''} \pm 8590''(1 + X)\sqrt{1 - X - \zeta^2}.$$

Soit T l'instant de la conjonction du satellite, en supposant son orbite dans le plan de l'orbite de Jupiter; T sera donné par l'expression précédente de v'' et par les Tables de Jupiter. Il est clair que l'instant de la conjonction réelle retarde sur T de la différence du mouvement du satellite sur son orbite à son mouvement projeté, réduite en temps. Cette différence est $\dfrac{\frac{1}{2}s'' ds''}{dv''}$; pour la réduire en temps, il faut la multiplier par $\dfrac{T}{6}$, ce qui donne $138'',2\,\dfrac{\zeta\, d\zeta}{dv''}$. L'instant de l'immersion du satellite sera donc

$$T - 182'',1 \frac{\zeta\, d\zeta}{dv''} - 8590''(1 + X)\sqrt{1 - X - \zeta^2};$$

l'instant de l'émersion sera

$$T - 182'',1 \frac{\zeta\, d\zeta}{dv''} + 8590''(1 + X)\sqrt{1 - X - \zeta^2}.$$

et la durée entière de l'éclipse sera

$$17180''(1+X)\sqrt{1-X-\zeta^2}.$$

Si les éléments dont nous avons fait usage étaient exacts, on pourrait, au moyen des formules précédentes, déterminer avec précision les éclipses du quatrième satellite et former des Tables de ses mouvements; mais il reste encore sur ces éléments une incertitude qui ne peut être levée que par les observations. Vu l'incertitude de ces observations, il faut en considérer un très grand nombre; la méthode la plus simple pour cet objet est celle dont M. de Lambre a fait usage, et qui consiste à former, avec les éléments précédents, des Tables provisoires, et à calculer par ces Tables les éclipses observées. Soient

$\delta\varepsilon''$ la correction en temps de la première conjonction moyenne de 1700;

$\delta n''$ la correction du mouvement annuel des conjonctions moyennes;

$\delta\Gamma'''$ la correction de l'aphélie en 1700, cette correction étant réduite en temps, à raison du moyen mouvement synodique du satellite;

$\delta f'''$ la correction du mouvement annuel de l'aphélie, réduite en temps;

$2\delta h'''$ la correction de l'équation du centre, pareillement réduite en temps;

q le retard de la phase observée sur la phase calculée par les Tables provisoires.

On aura

$$q = i\,\delta n'' + \delta\varepsilon'' - 2\delta h''\sin(\theta''-\varpi''') + 0,014833\,(i\,\delta f''' + \delta\Gamma''')\cos(\theta''-\varpi''),$$

i étant le nombre des années juliennes écoulées depuis 1700, et les angles θ''' et ϖ'' se rapportant à l'instant de la conjonction.

Cette équation suppose les éléments de la demi-durée des éclipses bien connus. Pour avoir une équation indépendante de ces éléments, on considérera les éclipses voisines des nœuds, parce que, vers ces points, les observations sont le moins incertaines et le plus indépendantes des éléments de la demi-durée. Si l'éclipse entière a été observée, alors, en supposant que q exprime le retard du milieu observé de l'éclipse sur l'instant calculé de ce milieu, l'équation précédente sera, à très peu près, indépendante des éléments de la demi-durée.

Si l'éclipse entière n'a pas été observée, on considérera deux éclipses assez voisines pour que les erreurs des demi-durées aient été à peu près les mêmes, et dans l'une desquelles l'immersion a été observée, tandis que l'émersion a été observée dans l'autre. En marquant d'un trait en bas les quantités relatives à la seconde éclipse, on formera une nouvelle équation semblable à la précédente; en les ajoutant, on aura

$$q + q_1 = (i + i_1)\,\delta n'' + 2\,\delta\varepsilon'' - 2\,\delta h''[\ \sin(\vartheta'' - \varpi'') +\ \ \sin(\vartheta_1'' - \varpi_1'')]$$
$$+ 0{,}014833\,\delta f''[\,i\cos(\vartheta'' - \varpi'') + i_1\cos(\vartheta_1'' - \varpi_1'')]$$
$$+ 0{,}014833\,\delta\Gamma''[\ \cos(\vartheta'' - \varpi'') +\ \ \cos(\theta_1'' - \varpi_1'')].$$

Cette équation est, à fort peu près, indépendante des éléments de la demi-durée. On formera ainsi un grand nombre d'équations de condition, au moyen desquelles on déterminera les cinq indéterminées $\delta n''$, $\delta\varepsilon'''$, $\delta h''$, $\delta f''$, $\delta\Gamma'''$. Il est surtout essentiel d'avoir avec exactitude la valeur de $\delta f'''$, parce qu'elle est une des données qui servent à déterminer les masses des satellites.

Si l'on nomme t' la durée entière d'une éclipse, on aura la durée moyenne des éclipses dans les nœuds, au moyen de la formule

$$2\,\mathrm{T} = \frac{t'}{(1 + \mathrm{X})\sqrt{1 - \mathrm{X} - \zeta^2}}.$$

En considérant ainsi un grand nombre d'éclipses vers les nœuds, dans lesquelles les deux phases ont été observées, on aura la valeur de T avec précision. On peut encore, pour le même objet, faire usage de deux éclipses consécutives ou fort voisines, dans l'une desquelles l'immersion a été observée, tandis que l'émersion a été observée dans l'autre; car les erreurs des éléments du mouvement et de la demi-durée étant à peu près les mêmes dans les deux éclipses, l'erreur de la durée entière dans l'une ou l'autre de ces éclipses sera à fort peu près égale à l'erreur de l'émersion calculée, moins l'erreur de l'immersion calculée ; on pourra donc ainsi corriger la demi-durée calculée par une de ces éclipses, et se servir ensuite de cette demi-durée pour avoir T. On rectifiera par son moyen la valeur de ζ.

T étant connu, on aura la valeur de ζ au moyen de l'équation

$$\zeta = \frac{\sqrt{4\,T^2(1+X) - t'^2}}{2\,T(1+X)}.$$

La valeur de ζ dans les éclipses peut être mise sous la forme

$$A\sin(v''- 52'',25\,i) + B\cos(v''- 52'',25\,i)$$
$$- C\sin(v''+ 2381'',05\,i) - D\cos(v''+ 2381'',05\,i)$$
$$+ 0,018471\sin(v''+ 56°44'+ 9513'',45\,i).$$

Cette expression renferme quatre indéterminées A, B, C, D. Le nombre $2381'',05$ peut avoir besoin de correction ; mais, suivant la théorie, cette correction est à peu près égale à $\delta f''$ réduit en secondes de degré ; ainsi, elle est supposée connue par ce qui précède.

Quant au terme

$$+ 0,018471\sin(v''+ 56°,44'+ 9513'',45\,i),$$

on peut l'employer sans correction, soit parce qu'il est fort petit, soit parce que les éclipses du troisième satellite le donnent avec beaucoup plus de précision.

Pour avoir les quatre indéterminées précédentes, on considérera les éclipses entières observées loin des nœuds ; les observations sont alors plus incertaines, mais elles ont l'avantage de donner avec exactitude ces indéterminées. Je dois observer qu'en cherchant à concilier les observations avec la théorie on trouve des difficultés fondées sur ce que les lunettes achromatiques, dont on se sert aujourd'hui pour observer les éclipses, étant meilleures que les lunettes dont on se servait autrefois, les durées observées des éclipses, toutes choses égales d'ailleurs, sont maintenant plus courtes que dans le dernier siècle et au commencement de celui-ci : cette différence devient très sensible vers les limites des éclipses du quatrième satellite.

XXVIII.

Théorie du troisième satellite.

M. de Lambre a trouvé, par la comparaison d'un grand nombre d'éclipses de ce satellite, son moyen mouvement séculaire égal à $5105^{cir} 1^s 22°6'42'',0$, et sa longitude moyenne, en 1700, à $5^s 14°12'12'',4$. Soit θ'' la longitude moyenne du troisième satellite calculée sur ces données.

Le mouvement de ce satellite est assujetti à deux équations du centre très distinctes, dont l'une, qui lui est propre, est égale dans son maximum à $555'',80$; la longitude de l'abside était, en 1700, de $11^s 24°42'$, et le mouvement annuel de cette abside est, par l'article XXIV, de $9863'',19$. Soit donc

$$\varpi'' = 11^s 24°42' + 9863'',19t,$$

cette équation du centre sera $- 555'',8 \sin(\theta'' - \varpi'')$.

La seconde équation du centre se rapporte à l'abside du quatrième satellite; M. de Lambre l'a trouvée, dans son maximum, égale à $309'',1$; cette équation est, par conséquent, $- 309'',1 \sin(\theta'' - \varpi''')$.

Si, dans l'expression de Q'' de l'article XIX, on substitue au lieu de f la quatrième des valeurs de f de l'article XXIV ou $f = 2540'',35$, et au lieu de h' et h'' leurs valeurs en h''' qui, par le même article, sont

$$h' = 0,021380 h''', \qquad h'' = 0,1009075 h''';$$

si l'on y substitue encore $\tfrac{1}{2} 3082'',0$, au lieu de h''', et au lieu de m' sa valeur, on trouvera

$$Q = 19'',906.$$

Dans l'équation

$$\delta v'' = Q' \sin(nt - 2n't + e - 2t' + ft + \Gamma')$$

de l'article XIX, l'angle $ft + \Gamma$ relatif à la valeur précédente de Q″ est
égal à $\varpi''' - 50'',25i$; en nommant donc θ et θ' les longitudes moyennes
du premier et du second satellite, on aura

$$nt - 2n't + \varepsilon - 2\varepsilon' + ft + \Gamma = \theta' - 2\theta'' + \varpi'''.$$

On a, par l'article V,
$$\theta - 2\theta' = 180° + \theta' - 2\theta'';$$

la valeur précédente de $\delta v''$ devient ainsi

$$- 19'',906 \sin(\theta' - 2\theta'' + \varpi''').$$

Si dans l'expression de Q″ on substitue pour f la troisième des
valeurs de f de l'article XXIV ou $f = 9812'',94$, et au lieu de h' sa
valeur en h'', qui, par le même article, est $0,2154558h''$; si l'on
observe de plus que $h'' = \frac{1}{2}555'',8$, on trouvera

$$Q'' = 34'',235,$$

et l'inégalité de v'' relative à cette valeur de Q″ sera

$$- 34'',235 \sin(\theta' - 2\theta'' + \varpi''').$$

Les équations du centre relatives aux deux autres valeurs de f ayant
paru insensibles, les valeurs de Q″ qui y ont rapport sont pareillement
insensibles.

L'expression de $\delta v''$ de l'article XVIII devient, en y substituant pour
m' et m'' leurs valeurs,

$$
\begin{aligned}
\delta v'' = {}& - 292'',00 \sin (\theta' - \theta'') \\
& - 4'',26 \sin 2(\theta' - \theta'') \\
& - 0'',85 \sin 3(\theta' - \theta'') \\
& - 19'',24 \sin (\theta'' - \theta''') \\
& + 65'',61 \sin 2(\theta'' - \theta''') \\
& + 4'',61 \sin 3(\theta'' - \theta''').
\end{aligned}
$$

Il résulte de l'article V que le coefficient du premier terme de cette expression dépend de N'', et qu'il doit être changé dans le rapport inverse de $n' - n'' - N''$ à la valeur supposée pour cette quantité. N'' dépend de $\rho - \frac{1}{2}\varphi$, puisqu'il est égal à $n''\left(1 - \frac{\rho - \frac{1}{2}\varphi}{a''^2}\right)$. Nous avons supposé, dans l'article XVIII, $\rho - \frac{1}{2}\varphi = 0,0194222$; mais on a vu dans l'article XXIII qu'il est égal à $0,02177944$. Le coefficient $- 292'',0$ du premier terme de $\delta v''$ devient ainsi $- 291'',78$.

Parmi les inégalités dépendantes de l'action du Soleil, et qui ont été déterminées dans l'article XX, la plus sensible est celle-ci

$$49'',126\left[1 + \frac{3a''mbkn'^2}{32am'(M^2 - kn'^2)}\right]\sin V;$$

en substituant dans les expressions de b et de k les valeurs de m, m', m'', on trouve que cette inégalité se réduit à $48'',214\sin V$.

L'inégalité de l'article XX, dépendante de l'excentricité du satellite, donne, à raison de sa double excentricité, les deux inégalités suivantes

$$- 1'',72\sin(\theta'' - 2\Pi + \varpi''),$$
$$- 0'',96\sin(\theta'' - 2\Pi + \varpi''');$$

dans les éclipses où l'on peut supposer $\Pi = \theta''$, ces inégalités se réunissent aux deux équations du centre, qui deviennent ainsi

$$- 554'',08\sin(\theta'' - \varpi'') \quad \text{et} \quad - 308'',14\sin(\theta' - \varpi''').$$

Quant à l'inégalité de l'article XX, qui dépend de l'élongation du satellite au Soleil, elle est absolument insensible.

Il nous reste à considérer l'équation de la libration du troisième satellite; mais on a vu dans l'article XXVI que cette libration n'est pas un dixième de celles du second et du premier, et celles-ci n'ayant pu encore être remarquées, il s'ensuit que celle du troisième est tout à fait insensible. En réunissant donc toutes les inégalités sensibles du mouvement du troisième satellite en longitude, on aura pour l'expression de sa longitude dans les éclipses

$$v'' = \theta' - 554'',1 \sin \ (\theta'' - \varpi'')$$
$$- 308'',1 \sin \ (\theta' - \varpi''')$$
$$+ \ 48'',2 \sin V$$
$$- \ 34'',2 \sin \ (\theta' - 2\theta^v + \varpi'')$$
$$- \ 19'',9 \sin \ (\theta' - 2\theta'' + \varpi''')$$
$$- 291'',8 \sin \ (\theta' - \theta'')$$
$$- \ 4'',3 \sin 2 (\theta' - \theta'')$$
$$- \ 0'',9 \sin 3 (\theta' - \theta'')$$
$$- \ 19'',2 \sin \ (\theta'' - \theta''')$$
$$+ \ 65'',6 \sin 2 (\theta'' - \theta''')$$
$$+ \ 4'',6 \sin 3 (\theta'' - \theta''').$$

Le troisième satellite présente dans ses mouvements des variations singulières qui dépendent de la double équation du centre que renferme sa théorie. Pour les expliquer, M. Wargentin a eu recours à deux équations particulières, dont les périodes sont de douze ans et demi et de quatorze ans, et qui sont en elles-mêmes deux équations du centre rapportées à des absides mues avec différentes vitesses; mais les observations l'ont ensuite forcé de les abandonner. Il leur a substitué une excentricité variable et il a formé, sur cette hypothèse, des Tables qu'il n'a point publiées, mais dont il a donné la comparaison avec un grand nombre d'observations dans le quatrième Volume des *Nouveaux Mémoires* d'Upsal. La première hypothèse de ce savant astronome était, comme on vient de le voir, conforme à la nature; mais il s'était trompé sur la grandeur et sur la période de ces équations, parce qu'il ignorait que l'une d'elles se rapporte à l'abside du quatrième satellite : c'est un résultat que la théorie pouvait seule nous apprendre.

Nous avons trouvé

$$\varpi'' = 11^s 24° 42' + 9863'',19 i,$$
$$\varpi''' = 10^s 23° 19' + 2590'', \ 6 i,$$

partant

$$\varpi'' - \varpi''' = 31° 23' + 7272'',59 i;$$

en supposant donc $\varpi'' - \varpi'' = 0$, on aura

$$i = -15,5;$$

ainsi, en 1684,5, les absides coïncidaient, et les deux équations du centre en formaient une seule égale à $-861'',7\sin(\theta'' - \varpi'')$ ou, en temps, égale à $-6^m 51^s,7\sin(\theta'' - \varpi'')$.

En supposant $\varpi'' - \varpi'' = 180°$, on a

$$i = 73,6;$$

ainsi, en 1773,6, les deux équations du centre étaient de signe contraire et en formaient une égale à $-245'',7\sin(\theta'' - \varpi'')$ ou, en temps, égale à $-1^m 57^s,4\sin(\theta'' - \varpi'')$.

On voit dans les *Mémoires de l'Académie* pour 1787, page 184, que l'équation du centre, variable, substituée par M. Wargentin aux deux équations de ses Tables imprimées, est, en effet, de 7^m en temps, de 1668 à 1720, et de $2^m 30^s$ depuis 1754 jusqu'à 1781, ce qui diffère peu des résultats de la théorie.

Considérons présentement le mouvement du satellite en latitude. Si, dans la partie

$$(1 - v'')\psi \sin(n''t + \epsilon'' - I)$$

de l'expression de sa latitude qui résulte de l'article XXI, on substitue pour v'' sa valeur trouvée dans l'article XXV, et pour ψ et I leurs valeurs données dans l'article précédent; si, de plus, on met $v'' - 50'',25i$ au lieu de $n''t + \epsilon''$, on aura

$$3°0'25''\sin(v'' + 46°56' - 52'',25i).$$

Le terme $l''\sin(n''t + \epsilon'' + qi - \Lambda)$ qui, par l'article X, entre dans l'expression de la latitude du troisième satellite, devient, en y substituant pour q la quatrième des valeurs de q de l'article XXV, et $v'' - 50'',25i$ au lieu de $n''t + \epsilon''$,

$$l''\sin(v'' + 2381'',05i - \Lambda).$$

Or on a, par l'article XXV,

$$l'' = 0,15441\, l'',$$

et, par l'article précédent,

$$l''' = -14'58'' \quad \text{et} \quad \Lambda = -41°50';$$

le terme précédent devient ainsi

$$-2'18'',7 \sin(v'' + 41°50' + 2381'',05 i).$$

Relativement à la troisième des valeurs de q de l'article XXV, les observations donnent, comme on l'a vu dans l'article précédent,

$$l'' = -12'7'' \quad \text{et} \quad \Lambda = -56°44';$$

le terme $l'' \sin(n''t + \varepsilon' + qi - \Lambda)$, relatif à cette valeur, devient ainsi

$$-12'7'' \sin(v'' + 56°44' + 9513'',45 i).$$

Les observations du second satellite ont donné, relativement à la seconde valeur de q,

$$l' = -27'59'',8 \quad \text{et} \quad \Lambda = -18°53',$$

et, eu égard à cette valeur de q, on a par l'article XXV

$$l'' = -0,0386, \quad l' = 64'',9;$$

le terme $l'' \sin(n''t + iq - \Lambda)$ deviendra donc

$$64'',9 \sin(v'' + 18°53' + 43199'',75 i).$$

La valeur de l relative à la première valeur de q ayant été jusqu'à présent insensible, la valeur de l' qui en dépend l'est à plus forte raison.

Quant aux inégalités périodiques de l'expression de la latitude, déterminées dans l'article XXII, on voit d'abord que le terme de cette expression,

$$-0,0006 1925 (\mathrm{L}' - l'') \sin(n''t + \varepsilon'' - 2\mathrm{M}t + 2\mathrm{E} - qi + \Lambda),$$

donne le suivant

$$-0,00061925 (1 - v'') \psi \sin(v'' - 2\Pi - 46°56' + 52'',25 i),$$

et, par conséquent, celui-ci

$$-6'',7 \sin(v'' - 2\Pi - 46°56' + 52'',25 i).$$

Ce terme, dans les éclipses où l'on peut supposer $\Pi = v''$, se réunit au premier.

En réunissant ces différents termes, on a pour l'expression de la latitude du satellite dans les éclipses

$$s'' = 3°0'32'',0 \sin(v'' + 46°56' - 52'',25\,i)$$
$$- 12'\;7'' \sin(v'' + 56°44' + 9513'',45\,i)$$
$$- 2'18'',7 \sin(v'' + 41°50' + 2381'',05\,i)$$
$$+ 1'\;4'',9 \sin(v'' + 18°53' + 43199'',75\,i).$$

Pour avoir la durée des éclipses du troisième satellite, nous reprendrons la formule de l'article XII

$$t = T(1 + X)\left[- \frac{s''\,ds''}{(1-\rho)^2\,\delta\,dv''} \pm \sqrt{1 - X - \frac{s''^2}{(1-\rho)^2\delta^2}}\right].$$

T est la demi-durée moyenne de l'éclipse du satellite dans ses nœuds, et cette demi-durée, suivant les observations, est de 6420^s. On trouve ensuite, au moyen de la valeur de v'', dans les éclipses,

$$X = 0,0026848 \cos(\theta'' - \varpi'')$$
$$+ 0,0014937 \cos(\theta'' - \varpi'')$$
$$+ 0,0014147 \cos(\theta' - \theta'').$$

δ est le moyen mouvement synodique du satellite durant le temps T, et l'on a

$$\delta = 13437'',74;$$

cela posé, on formera la quantité $\dfrac{s''}{(1-\rho)\delta}$ dans les éclipses; en la désignant par ζ, on aura

$$\zeta = 0,86770 \sin(v'' + 46°56' - 52'',25\,i)$$
$$- 0,05825 \sin(v'' + 56°44' + 9513'',45\,i)$$
$$- 0,01111 \sin(v'' + 41°50' + 2381'',05\,i)$$
$$+ 0,00519 \sin(v'' + 18°53' + 43199,75\,i).$$

Maintenant, on peut, dans l'expression de t, négliger, sans erreur sensible, le terme $- \dfrac{\mathrm{TX}\, s''\, ds'}{(1 - \rho)^2\, 6\, dv'}$; on aura ainsi

$$t = - 418^{s},25 \, \frac{\zeta\, d\zeta}{dv''} \pm 6420^{s}(1 + \mathrm{X})\sqrt{1 - \mathrm{X} - \zeta^2}.$$

Soit T l'instant de la conjonction du satellite, en supposant son orbite dans le plan de l'orbite de Jupiter; T sera donné par les Tables de cette planète et par l'expression précédente de v''. Il est visible que l'instant de la conjonction réelle retardera sur T de la différence du mouvement du satellite sur son orbite à son mouvement projeté sur l'orbite de Jupiter, réduite en temps. Cette différence est $\frac{1}{2}\,\frac{s''\, ds''}{dv''}$; pour la réduire en temps, il faut la multiplier par $\frac{\mathrm{T}}{6}$, ce qui donne $180^{s},42\,\frac{\zeta\, d\zeta}{dv''}$; l'instant de l'immersion du satellite sera donc

$$\mathrm{T} - 237^{s},83 \, \frac{\zeta\, d\zeta}{dv''} - 6420^{s}(1 + \mathrm{X})\sqrt{1 - \mathrm{X} - \zeta^2};$$

l'instant de l'émersion sera

$$\mathrm{T} - 237^{s},83 \, \frac{\zeta\, d\zeta}{dv''} + 6420^{s}(1 + \mathrm{X})\sqrt{1 - \mathrm{X} - \zeta^2},$$

et la durée entière de l'éclipse sera

$$12840^{s}(1 + \mathrm{X})\sqrt{1 - \mathrm{X} - \zeta^2}.$$

Pour rectifier ces éléments du mouvement du troisième satellite, on formera d'abord à leur moyen des Tables provisoires de ce satellite; ensuite, on choisira un grand nombre d'éclipses parmi celles dont les deux phases ont été observées. Soient $\delta\varepsilon''$ la correction en temps de la première conjonction moyenne de 1700; $\delta n''$ la correction du mouvement annuel des conjonctions moyennes; $\delta\Gamma''$ la correction de la longitude de l'abside en 1700, cette correction étant réduite en temps, à raison du moyen mouvement synodique du satellite. Soient encore $\delta f''$ la correction du mouvement annuel de l'aphélie, réduite en temps, et $2\,\delta h''$ la correction de son équation propre du centre, pareillement réduite en temps. Soit enfin $2\,\delta h''_1$ la correction, en temps, de l'équation du centre de ce satellite qui se rapporte à l'abside du quatrième; quant à la correction de cette abside, elle est supposée connue par l'article précédent. Le mouvement du troisième satellite renferme encore une inégalité dépendante de son élongation au second satellite; cette inégalité peut avoir besoin de correction; mais, comme son coefficient a un rapport constant avec le coefficient de la principale inégalité du premier satellite, et que les observations donnent ce dernier coefficient avec beaucoup de précision, on peut supposer l'inégalité correspondante du troisième satellite assez exactement connue et la très petite correction dont elle est encore susceptible sera mieux déterminée par les éclipses du premier satellite. Cela posé, nommons q le retard observé du milieu d'une éclipse du troisième satellite sur le milieu calculé, on aura

$$q = \delta\varepsilon'' + i\,\delta n'' - 2\,\delta h''\sin(\theta'' - \varpi'') + 0,0026844(i\,\delta f'' + \delta\Gamma'')\cos(\theta'' - \varpi'')$$
$$- 2\,\delta h''_1\sin(\theta'' - \varpi''') + 0,0014932(i\,\delta f''_1 + \delta\Gamma''_1)\cos(\theta'' - \varpi'''),$$

$\delta f''_1$ et $\delta\Gamma_1$, étant les corrections du mouvement annuel de l'abside du quatrième satellite et de sa longitude, en 1700, ces corrections étant réduites en temps, à raison du mouvement synodique du troisième satellite. On formera ainsi un grand nombre d'équations de condition, et l'on en tirera les valeurs des inconnues. On combinera d'abord ces équations de manière à former quatre équations indépendantes de $\delta f''$ et de $\delta\Gamma'''$, et disposées avantageusement pour déterminer les valeurs des autres inconnues; on déterminera ensuite ces valeurs.

En considérant les éclipses observées vers l'aphélie ou vers le périhélie propre du satellite, on réunira toutes les équations de condition relatives à ces éclipses, et l'on en formera une seule entre $\delta\Gamma''$ et $\delta f''$. Cette équation donnera $\delta\Gamma''$ lorsque $\delta f''$ sera connu; or on a vu, dans l'article XXIV, que le mouvement annuel de l'abside du troisième satellite est déterminé par les masses des satellites et par l'aplatissement de Jupiter; on remettra donc la détermination de $\delta f''$ après la discussion de la théorie des satellites, discussion qui rectifiera les données, dont nous avons fait usage dans l'article XXIII, pour obtenir les valeurs de leurs masses et de l'aplatissement de Jupiter.

Si l'on nomme t' la durée entière d'une éclipse, on aura la durée moyenne 2T de l'éclipse dans les nœuds, au moyen de la formule

$$2\,\mathrm{T} = \frac{t'}{(1 + \mathrm{X})\sqrt{1 - \mathrm{X} - \zeta^2}};$$

en considérant donc un grand nombre d'éclipses vers les nœuds, on aura la valeur de T. Au moyen de cette valeur, on rectifiera celle de $\mathcal{C}$, et l'on aura ζ au moyen de la formule

$$\zeta = \frac{\sqrt{4\mathrm{T}^2(1 + \mathrm{X}) - t'^2}}{2\mathrm{T}(1 + \mathrm{X})}.$$

On a cinq corrections à faire dans l'expression précédente de ζ, savoir celle du nombre 0,86770, celle de l'angle constant 46°56′, celle du nombre 0,05825, celle de l'angle constant 56°44′, enfin celle de l'angle 9513″,45. Les deux derniers termes de cette expression peuvent, vu leur petitesse, être supposés suffisamment connus.

En considérant les durées des éclipses observées loin des nœuds, on déterminera les trois premières corrections; quant aux deux dernières, on choisira les durées des éclipses les plus propres à les déterminer, et l'on formera, à leur moyen, une équation de condition entre ces deux corrections; ensuite la discussion de la théorie des satellites et une nouvelle détermination de leurs masses fixeront, par l'article XXV, la correction de l'angle 9513″,45; en substituant cette correction dans l'équation de condition précédente, on aura la correction de l'angle 56°44′.

On a vu dans l'article précédent que les éclipses du quatrième satellite donnent la correction de l'angle 46°56′; ainsi, pour avoir la véritable correction de cet angle, qui donne la position du nœud de l'équateur de Jupiter, on prendra un milieu entre les corrections données par les éclipses du troisième et du quatrième satellite.

Pareillement, le coefficient du premier terme de la valeur de ζ relative au quatrième satellite donne l'inclinaison ψ de l'équateur sur l'orbite de Jupiter, car ce terme est égal à $\dfrac{(1 - \nu'')\psi}{(1 - \rho)\theta}$, θ étant le moyen mouvement synodique de ce satellite pendant la durée moyenne de ses éclipses dans ses nœuds. Le coefficient du premier terme de la valeur de ζ, relative au troisième satellite, donne une nouvelle valeur de ψ, en observant que ce coefficient est égal à $\dfrac{(1 - \nu'')\psi}{(1 - \rho)\theta}$, θ étant ici le moyen mouvement synodique du troisième satellite pendant la durée moyenne de ses éclipses dans les nœuds. Ainsi, pour avoir la vraie valeur de ψ, on prendra un milieu entre les deux valeurs données par les éclipses du troisième et du quatrième satellite; on déterminera ensuite, à son moyen, les coefficients des premiers termes des valeurs de ζ relatives à chacun de ces satellites.

XXIX.

Théorie du second satellite.

M. de Lambre a trouvé, par la comparaison d'un grand nombre d'éclipses de ce satellite, son moyen mouvement séculaire égal à $10285^{\text{circ}}\,3^{\text{s}}23°14'13''$, et sa longitude moyenne, en 1700, égale à $2^{\text{s}}15°13'32''$. Soit θ' la longitude moyenne du satellite, calculée sur ces données.

Les différentes équations du centre de ce satellite sont renfermées dans l'expression

$$- 2h'\sin(n't + \varepsilon' - if - \Gamma)$$

ou dans celle-ci

$$- 2h'\sin(\theta' - if - 50'', 25\,i - \Gamma).$$

Les valeurs de h et de h' relatives à la première et à la seconde des valeurs de f de l'article XXIV ont paru jusqu'ici insensibles. On a, relativement à la troisième des valeurs de f du même article,

$$h' = 0,2154558\,h'' = 0,2154558\,\frac{555'',8}{2};$$

l'équation du centre du second satellite relative à cette valeur de f sera donc

$$- 120'',19 \sin(\theta' - \varpi').$$

Relativement à la quatrième valeur de f de l'article XXIV, on a

$$h' = 0,021380 h'' = 0,021380 \frac{3082'',0}{2};$$

l'équation du centre relative à cette valeur de f sera donc

$$- 66'',04 \sin(\theta' - \varpi'').$$

Considérons maintenant les valeurs de Q' relatives aux diverses valeurs de f. Si l'on substitue successivement ces valeurs dans l'expression de Q' de l'article XIX,

$$
\begin{aligned}
&\text{La première valeur de } f \text{ donne...} &Q' =&\ 1,713914\, h \\
&\text{La deuxième donne.............} &Q' =&\ 2,35345\, h' \\
&\text{La troisième donne.............} &Q' =&\ -0,71403\, h'' \\
&\text{La quatrième donne.............} &Q' =&\ -0,06647\, h''
\end{aligned}
$$

Il suit de là que si h, excentricité propre du premier satellite, était de $100''$ de degré, il en résulterait une inégalité de $172'',4$ dans le mouvement du second satellite. L'équation du centre du premier satellite serait de $23'',6$ en temps, et l'inégalité du second satellite qui en dérive serait de $40^s,63$ en temps, et par conséquent l'excentricité du premier satellite serait plus sensible dans le mouvement du second que dans celui du premier.

L'excentricité h' du second satellite n'a point encore été remarquée; il est curieux de remarquer que s'il y en avait une, l'équation, qui a pour coefficient Q' et qui en dériverait, serait plus forte que l'équation du centre même, puisque celle-ci a pour coefficient $2h'$, tandis que l'on a

$$Q' = 2,35345\, h'.$$

L'excentricité h'' propre au troisième satellite est, par l'article précédent, $\frac{1}{2}(555'',8)$, ce qui donne

$$Q' = -198'',43.$$

et par conséquent l'inégalité du second satellite, relative à cette valeur de Q', est

$$- 198'',43 \sin(\theta - 2\theta' + \varpi').$$

L'excentricité h''' propre au quatrième satellite est, par ce qui précède, $\frac{1}{2}(3082'',0)$, ce qui donne

$$Q' = - 102'',43,$$

et par conséquent l'inégalité du second satellite, relative à cette valeur de Q', est

$$- 102'',43 \sin(\theta - 2\theta' + \varpi'').$$

Si, dans l'expression de $\delta v'$ de l'article XVIII, on substitue pour m et m' leurs valeurs; si, de plus, on met $\theta' - \theta''$ au lieu de

$$n't - n't + \varepsilon' - \varepsilon'';$$

et $180° + 2\theta' - 2\theta''$ au lieu de

$$nt - n't + \varepsilon - \varepsilon',$$

on aura

$$\begin{aligned}
\delta v' = &- 51'',71 \sin (\theta' - \theta'') \\
&+ 3862'',96 \sin 2(\theta' - \theta'') \\
&+ 19'',31 \sin 3(\theta' - \theta'') \\
&- 3'',14 \sin 4(\theta' - \theta'').
\end{aligned}$$

Le coefficient du second terme de cette expression doit être diminué et réduit à $3848'',2$, à raison de l'augmentation de $\rho - \frac{1}{2}\rho$, suivant la remarque de l'article précédent.

Parmi les inégalités du second satellite qui dépendent de l'action du Soleil, et qui sont déterminées dans l'article XX, la seule sensible est l'inégalité

$$24'',384 \left[1 - \frac{9a'mbkn'^2}{8am'(M^2 - kn'^2)} \right] \sin V;$$

en substituant pour m, m', m'' leurs valeurs, cette inégalité devient

$$35'',78 \sin V.$$

Enfin l'équation de la libration relative au second satellite est, par l'article XXVI,

$$-0,85059 \, P \sin(n't \sqrt{k} + \Lambda);$$

mais jusqu'ici la valeur de P a été insensible.

En rassemblant toutes les inégalités sensibles du mouvement de ce satellite, on aura

$$
\begin{aligned}
v' = \theta' - {} & 120'',2 \sin(\theta' - \varpi') \\
- {} & 66'',0 \sin(\theta' - \varpi'') \\
- {} & 198'',4 \sin(\theta - 2\theta' + \varpi') \\
- {} & 102'',4 \sin(\theta - 2\theta' + \varpi'') \\
- {} & 35'',8 \sin V \\
- {} & 51'',7 \sin(\theta' - \theta'') \\
+ {} & 3848'',2 \sin 2(\theta' - \theta'') \\
+ {} & 19'',3 \sin 3(\theta' - \theta'') \\
- {} & 3'',1 \sin 4(\theta' - \theta).
\end{aligned}
$$

La plus considérable de toutes les inégalités de cette expression est celle qui dépend de l'angle $2(\theta' - \theta'')$ et qui, réduite en temps, à raison du moyen mouvement synodique du satellite, est de $15^{m}11^{s}$. Cette inégalité a été reconnue, *a posteriori*, par M. Wargentin, dans ses belles recherches sur le mouvement des satellites, imprimées dans le troisième Volume des anciens *Mémoires d'Upsal*. Depuis, MM. Bailli et de la Grange l'ont déterminée par la théorie. C'est la seule inégalité employée dans les Tables de M. Wargentin; mais on voit que le mouvement du second satellite a plusieurs autres inégalités assez sensibles pour y avoir égard, et c'est ce que M. de Lambre a fait dans ses nouvelles Tables des satellites.

Considérons maintenant le mouvement du second satellite en latitude. La partie

$$(1 - v') \psi \sin(n't + \varepsilon' - 1)$$

de l'expression de sa latitude devient, en y substituant pour v', ψ et I leurs valeurs données dans l'article XXV, et en y mettant $v' - 50'',25 i$ au lieu de $n't + \varepsilon'$,

$$3° 4' 48'' \sin(v' + 46° 56' - 52'',25 i).$$

On a, relativement à la première des valeurs de q de l'article XXV,

$$l' = -0,0132641\, l;$$

mais, les observations n'ayant point fait reconnaître de valeur sensible à l, on peut n'avoir aucun égard à cette valeur de l'.

La valeur de l' relative à la seconde des valeurs de q est, comme on l'a vu dans l'article précédent, égale à $-27'58'',9$. La partie $l'\sin(n't + \varepsilon' + qi - \Lambda)$ de l'expression de la latitude du second satellite devient

$$-27'58'',9 \sin(v' + 18°53' + 43199'',75\,i).$$

La valeur de l' relative à la troisième des valeurs de q est, par l'article XXV, $0,1624575\,l''$, et l'on a

$$l'' = -12'7'';$$

on aura donc, pour cette partie de la latitude,

$$-1'58'' \sin(v' + 56°44' + 9513'',45\,i).$$

La valeur de l' relative à la quatrième des valeurs de q est

$$0,0289830\,l''$$

et

$$l'' = -14'58'';$$

on a donc, pour ce terme,

$$-26'',03 \sin(v' + 41°50' + 2381'',05\,i).$$

Enfin la partie

$$-0,00030737\,(L' - l')\sin(n't + \varepsilon' - 2Mt - 2E - qt - \Lambda)$$

de l'expression de s', trouvée dans l'article XXII, devient, en y substituant $3°4'48''$ au lieu de $L' - l'$,

$$-3'',408 \sin(v' - 2\Pi - 46°56' + 52'',25\,i),$$

et, dans les éclipses,

$$+3'',408 \sin(v' + 46°56' - 52'',25\,i).$$

L'autre partie de l'expression de s' du même article peut être négligée.

En rassemblant donc tous les termes sensibles de l'expression de la latitude du second satellite dans les éclipses, on aura

$$s' = 3^\circ\ 4'51'',4 \sin(v' + 46^\circ 56' - 52'',25\,i)$$
$$- 27'58'',9 \sin(v' + 18^\circ 53' + 43199'',75\,i)$$
$$- 1'58'',1 \sin(v' + 56^\circ 44' + 9513'',45\,i)$$
$$- 26'',0 \sin(v' + 41^\circ 50' + 2381'',05\,i\ ).$$

Pour avoir la durée des éclipses du second satellite, nous reprendrons la formule de l'article XII

$$t = T(1 + X)\left[\frac{-s'\,ds'}{(1-\rho)^2\,6\,dv'} \pm \sqrt{1 - X - \frac{s'^2}{(1-\rho)^2\,6^2}}\right].$$

T est la demi-durée moyenne des éclipses du satellite dans ses nœuds; M. de Lambre a trouvé cette demi-durée de 5170^s. La valeur de v' donne, à fort peu près,

$$X = -0,018657 \cos 2(\theta' - \theta'').$$

6 est le moyen mouvement synodique du satellite pendant le temps T, et l'on a

$$6 = 21820''.$$

Cela posé, on formera la quantité $\dfrac{s'}{(1-\rho)6}$, et, en la nommant ζ, on aura

$$\zeta = 0,547265\ \sin(v' + 46^\circ 56' - 52'',25\,i)$$
$$- 0,083153\ \sin(v' + 18^\circ 53' + 43199'',75\,i)$$
$$- 0,0058275 \sin(v' + 56^\circ 44' + 9513'',44\,i)$$
$$- 0,0012842 \sin(v' + 41^\circ 50' + 2381'',05\,i).$$

Maintenant, on peut dans l'expression de t négliger, sans erreur sensible, le terme $-\dfrac{TX\,s'\,ds'}{(1-\rho)^2\,6\,dv'}$; on aura ainsi

$$t = 546^s,9\,\frac{\zeta\,d\zeta}{dv'} \pm 5170^s \sqrt{1 - X - \zeta^2}.$$

Soit T l'instant de la conjonction du satellite, en supposant son orbite

dans le plan de l'orbite de Jupiter; T sera donné par les Tables de
cette planète et par l'expression précédente de v'. Il est clair que l'instant de la conjonction réelle du satellite retarde sur T de la quantité
$\frac{\frac{1}{2}s'\,ds'}{dv'}$, réduite en temps. Cette quantité ainsi réduite est égale à

$$235^{\mathrm{s}},9\,\frac{\zeta\,d\zeta}{dv'};$$

l'instant de l'immersion du satellite sera donc

$$T - 311^{\mathrm{s}},0\,\frac{\zeta\,d\zeta}{dv'} - 5170^{\mathrm{s}}(1+X)\sqrt{1-X-\zeta^2}.$$

L'instant de l'émersion sera

$$T - 311^{\mathrm{s}},0\,\frac{\zeta\,d\zeta}{dv'} + 5170^{\mathrm{s}}(1+X)\sqrt{1-X-\zeta^2},$$

et la durée entière de l'éclipse sera

$$10340^{\mathrm{s}}(1+X)\sqrt{1-X-\zeta^2}.$$

Pour corriger ces éléments, on formera à leur moyen des Tables provisoires du second satellite. Son mouvement en longitude offre trois
corrections, savoir : 1° celle de l'époque de la longitude moyenne du
satellite en 1700, soit $\delta\epsilon'$ cette correction réduite en temps, à raison
du moyen mouvement synodique du second satellite; 2° celle du mouvement annuel des moyennes conjonctions, soit $\delta n'$ cette correction ;
3° la correction du coefficient $3848''$,2 de $\sin 2(\theta' - 0'')$, soit $\delta y'$ cette
correction réduite en temps. Pour déterminer ces trois inconnues,
on formera des systèmes de deux éclipses fort voisines, dans l'une
desquelles l'immersion a été observée, tandis que l'émersion a été
observée dans l'autre. On calculera par les Tables provisoires l'instant
de l'immersion dans la première éclipse, soit q l'excès de l'instant
calculé sur l'instant observé. On calculera par les mêmes Tables l'instant de l'émersion dans la seconde éclipse, soit q_1 l'excès de l'instant
observé sur l'instant calculé; on aura l'équation de condition suivante :

$$q + q_1 = 2\,\delta\epsilon' + (i + i_1)\,\delta n' + \delta y'[\sin 2(\theta' - \theta'') + \sin 2(\theta'_1 - \theta''_1)].$$

i et $i_{\prime}$ sont les nombres des années juliennes écoulées depuis 1700 jusqu'à la première et à la seconde éclipse; $\theta' - \theta''$ sont les valeurs de ces angles à l'instant de la conjonction dans la première éclipse; $\theta'_{\prime} - \theta''_{\prime}$ sont les valeurs de ces mêmes angles à l'instant de la conjonction dans la seconde éclipse. Plus les éclipses que l'on aura choisies seront voisines, plus l'équation de condition sera exacte et indépendante des éléments de la durée des éclipses. Si les deux éclipses se réduisaient à une seule dont on eût observé à la fois l'immersion et l'émersion, on aurait alors

$$i = i_{\prime}, \qquad \theta' = \theta'_{\prime} \qquad \text{et} \qquad \theta'' = \theta''_{\prime};$$

$\dfrac{q + q_{\prime}}{2}$ serait l'excès de l'instant observé de la conjonction sur l'instant calculé; mais les éclipses de ce genre sont très rares.

On formera ainsi un grand nombre d'équations de condition, au moyen desquelles on déterminera les corrections $\delta\epsilon'$, $\delta n'$ et $\delta\gamma'$. Si ces corrections ne représentent pas les observations, ce sera une preuve que les arbitraires auxquelles nous n'avons point eu égard ont un effet sensible. Ces arbitraires sont au nombre de six, savoir : l'excentricité de l'orbite du premier satellite et la position de son aphélie, car on a vu ci-dessus que cette excentricité est plus sensible dans le mouvement du second satellite que dans celui du premier; ensuite l'excentricité propre au second satellite et la position de son aphélie; enfin, les deux arbitraires P et A de l'équation de la libration. Il sera fort difficile de déterminer ces diverses arbitraires par les observations, et c'est ce qui rendra la théorie du second satellite très compliquée si ces arbitraires sont sensibles. On ne doit donc les introduire dans cette théorie qu'après que les observations en auront fait sentir la nécessité. M. de Lambre a fait, pour les reconnaître, quelques tentatives inutiles, d'où il résulte que ces arbitraires sont très petites et du même ordre que les erreurs des observations dans lesquelles elles sont confondues.

Pour corriger les éléments de la demi-durée, on rectifiera d'abord le premier terme de l'expression de ζ au moyen des corrections déjà

faites au premier terme de cette expression relative soit au troisième,
soit au quatrième satellite ; car les éclipses de ces deux derniers satellites donnent l'inclinaison de l'équateur sur l'orbite de Jupiter et la
position de ses nœuds avec beaucoup plus de précision que les éclipses
du premier et du second. On calculera ensuite les phases des éclipses
observées près des nœuds, au moyen de la valeur de v' corrigée, et, en
nommant q l'excès de l'instant observé sur l'instant calculé, on aura à
fort peu près

$$q = \pm \delta T (1 + X) \sqrt{1 - X - \zeta^2},$$

δT étant la correction de T, le signe $+$ ayant lieu pour les émersions
et le signe $-$ ayant lieu pour les immersions. On corrigera ainsi T au
moyen d'un nombre suffisant d'observations.

On considérera les éclipses éloignées des nœuds et l'on calculera,
au moyen de la valeur corrigée de v', l'instant T de leurs conjonctions,
en supposant l'orbite du satellite dans le plan de l'orbite de Jupiter.
L'instant de l'émersion ou de l'immersion du satellite sera à fort peu
près

$$T - 311^s,0 \frac{\zeta \, d\zeta}{d v'} \pm (5170^s + \delta T) \sqrt{1 - X - \zeta^2};$$

soit T' l'instant observé de l'émersion ou de l'immersion, on aura

$$T' = T - 311^s,0 \frac{\zeta \, d\zeta}{d v'} \pm (5170^s + \delta T)(1 + X) \sqrt{1 - X - \zeta^2}.$$

On aura donc la valeur de

$$\pm (5170^s + \delta T)(1 + X) \sqrt{1 - X - \zeta^2}$$

en retranchant T de T' et en ajoutant à cette différence la quan-
tité $311^s,0 \frac{\zeta \, d\zeta}{d v'}$ qui, vu sa petitesse, peut être supposée suffisamment
connue. Soit t' cette valeur, on aura

$$\zeta = \frac{\sqrt{4 T'^2 (1 + X) - t'^2}}{2 T (1 + X)}.$$

Ici, on a trois corrections à faire ; elles sont relatives au coefficient — 0,83153 du second terme de ζ, à l'angle constant 18°53′ de ce terme, et au coefficient 43199″,75 de i dans ce même terme. Ce dernier coefficient étant une des données dont nous faisons usage pour avoir les masses des satellites, il doit être déterminé avec beaucoup de précision, et pour cela il est nécessaire d'employer un grand nombre d'observations.

XXX.

Théorie du premier satellite.

M. de Lambre a trouvé, par la comparaison d'un grand nombre d'observations de ce satellite, son moyen mouvement séculaire égal à 20645^{circ}7^{s}25°29′11″,4, et sa longitude moyenne en 1700 égale à 2^{s}17°15′47″. Soit θ la longitude moyenne du satellite calculée par ces données.

On n'a point, jusqu'ici, reconnu d'équations du centre propres au premier et au second satellite; ainsi nous n'avons à examiner que les deux équations du centre qui se rapportent aux absides du troisième et du quatrième satellite. Il est facile de s'assurer que l'équation relative à l'abside du troisième est insensible, mais la quatrième des valeurs de f de l'article XXIV donne

$$h = 0,0030527 h'' ;$$

ainsi l'équation du centre du premier satellite relative à l'abside du quatrième est

$$- 9″,4 \sin(\theta - \varpi'').$$

Cette inégalité, réduite en temps, est d'environ une seconde; ainsi on peut la négliger.

Si dans l'expression de Q de l'article XIX on met successivement les quatre valeurs de f de l'article XXIV, on aura

$$Q = - 2,96667 h,$$
$$Q = 1,56630 h',$$
$$Q = 0,33613 h'',$$
$$Q = 0,020307 h''.$$

h et h' sont insensibles; mais, en substituant pour h'' sa valeur $\frac{1}{2}555'',8$, on trouve l'inégalité

$$93'',75 \sin(\theta - 2\theta' + \varpi'').$$

En substituant pour h''' sa valeur $\frac{1}{2}3082'',0$, on trouve l'inégalité

$$31'',3 \sin(\theta - 2\theta' + \varpi''').$$

Parmi les inégalités dépendantes de l'action du Soleil, et que nous avons déterminées dans l'article XX, la plus considérable est celle-ci :

$$12'',148\left(1 + \frac{3\,bkn''^2}{M^2 - kn''^2}\right)\sin V.$$

Cette inégalité, réduite en temps, est d'environ une seconde; ainsi l'on peut se dispenser d'y avoir égard.

Si l'on substitue dans l'expression de δv de l'article XVIII au lieu de m' sa valeur trouvée dans l'article XXIII, on aura

$$\begin{aligned}
\delta v = -\ & 15'',68 \sin\ (\theta - \theta') \\
+\ & 1856'',10 \sin 2(\theta - \theta') \\
+\ & 5'',93 \sin 3(\theta - \theta').
\end{aligned}$$

Le coefficient du second terme de cette expression doit être un peu diminué, suivant la remarque de l'article XXVIII, à cause de l'augmentation de la valeur de $\rho - \frac{1}{2}\varphi$. On trouve qu'il se réduit à $1825'',0$. On a ainsi

$$\begin{aligned}
v = \theta +\ & 93'',8 \sin\ (\theta - 2\theta' + \varpi'') \\
+\ & 31'',1 \sin\ (\theta - 2\theta' + \varpi''') \\
-\ & 15'',7 \sin\ (\theta - \theta') \\
+\ & 1825'',0 \sin 2(\theta - \theta') \\
+\ & 5'',9 \sin 3(\theta - \theta').
\end{aligned}$$

Pour avoir l'expression de la latitude du premier satellite, au-dessus de l'orbite de Jupiter, nous observerons que l'on a, par l'article XXV,

$$\nu = 0,00063534;$$

on a d'ailleurs

$$\psi = 3°6',$$

d'où l'on tire

$$(1 - \nu)\psi = 3°5'53'';$$

on aura ainsi pour la partie de la latitude du satellite relative à l'inclinaison de l'équateur sur l'orbite de Jupiter

$$3^{\circ}5'53'' \sin(v + 46^{\circ}56' - 52'',25\,i).$$

La valeur de l relative à la première valeur de q de l'article XXV a été jusqu'à présent insensible. Sa valeur relative à la seconde valeur de q est

$$+ 0,023183\,l' \cdots - 39'';$$

ainsi cette partie de la latitude sera

$$- 39' \sin(v + 18^{\circ}53' + 43199'',75\,i).$$

Mais, comme elle ne peut affecter que de $1^{s},6$ la demi-durée des éclipses, on peut la négliger. Les valeurs de l relatives aux deux autres valeurs de q sont insensibles.

Enfin, la valeur de s de l'article XXII donne, en n'ayant égard qu'à la partie

$$- 0,0001531a(L' - l)\sin(nt + \epsilon - 2Mt - 2E - qt + A)$$

qui dépend de l'action du Soleil, et en y substituant $3^{\circ}5'53''$ pour $(L' - l)$,

$$- 1'',7 \sin(v - 2\Pi - 46^{\circ}56' + 52'',25\,i),$$

quantité qui, dans les éclipses, se réunit au premier terme de la latitude, qui devient par là

$$3^{\circ}5'54'',7 \sin(v + 46^{\circ}56' - 52'',25\,i);$$

c'est à ce terme que se réduit sensiblement la valeur de s.

Pour avoir la durée des éclipses du premier satellite, nous reprendrons la formule de l'article XII

$$t = T(1 + X)\left[-\frac{s\,ds}{(1-\rho)^{2}6\,dv} + \sqrt{1 - X - \frac{s^{2}}{(1-\rho)^{2}6}} \right].$$

T est la demi-durée moyenne des éclipses du satellite dans ses nœuds,
et cette demi-durée a été observée de 4075ᵉ; $\mathfrak{G}$ étant le moyen mouvement du satellite durant le temps T, on a

$$\mathfrak{G} = 34536'',62;$$

l'équation $\zeta = \dfrac{s}{(1-\rho)\mathfrak{G}}$ donnera donc

$$\zeta = 0,34794 \sin(v + 46°56' - 52'',25i).$$

La valeur de v donne, à fort peu près,

$$X = -0,0088480.$$

Maintenant on peut, dans l'expression de t, négliger sans erreur sensible le terme $-TX\dfrac{s\,ds}{(1-\rho)^2\mathfrak{G}\,dv}$; on aura ainsi

$$t = -682^{\mathrm{s}},3\frac{\zeta\,d\zeta}{dv} \pm 4075^{\mathrm{s}}(1+X)\sqrt{1 - X - \zeta^2}.$$

Soit T l'instant de la conjonction du satellite en supposant son orbite
dans le plan de l'orbite de Jupiter; T sera donné par les Tables de cette
planète et par l'expression précédente de v. Il est clair que l'instant de
la conjonction réelle du satellite retarde sur T de la quantité $\frac{1}{3}\frac{s\,ds}{dv}$
réduite en temps. Cette quantité ainsi réduite est égale à $294^{\mathrm{s}},3\frac{\zeta\,d\zeta}{dv}$;
l'instant de l'immersion sera donc

$$T - 388^{\mathrm{s}},0\frac{\zeta\,d\zeta}{dv} - 4075^{\mathrm{s}}(1+X)\sqrt{1 - X - \zeta^2};$$

l'instant de l'émersion sera

$$T - 388^{\mathrm{s}},0\frac{\zeta\,d\zeta}{dv} + 4075^{\mathrm{s}}(1+X)\sqrt{1 - X - \zeta^2},$$

et la durée entière de l'éclipse sera

$$8150^{\mathrm{s}}(1+X)\sqrt{1 - X - \zeta^2}.$$

Le coefficient $0,34794$ du premier terme de l'expression de ζ doit être rectifié en le faisant varier dans le rapport de l'inclinaison de l'équateur de Jupiter, rectifiée par les éclipses du troisième et du quatrième satellite, à l'inclinaison supposée de $3°6'$. Enfin, il faut employer l'angle constant $46°56'$ de ce même terme, corrigé par les mêmes éclipses.

Pour corriger les autres éléments du mouvement du premier satellite, on formera des Tables provisoires de ce satellite avec les éléments précédents; on calculera par ces Tables une phase quelconque observée d'une éclipse; soit q l'excès de l'instant observé sur l'instant calculé; soit $\delta\varepsilon$ la correction de l'époque de la longitude en 1700, réduite en temps, à raison du mouvement moyen synodique du satellite; soit δn la correction du mouvement annuel des conjonctions moyennes du satellite; soit encore δy la correction du coefficient de $\sin 2(\theta - \theta')$ de l'expression de v, cette correction étant réduite en temps; enfin, soit δT la correction de la demi-durée moyenne des éclipses dans les nœuds; la demi-durée moyenne des éclipses dans les plus grandes latitudes du satellite ne différant que d'environ $4'$ de cette demi-durée, on peut supposer, sans erreur sensible, que δT est la correction de la demi-durée d'une éclipse quelconque. Cela posé, on aura l'équation de condition

$$q = \delta\varepsilon + i\,\delta n + \delta y \sin 2(\theta - \theta') \mp \delta T,$$

le signe supérieur ayant lieu pour les immersions et le signe inférieur ayant lieu pour les émersions; i est, comme ci-dessus, le nombre des années juliennes écoulées depuis 1700.

Il serait utile d'ajouter aux quatre indéterminées précédentes une cinquième indéterminée pour la correction du mouvement de la lumière. Les éclipses du premier satellite ont fait connaître ce mouvement, et je suis persuadé qu'elles peuvent le donner avec plus de précision que l'aberration des fixes. Il faut pour cela choisir un grand nombre d'éclipses observées fort près de la conjonction de Jupiter, et en pareil nombre avant comme après, en sorte qu'il y ait autant d'immersions que d'émersions. De cette manière, les erreurs sur la durée de ces éclipses auront peu d'influence sur leur résultat moyen, que l'on comparera à celui d'un grand nombre d'éclipses observées fort près de l'opposition de Jupiter, et en pareil nombre avant comme après, en sorte qu'il y ait autant d'immersions que d'émersions. Si l'on a soin de choisir, autant qu'il est possible, des observations faites par les mêmes observateurs ou avec des lunettes de pareille force et dans le même climat, on aura avec beaucoup d'exactitude l'équation de la lumière, dont la détermination précise intéresse toute l'Astronomie.

XXXI.

Conclusion.

J'ai donné, dans la première Partie de cet Ouvrage, la théorie analytique des inégalités des satellites de Jupiter, et j'ai fait en sorte de n'omettre aucune de celles qui peuvent influer d'une manière sensible sur leurs mouvements. Dans la seconde Partie, j'ai présenté le résultat de leur comparaison avec un très grand nombre d'observations et les formules nécessaires pour déterminer les mouvements des satellites. Je vais rappeler ici les principaux résultats de la théorie et des observations, pour mieux faire sentir l'exactitude de cette théorie et son utilité dans cette branche délicate et importante de l'Astronomie.

Les moyens mouvements et les époques des trois premiers satellites de Jupiter, tirés des Tables de M. Wargentin, offraient un résultat très remarquable : le moyen mouvement du premier satellite, plus deux fois celui du troisième, approchait extrèmement d'égaler trois fois le moyen mouvement du second.

Pareillement, la longitude moyenne du premier satellite, en 1700, moins trois fois celle du second, plus deux fois celle du troisième, approchait extrèmement de 180°; d'où il suivait que les trois premiers satellites ne pourraient être à la fois éclipsés qu'après un très grand nombre de siècles.

Frappé de ces résultats, je soupçonnai que ces égalités très approchées, dont cependant les Tables différaient encore de plusieurs minutes, étaient rigoureuses, et que les différences des Tables dépendaient des erreurs dont elles étaient encore susceptibles. Je cherchai donc, dans la théorie, la cause de ces égalités, et je trouvai, en l'approfondissant, que l'action mutuelle des trois premiers satellites rendait les rapports précédents rigoureusement exacts; d'où je conclus que, en déterminant avec plus de précision qu'on ne l'avait encore fait les mouvements de ces satellites, et en employant des *observations plus nombreuses et plus éloignées entre elles*, ces mouvements approcheraient encore plus de ces rapports. J'ai eu la satisfaction de voir cette conséquence de la théorie confirmée par les recherches de M. de Lambre. On a vu précédemment que la comparaison d'un très grand nombre d'observations lui a donné :

	cir. s. °. ′. ″
Moyen mouvement séculaire du premier satellite....	20645.7.25.29.11,4
Moyen mouvement séculaire du deuxième satellite...	10285.3.23.14.13,0
Moyen mouvement séculaire du troisième satellite...	5105.1.22. 6.42,0

Ces résultats donnent le moyen mouvement séculaire du premier satellite, moins trois fois celui du second, plus deux fois celui du troisième, égal à $- 3'',6$. On ne peut désirer un accord plus satisfaisant entre la théorie et les observations. Pour les faire coïncider exactement, M. de Lambre, dans ses Tables, a ajouté $0'',6$ au moyen mouvement séculaire du premier et du troisième satellite, et a retranché $0'',6$ du moyen mouvement séculaire du second.

On a vu pareillement que les observations ont donné à M. de Lambre :

	s. °. ′. ″
Longitude moyenne du premier satellite, en 1700..........	2.17.15.47
Longitude moyenne du deuxième satellite, en 1700..........	2.15.13.32
Longitude moyenne du troisième satellite, en 1700..........	5.14.12.12,4

ces résultats donnent la longitude moyenne du premier satellite, en 1700, moins trois fois celle du second, plus deux fois celle du troisième,

égale à $5^s 29^\circ 59' 35'', 8$. Suivant la théorie, cette quantité doit être
de 6^s; il n'y a donc ici qu'une différence de $24'', 2$ entre la théorie et
les observations; ainsi elles s'accordent aussi bien qu'on peut le désirer. Pour les faire coïncider exactement, M. de Lambre, dans ses
Tables, a ajouté $4''$ aux longitudes du premier et du troisième satellite,
en 1700, et il a retranché $4''$ de la longitude moyenne du second satellite.

Il n'est pas nécessaire, comme on l'a vu dans l'article XIV, que les
rapports précédents entre les moyens mouvements et les longitudes
des trois premiers satellites aient eu lieu exactement à l'origine de ces
mouvements; il suffit que ces mouvements s'en soient peu écartés, et
alors l'action mutuelle des satellites a suffi pour établir rigoureusement ces rapports. La différence des rapports primitifs aux rapports
actuels a donné lieu à une inégalité d'une étendue arbitraire, commune aux trois satellites, et que j'ai désignée sous le nom de *libration*.
Mais la discussion d'un grand nombre d'observations n'ayant point
fait reconnaitre cette inégalité, elle doit être fort petite et même insensible.

Les trois premiers satellites de Jupiter sont assujettis à une inégalité dont la période est d'environ 437 jours, et que les observations
ont fait connaitre. Cette inégalité est due à l'action mutuelle de ces
trois satellites, et sert à déterminer leurs masses. Nous en avons développé la cause dans l'article V.

Les orbites des deux premiers satellites n'ont point d'excentricité
sensible; mais les excentricités des orbites du troisième et du quatrième sont fort sensibles. La plus considérable est celle du quatrième;
elle se répand sur les orbites des trois autres, mais plus faiblement à
mesure qu'ils sont plus près de Jupiter. En se combinant avec l'excentricité propre à l'orbite du troisième satellite, elle produit dans son
mouvement une équation du centre variable et rapportée à une abside
dont le mouvement est variable. Cette double excentricité de l'orbite
du troisième satellite a fort embarrassé les astronomes, qui l'auraient
difficilement reconnue par les seules observations.

Les plans des orbites des satellites de Jupiter sont variables; on peut représenter à peu près leurs mouvements, en concevant chacune d'elles mue uniformément sur un plan qui passe constamment par l'intersection de l'équateur et de l'orbite de Jupiter entre ces deux plans, et qui est incliné à l'équateur d'un angle plus grand, à mesure que les satellites sont plus éloignés de Jupiter. Cette différence d'inclinaison a été reconnue par les astronomes sans qu'ils en aient deviné la cause; car, suivant la Table des éléments des satellites que M. de la Lalande a insérée dans la troisième édition de son *Astronomie*, n° 3025, les inclinaisons moyennes des orbites sur l'orbite de Jupiter dans l'hypothèse circulaire sont : 3°18′38″ pour le premier satellite, 3°16′0″ pour le second, et 3°13′58″ pour le troisième; en sorte que la différence des inclinaisons moyennes des orbites du premier et du troisième satellite est 4′40″, différence qui, suivant la théorie précédente, est d'environ 6′.

Depuis l'époque de la découverte des satellites de Jupiter, l'inclinaison de l'orbite du quatrième est parvenue à son minimum; elle a donc été stationnaire pendant un assez grand nombre d'années, et ses nœuds ont eu un mouvement annuel direct d'environ 4′ sur l'orbite de Jupiter. Cette circonstance, que les observations ont fait connaître, a été saisie par les astronomes pour calculer les éclipses de ce satellite; mais, depuis plusieurs années, les observations ont fait apercevoir dans l'inclinaison un accroissement très sensible, qui, sans le secours de la théorie, eût rendu très difficile la formation des Tables de ce satellite.

Ainsi la théorie a non seulement expliqué la cause des inégalités que les observations ont fait connaître, mais elle a développé les lois de toutes les inégalités qui, en se combinant entre elles, offraient aux astronomes des résultats trop compliqués pour qu'ils aient pu démêler les inégalités simples dont ils étaient formés. Elle a banni tout empirisme des Tables des satellites de Jupiter, et celles que M. de Lambre vient de publier dans la troisième édition de l'*Astronomie* de M. de la Lande étant fondées sur la théorie de la pesanteur universelle, elles ont l'avantage de s'étendre à tous les temps, en rectifiant les données que l'observation seule peut déterminer.

La grande influence de l'aplatissement de Jupiter sur les variations des orbites des satellites détermine avec beaucoup de précision cet aplatissement. On a vu, dans l'article XXIII, qu'il s'accorde parfaitement avec les mesures directes les plus exactes. Cet accord prouve que la gravitation des satellites de Jupiter vers cette planète se compose de leur gravitation vers chacune de ses molécules, puisque c'est dans cette hypothèse que nous avons calculé les variations des orbites des satellites. La vérité de cette hypothèse résulte du principe de l'égalité entre l'action et la réaction ; car, tous les corps à la surface de la Terre pesant vers son centre, il est nécessaire que la Terre pèse vers chacun d'eux, et qu'ainsi il y ait entre toutes les molécules de la matière une action réciproque, d'où résulte la sphéricité des corps célestes et leur force attractive ; mais les phénomènes de l'aplatissement de la Terre, de la variation de la pesanteur à sa surface et des variations des orbites des satellites de Jupiter, démontrent, *a posteriori,* cette loi de la nature.

J'ai observé, dans l'article XXX, que les éclipses du premier satellite pouvaient donner la quantité de l'aberration avec plus de précision encore que les observations directes. M. de Lambre ayant bien voulu, à ma prière, discuter dans cette vue un grand nombre d'éclipses de ce satellite, il a trouvé $20''\frac{1}{4}$ pour la valeur entière de l'aberration. Cette valeur est exactement celle que Bradley a fixée par ses observations. Il est curieux de voir un aussi parfait accord entre deux résultats conclus par des méthodes aussi différentes. Il suit de cet accord que la vitesse de la lumière est uniforme dans tout l'espace compris par l'orbe terrestre ; en effet, la vitesse de la lumière donnée par les observations de l'aberration est celle qui a lieu sur l'orbite terrestre, et qui, en se combinant avec le mouvement de la Terre, produit le phénomène de l'aberration. La vitesse de la lumière, conclue des éclipses, est déterminée par le temps que la lumière emploie à traverser l'orbe terrestre ; ainsi, ces deux vitesses étant les mêmes, la vitesse de la lumière est uniforme dans toute la longueur du diamètre de l'orbe de la Terre. Cette uniformité est une nouvelle raison de penser que la lumière du Soleil est une émanation de cet astre; car, si elle était produite par les vibrations d'un fluide élastique, il y a tout lieu de penser que ce fluide serait plus élastique et plus dense en approchant du Soleil, et qu'ainsi la vitesse de ses vibrations ne serait pas uniforme.

vitesse de la lumière est uniforme dans toute la longueur du diamètre de l'orbe de la Terre. Cette uniformité est une nouvelle raison de penser que la lumière du Soleil est une émanation de cet astre; car, si elle était produite par les vibrations d'un fluide élastique, il y a tout lieu de penser que ce fluide serait plus élastique et plus dense en approchant du Soleil, et qu'ainsi la vitesse de ses vibrations ne serait pas uniforme.

SUR QUELQUES POINTS

DU

SYSTÈME DU MONDE.

SUR QUELQUES POINTS

DU

SYSTÈME DU MONDE.

Mémoires de l'Académie royale des Sciences de Paris, année 1789; l'an II de la République.

I.

Sur la théorie des satellites de Jupiter.

J'ai donné dans le Volume de l'Académie pour l'année 1788 (¹) une théorie des inégalités des satellites de Jupiter, dans laquelle j'ai fait en sorte de ne rien négliger de ce qui peut influer d'une manière sensible sur les mouvements de ces astres. La longueur de cet Ouvrage ne m'a pas permis d'en publier la suite dans le même Volume. J'y déterminais par une première approximation les masses des satellites, l'aplatissement de Jupiter et tous les éléments du mouvement des satellites, et j'indiquais en même temps la marche qu'il fallait suivre pour corriger mes premiers résultats, par des approximations successives, et pour former des Tables des satellites aussi exactes que les observations le comportent. Ces résultats ont été publiés en partie dans la *Connaissance des Temps* pour 1792. M. de Lambre, à qui j'ai communiqué toutes mes recherches sur cet objet, a suivi la marche que j'avais indiquée. En discutant un très grand nombre d'observations d'éclipses de satellites et en les comparant à mes formules, il est parvenu à de nouveaux résultats beaucoup plus précis que les miens, et il en a tiré de nouvelles Tables plus exactes que celles dont on fai-

(¹) *Voir* plus haut, p. 309.

sait usage, et qui ont de plus l'avantage d'être uniquement fondées
sur la loi de la pesanteur universelle : ces Tables viennent de paraitre
dans la troisième édition de l'*Astronomie* de M. de la Lande. Pour sentir
toute l'étendue de ce travail, il faut considérer que les indéterminées,
dont les observations seules peuvent fixer la valeur, sont au nombre de
vingt-neuf, savoir : les vingt-quatre éléments des quatre orbites des
satellites, leurs masses et l'aplatissement de Jupiter. A la vérité, les
deux rapports que j'ai trouvés entre les époques des longitudes et les
moyens mouvements des trois premiers satellites réduisent à vingt-
deux les vingt-quatre arbitraires que donnent les éléments des orbites ;
mais il y a deux nouvelles arbitraires qui dépendent d'un mouvement
particulier à ces trois satellites, et que j'ai nommé *libration*; en sorte
que le nombre entier des indéterminées s'élève toujours à vingt-neuf.
Pour les déterminer par les observations, il faut revenir plusieurs fois,
par des calculs longs et pénibles, sur la théorie de chaque satellite,
jusqu'à ce que l'on ait trouvé les valeurs qui représentent le plus exactement les éclipses observées; et, comme ces observations sont fort
incertaines, on doit en considérer un très grand nombre pour faire
disparaître de leurs résultats moyens les erreurs dont elles sont susceptibles. Tel est l'immense travail que M. de Lambre vient d'exécuter avec autant de sagacité que de patience. Mais, indépendamment
de l'utilité de la théorie des satellites de Jupiter pour la navigation,
cette théorie offre des résultats si curieux, et sa correspondance avec
les observations est si parfaite, que le géomètre et l'astronome sont
par là pleinement dédommagés de leurs peines.

Quoique les observations exactes des satellites ne remontent guère
au delà d'un siècle, cependant les *mouvements de ces astres sont si
rapides que*, dans ce court intervalle, leur système nous a présenté,
relativement à leurs inégalités séculaires, les mêmes phénomènes que
le système planétaire ne développe que dans un grand nombre de
siècles.

M. de Lambre a retrouvé, par la comparaison d'un grand nombre
d'observations et avec une précision très remarquable, les deux théo-

rèmes auxquels la théorie m'a conduit sur les époques et sur les moyens mouvements des trois premiers satellites. Ces théorèmes consistent : 1° en ce que le moyen mouvement du premier satellite, plus deux fois celui du troisième, est exactement et constamment égal à trois fois celui du second; 2° en ce que la longitude moyenne du premier satellite, moins trois fois celle du second, plus deux fois celle du troisième, est exactement et constamment égale à 180°. L'équation de la libration lui a paru insensible.

Les observations des éclipses du premier satellite de Jupiter ont fait découvrir le mouvement successif de la lumière. Il m'a paru que, en en considérant un grand nombre disposées d'une manière avantageuse, on devait obtenir ce mouvement avec plus de précision encore que par le phénomène de l'aberration. J'avais engagé les astronomes à le déterminer de cette manière; c'est ce que M. de Lambre a fait : il a trouvé pour l'aberration en longitude $20''\frac{1}{4}$, exactement comme Bradley l'avait conclue des observations directes. Il en résulte que le mouvement de la lumière est uniforme, au moins dans tout l'espace compris par l'orbe terrestre.

M. de Lambre n'a point remarqué d'équation du centre sensible, propre au premier et au second satellite ; l'équation du centre du troisième se communique aux deux premiers et au quatrième ; l'équation du centre du quatrième satellite se communique sensiblement aux trois autres, mais plus faiblement, à mesure qu'ils en sont plus éloignés. La partie de cette équation, que le troisième satellite emprunte du quatrième, est un peu plus petite que je ne l'avais trouvée. Elle est une des données les plus avantageuses que l'on puisse employer pour déterminer la masse du quatrième satellite. Elle explique en même temps les inégalités singulières du mouvement du troisième satellite, que M. Wargentin a représentées empiriquement dans ses Tables, mais d'une manière imparfaite, parce qu'il en ignorait les lois et la cause, que la théorie seule pouvait faire connaître.

Les mouvements des orbites des satellites offrent des phénomènes très remarquables. La théorie m'a fait voir, et l'observation a con-

lirmé, que ces orbites ne se meuvent point sur l'équateur de Jupiter,
mais sur des plans qui, lui étant différemment inclinés, sont situés
entre le plan de l'équateur et celui de l'orbite et passent tous par la
commune intersection de ces deux plans. Il en résulte que les inclinaisons des orbites des satellites sur celle de Jupiter et les positions
de leurs nœuds sont très variables: mais, dans leurs mouvements
périodiques, les orbites parviennent à une disposition telle que l'inclinaison de l'orbite du quatrième satellite change fort peu durant
un long intervalle de temps. C'est en vertu de cette disposition des
orbites, qui a eu lieu depuis la fin du dernier siècle jusqu'en 1760,
que l'inclinaison de l'orbite du quatrième satellite a paru constante
pendant cet intervalle, tandis que ses nœuds ont eu un mouvement
annuel direct et d'environ $4'\frac{1}{2}$.

Les masses des satellites, que M. de Lambre a conclues de ses
recherches, diffèrent beaucoup de celles que j'avais trouvées, ce qui
tient principalement au mouvement de l'abside du quatrième satellite que je supposais trop petit. Elles ont probablement encore besoin
de quelques corrections, que de nouvelles observations et de nouveaux
calculs feront connaître; mais ces corrections influeront peu sur les
inégalités des satellites.

Enfin, en considérant l'influence de l'aplatissement de Jupiter sur
les mouvements des nœuds et des aphélies des orbites, le rapport des
axes de Jupiter, auquel M. de Lambre est parvenu, est celui de 40
à 43, ce qui se rapproche extrêmement de celui de 13 à 14 que Short
a trouvé par des mesures directes. Cet accord nous montre évidemment que l'action de Jupiter sur les satellites se compose de l'action
de toutes ses molécules, et il fournit la preuve, peut-être la plus déci-
sive, de l'attraction mutuelle de toutes les parties de la matière. La
valeur de $\rho - \frac{1}{2}\varphi$, que j'ai supposée, dans l'article XVIII de mes
recherches, égale à 0,0194222, a été trouvée par M. de Lambre égale
à 0,02177944. Cette valeur influe sur les inégalités des trois premiers
satellites dépendantes de leur configuration mutuelle; les valeurs
numériques de ces inégalités, que j'ai données dans l'article cité,

doivent donc être un peu changées. Il n'y a, par l'article V de mes recherches, que les grands termes de ces inégalités qui puissent subir ainsi des changements sensibles; et il résulte du même article que les grands termes des expressions de δr et de δu doivent être changés dans le rapport inverse de la valeur de $2n - 2n' - N$ à la valeur supposée pour cette quantité. Pareillement, les grands termes des expressions de $\delta r'$ et de $\delta u'$ doivent être changés dans le rapport inverse de la valeur de $n - n' - N'$ à la valeur supposée pour cette quantité; enfin, les grands termes des expressions de $\delta r''$ et de $\delta u''$ doivent être changés dans le rapport inverse de $n' - n'' - N''$ à la valeur supposée pour cette quantité.

Quoique ces changements soient très petits, il sera bon d'y avoir égard dans les nouvelles recherches que l'on voudra entreprendre pour perfectionner les Tables des satellites. M. de Lambre doit publier son travail sur cet objet, dans lequel il exposera la marche qu'il a suivie. Par cette raison, je me dispenserai de publier la suite que je me proposais de joindre à ma théorie; puisque cette suite ne renfermait que mes premiers résultats et la méthode de les perfectionner, l'Ouvrage de M. de Lambre la rend inutile.

II.

Sur les variations de l'obliquité de l'écliptique, du mouvement des équinoxes en longitude et de la longueur de l'année.

On sait que l'action du Soleil et de la Lune sur le sphéroïde terrestre fait rétrograder les équinoxes, et que, en supposant fixe le plan de l'écliptique, elle conserve toujours sensiblement à l'axe de la Terre la même inclinaison sur ce plan, à un mouvement près de nutation, dont l'étendue est d'environ $18''$ ou $20''$, et dont la période est la même que celle du mouvement des nœuds de l'orbite lunaire. L'obliquité moyenne de l'écliptique sur l'équateur serait donc invariable, sans l'action des planètes sur la Terre, qui change à chaque instant la position de son orbite. Il en résulte dans cette obliquité une diminution confirmée par toutes les observations anciennes et modernes, et qu'il

n'est plus possible maintenant de révoquer en doute. Cette diminution est indépendante de l'ellipticité du sphéroïde terrestre; mais l'action du Soleil et de la Lune sur ce sphéroïde, en se combinant avec les
variations du plan de l'écliptique, doit l'altérer et en changer les lois.
Supposons, en effet, que l'on rapporte à un plan fixe la position de
l'orbite de la Terre et le mouvement de son axe de rotation; il est clair
que l'action du Soleil produira dans cet axe, en vertu des changements de l'écliptique, un mouvement d'oscillation analogue à celui
de la nutation, avec cette différence que, la période des variations du
plan de l'orbite terrestre étant incomparablement plus longue que
celle des variations du plan de l'orbite lunaire, l'étendue de cette
oscillation doit être beaucoup plus grande que celle de la nutation.

L'action de la Lune produit dans l'axe de la Terre un mouvement
semblable à celui que nous venons de considérer, car j'ai fait voir,
dans nos *Mémoires* pour l'année 1786, page 251 (¹), que l'inclinaison
moyenne de son orbite sur celle de la Terre reste toujours la même, et
qu'ainsi les plans de ces deux orbites sont assujettis aux mêmes variations séculaires. L'obliquité de l'écliptique sur l'équateur doit donc
changer d'une manière très sensible par l'action du Soleil et de la
Lune, combinée avec le déplacement de l'écliptique, et cette variation
doit être ajoutée à celle qui résulte de ce déplacement. Il est d'autant
plus essentiel d'y avoir égard, que si le mouvement des équinoxes était
très rapide par rapport aux variations du plan de l'orbite terrestre,
l'inclinaison de ce plan sur l'équateur serait constante, l'action du Soleil et de la Lune ramenant sans cesse l'axe de rotation de la Terre à la
même inclinaison sur l'écliptique.

On doit appliquer des réflexions semblables aux variations du mouvement des équinoxes en longitude et de la longueur de l'année. Dans
la recherche de tous ces phénomènes, il est nécessaire de combiner
l'action du Soleil et de la Lune sur le sphéroïde terrestre avec les
changements de l'écliptique.

Les résultats suivants sont le développement de cette remarque, que

______

(¹) *Voir* ci-dessus, p. 258.

j'ai déjà indiquée dans nos *Mémoires* pour l'année 1786, page 251 (¹).
Pour les rendre utiles aux astronomes, j'ai eu égard à tout ce qui peut
avoir une influence sensible sur les phénomènes dont il s'agit. En partant des valeurs les plus probables des masses des planètes, je donne
des expressions numériques *très simples de la variation de l'écliptique
et de l'équation de la précession des équinoxes, due aux variations du
plan de l'orbite terrestre*, équation à laquelle il est indispensable
d'avoir égard lorsque l'on veut comparer les observations du Soleil
faites par Hipparque aux observations modernes. Ces résultats font
partie d'un Ouvrage que je me propose de publier sur l'Astronomie
physique; mais, au lieu de rapporter l'analyse qui m'y a conduit, il
sera plus simple ici d'employer les formules connues de la précession
et de la nutation.

III.

Si l'on désigne par t le nombre des années juliennes écoulées depuis
une époque donnée, telle que le commencement de 1700; par ψ la
quantité dont les équinoxes ont rétrogradé depuis cette époque, et par
nt la partie moyenne de leur mouvement, n étant, suivant les observations, très peu différent de 50″; si l'on nomme ensuite θ l'obliquité de
l'écliptique sur l'équateur; $\delta\theta$ sa variation; c l'inclinaison moyenne de
l'orbite lunaire sur l'écliptique; $it + A$ la distance moyenne du nœud
ascendant de cette orbite à l'équinoxe du printemps; enfin, si l'on désigne par μ la masse du Soleil divisée par le cube de sa moyenne distance à la Terre; par μ' la masse de la Lune divisée par le cube de sa
moyenne distance à la Terre; on aura, en n'ayant égard qu'à l'action
du Soleil et de la Lune sur la Terre,

$$\frac{d\psi}{dt} = n + \frac{\mu'}{\mu + \mu'}\, \frac{\cos^2\theta - \sin^2\theta}{\sin\theta\cos\theta}\, nc\cos(it + A),$$

$$\delta\theta = -\, \frac{\mu'}{\mu + \mu'}\, \frac{nc}{i}\cos(it + A).$$

Ces deux formules, auxquelles M. d'Alembert est parvenu le premier,

(¹) *Voir* ci-dessus, p. 258.

sont un des résultats les plus intéressants de la théorie de la pesanteur universelle ; elles ont généralement lieu quelle que soit la figure de la Terre, en la supposant même recouverte d'un fluide d'une profondeur et d'une densité quelconques, ainsi que je l'ai fait voir ailleurs.

Considérons maintenant l'écliptique en mouvement par l'action des planètes, et rapportons la position de l'écliptique vraie et de l'équateur à un plan fixe, par exemple à l'écliptique de 1700 ; θ sera l'inclinaison de l'équateur sur ce plan, et ψ sera la quantité dont les équinoxes ont rétrogradé sur le même plan depuis l'époque donnée. On sait que la tangente de l'inclinaison de l'orbite solaire sur ce plan, multipliée par le sinus de la distance de son nœud ascendant à l'équinoxe du printemps, est exprimée par une suite de termes de la forme $c\sin(it + A)$; nous représenterons cette suite par $\Sigma c\sin(it + A)$, la caractéristique Σ des intégrales finies servant ici à désigner la somme des termes de la forme précédente, dont le nombre est égal à celui des planètes. Pareillement, la tangente de l'inclinaison de l'orbite solaire, multipliée par le cosinus de la distance de son nœud ascendant à l'équinoxe du printemps, sera représentée par la fonction $\Sigma c\cos(it + A)$, dans laquelle se change $\Sigma c\sin(it + A)$, en augmentant dans cette dernière fonction tous les angles it de $90°$. L'expression précédente de $\delta\theta$, due à un terme semblable que produit la variation du plan de l'orbite lunaire, donnera donc pour la variation de θ, qui résulte de l'action du Soleil combinée avec le déplacement de l'écliptique,

$$\delta\theta = -\frac{\mu}{\mu + \mu'} \sum \frac{nc}{i}\cos(it + A).$$

La formule $\Sigma c\sin(it + A)$ représente encore la tangente de l'inclinaison moyenne de l'orbite lunaire sur le plan fixe, multipliée par le sinus de la distance de son nœud ascendant à l'équinoxe, en y ajoutant le terme de la forme $c\sin(it + A)$ dû au mouvement propre des nœuds de l'orbite lunaire. [*Voir* les *Mémoires de l'Académie* pour l'année 1786, page 251 (1).] Nous ferons ici abstraction de ce dernier

____

(1) *Voir* ci-dessus, p. 258.

terme d'où résulte la nutation. On aura donc, par l'action de la Lune,

$$\delta\vartheta = -\frac{\mu'}{\mu+\mu'}\sum\frac{nc}{i}\cos(it+\mathrm{A});$$

ainsi, par les actions réunies du Soleil et de la Lune, on aura

$$\delta\theta = -\sum\frac{nc}{i}\cos(it+\mathrm{A}).$$

Pour avoir la variation de l'inclinaison de l'équateur sur l'écliptique vraie, il faut ajouter à cette valeur de $\delta\theta$ la variation qui résulte du déplacement seul de l'écliptique, et qui est égale à $\Sigma c\cos(it+\mathrm{A})$, comme il est facile de s'en assurer. En désignant donc par $\delta\theta'$ l'accroissement de l'obliquité de l'écliptique vraie, on aura

$$\delta\vartheta' = \sum\left(1-\frac{n}{i}\right)c\cos(it+\mathrm{A}).$$

Considérons maintenant le mouvement des équinoxes ; on aura, en vertu des actions du Soleil et de la Lune combinées avec le déplacement de l'écliptique,

$$\frac{d\psi}{dt} = n + \frac{(\cos^2\vartheta - \sin^2\vartheta)}{\sin\vartheta\cos\vartheta}\,\Sigma nc\cos(it+\mathrm{A}).$$

La quantité n est proportionnelle au cosinus de l'obliquité du plan fixe sur l'équateur ; elle est par conséquent de cette forme $\mathrm{K}\cos\vartheta$, ce qui donne

$$n = n(1 - \delta\theta\,\mathrm{tang}\,\vartheta),$$

n et θ étant constants dans le second membre de cette équation. L'expression précédente de $\frac{d\psi}{dt}$ deviendra ainsi, en substituant pour $\delta\theta$ sa valeur $-\sum\frac{nc}{i}\cos(it+\mathrm{A})$ et en négligeant les termes de l'ordre c^2,

$$\frac{d\psi}{dt} = n + \sum\left[\left(\frac{n}{i}-1\right)\mathrm{tang}\,\vartheta + \cos\vartheta\right]nc\cos(it+\mathrm{A});$$

ce qui donne, en intégrant,

$$\psi = nt + \mathrm{const.} + \sum\left[\left(\frac{n}{i}-1\right)\mathrm{tang}\,\vartheta + \cos\vartheta\right]\frac{nc}{i}\sin(it+\mathrm{A}).$$

Ainsi la variation de l'angle ψ ou du mouvement des équinoxes, variation que nous désignerons par $\delta\psi$, est

$$\delta\psi = \sum \left[\left(\frac{n}{i} - 1 \right) \tang\vartheta + \cos\vartheta \right] \frac{nc}{i} \sin(it + A).$$

Pour avoir la variation de cet angle relativement à l'écliptique vraie, il faut retrancher de $\delta\psi$ la variation du mouvement des équinoxes en longitude due au seul déplacement de l'écliptique, et qui est égale à $\sum c \cot\vartheta \sin(it + A)$. En nommant donc $\delta\psi'$ la variation du mouvement rétrograde des équinoxes par rapport à l'écliptique vraie, on aura

$$\delta\psi' = \sum \left(1 + \frac{n}{i} \tang^2\vartheta \right) \left(\frac{n}{i} - 1 \right) c \cot\vartheta \sin(it + A).$$

Il est facile de conclure de cette formule la variation de l'année tropique, car on aura son accroissement en multipliant $-\dfrac{d\,\delta\psi'}{dt}$ par 1^j ou par 86400^s de temps, et en le divisant par $59'8'',3$, mouvement journalier du Soleil, ce qui revient à réduire en secondes les coefficients des sinus et des cosinus de $-\dfrac{d\,\delta\psi'}{dt}$ et à les multiplier par $24,3497$.

<h2 style="text-align:center">IV.</h2>

On peut observer sur les valeurs précédentes de $\delta\vartheta'$ et de $\delta\psi'$ qu'elles seraient nulles à très peu près, si i était peu différent de n; ce cas aurait lieu si le mouvement des équinoxes était très rapide relativement à celui du plan de l'orbite de la Terre, car alors les angles $(n-i)t$, dont ce dernier mouvement dépend, seraient très petits par rapport à nt.

Si l'on choisit pour plan fixe celui de l'écliptique à une époque donnée, et que l'on fixe l'origine de t à cette époque, la tangente de l'inclinaison de l'orbite terrestre sur le plan fixe sera nulle avec t. Or le carré de cette tangente est

$$[\Sigma c \cos(it + A)]^2 + [\Sigma c \sin(it + A)]^2;$$

on aura donc, à l'époque donnée,

$$\Sigma c \sin A = 0, \qquad \Sigma c \cos A = 0.$$

Ainsi, en réduisant l'expression de $\delta\theta'$ dans une suite ordonnée par rapport aux puissances de t et en ne conservant que la première puissance, on aura

$$\delta\theta' = -\sum \frac{n}{i} c \cos A - \Sigma c i t \sin A.$$

La variation de l'obliquité de l'écliptique sera donc à cette époque égale à $- \Sigma c i t \sin A$, et par conséquent elle sera la même qui résulte du seul déplacement de l'écliptique.

La fonction $\Sigma c \sin(it + A)$ dépend des masses des planètes, et, comme plusieurs de ces masses sont encore inconnues, cette fonction n'a pu être jusqu'ici exactement déterminée. M. de la Grange l'a calculée dans deux hypothèses différentes sur ces masses. (*Voir* les *Mémoires de l'Académie* pour l'année 1774, et les *Mémoires de Berlin* pour l'année 1782.) Si l'on fait usage de la dernière de ces déterminations, on trouve que la variation de l'inclinaison de l'écliptique vraie sur l'écliptique fixe de 1700, variation dont les limites sont $\pm 5°23'$, produit dans l'obliquité de l'écliptique vraie sur l'équateur une variation dont les limites sont $\pm 1°21'28'',5$; en sorte que l'action du Soleil et de la Lune sur le sphéroïde terrestre réduit au quart l'étendue des variations de l'obliquité de l'écliptique qui auraient lieu si la Terre était une sphère.

Pareillement les limites $\pm 2^m 17^s,7$, que M. de la Grange assigne aux variations de la longueur de l'année, se trouvent réduites par nos formules à celles-ci $\pm 51^s,9$; d'où l'on voit la nécessité d'avoir égard aux considérations précédentes.

V.

L'incertitude où l'on est encore sur les masses de plusieurs planètes ne permet pas d'avoir exactement les fonctions $\Sigma c \sin(it + A)$ et $\Sigma c \cos(it + A)$. On en déterminera facilement, par la méthode suivante, des valeurs approchées qui pourront s'étendre à toutes les observations anciennes, et qu'il sera aisé de rectifier, à mesure que les phénomènes célestes feront mieux connaître les masses des planètes; car, jusqu'à ce que ces masses soient connues avec beaucoup de précision, il sera inutile de calculer par des formules rigoureuses les fonctions dont il s'agit.

Soit φ l'inclinaison de l'orbite terrestre sur un plan fixe, que nous supposerons être celui de l'écliptique à l'époque où $t = 0$. Supposons que t soit le nombre des années juliennes écoulées depuis cette époque; soit ζ la distance du nœud ascendant de cette orbite à un point fixe pris sur ce plan. Si l'on fait

$$p = \tang\varphi \sin\zeta, \qquad q = \tang\varphi \cos\zeta,$$

on déterminera, par les formules connues, les valeurs de $\dfrac{dp}{dt}$ et de $\dfrac{dq}{dt}$, lorsque $t = 0$. Soient a et b ces valeurs; on déterminera de la même manière les valeurs de $\dfrac{dp}{dt}$ et de $\dfrac{dq}{dt}$, après le nombre T d'années écoulées depuis la première époque. Soient a' et b' ces valeurs. Cela posé, on fera

$$p = A' \sin gt + B'(1 - \cos g't),$$
$$q = B' \sin g't - A'(1 - \cos gt);$$

on aura

$$A'g = a, \qquad B'g' = b,$$
$$A'g \cos g\,T + B'g' \sin g'T = a',$$
$$B'g' \cos g'T - A'g \sin g\,T = b'.$$

Si T est tel que les angles gT et $g'T$ soient peu considérables, ce qui aura toujours lieu lorsque T n'excédera pas 1000 ou 1200, on pourra supposer ces angles égaux à leurs sinus et leurs cosinus égaux à l'unité, ce qui donne

$$A'g + B'g'^2T = a', \qquad B'g' - A'g^2T = b';$$

les quantités négligées ne seront que de l'ordre g^3T^2, et par conséquent insensibles; on aura donc

$$g = \frac{b - b'}{a\,\mathrm{T}}, \qquad g' = \frac{a' - a}{b\,\mathrm{T}},$$

$$\mathrm{A}' = \frac{a^2\mathrm{T}}{b - b'}, \qquad \mathrm{B}' = \frac{b^2\mathrm{T}}{a' - a}.$$

Maintenant, nt étant le mouvement rétrograde des équinoxes depuis l'origine de t, si l'on suppose ζ nul à cette origine, la tangente de l'inclinaison de l'orbite terrestre, multipliée par le sinus de la longitude de son nœud ascendant, sera $\tan\varphi \sin(\zeta + nt)$ ou $p\cos nt + q\sin nt$; ce sera, par conséquent, la valeur de la fonction $\Sigma c \sin(it + \mathrm{A})$, ce qui donne

$$\Sigma c \sin(it + \mathrm{A}) = -\mathrm{A}'\sin nt + \mathrm{B}'\cos nt + \mathrm{A}'\sin(n + g)t - \mathrm{B}'\cos(n + g')t.$$

On aura pareillement

$$\Sigma c \cos(it + \mathrm{A}) = \tan\varphi \cos(\zeta + nt) = q\cos nt - p\sin nt,$$

d'où l'on tire

$$\Sigma c \cos(it + \mathrm{A}) = -\mathrm{A}'\cos nt - \mathrm{B}'\sin nt + \mathrm{A}'\cos(n + g)t + \mathrm{B}'\sin(n + g')t;$$

en sorte que la fonction $\Sigma c \sin(it + \mathrm{A})$ se change en $\Sigma c \cos(it + \mathrm{A})$, en augmentant les angles it de 90°, comme cela doit être.

VI.

Pour appliquer des nombres à ces formules, nous commencerons par déterminer les masses des planètes. Le moyen le plus précis d'avoir celle de la Terre est de faire usage de la longueur observée du pendule à secondes; et il est facile de s'assurer que, si l'on nomme m la masse de la Terre, celle du Soleil étant prise pour unité; μ le rapport de la longueur du pendule à secondes au rayon terrestre; π la parallaxe du Soleil, et T le temps de sa révolution sidérale exprimé en secondes; on a, en supposant la Terre sphérique,

$$m = \tfrac{1}{4}\mu\mathrm{T}^2\sin^2\pi.$$

Les valeurs de μ et de π ne sont pas les mêmes sur toute la surface de la Terre, et, quoique leurs variations soient peu considérables, il est cependant utile d'y avoir égard. Or il résulte des recherches que j'ai données dans nos *Mémoires* de 1782 et 1783 (¹) sur la figure des planètes et de la Terre, que, sous le parallèle dont le sinus de latitude est $\sqrt{\frac{1}{3}}$, la quantité $\frac{1}{4}\mu\,T^2\sin^3\pi$ est égale à la masse de la Terre, multipliée par l'unité, moins le rapport de la force centrifuge à la pesanteur à l'équateur; en sorte que, pour avoir cette masse, il suffit de diviser la quantité précédente par ce multiplicateur. En supposant donc les deux axes de la Terre dans le rapport de 1 à 1,003111, rapport qui répond bien à tous les phénomènes; en supposant ensuite, comme M. du Séjour l'a trouvé par l'ensemble des observations des deux passages de Vénus sur le disque du Soleil, que la parallaxe horizontale polaire du Soleil dans les moyennes distances est 8″,8128, je trouve le logarithme de la masse de la Terre égal à 4,4837748, et par conséquent cette masse égale à $\frac{1}{328266}$.

Le logarithme de la masse de Vénus qui m'a paru le mieux répondre à tous les phénomènes sur lesquels cette planète a de l'influence est 4,4166456.

Suivant les observations de M. Herschel, la révolution synodique du second satellite de la nouvelle planète est de 13ʲ11ʰ5ᵐ1ˢ,5, et sa plus grande élongation, vue à la moyenne distance de la planète au Soleil, est de 44″,23. En supposant donc cette moyenne distance égale à 19,182558, je trouve le logarithme de la masse de la nouvelle planète égal à 5,7099085, et par conséquent cette masse égale à $\frac{1}{19303}$.

Quant aux masses des autres planètes, j'ai adopté les déterminations que M. de la Grange en a données dans les *Mémoires de Berlin* pour l'année 1782, et suivant lesquelles on a

log de la masse de Mercure............	3,6934015
log de la masse de Mars..............	3,7337488
log de la masse de Jupiter............	6,9717561
log de la masse de Saturne	6,4738674

sur quoi l'on peut observer que ces deux derniers logarithmes sont les

(¹) *Œuvres de Laplace*, T. X et XI.

seuls auxquels on doive avoir confiance; mais heureusement les masses des autres planètes ont très peu d'influence.

Cela posé, j'ai trouvé pour le commencement de 1700, et en prenant pour plan fixe celui de l'écliptique à cette époque, où je fixerai l'origine de t,

$$a = 0'',080333, \qquad b = -0'',5000.$$

En faisant ensuite T $= -$ 1000, j'ai trouvé

$$a' - a = - 0'',042220,$$
$$b' - b = - 0'',01265,$$

d'où j'ai conclu

$$g = - \; 32'',4814, \qquad g' = - \quad 17'',4088,$$
$$A' = - 510'',15, \qquad B' = \quad 5924'',17;$$

et par conséquent, la précession moyenne des équinoxes dans ce siècle étant de $50''\frac{1}{4}$ par année, on a

$$\Sigma c \sin(it + A) = 510'',15 \sin(50'',25 t) + 5924'',17 \cos(50'',25 t)$$
$$- 510'',15 \sin(17'',7686 t) - 5924'',17 \cos(32'',8412 t),$$
$$\Sigma c \cos(it + A) = - 5924'',17 \sin(50'',25 t) + 510'',15 \cos(50'',25 t)$$
$$+ 5924'',17 \sin(32'',8412 t) - 510'',15 \cos(17'',7686 t);$$

ces valeurs donnent

$$\delta\vartheta' = \quad 932'',56 \cos(17'',7686 t) - 3140'',34 \sin(32'',8412 t),$$
$$\delta\psi' = - 3292'',28 \sin(17'',7686 t) - 9315'',65 \cos(32'',8412 t),$$

d'où l'on tire, pour le mouvement rétrograde ψ' des équinoxes depuis 1700,

$$\psi' = 50'',53353 t - 3292'',28 \sin(17'',7686 t) + 9315'',65 [1 - \cos(32'',8412 t)].$$

En en retranchant $50'',25 t$, on aura l'équation séculaire du Soleil relativement aux équinoxes, et l'on trouvera l'accroissement de l'année égal à

$$- 36',114 \sin(32'',8412 t) - 6',9039 [1 - \cos(17'',7686 t)];$$

en sorte qu'au temps d'Hipparque l'année était plus longue d'environ $10''\frac{1}{3}$ qu'aujourd'hui.

VII.

Les astronomes rapportent les catalogues d'étoiles à une époque différente de celle de leur formation, en tenant compte des mouvements
des étoiles en ascension droite et en déclinaison, dus à la précession
des équinoxes. La précision des observations modernes exige une
grande exactitude dans cette réduction ; c'est à quoi l'on peut parvenir
au moyen des formules précédentes. Pour cela, soient ε l'ascension
droite d'une étoile et γ sa déclinaison boréale ; soient $d\varepsilon$ et $d\gamma$ les variations annuelles de ces angles ; soient $d\psi$ et $d\theta$ les variations annuelles
de ψ et de θ. On trouvera facilement, par les formules différentielles
de la Trigonométrie sphérique,

$$d\gamma = d\psi \sin\theta \cos\varepsilon + d\theta \sin\varepsilon,$$

$$d\varepsilon = d\psi \cos\theta + d\psi \sin\theta \, \tan g\,\gamma \sin\varepsilon - d\theta \, \tan g\,\gamma \cos\varepsilon - \frac{\Sigma \, ic \cos(it + A)}{\sin\theta}.$$

La valeur de $d\psi$ se déduit du mouvement annuel des équinoxes par
rapport à l'écliptique vraie, que nous désignerons par $d\psi'$, au moyen
de l'équation

$$d\psi = d\psi' + \frac{\Sigma\, ic \cos(it + A)}{\tan g\,\theta}.$$

Mais on a, par l'article précédent, dans ce siècle où $t = 0$,

$$\Sigma\, ic \cos(it + A) = 0'',080333 ;$$

on a ensuite

$$d\theta = \Sigma\, nc \sin A = 0 ;$$

enfin les observations donnent

$$d\psi' = 50'',25.$$

On aura donc

$$d\psi = 50'',4349,$$
$$d\gamma = 50'',4349 \sin\theta \cos\varepsilon,$$
$$d\varepsilon = d\psi \cos\theta + d\psi \sin\theta \, \tan g\,\gamma \sin\varepsilon - 0'',2016,$$

équations dans lesquelles on pourra prendre pour θ, γ et ε leurs valeurs à l'époque de la formation des catalogues, ou, plus exactement, à l'époque moyenne entre celle de leur formation et celle de leur réduction. Ces équations supposent que la valeur $5o''\frac{1}{4}$ de la précession annuelle est exacte; elles supposent encore la variation séculaire de l'obliquité de l'écliptique égale à $5o''$. Ces deux suppositions ont peut-être besoin de quelques corrections; mais, dans l'état actuel de l'Astronomie, les équations précédentes me paraissent les plus précises dont on puisse faire usage.

VIII.

Sur les degrés mesurés des méridiens et sur les longueurs observees du pendule.

Je me propose ici de discuter les mesures des degrés des méridiens et de la longueur du pendule à secondes, et d'examiner si l'on peut, sans faire trop de violence aux observations, concilier ces mesures avec une figure elliptique. Je considère d'abord les degrés des méridiens. Si, par l'axe de rotation de la Terre et par le zénith d'un lieu de sa surface, on imagine un plan prolongé jusqu'au ciel, ce plan y tracera la circonférence d'un grand cercle qui sera le méridien de ce lieu. Tous les points de la surface de la Terre qui auront leur zénith sur cette circonférence seront sous le même méridien céleste, et ils formeront sur cette surface une courbe qui sera le méridien terrestre correspondant.

Pour déterminer cette courbe, représentons par $\mu = o$ l'équation de la surface de la Terre, μ étant une fonction des trois coordonnées orthogonales x, y, z. Soient x', y', z' les trois coordonnées de la verticale qui passe par un lieu de la surface de la Terre déterminé par les coordonnées x, y, z; on aura, par la théorie des surfaces courbes, les deux équations suivantes,

$$\frac{\partial \mu}{\partial x} dy' - \frac{\partial \mu}{\partial y} dx' = o,$$

$$\frac{\partial \mu}{\partial x} dz' - \frac{\partial \mu}{\partial z} dx' = o,$$

en ajoutant la première, multipliée par une indéterminée λ, à la seconde ; on en tirera

$$dz' = \frac{\dfrac{\partial \mu}{\partial z} + \lambda \dfrac{\partial \mu}{\partial y}}{\dfrac{\partial \mu}{\partial x}} \, dx' - \lambda \, dy'.$$

Cette équation est celle d'un plan quelconque parallèle à la verticale dont nous venons de parler ; cette verticale, prolongée à l'infini, se réunissant au méridien céleste, tandis que son pied n'est éloigné que d'une quantité finie du plan de ce méridien, peut être censée parallèle à ce plan ; l'équation différentielle de ce plan peut donc coïncider avec la précédente. Soit

$$dz' = a \, dx' + b \, dy'$$

cette équation ; en la comparant à la précédente, on en tirera

$$(a) \qquad \frac{\partial \mu}{\partial z} - a \frac{\partial \mu}{\partial x} - b \frac{\partial \mu}{\partial y} = 0.$$

Pour avoir les constantes a et b, on supposera connues les coordonnées de l'extrémité de l'axe de rotation de la Terre et celles d'un lieu donné de sa surface. En substituant ces coordonnées dans l'équation précédente, on aura deux équations au moyen desquelles on déterminera a et b.

L'équation (a), combinée avec l'équation $\mu = 0$ de la surface, donnera la courbe du méridien terrestre qui passe par le lieu donné. Cette courbe ne se confond avec l'intersection de la surface par le plan du méridien céleste, que dans le cas où la Terre est un solide de révolution. Si la Terre est un ellipsoïde quelconque, μ sera une fonction rationnelle et entière du second degré en x, y, z ; l'équation (a) sera donc alors celle d'un plan dont l'intersection avec la surface de la Terre formera le méridien terrestre ; dans les autres cas, ce méridien est une ligne à double courbure. Mais, si l'on regarde comme une quantité très petite du premier ordre la différence de la figure de la Terre à celle d'une sphère, il est aisé de voir que l'on pourra, aux quantités près du second ordre, supposer la longueur du méridien terrestre égale à celle de la courbe formée par l'intersection de la surface terrestre avec le plan du méridien céleste.

Les mesures géodésiques donnent la ligne la plus courte tracée entre
deux points situés sous le même méridien, et cette ligne n'est point
celle du méridien terrestre; mais on peut encore s'assurer facilement
que la longueur de l'arc du méridien est, aux quantités près du second
ordre, la même que celle de la ligne la plus courte menée entre les
deux extrémités de cet arc.

Si l'on nomme ds l'élément de la courbe du méridien terrestre et r
son rayon osculateur, on aura

$$r = \frac{ds^2}{\sqrt{(d^2x)^2 + (d^2y)^2 + (d^2z)^2 - (d^2s)^2}} \,.$$

En prenant pour le plan des x et des y le plan même du méridien
céleste, z sera une quantité très petite du premier ordre, puisqu'elle
serait nulle, si la Terre était une sphère. On aura donc, en négligeant
les quantités du second ordre,

$$ds = \sqrt{d.x^2 + dy^2},$$

$$r = \frac{ds^2}{\sqrt{(d^2x)^2 + (d^2y)^2 - (d^2s)^2}} \,;$$

le rayon osculateur du méridien terrestre peut donc être supposé le
même que celui de la courbe formée par l'intersection de la surface
de la Terre et du méridien céleste.

Le plan mené par la verticale, parallèlement au plan du méridien
céleste, se confond avec lui, lorsque la Terre est un solide de révolution; dans les autres cas, ces deux plans s'écartent l'un de l'autre.
Leur distance mutuelle est insensible relativement aux étoiles; mais
elle peut être sensible pour la Lune. Des observations multipliées
d'éclipses de Soleil et d'occultations d'étoiles, faites sous des longitudes très différentes, peuvent nous éclairer sur cet objet.

IX.

On a déjà mesuré un assez grand nombre de degrés des méridiens;
ces mesures ont été combinées de beaucoup de manières pour en

déduire la figure elliptique qui s'accorde le mieux avec elles, car, la
Terre n'étant pas sphérique, cette figure est la plus simple qu'on
puisse lui supposer; d'ailleurs, elle résulte de la pesanteur universelle si cette planète a été primitivement fluide et si, en se durcis-
sant, elle a conservé sa figure d'équilibre. Mais les combinaisons
des mesures des degrés ont donné pour la figure des méridiens des
ellipses qui s'éloignent trop des observations pour pouvoir être
admises; d'où l'on a conclu que la figure de la Terre s'éloignait
sensiblement de celle d'un ellipsoïde de révolution. Cependant, avant
que de renoncer entièrement à la figure elliptique, il faut déterminer
celle dans laquelle le plus grand écart des degrés mesurés est plus
petit que dans toute autre figure elliptique et voir si cet écart est
dans les limites des erreurs des observations. J'ai donné dans nos
Mémoires de 1783 (¹) une méthode pour résoudre ce problème et je l'ai
appliquée aux quatre mesures des degrés du Nord, de France, du cap
de Bonne-Espérance et du Pérou; mais cette méthode devient très
pénible lorsque l'on considère à la fois un grand nombre de degrés.
La méthode suivante est beaucoup plus simple.

Soient $a, a_1, a_2, a_3, \ldots$ les degrés du méridien; soient $p, p_1, p_2, \ldots$
les carrés des sinus des latitudes correspondantes; supposons que,
dans l'ellipse cherchée, le degré du méridien soit représenté généralement par $z + py$. En nommant $x, x_1, x_2, x_3, \ldots$ les erreurs des
observations, on aura les équations suivantes, dans lesquelles nous
supposerons que $p, p_1, p_2, \ldots$ forment une progression croissante

$$(A) \quad \begin{cases} a - z - p\,y = x, \\ a_1 - z - p_1\,y = x_1, \\ a_2 - z - p_2\,y = x_2, \\ a_3 - z - p_3\,y = x_3, \\ \ldots\ldots\ldots\ldots\ldots\ldots, \\ a_n - z - p_n\,y = x_n. \end{cases}$$

______
(¹) *Voir*, plus haut, p. 3.

Cela posé, concevons que x_i soit, abstraction faite du signe, la plus grande des erreurs x, x_1, ... J'observe d'abord qu'il doit exister une autre erreur $x_{i'}$ égale et de signe contraire à x_i; autrement on pourrait, en faisant varier z convenablement dans l'équation

$$a_i - z - p_i y = x_i,$$

diminuer l'erreur x_i en lui conservant la propriété d'être l'erreur extrême, ce qui est contre l'hypothèse. J'observe ensuite que x_i et $x_{i'}$ étant les deux erreurs extrêmes, l'une positive, l'autre négative, et qui doivent être égales, par ce que l'on vient de dire, il doit exister une troisième erreur $x_{i''}$ égale, abstraction faite du signe, à x_i. En effet, si l'on retranche l'équation correspondante à x_i de l'équation correspondante à $x_{i'}$, on aura

$$a_{i'} - a_i - (p_{i'} - p_i)y = x_{i'} - x_i.$$

Le second membre de cette équation est, abstraction faite du signe, la somme des erreurs extrêmes, et il est clair que, en faisant varier convenablement y, on peut la diminuer en lui conservant la propriété d'être la plus grande de toutes les sommes que l'on peut obtenir par l'addition ou par la soustraction des erreurs x, x_1, x_2, ..., pourvu cependant qu'il n'y ait point une troisième erreur $x_{i''}$ égale, abstraction faite du signe, à x_i : or, la somme des erreurs extrêmes étant diminuée, et ces erreurs étant rendues égales au moyen de la valeur z, chacune de ces erreurs est diminuée, ce qui est contre l'hypothèse. Il existe donc trois erreurs x_i, $x_{i'}$, $x_{i''}$ égales entre elles, abstraction faite du signe, et dont l'une a un signe contraire à celui des deux autres.

Supposons que ce soit $x_{i'}$; alors le nombre i' tombera entre les deux nombres i et i''. Pour le faire voir, imaginons que cela ne soit pas et que i' tombe en deçà ou au delà des nombres i et i''; en retranchant l'équation correspondante à i' successivement des deux équations correspondantes à i et à i'', on aura

$$a_i - a_{i'} - (p_i - p_{i'})y = x_i - x_{i'},$$
$$a_{i''} - a_{i'} - (p_{i''} - p_{i'})y = x_{i''} - x_{i'}.$$

Les seconds membres de ces équations sont égaux et de même
signe; ils sont encore, abstraction faite du signe, la somme des
erreurs extrêmes : or il est clair que, faisant varier convenablement y, on peut diminuer chacune de ces sommes, puisque le coefficient de y est du même signe dans les deux premiers membres; on
peut donc alors diminuer chacune des erreurs extrêmes, ce qui est
contre l'hypothèse; ainsi le nombre i'' doit tomber entre les nombres i
et i''.

Déterminons maintenant lesquelles des erreurs x, x_1, x_2, … sont
les erreurs extrêmes. Pour cela, on retranchera la première des équations (A) successivement des suivantes, et l'on aura cette suite
d'équations

$$
\text{(B)}\qquad
\left\{
\begin{aligned}
a_1 - a - (p_1 - p)y &= x_1 - x, \\
a_2 - a - (p_2 - p)y &= x_2 - x, \\
a_3 - a - (p_3 - p)y &= x_3 - x, \\
\cdots\cdots\cdots\cdots\cdots\cdots\cdots &
\end{aligned}
\right.
$$

Supposons y infini; les premiers membres de ces équations seront
négatifs, et alors la valeur de x sera plus grande que x_1, x_2, …. En
diminuant continuellement y, on arrivera enfin à une valeur qui
rendra positif l'un de ces premiers membres; mais, avant que d'arriver à cet état, il deviendra nul. Pour connaître celui de ces membres qui, le premier, devient égal à zéro, on formera les quantités

$$
\frac{a_1 - a}{p_1 - p}, \quad \frac{a_2 - a}{p_2 - p}, \quad \frac{a_3 - a}{p_3 - p}, \quad \dots
$$

Nommons β la plus grande de ces quantités et supposons qu'elle soit

$$
\frac{a_r - a}{p_r - p}.
$$

S'il y a plusieurs valeurs égales à β, nous considérerons celle qui correspond au nombre r le plus grand. En substituant β pour y, dans la
$r^{\text{ième}}$ des équations (B), x_r sera égal à x, et, en diminuant y, il l'em-
portera sur x, le premier membre de la $r^{\text{ième}}$ équation devenant alors

positif. Par les diminutions successives de y, il croîtra plus rapidement que les premiers membres des équations qui le précèdent, puisque son coefficient de $-y$ est plus considérable; ainsi ce membre devenant nul lorsque les précédents sont encore négatifs, il est visible que, dans les diminutions successives de y, il sera toujours plus grand qu'eux, ce qui prouve que x_r sera constamment plus grand que x, x_1, x_2, ..., x_{r-1}, lorsque y sera moindre que β. Les premiers membres des équations qui suivent la $r^{ième}$ seront d'abord négatifs, et tant que cela aura lieu, x_{r+1}, x_{r+2}, ... seront moindres que x, et par conséquent moindres que x_r. Ainsi x_r sera la plus grande de toutes les erreurs x, x_1, ..., x_n lorsque y, en diminuant, sera moindre que β: mais, en continuant de diminuer y, on parviendra à une valeur de y telle que quelques-unes des erreurs x_{r+1}, x_{r+2}, ... commenceront à l'emporter sur x_r.

Pour déterminer cette valeur de y, on retranchera la $(r+1)^{ième}$ des équations (A) successivement des suivantes, et l'on aura

$$a_{r+1} - a_r - (p_{r+1} - p_r)y = x_{r+1} - x_r,$$

$$a_{r+2} - a_r - (p_{r+2} - p_r)y = x_{r+2} - x_r,$$

$$\dots\dots\dots\dots\dots\dots\dots\dots\dots\dots\dots\dots$$

On formera les quantités

$$\frac{a_{r+1} - a_r}{p_{r+1} - p_r}, \quad \frac{a_{r+2} - a_r}{p_{r+2} - p_r}, \quad \dots$$

Nommons β_1 la plus grande de ces quantités, et supposons qu'elle soit

$$\frac{a_{r'} - a_r}{p_{r'} - p_r}.$$

Si plusieurs de ces quantités sont égales à β_1, nous supposerons que r' est le plus grand des nombres auxquels elles répondent. Cela posé, x_r sera la plus grande des erreurs x, x_1, ..., x_n tant que y sera compris entre β et β_1; mais, lorsque, en diminuant y, on sera arrivé à β_1, alors $x_{r'}$ commencera à l'emporter sur x_r et à devenir la plus grande des erreurs. Pour déterminer dans quelles limites, on formera les quantités

$$\frac{a_{r'+1} - a_{r'}}{p_{r'+1} - p_{r'}}, \quad \frac{a_{r'+2} - a_{r'}}{p_{r'+2} - p_{r'}}, \quad \ldots$$

Soit β_2 la plus grande de ces quantités, et supposons qu'elle soit

$$\frac{a_{r''} - a_{r'}}{p_{r''} - p_{r'}}.$$

Si plusieurs de ces quantités sont égales à β_2, nous supposerons que r'' est le plus grand des nombres auxquels elles répondent. $x_{r'}$ sera la plus grande de toutes les erreurs, depuis $y = \beta_1$ jusqu'à $y = \beta_2$. Lorsque $y = \beta_2$, alors $x_{r''}$ commence à être cette plus grande erreur. En continuant ainsi, on formera les deux suites

$$\text{(C)} \qquad \begin{cases} x, & x_{r}, & x_{r'}, & x_{r''}, & \ldots, & x_{n}, \\ \infty, & \beta, & \beta_1, & \beta_{11}, & \ldots, & \beta_q, & -\infty. \end{cases}$$

La première indique les erreurs x, x_r, $x_{r'}$, $x_{r''}$, ... qui deviennent les plus grandes; la seconde suite, formée de quantités décroissantes, indique les limites de y entre lesquelles ces erreurs sont les plus grandes; ainsi x est la plus grande erreur depuis $y = \infty$ jusqu'à $y = \beta$; x_r est la plus grande erreur depuis $y = \beta$ jusqu'à $y = \beta_1$; $x_{r'}$ est la plus grande erreur depuis $y = \beta_1$ jusqu'à $y = \beta_2$; ainsi de suite.

Reprenons maintenant les équations (B), et supposons y négatif et infini; les premiers membres de ces équations seront positifs; x sera donc alors la plus petite des erreurs x, x_1, ... En augmentant continuellement y, quelques-uns de ces membres deviendront négatifs et alors x cessera d'être la plus petite des erreurs. Si l'on applique ici le raisonnement que nous venons de faire pour le cas des plus grandes erreurs, on verra que, si l'on nomme λ la plus petite des quantités

$$\frac{a_1 - a}{p_1 - a}, \quad \frac{a_2 - a}{p_2 - p}, \quad \frac{a_3 - a}{p_3 - p}, \quad \ldots,$$

et si l'on suppose qu'elle soit

$$\frac{a_s - a}{p_s - p},$$

s étant le plus grand des nombres auxquels répond λ si plusieurs de ces quantités sont égales à λ, x sera la plus petite de toutes les erreurs depuis $y = -\infty$ jusqu'à $y = \lambda$. Pareillement, si l'on nomme $\lambda_{,}$ la plus petite des quantités

$$\frac{a_{s+1} - a_s}{p_{s+1} - p_s}, \quad \frac{a_{s+2} - a_s}{p_{s+2} - p_s}, \quad \dots,$$

et que l'on suppose qu'elle soit

$$\frac{a_{s'} - a_s}{p_{s'} - p_s},$$

s' étant le plus grand des nombres auxquels répond $\lambda_{,}$ si plusieurs de ces quantités sont égales à $\lambda_{,}$, x sera la plus petite de toutes les erreurs depuis $y = \lambda$ jusqu'à $y = \lambda_{,}$, et ainsi de suite. On formera de cette manière les deux suites

$$(\mathrm{D}) \qquad \begin{cases} x, & x_s, & x_{s'}, & x_{s''}, & \dots, & x_{n}, \\ -\infty, & \lambda, & \lambda_{,}, & \lambda_{2}, & \dots, & x_{q'}, & \infty. \end{cases}$$

La première indique les erreurs x, x_s, $x_{s'}$, ... qui sont successivement les plus petites à mesure que l'on augmente y; la seconde suite, formée des termes croissants, indique les limites des valeurs de y entre lesquelles chacune de ces erreurs est la plus petite; ainsi x est la plus petite des erreurs depuis $y = -\infty$ jusqu'à $y = \lambda$; x_s est la plus petite erreur depuis $y = \lambda$ jusqu'à $y = \lambda_{,}$, et ainsi de suite du reste.

Cela posé, la valeur de y qui appartient à l'ellipse cherchée sera l'une des quantités β, $\beta_{,}$, β_{2}, ..., λ, $\lambda_{,}$, λ_{2}, ... Elle sera dans la première suite si les deux erreurs extrêmes de même signe sont positives; en effet, ces deux erreurs étant alors les plus grandes, elles sont alors dans la suite x, x_r, $x_{r'}$, ...; et, puisqu'une même valeur de y les rend égales, elles doivent être consécutives, et la valeur de y qui leur convient ne peut être qu'une des quantités β, $\beta_{,}$, ..., puisque deux de ces erreurs ne peuvent être à la fois rendues égales, et les plus grandes, que par l'une de ces quantités. Voici maintenant de quelle manière on déterminera celle des quantités β, $\beta_{,}$. ... qui doit être prise pour y.

Concevons, par exemple, que $\beta_{,}$ soit cette valeur; il doit alors se trouver, par ce qui précède, entre x_r et $x_{r'}$, une erreur qui sera le minimum de toutes les erreurs, puisque x_r et $x_{r'}$ seront les maxima de ces erreurs. Ainsi, dans la suite x, $x_{,}$, ..., quelqu'un des nombres s, s', ... sera compris entre r et r'. Supposons que ce soit s. Pour que x_s soit la plus petite des erreurs, la valeur de y doit être comprise depuis λ jusqu'à $\lambda_{,}$. Donc, si $\beta_{,}$ est compris entre ces limites, il sera la valeur cherchée de y, et il sera inutile d'en chercher d'autres. En effet, supposons que l'on retranche celle des équations (A) qui répond à x_s successivement des deux équations qui répondent à x_r et à $x_{r'}$, on aura

$$a_r - a_s - (p_r - p_s)y = x_r - x_s,$$
$$a_{r'} - a_s - (p_{r'} - p_s)y = x_{r'} - x_s,$$

Tous les membres de ces équations étant positifs, en supposant $y = \beta_{,}$, il est clair que, si l'on augmente y, la quantité $x_r - x_s$ augmentera; la différence des erreurs extrêmes en sera donc augmentée. Si l'on diminue au contraire y, la quantité $x_{r'} - x_s$ en sera augmentée et par conséquent aussi la différence des erreurs extrêmes. La valeur cherchée de y ne peut donc pas être plus grande ou plus petite que $\beta_{,}$; ainsi elle est égale à $\beta_{,}$.

On essayera de cette manière les valeurs de β, $\beta_{,}$, $\beta_{,,}$, ..., ce qui se fera très aisément par leur inspection seule; et, si l'on arrive à une valeur qui remplisse les conditions précédentes, on sera sûr d'avoir la valeur de y.

Si aucune des valeurs de β ne remplit ces conditions, alors la valeur de y sera quelqu'un des termes de la suite λ, $\lambda_{,}$, $\lambda_{,,}$, ... Concevons, par exemple, que ce soit $\lambda_{,}$. Les deux erreurs x_s et $x_{s'}$ seront alors négatives et il y aura, par ce qui précède, une erreur intermédiaire qui sera un maximum et qui tombera par conséquent dans la suite

x', $x_{\prime}$, $x_{\prime\prime}$, …. Supposons que ce soit $x_{\prime}$, r étant alors nécessairement compris entre s et s'; $\lambda_{\prime}$ devra donc être compris entre β et $\beta_{\prime}$. Si cela est, ce sera une preuve que y est égal à $\lambda_{\prime}$. On essayera donc ainsi tous les termes de la suite λ, $\lambda_{\prime}$, $\lambda_{\prime\prime}$, …, jusqu'à ce que l'on arrive à un terme qui remplisse les conditions précédentes; ce terme sera la valeur cherchée de y.

Lorsque l'on aura ainsi déterminé la valeur de y, on aura facilement celle de z. Pour cela, supposons que $\beta_{\prime}$ soit la valeur de y et que les trois erreurs extrêmes soient $x_{\prime}$, $x_{\prime\prime}$ et x_{s}, on aura

$$x'_{s} = - x_{\prime}$$

et, par conséquent,

$$a_{r} - z - p_{r} y = x_{\prime},$$
$$a_{s} - z - p_{s} y = - x_{\prime},$$

d'où l'on tire

$$z = \frac{a_{r} + a_{s}}{2} - \frac{p_{r} + p_{s}}{2} y;$$

on aura ensuite la plus grande erreur $x_{\prime}$, au moyen de l'équation

$$x_{\prime} = \frac{a_{r} - a_{s}}{2} + \frac{p_{s} - p_{r}}{2} y.$$

X.

Appliquons la méthode précédente aux degrés déjà mesurés. Je réduis ces degrés aux suivants, savoir :

1° Le degré du Pérou, à zéro de latitude, et que M. Bouguer a trouvé de 56 753 toises.

2° Le degré du cap de Bonne-Espérance, par 33° 18′ de latitude australe, et que M. l'abbé de la Caille a trouvé de 57 037 toises.

3° Le degré de Pensylvanie, par 39° 12′ de latitude, mesuré par MM. Mason et Dixon, et que M. Maskelyne a fixé, d'après ces mesures, à 56 888 toises.

4° Le degré de Rome, par 43° 1′ de latitude, que les PP. Boscovich et Le Maire ont trouvé de 56 979 toises.

5° Le degré de France, par 45°43′ de latitude, que M. l'abbé de la Caille, dans nos *Mémoires* de 1758, a fixé à 57 034 toises.

6° Le degré de Vienne, par 48°43′ de latitude, et que le P. Liesganig a trouvé de 57 086 toises.

7° Le degré de Paris, de 49°23′ de latitude, et que, après plusieurs vérifications, on a fixé enfin à 57 074^T,5.

8° Le degré de Hollande, par 52°41′ de latitude, mesuré primitivement par Snellius, et ensuite rectifié par MM. de Cassini, qui l'ont fixé à 57 145 toises. La grandeur de ce degré vient d'être confirmée par les nouvelles mesures que l'on a faites en Angleterre, et avec lesquelles elle est à fort peu près d'accord.

9° Le degré de Laponie, que je fixe à 57 405 toises, M. de Maupertuis l'a trouvé de 57 438 toises; mais il faut en retrancher 16 toises, à cause de la réfraction qu'il avait négligée. J'en retranche encore 17 toises, en prenant un milieu entre les résultats des douze suites de triangles, d'où l'on peut conclure la grandeur de ce degré, ce qui la réduit à 57 405 toises.

On pourrait joindre à ces degrés tous ceux que l'on a mesurés depuis Dunkerque jusqu'à Perpignan; mais il suffit, dans la suite des degrés mesurés en France, d'en considérer, comme nous l'avons fait, deux placés vers les extrêmes. Je ne considère point ici le degré de Turin, ni celui de Hongrie, parce que l'un et l'autre laissent une grande incertitude dans les mesures. Voici maintenant une Table des neuf degrés précédents, disposés suivant l'ordre des latitudes, en observant que ces latitudes correspondent au milieu de chaque degré :

Latitudes.	Degrés.
°	toises
0. 0	56753
33.18	57037
39.12	56888
43. 1	56979
45.43	57034
48.43	57086
49.23	57074,5
52. 4	57145
66.20	57405

Les équations (A) de l'article IX deviennent donc ici

$$
\begin{cases}
56753 \quad - z - 0,00000\, y = x, \\
57037 \quad - z - 0,30143\, y = x_1, \\
56888 \quad - z - 0,39946\, y = x_2, \\
56979 \quad - z - 0,46541\, y = x_3, \\
57034 \quad - z - 0,51251\, y = x_4, \\
57086 \quad - z - 0,56469\, y = x_5, \\
57074,5 - z - 0,57621\, y = x_6, \\
57145 \quad - z - 0,62209\, y = x_7, \\
57405 \quad - z - 0,83887\, y = x_8.
\end{cases}
\qquad (E)
$$

Les deux suites (C) du même article deviennent

$$
\begin{array}{cccc}
x, & x_1, & x_8, \\
\infty, & +942,17, & +684,73, & -\infty,
\end{array}
$$

et les deux suites (D) deviennent

$$
\begin{array}{cccc}
x, & x_2, & x_4, & x_8, \\
-\infty, & +337,96, & +1055,2, & +1258,4, & \infty.
\end{array}
$$

Il est aisé d'en conclure, par l'article précédent,

$$
y = 684^{T},73,
$$

ce qui donne, par le même article,

$$
z = 56722^{T},54,
$$

$$
x_1 = x_8 = -x_2 = 108^{T},062.
$$

Ainsi, de quelque manière que l'on combine les neuf degrés précédents, quelque rapport que l'on choisisse pour celui des deux axes de la Terre, il est impossible d'éviter dans l'ellipse une erreur de 108 toises; et, comme cette erreur étant la limite de celles qui peuvent être admises, elle est par cela même infiniment peu probable, il faudrait, pour admettre une figure elliptique, supposer des erreurs plus grandes encore que 108 toises dans quelques-uns de ces degrés.

La valeur que nous venons de trouver pour y donne une ellipse dont les axes sont dans le rapport de 249 à 250. Dans cette ellipse, les trois plus grandes erreurs tomberaient sur les degrés de Pensylvanie, du Cap de Bonne-Espérance et du Nord. En considérant avec attention les mesures de ces trois degrés, il me semble impossible qu'il se soit glissé dans chacun d'eux une erreur de 108 toises, surtout après les réductions que j'ai déjà faites au degré du Nord. Il me paraît donc prouvé, par les mesures précédentes, que la variation des degrés des méridiens terrestres s'écarte sensiblement de la loi du carré du sinus de la latitude, qui résulte d'une figure elliptique.

XI.

L'ellipse déterminée dans l'article précédent sert à reconnaître si la supposition d'une figure elliptique est dans les limites des erreurs des observations; mais elle n'est pas celle que les degrés mesurés indiquent avec le plus de vraisemblance. Cette dernière ellipse me paraît devoir remplir les deux conditions suivantes : 1° que la somme des erreurs soit nulle; 2° que la somme des erreurs prises toutes avec le signe + soit un minimum. M. Boscovich a donné pour cet objet une méthode ingénieuse, qui est exposée à la fin de l'édition française de son *Voyage astronomique et géographique;* mais, comme il l'a inutilement compliquée de la considération des figures, je vais le présenter ici sous la forme analytique la plus simple.

Reprenons les équations (A) de l'article IX. En les ajoutant ensemble; en nommant A la somme des quantités a, a_1, a_2, ... divisée par leur nombre; en nommant P la somme des quantités p, p_1, p_2, ... divisées par le même nombre, la condition que la somme des erreurs soit nulle donnera

$$A - z - Py = 0,$$

d'où l'on tire

$$z = A - Py.$$

En faisant donc

$$a - A = b, \qquad a_1 - A = b_1, \qquad a_2 - A = b_2, \qquad \ldots,$$
$$p - P = q, \qquad p_1 - P = q_1, \qquad p_2 - P = q_2, \qquad \ldots,$$

les équations (A) deviendront

$$b - q\,y = x,$$
$$b_1 - q_1 y = x_1,$$
$$b_2 - q_2 y = x_2,$$
$$\ldots\ldots\ldots\ldots$$

Formons les quotients $\dfrac{b}{q}$, $\dfrac{b_1}{q_1}$, $\dfrac{b_2}{q_2}$, ..., et disposons-les suivant leur ordre de grandeur, en commençant par le plus grand; les premiers membres des équations précédentes donneront une suite de cette forme, en écrivant les premiers ceux auxquels répondent les plus grands quotients, et en changeant le signe de ceux dans lesquels y a un coefficient négatif,

$$(\mathrm{F}) \qquad hy - c, \quad h_1 y - c_1, \quad h_2 y - c_2, \quad h_3 y - c_3, \quad \ldots.$$

Cela posé, il est clair qu'en faisant y infini, chacun des termes de cette suite devient infini; mais ils diminuent en diminuant y, et finissent par devenir négatifs : d'abord le premier, ensuite le second, et ainsi du reste. En diminuant toujours y, les termes une fois parvenus à être négatifs continueront de l'être et diminueront sans cesse. Pour avoir la valeur de y, qui rend la somme de ces termes pris tous avec le signe $+$ un minimum, on ajoutera les quantités h, h_1, h_2, ... jusqu'à ce que leur somme commence à surpasser la moitié de la somme entière de toutes ces quantités. Ainsi, en nommant F cette somme, on déterminera r, de sorte que

$$h + h_1 + h_2 + \ldots + h_r > \tfrac{1}{2}\mathrm{F},$$
$$h + h_1 + h_2 + \ldots + h_{r-1} < \tfrac{1}{2}\mathrm{F};$$

je dis qu'alors on aura

$$y = \frac{c_r}{h}.$$

Pour le faire voir, supposons que l'on augmente y de la quantité δy, de manière que $\frac{c_r}{h_r} + \delta y$ soit compris entre $\frac{c_{r-1}}{h_{r-1}}$ et $\frac{c_r}{h_r}$; les r premiers termes de la série (F) seront encore négatifs, comme dans le cas où l'on avait $y = \frac{c_r}{h_r}$; mais, en les prenant avec le signe $+$, leur somme diminuera de la quantité

$$(h + h_1 + \ldots + h_{r-1})\,\delta y.$$

Le $(r+1)^{\text{ième}}$ terme de cette suite, qui est nul lorsque $y = \frac{c_r}{h_r}$, deviendra positif et égal à $h_r\,\delta y$; la somme de ce terme et des suivants, qui sont tous positifs, augmentera de la quantité

$$(h_r + h_{r+1} + \ldots)\,\delta y.$$

Mais on a, par la supposition,

$$h + h_1 + h_2 + \ldots + h_{r-1} < h_r + h_{r+1} + \ldots.$$

La somme entière des termes de la suite (F), pris tous avec le signe $+$, sera donc augmentée, et comme elle est égale à la somme des erreurs x, x_1, ... prises toutes avec le signe $+$, cette dernière somme sera augmentée par la supposition de $y = \frac{c_r}{h_r} + \delta y$. Il est facile de s'assurer de la même manière qu'en augmentant y, de sorte qu'il soit compris entre $\frac{c_{r-1}}{h_{r-1}}$ et $\frac{c_{r-2}}{h_{r-2}}$, ou entre $\frac{c_{r-2}}{h_{r-2}}$ et $\frac{c_{r-3}}{h_{r-3}}$, ..., la somme des erreurs prises avec le signe $+$ sera toujours plus grande que lorsque $y = \frac{c_r}{h_r}$.

Diminuons présentement y de la quantité δy, en sorte que $\frac{c_r}{h_r} - \delta y$ soit compris entre $\frac{c_r}{h_r}$ et $\frac{c_{r+1}}{h_{r+1}}$; la somme des termes négatifs de la série (F) augmentera, en changeant leur signe, de la quantité

$$(h + h_1 + h_2 + \ldots + h_r)\,\delta y,$$

et la somme des termes positifs de la même série diminuera de la quantité

$$(h_{r+1} + h_{r+2} + \ldots)\,\delta y,$$

et, puisque l'on a

$$h + h_1 + \ldots + h_r > h_{r+1} + h_{r+2} + \ldots,$$

il est clair que la somme entière des erreurs prises avec le signe $+$ sera augmentée. On verra de la même manière qu'en diminuant y de sorte qu'il soit entre $\frac{c_{r+1}}{h_{r+1}}$ et $\frac{c_{r+2}}{h_{r+2}}$, ou entre $\frac{c_{r+2}}{h_{r+2}}$ et $\frac{c_{r+3}}{h_{r+3}}$, $\ldots$, la somme des erreurs prises avec le signe $+$ est toujours moindre que lorsque $y = \frac{c_r}{h_r}$. Cette valeur de y est donc celle qui rend cette somme un minimum. La valeur de y donne celle de z au moyen de l'équation

$$z = A - py.$$

XII.

Pour appliquer cette méthode aux équations (E) de l'article X, on en tirera d'abord l'équation

$$z = 57044{,}61 - 0{,}47563\,y.$$

La suite (F) de l'article précédent sera formée des premiers membres des équations suivantes, écrits dans le même ordre que ces équations,

$$
\begin{aligned}
0{,}01022\,y - 65{,}61 &= x_3,\\
0{,}07617\,y - 156{,}61 &= x_2,\\
0{,}36324\,y - 360{,}39 &= -x_8,\\
0{,}14646\,y - 100{,}39 &= -x_7,\\
0{,}47563\,y - 291{,}91 &= x,\\
0{,}08906\,y - 41{,}39 &= -x_5,\\
0{,}10058\,y - 29{,}89 &= -x_6,\\
0{,}17420\,y - 7{,}61 &= x_1,\\
0{,}03688\,y + 10{,}61 &= -x_4.
\end{aligned}
$$

La demi-somme des coefficients de y, dans les premiers membres de ces équations, est 0,73622. Les quatre premiers coefficients de y sont moindres que cette demi-somme; mais les cinq premiers la surpassent, d'où il suit que la valeur cherchée de y est égale à

$$\frac{291,61}{0,47563} \quad \text{ou à} \quad 613,10.$$

Dans ce cas, l'erreur x est nulle, et l'expression générale du degré du méridien est

$$56753^{\text{T}} + 613^{\text{T}},10 \sin^2 \theta,$$

θ étant la latitude correspondante. Le rapport des axes de la Terre est alors celui de 278 à 279; mais l'expression précédente donne une erreur, en plus, de $137^{\text{T}},7$ dans le degré du Nord, et une erreur, en moins, de $109^{\text{T}},9$ dans celui de Pensylvanie, ce qui ne peut pas être admis. On voit ainsi qu'il n'est pas possible de concilier avec une figure elliptique les degrés du méridien. Voyons s'il est possible de concilier avec cette figure les longueurs du pendule à secondes.

XIII.

En examinant avec attention les longueurs observées du pendule à secondes, il m'a paru que dans les treize suivantes les erreurs ne surpassent pas douze ou quatorze centièmes de ligne.

Latitudes.	Longueurs observées du pendule à secondes.
	lig
0. 0. 0	439,21
9.34. 0	439,30
18.27. 0	439,47
33.18. 0	440,14
41.54. 0	440,38
48.12.30	440,56
48.50. 0	440,67
51.31. 0	440,75
58.15. 0	441,07
58.26. 0	441,10
59.56. 0	441,21
66.48. 0	441,27
67. 4.30	441,41

Ces longueurs sont réduites au vide, au niveau de la mer, et à la température d'environ 14° du thermomètre de Réaumur. Les trois premières ont été mesurées par M. Bouguer, sous l'équateur, à Portobello, et au petit Goave.

La quatrième a été mesurée au Cap de Bonne-Espérance par M. l'abbé de la Caille.

La cinquième a été mesurée à Rome par les PP. Jacquer et Sueur.

La sixième a été mesurée à Vienne par le P. Liesganig.

La septième a été mesurée à Paris par M. Bouguer.

La huitième a été conclue de la précédente, en supposant, avec M. de Maupertuis, que le pendule à secondes de Paris, transporté à Londres, fait 7,7 oscillations de plus dans un jour.

La neuvième, la dixième et la onzième ont été observées par M. Griscow à Arensbourg, à Pernavia et à Pétersbourg (*Nouveaux Mémoires de Pétersbourg*, Tome VII). Cet habile observateur a mesuré directement la longueur du pendule à secondes à Arensbourg, et j'en ai conclu celles de Pernavia et de Pétersbourg, d'après les différences qu'il a observées dans le nombre des oscillations du même pendule dans ces trois lieux.

La douzième longueur est celle de Pello. Je l'ai conclue de celle de Paris et de l'observation de M. de Maupertuis, suivant laquelle le pendule à secondes de Paris, transporté à Pello, fait 59 oscillations de plus par jour.

Enfin la treizième a été conclue de celle de Pétersbourg et de l'observation de M. Mallet qui, par la comparaison des oscillations d'un même pendule à Ponoi et à Pétersbourg, a trouvé $0^{lig},20$ pour l'excès du pendule à secondes de Ponoi sur celui de Pétersbourg (*Nouveaux Mémoires de Pétersbourg*, Tome XIV, IIe Partie).

Représentons maintenant par $x + py$ la longueur du pendule à secondes, p étant, comme dans l'article IX, le carré du sinus de la latitude; on formera les équations suivantes :

$$(G) \begin{cases}
439,21 - z - 0,00000\,y = x, \\
439,30 - z - 0,02762\,y = x_1, \\
439,47 - z - 0,10016\,y = x_2, \\
440,14 - z - 0,30143\,y = x_3, \\
440,38 - z - 0,44600\,y = x_4, \\
440,56 - z - 0,55588\,y = x_5, \\
440,67 - z - 0,56670\,y = x_6, \\
440,75 - z - 0,61276\,y = x_7, \\
441,07 - z - 0,72310\,y = x_8, \\
441,10 - z - 0,72596\,y = x_9, \\
441,21 - z - 0,74899\,y = x_{10}, \\
441,27 - z - 0,84481\,y = x_{11}, \\
441,41 - z - 0,84827\,y = x_{11}.
\end{cases}$$

Ces équations répondent aux équations (A) de l'article IX. Les deux suites (C) du même article deviennent

$$\begin{array}{cccccc}
x, & x_1, & x_3, & x_{10}, & x_{11}, \\
\infty, & +3,2585, & +3,0678, & +2,3907, & +2,0145, & -\infty.
\end{array}$$

Les deux suites (D) deviennent

$$\begin{array}{ccccc}
x, & x_6, & x_{11}, & x_{12} \\
-\infty, & +2,4286, & +2,4573, & +40,472, & \infty.
\end{array}$$

Il est facile d'en conclure, par l'article IX,

$$y = 2,4286,$$

ce qui donne, par le même article,

$$x = 439,3090,$$
$$x = x_5 = -x_3 = -0,09897.$$

Ainsi, de quelque manière que l'on combine les treize mesures précédentes de la longueur du pendule à secondes, quelque rapport que l'on choisisse pour celui des axes de la Terre, il est impossible d'éviter, dans l'hypothèse elliptique, une erreur de $\frac{1}{10}$ de ligne, à fort peu près; cette erreur est dans les limites de celles dont les observations sont susceptibles. La loi d'un accroissement dans la longueur du pendule, proportionnel au carré du sinus de la latitude, est donc à fort peu près celle de la nature. Un dixième de ligne dans cette longueur répond à 13 toises et un tiers dans la longueur du degré. Nous avons vu, dans l'article X, que la loi d'un accroissement proportionnel au carré du sinus de la latitude s'écartait au moins de 108 toises des mesures des degrés des méridiens; cette loi se rapproche donc environ huit fois plus des observations dans la longueur du pendule que dans la grandeur des degrés.

XIV.

Pour avoir la loi des longueurs du pendule, la plus vraisemblable, nous appliquerons aux équations (G) de l'article précédent la méthode de l'article XI; nous aurons d'abord

$$z = 440,503 - 0,50013 y.$$

La suite (F) du même article sera formée des premiers membres des équations suivantes, écrits dans le même ordre que ces équations :

$$
\begin{aligned}
0,24886\, y - 0,707 &: = -x_{10}, \\
0,22583\, y - 0,597 &= -x_{9}, \\
0,34814\, y - 0,907 &= -x_{12}, \\
0,50013\, y - 1,293 &= x, \\
0,39997\, y - 1,033 &= x_{1}, \\
0,47251\, y - 1,203 &= x_{1}, \\
0,22297\, y - 0,567 &= -x_{6}, \\
0,06657\, y - 0,167 &= -x_{6}, \\
0,05413\, y - 0,123 &= x_{4}, \\
0,34468\, y - 0,767 &= -x_{11}, \\
0,11263\, y - 0,247 &= -x_{7}, \\
0,19870\, y - 0,363 &= x_{3}, \\
0,05575\, y - 0,057 &= -x_{2}.
\end{aligned}
$$

La demi-somme des coefficients de y dans les premiers membres de ces équations est 1,62543. Les quatre premiers coefficients sont moin-

dres que cette demi-somme, mais les cinq premiers la surpassent;
d'où il suit que la valeur de y est égale à

$$\frac{1,033}{0,39997} \quad \text{ou à} \quad 2,5827.$$

Dans ce cas, x_2 est nul, z est égal à 439,211, et l'expression générale de la longueur du pendule à secondes est

$$439^{\text{lig}},211 + 2^{\text{lig}},5827 \sin^2 \theta,$$

θ étant la latitude correspondante. Cette expression donne les erreurs
suivantes :

$$
\begin{aligned}
x &= -0,001, & x_7 &= -0,044, \\
x_1 &= 0,017, & x_8 &= -0,009, \\
x_2 &= 0,000, & x_9 &= 0,014, \\
x_3 &= 0,150, & x_{10} &= 0,064, \\
x_4 &= 0,017, & x_{11} &= -0,123, \\
x_5 &= -0,087, & x_{12} &= 0,008. \\
x_6 &= -0,005,
\end{aligned}
$$

Ces erreurs sont dans les limites de celles dont les observations sont
susceptibles. Les deux seules qui surpassent $\frac{1}{10}$ de ligne tombent sur
les mesures du pendule au Cap et en Laponie. Mais il est possible
qu'elles ne tiennent pas uniquement aux observations, et qu'elles dépendent de la disposition intérieure des parties de la Terre, qui peut
écarter les variations des longueurs du pendule de la loi du carré du
sinus de la latitude. Il résulte des observations de M. Grischow qu'à
Arensbourg, à Pernavia et à Pétersbourg les oscillations d'un même
pendule ne suivent pas exactement cette loi; mais nous sommes fondés
à croire, d'après les observations précédentes, que sur la surface
entière du globe les longueurs du pendule à secondes ne s'éloignent
de cette loi que d'environ $\frac{1}{10}$ de ligne.

Il existe, entre la différence des longueurs du pendule à secondes au
pôle et à l'équateur et entre la différence des deux axes de la Terre,
un rapport remarquable, qui détermine l'une de ces quantités au
moyen de l'autre. Ce rapport consiste en ce que, si l'on ajoute la différence des deux axes de la Terre, divisée par la demi-somme de ces

axes, à la différence des longueurs du pendule au pôle et à l'équateur, divisée par la demi-somme de ces longueurs, le résultat doit être égal à cinq fois la moitié du rapport de la force centrifuge à la pesanteur, rapport qui, comme on sait, est $\frac{1}{289}$. Ce résultat a généralement lieu quelle que soit la figure de la Terre, pourvu que les variations des longueurs du pendule suivent, à fort peu près, la loi du carré du sinus de la latitude, ce qui, comme on vient de le voir, est le cas de la nature. [*Voir* nos *Mémoires* pour l'année 1783 (¹).] De là et de l'expression précédente de la longueur du pendule à secondes, on conclut que les deux axes de la Terre sont entre eux comme 358 est à 359, ou, ce qui revient au même, que l'aplatissement de la Terre est $\frac{1}{359}$. Cet aplatissement est plus petit que celui qui résulte de la mesure des degrés des méridiens; en l'adoptant avec une figure elliptique, on aurait une erreur de 305 toises à répartir entre les deux degrés du Nord et de Pensylvanie, ce qui est contre toute vraisemblance; on peut donc encore moins concilier avec une figure elliptique l'ensemble des mesures des degrés des méridiens et du pendule, que les mesures des degrés entre eux; ainsi tout concourt à nous faire rejeter la figure elliptique dans le calcul de la variation des degrés.

L'aplatissement $\frac{1}{355}$ est moindre que celui de $\frac{1}{327}$, auquel je me suis arrêté dans nos *Mémoires* de 1783; mais il y a lieu de croire qu'il n'est pas trop petit, par les raisons suivantes :

1° Il résulte d'un grand nombre de bonnes observations de la longueur du pendule, avec lesquelles il s'accorde d'une manière fort précise.

2° Il suit des recherches sur la figure de la Terre, que j'ai données dans nos *Mémoires* pour 1783, que, si l'on suppose l'action de la Lune triple de celle du Soleil dans les phénomènes de la précession des équinoxes et des marées, ainsi que je l'ai trouvé par la comparaison d'un grand nombre d'observations des marées, la nutation entière de l'axe de la Terre est de 20″,1663; et, dans ce cas, si l'on suppose, comme cela est fort probable, que la densité des couches de la Terre diminue du centre à la surface, l'aplatissement de cette planète doit,

(¹) Ci-dessus, p. 3.

pour satisfaire aux phénomènes de la précession et de la nutation, être compris entre $\frac{1}{303}$ et $\frac{1}{578}$. L'aplatissement $\frac{1}{330}$ tombe entre ces limites, et il s'éloigne assez de la limite $\frac{1}{303}$ que donne le cas de l'homogénéité, pour pouvoir être admis avec vraisemblance.

3° Les mouvements observés des nœuds et des aphélies des satellites de Jupiter ont donné, avec une grande précision, les deux axes de cette planète dans le rapport de 40 à 43. En supposant que, pour la Terre comme pour Jupiter, l'aplatissement soit la même partie aliquote du rapport de la force centrifuge à la gravité sous l'équateur, on aura $\frac{1}{303}$ pour l'aplatissement de la Terre, ce qui est encore au-dessous de celui que nous venons de trouver.

Il reste maintenant à expliquer pourquoi la figure elliptique, qui s'accorde si bien avec les variations de la pesanteur et les mouvements de la Terre autour de son centre de gravité, s'en éloigne sensiblement dans la variation des degrés; mais, ayant discuté cet objet dans nos *Mémoires* de 1783, je me contente d'y renvoyer. J'observerai seulement ici que, dans le calcul des parallaxes, on doit faire usage de l'hypothèse elliptique et de l'aplatissement déterminé par les observations du pendule, ainsi que je l'ai fait voir dans les *Mémoires* cités; d'où il suit que l'aplatissement $\frac{1}{250}$ donne certainement des variations trop grandes dans les parallaxes de la Lune, et que les astronomes qui font usage du rapport de 177 à 178 s'éloignent autant de la vérité, en plus, que ceux qui calculeraient dans l'hypothèse sphérique s'en écarteraient en moins.

XV.

Sur là figure de la Terre.

J'ai fait voir, dans nos *Mémoires* pour l'année 1782 ([1]), que, si l'on suppose la Terre fluide et homogène, sa figure ne peut être que celle d'un ellipsoïde de révolution. Je me propose ici d'étendre ce résultat au cas où la Terre, ayant été primitivement fluide, serait formée de couches de densités variables. M. Clairaut a déjà fait voir que la figure

([1]) *OEuvres de Laplace*, T. X.

elliptique remplit, dans ce cas, les conditions de l'équilibre ; mais il s'agit de prouver qu'elle est la seule qui satisfasse à ces conditions. Pour cela, je vais rappeler quelques propositions que j'ai démontrées dans les *Mémoires* cités.

Soit 0 l'angle formé par un rayon r, mené du centre de gravité de la Terre à un point quelconque d'une de ses couches et par l'axe de rotation de cette planète ; soit $\cos 0 = \mu$. Nommons ϖ l'angle que forme le plan qui passe par ce rayon et par l'axe de rotation avec un méridien invariable. Soit Y_i une fonction rationnelle et entière de l'ordre i des trois quantités μ, $\sqrt{1-\mu^2}\sin\varpi$ et $\sqrt{1-\mu^2}\cos\varpi$, et qui soit assujettie à l'équation aux différences partielles

$$0 = \frac{\partial\left[(1-\mu^2)\dfrac{\partial Y_i}{\partial\mu}\right]}{\partial\mu} + \frac{\dfrac{\partial^2 Y_i}{\partial\varpi^2}}{1-\mu^2} + i(i+1)Y_i.$$

La surface de la couche du sphéroïde, dont le rayon est r, étant supposée très peu différer d'une surface sphérique, on pourra toujours exprimer r par une suite de cette forme

$$a + \varkappa a(Y_0 + Y_1 + Y_2 + Y_3 + \ldots),$$

α étant un très petit coefficient dont nous négligerons le carré.

Nommons ρ la densité de la couche dont le rayon est r, et Π la pression du fluide à sa surface. La densité ρ étant supposée la même dans toute l'étendue de sa surface, elle sera une fonction de a ; de plus, la pression Π est, comme on sait, la même sur toute cette surface, en sorte qu'elle est fonction de a. Cela posé, on aura l'équation suivante, donnée par les conditions de l'équilibre [*Mémoires de l'Académie* pour l'année 1782, page 179 (¹)],

$$(a)\ \left\{ \begin{aligned} \int\frac{d\Pi}{\rho} ={}& 2n\int\rho\,da^2 + 4\varkappa n\int\rho\,d\left(a^2 Y_0 + \frac{ar}{3}Y_1 + \frac{r^2}{5}Y_2 + \frac{r^3}{7a}Y_3 + \ldots\right)\\ &+ \frac{4n}{3r}\int\rho\,da^3 + \frac{4\varkappa n}{r}\int\rho\,d\left(a^3 Y_0 + \frac{a^4}{3r}Y_1 + \frac{a^5}{5r^2}Y_2 + \frac{a^6}{7r^3}Y_3 + \ldots\right)\\ &+ \varkappa r^3(z_0 + z_2 + r z_3 + r^2 z_4 + \ldots). \end{aligned} \right.$$

(¹) *OEuvres de Laplace*, T. X, p. 403.

On doit observer dans cette équation : 1° que η est le rapport de la demi-circonférence au rayon ; 2° que les signes intégral $\int$ et différentiel d se rapportent à la variable a ; 3° que, dans le second membre, les deux premières intégrales doivent être prises depuis $a = a$ jusqu'à a égal à sa valeur à la surface de la Terre, valeur que nous prendrons pour l'unité ; 4° que les deux dernières intégrales de ce même membre doivent être prises depuis $a = o$ jusqu'à $a = a$; 5° que la fonction

$$\alpha r^2 (z_0 + z_1 + r z_2 + r^2 z_3 + \ldots)$$

exprime la somme des intégrales de toutes les forces étrangères à l'attraction des molécules du sphéroïde terrestre, multipliées respectivement par les éléments de leurs directions, cette somme étant développée en série, de manière que z_i est une fonction rationnelle et entière de l'ordre i des quantités μ, $\sqrt{1 - \mu^2}\sin\varpi$, $\sqrt{1 - \mu^2}\cos\varpi$, qui satisfait à l'équation aux différentielles partielles

$$o = \frac{\partial\left[(1 - \mu^2)\dfrac{\partial z_i}{\partial\mu}\right]}{\partial\mu} + \frac{\dfrac{\partial^2 z_i}{\partial\varpi^2}}{1 - \mu^2} + i(i+1)z_i.$$

On peut toujours ainsi développer les forces étrangères lorsqu'elles sont produites par les attractions et par la force centrifuge, et, dans ce cas, z_1 est nul. Relativement à la figure de la Terre, on ne doit considérer que cette dernière force, et, en la nommant αg, on aura

$$\alpha z_0 = \frac{\alpha g}{3}, \qquad \alpha z_1 = o, \qquad \alpha z_2 = -\frac{\alpha g}{2}\left(\mu^2 - \tfrac{1}{3}\right).$$

(*Voir* les *Mémoires* cités *de l'Académie.*) 6° Enfin on doit observer, après les différentiations et les intégrations, de changer r dans

$$a + \alpha a(Y_0 + Y_1 + Y_2 + \ldots).$$

Cela posé, Y_i et z_i étant des fonctions semblables, si dans l'équation (a) on compare les fonctions semblables, on aura d'abord

$$\int \frac{d\Pi}{\rho} = 2\eta \int \rho\, da^2 + 4\alpha\eta \int \rho\, d(a^2 Y_0)$$
$$+ \frac{4\eta}{3a} \int \rho\, da^3 - \frac{4\alpha\eta}{3a} Y_0 \int \rho\, da^2 + \frac{4\alpha\eta}{a} \int \rho\, d(a_3 Y_0) + \alpha a_2 z_0,$$

les deux premières intégrales du second membre de cette équation
étant prises depuis $a = a$ jusqu'à $a = 1$, et les trois dernières étant
prises depuis $a = 0$ jusqu'à $a = a$. Cette équation ne détermine ni a,
ni Y_0 : elle donne seulement un rapport entre ces deux quantités, en
sorte que Y_0 est arbitraire et peut être déterminé à volonté.

On aura ensuite

$$(b) \quad \begin{cases} 0 = \dfrac{4\eta a^i}{2i+1} \int \rho\, d\,\dfrac{Y_i}{a^{i-1}} - \dfrac{4\eta}{3a} Y_i \int \rho\, da^3 \\[2mm] \qquad + \dfrac{4\eta}{(2i+1)a^{i+1}} \int \rho\, d(a^{i+3} Y_i) + a^i z_i, \end{cases}$$

la première intégrale étant prise depuis $a = a$ jusqu'à $a = 1$, et les
deux autres étant prises depuis $a = 0$ jusqu'à $a = a$. Cette équation
donnera la valeur de Y_i relative à chaque couche fluide, lorsque la loi
des densités ρ sera connue.

Pour réduire ces différentes intégrales dans les mêmes limites, soit

$$\frac{4\eta}{2i+1} \int \rho\, d\,\frac{Y_i}{a^{i-1}} + z_i = \frac{4\eta}{2i+1} z_i',$$

l'intégrale étant prise depuis $a = 0$ jusqu'à $a = 1$; z_i' sera une quantité
indépendante de a, puisque la fonction z_i en est indépendante; l'équation (b) deviendra ainsi

$$0 = (2i+1)a^i Y_i \int \rho\, da^3 + 3a^{2i+1} \int \rho\, d\,\frac{Y_i}{a^{i-1}} - 3 \int \rho\, d(a^{i+3} Y_i) - 3a^{2i+1} z_i',$$

toutes les intégrales étant prises depuis $a = 0$ jusqu'à $a = a$.

On peut faire disparaitre les signes d'intégration par des différentiations, et l'on a l'équation différentielle du second ordre

$$(c) \qquad \frac{d^2 Y_i}{da^2} = \left[\frac{i(i+1)}{a^2} - \frac{6\rho a}{\int \rho\, da^3} \right] Y_i - \frac{6\rho a^3}{\int \rho\, da^3} \cdot \frac{dY_i}{da}.$$

L'intégrale de cette équation donnera la valeur de Y_i avec deux constantes arbitraires, qui seront des fonctions rationnelles et entières de
l'ordre i des quantités μ, $\sqrt{1-\mu^2}\sin\varpi$ et $\sqrt{1-\mu^2}\cos\varpi$, telles qu'en

les représentant par U_i, elles satisferont à l'équation aux différences partielles

$$0 = -\frac{\partial\left[(1-\mu^2)\frac{\partial U_i}{\partial\mu}\right]}{\partial\mu} + \frac{\frac{\partial^2 U_i}{\partial\varpi^2}}{1-\mu^2} + i(i+1)U_i.$$

L'une de ces constantes se déterminera au moyen de la fonction z_i, qui a disparu par les différentiations; elle sera un multiple de cette fonction. Quant à l'autre constante, si l'on suppose que le fluide recouvre un noyau solide, elle se déterminera au moyen de l'équation à la surface du noyau, en observant que la valeur de Y_i relative à la couche fluide contiguë à cette surface est la même que celle de cette surface. On voit ainsi que, dans ce cas, la figure du sphéroïde dépend de la figure du noyau intérieur et des forces qui sollicitent le fluide.

Si, comme nous le supposons, le sphéroïde est entièrement fluide, rien ne paraissant alors déterminer une des constantes arbitraires, il semble qu'il doit y avoir une infinité de figures d'équilibre; c'est ce qu'il s'agit d'examiner. Pour cela, nous observerons d'abord que les couches du sphéroïde doivent diminuer de densité, en allant du centre à la surface; car il est clair que, si une couche plus dense était placée au-dessus d'une couche moins dense, ses molécules pénétreraient dans celle-ci, de même qu'un corps s'enfonce dans un fluide de moindre densité; le sphéroïde ne serait donc point en équilibre. Mais, quelle que soit sa densité au centre, elle ne peut être que finie; en réduisant donc l'expression de ρ dans une suite ascendante par rapport aux puissances de a, cette suite sera de la forme $\beta - \gamma a^n + \ldots$, β, γ et n étant positifs; on aura ainsi

$$\frac{a^3\rho}{\int\rho\,da^3} = 1 - \frac{n\gamma}{(n+3)\beta}a^n + \ldots,$$

et l'équation différentielle en Y_i deviendra

$$\frac{\partial^2 Y_i}{\partial a^2} = \frac{Y_i}{a^2}\left[i(i+1) - 6 + \frac{6n\gamma}{(n+3)\beta}a^n - \ldots\right] - \frac{6}{a}\frac{\partial Y_i}{\partial a} - \ldots.$$

Pour intégrer cette équation, supposons que Y_i soit exprimé par une suite de cette forme

$$Y_i = U_i a^s + U'_i a^{s'} + \ldots;$$

l'équation différentielle précédente donnera

$$s(s+5)U_i a^{s-2} + s'(s'+5)U'_i a^{s'-2} + \ldots$$

$$= U_i a^{s-2}\left[i(i+1) - 6 + \frac{6n\gamma}{(n+3)\beta} a^n - \ldots \right] + \ldots,$$

d'où l'on tire, en comparant les puissances semblables de a,

$$s(s+5) = i(i+1) - 6$$

et, par conséquent,

$$s = -\frac{5 \pm (2i+1)}{2},$$

ce qui donne

$$s = i - 2 \qquad \text{et} \qquad s = -i - 3.$$

Chacune de ces valeurs de s donne une série particulière qui, étant multipliée par une arbitraire, sera une intégrale de l'équation différentielle en Y_i. La somme de ces deux intégrales en sera l'intégrale complète.

Dans le cas présent, la suite qui répond à $s = -i - 3$ doit être rejetée, car il en résulterait pour aY_i une valeur infinie lorsque a serait infiniment petit, ce qui rendrait infinis les rayons des couches infiniment voisines du centre. Ainsi, des deux intégrales particulières de l'expression de Y_i, celle qui répond à $s = i - 2$ doit être seule admise. Cette expression ne renferme plus alors qu'une arbitraire qui sera déterminée par la fonction z_i, dont elle ne peut être qu'un multiple.

La fonction z_i étant nulle, Y_i est pareillement nul et le centre de gravité de chaque couche est au centre de gravité du sphéroïde. Pour le faire voir, nous observerons que l'équation différentielle en Y_i donne

$$\frac{\partial^2 Y_i}{\partial a^2} = \left(2 - \frac{6\rho a^3}{\int \rho\, da^3} \right) \frac{Y_i}{a^2} - \frac{6\rho a^2}{\int \rho\, da^3} \frac{\partial Y_i}{\partial a}.$$

On satisfera à cette équation en faisant $Y_1 = \dfrac{U_1}{a}$, U_1 étant une fonction indépendante de a; cette valeur de Y_1 est celle qui correspond à l'équation $s = i - 2$; elle est par conséquent la seule que l'on doive admettre. En la substituant dans l'équation (b) et supposant $z_1 = 0$, la fonction U_1 disparaît, et par conséquent reste arbitraire; mais la condition que l'origine des rayons r est au centre de gravité du sphéroïde terrestre la rend nulle. En effet, si l'on suppose

$$y = Y_0 + Y_1 + Y_1 + \ldots,$$

en sorte que $r = a + \alpha a y$, l'expression d'une molécule quelconque du sphéroïde sera

$$\frac{\rho}{3} d(a + \alpha a y)^3 \, d\mu \, d\varpi,$$

la première caractéristique d se rapportant uniquement à la variable a. Les distances de cette molécule aux trois plans, de l'équateur, du méridien que nous avons supposé invariable et d'où nous comptons l'angle ϖ, et du méridien qui lui est perpendiculaire sont

$$(a + \alpha a y)\mu, \quad (a + \alpha a y)\sqrt{1 - \mu^2}\sin\varpi, \quad (a + \alpha a y)\sqrt{1 - \mu^2}\cos\varpi.$$

On aura donc, par la nature du centre de gravité, les trois équations

$$0 = \int\int\int \rho\mu \, d\mu \, d\varpi \, d(a + \alpha a y)^4,$$

$$0 = \int\int\int \rho \, d\mu \, d\varpi \sqrt{1 - \mu^2}\sin\varpi \, d(a + \alpha a y)^4,$$

$$0 = \int\int\int \rho \, d\mu \, d\varpi \sqrt{1 - \mu^2}\cos\varpi \, d(a + \alpha a y)^4,$$

les triples intégrales étant prises depuis $\varpi = 0$ jusqu'à $\varpi = 360°$, depuis $\mu = -1$ jusqu'à $\mu = 1$ et depuis $a = 0$ jusqu'à $a = 1$. En négligeant les quantités de l'ordre α^2, ces trois équations se réduisent aux suivantes :

$$0 = \int\int\int \rho\mu \, d\mu \, d\varpi \, d(a^4 y),$$

$$0 = \int\int\int \rho \, d\mu \, d\varpi \sqrt{1 - \mu^2}\sin\varpi \, d(a^4 y),$$

$$0 = \int\int\int \rho \, d\mu \, d\varpi \sqrt{1 - \mu^2}\cos\varpi \, d(a^4 y).$$

Pour obtenir ces intégrales, je vais rappeler un théorème que j'ai démontré dans les *Mémoires* cités de l'Académie. Y_i et $U_{i'}$ étant deux fonctions rationnelles et entières de μ, $\sqrt{1-\mu^2}\sin\varpi$ et $\sqrt{1-\mu^2}\cos\varpi$, la première de l'ordre i, la seconde de l'ordre i', et telles que l'on ait

$$0 = \frac{\partial\left[(1-\mu^2)\frac{\partial Y_i}{\partial\mu}\right]}{\partial\mu} + \frac{\frac{\partial^2 Y_i}{\partial\varpi}}{1-\mu^2} + i(i+1)Y_i,$$

$$0 = \frac{\partial\left[(1-\mu^2)\frac{\partial U_{i'}}{\partial\mu}\right]}{\partial\mu} + \frac{\frac{\partial^2 U_{i'}}{\partial\varpi^2}}{1-\mu^2} + i'(i'+1)U_{i'},$$

on a généralement, lorsque i et i' sont deux nombres différents,

$$\int\int Y_i U_{i'}\, d\mu\, d\varpi = 0,$$

les intégrales étant prises depuis $\varpi = 0$ jusqu'à $\varpi = 360°$, et depuis $\mu = -1$ jusqu'à $\mu = 1$. Cela posé, si dans les trois dernières équations relatives au centre de gravité on substitue pour y sa valeur $Y_0 + Y_1 + Y_2 +\ldots$, elles se réduiront, en vertu de ce théorème, aux suivantes :

$$0 = \int\int\int \rho\mu\, d\mu\, d\varpi\, d(a^4 Y_1),$$

$$0 = \int\int\int \rho\, d\mu\, d\varpi\sqrt{1-\mu^2}\sin\varpi\, d(a^4 Y_1),$$

$$0 = \int\int\int \rho\, d\mu\, d\varpi\sqrt{1-\mu^2}\cos\varpi\, d(a^4 Y_1).$$

Maintenant on a

$$Y_1 = \frac{U_1}{a},$$

et U_1 étant une fonction linéaire de μ, $\sqrt{1-\mu^2}\sin\varpi$ et $\sqrt{1-\mu^2}\cos\varpi$, il est compris dans la forme

$$H\mu + H'\sqrt{1-\mu^2}\sin\varpi + H''\sqrt{1-\mu^2}\cos\varpi,$$

H, H', H'' étant des constantes arbitraires qui, dans ce cas, sont indépendantes de a, puisque U_1 en est indépendant; en substituant donc cette valeur de Y_1 dans les équations précédentes, on trouvera

$$0 = H\int\rho\, da^3, \qquad 0 = H'\int\rho\, da^3, \qquad 0 = H''\int\rho\, da^3,$$

d'où $H = 0$, $H' = 0$, $H'' = 0$; partant $Y_1 = 0$, et il est aisé d'en conclure que le centre de gravité du sphéroïde terrestre est le centre de gravité de chacune de ses couches, puisque, relativement à chacune d'elles, on a

$$Y_1 = 0.$$

Reprenons maintenant l'expression précédente de Y_i par une suite ascendante relativement aux puissances de a,

$$Y_i = U_i a^s + U_i' a^{s'} + \dots.$$

Dans cette suite, s est, comme on l'a vu, égal à $i - 2$; ainsi i étant supposé égal ou plus grand que 2, s est zéro ou positif. De plus, les fonctions U_i', U_i'', … sont données en U_i, en sorte que l'on a

$$Y_i = h U_i,$$

h étant fonction de a, et U_i en étant indépendant. Si l'on substitue cette valeur de Y_i dans l'équation (c), on aura

$$\frac{d^2 h}{da^2} = \left[i(i+1) - \frac{6\rho a^3}{\int \rho\, da^3} \right] \frac{h}{a^2} - \frac{6\rho a^3}{\int \rho\, da^3} \frac{dh}{da}.$$

Le produit $i(i+1)$ est égal ou plus grand que 6 lorsque i est égal ou plus grand que 2, et la fonction $\dfrac{\rho a^3}{\int \rho\, da^3}$ est moindre que l'unité; en effet, son dénominateur $\int \rho\, da^3$ est égal à $\rho a^3 - \int a^3\, d\rho$, et la quantité $-\int a^3\, d\rho$ est positive, puisque ρ diminue du centre à la surface. Cela posé, si h et $\dfrac{dh}{da}$ ont le même signe en partant du centre, ils conserveront le même signe jusqu'à la surface. Pour le faire voir, supposons que ces deux quantités soient positives au centre; dh doit devenir négatif avant h, et il est clair qu'il doit pour cela passer par zéro. Mais, dès l'instant où il serait nul, $d^2 h$ deviendrait positif en vertu de l'équation précédente, et par conséquent dh commencerait à croître; il ne peut donc jamais devenir négatif, d'où il suit que h et dh conservent constamment le même signe du centre à la surface.

Maintenant, ces deux quantités ont le même signe au centre, car on a, par ce qui précède,

$$s' = s + n = i + n - 2,$$

$$s'(s' + 5)U'_i = \frac{6n\gamma}{(n+3)\beta} U_i,$$

partant

$$U'_i = \frac{6n\gamma U_i}{(n+3)(i+n-2)(i+n+3)\beta};$$

on aura donc

$$h = a^{i-2} + \frac{6n\gamma a^{i+n-2}}{(n+3)(i+n-2)(i+n+3)\beta} + \cdots,$$

$$\frac{dh}{da} = (i-2)a^{i-3} + \frac{6n\gamma a^{i+n-1}}{(n+3)(i+n+3)\beta} + \cdots.$$

γ, β et n étant positifs, on voit que, au centre, h et dh ont le même signe lorsque i est égal ou plus grand que 2; ils sont donc constamment positifs du centre à la surface.

Cela posé, relativement à la Terre, z_i est nul lorsque i est égal ou plus grand que 3; l'équation (b) devient donc alors

$$0 = \left[3a^{2i+1} \int \rho\, d\frac{h}{a^{i-2}} - (2i+1)a^i h \int \rho\, da^3 + 3 \int \rho\, d(a^{i+3}h) \right] U_i,$$

la première intégrale étant prise depuis $a = a$ jusqu'à $a = 1$, et les deux autres étant prises depuis $a = 0$ jusqu'à $a = a$. La fonction

$$- (2i+1)a^i h \int \rho\, da^3 + 3 \int \rho\, d(a^{i+3}h)$$

est une quantité négative. En effet, elle est égale à

$$- (2i-2)a^{i+3}\rho h + (2i+1)a^i h \int a^3\, d\rho - 3 \int a^{i+3} h\, d\rho.$$

h augmentant du centre à la surface et ρ diminuant, on a

$$(2i+1)a^i h \int a^3\, d\rho - 3 \int a^{i+3} h\, d\rho < 0;$$

ainsi, i étant égal ou plus grand que 2, la fonction précédente est négative.

Il suit de là que, dans l'équation précédente, le premier facteur n'est pas nul à la surface extérieure. Le second facteur U_i est donc nul, ce qui donne

$$Y_i = 0 \qquad \text{pour } i \gtreqless 3.$$

L'expression du rayon du sphéroïde terrestre se réduit donc à

$$a + \alpha a (Y_0 + Y_2).$$

z_2 est, comme on l'a vu ci-dessus, égal à $-\frac{g}{2}(\mu^2 - \frac{1}{3})$; la formule (b) deviendra donc

$$(e) \quad 0 = \left[\tfrac{4}{7} n a^3 \int \rho \, dh - \frac{4\eta a^2 h}{3} \int \rho \, da^3 + \frac{4\eta}{5} \int \rho \, d(a^5 h)\right] U_2 - \frac{g}{2} a^3 (\mu^2 - \tfrac{1}{3}).$$

A la surface, l'intégrale $\int \rho \, dh = 0$; on aura donc à cette surface, où $a = 1$,

$$U_2 = \frac{-\frac{g}{2}(\mu^2 - \frac{1}{3})}{\frac{4}{3}\eta h \int \rho \, da^3 - \frac{4\eta}{5} \int \rho \, d(a^5 h)}.$$

Soit $\alpha\varphi$ le rapport de la force centrifuge à la pesanteur à l'équateur; l'expression de la pesanteur étant, aux quantités près de l'ordre α, égale à $\frac{4}{3}\eta \int \rho \, da^3$, on aura

$$g = \frac{4\eta}{3} \varphi \int \rho \, da^3,$$

partant

$$U_2 = - \frac{\varphi(\mu^2 - \frac{1}{3})}{2h - \frac{\frac{6}{5} \int \rho \, d(a^5 h)}{\int \rho \, da^3}}.$$

Le rayon du sphéroïde terrestre, à la surface, sera donc

$$1 + \alpha Y_0 - \frac{\alpha\varphi \, h (\mu^2 - \frac{1}{3})}{2h - \frac{\frac{6}{5} \int \rho \, d(a^5 h)}{\int \rho \, da^3}}.$$

On peut comprendre dans la quantité arbitraire que nous avons prise pour unité la fonction

$$\alpha Y_0 \cdot \frac{\frac{2\alpha\varphi}{3}}{2h - \frac{\frac{4}{5}\int \rho \, d(a^5 h)}{\int \rho \, da^3}},$$

et alors le rayon du sphéroïde terrestre, à sa surface, sera

$$1 + \frac{\alpha h \varphi(1 - \mu^2)}{2h - \frac{\frac{4}{5}\int \rho \, d(a^5 h)}{\int \rho \, da^3}}.$$

Ce rayon est celui d'un ellipsoïde de révolution, dont le demi petit axe est l'unité et dont le demi grand axe est

$$1 + \frac{\alpha\varphi}{2 - \frac{\frac{4}{5}\int \rho \, d(a^3 h)}{h \int \rho \, da^3}};$$

la figure de la Terre supposée fluide ne peut donc être que celle d'un ellipsoïde de révolution. De plus, il n'y a qu'un seul ellipsoïde qui puisse satisfaire à l'équilibre, lorsque la loi des densités ρ est déterminée; car s'il y avait deux valeurs de h qui satisfissent à l'équation (c), en nommant h la première, h' la seconde, la valeur $h' - h$ satisferait au cas où φ serait nul, et où l'on aurait par conséquent $z_2 = 0$; mais il résulte de ce que nous avons démontré ci-dessus que, dans ce cas, $h' - h = 0$, ce qui donne $h = h'$; il n'y a donc qu'une seule figure d'équilibre, très peu différente de la sphère, qui soit possible; et il est facile de s'assurer que les limites de l'aplatissement de cette figure sont $\frac{\alpha\varphi}{2}$ et $\frac{5}{4}\alpha\varphi$, dont la première répond au cas où toute la masse du sphéroïde serait réunie au centre, et la seconde répond au cas où cette masse serait homogène.

XVI.

Sur la stabilité de la figure de la mer.

La figure de la mer varie sans cesse par l'action du Soleil et de la Lune; les vents et les tremblements de terre troublent encore l'état d'équilibre qu'elle prendrait en vertu des forces constantes qui l'animent. L'expérience nous montre que les causes qui agitent chaque jour cette grande masse fluide n'y produisent que des mouvements d'oscillation, en sorte que son état d'équilibre est stable relativement à l'action de ces causes; mais, si cette stabilité n'est pas absolue, on peut alors, en vertu d'une cause extraordinaire, supposer à la mer un ébranlement, qui, quoique très petit en lui-même, pourrait cependant apporter de grands changements dans sa figure et l'élever au-dessus des plus hautes montagnes, ce qui expliquerait plusieurs phénomènes d'Histoire naturelle. Il est donc important de rechercher les conditions nécessaires à la stabilité de la figure de la mer, et d'examiner si ces conditions ont lieu dans la nature.

On a depuis longtemps fait cette curieuse remarque : savoir, que, si, la mer et le noyau qu'elle recouvre ayant une figure elliptique dans l'état d'équilibre, on allonge ou on aplatit la figure de la mer, en sorte qu'elle soit toujours elliptique, elle tendra, au premier instant, à revenir à son état d'équilibre, si la densité moyenne du noyau surpasse les trois cinquièmes de la densité de la mer, et si cette densité est plus petite, la mer tendra à s'éloigner de son état d'équilibre. On en a conclu que, pour la stabilité de l'équilibre de la mer, il suffit que sa densité soit moindre que $\frac{3}{5}$ de la densité du noyau; mais cette conséquence n'est relative qu'au dérangement particulier que l'on suppose primitivement à la mer; d'ailleurs, il ne suffit pas de considérer la tendance du fluide au premier instant du mouvement, il faut encore avoir égard à cette tendance dans tous les instants, et par conséquent il est nécessaire de considérer les oscillations du fluide pour prononcer sur la stabilité de son équilibre. En envisageant ainsi la question, j'ai fait voir, dans les *Mémoires de l'Académie* pour l'année 1776 [1], que, dans un grand nombre de cas, la stabilité de l'équilibre exige pour condition que la densité moyenne du noyau terrestre surpasse celle de la mer. J'ai prouvé, de plus, dans les *Mémoires* de 1782 [2], que si, la Terre n'ayant

[1] *OEuvres de Laplace*, T. IX.
[2] *Ibid.*, T. X.

point de mouvement de rotation, la profondeur de la mer est constante, l'équilibre est stable toutes les fois que la condition précédente est remplie. Je vais maintenant généraliser ce théorème et faire voir qu'il a lieu quels que soient la loi de la profondeur de la mer et le mouvement de rotation de la Terre.

Rappelons, pour cela, les équations générales du mouvement de la mer. Considérons une molécule dm de sa surface, dont μ soit le sinus de la latitude dans l'état d'équilibre, et ϖ la longitude comptée d'un méridien fixe sur la Terre. Supposons que αu soit la quantité dont la latitude de la molécule est plus petite que dans l'état d'équilibre, et que αv soit la quantité dont la longitude est plus grande, α étant un très petit coefficient. Supposons encore que cette molécule soit élevée de la quantité αy au-dessus de la surface d'équilibre de la mer. Nommons 1 le demi-axe de la Terre; $l\gamma$ la profondeur de la mer, l étant un coefficient fort petit, et γ étant une fonction de μ et de ϖ. Soient g la pesanteur, t le temps et nt le mouvement de rotation de la Terre. Soit enfin αV la somme de toutes les molécules d'une couche aqueuse dont le rayon intérieur est l'unité et dont le rayon extérieur est $1 + \alpha y$, divisées par leurs distances respectives à la molécule dm, plus la somme des masses du Soleil et de la Lune, divisées par leurs distances à la même molécule, les molécules de la couche aqueuse devant être supposées négatives dans tous les points où αy est négatif. Cela posé, les trois équations différentielles du mouvement de la Terre, que nous avons données dans les *Mémoires de l'Académie* pour l'année 1776, page 178 (¹), deviendront

$$y = l \frac{\partial \left(u\gamma \sqrt{1-\mu^2} \right)}{\partial \mu} - l \frac{\partial (\gamma v)}{\partial \varpi},$$

$$\frac{d^2 u}{dt^2} - 2n \frac{dv}{dt} \mu \sqrt{1-\mu^2} = g \frac{\partial \gamma}{\partial \mu} \sqrt{1-\mu^2} - \frac{\partial V}{\partial \mu} \sqrt{1-\mu^2},$$

$$\frac{d^2 v}{dt^2}(1-\mu^2) + 2n \frac{du}{dt} \mu \sqrt{1-\mu^2} = -g \frac{\partial \gamma}{\partial \varpi} + \frac{\partial V}{\partial \varpi};$$

(¹) *OEuvres de Laplace*, T. IX, p. 188.

c'est de l'intégration de ces trois équations que dépend la théorie des oscillations de la mer.

Si l'on multiplie la seconde par $\gamma \frac{du}{dt}$ et qu'on l'ajoute à la troisième, multipliée par $\gamma \frac{dv}{dt}$, on aura, en faisant, pour abréger, $y - \frac{V}{g} = y'$,

$$\frac{d\left[\gamma\left(\frac{du}{dt}\right)^2 + \gamma\left(\frac{dv}{dt}\right)^2(1-\mu^2)\right]}{dt} = 2g\frac{\partial y'}{\partial\mu}\gamma\frac{du}{dt}\sqrt{1-\mu^2} - 2g\frac{\partial y'}{\partial\varpi}\gamma\frac{dv}{dt}.$$

Multiplions maintenant cette équation par $d\mu\,d\varpi$, et prenons les intégrales de ses deux membres depuis $\mu = -1$ jusqu'à $\mu = 1$ et depuis $\varpi = 0$ jusqu'à $\varpi = 360°$. On aura

$$2g\int d\mu\,\frac{\partial y'}{\partial\mu}\gamma\frac{du}{dt}\sqrt{1-\mu^2}$$

$$= 2gy'\gamma\frac{du}{dt}\sqrt{1-\mu^2} - 2g\int y'\,d\mu\,\frac{\partial\left(\gamma\frac{du}{dt}\sqrt{1-\mu^2}\right)}{\partial\mu} + C,$$

C étant une fonction arbitraire indépendante de μ. Or y' et u ne peuvent être infinis dans aucun point de l'intégrale, en sorte que le terme $2gy'\gamma\frac{du}{dt}\sqrt{1-\mu^2}$ est nul aux deux extrémités de l'intégrale ; on a donc

$$C = 0,$$

et, par conséquent,

$$2g\int d\mu\,d\varpi\,\frac{\partial y'}{\partial\mu}\gamma\frac{du}{dt}\sqrt{1-\mu^2} = -2g\int y'\,d\mu\,d\varpi\,\frac{\partial\left(\gamma\frac{du}{dt}\sqrt{1-\mu^2}\right)}{\partial\mu}.$$

On a ensuite, en intégrant par rapport à ϖ,

$$-2g\int d\varpi\,\frac{\partial y'}{\partial\varpi}\gamma\frac{dv}{dt} = -2gy'\gamma\frac{dv}{dt} + 2g\int y'\,d\varpi\,\frac{\partial\left(\gamma\frac{dv}{dt}\right)}{\partial\varpi} + C',$$

C' étant une fonction arbitraire indépendante de ϖ ; or y', γ et $\frac{dv}{dt}$ étant des fonctions de $\sin\varpi$ et de $\cos\varpi$, le terme $-2gy'\gamma\frac{dv}{dt}$ est le même aux deux extrémités de l'intégrale, en sorte que $C' - 2gy'\gamma\frac{dv}{dt}$ est une fonction nulle; on aura donc

$$- 2g \int d\mu \, d\varpi \, \frac{\partial y'}{\partial \varpi} \gamma \frac{dv}{dt} = 2g \int y' \, d\mu \, d\varpi \, \frac{\partial \left(\gamma \frac{dv}{dt} \right)}{\partial \varpi};$$

partant on aura

$$\frac{d \int \gamma \, d\mu \, d\varpi \left[\left(\frac{du}{dt} \right)^2 + \left(\frac{dv}{dt} \right)^2 (1 - \mu^2) \right]}{dt}$$

$$= - 2g \int y' \, d\mu \, d\varpi \left[\frac{\partial \left(\gamma \frac{du}{dt} \right) \sqrt{1 - \mu^2}}{\partial \mu} - \frac{\partial \left(\gamma \frac{dv}{dt} \right)}{\partial \varpi} \right].$$

L'expression précédente de y donne le second membre de cette équation égal à

$$- \frac{2g}{l} \int d\mu \, d\varpi \, y' \frac{d\gamma}{dt};$$

on aura donc

$$(A) \qquad \frac{d \int \gamma \, d\mu \, d\varpi \left[\left(\frac{du}{dt} \right)^2 + \left(\frac{dv}{dt} \right)^2 (1 - \mu^2) \right]}{dt} = - \frac{2g}{l} \int d\mu \, d\varpi \, y' \frac{d\gamma}{dt}.$$

Concevons présentement que y soit développé dans une suite de cette forme

$$y = \mathbf{Y}_0 + \mathbf{Y}_1 + \mathbf{Y}_2 + \mathbf{Y}_3 + \ldots,$$

$\mathbf{Y}_0$, $\mathbf{Y}_1$, $\mathbf{Y}_2$, ... étant des fonctions rationnelles et entières de μ, $\sqrt{1 - \mu^2} \sin \varpi$ et $\sqrt{1 - \mu^2} \cos \varpi$, telles que l'on a généralement

$$0 = \frac{\partial \left[(1 - \mu^2) \frac{\partial \mathbf{Y}_i}{\partial \mu} \right]}{\partial \mu} + \frac{\frac{\partial^2 \mathbf{Y}_i}{\partial \varpi^2}}{1 - \mu^2} + i(i+1) \mathbf{Y}_i;$$

il résulte de ce que nous avons démontré dans les *Mémoires de l'Académie* pour l'année 1782, page 147 (¹), que, si l'on représente par l'unité la densité de la mer, et si l'on fait abstraction de l'action des astres, on a

$$\mathbf{V} = 4\eta \left(\mathbf{Y}_0 + \frac{1}{3} \mathbf{Y}_1 + \frac{1}{5} \mathbf{Y}_2 + \frac{1}{7} \mathbf{Y}_3 + \ldots \right),$$

(¹) *Œuvres de Laplace*, T. X, p. 373.

η étant le rapport de la demi-circonférence au rayon. Si l'on nomme ensuite ρ la moyenne densité de la Terre, on a, à fort peu près,

$$g = \frac{4}{3}\eta\rho;$$

on aura donc

$$\frac{V}{g} = \frac{3}{\rho}\left(Y_0 + \frac{1}{3}Y_1 + \frac{1}{5}Y_2 + \ldots\right).$$

La condition de la masse fluide constante donne

$$\int y\,d\mu\,d\varpi = 0,$$

les intégrales étant prises depuis $\mu = -1$ jusqu'à $\mu = 1$ et depuis $\varpi = 0$ jusqu'à $\varpi = 360°$; mais on a généralement, lorsque i est différent de i',

$$\int Y_i\,U_{i'}\,d\mu\,d\varpi = 0,$$

$U_{i'}$ étant une fonction de la même nature que Y_i; on aura donc

$$\int y\,d\mu\,d\varpi = \int Y_0\,d\mu\,d\varpi = 0,$$

ce qui donne

$$Y_0 = 0.$$

On aura, cela posé,

$$y' = \left(1 - \frac{1}{\rho}\right)Y_1 + \left(1 - \frac{3}{5\rho}\right)Y_2 + \left(1 - \frac{3}{7\rho}\right)Y_3 + \ldots,$$

d'où l'on tire, en vertu du théorème précédent,

$$\int y'\frac{dy}{dt}\,d\mu\,d\varpi$$
$$= \int d\mu\,d\varpi\left[\left(1 - \frac{1}{\rho}\right)Y_1\frac{dY_1}{dt} + \left(1 - \frac{3}{5\rho}\right)Y_2\frac{dY_2}{dt} + \left(1 - \frac{3}{7\rho}\right)Y_3\frac{dY_3}{dt} + \ldots\right];$$

l'équation (A) donnera donc, en l'intégrant par rapport au temps t,

$$\int y\,d\mu\,d\varpi\left[\left(\frac{du}{dt}\right)^2 + \left(\frac{dv}{dt}\right)^2(1 - \mu^2)\right]$$
$$= M - \frac{g}{l}\int d\mu\,d\varpi\left[\left(1 - \frac{1}{\rho}\right)Y_1^2 + \left(1 - \frac{3}{5\rho}\right)Y_2^2 + \left(1 - \frac{3}{7\rho}\right)Y_3^2 + \ldots\right],$$

M étant une quantité indépendante de t.

Supposons $\rho > 1$; alors la quantité

$$(\text{B}) \qquad -\frac{g}{l}\int d\mu\, d\varpi\left[\left(1-\frac{1}{\rho}\right)Y_1^2 + \left(1-\frac{3}{5\rho}\right)Y_2^2 + \ldots\right]$$

est négative; la valeur de M doit donc être une quantité positive constamment plus grande, abstraction faite du signe, que cette quantité,
puisque, γ étant nécessairement positif, le premier membre de l'équation précédente est toujours positif. Cette valeur de M dépend de l'état
et de la vitesse initiale de la mer, et, puisque nous la supposons très
peu dérangée, à l'origine, de son état d'équilibre, M est nécessairement une très petite quantité. L'intégrale (B) sera donc toujours fort
petite, ce qui exige que Y_1, Y_2, ... ne renferment point le temps t
sous la forme d'arcs de cercle ou d'exponentielles. La valeur de y ne
contient donc que des fonctions périodiques du temps, et par conséquent la mer ne s'éloigne jamais que très peu de sa figure d'équilibre,
si sa densité est moindre que la moyenne densité de la Terre.

Quoique cette démonstration soit fort générale, elle suppose cependant que le fluide est ébranlé de manière que, relativement à toutes
les molécules de la mer situées sur le même rayon mené du centre de
gravité de la Terre à sa surface, les valeurs de u et de v sont à très peu
près les mêmes, car les trois équations fondamentales du mouvement
de la mer sont fondées sur cette supposition, la seule que l'on doive
admettre lorsque l'on considère les ébranlements produits par l'action
des astres; mais, si l'ébranlement est produit par les vents ou par des
tremblements de terre, cette supposition cesse d'avoir lieu, et cependant il importe encore d'avoir, dans ce cas, les conditions de la stabilité de la figure de la mer. On peut y parvenir fort simplement au
moyen du principe de la conservation des forces vives.

Ce principe, appliqué au mouvement d'un système de corps qui
s'attirent mutuellement, consiste en ce que la somme des molécules
du système, multipliées respectivement par les carrés de leurs vitesses,
est égale à une constante, plus au double de la somme des produits des
molécules considérées deux à deux, divisés par la distance respective
des molécules.

Cela posé, nommons R le rayon mené du centre de gravité de la Terre à une de ses molécules quelconque, que nous désignerons par dm. Soit μ le cosinus de l'angle que le rayon R fait avec l'axe primitif de rotation de la Terre qui passe par son centre de gravité que nous supposerons immobile au premier instant, et qui le sera par conséquent durant toute la durée du mouvement, puisque nous n'avons égard ici qu'à l'action mutuelle des parties de la Terre. Soit $nt + \varpi$ l'angle que fait avec un plan fixe passant par l'axe primitif de rotation un plan qui passe par cet axe primitif et par la molécule dm, plan que nous nommerons son méridien. Supposons que $\alpha \dfrac{du}{dt}$ soit la vitesse de la molécule, perpendiculairement à R, et dans le plan du méridien, α étant un coefficient très petit. Soit encore $n + \alpha \dfrac{dv}{dt}$ la vitesse angulaire de la molécule, perpendiculairement à son méridien. La somme des molécules de la Terre, multipliées respectivement par le carré de leur vitesse, sera

$$(C) \quad \left\{ \begin{array}{l} n^2 \displaystyle\int \mathrm{R}^2 \, dm (1 - \mu^2) + 2\alpha n \int \mathrm{R}^2 \, dm \frac{dv}{dt} (1 - \mu^2) \\[2mm] \quad + \displaystyle\int \mathrm{R}^2 \, dm \left[\alpha^2 \left(\frac{du}{dt} \right)^2 + \alpha^2 \left(\frac{dv}{dt} \right)^2 (1 - \mu^2) + \left(\frac{d\mathrm{R}}{dt} \right)^2 \right], \end{array} \right.$$

$\dfrac{d\mathrm{R}}{dt}$ étant de l'ordre α. Supposons que le rayon mené du centre de gravité de la Terre à sa surface soit R′ dans l'état d'équilibre et que, dans l'état troublé, il devienne R′ + αy; la somme des produits deux à deux des molécules de la Terre, divisés par leur distance mutuelle, sera égale : 1° à cette somme telle qu'elle était dans l'état d'équilibre; 2° à la somme des produits deux à deux des molécules d'une couche aqueuse dont le rayon intérieur est R′ et le rayon extérieur est R′ + αy, comparées aux molécules de la Terre telle qu'elle était dans l'état d'équilibre, ces produits étant divisés par la distance mutuelle des deux molécules que l'on compare; 3° à la somme des produits deux à deux des molécules de la couche aqueuse divisés par leur distance mutuelle.

La première somme est évidemment une constante indépendante du temps t.

Pour avoir la seconde somme, nous observerons que, si la Terre était une sphère, on aurait cette somme en multipliant chaque molécule de la couche aqueuse par la masse de la Terre, que nous désignerons par M, en divisant ce produit par la distance de la molécule au centre de la sphère et en ajoutant ces divers produits. Représentons par l'unité le rayon de la sphère et par $1 + z$ la distance d'une molécule aqueuse à son centre, et prenons pour unité de densité celle de la mer. La masse de la molécule sera

$$(1 + z)^2\, dz\, d\mu\, d\varpi;$$

en la divisant par la distance $1 + z$ de la molécule au centre de la sphère, on aura

$$M(1 + z)\, dz\, d\mu\, d\varpi$$

pour la différentielle de la somme dont il s'agit, et, en l'intégrant depuis $z = 0$ jusqu'à $z = \alpha y$, on aura

$$\alpha M \int \left(y + \tfrac{1}{2}\alpha y^2 \right) d\mu\, d\varpi$$

pour cette somme. Mais, puisque la masse fluide est supposée constante, on doit avoir

$$\int (1 + z)^2\, dz\, d\mu\, d\varpi = 0,$$

ce qui donne, en négligeant les quantités de l'ordre α^3,

$$0 = \alpha \int \left(y + \alpha y^2 \right) d\mu\, d\varpi.$$

La somme précédente deviendra donc

$$-\frac{\alpha^2}{2} M \int y^2\, d\mu\, d\varpi.$$

Si l'on a égard à l'excentricité du sphéroïde terrestre, on aura de nouveaux termes qui seront multipliés par cette excentricité. Mais, dans l'équation que donne le principe de la conservation des forces vives, nous négligerons tout ce qui dépend de l'excentricité de la Terre pour ne comparer que les termes qui en sont indépendants.

Considérons enfin la troisième somme formée des produits deux à deux des molécules de la couche aqueuse, divisés par leur distance mutuelle. En négligeant l'excentricité de la Terre, le rayon intérieur de la couche aqueuse sera l'unité, et son rayon extérieur sera $1 + \alpha y$. On pourra représenter par $\alpha y \, d\mu \, d\varpi$ une de ses molécules; soit $\alpha y''$ la somme de toutes les molécules de la couche, divisées par leurs distances respectives à cette molécule, la troisième somme cherchée sera $\frac{\alpha^2}{2} \int y y'' \, d\mu \, d\varpi$. Elle n'est que la moitié de l'intégrale $\alpha^2 \int y y'' \, d\mu \, d\varpi$, parce que, en comparant chaque molécule de la couche avec la couche entière, on a le double des produits des molécules prises deux à deux. On aura donc, en négligeant tout ce qui dépend de l'excentricité de la Terre,

$$\mathrm{K} - \frac{\alpha^2}{2} \mathrm{M} \int y^2 \, d\mu \, d\varpi + \frac{\alpha^2}{2} \int y y'' \, d\mu \, d\varpi$$

pour la somme des produits deux à deux des molécules de la Terre, divisés par leur distance mutuelle, K étant une quantité indépendante de t. Nommons ρ la moyenne densité de la Terre, on aura

$$\mathrm{M} = \tfrac{4}{3} \pi \rho = g;$$

la fonction précédente deviendra ainsi, en la divisant par g,

$$\frac{\mathrm{K}}{g} - \frac{\alpha^2}{2} \int y \, d\mu \, d\varpi \left(y - \frac{3 y''}{4 \pi \rho} \right).$$

Examinons maintenant la fonction (C), en la divisant pareillement par g. Si l'on projette chaque molécule de la Terre sur le plan de l'équateur primitif, le principe des aires donnera l'équation suivante

$$\int \mathrm{R}^2 \, dm (1 - \mu^2) \left(n + \alpha \frac{dv}{dt} \right) = \mathrm{H},$$

H étant une constante indépendante de t; on aura donc

$$\frac{n^2}{g} \int \mathrm{R}^2 \, dm (1 - \mu^2) + \frac{2 \alpha n}{g} \int \mathrm{R}^2 \, dm \frac{dv}{dt} (1 - \mu^2) = \frac{2 n \mathrm{H}}{g} - \frac{n^2}{g} \int \mathrm{R}^2 \, dm (1 - \mu^2).$$

Les termes de l'ordre α^2 du développement de $\frac{n^2}{g}\int R^2\,dm(1-\mu^2)$ sont évidemment de l'ordre $\frac{n^2}{g}\alpha^2 y^2$; en n'ayant donc égard qu'aux termes de l'ordre $\alpha^2 y^2$, qui ne sont multipliés ni par l'excentricité de la Terre, ni par la très petite fonction $\frac{n^2}{g}$, la fonction (C), divisée par g, se réduira à une constante, plus à l'intégrale

$$\int \frac{R^2\,dm}{g}\left[\alpha^2\left(\frac{du}{dt}\right)^2+\alpha^2\left(\frac{dv}{dt}\right)^2(1-\mu^2)+\left(\frac{dR}{dt}\right)^2\right];$$

le principe de la conservation des forces vives donnera donc, en ne comparant que les termes de l'ordre α^2,

$$\int R^2\,dm\left[\alpha^2\left(\frac{du}{dt}\right)^2+\alpha^2\left(\frac{dv}{dt}\right)^2(1-\mu^2)+\left(\frac{dR}{dt}\right)^2\right]$$
$$=\alpha^2 Q-\alpha^2 g\int y\,du\,d\varpi\left(y-\frac{3}{4}\frac{y''}{n\rho}\right),$$

Q étant indépendant de t.

Supposons, comme ci-dessus, y égal à $Y_0+Y_1+Y_2+\dots$, la condition de la masse fluide constante donnera

$$Y_0=0;$$

on aura ensuite, par ce qui précède,

$$\frac{3}{4}\frac{y''}{n\rho}=\frac{1}{\rho}\left(Y_1+\tfrac{2}{5}Y_2+\tfrac{3}{7}Y_3+\dots\right),$$

partant

$$\int R^2\,dm\left[\alpha^2\left(\frac{du}{dt}\right)^2+\alpha^2\left(\frac{dv}{dt}\right)^2+\left(\frac{dR}{dt}\right)^2\right]$$
$$=\alpha^2 Q-\alpha^2 g\left[\left(1-\frac{1}{\rho}\right)Y_1^2+\left(1-\frac{3}{5\rho}\right)Y_2^2+\left(1-\frac{3}{7\rho}\right)Y_3^2+\dots\right];$$

d'où il est aisé de conclure, comme précédemment, que la valeur de y ne renferme ni arcs de cercle, ni exponentielles si ρ est plus grand que l'unité.

La partie de l'intégrale

$$\int R^2\, dm\left[\alpha^2\left(\frac{du}{dt}\right)^2 + \alpha^2\left(\frac{dv}{dt}\right)^2(1-\mu^2) + \left(\frac{dR}{dt}\right)^2\right]$$

relative au sphéroïde que recouvre la mer est insensible par rapport à la partie de cette même intégrale relative aux molécules de la mer. Car il est clair que les valeurs de $\frac{du}{dt}$, $\frac{dv}{dt}$ et $\frac{dR}{dt}$ qui se rapportent au sphéroïde sont, eu égard à celles qui se rapportent à la mer, du même ordre que la masse de la mer divisée par la masse du sphéroïde, puisqu'elles seraient infiniment petites si la masse de la mer était infiniment petite; leurs carrés seraient donc alors des infiniment petits du second ordre que l'on peut conséquemment négliger. Les vitesses $\alpha\frac{du}{dt}$, $\alpha\frac{dv}{dt}\sqrt{1-\mu^2}$ et $\frac{dR}{dt}$ des molécules de la mer sont, à très peu près, les vitesses relatives de ces molécules sur la surface du sphéroïde terrestre; ainsi l'intégrale

$$\int R^2\, dm\left[\alpha^2\left(\frac{du}{dt}\right)^2 + \alpha^2\left(\frac{dv}{dt}\right)^2(1-\mu^2) + \left(\frac{dR}{dt}\right)^2\right]$$

exprime la somme des molécules de la mer multipliées par les carrés de leurs vitesses relatives. Si les eaux de la mer éprouvent des chocs ou des résistances qui altèrent ces vitesses, la valeur de la constante $\alpha^2 Q$ en sera diminuée, et les fonctions Y_1, Y_2, ... ne pourront jamais augmenter indéfiniment si l'on a $\rho > 1$. La figure de la mer sera donc alors stable, quels que soient l'ébranlement primitif de cette masse fluide et les résistances qu'elle éprouve.

Dans le cas où toutes les molécules de la mer situées sur le même rayon auraient la même vitesse, à très peu près, en nommant $l\gamma$ sa profondeur, les valeurs de u et de v seraient, à très peu près, les mêmes pour une colonne de ce fluide, égale à $l\gamma\, d\mu\, d\varpi$. On aurait de plus $\frac{dR}{dt}$ de l'ordre $\alpha\frac{dy}{dt}$, et il est visible que $\alpha\frac{dy}{dt}$ est, par rapport à $\alpha\frac{du}{dt}$, du même ordre que le rapport de la profondeur de la mer au rayon terrestre, comme il résulte de la première des trois équations différentielles du mouvement de la mer. En faisant donc $R = 1$, l'intégrale

$$\int R^2\, dm \left[\alpha^2 \left(\frac{du}{dt} \right)^2 + \alpha^2 \left(\frac{dv}{dt} \right)^2 (1 - \mu^2) + \left(\frac{dR}{dt} \right)^2 \right]$$

deviendra

$$\alpha^2 \int l\gamma\, d\mu\, d\varpi \left[\left(\frac{du}{dt} \right)^2 + \left(\frac{dv}{dt} \right)^2 (1 - \mu^2) \right] ;$$

l'équation précédente donnée par le principe de la conservation des forces vives deviendra donc

$$\int \gamma\, d\mu\, d\varpi \left[\left(\frac{du}{dt} \right)^2 + \left(\frac{dv}{dt} \right)^2 (1 - \mu^2) \right]$$
$$= \frac{Q}{l} - \frac{g}{l} \int d\mu\, d\varpi \left[\left(1 - \frac{1}{\rho} \right) Y_1^2 + \left(1 - \frac{3}{5\rho} \right) Y_2^2 + \dots \right] ,$$

équation identiquement la même que celle à laquelle nous sommes parvenus précédemment par la considération des équations différentielles du mouvement de la mer.

L'hypothèse de la densité de la mer plus petite que la densité moyenne de la Terre est très vraisemblable, car il est naturel de supposer que les couches les plus denses de la Terre sont les plus près de son centre. D'ailleurs, les observations faites sur l'attraction des montagnes ne permettent pas de révoquer en doute cette hypothèse. Les observations que M. Maskelyne a faites sur une montagne d'Écosse semblent indiquer une densité moyenne de la Terre quatre ou cinq fois plus grande que la densité de la mer. L'équilibre de la mer est donc stable, et, si elle a recouvert autrefois des continents aujourd'hui fort élevés au-dessus de son niveau, il faut en chercher la cause ailleurs que dans le défaut de stabilité de son équilibre.

XVII.

Sur la manière de faire disparaître les arcs de cercle des intégrales trouvées par les méthodes ordinaires d'approximation.

J'ai donné pour cet objet, dans nos *Mémoires* pour l'année 1772 (¹).

(¹) *OEuvres de Laplace*, T. VIII.

une méthode très simple, fondée sur la variation des constantes arbitraires. J'ai présenté depuis cette méthode, d'une manière plus générale, dans nos *Mémoires* pour l'année 1777 ([1]). On peut la généraliser
encore de la manière suivante et lui donner ainsi toute l'étendue et
toute la simplicité dont elle est susceptible.

Considérons l'équation différentielle de l'ordre i

$$0 = \frac{d^i y}{dt^i} + P + \alpha Q,$$

α étant très petit, et P et Q étant des fonctions algébriques de y,
$\frac{dy}{dt}$, ..., $\frac{d^{i-1} y}{dt^{i-1}}$, de sinus et de cosinus d'angles croissant proportionnellement à t. Supposons que l'on ait l'intégrale complète de cette
différentielle dans le cas de $\alpha = 0$, et que la valeur de y donnée par
cette intégrale ne renferme point l'arc t ou, du moins, ne renferme
qu'un nombre fini de puissances de cet arc. Supposons ensuite que,
en intégrant cette équation par les méthodes ordinaires d'approximation, lorsque α n'est pas nul, on ait

$$y = X + tY + t^2 Z + t^3 S + \ldots,$$

X, Y, Z, S, ... étant des fonctions périodiques de t qui renferment les
i arbitraires c, c', c'', ..., et les puissances de t, dans cette expression
de y, s'étendant à l'infini par les approximations successives. Il est
visible que les coefficients de ces puissances décroitront avec d'autant
plus de rapidité que α sera plus petit; dans la théorie des mouvements des corps célestes, α exprime l'ordre des forces perturbatrices
relativement aux forces principales qui les animent.

Si l'on substitue la valeur précédente de y dans la fonction

$$\frac{d^i y}{dt^i} + P + \alpha Q,$$

elle prendra cette forme

$$K + K't + K''t^2 + \ldots,$$

____
([1]) *OEuvres de Laplace*, T. IX.

K, K', K", … étant des fonctions périodiques de t; mais, par la supposition, la valeur de y satisfait à l'équation différentielle

$$o = \frac{d^i y}{dt^i} + P + \alpha Q,$$

on doit donc avoir identiquement

$$o = K + K't + K''t^2 + \dots$$

Si K, K', K", … n'étaient pas nuls, cette équation donnerait par le retour des suites l'arc t en fonction de sinus et de cosinus d'angles proportionnels à t; en supposant α infiniment petit, on aurait t égal à une fonction finie de sinus et de cosinus d'angles semblables, ce qui est évidemment impossible. Ainsi les fonctions K, K', … sont identiquement nulles.

Maintenant, si l'arc t n'est élevé qu'à la première puissance, sous les signes des sinus et des cosinus, comme cela a lieu dans la théorie des mouvements célestes, cet arc ne sera point produit par les différences successives de y; en substituant donc la valeur précédente de y dans la fonction $\frac{d^i y}{dt^i} + P + \alpha Q$, la fonction $K + K't + \dots$, dans laquelle elle se transforme, ne contiendra l'arc t, hors des signes périodiques, qu'autant qu'il est déjà renfermé dans y; ainsi, en changeant dans l'expression de y l'arc t, hors des signes périodiques, dans $t - \theta$, θ étant une constante quelconque, la fonction $K + K't + \dots$ se changera dans $K + K'(t - \theta) + \dots$, et, puisque cette dernière fonction est identiquement nulle, en vertu des équations identiques $K = o$, $K' = o$, …, il en résulte que l'expression

$$y = X + (t - \theta)Y + (t - \theta)^2 Z + \dots$$

satisfait encore à l'équation différentielle

$$o = \frac{d^i y}{dt^i} + P + \alpha Q.$$

Quoique cette seconde valeur de y semble renfermer $i + 1$ arbitraires, savoir les i arbitraires c, c', c'', ... et l'arbitraire θ, cependant elle ne peut en contenir que le nombre i qui soient distinctes entre elles. Il est donc nécessaire que, par un changement convenable dans les constantes c, c', ..., l'arbitraire θ puisse disparaître de cette seconde expression de y, et qu'ainsi elle coïncide avec la première. Cette considération va nous fournir les moyens d'en faire disparaître les arcs de cercle.

Donnons à la seconde expression de y la forme suivante :

$$y = X + (t - \theta)R;$$

puisque nous supposons que θ disparait de y, on aura $\dfrac{\partial y}{\partial \theta} = 0$ et, par conséquent,

$$R = \frac{\partial X}{\partial \theta} + (t - \theta)\frac{\partial R}{\partial \theta}.$$

En différentiant successivement cette équation, on aura

$$2\,\frac{\partial R}{\partial \theta} = \frac{\partial^2 X}{\partial \theta^2} + (t - \theta)\frac{\partial^2 R}{\partial \theta^2},$$

$$3\,\frac{\partial^2 R}{\partial \theta^2} = \frac{\partial^3 X}{\partial \theta^3} + (t - \theta)\frac{\partial^3 R}{\partial \theta^3},$$

$$\dots\dots\dots\dots\dots\dots\dots\dots,$$

d'où il est aisé de conclure, en éliminant R de l'expression précédente de y,

$$y = X + (t - \theta)\frac{\partial X}{\partial \theta} + \frac{(t - \theta)^2}{1.2}\frac{\partial^2 X}{\partial \theta^2} + \frac{(t - \theta)^3}{1.2.3}\frac{\partial^3 X}{\partial \theta^3} + \dots$$

X est fonction de t et des constantes c, c', c'', ..., et, comme ces constantes sont fonctions de θ, X est une fonction de t et de θ, que nous pouvons représenter par $\varphi(t, \theta)$. L'expression de y est, par le théorème connu de Taylor, le développement de la fonction $\varphi(t, \theta + t - \theta)$, suivant les puissances de $t - \theta$; on a donc $y = \varphi(t, t)$; d'où il suit que l'on aura y en changeant θ en t dans X. Le problème se réduit ainsi à déterminer X en fonction de t et de θ, par conséquent à déterminer c, c', c'', ... en fonction de θ.

Pour cela, reprenons l'équation

$$y = X + (t - \theta)Y + (t - \theta)^2 Z + (t - \theta)^3 S + \dots;$$

puisque la constante θ est supposée disparaître de cette expression de y, on aura l'équation identique

$$(a) \qquad o = \frac{\partial X}{\partial \theta} - Y + (t - \theta)\left(\frac{\partial Y}{\partial \theta} - 2Z\right) + (t - \theta)^2\left(\frac{\partial Z}{\partial \theta} - 3S\right) + \dots$$

En appliquant à cette équation le raisonnement que nous avons fait sur celle-ci,

$$o = K + K't + K''t^2 + \dots,$$

on voit que les coefficients des puissances successives de $t - \theta$ doivent se réduire d'eux-mêmes à zéro. Les fonctions X, Y, Z, ... ne renferment θ qu'autant qu'il est contenu dans $c, c', c'', \dots$; en sorte que, pour former les différences partielles $\frac{\partial X}{\partial \theta}, \frac{\partial Y}{\partial \theta}, \frac{\partial Z}{\partial \theta}, \dots$, il suffit de faire varier $c, c', c'', \dots$ dans ces fonctions, ce qui donne

$$\frac{\partial X}{\partial \theta} = \frac{\partial X}{\partial c}\frac{dc}{d\theta} + \frac{\partial X}{\partial c'}\frac{dc'}{d\theta} + \frac{\partial X}{\partial c''}\frac{dc''}{d\theta} + \dots,$$

$$\frac{\partial Y}{\partial \theta} = \frac{\partial Y}{\partial c}\frac{dc}{d\theta} + \frac{\partial Y}{\partial c'}\frac{dc'}{d\theta} + \frac{\partial Y}{\partial c''}\frac{dc'}{d\theta} + \dots.$$

$$\dots\dots\dots\dots\dots\dots\dots\dots\dots\dots\dots$$

XVIII.

Supposons d'abord que dans les fonctions X, Y, Z, ... aucune des arbitraires ne multiplie l'arc t, sous les signes des sinus et des cosinus; cet arc ne sera pas produit par les différences partielles $\frac{\partial X}{\partial \theta}, \frac{\partial Y}{\partial \theta}, \dots$. En égalant donc à zéro, dans l'équation (a), les coefficients des puissances successives de $t - \theta$, on aura

$$\frac{\partial X}{\partial \theta} = Y, \qquad \frac{\partial Y}{\partial \theta} = 2Z, \qquad \frac{\partial Z}{\partial \theta} = 3S, \qquad \dots$$

Si l'on différentie la première de ces équations $i - 1$ fois relativement à t. et que l'on substitue pour $\dfrac{\partial X}{\partial\theta}$ sa valeur, on aura

$$\frac{\partial X}{\partial c}\frac{dc}{d\theta} + \frac{\partial X}{\partial c'}\frac{dc'}{d\theta} + \frac{\partial X}{\partial c''}\frac{dc''}{d\theta} + \ldots = Y,$$

$$\frac{\partial^2 X}{\partial c\,\partial t}\frac{dc}{d\theta} + \frac{\partial^2 X}{\partial c'\,\partial t}\frac{dc'}{d\theta} + \frac{\partial^2 X}{\partial c''\,\partial t}\frac{dc''}{d\theta} + \ldots = \frac{\partial Y}{\partial t},$$

$$\frac{\partial^3 X}{\partial c\,\partial t^2}\frac{dc}{d\theta} + \frac{\partial^3 X}{\partial c'\,\partial t^2}\frac{dc'}{d\theta} + \frac{\partial^3 X}{\partial c''\,\partial t^2}\frac{dc''}{d\theta} + \ldots = \frac{\partial^2 Y}{\partial t^2},$$

$$\ldots\ldots\ldots\ldots\ldots\ldots\ldots\ldots\ldots\ldots\ldots\ldots$$

On tirera de ces i équations autant d'équations différentielles entre les quantités $c, c', c'', \ldots$ et leurs premières différences, et, en les intégrant, on aura ces constantes en fonctions de θ. Presque toujours, l'inspection seule de la première des équations précédentes suffira pour avoir les équations différentielles en $c, c', c'', \ldots$, en comparant séparément les coefficients des sinus et des cosinus qu'elle renferme; car il est visible que les valeurs de $c, c', \ldots$ étant indépendantes de t, les équations différentielles qui les déterminent doivent être pareillement indépendantes de cette variable. Le plus souvent ces équations ne seront intégrables que par des approximations successives, qui pourront introduire l'arc θ dans les valeurs de $c, c', c'', \ldots$, lors même que cet arc ne se rencontre point dans les valeurs rigoureuses; mais on le fera disparaître par la méthode que nous venons d'exposer pour faire disparaître l'arc t de l'expression de y.

Il peut arriver que l'équation $\dfrac{\partial X}{\partial\theta} = Y$, et ses $i-1$ différentielles en t ne donnent pas un nombre i d'équations distinctes entre les quantités $c, c, c'', \ldots$ et leurs différences. Dans ce cas, il faudra recourir aux équations

$$\frac{\partial Y}{\partial\theta} = 2Z, \qquad \frac{\partial Z}{\partial\theta} = 3S, \qquad \ldots\ldots$$

XIX.

Supposons maintenant que quelques-unes des arbitraires $c, c', c'', \ldots$ multiplient l'arc t dans les fonctions périodiques $X, Y, Z, \ldots$; la diffé-

rentiation de ces fonctions relativement à θ, ou, ce qui est la même
chose, relativement à ces arbitraires, développera cet arc et le fera
sortir hors des signes des fonctions périodiques sous lesquels il est
renfermé. Les différences $\frac{\partial X}{\partial \theta}$, $\frac{\partial Y}{\partial \theta}$, $\frac{\partial Z}{\partial \theta}$, $\ldots$ seront alors de cette forme

$$\frac{\partial X}{\partial \theta} = X' + t\,X'',$$

$$\frac{\partial Y}{\partial \theta} = Y' + t\,Y',$$

$$\frac{\partial Z}{\partial \theta} = Z' + t\,Z'',$$

$$\ldots\ldots\ldots\ldots,.$$

$X', X'', Y', Y'', Z', Z'', \ldots$ étant des fonctions périodiques de t, et renfermant de plus les arbitraires c, c', c'', $\ldots$ et leurs premières différences
divisées par $d\theta$, différences qui n'entrent dans ces fonctions que sous
une forme linéaire ; on aura donc

$$\frac{\partial X}{\partial \theta} = X' + \theta X'' + (t - \theta)\,X',$$

$$\frac{\partial Y}{\partial \theta} = Y' + \theta Y'' + (t - \theta)\,Y'',$$

$$\frac{\partial Z}{\partial \theta} = Z' + \theta Z'' + (t - \theta)\,Z'',$$

$$\ldots\ldots\ldots\ldots\ldots\ldots\ldots\ldots$$

En substituant ces valeurs dans l'équation (a) de l'article XVII, on
aura

$$0 = X' + \theta X'' - Y + (t - \theta)\,(Y' + \theta Y'' + X'' - 2Z)$$
$$+ (t - \theta)^2 (Z' + \theta Z'' + Y' - 3S)$$
$$+ \ldots\ldots\ldots\ldots\ldots\ldots\ldots\ldots,$$

d'où l'on tire, en égalant séparément à zéro les coefficients des puissances de $t - \theta$,

$$0 = X' + \theta X'' - Y,$$

$$0 = Y' + \theta Y'' + X' - 2Z,$$

$$0 = Z' + \theta Z'' + Y' - 3S,$$

$$\ldots\ldots\ldots\ldots\ldots\ldots\ldots$$

La première de ces équations donnera, soit par elle-même et par ses $i-1$ différentielles prises relativement à t, soit par la comparaison des coefficients des sinus et des cosinus qu'elle renferme, i équations différentielles du premier ordre entre c, c', c'', ... et θ. Si cette première équation ne suffisait pas pour cet objet, on aurait recours aux suivantes.

Lorsque l'on aura ainsi déterminé les valeurs de c, c', c'', ... en fonctions de θ, on les substituera dans X, et, en y changeant θ en t, on aura la valeur de y sans arcs de cercle, lorsque cela est possible. Si cette valeur en conservait encore, ce serait une preuve qu'ils existent dans l'intégrale rigoureuse.

XX.

Considérons maintenant un nombre quelconque n d'équations différentielles

$$o = \frac{d^i y}{dt^i} + P + \alpha Q, \qquad \frac{d^i y'}{dt^i} + P' + \alpha Q', \qquad \ldots,$$

P, Q, P', Q', ... étant des fonctions de y, y', ... de leurs différentielles jusqu'à l'ordre $i-1$, et de sinus et de cosinus d'angles croissant proportionnellement à la variable t, dont la différence est supposée constante. Supposons que les intégrales approchées de ces équations soient

$$y = X + tY + t^2 Z + t^3 S + \ldots,$$
$$y' = X_1 + tY_1 + t^2 Z_1 + t^3 S_1 + \ldots,$$
$$\ldots\ldots\ldots\ldots\ldots\ldots\ldots\ldots\ldots,$$

X, Y, Z, ..., X_1, Y_1, Z_1, ... étant des fonctions périodiques de t, et renfermant les in arbitraires c, c', c'', ...; on aura, comme dans l'article XVIII,

$$\frac{\partial X}{\partial \theta} = Y, \qquad \frac{\partial Y}{\partial \theta} = 2Z, \qquad \ldots,$$

si les arbitraires c, c', c'', ... ne multiplient point l'arc t sous le signe des fonctions périodiques. Mais, si cet arc est multiplié par quelques-unes des arbitraires, on aura, comme dans l'article XIX,

$$o = X' + \theta X'' - Y,$$
$$o = Y' + \theta Y'' + X' - 2Z,$$
$$o = Z' + \theta Z'' + Y' - 3S,$$
$$\dots\dots\dots\dots\dots\dots\dots\dots;$$

la valeur approchée de y' donnera pareillement

$$\frac{\partial X_1}{\partial \theta} = X_1, \qquad \frac{\partial Y_1}{\partial \theta} = 2Y_1, \qquad \dots,$$

si les arbitraires ne multiplient point l'arc t sous les signes des sinus et des cosinus ; mais, si quelques-unes d'elles multiplient cet arc et que l'on suppose alors

$$\frac{\partial X_1}{\partial \theta} = X_1' + t X_1'', \qquad \frac{\partial Y_1}{\partial \theta} = Y_1' + t Y_1'', \qquad \dots,$$

on aura les équations

$$o = X_1' + \theta X_1'' - Y_1, \qquad o = Y_1' + \theta Y_1'' + X_1' - 2Z_1, \qquad \dots.$$

Les expressions des autres variables y'', y''', ... fournissent des équations semblables. On déterminera par ces diverses équations, en choisissant les plus simples et les plus approchées, les valeurs de c, c', c'', ... en fonctions de θ. En substituant ensuite ces valeurs dans X, X_1, ... et en y changeant θ en t, on aura les valeurs de y, y', ... sans arcs de cercle, lorsque cela est possible.

XXI.

Sur les variations des inclinaisons et des nœuds des orbites des planètes.

Soient

m, m', m'', ... les masses des différentes planètes, celle du Soleil étant prise pour l'unité ;

φ, φ', φ'', ... les inclinaisons moyennes de leurs orbites sur un plan fixe qui passe par le centre du Soleil ;

θ, θ', θ'', ... les distances moyennes de leurs nœuds ascendants à une ligne invariable prise sur ce plan.

Soient, de plus,

$$\tan\varphi \, \sin\theta = p, \qquad \tan\varphi \, \cos\theta = q,$$
$$\tan\varphi' \, \sin\theta' = p', \qquad \tan\varphi' \, \cos\theta' = q',$$
$$\tan\varphi'' \sin\theta'' = p'', \qquad \tan\varphi'' \cos\theta'' = q'',$$
$$\dots\dots\dots\dots\dots, \qquad \dots\dots\dots\dots\dots$$

Nommons ensuite a, a', a'', ... les moyennes distances des planètes au Soleil, et e, e', e'', ... les rapports des excentricités de leurs orbites à ces distances. Je suis parvenu, dans nos *Mémoires* pour l'année 1784 [1], aux trois équations suivantes :

$$(a) \begin{cases} \text{const.} = m \sqrt{\dfrac{a(1-e^2)}{1+\tan^2\varphi}} + m' \sqrt{\dfrac{a'(1-e'^2)}{1+\tan^2\varphi'}} + m'' \sqrt{\dfrac{a''(1-e''^2)}{1+\tan^2\varphi''}} + \dots, \\[2ex] \text{const.} = mp \sqrt{\dfrac{a(1-e^2)}{1+\tan^2\varphi}} + m'p' \sqrt{\dfrac{a'(1-e'^2)}{1+\tan^2\varphi'}} + m''p'' \sqrt{\dfrac{a''(1-e''^2)}{1+\tan^2\varphi''}} + \dots, \\[2ex] \text{const.} = mq \sqrt{\dfrac{a(1-e^2)}{1+\tan^2\varphi}} + m'q' \sqrt{\dfrac{a'(1-e'^2)}{1+\tan^2\varphi'}} + m''q'' \sqrt{\dfrac{a''(1-e''^2)}{1+\tan^2\varphi''}} + \dots \end{cases}$$

Ces équations résultent du principe de la conservation des aires ; elles ont lieu généralement quelles que soient les excentricités et les inclinaisons des orbites.

Si l'on suppose les orbites très peu excentriques et très peu inclinées au plan fixe, telles que les orbites des planètes, les deux dernières de ces équations deviendront

$$(b) \begin{cases} \text{const.} = m\sqrt{a}\,p + m'\sqrt{a'}\,p' + m''\sqrt{a''}\,p'' + \dots, \\[1ex] \text{const.} = m\sqrt{a}\,q + m'\sqrt{a'}\,q' + m''\sqrt{a''}\,q'' + \dots \end{cases}$$

XXII.

Imaginons par le centre du Soleil un nouveau plan dont l'inclinaison sur le plan fixe soit ψ, et dont la longitude du nœud ascendant

[1] *Voir*, plus haut, p. 69 et 70.

soit γ, cette longitude étant comptée de la ligne fixe d'où l'on compte les angles θ, θ', ... Concevons ensuite sur le plan fixe un point quelconque O, dont la longitude soit V; par ce point et par le centre du Soleil, menons un grand cercle perpendiculaire au plan fixe; il est clair que la tangente de l'arc de ce cercle, compris entre le point O et le nouveau plan sera $\tang\psi \sin(V - \gamma)$. L'arc du même cercle, compris entre le plan fixe et celui de l'orbite de m, est $\tang\varphi \sin(V - \theta)$. Ces arcs étant fort petits, la différence de leurs tangentes est, à très peu près, égale à la tangente de leur différence. Mais, si l'on nomme φ_1 l'inclinaison de l'orbite de m sur le nouveau plan, et θ_1 la longitude de son nœud ascendant sur ce même plan, les deux arcs précédents étant à fort peu près perpendiculaires à ces différents plans, la tangente de leur différence sera $\tang\varphi_1 \sin(V - \theta_1)$; on aura donc:

$$\tang\varphi_1 \sin(V - \theta_1) = \tang\varphi \sin(V - \theta) - \tang\psi \sin(V - \gamma).$$

Soient
$$\tang\psi \sin\gamma = p_1, \qquad \tang\psi \cos\gamma = q_1,$$

on aura

$$\tang\varphi_1 \cos\theta_1 \sin V - \tang\varphi_1 \sin\theta_1 \cos V = (q - q_1)\sin V - (p - p_1)\cos V,$$

ce qui donne, en comparant les coefficients de $\sin V$ et de $\cos V$,

$$\tang\varphi_1 \sin\theta_1 = p - p_1, \qquad \tang\varphi_1 \cos\theta_1 = q - q_1.$$

Cela posé, si le nouveau plan est invariable, ainsi que le plan fixe, les équations (b) de l'article précédent donneront

$$\text{const.} = (p - p_1)\, m \sqrt{a} + (p' - p_1)\, m' \sqrt{a'} + (p'' - p_1)\, m'' \sqrt{a''} + \ldots,$$
$$\text{const.} = (q - q_1)\, m \sqrt{a} + (q' - q_1)\, m' \sqrt{a'} + (q'' - q_1)\, m'' \sqrt{a''} + \ldots.$$

Supposons qu'à un instant quelconque on ait

$$p_1 = \frac{m \sqrt{a}\, p + m' \sqrt{a'}\, p' + m'' \sqrt{a''}\, p'' + \ldots}{m \sqrt{a} + m' \sqrt{a'} + m'' \sqrt{a''} + \ldots},$$

$$q_1 = \frac{m \sqrt{a}\, q + m' \sqrt{a'}\, q' + m'' \sqrt{a''}\, q'' + \ldots}{m \sqrt{a} + m' \sqrt{a'} + m'' \sqrt{a''} + \ldots},$$

on aura, à tous les instants,

$$o = m\sqrt{a}\,(p - p_1) + m'\sqrt{a'}\,(p' - p_1) + m''\sqrt{a''}\,(p'' - p_1) + \ldots,$$

$$o = m\sqrt{a}\,(q - q_1) + m'\sqrt{a'}\,(q' - q_1) + m''\sqrt{a''}\,(q'' - q_1) + \ldots;$$

$p - p_1$ est la tangente de l'inclinaison φ_1 de l'orbite de m sur le nouveau plan, multipliée par le sinus de la longitude θ_1 de son nœud ascendant sur ce plan, longitude que l'on peut compter encore sur ce plan. Pareillement $q - q_1$ est la tangente de l'inclinaison φ_1 de l'orbite de m sur le nouveau plan, multipliée par le cosinus de la longitude θ_1 de son nœud ascendant sur ce plan; d'où il suit que, relativement à ce nouveau plan, la somme des masses des planètes, multipliées respectivement par les racines carrées de leurs moyennes distances, par les tangentes de leurs inclinaisons et par les sinus ou par les cosinus des longitudes de leurs nœuds, est constamment nulle; en supposant donc que le plan fixe soit le nouveau plan lui-même, on aura

$$o = m\sqrt{a}\,p + m'\sqrt{a'}\,p' + m''\sqrt{a''}\,p'' + \ldots,$$

$$o = m\sqrt{a}\,q + m'\sqrt{a'}\,q' + m''\sqrt{a''}\,q'' + \ldots.$$

Les expressions de $p,\ q,\ p',\ q',\ \ldots$ sont données en sinus et cosinus d'angles croissants avec une extrême lenteur; elles renferment, de plus, des termes constants et tels, que, si l'on n'a égard qu'à ces termes, on a

$$p = p' = p'', \quad \ldots, \quad q = q' = q'', \quad \ldots;$$

on aura donc, par rapport au plan que nous considérons,

$$o = p\left(m\sqrt{a} + m'\sqrt{a'} + m''\sqrt{a''} + \ldots\right),$$

$$o = q\left(m\sqrt{a} + m'\sqrt{a'} + m''\sqrt{a''} + \ldots\right),$$

ce qui donne

$$p = o, \quad q = o;$$

ainsi les termes constants disparaissent des expressions de $p,\ q,\ p',\ q',\ \ldots$.

La position du nouveau plan que nous venons de considérer est facile à déterminer, au moyen des expressions précédentes de p_i et de q_i; et il en résulte que, si sur un plan quelconque on conçoit des masses proportionnelles à $m\sqrt{a}$, $m'\sqrt{a'}$, $m''\sqrt{a''}$, ..., et dont les coordonnées rectangles soient p et q pour la première, p' et q' pour la seconde, p'' et q'' pour la troisième, etc., les coordonnées du centre de gravité du système seront p_i et q_i.

Le plan fixe sur lequel on rapporte le mouvement des corps m, m', m'', ... étant arbitraire, les propriétés précédentes doivent faire préférer le plan dont il s'agit, de même que, dans la détermination du mouvement d'un système du corps, on fixe naturellement l'origine des coordonnées à leur centre commun de gravité. La considération de ce plan est d'autant plus importante que, vu les mouvements particuliers des étoiles et la mobilité des orbites des planètes, il deviendra, dans la suite des siècles, très utile d'avoir un plan invariable auquel on puisse, à toutes les époques, rapporter les mouvements des corps célestes. Celui que nous venons de considérer a l'avantage d'être fixe, du moins lorsque l'on fait abstraction des corps étrangers au système planétaire, action qui, jusqu'à présent, est insensible. Il est facile d'ailleurs d'en déterminer la position au moyen des valeurs précédentes de p_i et de q_i; on pourra même la déterminer avec plus de précision, en faisant usage des deux dernières équations (a) du numéro précédent, dans lesquelles on n'a point négligé les carrés des excentricités et des inclinaisons des orbites; car, ayant déjà à très peu près la position de ce plan, on pourra facilement, par les méthodes différentielles, faire disparaître les constantes de ces équations. La connaissance des masses des planètes est, à la vérité, nécessaire pour retrouver à une époque quelconque le plan dont il s'agit; mais heureusement les quatre planètes qui ont des satellites sont celles qui ont le plus d'influence sur sa position, et les masses des autres planètes seront bientôt assez exactement connues pour que l'erreur de cette position soit insensible.

Supposons qu'il n'y ait que deux planètes m et m' dont les orbites soient circulaires et inclinées l'une à l'autre d'une quantité quelconque; en choisissant pour plan fixe celui relativement auquel les constantes des deux dernières des équations (a) de l'article XXI sont nulles, et en observant que $\dfrac{1}{\sqrt{1+\tang^2\varphi}} = \cos\varphi$, ces deux équations deviendront

$$0 = m\sqrt{a}\,\sin\varphi\,\sin\theta + m'\sqrt{a'}\,\sin\varphi'\,\sin\theta',$$
$$0 = m\sqrt{a}\,\sin\varphi\,\cos\theta + m'\sqrt{a'}\,\sin\varphi'\,\cos\theta';$$

ces équations donnent les deux suivantes

$$m\sqrt{a}\,\sin\varphi = m'\sqrt{a'}\,\sin\varphi',$$
$$\sin\theta = -\sin\theta', \qquad \cos\theta = -\cos\theta',$$

d'où l'on tire

$$\theta' = 180° + \theta;$$

les nœuds des deux orbites sont, par conséquent, sur la même ligne; mais le nœud ascendant de l'une d'elles coïncide avec le nœud descendant de l'autre orbite, en sorte que l'inclinaison mutuelle des deux orbites est égale à $\varphi + \varphi'$.

La première des équations (a) de l'article XXI donne

$$\text{const.} = m\sqrt{a}\,\cos\varphi + m'\sqrt{a'}\,\cos\varphi';$$

en la combinant avec celle-ci

$$m\sqrt{a}\,\sin\varphi = m'\sqrt{a'}\,\sin\varphi',$$

on voit que φ et φ' sont invariables; les inclinaisons des plans des deux orbites sur le plan fixe et sur eux-mêmes sont donc constantes, et ces trois plans ont toujours une intersection commune. Il en résulte que la variation moyenne instantanée de cette intersection est toujours la même, puisqu'elle ne peut être qu'une fonction de ces inclinaisons. Cette ligne a donc un mouvement uniforme pendant lequel les orbites conservent la même inclinaison sur le plan fixe.

La position de ce plan est facile à déterminer, puisqu'il ne s'agit que de diviser l'angle de l'inclinaison mutuelle des orbites en deux angles φ et φ', tels que l'on ait

$$m\sqrt{a}\,\sin\varphi = m'\sqrt{a'}\,\sin\varphi',$$

d'où l'on tire, en désignant par π l'inclinaison mutuelle des orbites,

$$\tan\varphi = \frac{m'\sqrt{a'}\sin\pi}{m\sqrt{a} + m'\sqrt{a'}\cos\pi}.$$

On a donc ainsi la solution la plus simple du problème dans lequel on se propose de déterminer le mouvement des deux orbites. Ce problème a déjà été résolu par M. de la Grange, dans les *Mémoires de Berlin* pour l'année 1774; mais la solution de cet illustre géomètre est assez compliquée; elle suppose d'ailleurs que l'inclinaison mutuelle des deux orbites reste toujours la même, ce qu'il était indispensable de démontrer.

XXIII.

Sur le mouvement d'un système de corps qui s'attirent mutuellement suivant une loi quelconque.

Le problème du mouvement d'un système de deux corps soumis à leur attraction mutuelle peut être résolu exactement; mais, lorsque le système est composé de trois ou d'un plus grand nombre de corps, le problème, dans l'état actuel de l'analyse, ne peut être résolu que par approximation. Voici cependant quelques cas où il est susceptible d'une solution rigoureuse.

Si l'on conçoit les différents corps disposés de manière que les résultantes des forces dont chacun d'eux est animé passent par le centre de gravité du système, et que ces diverses résultantes soient proportionnelles aux distances respectives des corps à ce centre, alors il est clair que, en imprimant au système un mouvement angulaire de rotation autour de son centre de gravité, tel que la force centrifuge de l'un quelconque de ces corps soit égale à la force qui le sollicite vers ce centre, tous les corps continueront de se mouvoir circulairement autour de ce point, en conservant entre eux la même position respective, en sorte qu'ils décriront des cercles les uns autour des autres.

Les corps étant dans la position précédente, si l'on conçoit que le polygone, aux angles duquel on peut toujours les imaginer, varie d'une manière quelconque,.en conservant toujours une figure semblable, il est visible que, la loi de l'attraction étant supposée comme une puissance n de la distance, les résultantes des forces dont chaque corps est animé seront, dans les différentes variations du polygone, proportionnelles aux puissances $n^{\text{ièmes}}$ des distances des corps au centre de gravité du système. Cela posé, concevons que l'on imprime aux différents corps des vitesses proportionnelles à leurs distances à ce centre, et dont les directions soient également inclinées aux rayons menés de ce point à chacun des corps, alors les polygones formés à chaque instant par les droites qui joignent ces corps seront semblables; les corps décriront des courbes semblables, soit autour du centre de gravité du système, soit autour de l'un d'eux, et les courbes seront de la même nature que celle que décrit un corps attiré vers un point fixe par une force proportionnelle à la puissance $n^{\text{ième}}$ de la distance.

Pour appliquer ces théorèmes à un exemple, considérons trois corps dont les masses soient m, m' et m'' et qui s'attirent suivant la puissance n de la distance. Soient x et y les coordonnées de m, rapportées au plan qui joint ces trois corps et au centre de gravité du système; soient x' et y' les coordonnées de m', et x'' et y'' celles de m''. La force qui sollicite m, parallèlement à l'axe des x, sera

$$m' r^{n-1}(x - x') + m'' r'^{n-1}(x - x''),$$

r étant la distance de m à m', et r' étant la distance de m à m''. La force qui sollicite m, parallèlement à l'axe des y, sera

$$m' r^{n-1}(y - y') + m'' r'^{n-1}(y - y'').$$

Pareillement la force dont m' est animé, parallèlement à l'axe des x, est

$$m r^{n-1}(x' - x) + m'' r''^{n-1}(x' - x''),$$

r'' étant la distance de m' à m''; la force qui le sollicite, parallèlement à l'axe des y, sera

$$m r^{n-1}(y' - y) + m'' r''^{n-1}(y' - y'');$$

enfin la force qui sollicite m'', parallèlement à l'axe des x, sera

$$mr'^{n-1}(x''-x) + m'r''^{n-1}(x''-x'),$$

et celle qui le sollicite, parallèlement à l'axe des y, sera

$$mr'^{n-1}(y''-y) + m'r''^{n-1}(y''-y').$$

Maintenant, pour que la résultante des deux forces qui sollicitent m, parallèlement aux axes des x et des y, passe par le centre de gravité du système, il est nécessaire que ces forces soient dans le rapport de x à y; on aura donc

$$m'r^{n-1}(x-x') + m''r'^{n-1}(x-x'') = Kx,$$
$$m'r^{n-1}(y-y') + m''r'^{n-1}(y-y'') = Ky,$$

K étant une quantité quelconque variable ou constante. Dans ce cas, la force qui sollicite m vers le centre de gravité du système sera $K\sqrt{x^2+y^2}$. On aura pareillement, en considérant les forces dont m' est animé,

$$mr^{n-1}(x'-x) + m''r''^{n-1}(x'-x'') = K'x',$$
$$mr^{n-1}(y'-y) + m''r''^{n-1}(y'-y'') = K'y',$$

ce qui donne $K'\sqrt{x'^2+y'^2}$ pour la force qui sollicite m' vers le centre de gravité du système. Pour que cette force soit à celle qui sollicite le corps m dans le rapport des distances des deux corps à ce centre, il faut que l'on ait $K = K'$; et, comme on doit appliquer le même résultat aux forces dont le corps m'' est animé, on aura les trois équations suivantes :

$$(a) \quad \begin{cases} m'r''^{n-1}(x-x') + m''r'^{n-1}(x-x'') = Kx, \\ m\,r'^{n-1}(x'-x) + m''r''^{n-1}(x'-x'') = Kx', \\ mr'^{n-1}(x''-x) + m'r''^{n-1}(x''-x') = Kx''. \end{cases}$$

En changeant dans ces équations x, x', x'' en y, y', y'', on aura celles qui sont relatives à ces trois dernières variables.

Les équations précédentes, multipliées respectivement par m, m', m'' et ajoutées ensemble, donnent

$$0 = mx + m'x' + m''x'',$$

équation qui résulte pareillement de la nature du centre de gravité. Cette équation, combinée avec la première des équations (a), donne

$$x\left[m'r^{n-1} + (m + m'')r'^{n-1}\right] + m'x'(r'^{n-1} - r^{n-1}) = \mathbf{K}x.$$

En supposant donc $r = r'$, on aura

$$\mathbf{K} = (m + m' + m'')r^{n-1}.$$

Si l'on suppose, de plus, $r = r''$, les deux dernières des équations (a) donneront la même expression de $\mathbf{K}$; d'où il suit que, dans la supposition de $r = r' = r''$, cette expression satisfait aux équations (a) et aux équations semblables en y, y' et y''.

Si, dans cette supposition, on nomme s, s', s'' les distances respectives des corps m, m', m'', au centre de gravité du système, les forces qui sollicitent ces corps vers ce point seront $\mathbf{K}s$, $\mathbf{K}s'$, $\mathbf{K}s''$; ainsi, en imprimant à ces trois corps des vitesses proportionnelles à s, s', s'', et dont les directions soient également inclinées sur ces rayons, on aura, durant le mouvement, $r = r' = r''$, c'est-à-dire que les trois corps forment toujours un triangle équilatéral par les droites qui les joignent; ils décriront des courbes parfaitement semblables autour de leur centre de gravité et autour les uns des autres.

La force qui sollicite m étant égale à $\mathbf{K}s$, elle sera

$$(m + m' + m'')r^{n-1}s;$$

or on a

$$r = \frac{(m + m' + m'')s}{\sqrt{m'^2 + m'm'' + m''^2}};$$

ainsi l'expression de la force qui sollicite m vers le centre de gravité du système sera

$$(m + m' + m'')^n (m'^2 + m'm'' + m''^2)^{\frac{1-n}{2}} s^n.$$

Dans le cas de la nature où $n = -2$, cette force fera décrire une section conique; ainsi les trois corps décriront trois sections coniques semblables autour du centre de gravité du système, en formant constamment entre eux un triangle équilatéral, dont les côtés varieront sans cesse et s'étendront même à l'infini, si la section est une parabole ou une hyperbole.

Supposons maintenant que les trois quantités r, r', r'' ne soient pas égales entre elles, que r, par exemple, ne soit pas égale à r', et reprenons l'équation

$$x[m'r^{n-1} + (m + m'')r'^{n-1}] + m''x'(r'^{n-1} - r^{n-1}) = \mathrm{K}x,$$

on aura une équation semblable entre y et y', d'où l'on tirera

$$x : x' :: y : y';$$

ainsi les deux corps m et m' sont sur la même droite que le centre de gravité du système, ce qui exige que les trois corps m, m' et m'' soient sur une même droite. Prenons, à un instant quelconque, cette droite pour l'axe des abscisses; supposons les corps rangés dans l'ordre m, m', m'', et que leur centre commun de gravité soit entre m et m'. Soit

$$x' = -\mu x, \qquad x'' = -\nu x;$$

les deux premières des équations (a) donneront

$$\mathrm{K} = x^{n-1}[m'(1 + \mu)^n + m''(1 + \nu)^n],$$
$$\mu[m'(1 + \mu)^n + m''(1 + \nu)^n] = m(1 + \mu)^n - m''(\nu - \mu)^n.$$

Soit
$$\nu - \mu = (1 + \mu)z;$$

nous aurons
$$1 + \nu = (1 + \mu)(1 + z),$$

par conséquent
$$\mu[m' + m''(1 + z)^n] = m - m''z^n;$$

mais l'équation
$$0 = mx + m'x' + m''x''$$

donne
$$0 = m - m'\mu - m''\nu,$$

d'où l'on tire
$$\mu = \frac{m - m''z}{m' + m'' + m''z};$$

on aura donc

$$(m - m''z)[m' + m''(1 + z)^n] = [m' + m''(1 + z)](m - m''z^n).$$

Dans le cas de la nature où $n = -2$, cette équation devient

$$o = m z^3 [(1 + z)^3 - 1] - m'(1 + z)^2 (1 - z^3) - m''[(1 + z)^3 - z^3],$$

équation du cinquième degré, et par conséquent susceptible d'une racine réelle; et comme, dans la supposition de $z = o$, le second membre de cette équation est négatif, tandis qu'il est positif dans le cas de z infini, z a nécessairement une valeur réelle et positive.

Si l'on suppose que m soit le Soleil, m' la Terre et m'' la Lune, on aura à très peu près

$$z = \sqrt[3]{\frac{m' + m''}{m}},$$

ce qui donne z égal à $\frac{1}{100}$ environ. Donc si, à l'origine, la Terre et la Lune avaient été placées sur une même droite avec le Soleil à des distances respectives de cet astre proportionnelles à 1 et à $1 + \frac{1}{100}$; si, de plus, on leur avait imprimé des vitesses parallèles et proportionnelles à ces distances, la Lune eût été sans cesse en opposition avec le Soleil; ces deux astres se seraient succédé l'un à l'autre sur l'horizon; et comme, à cette distance de la Terre, la Lune n'aurait point été éclipsée, sa lumière eût, pendant les nuits, remplacé la lumière du Soleil.

Je dois observer que M. de la Grange a déjà résolu ces problèmes, dans le cas de trois corps et de $n = -2$; mais j'ai cru que les Géomètres verraient avec plaisir le principe général dont ces solutions dépendent, quels que soient le nombre des corps du système et la puissance de la distance suivant laquelle ils s'attirent.

FIN DU TOME ONZIÈME.

30163   Paris. — Imprimerie GAUTHIER-VILLARS ET FILS, quai des Grands-Augustins, 55.

EXTRAIT DU CATALOGUE

DE LA

Librairie GAUTHIER-VILLARS et FILS

Imprimeurs-Libraires-Éditeurs du Bureau des Longitudes ; de l'École Polytechnique ; de l'École Centrale des Arts et Manufactures ; du Conservatoire national des Arts et Métiers ; de l'Observatoire de Paris ; des Observatoires de Montsouris, Bordeaux, Toulouse, Marseille et Nice ; du Bureau central météorologique ; de la Société française de Physique ; du Bureau international des Poids et Mesures. — Éditeurs des *Comptes rendus hebdomadaires des séances de l'Académie des Sciences* ; du *Journal de Mathématiques*, par M. Camille JORDAN ; du *Journal de l'École Polytechnique* ; des *Annales scientifiques de l'École Normale supérieure*, par MM. les Maîtres de Conférences ; des *Nouvelles Annales de Mathématiques*, par MM. LAISANT et ANTOMARI ; des *Annales de la Faculté des Sciences de Toulouse* ; des *Annales du Conservatoire des Arts et Métiers* ; du *Bulletin des Sciences mathématiques*, par MM. G. DARBOUX et J. TANNERY ; du *Bulletin astronomique*, par M. F. TISSERAND ; du *Bulletin de la Société française de Photographie* ; du *Bulletin de la Société internationale des Électriciens* ; des *Annales de l'Observatoire de Paris* ; des *Œuvres de* CAUCHY, FERMAT, FOURIER, LAGRANGE, LAPLACE, etc.

QUAI DES GRANDS-AUGUSTINS, 55, A PARIS.

Envoi *franco*, contre mandat de poste ou valeur sur Paris, dans les *pays faisant partie de l'Union postale*

ANNUAIRE DE L'OBSERVATOIRE MUNICIPAL DE MONTSOURIS pour 1896 ; Météorologie, Chimie, Micrographie, Application à l'hygiène (contenant le résumé des travaux de l'Observatoire durant l'année 1894). 24ᵉ année. In-18 avec diagrammes et 48 fig.

Broché . . . . 2 fr. | Cartonné . . . . 2 fr. 50

Les années 1872, 1876, 1879, 1881, 1883 ne se vendent plus séparément.

ANNUAIRE pour l'an 1896, publié par le Bureau des Longitudes, contenant les Notices suivantes : *Les forces à distance et les ondulations*, par M. A. CORNU. — *Notice sur les Travaux de Fresnel en optique*, par M. A. CORNU. — *Sur la construction des nouvelles cartes magnétiques du globe*, entreprises sous la direction du Bureau des Longitudes, par M. DE BERNARDIÈRES. — *Sur une troisième ascension à l'observatoire du sommet du mont Blanc et les travaux exécutés pendant l'été de 1893 dans le massif de cette montagne*, par M. J. JANSSEN. — *Notice sur la vie et les travaux du contre-amiral Fleuriais*, par M. DE BERNARDIÈRES. — *Allocution prononcée aux funérailles de M. E. Brunner*, par M. J. JANSSEN. — *Allocution prononcée aux funérailles de M. E. Brunner*, par M. F. TISSERAND. In-18 de IV-894 pages, avec figures et 2 cartes magnétiques.

Broché . . . . 1 fr. 50 | Cartonné . . . . 2 fr.

Pour recevoir l'Annuaire *franco* par la poste, dans tous les pays faisant partie de l'Union postale, ajouter 35 centimes.

APPELL (Paul), Membre de l'Institut. — Traité de Mécanique rationnelle (Cours de Mécanique de la Faculté des Sciences). 3 volumes grand in-8, se vendant séparément :

TOME I. — *Statique. Dynamique du point.* Grand in-8, avec 178 figures ; 1893 . . . . 16 fr.

TOME II. — *Dynamique des systèmes. Mécanique analytique* avec figures ; 1893. Prix pour les souscripteurs . . . . 14 fr.

Un premier fascicule (192 pages) a paru.

TOME III. — *Hydrostatique. Hydrodynamique.* . . . . (En préparation.)

Ce Traité est le résumé des leçons que l'auteur fait depuis plusieurs années à la Faculté des Sciences de Paris sur le programme de la licence. Comme la Mécanique était, jusqu'à présent, à peine enseignée dans les lycées, on ne suppose chez le lecteur aucune connaissance de cette science et on commence par l'exposition des notions préliminaires indispensables, théorie des vecteurs, ciématique du point et du corps solide, principes de la Mécanique, travail des forces. Vient ensuite la Mécanique proprement dite, divisée en Statique et Dynamique.

Ce qui fait le caractère distinctif de cet Ouvrage et ce qui justifiera la publication d'une nouvelle Mécanique rationnelle après tant d'autres excellents Traités, c'est l'introduction de la Mécanique analytique dans les commencements mêmes du cours. Au lieu de reléguer les méthodes de Lagrange à la fin et d'en faire une exposition entièrement séparée, l'auteur a essayé de les introduire dans le courant de l'Ouvrage.

Suite des Publications de la Librairie **GAUTHIER-VILLARS et FILS**.

APPELL (Paul), Membre de l'Institut, Professeur à la Faculté des Sciences, et **GOURSAT (Édouard)**, Maître de Conférences à l'École Normale supérieure. — **Théorie des fonctions algébriques et de leurs intégrales.** *Étude des fonctions analytiques sur une surface de Riemann*, avec une Préface de M. HERMITE. Grand in-8, avec 91 figures; 1895. . . . . 16 fr.

La méthode de représentation que le génie de Riemann a créée pour les fonctions algébriques n'est pas seulement un moyen commode de recherches : c'est une conception qui fait comprendre la véritable nature des fonctions algébriques, qui rend intuitive la notion de genre et l'existence des périodes. D'ailleurs, cette conception de la surface de Riemann est tellement liée à celle des fonctions algébriques, que ces deux conceptions sont équivalentes; à toute fonction algébrique correspond une surface de Riemann, et réciproquement à toute surface de Riemann correspond une classe de fonctions algébriques exprimables rationnellement par l'une d'entre elles.

Mettre les étudiants en possession de cet instrument de travail en leur indiquant comment il permet de traiter avec facilité les questions essentielles sur les fonctions algébriques et leurs intégrales, tel est le but de l'Ouvrage de MM. Appell et Goursat.

BAILLAUD (B.), Doyen de la Faculté des Sciences de Toulouse, Directeur de l'Observatoire. — **Cours d'Astronomie** *à l'usage des étudiants des Facultés des Sciences.* 2 volumes grand in-8, se vendant séparément.

> Iʳᵉ PARTIE : *Quelques théories applicables à l'étude des sciences expérimentales. — Probabilités : Erreurs des observations. — Instruments d'Optique. — Instruments d'Astronomie. — Calculs numériques, interpolations,* avec 58 figures ; 1893. . . . . 8 fr.

> IIᵉ PARTIE : *Astronomie. Astronomie sphérique. Étude du système solaire. Détermination des éléments géographiques.* (Paraîtra en 1896). . . . . (Sous presse.)

Après quinze années d'enseignement, l'Auteur a cru utile de réunir en un Ouvrage peu volumineux les notions essentielles de l'Astronomie que doivent connaître les Étudiants des Facultés des Sciences. Il a réuni dans la première Partie diverses questions dont la connaissance intéresse autant les Physiciens que les Astronomes; les principes du Calcul des probabilités et leur application à la théorie des erreurs des observations ; l'étude des instruments d'Optique ; celle des instruments de précision qui servent à la mesure du temps, des longueurs ou des angles et, en particulier, des principaux instruments astronomiques ; les procédés usités dans les calculs numériques, notamment l'emploi des Tables de logarithmes, des nombres et des fonctions trigonométriques, celui des logarithmes d'addition, les formules de la Trigonométrie sphérique, les méthodes d'interpolation.

La seconde Partie de cet Ouvrage est consacrée à l'Astronomie elle-même. On y a introduit, avec les questions explicitement comprises dans le programme de la licence ès Sciences mathématiques, diverses questions d'Astronomie théorique qui doivent être, aujourd'hui, regardées comme élémentaires : la détermination des orbites, des planètes et des comètes d'après trois observations, les principes de la théorie des planètes, de la théorie de la Lune et du Calcul numérique des perturbations.

BRISSE (Ch.), Professeur à l'École Centrale et au Lycée Condorcet, Répétiteur à l'École Polytechnique. — **Cours de Géométrie descriptive.** 2 volumes grand in-8; 1891.

> Iʳᵉ PARTIE, à l'usage des élèves de la classe de Mathématiques élémentaires. Avec 230 figures. Prix . . . . 5 fr.

> IIᵉ PARTIE, à l'usage des élèves de la classe de Mathématiques spéciales. Avec 209 figures. Prix . . . . 7 fr.

L'Auteur s'est attaché à débarrasser chaque question de toutes les questions auxiliaires qui l'obscurcissent, à séparer nettement la solution géométrique d'un problème de son exécution graphique, à exposer des méthodes véritablement générales, à mettre en évidence la succession logique et nécessaire des idées. A ces fins, les épures d'ensemble ont été séparées des épures de détail, chacune de celles-ci ne se rapportant jamais qu'à un détail unique ; les questions de Géométrie pure soulevées par un tracé ont été résolues immédiatement à la suite de ce tracé, mais imprimées en petits caractères; les surfaces n'ont jamais été considérées comme étant du second ordre pour l'exposition d'une méthode générale, les simplifications résultant de cette circonstance n'ont été indiquées qu'ensuite ; enfin chaque question a été, autant que possible, amenée immédiatement par la précédente. En un mot, cet Ouvrage se distingue par la simplicité et la clarté de l'exposition ainsi que par l'enchaînement logique des idées.

BRISSE (Ch.). — **Cours de Géométrie descriptive,** à l'usage des *Candidats à l'École spéciale militaire.* Grand in-8, avec 328 figures; 1891 . . . . 7 fr.

Cet Ouvrage, écrit dans le même esprit que le précédent, contient toutes les matières nécessaires aux candidats à l'École spéciale militaire. Il est rédigé d'après les programmes les plus récents. Nous pouvons ajouter que cet Ouvrage constitue un *Cours élémentaire de Géométrie descriptive* également utile à consulter par tous ceux qui étudient pour la première fois cette application si intéressante de la Science.

BRISSE (Ch.). — **Cours de Géométrie descriptive,** à l'usage des *Élèves de l'Enseignement secondaire moderne.* Grand in-8, avec 345 figures; 1895. . . . . 7 fr.

Les Tables détaillées des matières contenues dans les trois Cours de M. Brisse sont envoyées franco sur demande.

BRISSE (Ch.). — **Recueil de problèmes de Géométrie analytique,** à l'usage des classes de Mathématiques spéciales. *Solutions des problèmes donnés au concours d'admission à l'École Centrale depuis 1862.* 2ᵉ édition. In-8, avec figures ; 1892. . . . . 5 fr.

Une classe de Mathématiques spéciales se compose d'élèves nouveaux et d'élèves anciens. Il y a avantage à faire traiter par ces derniers des problèmes de Géométrie analytique dès le commencement de l'année. Les questions proposées pour l'admission à l'Ecole Centrale, très bien choisies et relativement faciles, fournissent de très bons exercices. Mais il est impossible de donner en conférences la solution de ces exercices, à cause de la présence des élèves de première année qui n'ont pas encore fait de Géométrie analytique. L'Auteur a alors rédigé, *avec tous les détails que l'on donne au tableau,* les solutions de ces exercices, pour les faire circuler parmi ses élèves au moment où il leur rendait leurs copies corrigées, mais sans intention de les rendre publiques. Ce sont ces solutions qui, sur la demande des éditeurs, ont été réunies en volume, de sorte que l'Ouvrage offert aujourd'hui aux élèves est un Recueil de problèmes, dont les solutions abondent en détails inusités.

BRISSE (Ch.), Professeur à l'École Centrale et au Lycée Condorcet, Répétiteur à l'École Polytechnique. — **Cours de Mécanique,** *à l'usage de la classe de Mathématiques spéciales,* entièrement conforme au dernier programme d'admission à l'Ecole Polytechnique. Grand in-8, avec 44 figures; 1892. . . . . 3 fr. 25

Le *Cours de Mécanique* que nous publions aujourd'hui est le simple développement du nouveau programme d'admission à l'Ecole Polytechnique. L'Auteur s'est attaché à le suivre pas à pas et sans lui donner aucune extension qui ne résulte du texte d'une manière formelle. Le nouvel enseignement a pour but non pas d'aligner des calculs, ni de servir de prétexte à des problèmes d'Analyse intéressants, mais de donner aux élèves des idées justes qu'ils n'aient pas à modifier après leur entrée à l'Ecole. Ce n'est que bien pénétrés de ces idées qu'ils pourront plus tard aborder avec lucidité les nouvelles théories physiques, qui leur fourniront alors des exercices et des applications véritablement dignes d'intérêt, au lieu de ces problèmes à énoncés laborieusement échafaudés, fort jolis au point de vue des Mathématiques pures, mais auxquels la Mécanique ne fait que prêter son nom.

BRUNHES (Bernard), Maître de Conférences à la Faculté des Sciences de Lille. — **Cours élémentaire d'Electricité.** *Lois expérimentales et principes généraux. Introduction à l'Electrotechnique.* LEÇONS PROFESSÉES A L'INSTITUT INDUSTRIEL DU NORD DE LA FRANCE. In-8, avec 137 figures; 1895. . . . . 5 fr.

Dans ce Livre, qui est la reproduction de son *Cours d'Electricité théorique* à l'Institut industriel du nord de la France, l'Auteur a introduit d'une façon rigoureusement scientifique, mais aussi élémentaire que possible, toutes les notions indispensables pour l'Etude de l'Electrotechnique. Cette préoccupation de donner une base scientifique solide aux connaissances de ses Elèves distingue cet Ouvrage des Cours destinés à un public dont l'éducation première ne peut être reprise. Par les différences mêmes qu'il présente avec les Traités classiques, nombreux maintenant, ce Cours sera utile aux Elèves de l'Enseignement secondaire, aux Elèves des Ecoles industrielles et surtout aux personnes qui, désireuses de compléter les éléments, déjà acquis, de l'Electricité, voudront aborder aujourd'hui des études sérieuses d'Electrotechnique.

CAUCHY (A.). — **Œuvres complètes d'Augustin Cauchy.** In-4.

    Chaque volume se vend séparément.. . . . . 25 fr.

    Prix pour les souscripteurs. . . . . 20 fr.

    Les Tomes I, IV, V, VI, VII, VIII de la 1re Série, et VI, VII, VIII, IX et X de la 2e Série, ont été publiés précédemment. Le Tome IX de la 1re Série vient de paraître.

    1re Série. TOME IX. *Extraits des comptes rendus de l'Académie des Sciences.* In-4; 1896. 25 fr.

    En souscription : **1re Série. TOME III.** *Cours d'analyse de l'Ecole royale polytechnique.* In-4; 1896. . . . . 25 fr.

    Prix pour les souscripteurs . . . . 20 fr.

CHAPPUIS (J.), Agrégé, Docteur ès sciences, Professeur de Physique générale à l'École Centrale, et **BERGET (A.),** Docteur ès sciences, attaché au laboratoire des Recherches physiques de la Sorbonne. **Leçons de Physique générale.** *Cours professé à l'Ecole Centrale des Arts et Manufactures et complété suivant le programme de la Licence ès sciences physiques.* 3 volumes grand in-8, se vendant séparément :

    TOME I. — *Instruments de mesure. Chaleur.* Avec 175 figures; 1891. . . . . 13 fr.

    TOME II. — *Electricité et Magnétisme.* Avec 305 figures; 1891. . . . . 13 fr.

    TOME III. — *Acoustique. Optique. Electro-optique.* Avec 193 figures; 1892. . . . . 10 fr.

Les jeunes gens qui se livrent aux études d'enseignement supérieur en suivant les cours des Facultés ou ceux des grandes écoles du Gouvernement n'ont plus rien à apprendre dans les traités élémentaires écrits pour l'enseignement secondaire. D'autre part, il n'est pas donné à tous de pouvoir consulter avec fruit tous les ouvrages considérables où l'exposé de la science a reçu les plus complets développements. Entre ces deux ordres de publications : les unes trop élémentaires, les autres trop élevées, ils cherchent en vain un livre qui réponde à leur programme et soit au niveau de leurs études. C'est ce livre que nous présentons au public.

COMBEROUSSE (Charles de), Ingénieur civil, Professeur au Conservatoire national des Arts et Métiers et à l'École Centrale des Arts et Manufactures, ancien Président du Jury d'admission à la même Ecole, ancien Professeur de Mathématiques spéciales au Collège Chaptal. — **Cours de Mathématiques,** à l'usage des Candidats à l'Ecole Polytechnique, à l'Ecole Normale supérieure et à l'Ecole Centrale des Arts et Manufactures. 4 volumes in-8, avec figures et planches.

Suite des Publications de la Librairie **GAUTHIER-VILLARS et FILS**.

Chaque volume se vend séparément :

Tome Ier. — *Arithmétique et Algèbre élémentaire*, avec 38 figures. 3e édition ; 1884.　10 fr.

On vend séparément :

 Arithmétique. . . . .　4 fr.
 Algèbre élémentaire. . . . .　6 fr.

Tome II. — *Géométrie élémentaire, plane et dans l'espace. — Trigonométrie rectiligne et sphérique*, avec 543 figures. 3e édition, revue et augmentée ; 1893. . . . .　13 fr.

On vend séparément :

 Géométrie élémentaire plane et dans l'espace . . . . .　8 fr.
 Trigonométrie rectiligne et sphérique, suivie de Tables
  des valeurs des lignes trigonométriques naturelles.　5 fr.

Tome III. — *Algèbre supérieure.* Ire Partie : *Compléments d'Algèbre élémentaire (Déterminants, fractions continues, etc.). — Combinaisons. — Séries. — Etude des Fonctions. — Dérivées et différentielles. — Premières notions sur les Intégrales.* 2e édition ; 1887.　15 fr.

Tome IV. — *Algèbre supérieure.* IIe Partie : *Etude des Imaginaires. — Théorie générale de. Equations.* 2e édition ; 1890 . . . .　15 frs

CONNAISSANCE DES TEMPS ou des mouvements célestes, à l'usage des Astronomes et des Navigateurs, pour l'an 1898, publiée par le *Bureau des Longitudes*. Grand in-8 de VI-873 pages, avec 2 cartes en couleur ; 1895.

 Broché. . . . .　4 fr. | Cartonné. . . . .　4 fr. 75

Pour recevoir l'ouvrage *franco* dans les pays de l'Union postale, ajouter 1 franc.
Le volume pour l'année 1899 paraîtra en 1896.

DEMARÇAY (Eug.), Ancien Répétiteur à l'Ecole Polytechnique. — **Spectres électriques.** In-4, avec atlas grand in-4 cartonné de 10 planches contenant 20 photographies de spectres ; 1895 . . . .　25 fr.

FAYE (H.). — *Sur l'origine du Monde. Théories cosmogoniques des Anciens et des Modernes.* 3e édition, revue et augmentée. Un beau volume in-8, avec fig. ; 1896 . . . .　6 fr.

FERMAT. — *Œuvres de Fermat*, publiées par les soins de MM. *Paul Tannery* et *Charles Henry*, sous les auspices du MINISTÈRE DE L'INSTRUCTION PUBLIQUE. In-4.

 Tome I : *Œuvres mathématiques diverses. — Observations sur Diophante.* Avec 3 planches en Photoglyptographie (Portrait de Fermat, fac-similé du titre de l'édition de 1679, et fac-similé d'une page de son écriture) ; 1891. . . . .　22 fr.
 Tome II : *Correspondance de Fermat* ; 1894. . . . .　22 fr.
 Tome III : *Traductions des écrits latins de Fermat*, du « Commercium Epistolicum » de *Wallis*, de l' « *Inventum novum* » de *Jacques de Billy. — Suppléments à la Correspondance* ; 1896. . . . .　(Sous presse.)

FREYCINET (Charles de), de l'Institut. — **Essais sur la Philosophie des sciences.** *Analyse. Mécanique.* In-8 ; 1896. . . . .　6 fr.

GAUTIER (Henri) et **CHARPY** (Georges), Docteurs ès sciences, anciens Elèves de l'Ecole Polytechnique. — Leçons de Chimie, *à l'usage des élèves de Mathématiques spéciales.* 2e édition entièrement refondue. (Notation atomique). Grand in-8, avec 92 fig. ; 1894. . . . .　9 fr.

Ces **Leçons de Chimie** présentent ceci de particulier qu'elles ne sont pas la reproduction des Ouvrages similaires parus dans ces dernières années. Les théories générales de la Chimie sont beaucoup plus développées que dans la plupart des Livres employés dans l'enseignement ; elles sont mises au courant des idées actuelles, notamment en ce qui concerne la théorie des équilibres chimiques. Toutes ces théories qui montrent la continuité qui existe entre les phénomènes chimiques, physiques et même mécaniques, sont exposées sous une forme facilement accessible. La question des nombres proportionnels, qui est trop souvent négligée dans les Ouvrages destinés aux candidats aux Ecoles du Gouvernement, est traitée avec tous les développements désirables. Dans tout le cours du Volume, on remarque aussi une grande préoccupation de l'exactitude ; les faits cités sont tirés des mémoires originaux ou ont été soumis à une nouvelle vérification. Les procédés de l'industrie chimique sont décrits sous la forme qu'ils possèdent actuellement. L'Ouvrage ne comprend que l'étude des métalloïdes, c'est-à-dire les matières exigées pour l'admission aux Ecoles Polytechnique et Centrale. En résumé, le Livre de MM. Gautier et Charpy est destiné, croyons-nous, à devenir rapidement classique.

GÉRARD (Eric), Directeur de l'Institut électrotechnique Montefiore. — **Leçons sur l'Electricité**, professées à l'Institut électrotechnique. 4e édition, refondue et complétée. 2 volumes grand in-8, se vendant séparément.

 Tome I : *Théorie de l'Electricité et du Magnétisme. Electrométrie. Théorie et construction des Générateurs et des Transformateurs électriques.* Grand in-8, avec 269 figures ; 1895.　12 fr.

Suite des Publications de la Librairie GAUTHIER-VILLARS et FILS.

Tome II : *Canalisation et distribution de l'énergie électrique. Application de l'électricité à la production et à la transmission de la puissance motrice, à la traction, à la télégraphie et à la téléphonie, à l'éclairage et à la métallurgie.* Grand in-8, avec 263 figures; 1895. . . 12 fr.

GÉRARD (Éric), Directeur de l'Institut électrotechnique Montefiore, Ingénieur principal des Télégraphes, Professeur à l'Université de Liège. — **Mesures électriques.** Leçons professées à l'Institut électrotechnique Montefiore, annexé à l'Université de Liège. Gr. in-8 de 450 pages. avec 198 figures. Cartonné, toile anglaise; 1896. . . . . 12 fr.

GRÉVY (A.), Agrégé des Sciences mathématiques, Professeur au Lycée de Bar-le-Duc. — **Compositions données depuis 1872 aux examens de Saint-Cyr.** *Algèbre et Géométrie* (Énoncés et Solutions). 2ᵉ édition. In-8, avec 30 figures; 1894 . . . . 2 fr. 50

Les questions traitées dans ce recueil ont toutes été proposées aux différents concours de l'École spéciale militaire : on a choisi les solutions les plus simples, et la méthode qui se présente naturellement à l'esprit a été adoptée de préférence à certains procédés parfois plus élégants, mais auxquels des élèves peu exercés ne sauraient avoir recours sans inconvénient.

Ce recueil, destiné aux candidats à Saint-Cyr, pourra également être utile à consulter par les candidats à l'École Navale et au baccalauréat ès Sciences.

JAMIN (J.), Secrétaire perpétuel de l'Académie des Sciences, Professeur de Physique à l'École Polytechnique, et BOUTY (E.), Professeur à la Faculté des Sciences. — **Cours de Physique de l'École Polytechnique.** 4ᵉ édition, augmentée et entièrement refondue, par E. Bouty. 4 forts volumes in-8 de plus de 4000 pages, avec 1587 figures et 14 planches sur acier, dont 2 en couleur; 1885-1891. (*Autorisé par décision ministérielle.*). . . . . 72 fr.

On vend séparément (voir le *Catalogue*) :

Tome I : *Instruments de mesure. Hydrostatique. Physique moléculaire.* 243 figures et une planche. . . . . 9 fr.
(1ᵉʳ fascicule, 5 fr. — 2ᵉ fascicule, 4 fr.)

Tome II : *Chaleur.* 193 figures et 2 planches . . . . 15 fr.
(1ᵉʳ fascicule, 5 fr. — 2ᵉ fascicule, 5 fr. — 3ᵉ fascicule, 5 fr.

Tome III : *Acoustique. Optique.* 511 figures et 8 planches . . . . 22 fr.
(1ᵉʳ fascicule, 4 fr. — 2ᵉ fascicule, 4 fr. — 3ᵉ fascicule, 14 fr.)

Tome IV (1ʳᵉ Partie) : *Électricité statique et dynamique.* 316 figures et 2 planches. 13 fr.
(1ᵉʳ fascicule, 7 fr. — 2ᵉ fascicule, 6 fr.)

Tome IV (2ᵉ Partie) : *Magnétisme. Applications.* 324 figures et 1 planche. . . . . 13 fr.
(3ᵉ fascicule, 8 fr. — 4ᵉ fascicule, 5 fr.)

Des suppléments, destinés à exposer les progrès accomplis, viendront successivement compléter ce grand Traité et le maintenir au courant des derniers travaux.

1ᵉʳ Supplément. — **Chaleur, Acoustique et Optique.** par E. Bouty, Professeur à la Faculté des Sciences. In-8, avec 41 figures; 1896. 3 fr. 50
(Un prospectus très détaillé est envoyé sur demande.)

JANET (Paul). Chargé de Cours à la Faculté des sciences de Paris, Directeur du Laboraoire central d'Électricité. — **Premiers principes d'Électricité industrielle.** *Piles. Accumulateurs. Dynamos. Transformateurs.* 2ᵉ édition. In-8, avec 173 figures; 1896. . . . . 6 fr.

Ce Livre s'adresse à toute personne désireuse d'acquérir quelques idées fondamentales, précises, dans cette Science appliquée, aujourd'hui de si vaste étendue, l'Électricité; de changer en idées modernes, actuelles, le bagage suranné du vieil enseignement qui a disparu il y a si peu de temps, enfin de se mettre au courant des principes essentiels pour pénétrer plus avant dans l'étude des phénomènes électriques et de leurs applications. Il s'adresse aussi aux Étudiants de nos Facultés et Écoles, qui y trouveront peut-être quelque secours pour s'habituer à voir le sens physique des choses et le côté pratique d'une Science dont ils connaissent la théorie.

JORDAN (Camille), Membre de l'Institut, Professeur à l'École Polytechnique. — **Cours d'Analyse de l'École Polytechnique.** 2ᵉ édition, entièrement refondue. Trois volumes in-8, avec figures, se vendant séparément :

Tome I. — Calcul différentiel. 1893. . . . . 17 fr.
Tome II. — Calcul intégral (*Intégrales définies et indéfinies*). 1894. . . . . . . 17 fr.
Tome III. — Calcul intégral (*Équations différentielles*); 1896. . . . . 15 fr.

LAISANT (C.-A.), Docteur ès Sciences. — **Recueil de problèmes de Mathématiques** *classés par divisions scientifiques,* contenant les énoncés avec renvoi aux solutions de tous les problèmes posés, depuis l'origine, dans divers journaux : *Nouvelles Annales de Mathématiques, Journal de Mathématiques élémentaires et de Mathématiques spéciales, Nouvelle Correspondance mathématique, Mathésis.* 7 volumes in-8, se vendant séparément.

CLASSES DE MATHÉMATIQUES ÉLÉMENTAIRES.

I : *Arithmétique. Algèbre élémentaire. Trigonométrie;* 1893 . . . . 2 fr. 50

II : *Géométrie à deux dimensions. Géométrie à trois dimensions. Géométrie descriptive;*
1893 . . . . 5 fr.

CLASSES DE MATHÉMATIQUES SPÉCIALES.

III : *Algèbre. Théorie des nombres. Probabilités. Géométrie de situation;* 1895 . . 6 fr. »

IV : *Géométrie analytique à deux dimensions (et Géométrie supérieure);* 1893 . . 6 fr. 50

V : *Géométrie analytique à trois dimensions (et Géométrie supérieure);* 1893 . . 2 fr. 50

VI : *Géométrie du triangle,* 1896 . . . . (Sous presse).

LICENCE ÈS SCIENCES MATHÉMATIQUES.

VII : *Calcul infinitésimal et Calcul des fonctions. Mécanique. Astronomie. (En préparation.)*

Ces problèmes représentent en quelque sorte le résumé des travaux mathématiques d'un demi-siècle. Presque tous intéressants, quelques-uns sont dus à des géomètres illustres. Et cependant, épars dans des collections dont quelques-unes sont rares aujourd'hui, ils étaient devenus presque introuvables pour les élèves. M. Laisant aura rendu un réel service à l'Enseignement et à l'histoire de la Science, en faisant une classification de tous ces problèmes. Il a eu soin du reste d'indiquer les solutions publiées par un système de renvois abréviatifs, afin de permettre, en cherchant dans les collections des bibliothèques, de retrouver une solution qu'on désirerait étudier.

Grâce à la classification adoptée, une question quelconque peut être retrouvée presque immédiatement dans l'Ouvrage si elle y figure. Chaque Volume contient du reste sur la classification et les notations tous les renseignements nécessaires pour se suffire à lui-même.

LAISANT (C.-A.) et LEMOINE (E.), Directeur de l'*Intermédiaire des Mathématiciens.* — **Traité d'Aritmétique** suivi de *Notes sur l'Ortografe simplifiée,* par P. MALVEZIN, Directeur de la Société filologique française. Petit in-8, en caractères elzéviriens et titre en deux couleurs;
1895 . . . . 5 fr.

(Ouvrage imprimé avec l'ortografe adoptée par la Société filologique française.)

LAURENT (H.), Examinateur d'admission à l'École Polytechnique. — **Traité d'Analyse.**
7 volumes in-8, avec figures . . . . 73 fr.

TOME I. — Calcul différentiel. — *Applications analytiques;* 1885 . . . . 10 fr.

TOME II. — *Applications géométriques;* 1887 . . . . 12 fr.

TOME III. — Calcul intégral. — *Intégrales définies et indéfinies.* In-8, avec figures;
1888 . . . . 12 fr.

TOME IV. — *Théorie des fonctions algébriques et leurs intégrales.* In-8, avec figures;
1890 . . . . 12 fr.

TOME V. — *Équations différentielles ordinaires;* 1890 . . . . 10 fr.

TOME VI. — *Équations aux dérivées partielles;* 1890 . . . . 8 fr. 50

TOME VII et dernier. — *Applications géométriques de la théorie des équations différentielles;* 1891 . . . . 8 fr. 50

Ce Traité est le plus étendu qui soit publié sur l'Analyse. Il est destiné aux personnes qui, n'ayant pas le moyen de consulter un grand nombre d'ouvrages, ont le désir d'acquérir des connaissances étendues en Mathématiques. Il contient donc, outre le développement des matières exigées des candidats à la Licence, le résumé des principaux résultats acquis à la Science. (Des astérisques indiquent les matières non exigées des candidats à la Licence.) Enfin, pour faire comprendre dans quel esprit est rédigé ce Traité d'Analyse, il suffira de dire que l'Auteur est un ardent disciple de Cauchy.

LAURENT (H.), Répétiteur d'Analyse à l'École Polytechnique et ancien Elève de cette Ecole. —
— **Traité d'Algèbre,** à l'usage des candidats aux Ecoles du Gouvernement. Revu et mis en harmonie avec les derniers programmes, par MARCHAND, ancien Elève de l'Ecole Polytechnique. 4 volumes in-8.

Ire PARTIE. — *Algèbre élémentaire,* à l'usage des Classes de Mathématiques élémentaires.
4e édition; 1887 . . . . 4 fr.

IIe PARTIE. — *Analyse algébrique,* à l'usage des Classes de Mathématiques spéciales. 5e édition; 1894 . . . . 4 fr.

IIIe PARTIE. — *Théorie des Équations,* à l'usage des Classes de Mathématiques spéciales. 5e édition; 1894 . . . . 4 fr.

IVe PARTIE. — *Théorie des polynomes à plusieurs variables;* 1894 . . . . 1 fr. 50

LENOBLE, Professeur de chimie à l'Université libre de Lille. — **La Théorie atomique et la théorie dualistique.** *Transformation des formules. Différences essentielles entre les deux théories.* In-18 jésus; 1896 . . . . 2 fr.

LUCAS (Édouard). — **L'Arithmétique amusante.** (Introduction aux Récréations mathématiques). *Amusements scientifiques pour l'enseignement et la pratique du calcul.* Petit in-8 en caractères elzévirs et titre en deux couleurs.; 1895. . . . . 7 fr. 50

LUCAS (Édouard). — **Récréations mathématiques.** 4 volumes petit in-8, caractères elzévirs, titres en deux couleurs, se vendant séparément :

    Tome I. — *Les Traversées. — Les Ponts. — Les Labyrinthes. — Les Reines. — Le Solitaire. — La Numération. — Le Baguenaudier. — Le Taquin.* 2ᵉ édition ; 1891. Prix : Papier Hollande, 12 fr. ; vélin. . . . . 7 fr. 50

    Tome II. — *Qui perd gagne. — Les Dominos. — Les Marelles. — Le Parquet. — Le Casse-Tête. — Les Jeux de demoiselles. — Le Jeu icosien d'Hamilton* ; 1883. Prix : Papier Hollande, 12 fr. ; vélin. 7 fr. 50

    Tome III. — *Le Calcul digital. — Machines arithmétiques. — Le caméléon. — Les jonctions de points. — Le Jeu militaire. — La prise de la Bastille. — La patte d'oie. — Le fer à cheval. — Le Jeu américain. — Amusements par les jetons. — L'Étoile nationale. — Rouge et Noire* ; 1893. Prix : Papier Hollande, 9 fr. 50 ; vélin. . . . . 6 fr. 50

    Tome IV. — *Le Calendrier perpétuel. — L'Arithmétique en boules. — L'Arithmétique en bâtons. — Les Mérelles au treizième siècle. — Les carrés magiques de Fermat. — Les Réseaux et les Dominos. — Les Régions et les quatre couleurs. — La machine à marcher* ; 1894. Prix : papier Hollande, 12 fr. ; vélin. . . . . 7 fr. 50

MANNHEIM (le Colonel A.), Professeur à l'École Polytechnique. — **Principes et développements de Géométrie cinématique.** *Ouvrage contenant de nombreuses applications à la Théorie des surfaces.* In-4, avec 186 figures ; 1894. 25 fr.

Cet Ouvrage considérable débute par les premiers principes de la Géométrie cinématique. Puis il contient l'exposé méthodique des nombreux travaux de l'Auteur relatifs aux propriétés des déplacements des figures. Les déplacements non complètement définis font l'objet d'une étude spéciale. Cette étude, du domaine exclusif de la Géométrie cinématique, donne lieu à un grand nombre de résultats intéressants qu'on ne saurait trouver ailleurs.

Ce Livre contient aussi des applications très diverses qui se rapportent à l'Optique et surtout à la Théorie des surfaces.

MASCART (E.), Membre de l'Institut, Professeur au Collège de France. Directeur du Bureau central météorologique. — **Traité d'Optique.** Trois beaux volumes grand in-8°, avec figures et planches.

On vend séparément :

  Tome I : *Systèmes optiques. Interférences. Vibrations. Diffraction. Polarisation. Double réfraction,* avec 199 figures et 2 planches ; 1889 . . . . 20 fr.

  Tome II et Atlas : *Propriétés des cristaux. Polarisation rotatoire. Réflexion vitrée. Réflexion métallique. Réflexion cristalline. Polarisation chromatique,* avec 113 figures et Atlas contenant 2 planches sur cuivre dont une en couleur (Propriétés des cristaux. Colorations des cristaux par les interférences) ; 1891. . . . . 25 fr.

  Tome III : *Polarisation par diffraction. Propagation de la lumière. Photométrie. Réfractions astronomiques.* Avec 83 figures ; 1893. . . . . 20 fr.

L'auteur a traité, dans cet Ouvrage, sous la forme qui convient à une publication, les questions d'Optique qui ont fait, à différentes reprises, l'objet de son enseignement au Collège de France.

Ce Traité s'adresse aux élèves des Facultés et des Écoles d'enseignement supérieur. L'Auteur espère que les physiciens et les professeurs trouveront aussi quelque intérêt dans le mode d'exposition, le groupement des phénomènes, la discussion des expériences et dans certaines questions que les publications analogues n'ont pas l'habitude de traiter.

MÉRAY, Professeur à la Faculté des Sciences de Dijon. — **Leçons nouvelles sur l'Analyse infinitésimale et ses applications géométriques.** (*Ouvrage honoré d'une souscription du Ministère de l'Instruction publique.*) 3 volumes grand in-8, se vendant séparément :

  Iʳᵉ Partie : *Principes généraux* ; 1894. . . . . 13 fr.

  IIᵉ Partie : *Etude monographique des principales fonctions d'une seule variable* ; 1895. 14 fr.

  IIIᵉ et IVᵉ Partie : *Questions analytiques classiques. — Applications géométriques* (Actuellement rédigées pour paraître successivement).

L'Auteur expose sur un plan inédit, et avec les développements nécessaires, ses méthodes personnelles, éprouvées par vingt-cinq années d'emploi exclusif dans son enseignement. Elles se distinguent de celles dont l'habitude maintient encore le crédit, par des procédés naturels et uniformes qui confèrent aux démonstrations, pour la première fois, la rigueur et la clarté des considérations algébriques les plus faciles. Dans leur essence, ces procédés consistent à analyser les principaux modes de génération des fonctions analytiques pour en déduire *directement* la possibilité générale de leur représentation par des séries entières, puis à substituer *partout* cette notion si simple et si féconde aux intuitions, sans précision ni portée, dans lesquelles les raisonnements fondamentaux de la théorie des fonctions se sont toujours embarrassés.

Ce point de vue, que Lagrange avait pourtant indiqué en lui donnant toute sa prédilection, a été bien longtemps dédaigné; maintenant, au contraire, il gagne chaque jour du terrain, et peut-être tardera-t-il peu à devenir dominant. Les géomètres pour lesquels il aurait des côtés séduisants liront cet Ouvrage avec un grand intérêt; nous le recommanderons avec la même confiance à tous ceux qu'ont choqués l'insuffisance et les obscurités des aperçus traditionnels.

MICHAUT, Commis principal à la Direction technique des Télégraphes de Paris; et **GILLET**, Commis principal au poste central des Télégraphes de Paris. — Leçons élémentaires de *Télégraphie électrique. Système Morse. Manipulation. Notions de Physique et de Chimie. Piles. Appareils et accessoires. Installation des Postes.* 2ᵉ édition. In-18 jésus, avec 36 figures; 1895. . . . . 3 fr. 75

Cet ouvrage a été rédigé non seulement au point de vue général des connaissances nécessaires à tous les télégraphistes, mais aussi et spécialement pour servir aux candidats qui veulent se présenter à l'examen d'aptitude à l'emploi d'auxiliaire militaire *manipulant*.

Il a été établi conformément au programme des Cours faits à Paris pendant les vingt-huit jours, et c'est le seul livre adopté pour l'instruction des *réservistes auxiliaires*.

MONOD (Édouard-Gabriel). *Stéréochimie. Exposé des théories de* LE BEL *et* VAN'T HOFF, complétées par les travaux de MM. FISCHER, BAYER, GUYE et FRIEDEL, avec une préface de M. C. FRIEDEL. In-8, avec nombreuses figures; 1895. . . . . 5 fr.

NIEWENGLOWSKI (B.), Inspecteur d'Académie. — Cours de Géométrie analytique, à l'usage des Élèves de la classe de Mathématiques spéciales et des Candidats aux Écoles du Gouvernement. 3 volumes grand in-8, avec nombreuses figures, se vendant séparément.

TOME I : SECTIONS CONIQUES; 1894. . . . . 10 fr.

TOME II : CONSTRUCTION DES COURBES PLANES. — COMPLÉMENTS RELATIFS AUX CONIQUES. 1895; Prix. . . . . 8 fr.

TOME III : GÉOMÉTRIE DANS L'ESPACE, avec une *Note sur les Transformations en Géométrie,* par E. BOREL, Maître de Conférences à la Faculté des Sciences de Lille; 1896. Prix, pour les souscripteurs. . . . . 12 fr.

Un premier fascicule (336 pages) a paru.

AVANT-PROPOS

Ce *Cours* comprend tout ce qui est exigé des candidats à l'École Polytechnique ou à l'École Normale relativement à la Géométrie analytique : il contient davantage. Les élèves qui se préparent à subir les épreuves d'un concours difficile sont obligés d'apprendre plus que le *programme*, en vertu de cet adage : *Qui peut le plus, peut le moins.* Aussi ne me suis-je pas limité aux seules théories qui figurent explicitement dans les programmes officiels. Ni les coordonnées trilinéaires, ni les coordonnées tangentielles n'y sont mentionnées; leur connaissance est pourtant précieuse : c'est pourquoi je leur ai fait une place importante. Néanmoins j'ai réservé la prédominance aux coordonnées cartésiennes qui constituent l'instrument fondamental.

L'emploi des coordonnées tangentielles exige quelque expérience : on ne peut le nier. On ne doit donc, à mon avis, les introduire dans l'enseignement qu'avec beaucoup de prudence et de ménagement. J'ai cru possible et avantageux d'exposer la théorie des coordonnées homogènes et des coordonnées trilinéaires aussitôt après la *ligne droite;* mais c'est surtout la transformation par polaires réciproques qui permet de comprendre l'usage des coordonnées tangentielles en éclairant d'un jour plus vif les raisonnements directs qui semblent parfois quelque peu détournés. Pour cette raison, j'ai placé les principales applications des coordonnées tangentielles après les polaires réciproques.

A la suite de chaque Chapitre, j'ai indiqué quelques exercices dont j'aurais pu facilement étendre le nombre, en faisant des emprunts aux journaux ou aux recueils de problèmes. J'ai préféré n'indiquer que des applications immédiates ou des compléments utiles.

Le premier Volume contient la ligne droite, le cercle et une partie de la théorie des coniques ainsi que la théorie des tangentes. Le deuxième renferme les théories générales relatives aux courbes planes et des compléments concernant les coniques. Un troisième Volume sera consacré à la Géométrie dite à *trois dimensions.* J'ai toujours donné la préférence aux méthodes symétriques; pour passer de la Géométrie plane à la Géométrie dans l'espace, il suffira souvent de reprendre exactement des calculs déjà faits, en introduisant une variable de plus.

L'ordre que j'ai suivi a été déterminé par le choix des matières qu'il m'a paru utile de grouper pour constituer mon enseignement; cet ordre n'est pas indispensable et il sera bien facile de le modifier. Les élèves de seconde année pourront, par exemple, étudier les théories générales relatives aux courbes planes aussitôt après la théorie des tangentes et terminer par les coniques. J'ai pensé qu'il y aurait plus de profit pour les élèves de première année à commencer par les théories les plus faciles.

J'ai adopté, suivant en cela un usage de plus en plus répandu, deux sortes de caractères pour le texte, les plus petits étant réservés aux questions les plus difficiles et ne faisant pas partie des programmes, et parfois aussi à de simples applications.

Le dernier Volume renfermera une Note importante relative à la transformation des figures, que M. E. Borel a bien voulu rédiger.

En terminant, qu'il me soit permis d'offrir à MM. Gauthier-Villars mes bien sincères remerciements pour les soins qu'ils ont apportés à l'impression de cet Ouvrage.   B. NIEWENGLOWSKI.

PICARD (Émile), Membre de l'Institut, Professeur à la Faculté des Sciences. — **Traité d'Analyse** (Cours de la Faculté des Sciences). 4 volumes grand in-8 se vendant séparément.

Tome I : *Intégrales simples et multiples. — L'équation de Laplace et ses applications. — Développements en séries. — Applications géométriques du Calcul infinitésimal*, avec fig.; 1891.   15 fr.

Tome II : *Fonctions harmoniques et fonctions analytiques. — Introduction à la théorie des équations différentielles. — Intégrales abéliennes et surfaces de Riemann*, avec fig.; 1893.   15 fr.

Tome III : *Des singularités des intégrales des équations différentielles ordinaires. — Etude du cas où la variable reste réelle. Courbes définies par des équations différentielles. Equations linéaires.* Prix pour les souscripteurs. . . . .   14 fr.
Deux fascicules (390 pages) ont paru.

Tome IV : *Equations aux dérivées partielles*. . . . . (*En préparation.*)

Le premier Volume commence par les parties les plus élémentaires du Calcul intégral et ne suppose chez le lecteur aucune autre connaissance que les éléments du Calcul différentiel, aujourd'hui classique dans les Cours de Mathématiques spéciales. Dans la première Partie, l'Auteur expose les éléments du Calcul intégral, en insistant sur les notions d'intégrale curviligne et d'intégrale de surface, qui jouent un rôle si important en Physique mathématique. La seconde Partie traite d'abord de quelques applications de ces notions générales; au lieu de prendre des exemples sans intérêt, l'Auteur a préféré développer la théorie de l'équation de Laplace et les propriétés fondamentales du potentiel. On y trouvera ensuite l'étude de quelques développements en séries, particulièrement des séries trigonométriques. La troisième Partie est consacrée aux applications géométriques du Calcul infinitésimal.

Les Volumes suivants sont consacrés surtout à la théorie des équations différentielles à une ou plusieurs variables; mais elle est entièrement liée à plus d'une autre théorie qu'il est nécessaire d'approfondir. Pour ne citer qu'un exemple, l'étude préliminaire des fonctions algébriques est indispensable quand on veut s'occuper de certaines classes d'équations différentielles. L'Auteur ne se borne donc pas à l'étude des équations différentielles; ses recherches rayonnent autour de ces centres.

RESAL (H.), Membre de l'Institut, Professeur à l'École Polytechnique et à l'Ecole des Mines, Inspecteur général des Mines, adjoint au Comité d'Artillerie pour les études scientifiques. — **Traité de Mécanique générale**, comprenant les *Leçons professées à l'Ecole Polytechnique et à l'Ecole des Mines*. 7 volumes in-8 se vendant séparément :

MÉCANIQUE RATIONNELLE

Tome I. — *Cinématique. — Théorèmes généraux de la Mécanique. — De l'équilibre et du mouvement des corps solides.* 2ᵉ édition. In-8, avec 47 figures; 1895. . . . .   6 fr. 50

Tome II. — *Du mouvement des solides eu égard aux frottements. — Equilibre intérieur. — Elasticité. — Hydrostatique. — Hydrodynamique. — Hydraulique.* 2ᵉ édition. In-8, avec 41 figures; 1895. . . . .   3 fr.

MÉCANIQUE APPLIQUÉE (Moteurs et Machines).

Tome III. — *Des machines considérées au point de vue des transformations de mouvement et de la transformation du travail des forces. — Application de la Mécanique à l'Horlogerie.* In-8, avec 213 belles figures; 1875. . . . .   11 fr.

Tome IV. — *Moteurs animés. — De l'eau et du vent considérés comme moteurs. — Machines hydrauliques et élévatoires. — Machines à vapeur, à air chaud et à gaz.* In-8, avec 200 belles figures, levées et dessinées d'après les meilleurs types; 1876. . . . .   15 fr.

CONSTRUCTIONS.

Tome V. — *Résistance des matériaux. — Constructions en bois. — Maçonneries. — Fondations. Murs de soutènement. Réservoirs.* In-8, avec 308 belles figures, levées et dessinées d'après les meilleurs types; 1880 . . . .   12 fr. 50

Tome VI. — *Voûtes droites et biaises, en dôme, etc. — Ponts en bois. — Planchers et combles en fer. — Ponts suspendus. — Ponts-levis. — Cheminées. — Fondations de machines industrielles. — Amélioration des cours d'eau. — Substruction des chemins de fer. — Navigation intérieure. — Ports de mer.* In-8, avec 519 figures et 5 planches chromolithographiques; 1881. . . . .   15 fr.

DÉVELOPPEMENTS ET EXERCICES.

Tome VII. — *Développements sur la Mécanique rationnelle et la Cinématique pure*, comprenant de nombreux *Exercices*. In-8, avec 43 figures; 1889. . . . .   12 fr.

Les tomes I et II (2ᵉ édition) comprennent l'enseignement de la Mécanique à l'Ecole Polytechnique, et diffèrent tellement de ceux de la première édition qu'ils constituent presque un nouvel Ouvrage.
Parmi les innovations qui ont été faites on citera les suivantes :
Nouvelle théorie du roulement des corps. — Application de la méthode de la variation des constantes arbitraires à quelques problèmes du mouvement plan d'un point matériel. — Généralisation de la théorie géométrique des brachistochrones. — Nouvelles considérations sur le mouvement d'un point matériel sur une surface. — Equations de Lagrange et leur extension au mouvement relatif. — Stabilité de l'équilibre de l'axe de la toupie gyroscopique. — Mouvement de la terre autour de son centre de gravité. — Nouvelle théorie des chocs.

Suite des Publications de la Librairie **GAUTHIER-VILLARS et FILS**

— Diverses questions relatives au mouvement d'un corps sur un autre, eu égard au frottement. — Théorie complète des dilatations et des glissements dans un corps élastique. — Méthode rapide pour réduire à deux le nombre des coefficients qui entrent dans les équations générales de l'élasticité.

L'Hydrostatique, l'Hydrodynamique et l'Hydraulique ont été l'objet d'améliorations et d'adjonctions importantes.

ROUCHÉ (E.), Professeur au Conservatoire des Arts et Métiers, Examinateur de sortie à l'École polytechnique, et **DE COMBEROUSSE (Ch.)**, Professeur à l'École centrale et au Conservatoire des Arts et Métiers. — **Leçons de Géométrie**, rédigées selon les derniers programmes, à *l'usage des Élèves de l'Enseignement secondaire moderne*. 4 volumes petit in-8, se vendant séparément :

Ire PARTIE : *La ligne droite et la circonférence de cercle*, à l'usage des Élèves de la classe de quatrième (moderne), avec 137 figures; 1896. Broché : 2 fr. 75. Cartonné. . . 3 fr. 25

IIe, IIIe et IVe PARTIE. . . . . (*Sous presse.*)

— **Solutions des exercices et problèmes proposés dans les Leçons de Géométrie**. 4 volumes petit in-8, se vendant séparément :

Ire PARTIE; 1 volume petit in-8, avec 115 figures; 1896. Broché : 2 fr. 75. Cartonné. 3 fr. 25

IIe, IIIe et IVe PARTIE. . . . . (*Sous presse.*)

ROUCHÉ (Eugène), Professeur à l'École Centrale, Examinateur à l'École Polytechnique, etc., et **COMBEROUSSE (Charles de)**, Professeur à l'École Centrale et au Conservatoire national des Arts et Métiers, etc. — **Traité de Géométrie** conforme aux Programmes officiels, renfermant un très grand nombre d'Exercices et plusieurs Appendices consacrés à l'exposition des PRINCIPALES MÉTHODES DE LA GÉOMÉTRIE MODERNE. 6e édit., revue et notablement augmentée. In-8, avec plus de 600 figures et 1095 questions proposées ; 1891 . . . . 17 fr.

Prix de chaque Partie.

Ire PARTIE. — *Géométrie plane*. 7 fr. 50

IIe PARTIE. — *Géométrie de l'espace; Courbes et Surfaces usuelles* . . . . 9 fr. 50

Cet ouvrage, si complet, dont le succès croissant n'a été, pour MM. Rouché et de Comberousse, qu'un encouragement à mieux faire, est conforme aux derniers Programmes officiels. Il renferme un très grand nombre d'Exercices et de Questions proposées, classés par paragraphes. Mais le caractère distinctif qui lui donne toute sa valeur consiste dans les APPENDICES consacrés à l'exposition, à la fois concise et approfondie, des principales Méthodes de la *Géométrie moderne*. C'est là un véritable service rendu à la vulgarisation de ces Méthodes. Comme l'a dit M. Chasles, en présentant la première édition de ce Traité à l'Académie des Sciences, « il paraît satisfaire aux besoins réels de l'enseignement en France ». Depuis, les Auteurs n'ont rien négligé pour mériter de plus en plus cet éloge. De nombreuses traductions ont prouvé qu'on en jugeait ainsi à l'étranger.

ROUCHÉ (Eugène) et **COMBEROUSSE (Charles de)**. — **Éléments de Géométrie**, entièrement conformes aux derniers programmes d'enseignement des classes de troisième, de seconde, de rhétorique et de philosophie, suivis d'un **Complément** à l'usage des Élèves de **Mathématiques élémentaires et de Mathématiques spéciales**, et de *Notions sur le Lever des plans, l'Arpentage et le Nivellement*. 5e édition, revue et corrigée. In-8 de XL-604 p., avec 482 fig. et 543 questions proposées et exercices ; 1891 . . . . 6 fr.

Ces nouveaux **Éléments de Géométrie** (qu'il ne faut pas confondre avec le **Traité de Géométrie** des mêmes auteurs) sont entièrement conformes aux derniers programmes officiels. Ils renferment toutes les parties de la Géométrie enseignées successivement dans les établissements d'instruction publique, depuis la classe de troisième jusqu'à celle de Mathématiques spéciales inclusivement, et sont destinés aux élèves appelés à suivre ces différents Cours.

SALISBURY (marquis de), premier ministre d'Angleterre. — **Les Limites actuelles de notre Science**. Discours présidentiel prononcé, le 8 août 1894, devant la *British Association*, dans sa session d'Oxford. Traduit par M. W. DE FONVIELLE, avec autorisation de l'auteur. In-18 jésus; 1895. . . . . 1 fr. 50

SAUVAGE (L.), Professeur à la Faculté des Sciences de Marseille. — **Théorie générale des systèmes d'équations différentielles linéaires et homogènes**. In-4; 1895 . . . . 6 fr.

SAUVAGE (P.), Professeur au Lycée de Montpellier. — **Les lieux géométriques en Géométrie élémentaire**. In-8, avec 47 fig.; 1893 . . . . 3 fr.

Cet Ouvrage a pour objet de donner aux élèves des idées générales sur les lieux géométriques, et en même temps de résumer en un petit nombre de méthodes simples, facilement assimilables, les procédés auxquels la plupart n'arrivent qu'après un temps assez long, par tâtonnements, un peu au hasard. Des exemples sont développés à l'appui de chaque méthode. Un dernier chapitre est consacré à l'emploi des lieux géométriques dans les problèmes graphiques. Tel qu'il est, ce livre rendra de notables services aux élèves se préparant aux baccalauréats et aux Écoles du Gouvernement.

SERRET (J.-A.), Membre de l'Institut. — **Cours de Calcul différentiel et intégral**. 4e édition, augmentée d'une *Note sur les fonctions elliptiques* par M. CH. HERMITE. 2 forts volumes in-8, avec figures; 1894. . . . . 25 fr.

STOFFAES (l'abbé), Professeur à la Faculté catholique des Sciences de Lille. — **Cours de Mathématiques supérieures**, à l'usage des candidats à la Licence ès sciences physiques. In-8, avec nombreuses figures; 1891. . . . . 8 fr. 50

STURM, Membre de l'Institut. — **Cours d'Analyse de l'École Polytechnique**, revu et corrigé par E. PROUHET, Répétiteur d'Analyse à l'École Polytechnique, et augmenté de la **Théorie élémentaire des fonctions elliptiques**, par H. LAURENT. 10ᵉ édition, mise au courant du nouveau programme de la Licence, par A. DE SAINT-GERMAIN, Professeur à la Faculté des Sciences de Caen. 2 volumes in-8, avec figures; 1895.

      Broché. . . . . 15 fr. | Cartonné. . . . . 16 fr. 50

TANNERY (Jules), Sous-Directeur des Etudes scientifiques à l'École Normale supérieure et **MOLK** (Jules), Professeur à la Faculté des Sciences de Nancy. **Eléments de la Théorie des Fonctions elliptiques**. 4 volumes in-8 se vendant séparément :

    TOME I : *Introduction. — Calcul différentiel* (Iʳᵉ Partie); 1893. . . . . 7 fr. 50

    TOME II : *Calcul différentiel* (IIᵉ Partie) ; 1896. . . . . 9 fr.

    TOME III : *Calcul intégral* . . . . (*Sous presse.*)

    TOME IV : *Applications.* . . . . (*En préparation.*)

THOMSON (Sir William) [Lord Kelvin], L.L.D., F.H.S., F.H.S.E., etc., Professeur de Philosophie naturelle à l'Université de Glasgow, Membre du Collège Saint-Pierre à Cambridge. — **Conférences scientifiques et allocutions**. *Constitution de la matière*. Traduites et annotées sur la 2ᵉ édition, par M. P. LUGOL, agrégé des Sciences physiques, Professeur au Lycée de Pau; avec des *Extraits de Mémoires récents* de Sir W. THOMSON *et quelques Notes*, par M. BRILLOUIN, Maître de Conférences à l'École Normale. In-8, avec 76 figures; 1893. 7 fr. 50

TISSERAND (F.), Membre de l'Institut et du Bureau des Longitudes. — **Traité de Mécanique céleste**. 4 volumes in-4 avec figures.

    TOME I : *Perturbations des planètes d'après la méthode de la variation des constantes arbitraires;* 1889. . . . . 25 fr.

    TOME II : *Théorie de la figure des corps célestes et de leur mouvement de rotation;* 1891. 28 fr.

    TOME III : *Exposé de l'ensemble des théories relatives au mouvement de la Lune;* 1894. 22 fr.

    TOME IV et dernier : *Perturbations des petites planètes d'après les méthodes de Cauchy, Hansen et Gylden. Théorie des mouvements des satellites. Sujets détachés.* (*Sous presse.*)

L'immortel Ouvrage de Laplace est resté depuis près d'un siècle le seul Livre où les astronomes peuvent s'initier aux Méthodes de la Mécanique céleste. Cependant la Science s'est développée dans cette période et le moment était venu de résumer, de coordonner ces conquêtes et d'établir en quelque sorte le bilan de la Mécanique céleste. M. Tisserand, après vingt années d'études et de recherches, après plusieurs années d'enseignement, a entrepris cet immense labeur pour lequel il était particulièrement désigné. Nous nous faisons un devoir de signaler ce grand Ouvrage aux astronomes comme une source d'informations pour connaître exactement l'état de la Science, et comme un livre de lecture qui ouvre de grands horizons et suggère des méditations fécondes.   (*Bulletin astronomique.*)

TZAUT et MORF, Professeurs à l'École industrielle cantonale, à Lausanne. — **Exercices et Problèmes d'Algèbre** (*Première Série*); Recueil gradué renfermant plus de 3880 exercices sur l'Algèbre élémentaire jusqu'aux équations du premier degré inclusivement. 2ᵉ édition. In-12; 1892. . . . . 3 fr.

Réponses aux Exercices et Problèmes de la *première Série*. 2ᵉ édit. In-12. . . . . . . 2 fr.

WITZ (Aimé), Docteur ès Sciences, Professeur à la Faculté catholique des Sciences de Lille. — **Problèmes et Calculs pratiques d'Electricité**. (L'ECOLE PRATIQUE DE PHYSIQUE.) In-8, avec 51 fig.; 1893. . . . . 7 fr. 50

L'Auteur a réuni en un certain nombre de groupes près de 350 problèmes; il espère être arrivé ainsi à reproduire la plupart des cas de la pratique et à fournir au lecteur le moyen de résoudre tous les autres. En résumé, ce Livre constitue pour ainsi dire un Dictionnaire de solutions dans lequel on trouve sans peine ce que l'on cherche, si toutefois l'arrangement systématique des questions est bien fait.

WITZ (Aimé). — **Cours élémentaire de manipulations de Physique**, à l'usage des Candidats aux *Ecoles et au Certificat des études physiques et naturelles* (ECOLE PRATIQUE DE PHYSIQUE). 2ᵉ édition, revue et augmentée. In-8, avec 77 figures; 1893. 5 fr.

EXTRAIT DU CATALOGUE
DE LA
BIBLIOTHÈQUE PHOTOGRAPHIQUE

La Bibliothèque photographique se compose de plus de 200 volumes et embrasse l'ensemble de la Photographie considérée comme Science ou comme Art. Le Catalogue détaillé est envoyé franco sur demande.

Quelques Ouvrages pour l'enseignement et la pratique de la Photographie.

AIDE-MÉMOIRE DE PHOTOGRAPHIE, publié depuis 1876, sous les auspices de la Société photographique de Toulouse, par *C. Fabre*. In-18, avec spécimens et figures.
      Broché. . . . . . 1 fr. 75   Cartonné. . . . . . 2 fr. 25

Les volumes des années précédentes, sauf 1877, 1878, 1879, 1880, 1883, 1884, 1885 et 1886 se vendent aux mêmes prix.

CHÉRI-ROUSSEAU. — **Méthode pratique pour le tirage des épreuves de petit format par le procédé au charbon.** In-18 jésus; 1894. . . . . 75 c.

BERTHIER (A.). — **Manuel de Photochromie interférentielle.** *Procédés de reproduction directe des couleurs.* In-18 jésus, avec figures; 1895. . . . . 2 fr. 50

CAVILLY (Georges de), — **Le Curé du Bénizou**; un volume in-4, avec illustrations photographiques dans le texte et une planche en héliogravure d'après nature par MAGRON; 1895. 5 fr.

COURRÈGES (A.), Praticien. — **Ce qu'il faut savoir pour réussir en Photographie.** 2ᵉ édition, revue et augmentée. Petit in-8, avec une planche photocollographique; 1896. . 2 fr. 50

DAVANNE. — **La Photographie.** Traité théorique et pratique. 2 beaux volumes grand in-8, avec 234 figures et 4 planches spécimens. Chaque volume se vend séparément. . . . . . 16 fr.

Un Supplément, mettant cet important ouvrage au courant des derniers travaux, paraîtra en 1896.

DONNADIEU (A.-L.), Docteur ès Sciences. — **Traité de Photographie stéréoscopique. Théorie et pratique.** Grand in-8, avec figures et atlas de 20 planches stéréoscopiques en photocollographie; 1892. . . . . 9 fr.

Ce Livre n'est pas un Traité *complet* de Photographie stéréoscopique, exposant au long les théories scientifiques. L'Auteur n'a emprunté à celles-ci que ce qui est strictement nécessaire aux applications. *C'est la pratique qu'il a eue surtout en vue* et c'est par elle qu'il a pu mettre à la disposition de l'opérateur tous les moyens propres à réaliser une bonne épreuve stéréoscopique.

FABRE (C.), Docteur ès Sciences. — **Traité encyclopédique de Photographie.** 4 beaux volumes grand in-8, avec plus de 700 figures et 2 planches; 1889-1891. Chaque volume se vend séparément . . . . 14 fr.

Des Suppléments, destinés à exposer les progrès accomplis, viendront compléter ce Traité et le maintenir au courant des dernières découvertes.

— **Premier supplément (A).** Un beau volume grand in-8 de 400 pages, avec 176 figures; 1892 . . . . 14 fr.
— Les 5 volumes se vendent ensemble. . . . . 60 fr.

FOURTIER (H.) — **Dictionnaire pratique de Chimie photographique,** contenant une *Etude méthodique des divers corps usités en Photographie,* précédé de *Notions usuelles de Chimie* et suivi d'une *Description détaillée des manipulations photographiques.* Grand in-8 avec figures; 1892. . . . . 8 fr.

L'Auteur, écartant avec soin toute théorie scientifique, s'est attaché exclusivement au côté pratique, de manière à faire de ce Dictionnaire un véritable *outil de travail,* donnant la valeur, le mode d'emploi rationnel et les propriétés spéciales des corps employés. Présentée sous une forme brève, concise et surtout avec une méthode rigoureuse, l'étude des divers corps est beaucoup facilitée et la recherche des renseignements utiles rapidement faite.

Des indications précises sur l'analyse pratique et les manipulations de laboratoire, ainsi que des tables de réaction, complètent le Dictionnaire et résument les notions de Chimie indispensables à l'amateur et au professionnel.

FOURTIER (H.) — **Les Positifs sur verre.** THÉORIE ET PRATIQUE. *Les positifs pour projections. Stéréoscopes et vitraux. Méthodes opératoires. Coloriage et montage.* Grand in-8, avec figures; 1892. . . . . 4 fr. 50

Le livre de M. Fourtier enseigne comment on peut obtenir les épreuves sur verre; abondant en tours de main usuels, en renseignements précis, il indique les écueils à éviter, les remèdes aux accidents survenus ; en un mot, tout en exposant la théorie de chaque procédé, c'est surtout le côté pratique qu'il fait prédominer.

Suite des Publications de la Librairie **GAUTHIER-VILLARS et FILS.**

FOURTIER (H.). — **La Pratique des Projections.** *Étude méthodique des appareils. Les accessoires, usages et applications diverses des projections. Conduite des séances.* 2 vol. in-18 jésus; 1892-1893.

    I. *Les appareils,* avec 66 figures. . . . . **2 fr. 75**
    II. *Les accessoires. La séance de projections,* avec 67 figures . . . . **2 fr. 75**

— **Les Tableaux de Projections mouvementés.** *Etudes des tableaux mouvementés; leur confection par les méthodes photographiques. Montages des mécanismes.* In-18 jésus, avec figures; 1893. . . . . **2 fr. 25**

— **Les Lumières artificielles en Photographie.** *Etude méthodique et pratique des différentes sources artificielles de lumière, suivie de recherches inédites sur la puissance des photopoudres et des lampes au magnésium.* Grand in-8, avec 19 figures et 8 planches; 1895. . . **4 fr. 50**

FOURTIER (H.), BOURGEOIS et BUCQUET. — **Le formulaire classeur du Photo-club de Paris.** Collection de formules sur fiches, renfermées dans un élégant cartonnage et classées en trois parties : *Phototypes, Photocopies et Photocalques. Notes et renseignements divers,* divisées chacune en plusieurs Sections.

    Première série; 1892 . . . . **4 fr.**
    Deuxième série; 1894. . . . . **3 fr. 50**

Cet Ouvrage, d'une forme absolument nouvelle, consiste en fiches mobiles, contenues dans un cartonnage joli et résistant, sur lesquelles les auteurs ont réparti de très nombreuses formules photographiques suivant ce classement logique : *Négatifs. Positifs. Renseignements divers.* Beaucoup de fiches portent plusieurs formules à la fois, quand celles-ci ont un caractère commun ; elles sont prêtes à recevoir des additions du lecteur. De plus, ce travail devant être complété chaque année, l'amateur photographe n'aura qu'à intercaler les nouvelles fiches à leurs places respectives, pour avoir un recueil de formules toujours au courant des progrès de la science.

FOURTIER (H.) et MOLTENI (A.). — **Les projections scientifiques.** *Étude des appareils, accessoires et manipulations diverses pour l'enseignement scientifique par les projections.* In-18 jésus de 300 pages, avec 113 figures; 1894.

    Broché. . . . . 3 fr. 50 | Cartonné. . . . . **4 fr. 50**

Les projections scientifiques, qui facilitent à si haut point les explications du conférencier ou du professeur, en montrant à tout un auditoire les phénomènes étudiés, présentent dans la pratique certaines difficultés et exigent des tours de main spéciaux qu'il est nécessaire de connaître pour assurer la réussite des expériences.

Les deux auteurs de ce livre étaient naturellement désignés pour l'écrire ; depuis de longues années, M. Molteni exécute presque journellement toutes les expériences dans les grands centres d'enseignement ; M. Fourtier, de son côté, a fait depuis longtemps une étude spéciale de la lanterne de projections et de ses multiples applications. Ils ont résumé, dans cet Ouvrage, les indications utiles pour ces sortes de projections, et ils ont décrit, avec méthode, sous une forme claire et concise, la façon d'opérer pour présenter les diverses expériences de Physique, de Chimie, etc.

GEYMET. — Traité pratique de Photographie. *Eléments complets. Méthodes nouvelles. Perfectionnements.* 4ᵉ édition, revue et augmentée par EUGÈNE DUMOULIN. In-18 jésus; 1894. . . **4 fr.**

GUERRONNAN (Anthonny). — Dictionnaire synonymique français, allemand, anglais, italien et latin des mots techniques et scientifiques employés en Photographie. In-8 jésus; 1895. **5 fr.**

HORSLEY-HINTON. — L'Art photographique dans le paysage. *Étude et pratique.* Traduit de l'anglais par H. COLARD. Grand in-8, avec 11 planches; 1894. . . . . **3 fr.**

KARL (Van). — La miniature photographique. Procédé supprimant le ponçage, le collage, le transparent, les verres bombés et tout le matériel ordinaire de la Photominiature, donnant sans aucune connaissance de la peinture les miniatures les plus artistiques. In-18 jésus; 1894. . . . . **75 c.**

LONDE (Albert), Officier de l'Instruction publique, membre de la Société française de Photographie, Directeur du service photographique à la Salpêtrière. — **La Photographie médicale.** Application aux sciences médicales et physiologiques. Grand in-8, avec 80 figures et 19 planches; 1893. . . . . **9 fr.**

LONDE. — La Photographie moderne. *Traité pratique de la Photographie et de ses applications à l'Industrie et à la Science.* 2ᵉ édition complètement refondue et considérablement augmentée. Grand in-8, avec 346 figures et 5 planches ; 1896. Cartonné toile anglaise. . . . . . **15 fr.**

LONDE. — Traité pratique du développement. Étude raisonnée des divers révélateurs et de leur mode d'emploi. 2ᵉ édition. In-18 jésus, avec figures et 4 planches doubles en phototypie ; 1892 . . . . **2 fr. 75**

Suite des Publications de la Librairie GAUTHIER-VILLARS et FILS.

MULLIN (A.). — Professeur de Physique au Lycée de Grenoble. — Instructions pratiques pour produire des épreuves irréprochables au point de vue technique et artistique. In-18 jésus avec figures; 1893. . . . . **2 fr. 75**

TRUTAT (E.), Directeur du Musée d'Histoire naturelle de Toulouse, Président de la Section des Pyrénées centrales du Club alpin français, Président de la Société photographique de Toulouse. — La Photographie en montagne. In-18 jésus, avec figures et 1 planche; 1894. . . . . **2 fr. 75**

VERFASSER (Julius). — La Phototypogravure à demi-teintes. *Manuel pratique des procédés de demi-teintes, sur zinc et sur cuivre.* Traduit de l'anglais par M. E. Cousin, Secrétaire agent de la Société française de Photographie. In-18 jésus, avec 56 figures et 3 planches; 1895. **3 fr.**

VIDAL (Léon), Officier de l'Instruction publique, Professeur à l'École nationale des Arts décoratifs. Traité de Photolithographie. *Photolithographie directe et par voie de transfert. Photozincographie. Photocollographie. Autographie. Photographie sur bois et sur métal à graver. Tours de main et formules diverses.* In-18 jésus, avec 25 figures, 2 planches et spécimens de papiers autographiques; 1893. . . . . **6 fr. 50**

VIEUILLE (G.). — Nouveau Guide pratique du Photographe amateur. 3e édition, refondue et beaucoup augmentée. In-18 jésus; 1892. . . . . **2 fr. 75**

Ce *Nouveau Guide pratique du photographe amateur* pourrait être plus long; il ne pourrait être plus complet. Il ne contient que ce qu'il faut, mais il contient tout ce qu'il faut.

Deux éditions enlevées en peu de temps prouvent que cet ouvrage était nécessaire; nous pouvons affirmer qu'en dépit de sa concision, il est suffisant.

WALLON (E.), Ancien élève de l'École Normale supérieure, Professeur de Physique au Lycée Janson de Sailly. — Traité élémentaire de l'objectif photographique. Un beau volume grand in-8, avec 135 figures; 1891. . . . . **7 fr. 50**

Ce Traité s'adresse à ceux qui veulent choisir, en connaissance de cause, l'appareil dont ils ont besoin et apprendre les procédés opératoires permettant de l'étudier dans ses diverses parties; à tous ceux qui désirent savoir comment les rayons lumineux sont guidés dans leur marche par l'art de l'opticien. En un mot, cet Ouvrage, comme « l'Optique photographique » de Monckhoven, depuis longtemps épuisée, intéresse les amateurs et les praticiens.

ENCYCLOPÉDIE SCIENTIFIQUE

DES AIDE-MÉMOIRE

PUBLIÉE SOUS LA DIRECTION DE

M. H. LÉAUTÉ, Membre de l'Institut.

250 VOLUMES ENVIRON, PETIT IN-8, PARAISSANT DE MOIS EN MOIS

30 à 40 volumes seront publiés par an.

Chaque volume est vendu séparément : Broché, **2 fr. 50**; Cartonné, toile anglaise, **3 fr.**

Le prospectus détaillé de l'Encyclopédie est envoyé franco sur demande.

Cette publication, qui se distingue par son caractère pratique, reste cependant une œuvre hautement scientifique.

Embrassant le domaine entier des Sciences appliquées, depuis la Mécanique, l'Électricité, l'Art de l'Ingénieur, la Physique et la Chimie industrielles, etc., jusqu'à l'Agronomie, la Biologie, la Médecine, la Chirurgie et l'Hygiène, elle se compose d'environ 250 volumes petit in-8.

Chacun d'eux, signé d'un nom autorisé, donne, *sous une forme condensée,* l'état précis de la Science sur la question traitée et toutes les indications pratiques qui s'y rapportent.

La publication est divisée en deux sections : Section de l'Ingénieur, Section du Biologiste, qui paraissent simultanément depuis février 1892 et se continuent avec régularité de mois en mois.

Les Ouvrages qui constitueront ces deux Séries permettront à l'Ingénieur, au Constructeur, à l'Industriel, d'établir un projet sans reprendre la théorie; au Chimiste, au Médecin, à l'Hygiéniste, d'appliquer la technique d'une préparation, d'un mode d'examen ou d'un procédé sans avoir à lire tout ce qui a été écrit sur le sujet. Chaque volume se termine par une Bibliographie méthodique permettant au lecteur de pousser plus loin et d'aller aux sources.

Suite des Publications de la Librairie GAUTHIER-VILLARS et FILS.

ENCYCLOPÉDIE
DES TRAVAUX PUBLICS
ET ENCYCLOPÉDIE INDUSTRIELLE
FONDÉES PAR
M. M.-C. LECHALAS
Inspecteur général des Ponts et Chaussées en retraite.

ALHEILIG, Ingénieur de la Marine, Ex-Professeur à l'Ecole d'application du Génie maritime, et **ROCHE (Camille)**, Industriel, ancien Ingénieur de la Marine. — **Traité des machines à vapeur**, rédigé conformément au programme du *Cours de machines à vapeur de l'Ecole Centrale*. Deux volumes grand in-8, se vendant séparément. (E. I.)

> Tome I : *Thermodynamique théorique et applications. La machine à vapeur et les métaux qui y sont employés. Puissance des machines. Diagrammes indicateurs. Freins. Dynamomètres. Calcul et dispositions des organes d'une machine à vapeur. Régulation, épures de détente et de régulation. Théorie des mécanismes de distribution, détente et changement de marche. Condensation, alimentation. Pompes de service.* Volume de XI-604 pages, avec 412 figures; 1895 . . . . 20 fr.

> Tome II : *Forces d'inertie. Moments moteurs. Volants. Régulateurs. Description et classification des machines. Machines marines. Moteurs à gaz, à pétrole et à air chaud. Graissage, joints et presse-étoupes. Montage des machines et essais des moteurs. Passation des marchés. Prix de revient d'exploitation et de construction. Note sur les servo-moteurs. Tables numériques.* Volume de IV-360 pages, avec 281 figures; 1895 . . . . 18 fr.

APPERT (Léon) et **HENRIVAUX (Jules)**, ingénieurs. — **Verre et Verrerie.** *Historique. Classification. Composition. Action des agents physiques et chimiques. Produits réfractaires. Fours de verrerie. Combustibles. Verres ordinaires. Glaces et produits spéciaux. Verres de Bohême. Cristal. Verres d'optique. Phares, Strass. Email. Verres colorés. Mosaïque. Vitraux. Verres durs. Verres malléables. Verres durcis par la trempe. Etude théorique et pratique des défauts du verre.* Grand in-8 de 460 p. avec 130 fig. et un atlas de 14 planches in-4; 1894. (E. I.) 20 fr.

BRICKA (C.), Ingénieur en chef des Ponts et Chaussées, Ingénieur en chef de la voie et des bâtiments aux Chemins de fer de l'Etat. — **Cours de Chemins de fer** professé à l'Ecole nationale des Ponts et Chaussées. 2 beaux volumes grand in-8 se vendant séparément. (E. T. P.)

> Tome I : *Etudes. — Construction. — Voie et appareils de voie.* Volume de VIII-634 p., avec 326 figures; 1894 . . . . 20 fr.

> Tome II : *Matériel roulant et Traction. — Exploitation technique. — Tarifs. — Dépenses de construction et d'exploitation. — Régime des concessions. — Chemins de fer de systèmes divers.* Volume de 709 p., avec 177 figures ; 1894. . . . . 20 fr.

CRONEAU (A.), Ingénieur de la Marine, Professeur à l'Ecole d'application du Génie maritime. — **Architecture navale.** — **Construction pratique des navires de guerre.** 2 volumes grand in-8 se vendant séparément. (E. I.)

> Tome I : *Plans et devis. — Matériaux. — Assemblages. — Différents types de navires. — Charpente. — Revêtement de la coque et des ponts.* Grand in-8 de 379 p., avec 305 figures et un Atlas de 11 planches in-4 doubles dans 2 à 3 couleurs; 1894. . . . . . . 18 fr.

> Tome II : *Compartimentage. — Cuirassement. — Pavois et garde-corps. — Ouvertures pratiquées dans la coque, les ponts et les cloisons. — Pièces rapportées sur la coque. — Ventilation. — Service d'eau. — Gouvernails. — Corrosion et salissure. — Poids et résistance des coques.* Grand in-8 de 616 p., avec 359 figures; 1894 . . . . 15 fr.

DEHARME (E), Ingénieur principal du Service central de la Compagnie du Midi, Professeur du Cours de Chemins de fer à l'Ecole Centrale des Arts et Manufactures, et **PULIN (A.)**, Ingénieur des Arts et Manufactures, Ingénieur-Inspecteur principal de l'Atelier central du Chemin de fer du Nord. **Chemins de fer. Matériel roulant. Résistance des trains. Traction.** Un volume grand in-8 de XXII-441 pages, avec 95 figures et 4 planche; 1895. (E. I.) 15 fr.

DENFER (J.), Architecte, Professeur à l'Ecole Centrale. — **Architecture et Constructions civiles.** — *Couverture des Edifices. Ardoises. Tuiles. Métaux. Matières diverses. Chéneaux et descentes.* Grand in-8 de 469 pages, avec 423 figures; 1893 (E. T. P.). . . . . 20 fr.

DENFER (J.), Architecte, Professeur à l'Ecole Centrale. — **Charpenterie métallique.** *Menuiserie en fer et serrurerie.* Deux beaux volumes grand in-8, se vendant séparément. (E. T. P.)

Tome I : *Généralités sur la fonte, le fer et l'acier. — Résistance de ces matériaux. — Assemblages des éléments métalliques. — Chaînages, linteaux et poitrails. — Planchers en fer. — Supports verticaux. — Colonnes en fonte. — Poteaux et piliers en fer.* Grand in-8 de 584 pages et 479 figures; 1894. . . . . 20 fr.

Tome II : *Pans métalliques. — Combles. — Passerelles et petits ponts. — Escaliers en fer. — Serrurerie : Ferrements des charpentes et menuiserie. — Paratonnerres. — Clôtures métalliques. — Menuiserie en fer. — Serres et vérandas.* Grand in-8 de 626 pages, avec 571 figures; 1895 . . . . 20 fr.

GOUILLY (Alexandre), Ingénieur des Arts et Manufactures, Répétiteur de Mécanique appliquée à l'Ecole Centrale. — **Eléments et organes des Machines.** Un volume grand in-8 de 406 pages, avec 710 figures; 1894. (E. I.) . . . . 12 fr.

Généralités. La fonte et les principes du moulage. L'acier et le fer fondu. Le fer, cuivre, zinc, étain, nickel, plomb, bronzes, laitons. Le bois, cuirs, caoutchouc, lubrifiants, etc. Rivure, boulons, écrous et vis. Vis à bois et à métaux, tirefonds, clavettes. Assemblages des bois et ferrures, assemblages des tuyaux. Robinets. Valves, clapets, soupapes, ventouses. Appareils de graissage. Généralités sur les machines à vapeur. Cylindres et presse-étoupe. Pistons et tiges de pistons, bielles. Balancier et parallélogramme de Watt. Manivelles, excentriques, arbres, engrenages, poulies, volants. Mécanismes de modification de mouvement, paliers, chaises. Travail des forces, rendement des machines, formulaire pour le calcul des organes de machines.

GUIGNET (Ch.-Er.), Ingénieur (Ecole Polytechnique), Directeur des Teintures aux Manufactures nationale des Gobelins et de Beauvais, **DOMMER (F.)**, Ingénieur des Arts et Manufactures, Professeur à l'Ecole de Physique et de Chimie industrielles de la ville de Paris, **GRAND-MOUGIN (E.)**, Chimiste, Ancien préparateur à l'Ecole de Chimie de Mulhouse. — **Industries textiles. Blanchiment et apprêts. Teinture et impression. Matières colorantes.** Grand in-8 de 674 pages, avec 345 figures et échantillons de tissus imprimés; 1895. (E. I.). . . . . 30 fr.

HENRY (Ernest), Inspecteur général des Ponts et Chaussées, Directeur du personnel au Ministère des Travaux publics. — **Ponts sous rails et ponts-routes à travées métalliques indépendantes. — Formules, Barèmes et Tableaux.** *Calculs rapides des moments fléchissants et efforts tranchants pour les ponts supportant des voies ferrées de largeur normale, des voies de 1 mètre, des routes et chemins vicinaux.* Grand in-8 de VIII-632 pages, avec 267 figures; 1894. (E. T. P.). . . . . 20 fr.

Calculs rapides pour l'établissement des projets de ponts métalliques et pour le contrôle de ces projets, sans emploi des méthodes analytiques ni de la statique graphique (économie de temps et certitude de ne pas commettre d'erreurs).

JOANNIS (A.), Professeur à la Faculté des Sciences de Bordeaux, Chargé de Cours à la Faculté des Sciences de Paris. — **Traité de Chimie organique appliquée.** 2 volumes grand in-8, se vendant séparément (E. I.) :

Tome I : *Généralités. Carbures. Alcools. Phénols. Aldéhydes. Cétones. Quinones. Sucres.* Volume de 688 pages, avec figures; 1896. . . . . 20 fr.

Tome II : *Hydrates de carbone. Acides. Alcalis organiques. Amides. Nitrites. Composés azoïques. Radicaux organo-métalliques. Matières albuminoïdes. Fermentations. Matières alimentaires.* (Paraîtra en 1896.). . . . . 15 fr.

LAPPARENT (Henri de), Inspecteur général de l'Agriculture. — **Le Vin et l'Eau-de-vie de vin.** *Introduction. Influence des cépages, des climats, des sols, etc., sur la qualité du vin. Le raisin, les vendanges. Vinification. Cuverie et Chais. Le vin après le décuvage. Eau-de-vie. Economie et législation.* Grand in-8 de XII-533 pages, avec 111 figures et 28 cartes dans le texte; 1895. (E. I.). . . . . 12 fr.

LECHALAS (Georges), Ingénieur en chef des Ponts et Chaussées. — **Manuel de Droit administratif.** *Service des Ponts et Chaussées et des Chemins vicinaux.* 2 volumes grand in-8, se vendant séparément. (E. T. P.).

Tome I : *Notions sur les trois pouvoirs. Personnel des Ponts et Chaussées. Principes d'ordre financier. Travaux intéressant plusieurs services. Expropriations. Dommages et occupations temporaires.* Volume de CXLVII-536 pages; 1889. . . . . 20 fr.

Tome II (1re Partie) : *Participation des tiers aux dépenses des travaux publics. Adjudications. Fournitures. Régie. Entreprises. Concessions.* Volume de VIII-399 p.; 1893. (I) 10 fr.

Imp. D. Dumoulin et Cie, rue des Grands-Augustins, 5, à Paris.